中国水利学会

2021 学术年会论文集

第二分册

中国水利学会 编

黄河水利出版社

· 郑州 ·

内 容 提 要

本书是以"谋篇布局'十四五',助推新阶段水利高质量发展"为主题的中国水利学会2021学术年会论文合辑,积极围绕当年水利工作热点、难点、焦点和水利科技前沿问题,重点聚焦水资源短缺、水生态损害、水环境污染和洪涝灾害频繁等新老水问题,主要分为水资源、水生态、流域生态系统保护修复与综合治理、山洪灾害防御、地下水等板块,对促进我国水问题解决、推动水利科技创新、展示水利科技工作者才华和成果有重要意义。

本书可供广大水利科技工作者和大专院校师生交流学习和参考。

图书在版编目（CIP）数据

中国水利学会 2021 学术年会论文集：全五册/中国水利学会编. —郑州：黄河水利出版社，2021. 12
ISBN 978-7-5509-3203-6

Ⅰ. ①中… Ⅱ. ①中… Ⅲ. ①水利建设-学术会议-文集 Ⅳ. ①TV-53

中国版本图书馆 CIP 数据核字（2021）第 268079 号

策划编辑：杨雯惠 电话：0371-66020903 E-mail：yangwenhui923@163.com

出 版 社：黄河水利出版社　　　　　　　　　　网址：www.yrcp.com
　　　　　地址：河南省郑州市顺河路黄委会综合楼 14 层　邮政编码：450003
发行单位：黄河水利出版社
　　　　　发行部电话：0371-66026940、66020550、66028024、66022620（传真）
　　　　　E-mail：hhslcbs@126.com
承印单位：广东虎彩云印刷有限公司
开本：787 mm×1 092 mm　1/16
印张：158.25（总）
字数：5 013 千字（总）
版次：2021 年 12 月第 1 版　　　　　　　　印次：2021 年 12 月第 1 次印刷

定价：720.00 元（全五册）

中国水利学会 2021 学术年会论文集

编　委　会

前言 Preface

　　学术交流是学会立会之本。作为我国历史上第一个全国性水利学术团体，90 年来，中国水利学会始终秉持"联络水利工程同志、研究水利学术、促进水利建设"的初心，团结广大水利科技工作者砥砺奋进、勇攀高峰，为我国治水事业发展提供了重要科技支撑。自 2001 年创立年会制度以来，中国水利学会认真贯彻党中央、国务院方针政策，落实水利部和中国科协决策部署，紧密围绕水利中心工作，针对当年水利工作热点、难点、焦点和水利科技前沿问题，邀请专家、代表和科技工作者展开深层次的交流研讨。中国水利学术年会已成为促进我国水问题解决、推动水利科技创新、展示水利科技工作者才华和成果的良好交流平台，为服务水利科技工作者、服务学会会员、推动水利学科建设与发展做出了积极贡献。

　　中国水利学会 2021 学术年会以习近平新时代中国特色社会主义思想为指导，认真贯彻落实"节水优先、空间均衡、系统治理、两手发力"的治水思路，以"谋篇布局'十四五'，助推新阶段水利高质量发展"为主题，聚焦水资源短缺、水生态损害、水环境污染等问题，共设 16 个分会场，分别为：山洪灾害防御分会场；水资源分会场；2021 年中国水利学会流域发展战略专业委员会年会分会场；水生态分会场；智慧水利·数字孪生分会场；水利政策分会场；水利科普分会场；期刊分会场；检验检测分会场；水利工程教育专业认证分会场；地下水分会场；水力学与水利信息学分会场；粤港澳大湾区分会场；流域生态系统保护修复与综合治理暨第二届生态水工学学术论坛分会场；水平定向钻探分会场；国际分会场。

　　中国水利学会 2021 学术年会论文征集通知发出后，受到了广大会员和水利科技工作者的广泛关注，共收到来自有关政府部门、科研院所、大专院校、水利设计、施工、管理等单位科技工作者的论文 600 余篇。为保证本次学术年会入选论文的质量，各分会场积极组织相关领域的专家对稿件进行了评审，共评选出 377 篇主题相符、水平较高的论文入选论文集。本论文集共包括 5 册。

本论文集的汇总工作由中国水利学会学术交流与科普部牵头，各分会场积极协助，为论文集的出版做了大量的工作。论文集的编辑出版也得到了黄河水利出版社的大力支持和帮助，参与评审和编辑的专家和工作人员花费了大量时间，克服了时间紧、任务重等困难，付出了辛苦和汗水，在此一并表示感谢。同时，对所有应征投稿的科技工作者表示诚挚的谢意。

由于编辑出版论文集的工作量大、时间紧，且编者水平有限，不足之处，欢迎广大作者和读者批评指正。

中国水利学会

2021 年 12 月 20 日

目录 Contents

山洪灾害防御

地下水

流域生态系统保护修复与综合治理

关于长江镇扬河段河道综合治理的思考

杨芳丽 罗 伟

（长江勘测规划设计研究有限责任公司，湖北武汉 430010）

摘 要：镇扬河段为长江河道治理的重点河段和航道整治的重点水道。本文着重分析了镇扬河段三峡工程蓄水运用以来的河道演变规律、演变趋势及存在的主要问题。在此基础上，结合本河段河势控制规划、航运发展需求、航道整治目标及以往整治工程的实施情况，提出了关于镇扬河段河道综合治理思路的思考，可为该河段下阶段河道综合治理提供参考借鉴。

关键词：镇扬河段；河道治理；航道整治；河道综合治理

1 河道概况

镇扬河段上起三江口，下至五峰山，全长约 73.3 km，既是长江中下游干流 16 个重点治理河段之一（见图 1），也是长江口 12.5 m 深水航道上延至南京的必经之路。镇扬河段按河道平面形态通常分为仪征水道、世业洲汊道、六圩弯道、和畅洲汊道及大港水道；进口有左岸陡山礁板矶节点，出口有右岸五峰山马鞍矶节点，对河势稳定起着重要的控制作用。河段内有江苏镇江长江豚类省级自然保护区，保护区总面积约 57.3 km²。

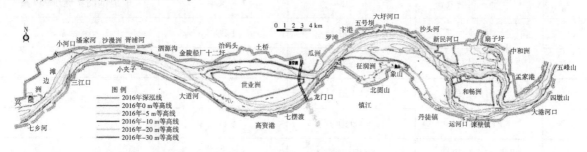

图 1 长江镇扬河段河势图

仪征水道（三江口—陡山节点）为单一微弯河道，全长 17.0 km，河道上窄下宽，河道微弯，深泓靠左岸。世业洲汊道（泗源沟—瓜洲渡口）长约 24.3 km，右汊为主汊，为弯曲率较适度的弯曲河道；左汊为支汊，平面形态呈顺直型。六圩弯道（瓜洲渡口—沙头河口）长约 13.5 km，凹岸弯顶附近宽约 2 350 m，凸岸为征润洲边滩。和畅洲汊道（沙头河口—和畅洲尾）长约 10.2 km，左右两汊水流均在汊道内出现近 90°的急弯；和畅洲左汊为主汊，右汊为支汊，也为长江干流主航道。和畅洲尾至五峰山为大港水道，长约 8.3 km，近百年来河势较为稳定。

2 近年治理情况

20 世纪中期以来，世业洲汊道处于左汊缓慢发展、右汊相对萎缩阶段，左汊分流比缓慢增加，右汊进口段航道条件恶化；和畅洲汊道经历了主支汊易位的过程，左汊发展成为主汊，右汊水流动力条件不足，航道存在弯、窄、险等问题。为抑制本河段河势和航道条件向不利方向发展，水利部门和

作者简介：杨芳丽（1981—），女，高级工程师，主要从事长江河道规划与治理研究工作。

航道部门陆续实施了相关治理工程[1-5]，对于本河段河势的稳定和航道条件的改善起到了重要作用。

根据《长江中下游干流河道治理规划（2016 年修订）》安排，镇扬河段规划河道整治工程 20 处（见表 1），其中，护岸工程 15 段，总长 67.52 km；护底工程 1 处，潜坝工程 2 处，疏挖工程 1 处。目前，实施护岸工程 14 段，合计长约 49.85 km，占规划护岸长度的 77.4%；1 处护底工程、2 处潜坝工程、1 处疏挖工程均已实施；此外，实施了未纳入河道治理规划护岸工程 5 处，合计长 11.09 km。同时，为改善航道条件，航道部门于 2015—2018 年实施了和畅洲左汉 2 道潜坝、右汉口门切滩和部分护岸工程等。由于资金筹集不到位，导致规划安排的部分整治工程未能实施，局部河势和岸坡稳定存在隐患。

表 1　近年镇扬河段河道和航道治理工程实施情况

序号	工程位置	规划长度/m	实施长度/m	说明
1	小河口	2 000	1 100	
2	37 号港监—仪扬河口	4 000	810	
3	仪扬河口—金陵船厂	4 000	4 000	航道部门实施 990 m
4	世业洲左汉进口左岸	1 600	1 600	航道部门实施 1 600 m
5	世业洲左汉进口	护底 1 处	1 处	
6	世业洲右缘	5 000	2 000	
7	世业洲头及左缘	7 790	7 790	航道部门实施 5 108 m
8	十二圩—润扬大桥	11 200	7 504	航道部门实施 1 954 m
9	润扬大桥—四水厂段	1 200	1 200	
10	世业洲尾左缘	2 600	2 600	
11	龙门口上段	3 130	0	
12	龙门口下段	3 950	5 600	
13	世业洲左汉下段	潜坝 1 座	1 处	
14	六圩弯道	10 500	8 000	
15	沙头河口	2 550	1 230	
16	和畅洲左汉口门	潜坝加固 1 处	1 处	
17	和畅洲左缘	4 000	2 588	航道部门实施 2 128 m
18	孟家港	4 000	3 827	航道部门实施
19	和畅洲右汉口门	疏挖 1 处	1 处	航道部门实施
20	六圩弯道	丁坝改造	0	
合计		护岸长 67 520 m	护岸长 49 849 m	

注：另规划护底工程 1 处，潜坝工程 2 处，疏挖工程 1 处，均已实施。

通过上述工程的实施，镇扬河段总体河势保持基本稳定，世业洲左汉发展态势得到遏制，左汉分流比有所减小，右汊进口航道条件有所好转。和畅洲左汊发展态势得到遏制，右汊水流动力增强，航道条件有所改善。

3 镇扬河段综合治理思考

3.1 河道近期演变规律及演变趋势

3.1.1 近期演变规律

（1）蓄水前镇扬河段主要表现为冲槽淤滩，蓄水后总体呈现冲刷态势。

三峡水库蓄水前，本河段河道冲淤变化总体表现为"冲槽淤滩"，河床总冲刷量为 0.25 亿 m³。其中，枯水河槽冲刷 6.10 亿 m³，枯水位以上淤积 5.85 亿 m³。三峡水库蓄水运用后，河道总体以冲刷为主，枯水河槽河床冲刷量约 6.20 亿 m³，除和畅洲洲头、和畅洲左汊下段左岸、大港河口呈淤积状态外，其他段呈冲刷状态。

（2）近年来，世业洲汊道左汊总体呈现缓慢发展趋势，右汊进口航道条件恶化，水利部门和航道部门近年来实施左汊进口限流工程实施后，分流比有所减小。

1981—2002 年，世业洲左汊分流比由 20% 增加到 33.2%，增加了 13.2%，年均增幅为 0.6%。三峡水库蓄水后，2003—2016 年分流比由 33.5% 增加到 40.4%，增加了 6.9%，年均增幅为 0.5%。其中，2006—2012 年，左汊分流比增加加快，至 2012 年 3 月已达到 39.2%；2012—2016 年，左汊分流比继续缓慢增加，2015 年汛后和 2016 年汛前、汛中长江中枯水时，世业洲左汊分流比基本保持在 40.3%，2016 年 11 月（枯季）分流比为 42.4%，达到最大。近年来，左汊进口限流工程实施后，分流比有所减小，2021 年 1 月世业洲左汊分流比约 33.6%，右汊进口段航道条件有所改善。

（3）蓄水前六圩弯道凹冲凸淤；蓄水后总体以冲刷为主，同时右岸征润洲边滩侧出现串沟、心滩，且呈发展态势，征润洲段局部航道条件恶化。

三峡水库蓄水前六圩弯道具有较明显的弯道水流河床演变特征，即凹岸冲刷、凸岸淤积，因瓜洲以下土壤抗冲性较差，遇大洪水年，六圩弯道凹岸岸线剧烈崩退，南岸征润洲边滩的淤涨基本与北岸的崩退相对应。三峡水库蓄水后，本段以冲刷为主，同时右岸征润洲边滩侧出现串沟、心滩，且呈发展态势。据 2012 年测图，靠征润洲边滩侧存有几处心滩，其中最大的一处位于六圩河口与沙头河口之间，长约 2.5 km、最大宽度约 400 m、面积约 0.8 km²，该处心滩右侧河槽局部存有-5 m 槽，最深点高程已达-12.8 m。至 2016 年，六圩河口与沙头河口之间的心滩，长约 2.9 km、最大宽度约 630 m、面积约 0.98 km²，该处心滩右侧河槽局部存有-5 m 槽，最深点高程已达-14.7 m。2020 年，在大洪水的作用下，征润洲段局部 1.3 km 航道出浅，最浅水深 5.8 m。

（4）蓄水前和畅洲汊道左汊持续发展，右汊航道条件恶化；蓄水后左汊发展态势得到遏制，右汊航道条件有所改善。

三峡水库蓄水前左汊分流比由 20 世纪 80 年代初的 35% 逐步增加到 2002 年的 75.5%。为了遏制左汊迅猛发展的态势，2002 年 6 月至 2003 年 9 月实施了和畅洲左汊口门控制工程，和畅洲左汊快速增长的态势得以遏制。三峡水库蓄水后，2003—2016 年，分流比呈小幅波动，多年平均分流比为 73.4%。其中，2003—2014 年，左汊分流比下降 2%~3%，分流比为 72%~73%。右汊水流动力条件不足，航道深水航宽不足，夜航受到管制，制约了航道通过能力；右汊航道弯曲、进口航行条件仍较差。2015 年 8 月至 2017 年 5 月，航道部门在现有潜坝下游兴建了两道潜坝，2021 年 1 月，左汊分流比已减小至 64.5%，右汊水流动力增强，航道条件有所改善。

3.1.2 演变趋势

（1）经过治理，仪征水道的河势总体较为稳定。在三江口和陡山这一对节点保持稳定的前提下，仪征水道基本稳定的河势仍将继续保持。近年来，水道进口段深槽右展及左岸胥浦河—泗源沟深槽的下移，将有可能引起世业洲头分流点进一步下移，对此需予以关注。随着镇扬三期工程（2020 年完工）和仪征水道深水航道整治工程效果的发挥，对抑制世业洲左汊的发展起到一定的作用。目前，世业洲左汊的缓慢发展趋势得到一定程度的遏制，左汊分流比 2019 年 2 月下降至 37.6%，工程的效果有待实践的进一步检验。在当前上游河势有利于世业洲左汊进流的河势格局下，未来世业洲汊道仍可能持续左兴右衰的态势，这与河势控制规划和航道整治目标均不一致，水利部门和交通部门均需予以密切关注。

（2）随着世业洲左汊的发展及其洲尾左缘的崩退，两汊交汇后的主流将更靠右岸，导致六圩弯道顶冲点下移，六圩弯道进口段左侧的瓜洲边滩逐年淤涨下移，征润洲边滩侧出现串沟和心滩。需对征润洲边滩侧串沟和心滩的变化进行密切关注，以避免局部河势的恶化。

（3）和畅洲左汊深槽已与汊道分流区平顺连接，而右汊进流角度则几近 90°，两汊处于左兴右衰的变化之中。和畅洲左汊口门控制工程的实施，一定程度上延缓了左汊分流比的增加速率。在当前上游河势不利于和畅洲右汊进流的河势格局下，和畅洲汊道仍可能持续左兴右衰的态势，进而造成作为主航道的右汊分流比进一步减小，对此水利部门和交通部门也要予以密切关注。

（4）在南岸山矶的控制下，同时保证和畅洲左汊孟家港段岸线稳定的前提下，大港水道仍将维持当前较稳定的河势格局。

3.2 河势控制和航道治理有着共同的目标

依据《长江中下游干流河道治理规划（2016 年修订）》镇扬河段近期治理目标为：减缓世业洲左汊及和畅洲左汊的发展速率，稳定汊道分流格局；初步抑制征润洲边滩的淤积下移，改善和畅洲右汊进流条件；加强崩岸治理，提高滩岸稳定性，为沿岸地区的国民经济及社会发展奠定较好的基础条件。

依据《长江干线航道发展规划》，南京—浏河口段航道尺度目标为 12.5 m×500 m×1 500 m（水深×航宽×弯曲半径），保证率为 95%，通航代表船型为 5 万吨级海船。今后航道通过能力提升工程主要为长江南京以下 12.5 m 深水航道后续完善工程和减淤工程，在镇扬河段航道治理的重点仍然是世业洲汊道和和畅洲汊道。

据此可见，在存有航道安全隐患的世业洲汊道、和畅洲汊道，其航道整治的需要和河势控制规划的目标保持一致，均需要遏制世业洲左汊及和畅洲左汊的发展以维持主航道汊道的水动力条件[6-7]，也需要抑制征润洲边滩的淤积下移、维持好六圩弯道现有微弯单一的河道形态。

3.3 河势控制工程和航道治理工程措施可以相结合

河势稳定是航道整治的重要前提，河势控制工程是实施航道整治工程的重要基础，符合河势控制规划，航道整治工程的实施也会促进河势稳定。依据《长江中下游干流河道治理规划（2016 年修订）》实施的护岸工程确保了河道两岸边界和世业洲洲体、和畅洲洲体的稳定，既保障了堤防安全、河势及岸坡稳定，也为航道畅通提供了稳定的河势条件和边界条件；此外，交通部门在水利部门实施的和畅洲左汊潜坝工程的基础上，又实施了 2 道潜坝，较成功地限制了和畅洲左汊的发展态势。鉴于镇扬河段河势控制和航道治理目标的一致性，以及已实施整治工程取得的效果，今后河势控制工程和航道治理工程措施可以有机结合。一是加强水文地形观测，并实施水文资料共享，密切关注河道演变和航道条件的变化；二是共同推进实施河道治理规划其他工程，以保障总体河势的稳定；三是联合开展综合治理措施研究，对世业洲左汊、和畅洲左汊可能进一步发展的态势，提前谋划治理措施；四是目前交通部门正在开展长江南京以下 12.5 m 深水航道后续完善工程和减淤工程前期工作，需持续关注本河段河势变化，加强与水利部门的合作，确保航道整治工程效果可持续。

3.4 长江大保护背景下应强调系统治理

按照我国新发展阶段的河道治理思路，全面推动长江经济带高质量发展要注重整体推进，在重点突破的同时，加强综合治理的系统性和整体性，防止顾此失彼；长江保护应当坚持统筹协调、科学规划、创新驱动、系统治理。本河段是河道治理、航道整治的重点，还分布有重要的豚类省级自然保护区。该保护区是唯一一个没有被开辟为长江主航道的长江干流保护区，既是长江下游少有的长江江豚优良栖息地，也是连接镇江上下江段不同种群之间基因交流的重要生态走廊，对于维持长江下游江豚栖息地的完整性具有重要意义。

本河段河势控制工程和航道整治工程的实施需以保护生态红线为首要前提，积极推进多部门联防联控，联合治理，并将河流与治理工程和谐共生理念贯穿治理工程规划、设计及施工全过程，提升治理工程的生态效益。

4 结语

镇扬河段是长江中下游干流河道治理的重点河段，也是长江南京以下 12.5 m 深水航道整治的重点水道，该河段河道治理和航道治理目标基本一致，相应的治理工程措施也可以有机结合。今后，水利、交通、生态环境等部门需加强协作，联合推进该河段综合治理，确保防洪安全、河势稳定、航道畅通和生态安全。

参考文献

［1］刘娟，舒行瑶，韩向东，等. 镇扬河段和畅洲汊道二期整治工程［J］. 水利水电快报，2002，23（24）：10-12.

［2］张志坚. 对长江镇扬河段治理的构想［J］. 江苏水利，2004（8）：10-12.

［3］余文畴，夏细禾. 长江下游镇扬河段和畅洲汊道整治与潜坝新技术应用［C］//第六届全国泥沙基本理论研究学术讨论会. 郑州：黄河水利出版社，2005：605-612.

［4］林木松，卢金友，张岱峰，等. 长江镇扬河段和畅洲汊道演变和治理工程［J］. 长江科学院院报，2006，23（5）：10-13.

［5］张细兵，卢金友，林木松. 和畅洲汊道演变与左汊口门控制工程效果分析［J］. 人民长江，2009，40（20）：1-6.

［6］陈飞，付中敏，杨芳丽. 长江镇扬河段河势变化对航道条件的影响［J］. 水运工程，2011（6）：112-116.

［7］杨芳丽. 和畅洲段分流比及河槽容积与航道条件关系研究［J］. 人民长江，2015，46（17）：10-14.

浅谈蚌埠市天河湖水库水生态治理思路及方案

许正松

（中水淮河规划设计研究有限公司，安徽合肥　230006）

摘　要： 近年来，随着城市经济社会的快速发展，生活、生产用水量急剧增加，供水风险逐步增大，同时周边自然环境的恶化，使得城市湖泊河道水环境问题越来越突出。本文以蚌埠市天河湖水库为例，针对其水质现状、污染源分析及水生态单一等特点，系统阐述了水生态环境治理思路及方案，为后期实施提供依据。

关键词： 水生态环境；天河湖；综合治理；流域

1　工程概况

天河湖位于淮河中游南岸，隶属蚌埠市禹会区马城镇，为蚌埠市城市供水的应急水源地。天河流域总面积 340 km²，涉及蚌埠、滁州两市。现状死水位 15.5 m，正常蓄水位 17.5 m，兴利库容为 2 822 万 m³。

天河湖自成湖以来，未对湖底进行扩挖清淤，长时间的围网养殖对天河湖水环境带来了严重的破坏，甚至威胁到生态系统的平衡，水体环境被污染，大量的残饵、排泄物与分泌物沉积于湖底，造成湖水营养过剩引起水体富营养化，进而污染水质。天河湖水生态环境综合治理工程对于保障蚌埠市供水安全，构建健康优美的水生态体系，满足城市水生态的需要有重要意义。

2　水生态环境治理策略

2.1　设计原则

2.1.1　水陆同治原则

在引导陆域主要污染源治理的基础上，结合天河湖水环境保护要求，选择适宜友好的水生态修复技术措施拦截、削减、净化陆域或来水污染，通过水生植物、水生动物的合理配置和长效保护提升湖体自净能力，维持湖区水质的达标和稳定。

2.1.2　因地制宜原则

在充分调研湖区的实际情况，如水流、水质、植物种类等状况的基础上，利用现有的湖湾港汊、近岸基底多样性条件，优化功能区分布，提高湖区水体水质净化效果。

2.1.3　生态建设原则

湖区水体生态建设根据水生生态系统的自身演替规律，改善区域生态环境，营造水生动植物自身反馈和演替的生境条件。

2.1.4　低风险高效益原则

由于影响生态建设的不确定因素较多，生态系统具有复杂性，有时会发生不可预见的实际问题，因此在恢复过程中要对其风险性做充分分析。在现有经济投入的基础上尽量达到低风险投入同时获得高效益的目的。

作者简介： 许正松（1981—），男，高级工程师，主要从事水利工程设计工作。

2.1.5　美学原则

湖区水体生态建设在充分考虑水质净化效果的基础上，兼顾美学特征，将水质净化与景观美化有机统一，营造人水和谐的生态空间。

2.1.6　生态安全原则

在生物种类和使用方式的选择方面，应充分考虑外来种类对项目水体生态系统可能产生的长期潜在影响，避免因不当引种损害天河湖生态系统的结构与功能。因此，尽可能选择土著水生动植物种类，坚持可持续发展的原则。

2.1.7　多样性原则

坚持生物多样性和系统完整性的原则，水生植物种类选择常绿种类、暖季种类和冷季种类相配合提高生物多样性和系统完整性，提升水体持续自净能力。

2.1.8　可控性原则

对所设计的仿自然湿地、挺水植物拦截带、沉水植物净水系统具有完全的维护、管理和控制能力。

2.2　治理思路

工程针对天河湖湖区管理实际、周边及污染来源现状、水生态环境保护需求等，提出"岸源引导—拦截净化—扩容提质—隔离保护"的水生态环境综合治理思路体系。从陆域农村生活污染防治、面源污染防治、水土保持建设、支流治理等方面引导推进陆域汇水范围内的污染源治理，最大能力减少入湖污染来源；利用湿地净化、湖滨植物带拦截、水质保障生物操控工程等措施削减来水污染，持续净化水质；通过清除污染底泥扩大库容，增加天河湖水环境容量，并构建较为完整的水生态系统，以提升天河湖水生态系统质量和稳定性为核心，发挥物理、化学、生物等一系列因素的共同作用，恢复和强化天河湖水体自净能力，充分利用生态系统自净自洁（自我修复）的能力优势，持续发挥清水态草型生态大湖湿地的水源涵养、水质净化、生态环境优化、栖息地生物保育等功能，保持天河湖"清水绿岸，鱼翔浅底"的美丽景象，使其能够为蚌埠市经济社会的可持续发展提供长远的支撑和保障。

3　水生态环境治理方案

3.1　陆域污染防治

3.1.1　农村生活污染防治

（1）农村生活污水。

加快推进天河湖周边农村污水收集系统建设、污水处理设施建设，实现生活污水集中处理，达标排放。可采用集中式处理模式或分散式处理模式。

集中式处理模式采用多村共建共享处理设施模式的集中连片治理项目，主要建设污水处理厂（站）、大型人工湿地等集中处理设施。处理设施的建设选址应综合考虑村庄布局、管网建设投资等，尽可能降低建设成本。处理设施的建设规模应考虑区域农村人口发展趋势、设施运行负荷等因素。

分散式处理模式综合考虑地形条件、人口规模、经济水平等因素，结合改水改厕、沼气、化粪池等建设，对区域农村生活污水分散式处理设施建设实施统一规划、设计、实施。以单户或多户为治理单元的项目，宜建设小型人工湿地、污水净化沼气池、氧化塘等，并与三格式化粪池、沼气池配套建设。

（2）农村生活垃圾。

农村生活垃圾需优先开展垃圾分类与资源化利用。农村生活垃圾收集、转运和处理处置项目应统筹考虑人口规模、服务半径、运行管理成本等。农村生活垃圾收集、转运、处理系统的设计，要为项目扩容预留空间。

（3）畜禽养殖。

畜禽养殖污染治理遵循"资源化、减量化、无害化"原则，优先推荐种养结合、场户结合的治理模式。

3.1.2 农田面源污染防治

（1）化肥减量化技术。

为了减少施肥对农田面源污染发生的影响，应从循环经济理念出发，从养分平衡和施肥技术出发，科学制订环境友好的养分管理技术。科学施肥是通过合理减少农田养分投入，提高氮磷养分利用率，从而减少农田面源污染。

（2）种植制度优化。

种植制度不同，化肥的投入量及水分管理方式也会不同，从而造成面源污染产生情况也不尽相同。可探索土地托管、大户种植、家庭农场等新型种植模式。也可采用间作、套种、轮作、休闲地上种绿肥等技术提高植被覆盖度、提高土壤抗蚀性能、降低面源污染发生风险。

（3）土壤耕作优化。

针对旱地尤其是坡耕地，应采用保护性耕作的土壤养分流失控制技术，如免耕技术、等高耕作技术、沟垄耕作技术等，减少地表产流次数和径流量，降低氮磷养分流失。

（4）土壤调理剂施用。

土壤调理剂具有改良土壤质地与结构、提高土壤保水供水能力、调节土壤酸碱度、改良盐碱土、改善土壤的养分供应状况、修复重金属污染土壤等作用。根据其功能，土壤调理剂分为土壤结构改良剂、土壤保水剂、土壤酸碱度调节剂、盐碱土改良剂、污染土壤修复剂、锁磷剂、重金属污染阻控剂等。

（5）农作物秸秆利用技术。

以发展循环农业为原则，通过微生物资源进行转换，使资源重新回到农业生态系统，进而对资源进行多级利用，提高资源的价值。

（6）农药减量化与残留控制技术。

遵循"预防为主、综合防治"的环保方针，不宜使用剧毒农药、持久性农药，减少使用高毒农药、长残留农药，使用安全、高效、环保的农药，鼓励推行生物防治技术。保护有益生物和珍稀物种，维持生态系统的平衡。

（7）生态田埂技术。

农田地表径流是氮磷养分损失的重要途径之一，也是残留农药等向水体迁移的重要途径。现有农田的田埂一般只有 20 cm 左右，遇到较大的降雨时，很容易产生地表径流。将现有田埂加高 10~15 cm，可有效防止 30~50 mm 降雨时产生地表径流，或在稻田施肥初期减少灌水以降低表层水深度，从而可减少大部分的农田地表径流。在田埂的两侧栽种植物，形成隔离带，在发生地表径流时可有效阻截氮磷养分损失和控制残留农药向水体迁移。

（8）生态拦截带技术。

生态拦截带技术主要用于控制旱地系统氮磷养分、农药残留等向水体迁移。将旱地的沟渠集成生态型沟渠，同时在旱地的周边建一生态隔离带，由地表径流挟带的泥沙、氮磷养分、农药等通过生态隔离带被阻截，将大部分泥沙、部分可溶性氮磷养分、农药等留在生态拦截带内，拦截带种植的植物可吸收径流中的氮磷养分，从而减少地表径流挟带的氮磷等向水体迁移。

3.1.3 水土保持建设

（1）坡耕地综合整治。

在土层较厚的缓坡耕地上，采取坡改梯工程措施，因地制宜地建设梯田、梯地，土坎梯田、梯地必须采取植物护坎措施，配套截水沟、排洪沟、引排灌（沟）渠系、塘坝、蓄水池、沉沙池等坡面水系工程，并结合沟渠布设田间道路。

土层较薄的坡耕地，根据坡度和粮食生产需要等，进行水土综合整治，分类建成水平梯田、窄梯田、水平阶等，配套截排水工程，形成有效的拦蓄分流体系。

（2）生态防护林建设。

根据蚌埠市城市总体规划要求，淮河两岸及蚌埠闸水源保护区、天河应急水源地范围内应营造大面积生态防护林区。条件适宜时，在饮用水源地保护区范围内大力推进水源涵养林的造林、抚育、改造、林地配套设施建设，以涵养水源、保护水质。

3.1.4 支流综合整治

有序推进天河湖上游支流综合整治工作，包括沿线陆域环境整治、清淤疏浚、水系连通、生态调度、河道生态修复、河岸带水生态保护与修复、生态岸线改造、支流河口生态修复、植被恢复、重要生境保护等。

3.2 湖湾港汊仿自然生态湿地净水工程

在天河湖现状湖湾港汊处构建仿自然生态湿地，湖湾港汊是岸上农业面源及地表径流进入湖体的前端和咽喉，在此建设湿地工程的主要任务包括削减农业入湖污染、净化天河湖来水、恢复湿地生态等。湖湾港汊仿自然生态湿地净水工程采用表流型水质净化湿地形式，通过合理的净化单元划分、地形塑造、植物配置等，形成生境空间丰富、结构形态自然、水质高效净化的复合功能湿地布局，以深潭、深水、浅水、急流、缓流，以及截留、沉淀等物理措施，以沉水植物、挺水植物、天然微生物等生物措施，秉承自然生态理念，以达到削减污染、提升水质的目的。

3.3 湖滨带水生植物恢复工程

湖滨带又称湖滨水-陆交错带，是湖泊流域陆生生态系统与水生生态系统间的过渡带，其核心范围是最高水位线和最低水位线之间的水位变幅区，依据湖泊水-陆生态系统的作用特征，其范围可分别向陆向和水向辐射一定的距离。

水生植物是水域生态系统中重要的初级生产者，可以直接吸收水中营养物质从而净化水质，也为水生动物提供生活、繁殖、觅食和躲避天敌的场所，增加水生物多样性，从而提高水体生态系统稳定性。湖滨带水生植物恢复工程主要针对天河湖沿线村庄、农田较为集中的岸线，通过构建挺水植物拦截系统、沉水植物净化系统进一步拦截净化来水污染，提升湖体自净能力，保证水质的稳定和长效维持。湖滨带水生植物恢复工程范围示意见图1。

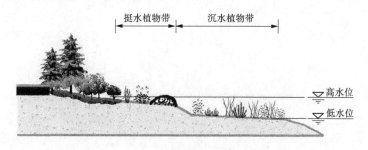

图1 湖滨带水生植物恢复工程范围示意

3.4 水质保障生物操控工程

生物操纵技术也称食物网操纵，指通过一系列水生生物及其环境的操纵，促进一些对水质改善有益的关系和结果，特别是蓝藻类生物量的下降。当沉水植物群落得到恢复后，通过引入水生动物构建食物链，发挥其生态功能，实现水体的生态平衡和自我净化。水生动物主要包括鱼类、底栖动物（主要是虾、螺、贝类）及滤食性动物等，用于延长食物链，完善水生态系统，同时也提高了水体的自我净化能力和生态系统的稳定性。生物操控原理见图2。

4 结语

水生态环境综合治理应根据项目具体情况，充分调查和分析，因地制宜、针对性地提出治理思路和方案。治理方案应以水生态修复为核心，构建完整的水生态系统，恢复和强化水体自净能力，综合生态安全、多样性、可持续性等原则，做到与景观美化有机统一，构建人水和谐的生态空间，为城市发展提供支撑和保障。

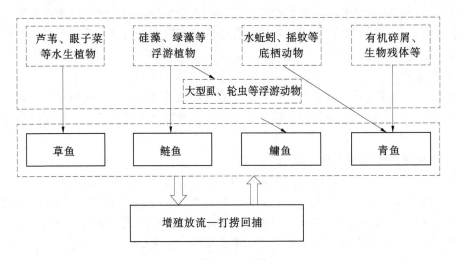

图 2　生物操控原理

近 60 年荆江与洞庭湖连通性的变化过程

陈　吟[1,2]　王延贵[1,2]　沈　健[3]

（1. 中国水利水电科学研究院，北京　100038；

2. 国际泥沙研究培训中心，北京　100044；

3. 长江水利委员会水文局荆江水文水资源勘测局，湖北荆州　434000）

摘　要： 近几十年来，受人类活动影响，长江与洞庭湖江湖关系变化剧烈。本文提出了水流连通指标和河湖水沙交换指标，对荆江和洞庭湖的连通性进行分析。研究结果表明：受到荆江裁弯取直、葛洲坝修建、三峡蓄水等工程建设的影响，荆江三口的分流比和分沙比发生了改变，进而导致了河湖水流、泥沙交换指标的变化。其中，河湖水流交换指标 1997 年后在 0 值上下波动，说明该阶段入湖流量和出湖流量基本平衡；河湖泥沙交换指标在 2003 年后呈显著减小趋势，2014 年仅为 −0.78，说明该时期湖泊呈冲刷状态。

关键词： 河湖关系；连通性；荆江三口；洞庭湖；河道冲刷

1　引言

近几十年来，长江与洞庭湖江湖关系变化剧烈，荆南三口分流入湖水量锐减、断流时间延长，带来湖区水资源、水生态、水环境与防洪等问题。这方面相关的研究成果很多，例如，林承坤等[1] 分析了洞庭湖调节作用对荆江径流的影响，方春明等[2] 阐明了荆江裁弯引起干流水位下降是造成藕池河急剧淤积与分流分沙减少的主要原因，同时关于荆江与洞庭湖区近 50 年水沙变化的研究也很丰富[3-6]。三峡水库运用后，水流下泄含沙量大大减小，引起荆江与三口分流河道冲刷，水位流量关系变化。这方面也有很多的预测与分析成果，例如，梅军亚等[7] 分析了三峡水库蓄水前后城陵矶至武汉河段水沙输移特性，许全喜等[8] 分析了三峡水库蓄水运用后长江中游河道演变，李景保等[9] 分析了三峡水库调度运行初期长江中下游河段的冲淤响应以及荆江与洞庭湖区的连锁水文效应。

然而，之前关于荆江河道、洞庭湖的研究比较多，对于荆江水系与洞庭湖整体连通性的分析还比较缺乏。为了分析荆江水系连通性的变化过程，本文采用荆江三口以及洞庭湖出口的水沙数据资料，就荆江水系近几十年来连通性的变化过程进行分析。本文提出的连通指标也能应用于其他区域的连通性研究，同时荆江水系的连通性评价的研究成果也能为三峡水库的调控、荆江河道的整治以及洞庭湖的治理提供参考。

2　研究区域

荆江河段位于长江中游，上起湖北省枝城镇，下至湖南省城陵矶（见图 1），全长 347.2 km。洞庭湖是一个过水型和调蓄型的湖泊，主要由湘江、资水、沅江、澧水四大水系和长江荆江河段的松滋口、太平口和藕池口三口分流水系组成，还有汨罗江、新墙河等支流入汇。另外，荆江三口洪道和城陵矶洪道是长江干流与洞庭湖的水沙连接通道，其变化会影响荆江及洞庭湖的连通性状况。本文在分

基金项目： 国家自然科学基金项目——水系连通性对江河水沙变异的响应机理与预测模式研究（51679259）；湖南省水利科技项目——衡邵娄干旱走廊干旱成因及水资源配置研究（XSKJ2018081-02）。

作者简介： 陈吟（1991—），女，工程师，主要从事水力学及河流动力学的研究工作。

析荆江与洞庭湖连通性时，选择的水文站分别是：松滋河的新江口水文站和沙道观水文站，虎渡河的弥陀寺水文站，藕池河的康家岗水文站和管家铺水文站，洞庭湖的城陵矶水文站。其中，城陵矶水文站位于荆江与洞庭湖汇合处，为洞庭湖水沙汇入长江干流的重要控制站。各水文站位置如图 1 所示。

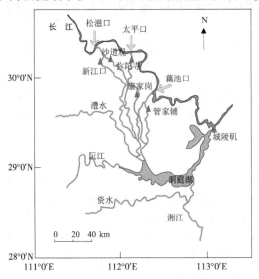

图 1　荆江水系及水文站点示意图

3　研究方法

3.1　水系连通性指标

水系连通性是指流域水系单元间（干流、支流、溪涧和湖库）互相连接的畅通程度，是流域水系的基本属性，对河流的生态环境、物质输送和能量循环具有重要作用。为了分析河道断面的水流连通性状况，采用河道实际来水量与断面输水能力的相对大小来反映河道的水流连通性，建立输水搭配指标：

$$\eta = W/W_c \tag{1}$$

式中，η 为输水搭配指标。

当式（1）中的各参数代表不同意义时，输水搭配指标代表不同的连通性质，如表 1 所示。

表 1　输水搭配指标的表达方式

η	最大输水搭配指标	最小输水搭配指标	
W	洪峰流量	最小流量	最低水位
W_c	过流能力	生态流量	生态水位
意义	反映了洪水的漫滩程度	反映了生态流量的满足程度	反映了生态水位的满足程度

3.2　河湖水沙交换指标

干流河道与湖泊的良好连通性不仅能够实现河湖之间的水沙交换，也是湖泊发挥其调蓄功能的基础。为了定量分析江湖水体的交换能力，结合图 2 提出的河流与湖泊之间的水流连通交换模式，通过将流入与流出湖泊径流量的差值与河道径流量进行对比，将河湖水流交换指标和泥沙交换指标分别定义为

$$I = \frac{Q_{in} - Q_{out}}{Q_r} \tag{2}$$

$$I_s = \frac{Q_{s\text{-in}} - Q_{s\text{-out}}}{Q_{s\text{-r}}} \tag{3}$$

式中，I 和 I_s 分别为河湖水流和泥沙交换指标；Q_{in} 为入湖水量，m^3，$Q_{in} = Q_{in\text{-}1} + Q_{in\text{-}2}$，$Q_{in\text{-}1}$ 为河流进入湖泊的水量，m^3；$Q_{in\text{-}2}$ 为支流流入湖泊的水量，m^3；Q_{out} 为湖泊流入主干河流的水量，m^3；Q_r 为河道的来流量，m^3；$Q_{in} - Q_{out}$ 为湖泊进出水体的剩余量，反映湖泊对水流的调蓄作用；$Q_{s\text{-in}}$ 为进口输沙率，kg/s；$Q_{s\text{-out}}$ 为出口输沙率，kg/s；$Q_{s\text{-r}}$ 为河道的输沙率，kg/s。

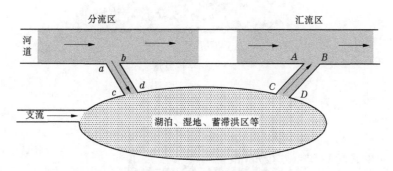

图 2　河湖水系连通示意图

如果只有大河水流流入湖泊，而没有湖泊水流流入大河，如图 2 中的阴影区域 abcd，对应的区域为分流区河段；即 $Q_{in\text{-}1} \neq 0$，$Q_{in\text{-}2} = 0$，$Q_{out} = 0$，河湖水流交换指标就变成了分流比：

$$I = Q_{in\text{-}1}/Q_r = \eta_Q \tag{4}$$

当从河流汇入湖泊中的水量为 0，支流汇入湖泊的流量也为 0，即 $Q_{in\text{-}1} = 0$，$Q_{in\text{-}2} = 0$，而从湖泊汇入河流中的水量不为 0，即 $Q_{out} \neq 0$，如图 2 中的阴影区域 ABCD，河湖水流交换指标就变成了汇流比：

$$I = -Q_{out}/Q_r = \eta_Q \tag{5}$$

类似地，式（3）河湖泥沙交换指标在分流和汇流处也可以变为分沙比和汇沙比的形式。

4　结果

4.1　荆江三口河道

图 3 给出了荆江三口五站水流连通性的变化过程。1955—2015 年荆江三口五站年径流量有减小趋势［见图 3（a）］，特别是藕池口管家铺站，其年径流量从 1964 年的 766.9 亿 m^3 急剧下降到 1972 年的 150 亿 m^3，之后径流量继续缓慢减小，至 2015 年减小到 75.16 亿 m^3。三口五站的洪水河槽过流能力和年均生态流量如表 2 所示，1955 年至今荆江三口五站的最大输水搭配指标皆呈减小趋势，但各站变化趋势略有差异，特别是藕池河康家岗站的最大输水搭配指标减小幅度更大，从 1950 年的 3.09 减至 1990 年代的 1.12，2010 年后仅 0.58，如图 3（b）所示。三口五站的最小输水搭配指标也皆呈减小趋势，对应各水文站的断流天数也在增加，但变化过程有一定的不同。例如，藕池河（管）站、藕池河（康）和沙道观站的最小输水搭配指标的减小幅度很大，分别从 1960 年代的 0.35、0.086 和 0.214 减至 2000 年代的 0.062、0.011 和 0.023，分别减小了 82%、87% 和 89%，如图 3（c）所示；各站的年断流天数分别从 1960 年代的 33 d、207 d 和 0 增加到 2000 年代的 188 d、255 d 和 200 d，如图 3（d）所示。

4.2　入江洪道

1955—2020 年城陵矶水文站的年径流量整体上呈减小趋势，如图 4（a）所示。其中，1970 年前径流量的变化幅度较小，基本上在平均值上下波动；1970 年之后，除了个别洪水年，整体上呈减小趋势，年径流量从 1970 年前的 3 000 亿 m^3 减小到 2 484 亿 m^3。1956—1966 年城陵矶站最大洪峰流量为 26 738 m^3/s，1967—1972 年最大洪峰流量为 29 883 m^3/s，1973—2003 最大洪峰流量为 27 073 m^3/s，整体上变化不大。另外，当城陵矶水文站的水位为 28 m 时，其过流能力约为 20 000 m^3/s，

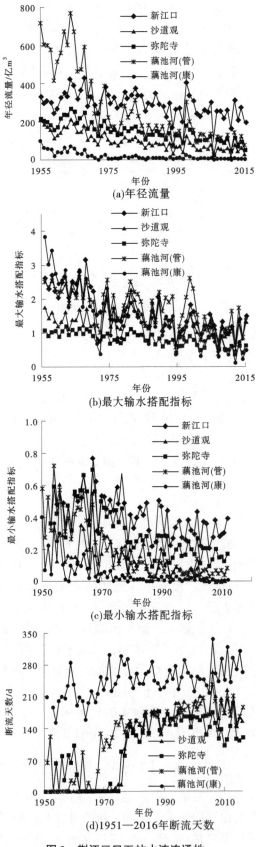

(a)年径流量

(b)最大输水搭配指标

(c)最小输水搭配指标

(d)1951—2016年断流天数

图 3　荆江三口五站水流连通性

表 2　荆江三口五站的特征流量指标　　　　　　　　　　　单位：m³/s

水文站	新江口	沙道观	弥陀寺	管家铺	康家岗
洪水河槽过流能力	3 194.6	1 361.6	2 828.9	2 473.2	340.3
年均生态流量	901.57	507.00	581.62	1 438.00	221.30

对应的 1956—1966 年、1967—1972 年及 1973—2003 年的最大输水搭配指标的值为 1.33、1.49 和 1.35，基本上没有明显的变化，如图 4（b）所示。湖泊适宜生态水位是指维持湖泊生态系统结构稳定和生物多样性不受损所需的最适宜水位。城陵矶水文站多年平均水位为 24.8 m；城陵矶适宜生态水位为 23.29 m[10]。用枯水位与适宜生态水位的比值计算的最小输水搭配指标如图 4（c）所示，城陵矶站的最小输水搭配指标有随时间增加的趋势，在 1980 年以后，指标的增加趋势逐渐放缓。

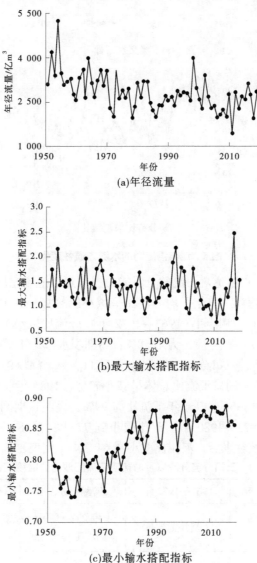

(a)年径流量

(b)最大输水搭配指标

(c)最小输水搭配指标

图 4　洞庭湖出口城陵矶站水流连通性指标

4.3　河湖连通交换指标

4.3.1　水流交换

1956—2015 年长江与洞庭湖的水流交换指标如图 5（a）所示。当忽略了洞庭湖的区间来流量时，河湖水流交换指标全为负值。分析表明，2003 年前、后的入湖总径流中，四水来流比例分别为65.1%和64.7%，三口来流比例分别为21.5%和21.1%，区间比例分别为13.4%和14.2%。当考虑区间来流量时，水流交换指标基本在 0 值上下。当水流交换指标大于 0 时，说明入湖流量大于出湖流量；反之则出湖流量大于入湖流量。在 1997 年前，河湖水流交换指标基本上是大于 0；在 1997 年后，河湖水流交换指标为在 0 值上下波动，如图 5（a）所示。

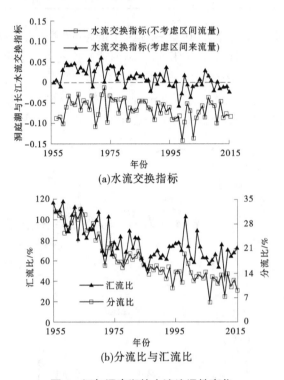

图 5　江与洞庭湖的水流连通性变化

荆江三口分流比代表着三口洪道对干流的分流能力，城陵矶汇流比反映了洞庭湖径流汇入荆江的能力，如图 5（b）所示。洞庭湖三口年平均分流比呈减小的趋势，其中下荆江裁弯前（1956—1966年）分流比为 29.4%；下荆江裁弯期间（1967—1972 年）分流比减小为 23.7%；下荆江裁弯后至葛洲坝水库运用前（1973—1980 年）分流比为 18.8%；葛洲坝水库运用后（1981—2002 年）三口分流比为 15.2%；三峡水库蓄水后，三口分流比继续减小至 11.4%。湖口汇流比定义为洞庭湖城陵矶站的流量与监利站的流量的比值，湖口汇流比总体呈减小趋势，1985 年前汇流比减小速率大，1985年后汇流比减小速率较小，其中 1956—1966 年汇流比为 99%，说明这期间由洞庭湖汇入长江的流量与长江上游的来流量相当；1973—1980 年汇流比减小到 77.3%；1981—2002 年汇流比基本上不变，平均值为 71.1%；2003 年三峡蓄水后，汇流比减小至 64.2%（见表 3）。

表 3　三口分流分沙以及城陵矶汇流汇沙比分时段统计　　　　　　　　　　　　　　%

时段	1956—1966 年	1967—1972 年	1973—1980 年	1981—2002 年	2003—2015 年
重大水利事件	下荆江系列裁弯以前	下荆江裁弯期	下荆江裁弯后至葛洲坝工程截流前	葛洲坝工程截流至三峡工程运用前	三峡工程运用至今
三口分流比	29.4	23.7	18.8	15.2	11.4
城陵矶汇流比	99.0	87.0	77.3	71.1	64.2
三口分沙比	35.5	24.8	21.3	17.7	20.7
城陵矶汇沙比	17.5	15.12	10.0	7.6	29.5

4.3.2 泥沙交换

当河湖泥沙交换指标小于0时，说明入湖沙量小于出湖沙量，湖泊呈冲刷状态；当河湖泥沙交换指标大于0，表明湖库处于淤积状态。当考虑区间来沙量的影响时，1956—2014年荆江河道和洞庭湖泥沙交换指标如图6（a）所示。从图6中可以看出，泥沙交换指标在2003年前有减小趋势，从1960年代的0.343减至1990年代的0.182；2003年后呈显著减小趋势，从2003年前的0.18减至2003—2014年的-0.188，2014年仅为-0.78，说明该时期湖泊呈冲刷状态。

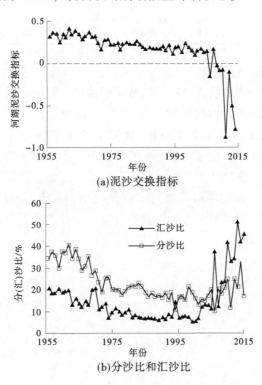

(a)泥沙交换指标

(b)分沙比和汇沙比

图6 荆江与洞庭湖的泥沙连通性

1956—2015年荆江三口分沙比和城陵矶站的汇沙比变化过程基本类似，总体上呈先减小后增加的趋势，如图6（b）所示。其中，2000年之前呈减小趋势，2000年以后呈增加趋势。与1956—1966年相比，荆江三口的分沙比从35.5%下降到1981—2002年的17.7%，城陵矶站汇沙比从17.5%下降到1981—2002年的7.6%，分沙比和汇沙比均下降了一半。2003年三峡蓄水后，荆江三口的分沙比和城陵矶站的汇沙比不断增加，至2015年分沙比和汇沙比分别增加到17.3%和45.6%。

5 讨论

三峡水库蓄水运用后，长江中游河道大幅度冲刷，枯水水位降低，江湖关系发生变化，再加上洞庭湖区、鄱阳湖区经历围湖造田及闸坝修建等人类活动，使得该区域的水系连通性发生了改变，包括荆江河道冲扩、湖泊萎缩、水质污染、河湖连通变化等。

5.1 荆江河道冲刷与崩岸

2003年三峡水库蓄水后长江中下游河道发生不同程度的冲刷，荆江河床冲刷最为剧烈，如表4所示[11]。2002年10月至2012年10月荆江平滩河槽累计冲刷量6.21亿 m³，年均冲刷量0.538亿 m³，深泓平均冲深1.56 m。荆江河段的弯顶段、汊道段、过渡段深泓冲刷较大，顺直段深泓高程变化相对较小。其中，上荆江公安以上，蛟子洲尾部（荆78断面）的最大冲深达7.4 m；下荆江石首弯道进口附近向家洲近岸河槽最大冲深达13.6 m（荆92断面）。河道冲刷使得过水断面扩大，河道纵向连通性提高。

表 4　荆江河段冲淤量及河床纵剖面冲刷深度

河段名称	枝江河段	沙市河段	公安河段	石首河段	监利河段
平滩河槽冲淤量/亿 m³	−12 883	−10 376	−9 846	−15 779	−13 233
深泓平均冲深/m	−1.56	−2.15	−1.38	−2.82	−0.35
冲刷最大值/m	−4.7	−9.4	−7.4	−13.6	−9.7
冲刷最大值出现位置	关洲汉道	金城洲	蛟子洲尾部	向家洲	天字一号

5.2　江湖连通性衰退与河道水位下降

三峡水库蓄水运用后，在调节径流的同时拦截了泥沙，导致坝下游荆江河段的大幅度冲刷，引起同流量下水位下降，导致江湖连通性的变化（见图 7）。例如，2013 年与 2003 年相比，对于 10 000 m³/s 枯水流量，枝城站和螺山站水位分别下降了 0.75 m 和 0.79 m。一方面，同流量的水位降低，将会导致水流的侧向漫溢程度减小，在来流量不变的情况下，洪水漫滩的次数降低，改变了河道的侧向连通性，对于滩槽之间的水沙交换和生物连通都不利。另一方面，同流量下水位降低，导致河湖连通通道（如三口、城陵矶水道、湖泊洪道等）过水面积减小、水流不畅、泥沙淤塞严重等问题，并时常出现严重的通道断流现象，对洞庭湖和鄱阳湖的分流分沙等产生了一定的影响，河湖水沙交换过程随之而变，使河湖关系重新调整。

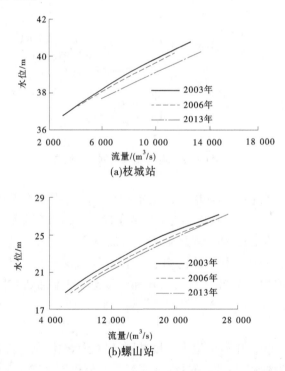

图 7　2003—2013 年荆江枯水期水位流量关系变化

6　结论

（1）1950—2015 年荆江三口五站的最大输水搭配指标和最小输水搭配指标均呈减小趋势，河道的断流天数有增加的趋势，说明河湖入口处的水流连通性降低；而城陵矶站的最大输水指标整体上变化不大，最小输水指标有明显的增加趋势，说明河湖出口处的水流连通性有增加的趋势。

（2）荆江和洞庭湖的河湖水流交换指标在 1997 年后在 0 值上下波动，说明入湖流量和出湖流量基本平衡；泥沙交换指标在 2003 年后呈显著减小趋势，2014 年仅为 -0.78，说明该时期湖泊呈冲刷状态。

（3）由于荆江裁弯取直、葛洲坝修建、三峡蓄水等工程建设的影响，荆江三口的分流比和分沙比发生了很大的改变，导致了荆江与洞庭湖河段连通性的变化。

参考文献

［1］林承坤，许定庆，吴小根．洞庭湖的调节作用对荆江径流的影响［J］．湖泊科学，2000（6）：105-110.

［2］方春明，曹文洪，鲁文，等．荆江裁弯造成藕池河急剧淤积与分流分沙减少分析［J］．泥沙研究，2002（6）：40-45.

［3］Chen Zhongyuan, Li Jiufa, Shen Huanting, et al. Yangtze River of China: historical analysis of discharge variability and sediment flux［J］. Geomorphology, 2001, 41: 77-91.

［4］马元旭，来红州．荆江与洞庭湖区近 50 年水沙变化的研究［J］．水土保持研究，2005（8）：103-106.

［5］Zhang Qiang, Xu Chongyu, Stefan Becke, et al. Sediment and runoff changes in the Yangtze River basin during past 50 years［J］. Journal of Hydrology, 2006, 331: 511-523.

［6］T Nakayama, M Watanabe. Role of flood storage ability of lakes in the Changjiang River catchment［J］. Global and Planetary Change, 2008, 63: 9-22.

［7］梅军亚，毛北平．三峡水库蓄水前后城陵矶至武汉河段水沙输移特性分析［J］．应用基础与工程科学学报，2007（12）：473-482.

［8］许全喜，袁晶，伍文俊，等．三峡水库蓄水运用后长江中游河道演变初步研究［J］．泥沙研究，2011（4）：38-46.

［9］李景保，常疆，吕殿青，等．三峡水库调度运行初期荆江与洞庭湖区的水文效应［J］．地理学报，2009，64（11）：1342-1352.

［10］王鸿翔，朱永卫，查胡飞，等．洞庭湖生态水位及其保障研究［J］．湖泊科学，2020，32（5）：306-315.

［11］水利部长江水利委员会．长江泥沙公报［M］．武汉：长江出版社，2013.

不同水流速度下重金属 Cd、Cr 在上覆水- 间隙水-沉积物体系中的迁移特征

余 杨[1] 鲁 婧[1] 王世亮[2] 刘聚涛[3]

(1. 中国水利水电科学研究院，北京 100038；
2. 曲阜师范大学，山东曲阜 273165；
3. 江西省水利科学院，江西南昌 330029)

摘 要：借助自主开发的水动力模拟水槽，模拟 5 cm/s（小流速，A）、10 cm/s（中流速，B）、20 cm/s（大流速，C）三种流速条件，研究三个流速下的湖泊沉积物中重金属 Cd、Cr 在沉积物-间隙水-上覆水之间的迁移规律。结果表明，流速的增加能促进重金属的释放，沉积物再悬浮是上覆水中重金属浓度增加的主要原因。同时，与静水条件相比，动水条件对沉积物中重金属的迁移有显著影响，但不同重金属受自身特性的影响显示不同的迁移规律。三种水流条件对不同介质中重金属含量变化产生的影响过程和结果也不相同，但其影响程度总体为上覆水>沉积物>间隙水。

关键词：水动力条件；沉积物；重金属；上覆水；间隙水

1 引言

湖泊沉积物中重金属具有再迁移的特性，当环境因子变化时重金属可在不同介质间发生迁移。当前的研究大多集中于底泥的静态释放研究[1-2]，将水动力变化与重金属迁移规律相结合的研究很少。实际上，对于浅水湖泊，水动力在湖泊生态环境演变中扮演着重要的作用。

水动力条件主要体现在由风浪扰动、潮汐、航运、清淤以及内部环流等产生流速等方面，尤其在风浪扰动作用下，由上边界的驱动导致下边界水体产生剪切流速，使沉积物悬浮，影响营养盐的释放，进一步影响水土界面的氧化还原环境，使得对有机物降解和矿化作用影响显著的微生物群落发生变化，其降解的最终产物也发生变化[3]。可见水体的水动力条件对底泥污染物的扩散释放有很大影响。目前，研究多采用人工搅拌或机械搅拌等方式来模拟水体的动力条件[4-6]，但通过这些方式产生的水流状态与天然水体的运动状态差别很大。因此，本研究借助自主开发的"水动力模拟水槽"，研究采自鄱阳湖的沉积物中 Cd、Cr 在不同水动力条件下的迁移规律，以及在沉积物间隙水上覆水间的分配变化，旨在为湖泊沉积物重金属释放量估算及水环境质量评价提供科学依据。

2 材料与方法

2.1 试验装置与方法

试验所采用装置为实验室自制，装置由水箱、水泵组成。水箱长 4 m、高 1 m、宽 0.8 m，水泵每小时最大流量为 100 m³，阀门可调节流量。试验所用沉积物取自鄱阳湖饶河河口，带回实验室均匀地铺在水槽中间位置，两端用挡板固定。试验用水采用除氯自来水。首先将底部水箱装满水，当装置运行时，水流通过水泵从水箱中抽出，通过流量计调节流量，用流速仪测定流速，设定的三个流速分别为 5 cm/s（A）、10 cm/s（B）、20 cm/s（C），控制水槽水深为 20 cm。

作者简介：余杨（1984—），男，高级工程师，主要从事水环境污染物生态效应研究工作。

试验分别在 0 h、2 h、6 h、10 h、15 h、22 h、30 h 采集上覆水、间隙水和沉积物样品。其中，第 0 小时的值代表自来水、沉积物和间隙水中重金属的背景含量。

2.2 样品采集与处理

上覆水样：每次只采集 1 个水样，约 100 mL，其中 50 mL 经 0.45 μm 滤膜过滤用以测定溶解态重金属，所有水样加 HNO₃ 调节至 pH<2，放入冰箱于 4 ℃ 保存待测。

沉积物样、间隙水样：每个平流速均取 300 g 沉积物混匀，保存于洁净的聚乙烯瓶中迅速带回实验室。取 150 g 剔除大小砾石、贝壳及动植物残体等杂质后，冷冻干燥并研磨后过 100 目筛放入密封的聚乙烯袋中保存。将另 150 g 未冷冻的沉积物于 4 000 r/min 转速下离心 20 min，倒出上清液经 0.45 μm 滤膜过滤后得间隙水样，调节至 pH<2，置于 4 ℃ 冰箱内保存待测。所有样品都用原子吸收光度计进行重金属含量的测定。

以上试验过程均进行 3 次，取平均值进行后续分析。

3 结果与分析

3.1 沉积物中重金属含量的变化

沉积物中 Cd、Cr 含量的变化如图 1 所示。结果表明，不同流速沉积物中重金属变化趋势比较相似，在前面几个小时均呈不同程度的降低，说明在试验条件下重金属出现了典型的释放。

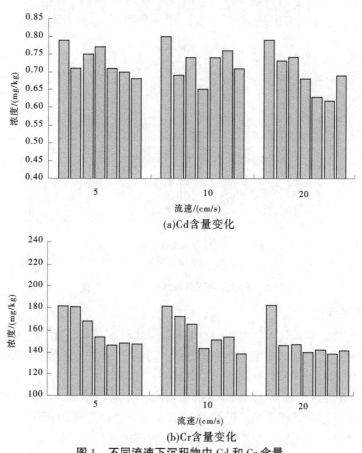

(a)Cd含量变化

(b)Cr含量变化

图 1　不同流速下沉积物中 Cd 和 Cr 含量

A、B、C 三个流速下 Cd 的最大释放量分别为 0.124 mg/kg、0.134 mg/kg、0.156 mg/kg，Cr 的最大释放量分别为 24.75 mg/kg、35.45 mg/kg、46.84 mg/kg。由上述值可以看出，Cd、Cr 具有相似的释放量特征，即流速越大，释放量越大。这是因为流速越大，水流紊动越剧烈，对表层沉积物的理化性质，如溶解氧条件、氧化还原电位、有机质含量等产生明显影响，引起重金属形态的转化。另外，水流直接作用于沉积物表面，紊动越剧烈，剪切力越大，对沉积物的结构产生影响也越大。用滞留边界层理论分析紊动强度对沉积物中重金属释放的影响时发现，随着紊动强度的提高，滞流边界层厚度减小，重金属释放量增大。

沉积物中的间隙水在湖泊体系重金属的地球化学循环过程中起重要作用。因为从沉积物中释放出的重金属并非直接进入上覆水，而是通过沉积物间隙水的扩散作用，以及在沉积物水界面处由于氧化还原环境的改变而发生的再沉积作用共同影响上覆水。

试验观测的三个流速试验内间隙水中两种重金属浓度的变化见图 2。Cd 呈逐渐减小的趋势，Cr 呈波动式降低的趋势，但最终均趋于平衡，说明从沉积物迁移进入间隙水的重金属随时间变化，在试验条件下向其他介质发生了迁移。试验采用的上覆水为自来水，其重金属的含量相对于污染沉积物中间隙水的含量要低，这为重金属向上覆水扩散提供了条件。

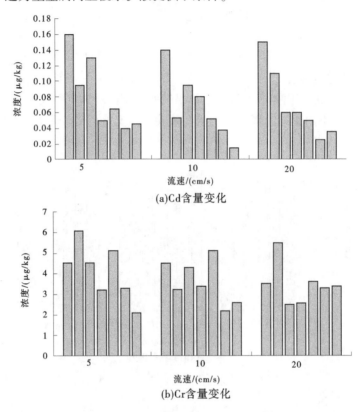

(a)Cd含量变化

(b)Cr含量变化

图 2　不同流速下间隙水中 Cd 和 Cr 含量

3.2　上覆水中重金属的变化

不同流速上覆水中重金属 Cd、Cr 的含量随时间的变化过程如图 3 所示。Cd 和 Cr 的变化趋势相似，且上覆水中浓度随流速的增大而增大，与流速的大小顺序一致。说明流速越大，上覆水中重金属的浓度越高。

同时，上覆水中 Cd 的浓度在 A 与 B 流速条件下的变化趋势相似，浓度均在第 2 小时达到最大值，后又开始下降，然后逐渐趋于平衡；但在 C 流速条件下的浓度却逐渐增加，并在第 22 小时达到最大值。说明在高流速条件下引起了沉积物 Cd 的较大程度的释放。上覆水中 Cr 的浓度变化与 Cd 相似，但在第 22 小时时，小流速和中流速下 Cr 的浓度也有所增加，这是由于环境条件的变化较大，导致沉积物中的无机沉淀态的 Cr 重新释放到水体中，而 Cd 随着温度的升高，释放率会随之降低并逐渐趋于恒定。

试验中，上覆水体的流动相当于一种外在作用力，在外力干扰的切应力达到可搬动沉积物颗粒的程度时，颗粒再悬浮发生，同时颗粒态重金属释放，并引起上覆水中重金属含量的增加。通常情况

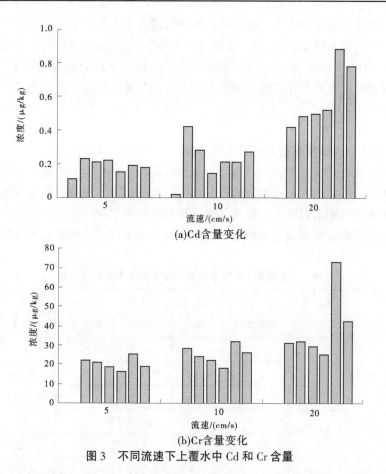

(a)Cd含量变化

(b)Cr含量变化

图3　不同流速下上覆水中 Cd 和 Cr 含量

下，水流扰动越大，进入上覆水体的再悬浮物质越多。

从图4中可以看出，C 流速浊度变化过程与 A 流速和 B 流速之间有明显的差异。C 流速的浊度呈逐渐增加的趋势，22 h 以后才有逐渐平衡的趋势；A 流速与 B 流速的变化趋势相似，在第 2 小时达到最大值后逐渐减小，第 22 小时以后逐渐趋于平衡。由此可以得出：流速越大，上覆水体的浊度越大，表明发生悬浮的沉积物越多，再悬浮的沉积物暴露在有氧环境中，使得沉积物的性质以及在沉积物-水界面的分配平衡改变，使原本吸附或结合于沉积物中的重金属得到释放，进入上覆水体中。另外，直径较大的悬浮颗粒会吸附水中的溶解态重金属，并在重力的作用下沉降，重新回到沉积物表面，引起上覆水和沉积物中重金属的分配变化。

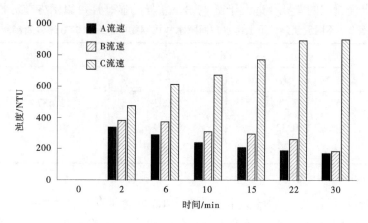

图4　不同水动力条件下上覆水体的浊度

上覆水中 Cd、Cr 在 A、B、C 三种流速中的浓度变化与浊度的变化趋势一致，说明水动力引起表层沉积物发生悬浮的程度与沉积物重金属迁移到水中的量有很大的关系，流速越大，释放到上覆水中的重金属量越多。将上覆水中重金属 Cd、Cr 浓度与水体浊度进行相关性分析发现，Cd 浓度与浊度的相关系数分别为 0.941、0.986、0.897，Cr 浓度与浊度的相关系数分别为 0.754、0.823、0.915，均显著相关。可以说明，底泥再悬浮是沉积物中 Cd 和 Cr 向上覆水迁移的主要途径。

4 讨论

4.1 不同水动力条件下沉积物中重金属的迁移特征

沉积物中的重金属在环境条件改变时会向上覆水或间隙水中释放；上覆水中的重金属则有可能被悬浮物吸附发生沉积，间隙水和上覆水之间存在浓度梯度的扩散，所以沉积物中重金属的迁移具有方向性。试验中，上覆水为清洁自来水，重金属含量较低，加上水动力的剪切作用，致使沉积物发生再悬浮，这些都将显著影响沉积物重金属的迁移过程。表 1 为上覆水、间隙水和沉积物中重金属的相关系数。

表 1 上覆水、间隙水和沉积物中重金属的相关系数

元素	介质	A 流速			B 流速			C 流速		
		上覆水	间隙水	沉积物	上覆水	间隙水	沉积物	上覆水	间隙水	沉积物
Cd	上覆水	1			1			1		
	间隙水	0.648	1		−0.475	1		−0.548	1	
	沉积物	−0.598	−0.502	1	−0.664	−0.395	1	−0.812 *	−0.021	1
Cr	上覆水	1			1			1		
	间隙水	−0.182	1		−0.632	1		−0.152	1	
	沉积物	−0.363	0.614	1	−0.786 *	0.524	1	−0.753	0.242	1

注：* 表示显著相关。

由表 1 可知：①C 流速条件下上覆水浓度与沉积物含量显著负相关，说明在大流速条件下，沉积物中的 Cd 向上覆水迁移的趋势明显；②B 流速条件下上覆水浓度与沉积物中的含量显著负相关，说明 B 流速条件下沉积物中的 Cr 向上覆水迁移趋势明显。

4.2 不同水动力条件下沉积物中重金属的影响机制

沉积物中的重金属在动水条件下比静水条件更容易发生迁移，水动力条件不同，重金属的迁移过程也会有差别。由本试验的结果可以看出，上覆水中三种流速间的差异较为明显，且其中 A 与 C 流速条件下上覆水中重金属间的差异要远大于 A 与 B。差异的显著性可以由方差分析得出（见表 2）。

表 2 不同流速条件下上覆水、间隙水和沉积物中重金属的方差分析结果

环境介质	Cd		Cr	
	F	a	F	a
上覆水	7.784	0.003	2.487	0.112
间隙水	0.323	0.679	0.297	0.778
沉积物	0.716	0.521	3.875	0.045

注：F 表示均值差异；$a<0.05$，显著差异。

通过差异性分析可以看出，三种流速下上覆水中 Cd 的含量存在显著性差异（$a=0.06$），说明不同流速对其含量的变化有显著影响。沉积物 Cr 在三种流速间差异也较为显著（$a=0.045$，接近 0.05）。表 2 中 a 值越接近 0.05，越能够说明三种流速下重金属含量的差异越明显。因此，对不同重金属，流速所产生的影响程度为 Cr>Cd。

根据 a 值的大小排序，可知流速对三种介质中重金属含量的影响程度为：上覆水>沉积物>间隙水。这可能是因为在水动力条件下水流剧烈紊动，沉积物会发生悬浮，流速越大，再悬浮量越大，对上覆水产生的影响也就越大；间隙水中重金属向上覆水的扩散作用随着上覆水体浓度的增加而逐渐减小，因此三种流速的差异性较小；水动力通过改变沉积物的结构和化学性质来促进重金属的释放，但在水较浅的情况下，不同水动力对沉积物的作用效果相对更小。

5 结论

（1）不同水动力条件对三种重金属在各环境介质中的影响规律差异明显。沉积物中 Cd、Cr 的最大释放量随着流速的增大而增大，流速越大，释放量越大；上覆水中 Cd、Cr 的含量也随着流速的增大而增大；而间隙水中重金属的浓度随着流速的变化差异不明显。

（2）不同水动力条件下三种重金属的迁移规律差异明显。Cd 和 Cr 向上覆水体的迁移主要受到沉积物再悬浮的影响，通过悬浮颗粒物迁移释放，并且迁移程度因流速的不同而产生差异。

（3）高流速条件下沉积物中的重金属更容易发生迁移。不同流速对重金属含量的变化产生的影响差异明显，影响程度为间隙水<沉积物<上覆水，对不同重金属迁移的影响程度为 Cr>Cd。

参考文献

[1] 汪福顺，刘丛强，灌瑾，等．贵州阿哈水库沉积物中重金属二次污染的趋势分析 [J]．长江流域资源与环境，2009，18（4）：379-383．

[2] Fries J S. Predicting interfacial diffusion coefficients for fluxes across the sediment-water interface [J]．Journal of Hydraulic Engineering, 2007, 133（3）：267-272．

[3] 秦伯强．太湖生态与环境若干问题的研究进展及其展望 [J]．湖泊科学，2009，21（4）：445-455．

[4] 张彬，张坤，钟宝昌，等．底泥污染物释放水动力学特性试验研究 [J]．水动力学研究与进展，2008，23（2）：126-133．

[5] 宋宪强，雷恒毅，余光伟，等．重污染感潮河道底泥重金属污染评价及释放规律研究 [J]．环境科学学报，2008，18（11）：2258-2268．

[6] 魏俊峰，吴大清，彭金莲，等．污染沉积物中重金属的释放动力学 [J]．生态环境，2003，12（2）：127-130．

基于大数据文本分析的深圳市大沙河
生态长廊绩效评价

范钟琪

（深圳大学建筑与城市规划学院，广东深圳　518060）

摘　要：滨水绿道是城市重要的生态和休闲网络的组成部分，其建设是提升城市品质、推进城市发展的重大举措，但相关的绩效评价还未形成成熟的体系。笔者以深圳市大沙河生态长廊为研究背景，通过 ROST Content Mining 平台大数据分析，从大众点评、新浪微博等网络平台上筛选出有关深圳大沙河生态长廊的高频词汇，对积极感知要素和消极要素进行分析。研究结果显示，评论多倾向于积极情感，"绿色""漂亮""舒服"是最深刻的印象；消极感知主要来自于停车服务、餐饮服务、健身服务、寄存服务不足。了解长廊不同空间节点的关注度以及长廊上的活动类型和偏好，进而提出应保持特色优势，突出大沙河生态长廊的"生态之河"形象定位、提高设施服务质量、推进社会反馈平台建设等方面改进建议。

关键词：滨河绿道；大数据；满意度

1　引言

绿道是重要的生态和休闲场所，具有自然功能、社会功能及经济功能，能改善城市小气候，提升环境价值和生活质量[1]，其中滨河绿道是以水为主线，统筹山水林田湖草各种生态要素的一种线性空间[2]。近年来，在绿道理念指导下进行城市河流开发已成为普遍的趋势[2-5]。如何使滨河绿道充分体现其生态、景观、交通的综合价值，需获得公众对滨河绿道建设的反馈评价，为空间设计提供崭新视角。

过去，对于滨河绿道和其他绿色公共空间的研究往往通过调研和问卷等方式开展[6-8]。滨河绿道的使用者分散、周边用地环境复杂多变，需要长期持续性的观察研究，通常导致成本比较高、相对耗时，且获取的样本数量和信息量有限[9-10]。伴随着新媒体的兴起，人们倾向于把相关体验认知及感受发布在大众点评、新浪微博等网络平台，并主动分享在互联网，这些数据可以免费获得，因而网络大数据具有低成本、时效性长、客观性等特征。

因此，本研究以集深圳的历史、文化及城市特质于一体的滨河绿道——大沙河生态长廊为例，通过对网络评价文本的挖掘，采用 ROST Content Mining 软件分析出公众对深圳市大沙河生态长廊的情感态度及整体印象，以期为改善大沙河生态长廊的建设提供参考。

2　研究区域与研究方法

2.1　研究对象

深圳大沙河，是传承着南山记忆的"母亲河"，发源于羊台山，纵贯深圳市南山区，全长 13.7 km，流域面积约 92.99 km²。早期的大沙河，河面宽阔，两岸居民依水而居，运沙船能溯游而上。但随着城市的快速发展，大沙河由自然河川转变为城市排洪沟渠，并且城市人口急剧膨胀，水体污染负荷远远超过大沙河受纳水体的环境容量，导致河水发黑、发臭。而随着深圳城市更新的发展，大沙河

作者简介：范钟琪（1996—），女，研究生，研究方向为城乡规划。

也迎来改造机遇，成为深圳重要的城市热点与人文中心。2019 年 10 月 1 日，大沙河生态长廊全线建成，逐渐成为深圳城市科创和新居住生活资源集聚的空间。

2.2 数据来源

从平台数据的丰富性、开放性及与移动终端结合的紧密性考虑，本研究选取新浪微博、大众点评作为数据获取平台。新浪微博是指一种基于用户关系信息即时分享、传播以及获取的通过关注机制分享简短实时信息的广播式社交媒体、网络平台。大众点评网成立于 2004 年，伴随中国互联网高速发展，已经成为国内最大的公众评价平台，在绿道使用者评价方面已积累大量评价信息。

笔者以"深圳市大沙河生态长廊"为关键词在新浪微博、大众点评等网站进行聚焦搜索，总共收集 773 条评价，文字达到 84 683 字，其中微博数据 392 条，大众点评数据 381 条。

2.3 分析方法

本研究主要采用网络文本分析法，通过整理新浪微博、大众点评上有关深圳市大沙河生态长廊的点评，将其导入 ROST Content Mining 软件中并提取有关高频词汇，再进行使用者情绪分析、情绪影响因子分析、绿道关注点分析和使用者活动类型分析等研究，以期获得使用者对长廊的积极感知要素和消极感知要素。

3 结果与分析

3.1 使用者情绪分析

使用者情绪分析主要侧重于反映人们对这一事物进行描述时的情绪，以此了解使用者对大沙河生态长廊的实际情感及印象。本文讨论的情绪类型分为积极情绪、中级情绪和消极情绪。积极情绪越多，说明公众对长廊的评价和体验越好，消极情绪则反映出对长廊的不满之处，通过此类分析，可对绿道进行改善管理。

通过 ROST Content Mining 软件对大沙河生态长廊的文本数据进行情感分析，其结果见表 1。从表 1 可以看出，人们对大沙河生态长廊的评价基本以积极情绪为主，中级情绪和消极情绪占据比例较小，表明使用者对长廊的整体印象较为满意。

表 1 使用者情绪感知分析

情绪类型	点评数量/条	比例/%	说明
积极情绪	603	78.01	积极情绪分段统计结果如下： 一般（5~15）：153 条，占 19.79% 中度（15~25）：98 条，占 12.68% 高度（25 以上）：352 条，占 45.54%
中级情绪	115	14.80	
消极情绪	53	6.86	消极情绪分段统计结果如下： 一般（5~15）：33 条，占 4.27% 中度（15~25）：9 条，占 1.16% 高度（25 以上）：11 条，占 1.42%
总计	773	100	

3.2 情绪影响因子分析

通过 ROST Content Mining 软件的内容挖掘系统，提取出高频词汇并对文本词频进行归类，其中形容词多为描述心情和感受的词语，因此能够间接地反映出人们做出评价的原因。图 1 为词频最高的前十个与情绪有关的形容词，包括正面情绪和负面情绪两种。

总体而言，使用者对大沙河生态长廊环境持有积极态度，如"不错""美丽""漂亮""舒服"

"干净"展现了长廊对使用者具有充分的吸引力。对照表格结果并反馈到原评论中进行分析研究，对人们情绪的原因进行推测和论证，发现使用者对环境舒适程度、植被丰富度、环境卫生等方面赞赏度高，例如，"河道还比较宽，水也干净，还有不少鸟等，生态很好""空气也特好，待在这里感觉整个人都很舒服""吃完饭来这里散步，还是很舒服的！""路过这条河的景色太迷人了！如痴如梦宽阔的河道，两边的花花草草""基础设施建设好，两岸风景漂亮，骑行徒步都合适""晚上过来运动健身的人特别多，空气也清新"。负面形容词词频解释了大沙河生态长廊负面情绪产生的一些原因，如道路不通畅、环境嘈杂等。

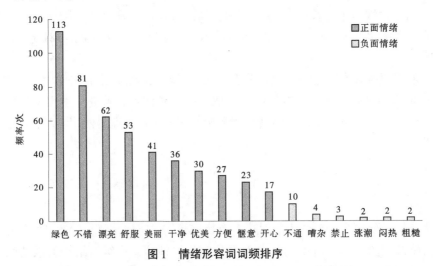

图 1　情绪形容词词频排序

3.3　绿道关注点分析

本文通过 ROST Content Mining 软件提取出高频词汇中前十的地点名词，其结果如图 2 所示。结果表明，大沙河沿岸的人才公园、深圳湾、万象天地、大学城、长岭陂水库、科技园、塘朗山、白石洲等场所备受欢迎。这些地点间接反映了政府改造大沙河的必要性，表明大沙河生态长廊与城市空间互相促进、共同发展，有利于促进城市繁荣。

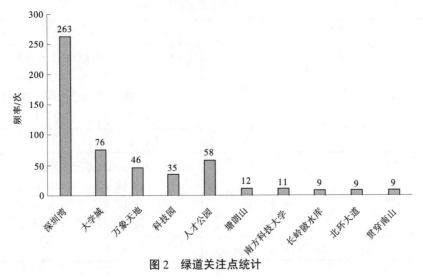

图 2　绿道关注点统计

3.4　使用者活动类型分析

研究利用 ROST Content Mining 软件的词频统计，得到文本中的动词词频，其中部分动词为活动的类型，间接反映了人们在绿道中的活动内容。本文统计了大沙河生态长廊词频量前十的活动类型，其结果如图 3 所示。

从图 3 中可明显看出："跑步""散步""运动""骑车"是大沙河生态长廊使用者提到的有关活

动类型的高频词。长廊的使用者主要是附近居民，锻炼身体、观景是他们来大沙河生态长廊的目的，因此体现出使用者对大沙河生态长廊高度的认同感。如使用者描述到"绿道骑车过来上班既环保又能锻炼身体""环境空气很好，有跑道和自行车道，是市民休闲锻炼的好去处！"但也有使用者反映周末不允许自行车入园的规定，严重影响了长廊的使用效率，如："深圳大沙河生态长廊居然不允许自行车在周末和法定节假日通行，而长廊中是配有自行车道的，为什么？"

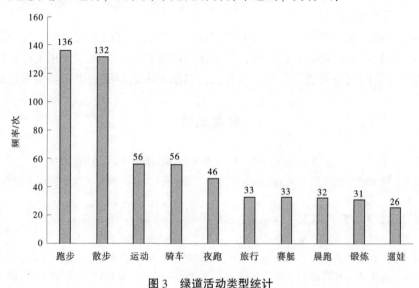

图 3　绿道活动类型统计

3.5　服务设施感知

设施服务是指为满足使用者在使用过程中的需要而建设的物质设施总称。通过对大沙河生态长廊网络文本整理可知：使用者对大沙河的设施服务存在的意见主要体现在缺乏饮料售卖机、存包设施、运动设施，以及停车场的设置不够清晰等问题。如网友对服务设施的意见见表2。

表 2　网友对服务设施的意见

服务设施类型	评价意见
停车服务	"转来转去也不知去哪里停车，后来打听到只能停深圳湾公园鹭岛停车场"
餐饮服务	"大沙河很好看，但是沿途连卖水的地方都没有！渴死了"
健身服务	"强烈建议大沙河增加一些运动设施，只能跑步、走路也太单调了"
寄存服务	"连自动存包柜都没有！总不能背着大包跑步！"

4　绿道提升与完善建议

从使用者对大沙河生态长廊的网络文本分析可知，大部分使用者对长廊的环境建设持积极态度，认为可以提高生活品质。另外，也有部分使用者对长廊的整体建设持消极态度，主要表现在：饮水设施、运动设施不足，停车困难、周末自行车不准入园等方面。因此，根据使用者对大沙河生态长廊的评价，笔者提出以下建议。

4.1　保持特色优势，突出大沙河生态长廊的"生态之河"形象定位

大沙河生态长廊是深圳"四带六廊"基本生态格局的重要生态走廊，其生态环境优质，自然休闲风格受到大部分使用者的喜爱。因此，管理方应充分利用这一有利条件，选择绿色材质进行建设，突出其自然生态形象，同时开展一些独特的科普体验活动，以期提高使用者的环保意识和体验感知。

4.2　提高设施服务质量

生态长廊的设施服务质量是影响公众游览体验的重要因素。本文通过网络文本分析，发现众多使

用者由于周末不允许自行车入内，对生态长廊的管理产生不满情绪。因此，笔者建议周末分地段管理长廊，允许公众在规定的时间内进入该地段骑行。此外，公众呼吁增加饮料售卖机、存包设施、运动设施等公共服务设施数量，所以长廊可以增加这些设施的数量，以满足使用者需求。最后，大沙河生态长廊需及时发现和解决网络文本数据尚未覆盖到的老人、儿童等群体的使用需求，并做出相应改进。

4.3 推进社会反馈平台建设

随着互联网的发展，人们更倾向于在线上发表评价，表达自己的态度，因此关于生态长廊的网络评论对其形象塑造有着重要的影响。基于此，笔者建议政府和相关机构加大相关社会宣传，并积极构建官方与公众沟通互动的网络渠道，听取公众意见，以便为未来的反馈研究提供更好的基础。

参考文献

［1］周年兴，俞孔坚，黄震方．绿道及其研究进展［J］．生态学报，2006（9）：3108-3116.

［2］宫明军，李瑞冬，顾冰清．城市中小河道滨河绿道景观再塑——以上海静安区彭越浦滨河绿道为例［J］．中国园林，2019，35（S2）：88-92.

［3］王薇，李传奇．河流廊道与生态修复［J］．水利水电技术，2003（9）：56-58.

［4］李静，张浪，李敬．城市生态廊道及其分类［J］．中国城市林业，2006（5）：46-47.

［5］岳隽，王仰麟，彭建．城市河流的景观生态学研究：概念框架［J］．生态学报，2005（6）：1422-1429.

［6］卢飞红，尹海伟，孔繁花．城市绿道的使用特征与满意度研究——以南京环紫金山绿道为例［J］．中国园林，2015，31（9）：50-54.

［7］孙雅楠，杨立新，李俊英．城市绿道系统使用状况评价及优化策略研究——以大连金州绿道为例［J］．热带农业科学，2016，36（3）：92-97.

［8］高禹诗，周波，杨洁．城乡统筹背景下的田园型绿道使用后评价——以成都锦江 198LOHAS 绿道为例［J］．中国园林，2018，34（2）：116-121.

［9］谭立，赵茜瑶，李俙．基于多源大数据分析的北京市典型建成绿道评价［J］．现代城市研究，2019（10）：36-42.

［10］邵隽，常雪松，赵雅敏．基于游记大数据的华山景区游客行为模式研究［J］．中国园林，2018，34（3）：18-24.

草地过滤带对径流中重金属铅的截留效应研究

霍炜洁[1]　赵晓辉[1]　刘来胜[1]　黄亚丽[2]

(1. 中国水利水电科学研究院，北京　100038；
2. 河北科技大学，河北石家庄　050018)

摘　要：利用自行设计的 6 m 土槽构建草地过滤带系统，采用模拟径流试验，以无植被土槽为对照过滤带，研究不同植被条件、土壤条件下过滤带系统对径流中重金属铅的截留效应。结果表明：径流中重金属铅以吸附态为主要存在方式，其截留主要发生在过滤带 0~4 m 范围内；相比于对照过滤带，高羊茅过滤带中铅的截留率较高。过滤带土壤渗流出水的全量铅浓度及铅离子浓度均显著降低，植被条件和土壤条件对铅的截留无显著影响。

关键词：草地过滤带；高羊茅；截留；铅

随着工农业的快速发展及人类活动影响，采矿冶炼、电镀、农药化肥的大量施用[1] 产生的废水使河流中的重金属污染逐年加剧。重金属含量超出正常范围，能引起生态系统的不良反应，造成动植物、大气和水环境质量下降，并能通过食物链危害人类的健康[2-3]。而重金属污染又具有富集性、长期性和不可逆的特点，很难在环境中去除和降解，因此对重金属污染防治的深入研究显得十分重要。

重金属污染主要是由重金属及其化合物引起的环境污染。重金属污染治理主要有工程措施、物理化学技术、微生物和植物生态修复等方法[4-7]，其中植物生态修复技术因具有运行成本低、不易产生二次污染，并能产生一定经济效益等优点，得到了快速发展。

本研究自行设计 6 m 长草地过滤带系统，通过模拟径流试验，研究植被条件（对照过滤带和高羊茅过滤带）及土壤条件（1# 土壤和 2# 土壤，两种土壤类型不同）对重金属铅（Pb）的截留效应，以期为重金属污染防治提供参考。

1 材料与方法

1.1 试验系统构建

实验系统由 PE 配水桶和土槽系统构成。PE 配水桶容积 800 L，以流量计控制出水流量；土槽系统由引流槽和土槽组成，引流槽容积 7.5×10^{-2} m³（长 0.3 m×宽 0.5 m×高 0.5 m），污水进入引流槽后经水平溢流进入土槽，土槽容积 1.5 m³（长 6.0 m×宽 0.5 m×高 0.5 m），沿槽体 2 m、4 m 和 6 m 处开有表孔（01 号、03 号和 05 号）和底孔（02 号、04 号和 06 号）。土槽置于托架之上，坡度可调，结构如图 1 所示。

土槽内填土深约 0.35 m，并于 3 个试验土槽上构建过滤带，设置如下：C 为对照过滤带，未种植植物，填埋 1# 土壤；A 为高羊茅过滤带，高羊茅覆盖度约为 90%，平均根长 35 cm，地上组织平均高 42 cm，鲜重 4.11 kg/m²，干重 0.721 kg/m²，填埋 1# 土壤；B 为高羊茅过滤带，高羊茅覆盖度约为 90%，平均根长 36 cm，地上组织平均高 40 cm，鲜重 4.76 kg/m²，干重 0.913 kg/m²，填埋 2# 土壤。1# 土壤和 2# 土壤的主要理化指标见表 1，根据土壤机械组成数据，按照国际制土壤质地分类标准[8]，判断 1# 土壤为沙壤土，2# 土壤为沙质黏壤土。

作者简介：霍炜洁（1980—），女，高级工程师，主要从事水质监测、水生态修复及实验室资质认定管理工作。

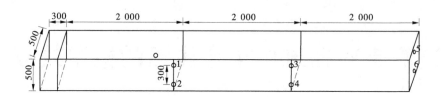

图 1　土槽系统结构示意图　（单位：mm）

表 1　实验土壤的主要理化性质

土壤编号	有机质含量/ （g/kg）	全氮含量/ （g/kg）	全磷含量/ （g/kg）	铅/ （mg/kg）	CEC/ （cmol⁺/kg）	pH	颗粒组成/%		
							沙粒	粉粒	黏粒
1#	5.64	0.191	0.243	26.5	3.41	7.60	70.96	26.00	3.04
2#	18.25	1.062	0.442	24.8	12.50	7.52	61.83	20.76	17.41

注：CEC 为土壤阳离子交换量，单位为 cmol⁺/kg，即厘摩尔正电荷每千克土。

1.2　试验方案

试验土槽放置于北京玉渊潭公园南侧昆玉河旁试验区内，采用模拟径流方式进水，抽取河水至配水桶（800 L），根据试验方案精确添加泥土颗粒，以及 Pb 高浓度储备液，模拟农田地表径流中的泥沙和重金属污染物。

试验处理采用分组比较设计，分别考察植被条件因子（对照过滤带和高羊茅过滤带）以及土壤条件因子（1#土壤和 2#土壤）对草地过滤带截留径流中重金属的影响效应。

模拟径流开始后，从配水桶出水口每间隔 10～15 min 采集一次模拟径流系统进水样，土槽 2 m、4 m 和 6 m 表孔及其垂向对应的底孔持续收集 3 种径流长度的地表径流和系统渗流出水样。各收集的径流出水均取 4 个平行样品进行悬浮物和重金属铅浓度测定。

本研究中铅的浓度测定分为总量测定和离子浓度测定。总量测定即为混匀水样消解后测得的浓度，测定方法参照《水和废水监测分析方法》（第 4 版）[9]，具体为量取 15 mL 水样，加入 1.5 mL HNO₃，置于恒温电热板上 120 ℃消解浓缩至 2～5 mL 后，再加入 1.5 mL HNO₃ 和 1 mL H₂O₂，继续消解浓缩至 1 mL，最后用去离子水定容至 25 mL。离子浓度测定为水样经 0.45 μm 过滤后直接测定。各水样前处理后采用 ICP-MS（Perkin-Elmer，USA）测定样品中的 Pb 浓度。试验所用 HNO₃ 和 H₂O₂ 均为优级纯，测定时所有样品平行样测定，以保证试验的精密度，平行样品间相对标准偏差均小于 5%。

2　结果与分析

2.1　地表径流中 Pb 的截留特征分析

存在于水体中的重金属可在水相和悬浮物颗粒间进行分配，重金属既可以结合于土壤颗粒的活性基团上以吸附态存在，也可受环境 pH 的影响，从吸附颗粒上解离进入水相以活性离子形式存在[10-11]。本研究选择地表水体检出率较高的重金属铅为目标污染物，分别从地表径流和地下渗流两种径流途径考察其截留特征。

地表径流水样中重金属测定为重金属全量测定，既包括了结合于悬浮物上的吸附态重金属，也包涵了溶解于水相的具有反应活性的重金属离子，以污染物出水浓度相比于进水浓度的减少率计算去除率来评价过滤带对地表径流重金属的净化效果，结果如图 2 所示。

计算各过滤带 2 m、4 m 和 6 m 地表径流重金属 Pb 的去除率（见图 2），对照过滤带 2 m、4 m 和 6 m 的全量 Pb 平均去除率依次为 21.91%、40.83% 和 57.06%，高羊茅过滤带（1#土壤）的全量 Pb

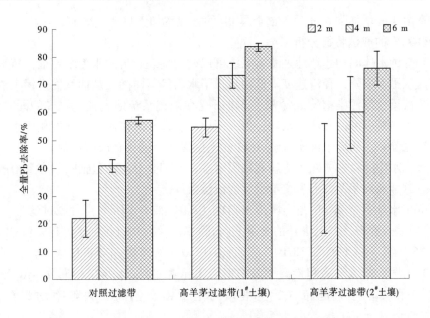

图 2　各处理 2 m、4 m 和 6 m 地表径流全量 Pb 去除率的比较

平均去除率依次为 54.62%、73.24% 和 83.42%，高羊茅过滤带（2#土壤）全量 Pb 平均去除率依次为 36.13%、59.85% 和 75.63%。经比较可知，对照过滤带、高羊茅过滤带（1#土壤）和高羊茅过滤带（2#土壤）的全量 Pb 去除率均呈现出随带宽增加而增加的趋势。

经 spss17.0 单因素方差分析比较各系统 6 m 出水的全量 Pb 去除率，可知高羊茅过滤带（1#土壤）的去除率显著优于对照过滤带（$p < 0.05$），高羊茅过滤带（1#土壤）和高羊茅过滤带（2#土壤）无显著差异（$p = 0.098$），可以得出植被条件为影响全量 Pb 截留的显著性影响因素，土壤条件为不显著性因素。

本研究地表径流水样中重金属测定为全量测定，既包括吸附态重金属，也包括溶解于水相的具有反应活性的重金属离子，进水中的全量 Pb 含量为 49.47~91.42 μg/L，溶解态 Pb^{2+} 含量为 0.245~0.640 μg/L，溶解态活性组分在总量中的比例较小，Pb^{2+} 含量占全量 Pb 的比例为 0.50%~0.71%，由此可知，吸附态为 Pb 在地表径流进水中的主要存在方式。

径流经由土壤和植物组成的植被过滤带湿地系统，在较为短暂的水力停留时间里，污染物主要通过沉积、过滤、吸附等物理化学过程初步截留，截留下来的污染物再经植物吸收、微生物代谢和化学反应完成进一步的转移、转化[12-13]。

植被是植被过滤带系统中的必要元素，植被可以阻滞地表径流，降低径流速度，一方面促进径流中的颗粒物沉积，从而促使吸附态污染物截留；另一方面径流速度降低后水力停留时间延长，增加了污染物与吸附位点间的作用时间，促进重金属在系统内的吸附等过程[14]。此外，植物组织在与径流水的接触过程中可以对重金属产生吸附，植物生长也可以增加土壤有机质含量，有利于吸附反应的发生。本试验中对照过滤带和高羊茅过滤带（1#土壤）的填埋土壤和进水条件均相同，二者的重金属去除率差异可主要归因于植被条件，经比较得出，植被的存在有利于全量 Pb 的截留。分析认为，在短暂的停留时间里，污染物的截留主要为物理截留，而本试验进水中重金属主要为吸附态存在方式，因此相比于吸附、过滤等过程，沉积作用为污染物的主要截留过程。进水中全量 Pb 中吸附态组分比例平均为 99.40%，吸附态比例较高，因此沉积过程对于 Pb 截留更为显著，植物阻滞水流促进颗粒物沉积，从而增加污染物的去除率。

此外，比较重金属去除率随径流长度的变化特征可以得出，吸附态占主体的全量重金属的截留特征与悬浮物的截留特征一致，大部分试验中重金属的截留主要发生的过滤带前段，即 0~4 m 的系统长度内，当带宽由 4 m 增加到 6 m 后，重金属 Pb 的去除率均无显著性增加。

2.2 系统渗流中 Pb 的截留特征分析

在污染源和受纳水体间构建草地过滤带系统可以改变地表径流的水力学特征，植被的阻挡及土壤渗透使得径流速度迅速下降，径流速度降低则延长了水力停留时间，从而又促进污水渗透，因此土壤渗透是湿地系统截留径流污染物的重要方式。本研究在采集系统地表径流水样的同时，收集 2 m、4 m 和 6 m 出水口垂向对应的底孔渗流水样，为方便比较，以 6 m 渗流出水浓度相比于 6 m 地表径流浓度的减少率计算去除率，研究下渗水流经 0.35 m 土层渗滤后的重金属截留效应。

重金属在径流水中的存在方式为溶解态和吸附态，本部分分别从包括吸附态和溶解态在内的全量重金属和溶解态重金属离子两方面考察重金属的截留效应。

过滤带 6 m 出水处重金属 Pb 经土壤渗透后的去除率如图 3 所示，对照过滤带、高羊茅过滤带（1# 土壤）和高羊茅过滤带（2# 土壤）的全量 Pb 去除率依次为 99.06%、99.14% 和 98.53%，Pb 离子去除率依次为 25.74%、54.03% 和 38.04%。经 spss17.0 单因素方差分析比较可知，对照过滤带和高羊茅过滤带（1# 土壤）的全量铅和铅离子去除率均无显著差异（$p_1 = 0.935$，$p_2 = 0.398$）；高羊茅过滤带（1# 土壤）和高羊茅过滤带（2# 土壤）的全量铅和铅离子去除率均无显著差异（$p_1 = 0.902$，$p_2 = 0.423$）。

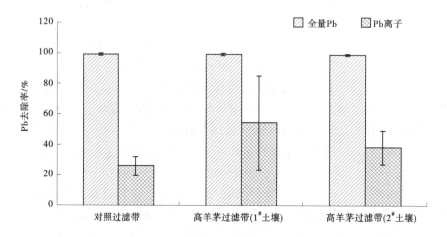

图 3 各处理 6 m 处系统渗流重金属 Pb 去除率

全量重金属包括溶解态重金属和吸附态重金属，而吸附态重金属在全量重金属中的比例较大，径流下渗过程中绝大部分悬浮物无法通过土壤孔隙，经渗滤拦截在土壤层中，因此不同植被和土壤条件过滤带的全量重金属截留效果均无显著差异，去除率达 98% 以上，明显高于对应的溶解态重金属离子的去除率。溶解态重金属经土壤渗透的截留过程较为复杂，存在土壤吸附–解吸、植物吸收和微生物代谢等物理化学过程[15-16]，但在较短的水力停留时间内，物理化学过程的吸附–解吸作用应为重金属离子参与的重要过程。试验过程中同时测定水样电导率，对照过滤带及草地过滤带的地表径流电导率为 585.5~655.5 μs/cm，渗流出水电导率为 424.0~526.5 μs/cm，对照过滤带和草地过滤带的渗流电导率均显著低于其对应的地表径流电导率（$p < 0.05$），且降低幅度在不同植被和土壤条件下均无显著差别（$p = 0.856$）。电导率的变化特征说明在径流渗透过程中，发生的上述有机质矿化、生物降解、阳离子交换等增加溶液离子数量的生化过程较为微弱，而短时间内导致离子数量减少的吸附作用是电导率降低的主要原因，同时也验证了吸附作用是渗透过程中溶解态污染物截留的主要机制。

3 结论

（1）本研究中地表径流系统考察的是全量 Pb 的截留特征，地表径流中吸附态为重金属 Pb 的主要存在方式，其截留特征与悬浮物一致，均为截留主要发生的系统前段，径流长度由 4 m 增加到

6 m，去除率无显著增加；植被和土壤条件对重金属去除率的影响存在差异，植被的存在有助于全量 Pb 的截留；土壤条件对全量 Pb 截留无显著影响。

（2）重金属 Pb 经 0.35 m 土层的渗滤截留，不同植被和土壤条件过滤带的全量 Pb 和 Pb^{2+} 去除率均无显著差异，全量 Pb 去除率达 98% 以上。吸附作用可能是渗滤过程中溶解态重金属离子截留的主要机制。

参考文献

［1］王春凤，方展强，郑思东，等．广州市河涌沉积物及底栖生物体内的重金属含量及分布［J］．安全与环境学报，2003，3（2）：41-43.

［2］徐小清，丘昌强．三峡库区汞污染的化学生态效应［J］．水生生物学报，1999，23（3）：197-203.

［3］孙铁珩，周启星，李培军．污染生态学［M］．北京：科学出版社，2001.

［4］赵新华，马伟芳，孙井梅，等．植物修复重金属-有机物复合污染河道疏浚底泥的研究［J］．天津大学学报，2005，38（11）：1011-1016.

［5］张剑波，冯金敏．离子吸附技术在废水处理中的应用和发展［J］．环境污染治理技术与设备，2000，1（1）：46-51.

［6］刘秀梅，聂俊华，王庆仁．植物对污泥的响应及根系对重金属的活化作用［J］．土壤与环境，2002，11（2）：121-124.

［7］桑伟莲，孔繁翔．植物修复研究进展［J］．环境科学进展，1999，7（3）：40-44.

［8］林大仪．土壤学实验指导［M］．北京：中国林业出版社，2004.

［9］国家环境保护总局．水和废水监测分析方法［M］．4 版．北京：中国环境科学出版社，2002.

［10］陈苏，孙丽娜，孙铁珩，等．不同污染负荷土壤中镉和铅的吸附-解吸行为［J］．应用生态学报，2007，18（8）：1819-1826.

［11］王亚平，潘小菲，岑况，等．汞和镉在土壤中的吸附和运移研究进展［J］．盐矿测试，2003，22（4）：277-283.

［12］Dillaha, T A Reneau, et al. Vegetative filter strips for agricultural non-point source pollution control［J］. Transactions of the American Society of Agricultural Engineers，1989，32：513-519.

［13］T J Schmitt, M G Dosskey, K D Hoagland. Filer strip performance and processes for different vegetation, widths, and contaminants［J］. Environ. Qual，1999，28：1479-1489.

［14］Majed Abu-Zreig, Ramesh P Rudra, Manon N Lalonde, et al. Experimental investigation of runoff reduction and sediment removal by vegetated filter strips［J］. Hydrol，2004，18：2029-2037.

［15］P M Boyd J L Baker, et al. Pesticide transport with surface runoff and subsurface drainage through a vegetative filter strip［J］. Transactions of the ASAE，2003，46（3）：675-684.

［16］L J Krutz, S A Senseman, R M Zablotowicz, et al. Reducing herbicide runoff from agricultural fields with vegetative filter strips: A review［J］. Weed Science，2005，53（3）：353-367.

河道治理生态护坡技术的应用研究

李香振

（濮阳黄河河务局第二黄河河务局，河南濮阳　457000）

摘　要：在传统河道治理中多采用硬质施工技术对河道进行治理修复，并没有考虑对河道水生态系统所造成的不良影响。然而随着生态河道治理理念的提出和国家对于环境治理要求及标准的提高，传统的河道治理技术已经难以满足现阶段的发展要求和治理需要，而生态修复技术的出现，不仅充分考虑了河道治理工程的基本需求和要求，具备非常强的透水性、承载力和耐久性，确保防洪排涝等基本功能的实现，同时秉承了绿色可持续发展的理念，有效保护了河道附近的自然生态系统。因此，笔者先分析了生态护坡技术的应用功能，然后结合具体河道治理工程探究了复合生态护坡技术在工程应用中的具体技术流程和应用成效，以期为生态护坡技术在河道治理中的应用提供参考和借鉴。

关键词：河道治理；护岸护坡生态修复技术；功能；应用分析

1　引言

传统护坡工程虽具有行洪、排涝及水土保持等功效，但会对环境造成不良影响，易导致生态退化。生态护坡是与周围环境相协调，与现代文明发展相适应的开放性生态系统。为了满足新的发展需求，河道治理过程中应广泛应用生态护坡。

2　河道治理中生态护坡技术的应用功能

2.1　生态功能

水利工程项目的生态护坡技术在应用中，通过堤岸将植被与护坡有效结合，形成了独特的河道生态系统，构建了区域良好的系统，水域与陆域通过生态护坡形成了良好的衔接与过渡。生态护坡形成以后，在整个水利工程的运行过程中，不仅可以发挥良好的防洪抗旱功能，更为水生动物提供了良好的栖息地，保障了区域生态系统中的物种多样化。生态护坡的生态修复功能还体现为生态护坡的存在有效减小了水利工程建设施工对区域生态所造成的不利影响。河道生态护坡下，植被的利用不仅提高了区域植被的覆盖率，对于区域生态修复的意义重大。

2.2　防洪功能

生态护坡技术下所形成的护坡还具有良好的防洪功能，现阶段随着河道生态护坡技术的日渐进步，人们对于生态护坡技术的关注度有所提升，人们越来越意识到生态护坡技术的优势，也就刺激了生态护坡在河道治理方面的应用。生态护坡技术的防洪功能是传统护坡技术难以比拟的，具体的应用过程中，为达到良好的防洪作用，专业人员要根据水利工程区域环境的具体特征，来进行适当的调整，对河道原有的水循环加以适当的优化，一旦出现了洪涝灾害，生态护坡中的植物根系可以起到洪水储存的作用，进而降低洪峰水量，减弱洪水对河道造成的冲击与侵蚀；在干旱季节下，生态护坡中的植物根系中储存了大量的水分，这些水分可以经渗流逐步进入河流中，缓解干旱季节所造成的河道枯竭情况。为有效发挥河道的防洪功能，尤其要注重植物类型的选择。

作者简介：李香振（1982—），男，工程师，主要从事水利工程施工管理工作。

2.3 景观功能

生态护坡技术还兼具景观功能，因为在生态护坡技术下相关人员尤其需要注意与周边环境的协调性，只有科学应用了生态护坡技术，才能够利用生态护坡来对水域生态系统加以适当的修复，通过对水利工程现场的气候条件、地理条件考察，选择与区域自然地理相适应的植物品种和施工材料，就可以有效利用这些生态护坡、植物来构建完善的河道生态系统，将河道生态与周边生态地形紧密结合起来，减小和消除水利工程建设现场的不利因素。

3 生态护坡技术在河道治理中的具体应用

近年来，生态护坡技术逐渐应用于工程建设中，常见的生态护坡技术有人工植草护坡、三维水土保护毯、生态石笼护坡、绿化生态混凝土护坡、生态袋护坡、多孔结构护坡、生态砌块护坡等。常用的生态护坡均有着高透水性、高承载力、适应变形能力强、耐久性长等优点。但是在具体应用中为了提升河道治理效果，需要综合应用多种不同的护坡技术，因此在当下河道治理中，基本都会采用复合生态护坡施工技术进行治理。

3.1 应用实例

某河道治理工程，总长度 12.4 km，宽度最窄处为 14.6 m，最宽处为 34.5 m，河道为淤泥粉质结构，护坡土质为硬质黄土。该区域的年降水量在 800 mm 左右，在多雨季节边坡土会随着水流冲刷进入河道，为保证该河道周围土壤的稳定性，缓解淤泥沉积对河道的影响，采用石笼网、宾格网、干砌石、中空六棱体砌块等技术构成了复合生态护坡技术进行处理，取得了良好的成效，值得大力推广。

3.2 施工技术

河道生态护坡施工技术应用注意事项如下。

3.2.1 测量放线

测量放线是河道生态护坡施工技术应用的重要基础，为此需要做好系列技术应用基础工作，具体如下：

（1）利用全站仪对于坡脚线及堤防标高进行测量设置，明确标识出反映轴线的明确性走向，确定河道生态护坡技术的施工重点。

（2）施工人员需要明确每个放线点位，测量各个施工面的标高距离及轮廓范围，确保施工人员在后续管理中顺利开展跟踪测量工作。

3.2.2 土方开挖

土方开挖包括以下三点：

（1）开展堤防坡脚的沟槽开挖工作后，在基槽内每隔 30 m 处设置一座集水池，在进行基础开挖过程中，需要在基槽两边预留出排水边沟，使其与集水坑相连接，确保不良天气下河道生态护坡施工工作开展顺利。

（2）沟槽开挖工作的开展是采取机械开挖与人工开挖相结合的方法，在分层分段开挖的过程中，需要确保每层开挖小于 1.5 m，每段开挖小于 20 m。

（3）在沟槽开挖的过程中，施工人员需要提前预留出 200 mm 左右的保护层进行人工修整，同时施工人员也可将部分良好的土壤留作回填土，对其他的土及时进行清理。

3.2.3 石笼网

石笼网主要是以间格网状结构为主，在表层常常利用聚酯膜进行涂抹，而内部则是利用填充石块所组成的箱形结构。石笼网结构设计如图 1 所示。在石笼网安装工作完成之后，需要利用木棍及竹竿等支撑物进行网箱面的加固工作，同时需要及时在箱体内填充石料，每一层需要填放的石料厚度控制在 30 cm 左右，选择分层填充演示的方式，利用级配碎石分析缝隙填充，对于裸露在外的填充石料表面，需要借助人工进行平整叠砌，确保石料与石料间能够相互嵌挤。

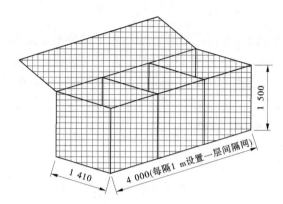

图 1 石笼网结构设计 （单位：mm）

3.2.4 宾格网

宾格网是需要在特定制作下的钢丝箱体内进行块石材料填充，是一种全新的河道护坡结构。宾格网结构设计如图 2 所示，具体如下：

（1）施工人员按照施工要求进行宾格网边线的安放工作，将间隔网设计成为与网身垂直相连的状态，所选择的绑扎钢丝需要是和宾格网同材质的钢丝。

（2）需要在钢丝网箱组的外框线内每间隔 15 cm 的区域进行四角绑扎，确保绑扎工作的牢固性。

（3）在进行上下钢丝网箱组合叠放的过程中，需要将上层网箱的底部框线与相邻下层网箱顶部框线进行绑扎，确保能够构成一个完成的网箱组整体。同时，施工人员需要利用 1∶2 的水泥砂浆对二者的结合面进行填充。

（4）在钢丝网箱组的内外侧网片设置过程中，需要确保拉筋线不会在填石过程中出现变形问题。

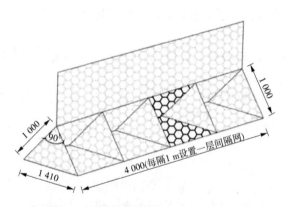

图 2 宾格网结构设计 （单位：mm）

3.2.5 干砌石施工

在河道生态护坡施工技术开展干砌石施工期间，需要做好以下工作：

（1）施工人员在外侧开展干砌石环节施工期间，需要确保所选择的块石粒直径相对较小，且选择每块石粒的质量为 15～30 kg。

（2）施工人员利用吊车运输设备将石粒运输至周边放置点，在进行大块砌石安放后利用小块砌石进行填缝施工。

（3）块石的设计摆放位置要严格按照标准，确保砌筑施工的稳定性与平整性。

（4）施工人员所选择的干砌石材料需避免出现薄片及尖角等类型的石材，在施工过程中需要进行错缝铺筑，避免出现通缝问题。

3.2.6 土方回填

土方回填包括以下三点：

（1）土方回填期间需要利用岸坡土方进行回填与压实。而岸坡土方回填工作开展期间，需要采取分层摊铺的工作手段，确保相邻段轮印迹能够始终保持高度重叠的情况，平行长度方向设计则不能小于 1.5 m。

（2）施工人员在利用进占方法卸除材料之后，需要利用推土机设备进行摊铺、碾压，在施工过程中需要基于严格监控，确保填土方量及填土厚度满足施工要求。

（3）施工人员需要密切关注天气情况，在雨天来临前对表面层的松土进行快速压实，在雨天后对于已经晒干的表面层土进行含水率检测，待含水率检测合格后才可以继续施工。施工人员需要对已完工的工作面开展保护工作，同时也要做好抽排水工作。

3.2.7 竹篾铺设工作

竹篾属于生态环保材料的一种，不仅实现了传统手工竹篾编织工艺的有效传承，也实现竹篾铺设工艺的创新应用，巩固河道生态护坡，强化护坡的防止水土流失功能。此外，竹篾本身具有纯天然、无污染及施工成本低的应用特性，因此可以在案例工程的河道生态护坡项目中创新性应用，具体如下：

（1）案例工程所应用的竹篾材料需要确保单片竹篾的厚度、宽度及含水率均在设计标准范围内。

（2）所设计应用的竹篾的外边缘区域需要全部以编织进行收口，同时需要确保竹篾单片的边缘处不会中断。

（3）在设计应用过程中，需要实现竹篾的长短搭配使用，长短竹篾的用量比为 5∶2。

（4）竹篾的规格要完全满足河道生态护坡设计标准，需要将竹篾的周边折入埋置土层中，所设计的埋入深度要大于 300 mm。

3.2.8 种填土铺填工作

在进行种植土铺填期间，采取人工摊铺模式，所设计的种植土摊铺厚度为 200 mm，土壤的松铺密度设计为 1.3×10^3 kg/m³，以确保种植土层透水性能的良好性。根据案例现场试验，确定种植土的 pH 为 7.0~8.0，土壤内的盐含量不能大于 0.12%。为了促进移植植被的生长适宜性，需要将种植土与腐殖物质混合使用，种植土与腐殖物质的混合使用比例为 7∶3，以实现土壤肥力的充分性腐熟。施工人员可利用挖土机沿着岸坡将素土堆积至坡顶，由施工人员开展人工摊铺活动，摊铺活动完成后严格按照设计标准开展压实工作。

3.2.9 中空六棱体砌块施工

案例工程中所应用的中空六棱体砌块是一种预支的中空混凝土块，是由多个平面在多个角度连接下所形成的多面体异性砌块结构。案例工程设计应用的中空六棱体砌块规格为 1 200 mm×1 200 mm×800 mm，具体如下：

（1）在已经铺设完成竹篾的边坡上，利用液压式吊车对中空六棱体砌块进行吊装，由人工牵引缓慢下放至预定设计的位置上，在距离地面约 15 cm 时，可由施工人员近前人工微调中空六棱体砌块的下落位置，以确保位置的准确性。

（2）开展中空六棱体砌块施工期间，需要确保砌块错缝干砌表面的平整，在进行砌块铺砌的过程中，需要严格按照顺坡方向进行错位排位，水平方向则严格按照直线单块形式进行排列。

（3）在砌块铺砌期间，需要确保相邻砌块连接的紧密性，而砌块的缝隙内需要充填发泡胶，以抵御雨水、河水的冲刷。

3.2.10 覆土铺种植被

种植土填充空隙部分后，为确保土壤松软，需铺种植被。选择的植物类型为根茎发育良好，且本身无病虫害的植物，在起苗过程中需要保留植物根系及胎泥。装运过程中，需要始终保持轻拿轻放，做好植物的保湿工作。植物种植前需要将土壤进行耧平耙细，挖设满足植物种植需求的种植穴。在种植过程中，种植人员需要扶植植物，确保植物入穴后不会出现倒状情况后再进行覆土压实工作。

3.3 应用成效

复合生态护坡在本次河道治理工程中表现出明显的优势，具体如下：

（1）该生态砌块独特的几何结构使其组合合成的生态护岸具有较大的体积空间，空间的水下部分可以为小型水生和两栖类动物提供有效的生长庇护场所，水上部分则可以在砌块空腔内填上耕作土后种植景观湿生植物和陆生植物。

（2）由于该复合生态护岸为水生动植物提供了较为适宜的生态环境条件，相比传统直立护岸具有更为完善的生态系统和食物链，生物多样性明显高于传统直立护岸区，浮游植物香农-维纳多样性指数（香农-维纳多样性指数是评价生物群落局域生态环境内多样性最常用的指标）平均提升超过 40%。

（3）由于该复合生态护岸构建了较为合理的河岸环境和生态结构，增强了河道水体的自净能力。通过对水质检测的对比，该生态砌块护岸的河段水质较传统直立护岸所在河段水质有明显改善。

（4）该复合生态护岸的砌块内护坡植物生长较好，新生枝条和根系的生长量均达到了较高的水平，水土保持效益逐渐增强，能有效消纳吸收部分因短时间高强度暴雨带来的面源污染，防止直排河道。

（5）该复合生态护岸由于其物理结构合理，为其他本地植被的恢复提供了稳定的生态环境，对土壤的固结作用非常明显，对土壤保护作用明显强于传统直立护岸。

4 结语

总体来说，生态环境保护工作可以推动经济的可持续性发展。水利工程项目的开展不仅会给人们日常生活提供便利，也会对河道环境带来负面影响。生态护坡技术的应用能够提升河道周边的植物覆盖率，促进我国水流体系中生物群落的进一步发展。因此，需要在水利工程项目中有效应用河道生态护坡技术，在满足水利工程项目建设需求的同时，也能有效地保护生态环境。

参考文献

［1］马顺利．多方位生态修复技术在河道水环境治理工程中的应用探讨［J］．四川水泥，2021（1）：73-74．

［2］叶芬珍．生态护坡在凤美、上攀溪河道治理中的应用［J］．福建水力发电，2020（2）：16-18．

［3］陈春林．闽侯县荆溪河道整治工程生态护岸施工工艺探讨［J］．湖南水利水电，2020（6）：97-99．

［4］薛梦楠，秦朝莹，张园媛．浅谈生态护坡在河道治理工程中的应用［J］．陕西水利，2020（9）：137-139．

［5］夏阳．水利工程中的河道生态护坡施工技术探究［J］．建材与装饰，2020（13）：293，296．

［6］金福明．水利工程中的河道生态护坡施工技术分析［J］．四川水泥，2020（5）：117．

［7］孙运前，张西银，赵振武．水利工程中河道生态护坡施工技术的运用［J］．工程技术研究，2020，5（12）：114-115．

基于层次分析法的龙溪河健康评价研究

徐 浩 彭 辉 兰 峰 吕平毓

（长江水利委员会水文局长江上游水文水资源勘测局，重庆 400021）

摘 要：本文采用层次分析法，构建了水文水资源、水环境、水生生物和社会服务功能共4个准则层以及13个指标集，评估龙溪河的现状健康度。评价结果表明，龙溪河水体总体处于健康状态；生态流量满足程度、河流连通阻隔状况、纳污性能指数和鱼类完整性指数得分相对较低；由于该河流中兴建的水工建筑缺少生态水量放水设施，导致鱼类洄游的路线受阻，鱼类生态系统出现片段化现象，大型底栖动物完整性指数偏低；中上游段污染和人类活动的干扰较为严重，化学需氧量和氨氮等两项指标的排放量较大，需进一步加强管理。

关键词：河流健康评价；层次分析法；权重；龙溪河

1 引言

近年来，对美好生活的向往使得人们对河流的健康程度提出了更高要求，而如何恰当地对河流的健康程度进行评价也逐渐成为社会研究热点。目前，国内外常见的关于河流健康的评估办法有预测模型法和指标评价法。预测模型法通常采用构建水质与水量的耦合模型对河流的健康状况进行比较评价，主要侧重点在于河流的水量够不够和水质好不好，未考虑河流本身所具有的社会功能属性[1-5]。指标评价法是设置多个评价指标，利用指标评分来对综合评价进行综合评价[6-7]，常见的确定指标权重的方法有主成分分析法、层次分析法、专家咨询法和相关系数法等。层次分析法能合理地结合针对评价对象的定量与定性决策，以科学计算的方式把决策过程层次化和量化[8-9]。早期河流健康研究更多涉及的是河湖小区域或部分河段，随着对河流健康研究的深入，逐渐由河段演变为整个流域，并且不再区分城区河段和非城区河段[10-12]。同时，随着河湖长制工作的进一步推进，河流健康评估也逐渐由单纯的评价方法向实用方面发展，逐渐从健康评估的理论研究向流域管理方面推进[13]。随着研究的深入，指标体系、评估方法和标准的建立都进一步完善，2020年6月，水利部出台了推荐性行业标准《河湖健康评估技术导则》（SL/T 793—2020），为河湖健康评估提供了一定参考依据。通过龙溪河健康状况的评估，为实现合理高效地开发利用龙溪河水资源、保护流域生态安全、促进流域经济可持续发展和达到人居和谐等目标具有非常重要的意义。

2 评价对象

龙溪河为长江上游左岸一级支流，发源于重庆市梁平区梁山街道陡梯子，于长寿区王家山汇入长江。流域处于重庆市中东部，东经107°04′~107°51′，北纬29°48′~30°40′，流域覆盖重庆市梁平区、垫江县、长寿区、忠县、丰都县等5个区（县），为重庆市内河流。龙溪河全长221 km，流域面积3 302 km²，全河段共区划一级水功能区11个，二级水功能区7个。水文水资源、水环境、水生生物和社会调查资料的取得时间为2016—2020年。龙溪河流域示意见图1。

3 龙溪河健康状况表征指标

联系河流健康状况内涵与评价技术的重要纽带是对河流健康状况的准确表征，而河流健康评价指

作者简介：徐浩（1989—），男，工程师，主要从事水环境监测工作。

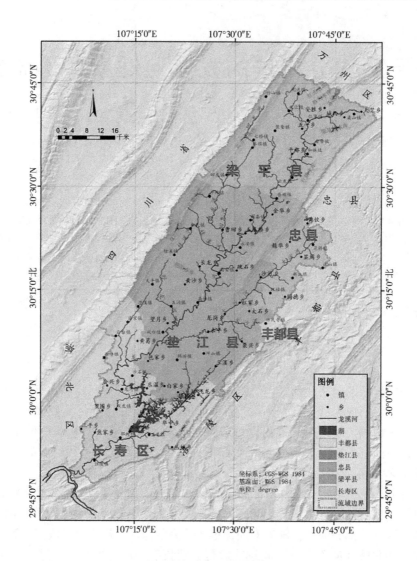

图 1 龙溪河流域示意图

标体系的构建对河流健康状况的表征至关重要。以《河湖健康评估技术导则》（SL/T 793—2020）为相关依据，同时结合龙溪河自身的特点及国内外相关研究[14-18]，从水文水资源、水环境、水生生物和社会服务功能等四个方面，构建龙溪河健康评价指标体系。

3.1 水文水资源准则层

水文水资源准则层表征因子包括三类：流量过程变异程度（FD）、生态流量满足程度（EF）和河流连通阻隔状况（RC）。

流量过程变异程度（FD）反映的是评估河段逐月实测径流量与天然月径流量的平均偏离程度，其计算公式为

$$FD = \left\{ \sum_{m=1}^{12} \left(\frac{q_m - Q_m}{\overline{Q_m}} \right)^2 \right\}^{0.5}, \quad \overline{Q_m} = \frac{1}{12} \sum_{m=1}^{12} Q_m \tag{1}$$

式中：q_m 为评估年实测月径流量；Q_m 为评估年天然月径流量；$\overline{Q_m}$ 为评估年天然月径流量年均值。

FD 值越大，说明相对天然水文情势的河流水文情势变化越大，对河流生态的影响也越大。流量过程变异程度指标（FD）赋分见表 1。

表 1 流量过程变异程度指标（FD）赋分

FD	0.05	0.1	0.3	1.5	3.5	5.0
赋分值	100	75	50	30	10	0

龙溪河源头—普顺段评价单元内，主要评价行政区为梁平区，流量采用高峰水文测流断面数据，其流量过程变异度指数为 0.28，该河段赋分为 93.95。普顺—河口段评价单元内，主要评价行政区为垫江县和长寿区，流量采用朱家桥水文测流断面数据，其流量过程变异度指数为 0.08，该河段赋分为 99.21。以河段河长为指标权重，龙溪河流量过程变异指标程度（FD）最终赋分为 98.1，见表 2。

表 2 龙溪河 FD 赋分结果

河段	流量过程变异度指数	河段赋分	指标权重	指标总赋分
源头—普顺	0.28	93.95	0.21	98.1
普顺—河口	0.08	99.21	0.79	

生态流量满足程度（EF）是指为维持河流生态系统不同程度的生态系统结构、功能而必须维持的流量过程，采用最小生态流量进行表征，指标表达式为

$$EF_1 = \min\left[\frac{q_d}{\overline{Q}}\right]_{m=4}^{9}, \quad EF_2 = \min\left[\frac{q_d}{\overline{Q}}\right]_{m=10}^{3} \tag{2}$$

式中：q_d 为评估年实测径流量；$\overline{Q}$ 为多年平均径流量；EF_1 为 4—9 月日径流量占多年平均流量的最低百分比；EF_2 为 10 月至次年 3 月日径流量占多年平均流量的最低百分比。

生态流量满足程度（EF）赋分见表 3。

表 3 生态流量满足程度（EF）赋分

一般水期下（10 月至次年 3 月）河流生态需水满足度/%	≥60	40	20	10	<10
鱼类产卵育幼期（4—9 月）河流生态需水满足度/%	≥70	50	40	30	<10
赋分值	100	80	60	30	0

基于水文方法确定生态基流时，分别计算 EF_1 和 EF_2 赋分，取其中赋分最小值为本指标最终赋分，见表 4。

表 4 龙溪河 EF 赋分结果

河段	EF_1/赋分值	EF_2/赋分值	河段赋分值	指标权重	指标总赋分
源头—普顺	79.06/100	23.03/63	63	0.21	32.2
普顺—河口	9.09/27	8.14/24	24	0.79	

龙溪河源头—普顺段评价单元内，采用高峰水文测流断面数据，其 EF_1 为 79.06，EF_2 为 23.03，该河段取最低值赋分为 63。普顺—河口段评价单元内，采用狮子滩水电站专用站六剑滩站数据，其 EF_1 为 9.09，EF_2 为 8.14，该河段取最低值赋分为 24。以河段河长为指标权重，龙溪河生态流量满足程度（EF）最终赋分为 32.2。

河流连通阻隔状况（RC）指标对评估断面下游河段每个闸坝按照阻隔分类分别赋分，然后取所有闸坝的最小赋分，按照式（3）计算评估断面以下河流纵向连续性赋分：

$$RC_r = 100 + \min\left[(DAM_r)_i, (GATRE_r)_j\right] \tag{3}$$

式中：RC_r 为河流连通阻隔状况赋分；$(DAM_r)_i$ 为评估断面下游河段大坝阻隔赋分（$i=1$，N_{Dam}），N_{Dam} 为下游大坝座数；$(GATRE_r)_j$ 为评估断面下游河段水闸阻隔赋分（$j=1$，N_{Gate}），N_{Gate} 为下游水闸座数。

河流连通阻隔状况（RC）赋分见表 5。

表 5　河流连通阻隔状况（RC）赋分

鱼类迁移阻隔特征	无阻隔	有鱼道，且正常运行	无鱼道，对部分鱼类迁移有阻隔作用	迁移通道完全阻隔
水量及物质流通阻隔特征	对径流没有调节作用	对径流有调节作用，下泄流量满足生态基流	对径流有调节作用，下泄流量不满足生态基流	部分时间导致断流
赋分值	100	75	25	0

龙溪河各评价单元内，分别修建有 3 座和 14 座电站，涉及电站均未设置鱼道，电站下泄流量亦不能完全满足生态流量需求，故赋分值为 25（见表 6）。

表 6　龙溪河 RC 赋分

河段	河段赋分值	指标权重	指标总赋分
源头—普顺	25	0.21	25
普顺—河口	25	0.79	

3.2　水环境准则层

水环境准则层表征因子包括溶解氧（DO）、耗氧量污染状况（OCP）、纳污性能指标和重金属污染状况（HMP）。

水中溶解氧（DO）的多少是衡量水体自净能力的一个指标，溶解氧过高或过低对水生生物都会造成危害。DO 水质状况指标取月均浓度，按照汛期和非汛期分别赋分，取其最低分为该指标的赋分。DO 水质状况指标赋分标准见表 7。

表 7　DO 水质状况指标赋分标准

DO/(mg/L)	7.5（饱和度90%）	6	5	3	2	0
赋分值	100	80	60	30	10	0

各断面按照汛期、非汛期分别进行含量平均和赋分，取其中较低分值作为全年赋分。3 个评估河段中，其溶解氧状况赋分分别为 44.1、71.1、83.0，龙溪河总体溶解氧状况赋分为 64.7，如表 8 所示。

表 8　龙溪河 DO 水质状况指标赋分结果

河段	河段赋分值	指标权重	指标总赋分
梁平区	44.1	0.336	64.7
垫江县	71.1	0.439	
长寿区	83.0	0.225	

耗氧量物质本身不一定具有毒性，但污染物超过一定浓度，会产生水质恶化现场，因此耗氧量也是指示水体污染程度的重要指标。耗氧量污染状况（OCP）选用高锰酸盐指数（I_{Mn}）、化学需氧量（COD）、五日生化需氧量（BOD_5）和氨氮（NH_3-N）等 4 个水质参数赋分的平均值作为 OCP 赋分，标准见表 9。

表 9　耗氧量污染状况指标赋分标准

高锰酸盐指数/(mg/L)	2.0	4.0	6.0	10.0	15.0
化学需氧量/(mg/L)	15.0	17.5	20.0	30.0	40.0
五日生化需氧量/(mg/L)	3.0	3.5	4.0	6.0	10.0
氨氮/(mg/L)	0.15	0.50	1.00	1.50	2.00
赋分值	100	80	60	30	0

3 个评估河段中，其耗氧量污染状况指标赋分分别为 47.3、75.6、69.1，龙溪河总体耗氧量污染状况指标赋分为 64.6，如表 10 所示。

表 10　龙溪河耗氧量污染状况指标赋分结果

河段	河段赋分值	指标权重	指标总赋分
梁平区	47.3	0.336	
垫江县	75.6	0.439	64.6
长寿区	69.1	0.225	

重金属对局域水体的污染已成为重要的环境污染问题，不仅影响水资源的有效利用，而且对公众健康产生极大影响。重金属污染状况（HMP）指标按照单因子判别法原则，分别选取检出的 5 个参数砷、汞、镉、铬、铅，将其最低赋分作为 HMP 指标赋分。重金属污染状况赋分标准见表 11。

3 个评估河段中，其重金属污染状况指标赋分分别为 99.4、97.2、99.0，龙溪河总体重金属污染状况指标赋分为 98.4，如表 12 所示。

表 11　重金属污染状况赋分标准

砷/(mg/L)	0.05	0.06	0.07	0.08	0.10
汞/(mg/L)	0.000 05	0.000 07	0.000 10	0.000 50	0.001 00
镉/(mg/L)	0.001	0.003	0.005	0.007	0.010
六价铬/(mg/L)	0.01	0.03	0.05	0.07	0.10
铅/(mg/L)	0.01	0.03	0.05	0.07	0.10
赋分值	100	80	60	30	0

表 12　龙溪河重金属污染状况赋分结果

河段	河段赋分值	指标权重	指标总赋分
梁平区	99.4	0.336	
垫江县	97.2	0.439	98.4
长寿区	99.0	0.225	

3.3　水生生物准则层

大型无脊椎动物的河流健康评价方法分为单一生物指数、多样性指数和多指标指数，而应用基于大型底栖无脊椎动物的多指标指数进行河流健康评价是目前主流评价方法。结合研究区域特点及研究目标，我们选取反映群落丰富度、群落组成、摄食功能群、污染程度和物种多样性五大类共 27 个指标进行 B-IBI 评估。因为鱼类一般个体较大，捕获相对容易，种类丰富，活动能力强，所以一直是水生生物研究的焦点。在 Karr（1981）应用基于鱼类的生物完整性指数（IBI）评价了美国中西部地区河流健康状况以后，应用和发展生物完整性指数成为基于鱼类河流健康评价的主流[19-21]。结合区域特点及研究目标，选取反映群落种类组成和丰度参数、营养结构参数、耐受性参数、繁殖共位群参数、健康状况五大类共 19 个指标进行 F-IBI 评估。在正常水体中，浮游藻类群落结构是相对稳定的。当水体受到污染后，群落中不耐污的敏感种类往往会减少或消失，而耐污种类的个体数量则大大增加。污染程度不同，减少或消失的种类不同，耐污染种类的个体数量增加也有差异。在此采用 Shannon-wiener 多样性指数对龙溪河中的浮游植物的生态学特征进行分析评价。水生生物 F-IBI 评价标准见表 13。

表 13　水生生物 F-IBI 评价标准

评价指标	健康（H）	一般（F）	较差（P）	极差（V）
丰富度	$D>2.0$	$1.0<D≤2.0$	$0<D≤1.0$	$D=0$
多样性	$H>2.0$	$1.0<H≤2.0$	$0<H≤1.0$	$H=0$
完整性	$A>2.0$	$1.0<A≤2.0$	$0<A≤1.0$	$A=0$
赋分	100	100~50	50~0	0

3 个评估类别中，其水生生物指标赋分分别为 61.9、54.8、62.9，龙溪河总体水生生物指标赋分为 59.8，如表 14 所示。

表 14　龙溪河水生生物 F-IBI 评价赋分结果

类别	指标赋分值	指标权重	指标总赋分
大型底栖动物完整性指数	61.9	0.333	
鱼类完整性指数	54.8	0.333	59.8
浮游植物多样性指数	62.9	0.333	

3.4　社会服务功能准则层

水体受纳的耗氧量污染物的总量必须在它的自净能力范围之内，水质才能保持在良好状态下完成自净循环。因此，河流健康不仅只针对河流现在呈现的状态，还应包括河流抵御污染的能力大小，所以河流本身的纳污能力及恢复能力对于河流自身健康与否至关重要。因此，选取化学需氧量、氨氮两项水质项目，对每个项目计算纳污能力，根据监测数据得到污染物年排放量，计算每个项目的纳污性能指数，采用 2 个项目的纳污性能指数的算术平均值作为该项指标的最终赋分。根据《水域纳污能力计算规程》（GB/T 25173—2010），纳污性能指数＝某污染物的年排放量/该污染物的纳污能力。纳污能力指数赋分标准见表 15。

表 15　纳污能力指数赋分标准

纳污能力指数	<0.8	1.0	1.2	1.5	≥2.0
赋分值	100	70	50	20	0

依据批复的河段内水功能区纳污能力及限排总量报告，采用国控计算项目化学需氧量和氨氮 2 个指标进行纳污评价。3 个河段的纳污能力指数赋分分别为 26.9、28.7、54.0，指标总赋分为 33.8，如表 16 所示。

表 16　龙溪河纳污能力指数赋分结果

河段	河段赋分值	指标权重	指标总赋分
梁平区	26.9	0.336	
垫江县	28.7	0.439	33.8
长寿区	54.0	0.225	

河流健康的核心是河流水质的好坏，因此河流水质综合污染状况评价至关重要。利用水功能区水质达标率来评价既省时省力，又能达到对河流水质进行综合评价的目的。水功能区水质达标率是指对评估河流包括的水功能区水质达标个数比例，其中：评估年内水功能区达标次数占评估次数的比例按≥80%计算；评估河流达标水功能区个数占其区划总个数的比例为评估河流水功能区水质达标率。水功能区水质达标率指标赋分计算公式为

$$\text{WFZ}_r = \text{WFZP} \times 100\% \tag{4}$$

式中：WFZ_r 为评估河流水功能区水质达标率指标赋分；WFZP 为评估河流水功能区水质达标率。

一条没有资源可利用的河流并不健康，河流的合理开发利用能保障社会经济健康发展，但若过度开发又会威胁河流自身生命。国际上公认的水资源开发利用率合理限度为 30%~40%，极端情况下充分利用雨洪资源，开发程度也不应高于 60%[22]。基于国内外相关研究，水资源开发利用率指标赋分模型呈抛物线[23-24]，在 30%~40% 为最高赋分区，过高（>60%）和过低（0%）开发利用率均赋分为 0。河流开发利用赋分公式为

$$\text{WRU}_r = a \cdot (\text{WRU})^2 + b \cdot (\text{WRU}) \tag{5}$$

式中：WRU_r 为水资源利用率指标赋分；WRU 为评估河段水资源利用率；a、b 为系数，$a = -1\,111.11$，$b = 666.67$。而水资源开发利用率计算公式为

$$\text{WRU} = \text{WU}/\text{WR} \tag{6}$$

式中：WRU 为评估河流流域水资源开发利用率；WU 为评估河流流域水资源开发利用量；WR 为评估河流流域水资源总量。

公众满意度是反映公众对评估河流景观、美学价值等的满意程度。该指标采用公众参与调查统计的方法进行，即让沿河居民、河道管理者、河道周边从事生产活动的居民、旅游来河道的人参与对河流水量、水质、河滩地状况、鱼类状况的评估。所以，公众满意度是公众对河流适宜性的评估，以及公众根据上述方面认识及其对河流的预期所给出的河流状况总体评估。

$$\text{PP}_r = \frac{\sum_{n=1}^{\text{NPS}} \text{PER}_r \cdot \text{PER}_{wn}}{\sum_{n=1}^{\text{NPS}} \text{PER}_{wn}} \tag{7}$$

式中：PP_r 为公众满意度指标赋分；PER_r 为有效调查公众总体评估赋分；PER_{wn} 为公众类型权重。

龙溪河水功能区水质达标率、水资源开发利用率和公众满意度等 3 个指标赋分分别为 33.8、81.6 和 74.6，其社会服务功能准则层综合赋分为 63.3，见表 17。

表 17　社会服务功能准则层赋分统计权重

指标层	赋分	权重	指标总赋分
水功能区达标（WFZ）	33.8	0.333	
水资源开发利用（WRU）	81.6	0.333	63.3
公众满意度（PP）	74.6	0.333	

4 龙溪河健康评价结果及分析

4.1 评价结果

龙溪河健康评价指标体系设计为递阶层次结构，分别为目标层、准则层和指标层，其中权重设计采用层次分析法结合专家咨询法完成。龙溪河健康评价指标权重及得分见表18。

表 18 龙溪河健康评价指标权重及得分

目标层	亚层（权重）	准则层（权重）	河流指标层（权重）	指标层得分	准则层得分	综合得分
河流健康综合指数	生态完整性（0.7）	水文水资源（0.333）	流量过程变异程度（0.333）	98.1	51.8	60.1
			生态流量满足程度（0.333）	32.2		
			河流连通阻隔状况（0.333）	25.0		
		水环境状况（0.333）	耗氧量污染状况	64.6	64.6（取最低值）	
			DO水质状况	64.7		
			重金属污染状况	98.4		
		水生生物状况（0.333）	大型底栖动物完整性指数（0.333）	61.9	59.8	
			鱼类完整性指数（0.333）	54.8		
			浮游植物多样性指数（0.333）	62.9		
	社会服务功能（0.3）		水功能区水质达标（0.333）	33.8	63.3	
			水资源开发利用（0.333）	81.6		
			公众满意度（0.333）	74.6		

4.2 评价结果分析

按照河流健康评估分级方法（见表19），龙溪河得分为60.1，健康状况评价等级为健康，详细结果分析如下。

表 19 赋分与河流健康状态对应情况

赋分值	0~20	20~40	40~60	60~80	80~100
河流健康状态	病态	不健康	亚健康	健康	理想

4.2.1 水文水资源准则层

水文水资源准则层综合得分为51.8，评价结果为亚健康。由于水利工程的兴建，龙溪河流域内的水文水资源格局发生变化，虽然经过还原计算后流量过程变异程度较小，但生态需水满足程度却偏差，经过本次对龙溪河河上水利工程的统计发现，大多数水利工程未设置生态水量放水设施，由于水库需蓄水满足其服务功能，控制放水量，导致大坝下游偶尔形成少水河段。同时，水工建筑的兴建阻断了鱼类洄游的路线，使得河段鱼类生态系统出现片段化现象，鱼类种类组成和渔获物结构及渔获量在不同的河段有明显差异。这些因素也反映在水生生物状况准则层中，鱼类完整性指数得分较低。

4.2.2 水环境状况准则层

水环境状况准则层综合得分为64.6，评价结果为健康。水环境状况评价是以溶解氧、耗氧有机污染、重金属污染状况和纳污性能指数4个评估指标的最小分值作为水质层赋分值。一般废水中化学需氧量和氨氮的排放量较大，对河流污染相对比较严重，对水环境状况准则层赋分值影响较大。龙溪河现状水质总体以Ⅲ类水质为主，水质在中段以下都保持较好，评价结果为健康。其中，需要注意的是上游梁平段得分为57.3，处于亚健康状态，应进行污染物限排并持续关注。

4.2.3 水生生物状况准则层

水生生物状况准则层综合得分为59.8，评价结果为亚健康。龙溪河上游梁平段得分仅为44.2，中游垫江段得分为56.0，下游长寿段得分为75.2，除下游评价结果为健康外，中上游梁平和垫江段评价结果均为亚健康。

龙溪河流经场镇较多，受人为干扰较大，居民也较为集中，河流底质大多为卵石或者圆石，在采样河段没有发现采砂场。河流上游生境主要以深潭与浅滩交替，流速较快。到中游流速变缓，底质有淤泥出现，受人类活动干扰强烈，部分生活垃圾的增加对河流健康状况造成影响，水生生物健康状况不甚理想，为亚健康状态。河道下游主要为深水区，底质多为淤泥，部分河段河流生境较好，底质为卵石，建有的水电站改变了原有的生境状况，加强了水坝的隔离效应，降低了鱼类的多样性指数和完整性指数，导致河流健康状况不高。

4.2.4 社会服务功能准则层

社会服务功能准则层综合得分为63.3，评价结果为健康。其中，水资源开发利用率、公众满意度均为健康水平，但水功能区水质达标率仅为33.8%，处于不健康的水平，应引起注意。

5 结语

本文通过构建的龙溪河健康评价指标体系，从水文水资源、水环境、水生生物和社会服务功能等4个方面对龙溪河进行了健康状况评价。由评价结果可知，龙溪河现阶段处于健康状态。同时，龙溪河上水工建筑的兴建，阻断了鱼类洄游的路线，造成河段鱼类生态系统出现片段化现象，大型底栖动物完整性指数也受到影响，龙溪河上大多数水利工程还需要增设生态水量放水设施。此外，龙溪河中上段污染和人类活动的干扰稍微严重，化学需氧量和氨氮的排放量较大，需要进一步加强管理。

参考文献

[1] 徐昕，陈青生，董壮，等. 预测–综合指标评价模型在河流健康评价中的应用——以江苏省骨干河流健康评价为例 [J]. 中国农村水利水电，2016（5）：23-26，32.

[2] 冯子洋，刘晋高，方神光，等. 河流岸线带健康评估研究综述 [J]. 人民珠江，2019，40（11）：105-111.

[3] 王鹏全，吴元梅，张丽娟，等. 湟水干流西宁段河流健康评价模型 [J]. 水利水电科技进展，2021，41（1）：9-15.

[4] 谢伊涵，李根，杨梦杰，等. 基于PSR和物元可拓模型的跨界河流健康评价——以太浦河干流为例 [J]. 华东师范大学学报（自然科学版），2020（1）：110-122.

[5] 令志强，彭尔瑞，刘青，等. 石葵河流域健康评价模型建立 [J]. 农业工程，2019，9（12）：66-71.

[6] 张磊，季颖，陈旭坤. 基于多指标分析法的南通市如海运河河流健康评价及治理对策 [J]. 江苏水利，2021（2）：5-10.

[7] 周子俊，单凯，娄广艳，等. 新形势下黄河健康评估指标体系研究 [J]. 人民黄河，2021，43（8）：79-83，129.

[8] 张明月，王立权，赵文超，等. 基于层析分析法的呼兰河健康评价研究 [J]. 水利科技与经济，2021，27（6）：37-40，47.

[9] 方晓，胡淦林，樊子豪，等. 基于AHP层次分析法的郑州市东风渠生态健康评价 [J]. 河南农业大学学报，2021，55（3）：544-550.

[10] 季晓敏. 城市化背景下秦淮河流域水文过程与河流健康研究 [D]. 南京：南京大学，2015.

[11] 顾晓昀. 北京市北运河水系城市河流生态系统健康评价 [D]. 大连：大连海洋大学，2018.

[12] 文科军，马劲，吴丽萍，等. 城市河流生态健康评价体系构建研究 [J]. 水资源保护，2008（2）：50-52，60.

[13] 张楠，朱立琴. 河长制背景下我国河流治理价值取向研究 [J]. 四川环境，2021，40（2）：208-213.

[14] 彭辉，徐浩. 綦江评价指标体系构建和健康评价研究 [J]. 水资源研究，2016（2）：120-126.

[15] 周世会. 贵州高原河流水生态健康评价体系的建立及其在南明河中应用 [D]. 贵阳：贵州师范大学，2021.

［16］范雪环，冯阳，丁聪，等．门头沟小流域主沟道生态健康评价体系研究［J］．中国水土保持，2021（4）：69-71.

［17］刘聚涛，温春云，胡芳，等．基于水环境监测的河流健康评估单元划分方法及其应用研究［J］．中国环境监测，2021，37（1）：129-135.

［18］赵科学，王立权，李铁男，等．关于河湖健康评估中指标赋分方法的优化［J］．水利科学与寒区工程，2021，4（2）：10-14.

［19］王鹏全，吴元梅，张丽娟，等．湟水干流西宁段河流健康评价模型［J］．水利水电科技进展，2021，41（1）：9-15.

［20］王爽．辽河流域下游河流健康评估指标体系研究［J］．水土保持应用技术，2021（1）：28-31.

［21］孟翠婷，郎琪，雷坤，等．永定河京津冀段底栖动物群落结构特征及水生态健康评价［J］．沈阳大学学报（自然科学版），2021，33（4）：307-313.

［22］金岳．河流生态岸线开发利用与保护布局研究［J］．水利规划与设计，2019（12）：23-27.

［23］罗小妹．惠州市公庄河健康评估分析［J］．广东水利水电，2019（8）：59-63.

［24］谢悦．淮河中上游河流健康评价指标体系与方法研究［D］．武汉：武汉大学，2017.

金川水电站砂石加工及混凝土生产系统废水"零排放"处理技术

陈志超　段　斌　吴万波　张　杰

（国能大渡河金川水电建设有限公司，四川金川　624100）

摘　要： 大渡河河段水域环境功能为Ⅱ类，根据《污水综合排放标准》（GB 8978—1996）规定，Ⅱ类水域禁止排放污水，所以必须对砂石骨料加工及混凝土生产废水进行处理后回收利用。金川水电站是大渡河流域调整规划 28 级方案中的第 6 级梯级电站，该电站砂石加工和混凝土生产废水处理系统采用"细砂回收器+预沉淀+DH 高效旋流（高浓度）污水净化器+板框压滤机"的处理工艺，处理后出水悬浮物（SS）达到 36 mg/L。

关键词： 金川水电站；砂石加工系统；混凝土生产系统；废水处理技术；悬浮物（SS）

1　工程概况

　　金川水电站位于四川省阿坝州金川县大渡河上游河段，是大渡河流域规划调整 28 级方案中的第 6 级梯级电站，上游与双江口水电站衔接，下游是安宁水电站。电站采用坝式开发，开发任务以发电为主，对上游双江口水电站反调节，并促进地方经济社会发展。电站总装机容量 860 MW，属Ⅱ等大（2）型工程。枢纽由混凝土面板堆石坝、左岸引水发电系统、右岸开敞式溢洪道和泄洪放空洞等组成，即将于 2021 年底截流，预计 2024 年底实现首台机组投产发电。砂石加工及混凝土生产系统布置于坝址下游左岸德胜平台，由大坝及溢洪道工程标建设运行，除满足本标使用外，还需向引水发电系统工程标、帷幕灌浆及防渗墙工程标、鱼道工程标供应所需砂石骨料和混凝土料。

　　砂石加工系统生产工艺采用"粗碎+中碎+细碎"三段破碎、"立轴+球破整型机"制砂，系统主要破碎筛分采用湿法生产工艺。毛料主要来源于洞挖料和石家沟料场开采料，设计毛料处理能力为 370 t/h，设计成品骨料生产能力为 280 t/h，主要用于混凝土骨料和大坝填筑料。砂石加工系统生产废水主要是对骨料清洗产生的。混凝土生产系统设计布置有 2 套 HZS120 型强制拌和站，由 6 个 500 t 水泥罐和 2 个 500 t 粉煤灰罐、骨料运输系统、胶凝材料计量与储运设施、冷却水系统、外加剂车间、空压车间、供排水设施、废水处理设施、供配电与控制及其辅助设施等组成，生产能力达 6.4 万 m³/月。混凝土生产系统废水主要是拌和楼搅拌罐冲洗废水。金川水电站砂石加工及混凝土生产系统目前已正式投产运行，根据生产性试验，系统小时污水排放量达 200 t，含泥 20 t，悬浮物浓度最大时为 100 000 mg/L，系统高峰日平均运行 14 h。

2　废水处理目标

　　由于工程所处大渡河河段水域环境功能为Ⅱ类，砂石加工和混凝土生产废水需进行处理后全部回用，处理水水质按 SS 小于 100 mg/L 控制[1]。回用水用于砂石加工系统回用、洒水降尘及绿化等。混凝土生产系统废水经处理后重复使用，作为搅拌仓及场地的清洗用水，不参与混凝土拌制，剩余水经砂石加工废水处理系统进行处理。砂石加工系统废水回用于该系统进行砂石生产的水可以达到 80%，

作者简介： 陈志超（1995—），男，助理工程师，主要从事水电工程建设管理工作。

除回用于本系统外，剩余水可用于绿化洒水降尘，做到"零排放"。

3 砂石加工废水处理工艺流程及主要参数

3.1 砂石加工废水处理工艺流程

该砂石加工系统废水处理系统采用"细沙回收器+预沉淀+DH 高效旋流（高浓度）污水净化器+板框压滤机"的处理工艺，生产废水首先进入细沙回收器，去除大部分大颗粒（45 μm 以上）的石粉及污泥，以降低后续设备处理负荷，经细沙回收器处理后的出水自流入沉淀池，经再次沉淀后进入调节池，池内设置搅拌器以防沉淀。调节池废水经泵提升至高效污水净化器中，在废水提升泵出口管道上设置混凝混合器，在混凝混合器前后分别投加絮凝剂和助凝剂，在管道中完成混凝反应，然后进入净化器中，经离心分离、重力分离及污泥浓缩等过程从净化器顶部排出经处理后的清水，清水进入清水池后回用或排放。从净化器底部排出的浓缩污泥排入污泥池中，在污泥池上方设置搅拌器，以防止污泥沉淀。用污泥泵提升至板框压滤机将污泥脱水干化，板框压滤机设置在二楼，干化污泥直接排至渣土车上外运。

金川水电站砂石加工废水处理系统工艺流程如图 1 所示。

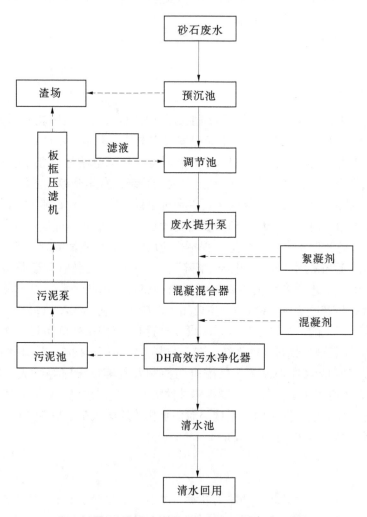

图 1　金川水电站砂石加工废水处理系统工艺流程

3.2 砂石加工废水处理主要构筑物和设备参数

3.2.1 预沉池

预沉池采用地下钢筋混凝土结构，尺寸为 10.3 m×5 m×3.5 m（长×宽×高），有效容积 180 m³。

砂石加工废水经汇水沟汇流至预沉池，对废水进行预沉淀。

3.2.2 调节池

调节池采用地下钢筋混凝土结构，尺寸为 6 m×5 m×3.5 m（长×宽×高），有效容积 100 m³，安装有搅拌装置，防止废水沉淀。

3.2.3 废水提升泵和混凝混合器

该系统布置 2 台废水提升泵，将废水提升至高效污水净化器中，水泵型号为 150WQ200-22-22/4，单泵流量为 200 m³/h。废水提升泵出口管道上设置有混凝混合器，在混凝混合器前后分别投加絮凝剂和助凝剂，在管道中完成混凝反应。

3.2.4 加药系统

加药系统考虑了加药装置尺寸、药剂堆放面积、溶药配药、电控值班等，操作空间设计为 12.7 m×5.2 m×3.0 m（长×宽×高）。加药装置配置有 2 套助凝剂搅拌池，容积 3 m³/套，配备 1 台单泵流量为 2 000 L/h 的加药螺旋泵；配置有 2 套絮凝剂搅拌池，容积 3 m³/套，配备 1 台单泵流量为 600 L/h 的加药螺旋泵。加药池为混凝土结构，内表面使用防酸水泥和防酸瓷砖防腐。

3.2.5 DH-SSQ-200 型高效（旋流）污水净化器

高效污水净化器是将混凝反应、离心分离、重力分离和污泥浓缩等技术在同一罐体内优化组合，在短时间内完成多级净化，使固液分离。净化器为钢制罐体，上中部为圆柱体，下部为锥体，自下而上分别为污泥浓缩区、离心分离区、离心-重力分离区、清水区，设备无须反冲洗。在净化技术中采用了直流混凝原理、临界絮凝机制、旋流机制、离心分离原理。本工程高效旋流污水净化器选型参数见表 1。

表 1 高效旋流污水净化器选型参数

序号	参数名称	单位	参数
1	型号		DH-SSQ-200
2	处理量	m³/h	200×100%
3	水力停留时间	min	20～30
4	进水水质 SS	mg/L	≤60 000
5	出水水质 SS	mg/L	≤100
6	罐体进水压力	MPa	≤0.25
7	罐体内水头损失	MPa	≤0.05
8	外形尺寸（φ×H）	m×m	7.5×9.8
9	外筒材质		碳钢 Q235B
11	数量		1 台
12	结构形式		采用旋流污水净化原理，设备内部无斜板斜管和过滤结构

DH 系列高效（旋流）污水净化器利用直流混凝、微絮凝造粒、离心分离、重力分离和压缩沉淀的原理，将污水净化中的混凝反应、离心分离、重力沉降、污泥浓缩等处理技术有机组合集成在一起，在同一罐体内短时间（20～30 min）完成污水的多级净化。

（1）直流混凝。DH 高效（旋流）污水净化器不需要混凝反应池，用计量泵同时定量加入絮凝剂和助凝剂混合，通过掌握絮凝时间，控制矾花和絮体的形成。

（2）旋流絮凝。完成直流混凝后的废水高速进入净化器产生旋流，在压缩双电层、吸附电中和、吸附架桥、沉淀和网捕等混凝反应机制作用下，絮凝体快速变大，形成矾花，完成絮凝反应及微絮凝造粒。

（3）重力分离和离心分离。废水沿切线方向高速进入罐体后快速旋转产生离心力，废水中质量大的颗粒（大于 20 μm）在离心力作用下被甩向罐壁，并随下旋流及自身重力作用下滑到锥形泥斗区浓缩，质量小的微粒在药剂作用下形成较大絮体（矾花）也被甩向罐壁，并随下旋流及自身力作用下滑至污泥浓缩区。污水在沿罐壁做下旋流作用到一定程度后，经净化的水即向中心靠拢，形成向上的旋流不断上升进入过滤区。

（4）污泥压缩沉淀。通过重力和离心的污泥进入锥形泥斗区，泥斗区中上部污泥在聚合力作用下，颗粒群体结合成一整体，各自保持相对不变的位置共同下沉。在泥斗区中下部，污泥浓度相对较高，颗粒间距离很小，颗粒互相接触，互相支承，在罐体内水及上层颗粒重力作用下，下层颗粒间隙中的液体被挤出界面，固体颗粒被浓缩压密，最后从锥体底部排泥管连续或间断排出。

3.2.6 污泥池及污泥提升泵

从净化器底部排出的浓缩污泥排入污泥池中，污泥池采用地下钢筋混凝土结构，尺寸 5 m×5 m×3.5 m（长×宽×深），有效容积 75 m³，污泥池中安装搅拌装置，防止污泥沉淀。污泥池配置 2 台卧式污泥提升泵，型号为 80ZJ-60，单泵流量 120 m³/h，用于将污泥提升至板框压滤机将污泥脱水干化。

3.2.7 压滤机系统

压滤机系统由压滤机操作平台和 XMZ500/1250-30U 板框压滤机组成。

板框压滤机是悬浮液固、液两相分离的理想设备，具有轻巧、灵活、可靠等特点，与其他固液分离设备相比，压滤机过滤后的泥饼有更高的含固率和优良的分离效果。固液分离的基本原理是：混合液流经过滤介质（滤布），固体停留在滤布上，并逐渐在滤布上堆积形成过滤泥饼，而滤液部分则渗透过滤布而排走。随着过滤过程的进行，滤饼过滤开始，泥饼厚度逐渐增加，过滤阻力加大。过滤时间越长，分离效率越高。本工程采用的压滤机设备参数见表 2。

表 2　板框压滤机设备参数

序号	类型	技术参数
1	压紧方式	液压压紧、自动保压
2	拉板形式	变频自动拉板卸料，西门子 smart200PLC
3	压紧压力	18~22 MPa；采用进口四氟铜原料密封
4	过滤压力	0.6~0.8 MPa
5	厢式滤板	123 块活动板、增强聚丙烯；大张制作（头尾 2 块另计）
6	成品滤布	123+2 件套白单丝滤布、浙江天台原料，大张制作（激光剪裁）
7	滤板规格	1 500 mm×1 500 mm、采用 5 000 t 压塑机高压压榨而成，专利模具
8	电机功率	主电机 11 kW、变频拉板电机 1.5 kW
9	滤室容积	8.7 m³
10	过滤面积	500 m²
11	滤室厚度	40 mm
12	设计质量	约 38 t
13	长×宽×高	11 730 mm×2 200 mm×1 820 mm
14	进料方式	中间进料、DN150 标准法兰
15	出液方式	1 寸水嘴、双明流出液
16	手柄	自动把一边平轮，一边槽轮；V 形定位，保证滤板的直线排列
17	主机结构	优质碳钢采用气体保护焊焊接而成

续表 2

序号	类型	技术参数
18	主梁结构	500 大梁/一次成型，无内应力，使用自动埋弧焊接工艺加工而成，焊缝平整、美观；杜绝大梁变形现象；整机受力均匀，两根配套主梁夹紧后同时加工，滤板受压时不产生倾斜的侧向力，保证加工精度。大梁接触面贴 304 不锈钢耐磨皮导轨定位
19	拉板系统	变频控制；配套新一代拉板机械手，内置式传动链条，密闭式链槽结构，上下行走轨道采用新型工程塑料制造，达到更好的防腐效果；另外，能有效防止卸泥时泥饼误落拉板机构导致卡机现象，主梁单侧配套急停拉线控制，可对拉板小车进行急停/开启控制
20	防腐处理	抛丸机高速喷砂技术、丙烯酸聚酯涂料防腐处理
21	电控系统	壁挂式喷塑电控箱，变频控制系统、AB 变频器
22	液压泵站	外置式油泵技术：散热，检修更方便
23	油缸密封	聚氨酯+四氟铜密封圈（进口密封圈）
24	液压件	上海华岛液压、上海大众油泵

3.2.8 清水池

清水池采用地下式钢筋混凝土结构，尺寸为 17.6 m×5 m×3.5 m（长×宽×深），用于经废水处理系统处理合格的回用水，砂石加工系统回用、洒水降尘及绿化等。

4 混凝土生产废水处理

混凝土生产废水采用三级沉淀池进行废水处理，废水经三级沉淀处理后主要作为搅拌仓及场地的清洗用水，不参与混凝土拌制。三级沉淀池布置在水泥罐附近，单个尺寸为 5 m×10 m×1.9 m，一级沉淀池设置斜坡，便于经常清理。混凝土生产废水三级沉淀池设计布置一台水泵，最终经沉淀后的污水通过水泵抽到砂石加工系统的污水池进行处理，处理工艺流程与砂石加工系统废水处理工艺相同，实现对外零排放。

5 废水处理系统运行效果

采用"细沙回收器+预沉淀+DH 高效旋流（高浓度）污水净化器+板框压滤机"的处理工艺，金川水电站砂石加工系统和混凝土生产系统废水回收率达 100%，经处理后水质悬浮物 SS 含量不大于 36 mg/L。

6 结语

砂石加工系统和混凝土生产系统废水处理备受环境主管部门关注，在水电建设项目中是工作重点和难点，其中废水处理工艺流程的选取是整个废水处理系统设计关键。从金川水电站砂石加工和混凝土生产废水处理系统目前的运行效果来看，采用"细沙回收器+预沉淀+DH 高效旋流（高浓度）污水净化器+板框压滤机"的处理工艺和设备选型是合适的，出水水质 SS 含量低于 36 mg/L，满足回用要求。砂石料加工系统废水回用率可以达到 80%，除回用于本系统外，剩余水可用于绿化和洒水降尘。该工艺成熟可靠，可为类似工程的废水处理提供借鉴和参考。

参考文献

［1］中国电建集团西北勘测设计研究院有限公司. 大渡河金川水电站环境保护与水土保持总体设计及"三同时"实施方案［R］. 金川：国电大渡河金川水电建设有限公司，2020.

浅析山区河道采砂规划——以江城县为例

汪　飞　贾建伟　刘　昕

（长江水利委员会水文局，湖北武汉　430010）

摘　要： 本文以江城县河道采砂为例，在河道采砂现状调查和存在问题的基础上，阐述了制定河道采砂规划的重要性。在综合考虑河势稳定、防洪安全、生态环境保护、涉水工程安全等因素的条件下，初步提出了江城县河道采砂的分区规划方案，包括可采区、禁采区和保留区的设定，为规范江城县河道采砂提供了科学支撑。

关键词： 山区河流；河道采砂；采砂规划

1　引言

河道砂石是保持水沙平衡、维系河床稳定的物质基础，也是河流生物栖息生存的重要介质和生境要素。同时，河道砂石也是一种天然优良的建筑材料，具有较高的经济价值。随着我国城镇化和基础设施建设的蓬勃发展，市场对河道砂石资源的需求量也飞速增长，造成了砂石资源的供不应求。山区河道由于非汛期河宽较窄、水深较浅、洲滩出露，砂石开采条件和方式相对简单，加之山区河道砂石含泥量低、质地坚硬，使得山区河道采砂成为了地方建筑用砂的重要来源。

目前，河道采砂相关的研究主要集中在两个方面：一方面为河道采砂的影响研究，主要集中在河道采砂对河势稳定及河床演变[1]、航道稳定[2]、生态环境[3-4]、涉水工程安全[5]等影响方面；研究方式和方法包括实测资料分析[6]、物理模型试验[7]及数学模型仿真模拟[8]。另一方面为河道采砂的管理和制度研究，主要集中在采砂现状分析[9]、河道采砂规划[10]、非法采砂治理[11]、采砂管理制度[12-13]等方面。在山区河道采砂方面，受基础资料的限制，相关研究相对不多，且多集中在采砂规划[14]、采砂管理和制度研究方面[15]。

云南省普洱市江城县境内河流水系发达且多为山区河流，砂石资源较丰富。近年来，随着地方经济的快速发展，对砂石资源的需求量也日趋增加，采砂规模与开采范围也迅速扩大。在经济利益的驱动下，各种无度、无序、非法的河道采砂活动加剧，对河势稳定、防洪安全、生态环境、涉水工程安全等造成了较大的负面影响。2020年1月1日，《普洱市河道采砂管理条例》正式颁布实施，标志着普洱市河道采砂的管理步入规范化、法制化轨道，同时也明确了河道采砂应当坚持科学规划的原则。

本文以普洱市江城县河道采砂为例，在总结目前河道采砂存在问题的基础上，阐述河道采砂规划编制的必要性及原则；而后，结合河道采砂现状调查，通过泥沙补给和储量调查分析计算，提出了江城县河道采砂规划方案。

2　江城县河流概况

2.1　水系分布

江城境内江河纵横，水系发达，以康平营盘山为分水岭，营盘山以东流入李仙江，属红河水系；营盘山以西流入曼老江，属澜沧江水系。

曼老江为澜沧江一级支流，发源于宁洱县磨黑镇山神庙丫口，集水面积7 739 km²，河长297.8

作者简介： 汪飞（1985—），男，高级工程师，主要从事河流数值模拟、河床演变及水文分析计算工作。

km，主要支流有桥头河、盐开河、布老河、曼汤河等。

李仙江为红河一级支流，为中越国际河流。上游分两支，干流发源于大理州南涧县宝华乡小车里。李仙江境内河长 480 km，平均比降 2.4‰，集水面积 19 330 km²，出境后在越南汇入红河。江城县境内流入李仙江的主要支流有勐野江、大岔河、那比河、拉珠河、土卡河等。其中，勐野江为李仙江一级支流，发源于江城县国庆镇大平掌，河长 141.9 km，平均比降 4.924‰，集水面积 1 807 km²。

2.2 水沙特性

2.2.1 曼老江

根据曼老江曼中田水文站 1960—2016 年流量资料统计，年均径流量 9.92 亿 m³，年均流量 31.4 m³/s，汛期（6—10 月）水量占全年的 72.6%。

2.2.2 李仙江及支流勐野江

李仙江干流有把边站和李仙江（二）站。把边站位于宁洱县境内，为上游控制站，流域面积 5 521 km²，有 2003—2016 年流量资料、2005—2015 年泥沙资料；李仙江（二）站现已撤销，原站址集水面积 16 524 km²，仅有 1975—2006 年流量资料。把边站年均径流量 25.1 亿 m³，年均流量 79.5 m³/s，年均悬移质输沙量 325 万 t，年均悬移质输沙率 103 kg/s。汛期水量、沙量分别占全年的 75.9%、97.8%。李仙江（二）站年均径流量 110 亿 m³，年均流量 348 m³/s，汛期水量占全年水量的 76.0%。

根据勐野江七一桥水文站 2007—2016 年流量资料统计，年均径流量 9.61 亿 m³，年均流量 30.5 m³/s，汛期水量占全年的 81.6%。

2.3 河势演变特征

江城县河流多为山区性河流，断面呈 "V/U" 形，河床纵剖面陡峭，水面比降较大，流速较大。河床组成多为较厚的第四系松散堆积物，主要为砂夹卵石或卵石夹砂。

曼老江近期演变主要表现为弯道段的冲淤变化，受两岸山体限制，总体河势基本稳定。

李仙江段两岸受山体限制，总体河势较为稳定，土卡河电站以上河段为库区河段，近年及今后较长时间内将保持淤积态势；土卡河电站以下河段，受上游梯级电站拦沙影响，将保持长期冲刷的态势。勐野江段总体河势基本稳定，近期河势演变也主要表现为弯道段的冲淤变化，勐野江下游修建了勐野江水电站，电站坝址以上库区未来表现为持续淤积，坝下河段将保持冲刷下切态势。

3 河道采砂现状及主要问题

江城县境内现有砂厂 64 个，年总开采砂量为 35 万 m³。按水系划分，澜沧江 23 个，红河 41 个。现有砂厂基本布置在河边高地或滩地上，主要采用挖掘机械挖取河砂，少数砂厂采用抽砂船抽取河砂。

区内河道采砂主要存在以下问题：

（1）缺乏统一规划。采区位置、开采量、开采方式、开采时间均比较随意。

（2）影响河道行洪。堆料大多直接布置在河滩地上，堆高大，束窄河道行洪面积。

（3）影响河势稳定。滥采滥弃改变局部滩槽格局，改变主流走向，同时挖砂坑可能引起溯源冲刷。

（4）影响生态环境。洗砂弃水未充分静置沉淀就排入河道，造成周围河道内水体悬沙浓度增大。

（5）影响涉水工程安全。部分砂厂布置在桥梁禁采范围内，影响桥梁安全。

4 规划范围和规划期

规划范围为曼老江、李仙江、勐野江等 27 条河流，规划河段总长 495.09 km，如表 1 所示。

规划基准年为 2018 年。考虑到河道动态变化特征与规划时效性要求，并与地方经济发展协调一致，综合确定规划期为 2019—2025 年。

表 1 采砂规划范围

序号	名称	规划范围	长度/km	序号	名称	规划范围	长度/km
1	曼老江	大树脚电站大坝—布老河河口	72.79	15	木易河	河口上游 5 km—河口	5.00
2	桥头河	河口上游 2.63 km—河口	2.63	16	扒沙河	河口上游 4 km—河口	4.00
3	盐开河	河口上游 3.2 km—河口	3.20	17	良马河	河口上游 8.62 km—河口	8.62
4	大河边河	河口上游 6.17 km—河口	6.17	18	南坑河	河口上游 4 km—河口	4.00
5	曼汤河	河口上游 11.05 km—河口	11.05	19	柏木河	河口上游 4 km—河口	4.00
6	布老河	河口上游 12.45 km—河口	12.45	20	骡马河	河口上游 9.6 km—河口	9.60
7	汇朗河	河口上游 5 km—河口	5.00	21	李仙江	勐野江河口—中越边界	105.15
8	象庄河	河口上游 2.03 km—河口	2.03	22	大岔河	河口上游 5 km—河口	5.00
9	勐野江	国庆乡么等村—河口	133.51	23	那比河	河口上游 2 km—河口	5.00
10	糯各河	河口上游 4.63 km—河口	4.63	24	里吗河	河口上游 4.5 km—河口	4.50
11	勐烈河	河口上游 17.82 km—河口	17.82	25	土卡河	河口上游 29.1 km—河口	29.10
12	伤人河	河口上游 6 km—河口	6.00	26	整康河	河口上游 8.3 km—河口	8.30
13	勐康河	河口上游 22.54 km—河口	22.54	27	大岔河	河口上游 5 km—河口	5.00
14	曼通河	河口上游 3 km—河口	3.00	合计			495.09

5 河道砂石历史储量及补给分析

5.1 砂石历史储量

河道砂石历史储量包括滩地堆积砂石和水库淤积砂石。

滩地砂石储量主要根据外业测量、实地查勘并结合采砂现状调查确定，其储量估算按式（1）计算：

$$V_{td} = A_{td} h_{td} \tag{1}$$

式中：V_{td} 为滩地砂石储量，m^3；A_{td} 为滩地可采区域面积，m^2；h_{td} 为可采厚度，m，根据河道地形、地质情况结合已有砂厂开采情况调查确定。

经统计，滩地砂石储量为 515.45 万 m^3。

库区砂石储量主要为李仙江干流龙马、居甫渡、戈兰滩及土卡河 4 个梯级电站库内淤积砂石。以上 4 个电站基本在 2008—2009 年建成，至规划起始年（2019 年）已运行 11 年，可将这 11 年淤积的推移质作为历史储量，计算公式如下：

$$V_{kq} = N A_{kq} E \beta / \rho \tag{2}$$

式中：V_{kq} 为库区砂石储量，m^3；N 为水库淤积年数，a；A_{kq} 为水库区间流域面积，km^2；E 为区间土壤侵蚀模数，$t/(km^2 \cdot a)$；β 为推悬比（%）；ρ 为推移质容重，t/m^3。

土壤侵蚀模数依据《云南省水土流失调查成果公告》[16] 确定，推悬比依据李仙江干流电站设计成果确定，取 20%，推移质容重按 1.6 t/m^3 计。经计算，库区砂石储量为 541.09 万 m^3。

综上，规划河段砂石历史储量 1 056.54 万 m^3，包括曼老江 169.29 万 m^3、勐野江 281.29 万 m^3、

李仙江 605.96 万 m³。

5.2 砂石补给分析

河道泥沙补给主要源于区内土壤侵蚀。受曼老江、勐野江、李仙江干流水电站建设的影响，上游泥沙主要拦蓄在水电站库区中，坝下河段泥沙补给主要为区间来沙。

江城县采砂基本以推移质为主，砂石补给只考虑推移质。砂石年补给量按下式计算：

$$G = AE\beta/\rho \tag{3}$$

式中：G 为砂石年补给量，m³/a；A 为区间流域面积，km²。

经计算，规划河段泥沙年补给量为 72.47 万 m³，包括曼老江 8.28 万 m³、勐野江 11.59 万 m³、李仙江 52.60 万 m³。

6 采砂分区规划

6.1 禁采区

禁采区主要依据河势稳定、生态环境保护、涉水工程安全等管控要求划定，共划分禁采区 48 处，包括禁采河段 3 处和禁采水域 45 处，总长 113.5 km。

3 处禁采河段总长 19.98 km，主要为避开自然保护区、河道整治及修复工程。禁采水域总长 93.52 km，主要为涉水工程（桥梁、公路、水文站、水电站等）的保护区。

6.2 可采区

6.2.1 年度控制采砂量

可采区砂石来源包括历史储量和泥沙补给。经计算，曼老江可采区历史储量 75.15 万 m³，年补给量 0.36 万 m³；李仙江历史储量 189.64 万 m³，年补给量 17.24 万 m³；勐野江历史储量 68.66 万 m³，年补给量 0.40 万 m³。

规划期开采总量按照可采区历史储量 50%加可采区年补给量 50%控制。规划期采砂总量控制为：历史储量可采 171.62 万 m³，年补给量可采 9.02 万 m³。

6.2.2 可采区划分

本次共规划可采区 18 个，总长 68.31 km，年度控制开采量为 33.54 万 m³。可采区规划见表 2。

表 2　可采区规划

编号	名称	采区/处	长度/km	年度控制开采量/万 m³
1	曼老江	5	4.00	5.55
2	李仙江	3	58.12	22.17
3	勐野江	8	5.29	5.10
4	土卡河	1	0.30	0.31
5	骡马河	1	0.60	0.41
	总计	18	68.31	33.54

6.2.3 禁采期

每年鱼类产卵期（4 月 1 日至 5 月 31 日）和汛期（6 月 1 日至 9 月 30 日）设定为禁采期。

6.3 保留区

保留区是为因河势变化和砂石需求的不确定性而设置的区域，以便在规划期内进行必要的调控和更好地实现采砂管理留有余地。除去禁采区与可采区，规划范围其余河段均划归保留区，共计 64 处，总长 313.28 km，见表 3。保留区砂石总储量 644.92 万 m³，包括曼老江 97.47 万 m³、勐野江 192.90 万 m³、李仙江（不含勐野江）354.55 万 m³。

表3 保留区划分

编号	名称	数量/处	长度/km	砂石储量/万 m³	编号	名称	数量/处	长度/km	砂石储量/万 m³
1	曼老江	12	52.39	82.04	15	木易河	1	4.41	4.08
2	桥头河	1	0.96	0.72	16	扒沙河	1	3.34	2.00
3	盐开河	1	3.20	1.00	17	良马河	2	4.00	4.56
4	大河边河	1	4.67	2.00	18	南坑河	1	4.00	7.22
5	曼汤河	2	6.05	2.74	19	柏木河	1	2.40	1.74
6	布老河	1	10.95	6.83	20	骡马河	1	7.50	9.87
7	汇朗河	1	5.00	1.94	21	李仙江	4	28.45	298.86
8	象庄河	1	0.53	0.20	22	大岔河	1	5.00	13.78
9	勐野江	17	101.08	147.06	23	那比河	1	5.00	2.00
10	糯各河	1	2.91	1.80	24	里吗河	1	4.50	7.82
11	勐烈河	1	7.02	3.20	25	整康河	2	5.36	6.73
12	伤人河	1	6.00	3.53	26	土卡河	3	22.81	25.36
13	曼通河	1	3.00	1.68	总计		64	313.28	644.92
14	勐康河	4	12.75	6.16					

6.4 采砂制约因素分析

可采区年度控制开采量为33.54万 m³，与现状调查统计的年开采量（35万 m³）基本一致，但远小于江城县实际砂石需求量。制约河道采砂规模的因素主要包括：①可供开采的砂石储量有限，从可持续发展的角度出发，必须严格控制年可采量；②江城县砂石大部分源于开山采石，砂石质量相对河砂好些，而且级配控制也相对简单；③禁采期的影响，在鱼类产卵期及汛期，河道采砂作业需要暂停，一定程度上影响了采砂作业的连续性，进而影响砂石供应的稳定性；④河势稳定、防洪安全和生态环境保护的限制。

7 结论

本文在总结江城县河道采砂存在问题的基础上，综合考虑河势稳定、防洪安全、生态环境保护、涉水工程安全等因素，提出了江城县河道采砂分区规划，主要结论如下：

（1）江城县河道采砂目前缺乏统一、科学规划，为规范河道采砂作业，可持续利用砂石资源，亟待制定江城县河道采砂规划。

（2）规划河段总长495.09 km，砂石历史储量为1 056.54万 m³，年砂石补给量为72.47万 m³。

（3）划定可采区18处，总长68.31 km，年度控制开采量为33.54万 m³。

（4）划定禁采区48处，总长113.5 km；划定保留区64处，总长313.28 km，砂石总储量为644.92万 m³。

参考文献

[1] 周劲松. 初论长江中下游河道采砂与河势及航道稳定 [J]. 人民长江，2006，37（10）：30-32.

[2] 李文全. 长江中下游采砂对航道演变及整治工程影响研究 [D]. 武汉：武汉大学，2004.

[3] 高耶，谢永宏，邹东生. 采砂对河道生态环境的影响及对策综述 [J]. 泥沙研究，2017，42（2）：74-80.

［4］郑小康，崔长勇，崔振华．黄河干流河道采砂对生态环境的影响及对策［J］．人民黄河，2016，38（1）：42-44.

［5］王国栋，杨文俊．河道采砂对河道及涉水建筑物的影响研究［J］．人民长江，2013，44（15）：69-72.

［6］胡朝阳，王二朋，王新强．水库与河道采砂共同作用下的河道演变分析［J］．水资源与水工程学报，2015，26（3）：76-78.

［7］Lee H Y. Migration of rectangular mining pit composed of nonuniform sediments［J］. Journal of the Chinese Institute of Engineers, 1996, 19（2）: 255-264.

［8］毛劲乔．河道复杂采砂坑附近流场的数值模拟［J］．水科学进展，2004，15（1）：6-11.

［9］赵希岭．河北省河道采砂管理存在问题及对策［J］．水科学与工程技术，2011，2：72-74.

［10］梅棉山．全国江河重要河道采砂规划之管见［J］．中国水利，2012，2：22-24.

［11］王金生．关于遏制河道非法采砂行为的立法思考［J］．水利发展研究，2013，13（1）：26-29.

［12］郭超，姚仕明，肖敏，等．全国河道采砂管理存在的主要问题与对策分析［J］．人民长江，2020，51（6）：1-4.

［13］马建华，夏细禾．关于强化长江河道采砂管理的思考［J］．人民长江，2018，49（11）：1-2.

［14］汪飞，徐高洪，邝建平，等．浅议云南勐腊县河道采砂规划［J］．人民长江，2018，49（22）：118-122.

［15］王晓波．山区河道采砂管理探讨［J］．农业科技与装备，2013，7：47-48.

［16］云南省水利厅．云南省水土流失调查成果公告（2015 年）［R］．昆明：云南省水利厅，2017.

地下水位埋深对喀什噶尔河流域生态环境（盐渍化、荒漠化）的影响研究方法初探

徐宗超　潘炜元

（黄河勘测规划设计研究院有限公司，河南郑州　450003）

摘　要： 随着喀什噶尔河流域社会经济的不断发展、人工绿洲用水量不断增加，地下水超量开采问题突出，生态退化问题逐渐显现。目前，暂时没有地下水埋深对喀什噶尔河流域生态环境（盐渍化、荒漠化）影响的研究，本文致力于地下水埋深对喀什噶尔河流域灌区生态环境（盐渍化、荒漠化）影响研究方法初探，可为后期喀什噶尔河流域地下水开发利用及研究提供支持。

关键词： 地下水埋深；生态环境；盐渍化；荒漠化

1　引言

喀什噶尔河流域降水稀少，蒸发强烈，风沙危害严重，周边生态环境十分脆弱。随着流域社会经济的不断发展、人工绿洲用水量的不断增加，地下水超量开采问题突出，必然引起生态退化。地下水资源对当地生态环境造成极大影响：一方面地下浅水水位过高造成蒸发量大，致使盐分留在土壤中，土壤朝盐渍化方向发展；另一方面地下浅水水位过低，导致地表天然植被供水不足，大量植被死亡后朝荒漠化方向发展。流域内土地荒漠化、盐渍化现象日益严重，风沙频袭绿洲，整个流域生态环境日益恶化。

2　地下水埋深与土壤盐渍化、荒漠化关系的国内外研究进展

国内外大量研究成果只是针对地下水埋深对土壤盐渍化影响的相关研究，或者是地下水埋深对荒漠化影响的相关研究，对于地下水埋深与盐渍化、荒漠化共同的研究较少。其中，盐渍化方面主要研究了地下水埋深与土壤盐渍化发展程度、季节变化等的相关性，提出了人类灌溉活动对地下水及耕地盐渍化的影响；荒漠化方面主要研究了地下水埋深波动对植被分布的影响，同时得出人类活动及人为因素是导致或加剧荒漠化趋势的主要驱动因子，自然因素影响相对较弱。因地下水埋深虽对盐渍化和荒漠化均有显著关系，但并非是唯一主要因素（盐渍化评价指标主要为土壤全盐量，荒漠化评价指标主要为植被覆盖率），且盐渍化和荒漠化均属生态环境恶化的具体体现，严重时均会导致生态灾难，二者均与地下水直接相关、辩证相关，所以也有学者将盐渍化和荒漠化问题归结为生态环境问题并单独研究，也是未来研究的一个方向。

张勃等[1]研究指出黑河中游张掖地区荒漠植被生存的最大制约因子是地下水位下降导致的土壤水盐变化。杨泽元等[2]通过研究陕北风沙滩地地下水埋深与盐渍化的关系，表明地下水埋深逐渐变浅将导致土壤由非盐碱地渐变为轻盐碱化、中盐碱化和重盐碱化。Ibrakhimov等[3]研究指出地下水埋深和地下水矿化度的动态变化与土壤盐渍化的密切关系。胡小韦[4]研究了不同季节下绿洲土壤盐分与地下水环境的关系，地下水灌溉使土壤盐分随季节不同。金晓媚等[5]对银川平原土壤盐渍化定量研究发现，该区域地下水埋深在 1.5 m 时土壤盐渍化最严重。陈丽娟[6]对民勤绿洲的土壤水盐研

作者简介： 徐宗超（1984—），男，工程师，主要从事水利工程建设管理工作。

究发现，研究区土壤盐渍化的主要原因是干旱气候、地下水埋深与水质、水土资源不合理开发等。葛倚汀等[7] 通过对内陆河灌区与非灌区地下水的变化规律分析，指出地下水受灌溉活动影响较大，极易引起耕地盐碱、盐渍化。蒋志荣等[8] 在定量研究民勤荒漠化中指出，人为因素是荒漠化进程的主导驱动因子，自然因素影响较为微弱。马玉蕾等[9] 研究了地下水对土壤含水量、土壤含盐量、植被、地表荒漠化的影响关系，其中地下水埋深与土壤毛管作用有密切的关系。张园园[10] 对石羊河流域河岸植被生长情况与地下水埋深的关系研究时发现，地下水埋深的波动变化会显著影响到植被的分布，地下水埋深在 2~4 m 时植被总盖度较高。郑玉峰等[11] 研究发现鄂尔多斯市地下水埋深的年际变化与降水量、蒸发量相关性很低，更多受人为活动的影响，强烈的人为活动将加重荒漠化趋势。曲鹏飞[12] 在喀什经济开发区以地下水资源可持续利用与生态环境良性循环为前提，设计了三个预测方案进行地下水可持续利用研究。

喀什噶尔河流域由于地下水过度开采导致地下水下降，引起湿地等天壤水域萎缩、局部植被退化，分析地下水埋深与本地区土壤盐渍化和荒漠化动态变化情况及时空演变趋势，有助于采取针对性措施改善喀什噶尔河流域生态环境及经济社会可持续发展。

3 地下水埋深与土壤盐渍化、荒漠化关系的研究方法

研究表明，地下水埋深及其变化与土壤盐渍化、荒漠化有直接关系，研究方法主要有毛细管上升高度法、地质统计学法、指示 Kriging 法（克立金内插法）、遥感影像法等。因临界深度不是一成不变的，采用毛细管上升高度法在确定临界值时，需考虑气象条件及下垫面条件多种因素，有一定局限性；地质统计学方法是以半变异函数为基本工具，研究区域化变量空间结构特征的一种数学方法，能较好地反映景观格局的多尺度特征，但需要以较多的样本个体为基础；指示 Kriging 法能反映某些特定观测点防治土壤盐渍化的地下水临界深度，但难以覆盖整个区域范围；在生态环境相关研究中，遥感解译主要被应用在土地资源调查、环境变化和评价研究过程中，但是不同影像分辨率及光谱分辨率对遥感解译成果影响较大，且不同区域的影像还存在时相差异，生态水文参数遥感产品均是全球尺度产品，在研究区可能存在一定误差，对解译资料的精度要求需进一步提高。鉴于各类研究方法各有优劣，建议在结合研究区域特性的基础上具备条件的借助遥感影像法进行验证分析。

近年来，上述方法都在多个地区进行了应用，同时采用多种方法相结合的方式并且在原理论基础上进行一定的创新，保证了研究成果的准确性。赵锁志等[13] 利用毛细管上升高度法确定地下水临界埋深值，并指出地下水埋深大于临界深度，作物就会增产。Wang 等[14] 运用地质研究统计学、GIS 和经典统计理论分析了地下水埋深和土地利用的关系。姚荣江等[15] 和周在明等[16] 运用指示 Kriging 分别对黄河三角洲地区和环渤海低平原区进行地下水埋深与土壤盐分等关系空间分析，得出地下水埋深与土壤含盐量概率空间分布存在相似性规律。张钦等[17] 探讨了土壤盐渍化、湖泊湿地萎缩、地下水盐化、地下水超采和土地荒漠化等水环境问题及其演化成因。王文勇等[18] 研究发现盐渍地时空分布年际和季节差异明显，多分布在地下水埋深较浅的区域和埋深变化波动较大的区域。管孝艳等[19] 运用经典统计学和地质统计学方法，结合 GIS 技术，对河套灌区沙蒿渠灌区域地下水埋深对土壤盐渍化的影响进行分析。王金凤等[20] 以黑河下游临泽县为研究对象，指出绿洲外围和"绿洲-荒漠过渡带"地下水埋深呈现双峰波动最为显著。

4 结论及展望

（1）随着喀什噶尔河流域国土大规模开发和地下水大规模开采，引发出一系列新的问题，主要集中表现在荒漠区演化、盐渍化程度发展。由于过量引调地表水，加之渠系渗漏严重和高定额灌溉，灌区潜水位提高导致土壤盐渍化加重。对于下游人工绿洲边缘地带，由于单纯依靠开采地下水维系作物生存和生长，导致潜水位下降，天然植被衰退，荒漠化逐步发展。以地下水位为主因子，重点从成因角度分析该流域盐渍化和荒漠化产生发展的辩证关系，分析在强烈蒸发条件下，地下水位动态变化

对盐渍化和荒漠化发展的影响，探求维持生态环境的合理生态地下水位势在必行。

（2）地下水作为可溶性盐分的载体，土壤盐分受地下水影响显著，地下水埋深小于临界深度时，地下水中的盐分将随土壤中毛细水不断迁移至作物根部和地表，此时地下水埋深越浅导致土壤盐渍化概率风险越高；地下水埋深大于临界深度时，地表植被根系难以吸收水分，在干旱和半干旱区无天然来水补给，大量植被将走向死亡，导致区域性荒漠化。将盐渍化和荒漠化对地下水位埋深影响作为主要影响因子，可视为两个极端生态环境恶化趋势进行研究，致力于指导区域内地下水开发利用。

（3）关于防治土壤盐渍化的地下水临界埋深确定，目前主要采用土壤毛管水上升高度法、野外调查统计法等[21]，此法相对较为准确，但无法高效或难以表达整个区域范围内地下水埋深对土壤盐渍化程度的影响。运用指示 Kriging 法对地下水埋深与土壤盐分空间分布进行分析，可有效得出地下水埋深与土壤盐分空间分布存在的相似性规律[22]。

（4）对于防治荒漠化的研究，目前相关研究主要是针对荒漠化区域监测，主要采用荒漠化监测的研究方法。荒漠化监测方法的发展历程主要为：地面调查法—遥感目视解译—传统的（非）监督分类法—指数法—决策树分类法。在确认荒漠化监测指标体系后，如何选择合理、精确、高效、实时的监测方法尤为重要，荒漠化监测方法的探索为荒漠化研究的重要内容。选择荒漠化监测指标时要考虑其优势和不足，目视解译的方法准确度较高，但是其工作量太大，只能应用于较小的、精确的研究区域内；多指标综合监测法和决策树法是现在遥感监测荒漠化中应用较广的，其处理数据较快，有利于大范围、大尺度的研究。在准确地监测并确定荒漠化区域分布后，同样利用地下水埋深和荒漠化区域分布进行分析，可有效得出地下水埋深和荒漠化区域分布存在的相似性规律。

参考文献

［1］张勃，丁文晖，孟宝. 干旱区土地利用的地下水水文效应分析——以黑河中游地区为例［J］. 干旱区地理，2005，28（6）：764-769.

［2］杨泽元，王文科，黄金廷，等. 陕北风沙滩地区生态安全地下水位埋深研究［J］. 西北农林科技大学学报（自然科学版），2006，34（8）：67-74.

［3］Ibrakhimov M，Khamzina A，Forkutsa G，et al. Groundwater table and salinity：Spatial and temporal distribution and influence on soil salinization in Khorezm region（Uz-bekistan，Aral Sea Basin）［J］. Irrigation and Drainage Systems，2007，21（3/4）：219-236.

［4］胡小韦. 于田绿洲土壤盐渍化与地下水环境变化的关系研究［D］. 乌鲁木齐：新疆大学，2008.

［5］金晓媚，胡光成，史晓杰. 银川平原土壤盐渍化与植被发育和地下水埋深关系［J］. 现代地质，2009，23（2）：23-27.

［6］陈丽娟，冯起，王昱，等. 民勤绿洲地下水环境动态研究［J］. 干旱区资源与环境，2012（7）.

［7］葛倚汀，王俊，范莉. 干旱内陆河灌区灌溉条件下地下水变化规律［J］. 水土保持研究，2007（4）：223-225.

［8］蒋志荣，安力，柴成武. 民勤县荒漠化影响因素定量分析［J］. 中国沙漠，2008（1）：35-38.

［9］马玉蕾，王德，刘俊民，等. 地下水与植被关系的研究进展［J］. 水资源与水工程学报，2013，24（5）：36-40.

［10］张圆圆. 石羊河流域中下游荒漠河岸植被受损与水土因子关系研究［D］. 北京：中国林业科学研究院，2013.

［11］郑玉峰，王占义，方彪，等. 鄂尔多斯市 2005—2014 年地下水埋深变化［J］. 中国沙漠，2015，35（4）：1036-1040.

［12］曲鹏飞. 喀什经济开发区地下水资源评价和可持续利用［D］. 西安：长安大学，2015.

［13］赵锁志，孔凡吉，王喜宽，等. 地下水临界深度的确定及其意义探讨——以河套灌区为例［J］. 内蒙古农业大学学报（自然科学版），2008，29（4）：164-167.

［14］Wang Yugang，Xiao Duning，Li Yan，et al. Soil salinity evolution and its relationship with dynamics of groundwater in the oasis of inland river basins：Case study from the Fubei region of Xinjiang Province，China［J］. Environmental Monitoring and Assessment，2008，140：291-302.

［15］姚荣江，杨劲松．黄河三角洲典型地区地下水位与土壤盐分空间分布的指示克立格评价［J］．农业环境科学报，2007，26（6）：2118-2124.

［16］周在明，张光辉，王金哲，等．环渤海低平原区土壤盐渍化风险的多元指示克立格评价［J］．水利学报，2011，42（10）：1144-1151.

［17］张钦，张黎．银川平原主要水环境问题及其对策［J］．地球科学与环境学报，2010，32（4）：392-397.

［18］王文勇，高佩玲，郎新珠，等．基于 3S 的地下水位埋深与土地盐渍化时空动态变化关系研究［J］．水土保持研究，2011，18（16）：157-167.

［19］管孝艳，王少丽，高占义，等．盐渍化灌区土壤盐分的时空变异特征及其与地下水埋深的关系［J］．生态学报，2012（4）：1202-1210.

［20］王金凤，常学向．近 30a 黑河流域中游临泽县地下水变化趋势［J］．干旱区研究，2013，30（4）：594-602.

［21］赵锁志，孔凡吉，王喜宽，等．地下水临界深度的确定及其意义探讨——以河套灌区为例［J］．内蒙古农业大学学报（自然科学版），2008，29（4）：164-167.

［22］姚荣江，杨劲松．黄河三角洲土壤表观电导率空间变异稳健性分析［J］．辽宁工程技术大学学报（自然科学版），2009（4）：326-328.

长江中下游沉积物营养盐时空变化规律及污染评价

韩锦诚[1,2]　汤显强[1,2]　俞　洋[1,2]　王丹阳[1,2]　黎　睿[1,2]

（1. 长江科学院 流域水环境研究所，湖北武汉　430010；
2. 长江科学院 流域水资源与生态环境科学湖北省重点实验室，湖北武汉　430010）

摘　要：掌握长江中下游沉积物中氮、磷、有机质时空变化规律及污染状况对保护长江生态环境具有重要的意义。本文于 2020 年 9 月（丰水期）和 2021 年 4 月（枯水期）在三峡坝前至长江入海口段 24 个沿程监测断面进行了沉积物样本采集，测定了沉积物中氮、磷、有机质含量，并运用单因素污染指数法、综合污染指数法、有机污染指数法对沉积物污染现状进行了污染评价。结果表明：2020 年 9 月和 2021 年 4 月长江中下游沉积物中总氮（TN）含量介于 8.1~6 788.4 mg/kg，总体呈现出下游大于上游的趋势，总氮污染指数（S_{TN}）介于 0.008~6.788，突出污染出现在三峡坝下黄陵庙断面（重度污染）及近入海口南通断面（中度污染），其余断面均为清洁水平；总磷（TP）含量介于 336.8~1 307.6 mg/kg，总体呈现出上游及下游较高、中游较低的趋势，总磷污染指数（S_{TP}）介于 0.801~3.113，重度污染断面达 45% 以上，无清洁断面；有机质（OM）含量介于 2.5~141.5 g/kg，总体趋势与 TP 相似，上游及下游较高，中游较低；有机污染指数（OI）介于 0.001~9.125，近一半断面处于清洁水平，2021 年 4 月与 2020 年 9 月相比评价结果具有明显差异，各指标枯水期明显劣于丰水期。通过研究长江中下游沉积物营养盐时空变化规律及污染评价状况，为中下游水环境治理提供科学依据。

关键词：长江中下游；沉积物；时空变化；污染评价

1　引言

沉积物处于水圈、岩石圈、土壤圈和生物圈的自然交汇点，是水生态系统的重要组成部分，在水环境物质迁移、转化过程具有重要作用[1]。大量营养盐输入河流及河口地区，沉积物作为载体，将部分氮磷等营养物质接纳储存。蓄积于沉积物中的营养盐会在一定条件下重新释放至水体中，进而影响生态环境，甚至导致水体富营养化[2]。现有研究大多集中于探究外源污染负荷持续输入对水环境的影响，但沉积物对河湖水环境的影响鲜有报道。而沉积物对水体营养盐含量的贡献不容忽视。王敬富等[3]探究了红枫湖沉积物内源磷的静态输入对水体磷污染的贡献，发现贡献率达到了 25.7%~46.0%。范成新等[4]发现太湖内源磷污染负荷输入占磷入湖总量的 12.1%~54.7%。我国近 20 年来控制污染物外源输入取得成效，但河湖藻类水华现象仍时有发生[5]。南京玄武湖及太湖流域经过截污、禁用含磷洗剂等外源治理措施后，其富营养化状态发展趋势并没有得以遏制[6]，说明内源污染对水体富营养化不可忽视。沉积物作为重要的内源污染的主要污染源，探明沉积物中营养盐在河湖中的时空变化规律具有重要意义。

长江中下游流域是我国社会经济可持续发展的重要命脉，沿程污染物来源复杂。据统计，长江中下游宜昌、汉口、大通 3 大水文站多年平均输沙量分别达到了 3.94×10^8 t、3.33×10^8 t、3.62×10^8 t 之

基金项目：国家自然科学基金青年基金项目（41907401）；国家自然科学基金面上项目（51979006）；中央级公益性科研院所基本科研业务费项目（CKSF2021443/SH，CKSF2021444/SH）；江西省水利科学院开放研究基金项目（2021SKSH06）。

作者简介：韩锦诚（1999—），男，硕士研究生，研究方向为水沙变异的生态环境效应。

多[7]，是影响长江中下游水质不可忽视的因素之一。河道中的泥沙分为悬移质和推移质两类，推移质随水流向下游输送，部分悬移质沉降淤积转化为沉积物[8]。现阶段，一些学者分析了长江流域水质变化情况及成因，包括长江干流水质时空演变规律、长江营养盐输送特征及长江水质演变影响因素等[9-11]，但针对长江干、支流沉积物中营养盐的研究较为鲜见。近年来，随着工农业的快速发展及城镇化的加速推进，长江经济带营养盐输送发生剧烈变化，长江水环境污染问题日益突出[12]。沉积物作为营养盐的重要载体，理清长江中下游沉积物中营养盐的时空变化规律对长江中下游水环境保护具有重要意义。

本研究于 2020 年 9 月（丰水期）、2021 年 4 月（枯水期）在长江中下游干、支流及主要湖泊设置断面进行现场采样，并测定沿程沉积物中总氮（TN）、总磷（TP）、有机质（OM）质量分数，探明其时空变化趋势。在此基础上，采用单因素污染指数和综合污染指数法评价沉积物中营养盐污染程度，运用有机污染指数法评价沉积物有机环境状态，为诊断长江流域水环境污染提供科学依据及数据支持。

2　材料与方法

2.1　样品采集与处理

本文的研究区域为三峡大坝下游至长江入海口段，沿程主要经过宜昌、荆州、岳阳、武汉、黄石、鄂州、九江、安庆、南京和上海等城市，沿程设置了 24 个监测断面，分别在 2020 年 9 月和 2021 年 4 月对河流沉积物进行监测，监测指标包括总氮（TN）、总磷（TP）、有机质（OM）。

样品各项指标的测定均依照现行相关标准，沉积物中 TN 使用《土壤质量　全氮的测定　凯氏法》（HJ 717—2014），TP 使用《土壤总磷的测定碱熔–钼锑抗分光光度法》（HJ 632—2011），OM 使用《固体废物有机质的测定　灼烧减量法》（HJ 761—2015）。

2.2　数据处理与分析

试验数据使用 Origin2017、SPSS25 进行处理分析，运用以下方法对沉积物污染进行评价。

2.2.1　营养盐污染评价方法

采用单因素污染指数和综合污染指数法[13]，对沉积物氮磷营养盐的污染程度进行评价和分析，其计算公式为

$$S_i = \frac{C_i}{C_s} \tag{1}$$

$$F = \sqrt{\frac{F_{ave}^2 + F_{max}^2}{2}} \tag{2}$$

式中：S_i 为单因子评价指数或标准指数，$S_i > 1$ 表示因子 i 污染较为严重；C_i 为因子 i 的实测值；C_0 为因子 i 的评价标准值，TN 的标准值取为 1 000 mg/kg，TP 的标准值取为 420 mg/kg[14]；F_{ave} 为 n 项污染指数平均值（S_{TN} 和 S_{TP} 的平均值）；F_{max} 为最大单因子污染指数（S_{TN} 和 S_{TP} 的最大者）。

单因子污染指数（S_{TN} 和 S_{TP}）和综合污染程度指数（F）的评价标准见表 1。

表 1　沉积物氮磷污染程度评价标准

S_{TN}	S_{TP}	F	等级
$S_{TN} < 1$	$S_{TP} < 0.5$	$F < 1$	清洁（Ⅰ）
$1 \leq S_{TN} \leq 1.5$	$0.5 \leq S_{TP} \leq 1$	$1 \leq F \leq 1.5$	轻度污染（Ⅱ）
$1.5 < S_{TN} \leq 2$	$1 < S_{TP} \leq 1.5$	$1.5 < F \leq 2$	中度污染（Ⅲ）
$S_{TN} > 2$	$S_{TP} > 1.5$	$F > 2$	重度污染（Ⅳ）

2.2.2 有机污染指数

有机污染指数通常用来评价水域沉积物的有机环境状况[15]，其计算公式为

$$ON = TN \times 0.95 \tag{3}$$
$$OC = OM \times 0.58 \tag{4}$$
$$OI = OC \times ON \tag{5}$$

式中：OI 为有机指数；OC 为有机碳质量分数，g/kg，其值以 OM 质量分数（g/kg）的 58% 计算；ON 为有机氮，g/kg，其值以 TN 质量分数（g/kg）的 95% 计算。

沉积物有机污染指数评价标准见表2。

表2　沉积物有机污染指数评价标准

有机指数（OI）	<0.05	0.05~0.2	0.2~0.5	≥0.5
等级	清洁（Ⅰ）	轻度污染（Ⅱ）	中度污染（Ⅲ）	重度污染（Ⅳ）

3　结果与讨论

3.1　营养盐含量时空分布特征

图1为2020年9月及2021年4月各监测断面 TN 含量变化趋势。如图1所示，2020年9月和2021年4月沉积物中 TN 含量整体变化趋势相似，除极个别监测断面外，其余断面呈现出下游断面大于上游断面的趋势。对于沿程各段而言，坝前至监利断面整体呈下降趋势，沉积物中 TN 含量都在黄陵庙断面处陡增；洞庭湖上游至洞庭湖下游断面 TN 含量沿程波动明显，且洞庭湖口>洞庭湖上游>洞庭湖下游；杨泗港至中官铺断面沉积物中 TN 含量先上升后下降，4月变化幅度大于9月，由杨泗港的 145.6 mg/kg 上升至黄石港的 508.6 mg/kg，再降至中官铺的 116.1 mg/kg。沉积物中 TN 含量在中官铺至彭泽断面沿程变化平稳，9月与4月平均浓度分别为 167.6 mg/kg、204.5 mg/kg。安庆至大通断面 TN 含量先上升后下降，波动幅度较大，在芜湖断面沉积物中 TN 陡升，两个月均达到了 850 mg/kg 以上。南京至南通断面沉积物中 TN 含量两个月持续上升，9月由南京断面的 587.1 mg/kg 上升至南通断面的 1 646.8 mg/kg，4月由南京断面的 881.4 mg/kg 上升至南通断面的 1 980.4 mg/kg。南通断面后，上海断面沉积物中 TN 含量显著下降，两月均值为 385.5 mg/kg。

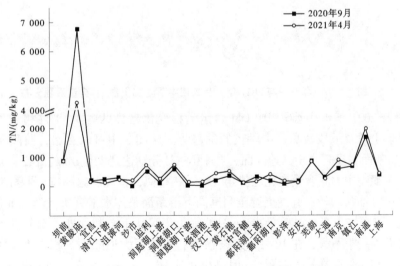

图1　2020年9月与2021年4月长江中下游沉积物 TN 含量沿程分布

对比9月与4月，9月沉积物中 TN 平均浓度低于4月平均浓度，突出污染状态更容易出现在9月，与两个月的流量、降水有着密切关系。总体而言，两个月沉积物中 TN 含量介于 8.1~6 788.4

mg/kg，TN 含量均值在鄱阳湖上游——彭泽断面最小，9 月为 167.6 mg/kg，4 月为 233.8 mg/kg；由于黄陵庙断面沉积物中 TN 含量显著高于各个断面，因此坝前至监利断面均值最大，4 月和 9 月分别高达 1 437.5 mg/kg、1 059.8 mg/kg，应重点关注黄陵庙断面沉积物情况。南京至南通断面沉积物中 TN 含量次之，9 月为 966.5 mg/kg，4 月达到了 1 182.3 mg/kg，也应重点关注。

2020 年 9 月及 2021 年 4 月沉积物中 TP 含量沿程变化趋势见图 2，沿程整体呈现上段及下段较高、中段较低的趋势。坝前至监利断面波动幅度较大，波峰位于黄陵庙与清江下游两处断面，且黄陵庙断面沉积物中 TP 含量两月均值于中下游全程最高，达到 1 258.1 mg/kg，沮漳河断面全程最低，为 343.8 mg/kg；洞庭湖上游至洞庭湖下游断面沉积物中 TP 含量变化趋势与 TN 一致，呈现出洞庭湖口>洞庭湖上游>洞庭湖下游的趋势；杨泗港至中官铺断面沉积物中 TP 含量整体呈上升趋势，其中杨泗港至汉江下游断面上升幅度较大；鄱阳湖上游至彭泽断面沉积物中 TP 含量在 9 月和 4 月变化趋势不同，其中 9 月先下降后上升，在鄱阳湖口断面最低，为 174.9 mg/kg，4 月持续上升，鄱阳湖口断面为 529.6 mg/kg，比 9 月高出 354.7 mg/kg；安庆—大通断面较鄱阳湖段沉积物 TP 含量整体偏高，该段呈现先上升后下降趋势，芜湖断面处最高，与 TN 变化趋势类似；南京—南通断面沉积物中 TP 含量维持安庆—大通断面的水平，在 9 月显著上升，4 月波动幅度较大，整体略有上升，两月 TP 含量在南京断面相差最大，达到 251 mg/kg。上海断面沉积物中 TP 较南通断面显著降低，两月均值为 613.2 mg/kg。

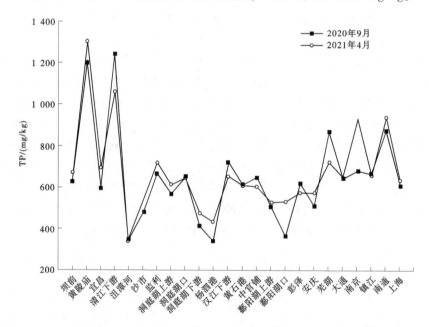

图 2   2020 年 9 月与 2021 年 4 月长江中下游沉积物 TP 含量沿程分布

2020 年 9 月及 2021 年 4 月沉积物中 OM 含量沿程变化趋势见图 3，4 月和 9 月变化趋势基本一致，沿程整体呈现上段及下段较高、中段较低的趋势。从图 3 中可以看出，黄陵庙断面为沉积物中 OM 含量全程最高断面，显著高于其他断面，4 月和 9 月分别达到 110 g/kg、142 g/kg；洞庭湖上游至洞庭湖下游断面沉积物中 OM 含量变化趋势与 TN、TP 相似，呈现洞庭湖口>洞庭湖上游>洞庭湖下游趋势；杨泗港至中官铺断面较洞庭湖上游至洞庭湖下游断面整体水平有所下降，沉积物中 OM 含量先上升后下降，9 月波峰位于黄石港断面处，4 月波峰位于汉江下游断面处；鄱阳湖上游至彭泽断面沉积物中 OM 含量沿程差距不大，在 10~20 g/kg 波动；安庆至大通断面沉积物中 OM 含量先上升后下降，大通断面 4 月和 6 月存在较大差距，4 月高出 9 月 16.5 g/kg；南京至南通断面沉积物中 OM 含量较安庆至大通断面整体显著升高，对比 9 月与 4 月，两个月变化趋势一致，但 9 月沉积物中 OM 平均浓度低于 4 月平均浓度，其中两个月在南京断面差异显著，4 月比 9 月高出 66.5 g/kg。上海断面沉积物中 OM 含量较南通断面显著降低，两月均值为 26 g/kg。

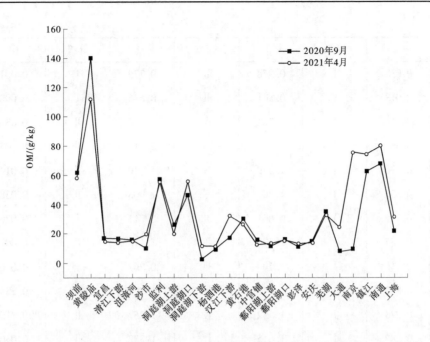

图 3　2020 年 9 月与 2021 年 4 月长江中下游沉积物 OM 含量沿程分布

3.2　沉积物营养盐污染评价

根据营养盐和有机污染指数的评价方法和标准，2020 年 9 月长江中下游流域沉积物营养盐污染评价指数等级评价结果见表 3。可以看出，24 个采样断面沉积物总氮污染指数（S_{TN}）介于 0.008 ~ 6.788，除黄陵庙断面（Ⅳ级）及南通断面（Ⅲ级）外，其余采样断面的沉积物总氮均处于清洁水平（Ⅰ级），占比达到 91%。沉积物总磷污染指数（S_{TP}）介于 0.801 ~ 2.972，重度污染断面占比最大，达到 45%，其中黄陵庙断面与清江下游断面大于总磷重度污染（Ⅳ级）评价指数临界值近 2 倍，总磷中度污染断面占 37.5%，仅有 4 个断面为轻度污染水平。

表 3　2020 年 9 月长江中下游沉积物营养盐污染评价指数与等级划分结果

采样点	S_{TN}	等级	S_{TP}	等级	F	等级	OI	等级
坝前	0.852	Ⅰ	1.497	Ⅲ	1.345	Ⅱ	0.498	Ⅳ
黄陵庙	6.788	Ⅳ	2.877	Ⅳ	5.892	Ⅳ	9.125	Ⅳ
宜昌	0.195	Ⅰ	1.414	Ⅲ	1.150	Ⅱ	0.031	Ⅰ
清江下游	0.234	Ⅰ	2.972	Ⅳ	2.388	Ⅳ	0.037	Ⅰ
沮漳河	0.293	Ⅰ	0.836	Ⅱ	0.713	Ⅰ	0.043	Ⅰ
沙市	0.008	Ⅰ	1.131	Ⅲ	0.896	Ⅰ	0.001	Ⅰ
监利	0.548	Ⅰ	1.591	Ⅳ	1.356	Ⅱ	0.299	Ⅲ
洞庭湖上游	0.106	Ⅰ	1.343	Ⅲ	1.079	Ⅱ	0.026	Ⅰ
洞庭湖口	0.626	Ⅰ	1.544	Ⅳ	1.334	Ⅱ	0.283	Ⅲ

续表 3

采样点	S_{TN}	等级	S_{TP}	等级	F	等级	OI	等级
洞庭湖下游	0.038	I	0.978	II	0.779	I	0.001	I
杨泗港	0.018	I	0.801	II	0.636	I	0.002	I
汉江下游	0.214	I	1.721	IV	1.396	II	0.036	I
黄石港	0.361	I	1.452	III	1.211	II	0.103	II
中官铺	0.096	I	1.549	IV	1.240	II	0.014	I
鄱阳湖上游	0.332	I	1.202	III	1.008	II	0.038	I
鄱阳湖口	0.175	I	0.861	II	0.711	I	0.026	I
彭泽	0.067	I	1.476	III	1.178	II	0.007	I
安庆	0.116	I	1.199	III	0.967	I	0.016	I
芜湖	0.852	I	2.075	IV	1.795	III	0.283	III
大通	0.273	I	1.532	IV	1.257	II	0.019	I
南京	0.587	I	1.615	IV	1.382	II	0.050	II
镇江	0.666	I	1.579	IV	1.370	II	0.395	I
南通	1.647	III	2.087	IV	1.980	III	1.064	IV
上海	0.361	I	1.438	III	1.199	II	0.074	II

从沉积物氮磷综合污染指数（F）来看，长江中下游 24 个采样断面 F 值变化范围为 0.636 ~ 5.892，除沮漳河、沙市、洞庭湖下游、杨泗港、鄱阳湖口、安庆 6 个采样断面处于清洁水平外，其余断面都受到不同程度的污染，这与总氮污染评价结果相差较大，说明长江中下游沉积物 TP 的污染程度对综合污染指数评价起到了关键性作用。氮磷综合突出污染出现在黄陵庙、清江下游两处断面。

沉积物有机污染指数（OI）变化差异较大，介于 0.001 ~ 9.125，清洁断面较多，占总断面的 65%，除坝前、黄陵庙、南通三个断面重度污染外，其余断面污染程度不高。

2021 年 4 月长江中下游流域沉积物营养盐污染评价指数与等级评价结果见表 4，通过对比可以发现，2021 年 4 月沉积物总氮污染评价结果与 2020 年 9 月完全一致，只有黄陵庙和南通 2 个断面分别处于重度、中度污染状态，其余断面均为清洁水平。与 2020 年 9 月相比，2021 年 4 月沉积物总磷污染程度变高，坝前、宜昌两处断面由中度污染转变为重度污染，洞庭湖下游、杨泗港、鄱阳湖口 3 处断面由轻度污染转变为中度污染。

表 4　2021 年 4 月长江中下游沉积物营养盐污染评价指数与等级划分结果

采样点	S_{TN}	等级	S_{TP}	等级	F	等级	OI	等级
坝前	0.862	I	1.591	IV	1.421	II	0.475	III
黄陵庙	4.306	IV	3.113	IV	4.019	IV	4.582	IV
宜昌	0.165	I	1.650	IV	1.332	II	0.023	I
清江下游	0.106	I	2.535	IV	2.021	IV	0.014	I
沮漳河	0.234	I	0.801	II	0.674	I	0.033	I
沙市	0.195	I	1.181	III	0.966	I	0.036	I
监利	0.724	I	1.709	IV	1.484	II	0.385	III

续表4

采样点	S_{TN}	等级	S_{TP}	等级	F	等级	OI	等级
洞庭湖上游	0.204	I	1.450	III	1.180	II	0.038	I
洞庭湖口	0.754	I	1.532	IV	1.352	II	0.401	III
洞庭湖下游	0.136	I	1.131	III	0.917	I	0.015	I
杨泗港	0.146	I	1.025	III	0.835	I	0.016	I
汉江下游	0.430	I	1.556	IV	1.305	II	0.133	II
黄石港	0.509	I	1.450	III	1.237	II	0.128	II
中官铺	0.116	I	1.438	III	1.156	II	0.014	I
鄱阳湖上游	0.155	I	1.249	III	1.013	II	0.019	I
鄱阳湖口	0.391	I	1.261	III	1.066	II	0.058	II
彭泽	0.155	I	1.367	III	1.106	II	0.019	I
安庆	0.146	I	1.356	III	1.096	II	0.019	I
芜湖	0.852	I	1.718	IV	1.517	III	0.271	III
大通	0.293	I	1.537	IV	1.265	II	0.067	III
南京	0.881	I	2.212	IV	1.909	III	0.632	IV
镇江	0.685	I	1.561	IV	1.360	II	0.482	III
南通	1.980	III	2.237	IV	2.173	IV	1.505	IV
上海	0.410	I	1.501	III	1.258	II	0.121	II

沉积物氮磷综合污染指数（F）介于0.674~4.019，与2020年9月相比，所有采样断面氮磷综合污染状态并未改善，且有4处断面进一步恶化，鄱阳湖口断面、安庆断面由清洁状态转变为轻度污染状态，南京断面由轻度污染状态转变为中度污染状态，南通断面由中度污染状态转变为重度污染状态。

部分断面沉积物有机污染评价结果与2020年9月相比变差，清洁断面占比从65%降至48%，3处断面恶化现象明显，大通断面、镇江断面由清洁状态转变为中度污染状态，南京断面由轻度污染状态转变为重度污染状态。

4　结论

本次研究基于现场采样数据，探究了长江下游沿程沉积物中TN、TP、OM时空变化规律。利用单因素污染指数法、综合污染指数法和有机污染指数法评价了沉积物中营养盐污染程度及沉积物有机环境状态，主要结论如下：

（1）长江中下游沉积物中TN含量总体呈现出下游大于上游的趋势，TP、OM含量总体呈现出上游及下游较高、中游较低的趋势，三项指标均值均以坝前—监利断面最高，南京—南通断面次之，鄱阳湖上游—彭泽断面最低；丰水期和枯水期沉积物中TN、TP、TOC含量在部分断面具有显著差异，但沿程变化趋势相似。

（2）长江中下游沉积物中TN污染状况良好，评价结果为清洁的断面占比达到91%，2021年4月与2020年9月相比差异较小；TP污染状况不容乐观，近一半断面达到了重度污染水平，且2021年4月评价结果与2020年9月相比更差；受TP污染影响，氮磷综合污染评价结果为清洁的断面较少，大部分断面都处于污染状态；OM污染评价结果总体较好，枯水期较丰水期清洁断面占比有所下降，需要警惕后期恶化风险。

参考文献

［1］范成新．湖泊沉积物—水界面研究进展与展望［J］．湖泊科学，2019，31（5）：1191-1218．

［2］李传镇，刘娜．河道治理中内源与外源污染控制研究［J］．中国资源综合利用，2021，39（8）：191-193．

［3］王敬富，陈敬安，罗婧，等．红枫湖沉积物内源磷释放通量估算方法的对比研究［J］．地球与环境，2018，46（1）：1-6．

［4］范成新，张路，包先明，等．太湖沉积物-水界面生源要素迁移机制及定量化—2. 磷释放的热力学机制及源-汇转换［J］．湖泊科学，2006（3）：207-217．

［5］Tong Yindong, Zhang Wei, Wang Xuejun, et al. Decline in Chinese lake phosphorus concentration accompanied by shift in sources since 2006［J］. Nature Geoscience, 2017, 10: 507.

［6］任万平．北运河（北京段）底泥磷形态分析及其释放影响因素探讨［D］．北京：首都师范大学，2013．

［7］郭文献，豆高飞，王鸿翔，等．近 60 年来降水与人类活动对长江中下游泥沙情势影响定量评价［J］．应用基础与工程科学学报，2021，29（1）：39-54．

［8］钟德钰，王士强，王光谦．河流冲泻质挟沙力研究［J］．泥沙研究，1998（3）：36-42．

［9］李保，张昀哲，唐敏炯．长江口近十年水质时空演变趋势分析［J］．人民长江，2018，49（18）：33-37．

［10］王佳宁，徐顺青，武娟妮，等．长江流域主要污染物总量减排及水质响应的时空特征［J］．安全与环境学报，2019，19（3）：1065-1074．

［11］王丛丹，冷阳，严林浩，等．三峡水库蓄水前后长江枝城至沙市段水质评价［J］．水利水电快报，2016，37（11）：23-27．

［12］Xianqiang Tang, Min Wu, Rui Li. Distribution, sedimentation, and bioavailability of particulate phosphorus in the mainstream of the Three Gorges Reservoir［J］. Water Research, 2018, 140: 67-71.

［13］甘华阳，张顺之，梁开，等．北部湾北部滨海湿地水体和表层沉积物中营养元素分布与污染评价［J］．湿地科学，2012，10（3）：285-298．

［14］陈姗，许凡，谢三桃，等．合肥市十八联圩湿地表层沉积物营养盐与重金属分布及污染评价［J］．环境科学，2019，40（11）：4932-4943．

［15］刘丽娜，马春子，张靖天，等．东北典型湖泊沉积物氮磷和重金属分布特征及其污染评价研究［J］．农业环境科学学报，2018，37（3）：520-529．

信江八字嘴航电枢纽仿自然鱼道设计

朱成冬　韩　羽　刘亚洲

（中水珠江规划勘测设计有限公司，广东广州　510610）

摘　要： 枢纽工程的建设将阻碍鱼类的上溯，影响河道水生生态。鱼道是恢复鱼类洄游的通道，保障流域
水生态环境的有效措施之一，在进行鱼道形式选择时，仿自然鱼道尽可能模拟天然河流的水流流
态，提高过鱼效率，有效修复河道生态，在地形条件、占地允许的情况下，宜优先考虑仿自然鱼
道。本文从基本设计资料、选型、结构设计和模型试验等方面介绍信江八字嘴航电枢纽貊皮岭仿
自然鱼道设计情况，总结了不同鱼道的设计思路，为其他鱼道设计提供有效借鉴。

关键词： 仿自然鱼道；八字嘴航电枢纽；鱼道选型；模型试验

1　工程概况

信江位于江西省东北部，属鄱阳湖水系，干流发源于浙赣边境的怀玉山，自东向西在余干县八字
嘴分东、西两支注入鄱阳湖，干流河道全长 328 km。信江国家高等级航道共规划 3 个梯级 4 座枢纽，
从上至下依次为界牌、八字嘴（包括东大河的虎山嘴枢纽和西大河的貊皮岭枢纽）和双港三梯级。
八字嘴航电枢纽是以航运为主，兼有发电等综合利用工程，八字嘴枢纽位于东、西大河河道分岔口下
游 900 m，总库容约 3.44 亿 m³，控制流域面积 15 942 km²。

八字嘴枢纽的建设将阻碍洄游性、半洄游性鱼类的上溯，影响河道水生生态。对枢纽上、下游鱼
类的基因交流等带来不利影响。因此，为了沟通鱼类洄游通道、保障信江流域水生态环境，在东大河
和西大河分别建设鱼道，以最大程度降低工程建设对鱼类洄游的阻隔影响。本文以西大河的貊皮岭鱼
道为例，从基本设计资料、选型、结构设计和模型试验等方面介绍鱼道设计情况。

2　基本设计资料

2.1　主要过鱼对象

枢纽过鱼对象主要是信江干流、江湖洄游鱼类和原有珍稀鱼类，其中江湖洄游鱼类主要以"四
大家鱼"等经济鱼类为主，原有珍稀鱼类主要为鲥鱼等。

2.2　主要过鱼季节

过鱼季节由过鱼对象的生物习性确定。青鱼在每年的 5—7 月常由长江中、下游溯游至流速较高
的场所产卵繁殖；草鱼一般在 4 月下旬开始产卵；鲢鱼在 4 月中旬开始繁殖；鳙鱼的产卵期在每年的
4—6 月；鲥鱼产卵时间多在 6—7 月。根据以上资料，确定鱼道的主要过鱼季节为每年的 4—7 月。

2.3　设计流速

根据我国的一些室内外试验和观测资料，对于体长大于 30 cm 的鲤科鱼类，鱼道设计流速值为
1.0~1.2 m/s，鲥鱼喜爱的流速为 0.7~1.0 m/s。故设计流速选定为 0.7~1.2 m/s。

2.4　运行方式和设计水位

当坝址流量小于 1 100 m³/s（机组最大过机流量）时，泄水闸关闭，船闸与电站开启运行，鱼道
开启运行，鱼道进口设计水位范围为 12.95 m（单机发电水位）~14.23 m（机组最大过机流量水

作者简介：朱成冬（1983—），男，高级工程师，主要从事水工结构设计工作。

位），出口设计水位为 18.0 m（正常蓄水位）。进口水位变幅 1.28 m，进出口最大水位差 5.05 m。

当坝址流量大于或等于 1 100 m³/s 时，枢纽电站停止发电，水闸开启运行，鱼道停止运行。

3 鱼道形式选择

鱼道从结构形式上主要分为技术型鱼道和仿自然鱼道。技术型鱼道一般多采用钢筋混凝土结构，其水流流态与天然河流有显著差异。为改善河道生态，近年来仿自然鱼道技术孕育而生。仿自然鱼道尽可能模拟天然河流的水流流态，通过提高过鱼对象与鱼道水流之间的协调性来提高过鱼效率，有效提高河道生态修复。貔皮岭鱼道具备布置两种鱼道的条件，现对两种方案进行技术经济比较。貔皮岭枢纽采用左船闸右厂房的布置格局，考虑鱼类上溯条件，两方案鱼道均布置在枢纽厂房侧，鱼道进出口均设检修闸门，在穿过土坝处设挡洪闸门。

3.1 技术型鱼道设计

技术型鱼道按结构形式可分为隔板式、槽式及特殊结构形式等。从国内已建鱼道统计看，国内运用最多的形式为隔板式，约占总数的 70%[1]。技术型鱼道方案选用隔板式鱼道。

技术型鱼道设计思路是：通过设计流速确定隔板水位差，通过上下游水头差确定隔板个数，通过过鱼对象尺寸确定池室长宽，最终确定鱼道总长和纵坡等。

技术型鱼道总长度 383 m，坡度 1/60，水池长 3.6 m，休息室长 7.2 m，共计 84 个水池，7 个休息室，设计水深 2 m。鱼道进口高程 10.95 m，鱼道出口高程 16 m。鱼道槽身断面底宽 3 m，两侧边墙高 1.8 m，上接 1∶2 斜坡高 0.7 m，总高 2.5 m。隔板形式采用组合式，一侧"竖孔–坡孔"，另一侧为溢流堰孔。鱼道隔板断面、平面图分别见图 1、图 2。

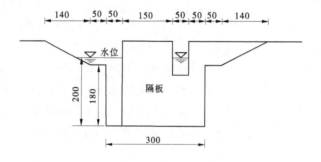

图 1　鱼道隔板断面图　（单位：cm）

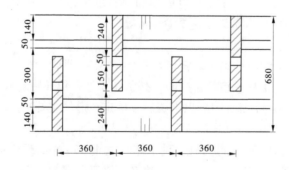

图 2　鱼道隔板平面图　（单位：cm）

3.2 仿自然鱼道设计

仿自然鱼道按布置位置可分为溪流旁通式、底斜坡式和鱼坡等[2]。从国内已建大中型仿自然鱼道看，绝大部分均采用溪流旁通式，仅青海湖沙柳河[3]等少数鱼道采用底斜坡式。仿自然鱼道方案选用溪流旁通式鱼道。

仿自然鱼道走势蜿蜒，底坡坡度多变，断面形态各异，缓急相间，使水流流态尽可能地接近天然河道，河道两侧进行岸坡防护并进行绿化，河底通过铺设漂石控制流速和流态。仿自然鱼道设计主要包括纵坡、隔墙材质和形式、断面形式和景观等。国内已建和在建的仿自然鱼道总数约十几座，设计经验较少，水力学计算公式复杂[2]，行业规范[4]也存在一定不足，设计时需要勇于突破规范限制，理清设计思路。

仿自然鱼道设计思路是：考虑地形等因素确定鱼道总长和纵坡，采用技术型鱼道的水力学计算公式计算隔板水位差，由隔板水位差确定池室个数和单个池长，最后由模型试验验证。本方法避免了复杂水力学计算，方便前期设计时估算工程量和投资。

3.2.1 纵坡设计

相关规范[4]要求仿自然鱼道纵坡宜在1/20~1/100，这和已建鱼道相悖，已建同类鱼道纵坡大部分缓于1/100。从生态角度考虑，坡度越缓，越贴近自然，鱼类适应性越好，但占地越大。本鱼道考虑地形条件，鱼道总长约1 300 m，平均纵坡约1/250。

3.2.2 隔墙材质和形式设计

国内隔墙材质选用尚在摸索阶段，已应用的材质有蛮石（南渡江枢纽鱼道）、六角形钢筋混凝土柱（邕宁航电枢纽鱼道）、底部加糙（大藤峡枢纽鱼道）、格宾石笼（新干[5]、井冈山航电枢纽鱼道）、碎石扇形堆砌（阁山水库鱼道[6]）等。结合模型试验成果，本鱼道进口段水深较深，采用格宾石笼预留竖缝的形式；出口段水深相对较浅，采用大块蛮石预留竖缝的形式。

3.2.3 池室结构设计

鱼道池室采用梯形断面形式，底坡1/250，池室边坡1∶2，池室长10 m，休息室长20 m，底宽4.0 m，隔墙竖缝宽0.8 m，隔墙整体交错布置，竖缝偏移1.5 m，设计水深1 m，鱼道槽身断面从下到上分别为80 cm厚黏土、防渗土工膜（三布两膜）、50 cm厚格宾石笼和20 cm厚卵石掺耕植土。鱼道进口设置补水系统，最大补水流量1.0 m³/s。

规范尚无统一标准规定池室两侧岸顶超高，本鱼道考虑槽身需拦挡外江水位，进口段岸顶高程16 m，出口段岸顶高程20 m。进、出口段典型断面分别见图3、图4。

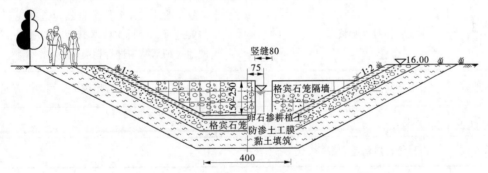

图3 进口段典型断面 （单位：高程，m；尺寸，cm）

3.2.4 景观设计

在出口段布置地下半透明观鱼廊道，长度约100 m，一方面用于工作人员记录洄游鱼数量，另一方面可供游人观赏鱼群及科普鱼道知识；因地制宜，最大限度地保留现场植物林带，生态鱼道结合现状穿梭于林间；增加了一些户外拓展的林间索道、科普介绍等，使景观更具参与性，且在娱乐中学习，记性更深刻。

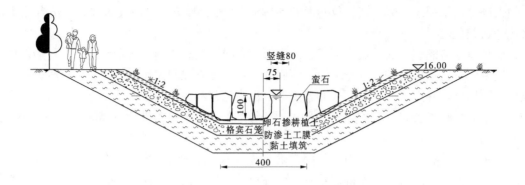

图 4   出口段典型断面　（单位：高程，m；尺寸，cm）

3.3   比选结论

从诱鱼效果和进、出口水位适应性等方面比较技术型鱼道方案和仿自然鱼道方案两种方案，基本相当；从水流流态、景观功能、运行管理、改建难度、移民占地和投资等方面比较，各有优劣（见表 1）。

表 1   鱼道结构形式方案综合比较

项目	技术型鱼道方案	仿自然鱼道方案
水流流态	水流流态相对较差	更易形成深浅各异、流速大小不一的水流流态，构建接近于天然河流的水流流态，适用于各种鱼类上溯和下行，过鱼效果佳，因而在维系和再造河流连续性方面具有显著作用
景观功能	景观功能相对较差	具有良好的景观功能
运行管理	运行管理相对较困难，需经常清理	不易堵塞，运行管理费用低
建成后调整难易程度	建成后相对难调整	易于改建，大多数仿自然鱼道在完建之初，都需要进行试运行，根据试运行的效果，可以很方便地对细部结构进行相应调整
移民占地	占用空间及征地费用较小，约 6 万元	占用空间及征地费用较大，约 200 万元
土建投资/万元	2 828	4 086
结论	推荐仿自然鱼道方案	

综上，仿自然鱼道虽然工程占地较大，工程总投资大，但是在水流流态、景观功能、运行管理、建成后调整难易程度等方面，特别是生态、环保方面具有明显优势[7]，因此经综合比较推荐仿自然鱼道方案。

4   物理模型试验

4.1   试验概况

貊皮岭鱼道整体水工物理模型按照重力相似准则设计，长度比尺 $L=10$。模型与原型各物理量的换算关系为：流速及时间比尺为 $L^{1/2}=3.16$；流量比尺为 $L^{5/2}=316.23$。模型总长度约 88 m，共设置了82道隔墙，在模型上下游均设置调控装置，可对不同水位组合进行精确模拟。整体模型对鱼道各特征部位及不同隔墙布置形式进行了细致模拟，主要包括鱼道主体段、鱼道进出口段、穿坝平段及休息池段等[8]。

4.2　试验工况

针对水位、隔墙形式、隔墙材质、休息室尺寸和补水流量等进行了不同工况的试验，具体工况如下：

（1）不同水位组合比较，根据运行调度情况选择3种典型水位组合工况。

（2）不同隔墙形式比较，包括竖缝、竖缝+局部顶部溢流和竖缝+贴坡底孔三种工况。

（3）不同隔墙材质比较，包括石笼隔墙、镶卵石混凝土隔墙和混凝土隔墙等。

（4）不同休息室尺寸比较，拟定10 m和20 m两种尺寸。

（5）鱼道进口设置不同补水流量工况。

4.3　试验结论

不同水位组合工况下，鱼道内整体水位较为平稳，均无大幅度突变现象，最大水流流速指标0.80~0.90 m/s。

三种隔墙布置形式，鱼道内最大水流流速指标均在1.0 m/s以下，且没有明显的能量累积现象，均可为鱼类上溯提供良好的水流条件。

对同一隔墙布置形式，不同隔墙材质对鱼道竖缝最大水流流速指标影响不大，但从池室水流条件多样性的角度出发，建议采用石笼隔墙形式。

两种休息池布置方案下，休息池内均存在较大范围小流速区，可为上溯鱼类提供较好的休息空间。

鱼道进口水位较高时，水流流速较小，需设置补水系统。建议进口水深在1.00~1.58 m时，补水流量0.45~0.5 m³/s；进口水深在1.58~2.28 m时，补水流量1.0 m³/s。

5　结语

（1）信江中下游河段主要鱼类为"四大家鱼"和鲥鱼等珍稀鱼类，过鱼季节为每年的4—7月，鱼道设计流速为0.7~1.2 m/s。

（2）技术型鱼道设计思路是：通过设计流速确定隔板水位差，通过上下游水头差确定隔板个数，通过过鱼对象尺寸确定池室长宽，最终确定鱼道总长和纵坡等。

（3）仿自然鱼道设计思路是：考虑地形等因素确定鱼道总长和纵坡，采用技术型鱼道的水力学计算公式计算隔板水位差，由隔板水位差确定池室个数，最后通过模型试验验证。

（4）仿自然鱼道虽然工程占地较大，工程总投资大，但是在水流流态、景观功能、运行管理、建成后调整难易程度等方面，特别是生态、环保方面具有明显优势，在地形条件、占地允许的情况下，宜优先考虑仿自然鱼道。

（5）通过模型试验，采用较优的隔墙材质和形式、设置补水系统后，鱼道在各设计水位组合条件下的水流条件均能较好地满足鱼类上溯需求，表明本工程仿自然鱼道整体设计较为合理。

参考文献

[1] 杨秀荣，朱成冬，范穗兴. 鱼道设计关键技术问题探讨 [J]. 水利规划与设计，2020（12）：114-120.

[2] 李志华，王珂，刘绍平，等，译. 鱼道设计尺寸与监测 [M]. 北京：中国农业出版社，2009.

[3] 吴晓春，史建全. 基于生态修复的青海湖沙柳河鱼道建设与维护 [J]. 农业工程学报，2014，30（22）：130-136.

[4] 中华人民共和国水利部. 水利水电工程鱼道设计导则：SL 609—2013 [S]. 北京：中国水利水电出版社，2013.

［5］郭生根．赣江新干航电枢纽仿生态鱼道整体设计［J］．水运工程，2018（12）：155-159.

［6］尹志勤．阁山水库仿生态式鱼道模型水力特性试验研究［J］．水电能源科学，2018，36（11）：101-103.

［7］李盛青，丁晓文，刘道明．仿自然过鱼通道综述［J］．人民长江，2014，45（21）：70-73.

［8］王小刚，祝龙，等．信江八字嘴、双港枢纽过鱼设施模型试验研究［R］．南京：南京水利科学研究院，2018.

生态景观设计在河道综合治理中的应用

杨 通 岳克栋

（长江勘测规划设计研究有限责任公司，湖北武汉 430071）

摘 要：随着城市的快速发展，对河道治理也提出了更高的要求，河道治理不再仅仅是以防洪排涝为主的水利工程，而是向景观生态方向转变的综合性工程。本文以金华梅溪流域治理为例，根据梅溪河道防洪能力、水生态环境、堤防岸线等方面存在的问题，按照"五水共治"要求，紧紧围绕"最美河流"建设，以梯级景观堰坝、生态护岸和景观绿化等工程建设为切入点，把梅溪流域打造成为集景观、休闲、旅游、生态"四位一体"的最美旅游景观廊道。

关键词：生态景观；综合治理；景观堰坝；金华市

1 引言

河流作为城市发展的依托，在缓解城市热岛效应、保持生物多样性、改善区域微气候等方面发挥着重要作用。河道水利设计要求也已经从单一的防洪排涝功能向水安全、水环境、水景观、水生态等的综合功能转变[1]。

党的十八大以来，我国开始着力解决与经济社会发展相伴生的生态环境问题，把可持续发展提升到绿色发展高度[2]。2013 年 12 月中央城镇化工作会议上，习近平主席提出要"让居民望得见山，看得见水，记得住乡愁"，将水环境治理与水生态建设提升到一个新的高度，也对国内河道整治提出了新的要求。

在此背景下，浙江省委十三届四次全会全面打响了治污水、防洪水、排涝水、保供水、抓节水"五水共治"攻坚战。梅溪流域综合治理作为金华市水环境综合整治的重要内容、"浙中水乡"建设的重点项目、市区打造最美河流的样板试点，得到了市委、市政府的高度重视。

本文以金华市梅溪流域综合治理为例，通过分析干流现状存在的问题及成因，提出梅溪流域综合治理工程总方案，在保障防洪安全的前提下，把梅溪流域打造成为集景观、休闲、旅游、生态"四位一体"的"金华最美河道"。

2 工程概况及治理前现状

2.1 工程概况

梅溪属金华江水系武义江支流，位于金华城区南郊，流域范围分属婺城区箬阳乡、安地镇、雅畈镇和开发区苏孟乡等 4 个乡（镇），流域面积 248 km²，干流长 53.2 km。梅溪流域中段建有 1 座骨干蓄水工程——安地水库，总库容 7 097 万 m³，自水库泄洪闸至梅溪出口长 14.3 km 的干流河段不仅承担安地水库洪水的安全宣泄，还承担两岸农田引水灌溉和保障沿岸乡（镇）生产生活用水功能，也是市民休闲理想场所。

2.2 存在的问题

经过多年的水利建设，梅溪流域安地水库—梅溪出口的干流河段基本达到 20 年一遇的防洪标准，但由于梅溪沿岸堤防修建不完整，河道上已修建的堰坝、桥梁等基础设施布局不甚合理，未全部形成

作者简介：杨通（1992—），男，工程师，主要从事河道综合治理、水环境工程设计工作。

设计标准的防洪闭合圈。同时，梅溪防洪治理未兼顾生态、景观等方面的要求，沿岸生态景观性较差。按照相关文件精神，金华市区梅溪流域（干流部分）防洪安全、生态景观等亟须改善和提升。目前，治理范围内主要存在以下几个方面的问题：

（1）局部河段河宽和堤顶高程不足。

局部河段河宽过窄，尤其是于山垄桥段河道河宽狭窄，不满足河道规划控制河宽的要求。各区块部分堤防的现状堤顶高程未达到设计防洪标准，导致各区块未能形成设计防洪标准的有效防洪闭合圈。

（2）存在严重阻水建筑物。

梅溪治理范围河道内现有 15 座桥梁，其中梅溪小桥、梅溪老桥、上六村桥、新水碓村桥、岩头村下游小桥、安地镇政府桥、于山垄桥、新垄村桥和广丝桥等 9 座桥梁存在较严重的阻水问题，同时，河道内还存在多处废弃桥墩等阻水建筑物。汛期这些阻水建筑物抬升洪水位，危及河道两岸的安全。河道内现有白竹堰、芦家堰、岩头堰、溪口下堰、苏孟堰、铁堰、茶堰等多座堰坝，对河道行洪均有一定的阻水作用。

（3）部分堰坝存在安全隐患。

河道内部分堰坝由于自然老化、年久失修、缺乏维护等各种因素，存在破损、下游堰脚淘刷、堰体渗漏等问题，安全隐患较大，堰坝生态景观较差，与周边环境不协调。

（4）部分堤防破损严重。

梅溪大部分堤段建成时间较长，由于常年受水流冲刷，局部堤段堤脚和堤防临水面呈现不同程度的冲刷破坏，同时，部分堤防被人为损毁侵占，部分堤顶道路破损严重，防汛抢险车辆不能通行。

（5）岸线生硬，渠化明显，生态性较差。

现有河道堤防侧重于防洪、排涝等基本功能，为满足基本功能的目标，通常采用混凝土等材料对河道进行硬化；为节约土地把河道加高缩窄"渠道化"，导致河道缺乏水生动植物生存空间，水生态功能丧失，自净能力低下。

（6）缺乏必要的景观设施及生态建设。

由于受当时社会经济条件的制约，先前梅溪河道整治不仅未对梅溪河道进行全面治理，更没有建设配套的景观工程，水系周边景观环境较差。

3 综合治理对策

3.1 整体思路

在满足河道防洪安全和灌溉功能的前提下，充分考虑工程区水文、气象、地形、地貌、地质和对外交通等建设条件，紧紧围绕"最美河流"的建设目标，合理拟定河道宽度和河道纵坡，改造和加固现有堤防，优化堰坝（闸）工程布局及结构形式，开展河道生态修复工程及景观绿化配套设施建设，保障防洪安全和美化河岸景观。

3.2 工程建设任务

本工程根据梅溪河道防洪能力、水生态环境、堤防岸线等方面存在的问题，按照"五水共治"要求，紧紧围绕"最美河流"建设和把梅溪流域打造成为集景观、休闲、旅游、生态"四位一体"最美旅游景观廊道的目标。本工程任务为保障防洪安全、提升区域农田灌溉能力、改善水生态环境、绿化美化河岸。

3.3 堤防工程

设计堤线基本沿原有堤防堤线布置，因地制宜，通过坡度放缓、景观打造等方式实现水利、生态、景观与人的相互协调。

（1）对局部不满足规划河宽的河道，保持原堤脚挡墙不变，结合自然河流的生态景观需求，通过放缓堤防边坡并新建堤顶道路的方式来拓宽河道。

（2）对老堤堤脚防冲，新建或保持原有堤防堤脚不变，根据堤防河宽要求，结合各堤段生态景观节点设计，将堤防边坡由原有的1∶2放缓至1∶2.5~1∶6，既能防冲，又便于在斜坡种植植物和景观打造。背水侧坡面采用1∶2边坡。

（3）对无加高条件或加高投资过大的欠高堤顶增设防洪墙。

3.4　堰坝工程

为保证枯水期河道的生态水深及重要景观节点的景观水深，在河道沿线设计多级堰坝。堰坝设计结合梅溪流域灌溉引水、生活取水需求、回水范围、防洪影响等综合确定坝高，坝体采用混凝土结构。外观风貌根据梅溪流域综合治理生态景观总体方案遵循的"四位一体"设计定位，采用"九曲堰落诗画间"的设计理念，结合当地乡土文化及材料（婺剧、婺州窑、灯会、木雕、竹等）和河道形态，通过不同文化的堰坝营造不同水流形态和生态景观氛围，展示梅溪最美丽溪流之水的形态美。

生态景观堰坝设计共有7座堰坝，分别为上干口堰、新垄村堰、岩头堰、溪口下堰、苏孟堰、茶堰、雅叶堰（见图1）。

图1　景观堰坝效果图

3.5　芦家闸工程

新建芦家闸选用护镜门闸门类型，是以灌溉引水为主，兼顾防洪的水利枢纽工程，设计洪水工况下，泄洪闸过闸流量704 m³/s。水闸底高程为66.6 m，顶高程为70.6 m，闸门高4.0 m。闸门共布置2跨，设有1个8 m宽的中墩和2个4 m宽的边墩，闸墩顶部高程按设计洪水位加安全超高确定，为71.60 m；单孔闸门净宽30.0 m，两孔总宽60.0 m。水闸设计洪水标准为20年一遇，校核洪水标准为50年一遇。芦家闸效果图见图2。

图 2　芦家闸效果图

3.6　河道生态建设工程

3.6.1　功能分区

结合项目现场实际情况和景观设计理念，梅溪整个设计范围分为三大区，分别为山林溪涧生态区、乡村田园体验区、城市滨水休闲区。梅溪流域综合整治的景观结构为"一轴·三区·七景·九堰"。其中，一轴为梅溪河道水轴，三区为山林溪涧生态区、乡村田园体验区、城市滨水休闲区，七景为湖光山色、竹溪探幽、流水童年、婺州风华、乐山知水、梅溪印象、梅溪洲头，九堰为上干口堰、新垄堰、芦家闸、岩头堰、溪口下堰、苏孟堰、铁堰、茶堰、雅叶堰。

3.6.2　种植分区设计

（1）山林溪涧区：范围主要在安地水库至动物园段。现状特点为山林、溪涧生境，植被现状良好。主要设计方向是在有桂花、石楠、竹林等常绿树植被资源基础上，增加芳香类的植物品种以加强休闲养生品质，并沿滨水步道及主要视线观赏点栽植色叶及落叶乔木来丰富色彩变化。

（2）乡村田园区：设计范围为动物园至规划一级公路段。现状特点为水道两侧环境基底主要为农田、苗圃，周边零星点缀泡桐、桃花、蒲苇等乡土植物。主要设计重点是营造欣欣向荣、其乐融融的乡村田园生活画面，为此引入具有文化内涵、百姓喜闻乐见的植物品种。

（3）滨水休闲区：设计范围为规划一级公路至武义江口段。现状特点是未来城市滨水休闲区，为观景、停留创造舒朗的滨水空间。主要的设计措施是保留现状水边高大林立的枫杨，点缀观赏性强的品种以丰富林冠线及游园时对植物的身体感知。

3.6.3　节点设计

（1）湖光山色（见图 3）。场地位于安地水库泄洪口下方，现状已形成较开阔水面，山水相宜，自然幽静。规划设计以生态修复为主旨，保留一处现状堰坝，通过改造现状驳岸，将原有水系与生态绿地交织在一起，营造山地湖泊风貌景观。同时，在生境修复的基础上，添加基本的使用功能及其所需要的构成要素，并使其与原生环境充分融合，让游人在天然的环境中畅游。

（2）竹溪探幽（见图 4）。场地位于梅溪上游第一个水湾处，现状竹林茂密，溪流经过水湾形成峭壁和石滩，自然景观非常具有特色。规划设计在竹林下设置步道和休憩场地，布设以竹为主题特色的系列景观设施和小品，同时在水湾石滩处营造供人戏水的空间，以唤起游人孩提时代在水边嬉戏的美好童真。并设置生态农庄、亲水木屋等民宿增加其丰富性。

（3）流水童年（见图 5）。场地位于金华动物园入口处，总面积 4.4 万 m²，紧邻安地镇中学，两

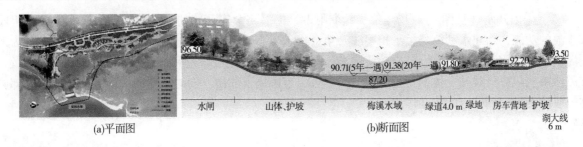

图 3　湖光山色

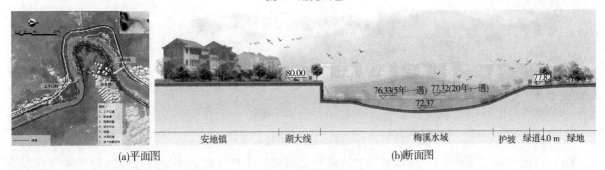

图 4　竹溪探幽

岸景观自场地由山林风貌转换为田园景色。规划设计除考虑场地应承担的基本集散和休息功能外，通过营造疏林草坪、缓坡绿地等舒朗的植物景观空间打造山林溪涧生态区的门户景观。设置儿童乐园、亲子乐园的亲水休闲场地。同时，景观廊桥设计在满足通行功能的基础上，与地域文化充分融合，营造独特的亲水休闲活动空间。

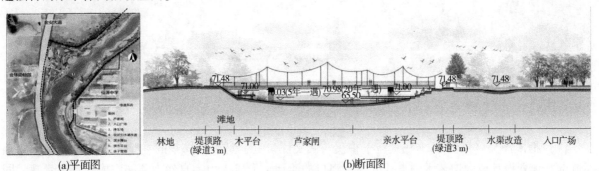

图 5　流水童年

（4）婺州风华（见图 6）。场地位于岩头村附近。梅溪在此处河道较宽，拥有开阔的水面。作为乡村田园体验区最大的一个节点，开阔的西岸通过民俗长廊的串联展示本地民俗文化，并为周边村民提供休闲和节庆活动场地。东岸则通过结合滨水绿道设计特色景观设施，营造田园乡村的滨水生活场景。

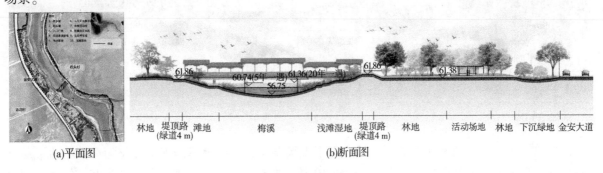

图 6　婺州风华

（5）乐山知水（见图7）。场地位于铁堰附近，梅溪与金安公路的交叉口。现状铁堰主要承担原水泳池的功能，新建水利博物馆承担梅溪乃至金华水生态建设的展示功能，新建活水公园则主要为市民提供亲水休闲活动和配套服务等功能需求。三处功能场地通过绿道和滨河绿带串联成集科普展示、市民休闲、门户景观与一体的特色景观空间，吸引市民周末郊游。同时，对周边区域的开发及近郊旅游产业发展也起到一定的拉动作用。

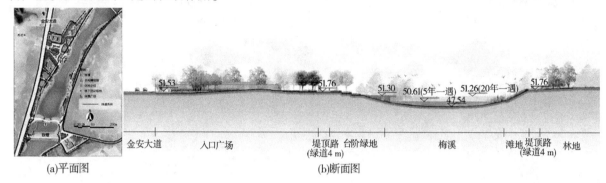

(a)平面图　　　　　　　　　　　(b)断面图

图7　乐山知水

（6）梅溪印象（见图8）。场地紧邻二环路，是重要的门户景观。场地周边沙厂对于区域景观品质和河道生态都有一定的影响，故而规划设计在保护和修复河道生态的基础上，采用大地艺术的景观手法对背景沙厂进行障景处理，进而通过其与场地中原生环境在视觉上的对比关系和空间上的融合关系，营造独特的门户景观形象。

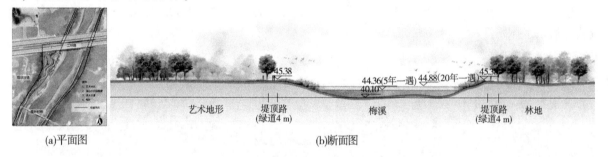

(a)平面图　　　　　　　　　　　(b)断面图

图8　梅溪印象

（7）梅溪洲头（见图9）。场地位于梅溪与武义江口处，是生态修复的主要区域和形象展示的重要节点。规划设计以大地艺术的方式处理入河口的滩地，形成人力和自然力共同完成的特色景观。同时，保持区域可持续延展的可能，考虑未来与规划湿地相衔接，完善区域生物多样性营建，为市民提供滨水开放空间，并提升周边待开发土地的价值。

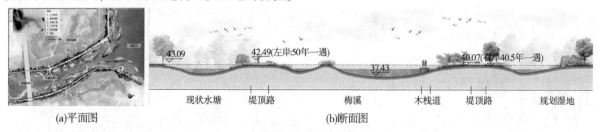

(a)平面图　　　　　　　　　　　(b)断面图

图9　梅溪洲头

4　实施效果

2019年5月，水利部相关领导对项目进行了现场调研，并将梅溪治理工程作为全国小流域综合治理和建设美丽河湖示范项目加以推广。同年10月，梅溪流域综合治理工程通过浙江省级美丽河湖验收。浙江卫视、《中国水利报》、《中国青年报》等主流媒体对项目进行了宣传报道，反响积极。梅溪实施效果见图10。

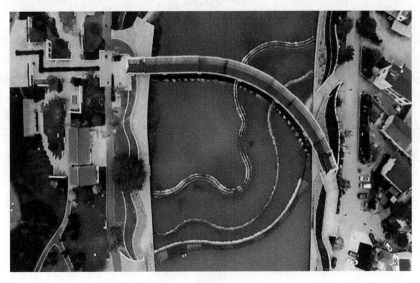

图10　梅溪实施效果

续图 10

5　结论

本次综合治理工程按照"五水共治"的要求，设计中充分考虑"水文化、水景观"的营造。通过景观堰坝（闸）、河道整治等工程的建设，恢复和营造"溪、湾、塘、滩、涧、湿地"等不同的水系形态。生态修复尽量保留原有植物，在此基础上根据需求丰富植物种类和植物季相，突出梅溪自然山水优美的环境，通过对挡墙等较为生硬的驳岸软化和护坡覆绿，滨水绿地空间不同植物种植，打造水清、岸绿、景美的水岸生态廊道。植物选择上，充分考虑植物适应性、节约性、生态性、景观性，合理组合搭配各种乔木、灌木、湿生及水生植物，构建多样、稳定的植物群落，为区域生态系统自然流转格局的创立奠定良好基础，形成可持续发展的生态之溪。在堰坝设计中，将传统水利堰坝同当地历史文化相结合，提取婺剧文化、茶文化、水乡特色等设计元素融入堰坝的造型设计之中。构建既满足梅溪防洪生态需求，又传达人文历史风情、提升梅溪整体景观效果的"梅溪堰坝博物馆"，形成具有"九曲堰落诗画间"意境的美好画卷，对同类型小流域"美丽河湖"建设提供一定的参考。

参考文献

[1] 季永兴，何刚强．城市河道整治与生态城市建设［J］．水土保持研究，2004，11（3）：245-247.
[2] 司徒安．基于景观与水利融合理念的城市河道景观设计研究［D］．广州：华南理工大学，2016.
[3] 刘斌．基于生态理念的城市河流综合治理规划设计研究——以高邮市北澄子河上段区域治理工程设计为例［D］．南京：南京农业大学，2014.
[4] 胡海燕．城市河流生态景观设计研究［D］．西安：长安大学，2010.
[5] 牛铜钢．河流近自然化学说在河流景观规划设计中的应用［D］．北京：北京林业大学，2008.
[6] 邱峰．生态水利设计理念在城市河道治理工程中的应用探究［J］．绿色环保建材，2018（5）：237.

"十四五"期间南运河生态补水可行性研究

穆冬靖 邢 斌

(海河水利委员会科技咨询中心，天津 300170)

摘 要：作为大运河文化带建设重要组成部分的南运河，目前大部分河道干涸，河流水生态严重恶化，难以支撑大运河文化带的建设。在充分挖潜当地用水的前提下，利用引黄、南水北调东线一期北延应急供水等水源补充河湖的生态用水，对恢复河湖湿地的生态起到重要的补充水源作用。本文以实现南运河全线贯通有水为目标，系统分析当地水、再生水、外调水等多水源为南运河补水的可行性，并提出保障措施。

关键词：生态补水；生态水量；生态保障

1 引言

近年来，通过实施引调水、再生水循环利用、入河排污口取缔、农业农村污水处理、河道清理整治等措施，南运河沿线水生态环境有所改善，现状德州、泊头、沧州、青县和天津主要城镇段常年有水，但其他河段在非输水期基本处于干涸状态，年最大干涸长度达 259 km，2010—2019 年年均断流（干涸）308 d，河流水生态严重恶化，河流断流、生态服务功能下降等问题十分严峻，难以支撑大运河文化带的建设。

随着经济社会的发展，用水量不断增加，上游大量修建引蓄水工程，致使卫运河流入南运河水量逐年减少。2011—2019 年四女寺枢纽南运河节制闸实测多年平均下泄水量仅为 0.38 亿 m³，依靠上游卫运河来水，南运河生态水量很难得到满足。因此，需要尝试从多水源共同保障的角度去解决河道内生态水量的需求。杜勇等[1]分析永定河生态补水措施时，提出当山区段当地径流和引黄水不能满足生态用水需求时，可进一步挖掘再生水、南水北调中线水进行生态补水。郦建强等[2]提出当地水资源适度开发、非常规水源最大限度利用、外调水严格按照"三先三后"科学谋划。赵钟楠等[3]等认为通过连通的多水源联合调度，互调互济，可提高区域供水保障水平。基于以上理论，在南运河沿线区域水资源匮乏、生态用水不足的现实条件下，本文从多水源联合互济保障河道生态的角度出发，研究不同水源进行河道生态补水的可行性及可排入量，并提出保障措施，为南运河生态廊道建设，系统推进南运河生态环境复苏与大运河文化带建设提供理论支撑。

2 区域概况

南运河界于东经 38°14′~39°05′、北纬 116°49′~117°26′。行政区划隶属天津、河北和山东三省（市）。南运河自四女寺节制闸向北，跨子牙新河至十一堡入子牙河，平交过子牙河后继续向北至三岔河口入海河，河道全长约 352 km，其中四女寺至十一堡段河长约 311 km。南运河历史上是京杭大运河的一部分，目前是漳卫河系泄洪尾闾河道之一，承泄上游卫运河部分来水，亦是引黄入冀输水干渠和南水北调东线一期工程北延应急供水渠道，也是沿河城镇的重要景观河道，具有生态、防洪、输水、文化、景观、航运等多种功能。

作者简介：穆冬靖（1987—），男，工程师，主要从事水资源规划、防洪规划等工作。

3 河流生态功能与水量目标分析

《海河流域综合规划（2012—2030）》和《京津冀协同发展六河五湖综合治理与生态修复总体方案》均明确南运河作为南水北调东线输水保留区，以供水功能为主，兼顾生态和行洪，并按照维持水体连通功能提出四女寺至第六堡河段年最小生态需水量为 0.66 亿 m³。《南运河综合治理规划》提出根据沿河城镇规划及景观要求，优先修复德州市、泊头市、沧州市、青县、静海区 5 个城镇段生态水面，改善景观环境。《大运河文化保护传承利用规划纲要》提出，将大运河打造成璀璨文化带、绿色生态带、缤纷旅游带。《大运河河道水系治理管护规划》也提出南运河主要以防洪排涝、输水或灌溉为主，兼顾生态、景观和航运。本文以 0.66 亿 m³ 为南运河年度生态补水目标。

4 补水水源及可供水量分析

南运河的生态补水水源主要包含四部分：一是上游卫运河径流通过四女寺枢纽南运河节制闸的分流水量，二是经南运河实施的潘庄和位山线路引黄水量，三是经南运河实施的南水北调东线一期工程北延应急供水，四是南运河沿线地区汛期雨洪水与再生水的汇入。另外，天津市现有的河湖水系连通工程也可以向天津市静海区河段补水。

4.1 卫运河分泄来水

据四女寺枢纽实测径流资料统计，1960—2019 年的 60 年，四女寺枢纽南运河节制闸泄入南运河水量为 421.3 亿 m³，多年平均下泄水量为 7.02 亿 m³。其中，1960—1969 年年均下泄水量为 24.90 亿 m³，此后逐年减少，2011—2019 年年均下泄水量为 0.38 亿 m³，主要是近年来漳卫河系连续遭遇偏枯年，上游用水量随经济发展而逐年增加导致。近年卫运河分泄来水较少，且受上游丰枯影响较大，年际不均。

4.2 引黄调水

根据 2013 年国务院批复的《黄河流域综合规划（2012—2030 年）》，南水北调中东线工程生效后，每年仍考虑向河北配置 6.2 亿 m³ 水量，不再考虑向天津配置水量。但是在必要时，根据河北、天津的缺水情况和黄河流域来水情况，可以向河北、天津应急供水。

引黄调水主要有潘庄和位山两条线路。其中，潘庄应急引黄工程输水从穿漳卫新河倒虹吸汇入，工程设计引水规模为潘庄闸 10 亿 m³，穿漳卫新河倒虹吸出口过水量 8 亿 m³，潘庄引黄流量按 90～100 m³/s 控制，穿漳卫新河倒虹吸出口流量按 72～80 m³/s 控制。实际引水视黄河水情、天津市缺水情况、山东省和河北省引黄计划等综合情况确定，纳入当年黄河水量调度计划。位山引黄工程输水从南运河杨圈闸汇入，位山闸最大年引水量 8.5 亿 m³，南水北调东中线工程生效后，不再向天津配置水量。

4.3 南水北调东线一期北延应急供水

南水北调东线一期北延应急供水是南运河生态补水的重要补充水源。东线一期工程北延应急供水是在保证一期既有用水户的用水需求前提下，利用一期工程输水潜力并增加输水时间向北增加供水量，穿黄出口北延多年平均可供水量为 3.5 亿 m³，最大可供水量为 5.5 亿 m³，利用该水源置换河北和天津深层地下水超采区农业用水，压减深层水开采量，相机向河湖补水，在改善水生态的同时回补地下水。

4.4 本地雨洪及再生水

南运河沿线地区雨洪水与处理达标后的再生水可排入河道内相机为城市景观段补水。

5 补水可行性研究

鉴于南运河天津市十一堡节制闸至三岔河口段补水水源条件较差，"十四五"期间仅考虑四女寺至十一堡河段有条件实现全线贯通有水，补水河长约 311 km。其中，现状只有德州、泊头、沧州、青县和天津静海五个城镇景观段为有水河段。

5.1 补水方案研究

分析各水源可供水量可知,南运河生态补水主要由外调水解决。在充分挖掘卫运河、雨洪、再生水等当地水补水潜力的基础上,依托引黄与南水北调东线一期北延应急供水工程等外调水进行河道生态补水。

南水北调东线一期工程北延应急供水工程在常态供水情况下,四女寺下泄 6~17 m³/s 向南运河补水,共配置南运河生态水量 0.5 亿 m³,输水期满足南运河德州、泊头、沧州、青县和静海区主要城镇段水位要求。同时,充分利用雨洪资源,在汛期根据防洪调度安排,利用四女寺节制闸向南运河泄流约 0.16 亿 m³。此外,结合潘庄应急引黄、沿线雨洪与再生水共同向河道补水,天津静海区城镇景观段结合本地水系连通相机向九宣闸至十一堡节制闸河段补水。

在多水源共同保障下,最终实现南运河四女寺至十一堡节制闸河段年补水约 0.66 亿 m³,输水期间实现河道全线贯通有水。

5.2 水量调度管理

由水利部负责水量统一调度安排,海河水利委员会负责补水过程的监测。沿线各省(市)水行政主管部门对补水工作进行实施监督管理,并做好省内和沿线受水区之间用水矛盾的协调与处理,负责组织实施本省境内输水干线沿线的水量交接点和省界重要断面的水量监测工作。

6 生态补水保障措施

6.1 强化组织领导

南运河生态水量保障涉及天津市、河北省、山东省人民政府及各水行政主管部门和水利部海河水利委员会。各相关单位要将南运河生态补水保障作为推进生态文明建设、加强河湖生态保护和落实最严格水资源管理制度及河长制等重点工作,落实主要领导负责制,加强组织领导,明确任务分工,逐级落实责任。

6.2 完善工作机制

结合《南水北调东线一期工程北延应急供水工程水量调度方案(试行)》等,加强南运河水量调度与监测预警管理协调,促进部门间的沟通协商、议事决策和争端解决。协调做好南运河水量配置调度,以重要控制断面生态水位为目标,统筹当地水、再生水、外调水等多种水源,实施流域水资源统一调度。

6.3 抓好河道清理

南运河沿线三省(市)要充分发挥各级河长作用,督促做好河湖清理整治工作。补水河沿线市、县政府牵头负责,结合河湖"清四乱",尽快完成河湖清洁行动,推进主槽和滩地清理任务,实现河道清洁通畅,为实施生态补水创造条件。

6.4 做好水量调度

按照节水优先、量水而行的原则,针对南运河水资源特点、经济社会发展用水需求及河流生态功能要求,统筹协调河道内生态和河道外经济社会发展用水,编制年度生态补水实施方案,统一做好引黄、南水北调东线一期工程北延应急供水及卫运河来水等的水量调度。

7 结论与建议

本文分析了南运河生态补水的水源及可供水量,认为"十四五"期间其生态水基本需由外调水解决,在多水源共同保障下,最终实现南运河四女寺至十一堡节制闸河段年补水约 0.66 亿 m³,输水期间能够实现河道全线贯通有水。

在保证防洪、输水安全的前提下,以河道水生态修复和运河保护为重点,因地制宜地进行南运河生态廊道建设。实现南运河生态环境复苏,开展多水源联合调度常态化补水,待未来南运河具备水源条件，逐步实现重点河段复航。

参考文献

［1］杜勇，万超，杜国志，等. 永定河全线通水需水量及保障方案研究［J］. 水利规划与设计，2020（7）：14-17，27.

［2］郦建强，王平，郭旭宁，等. 水资源空间均衡要义及基本特征研究［J］. 水利规划与设计，2019（10）：1-5，23.

［3］赵钟楠，黄火键，邱冰，等. 基于全过程视角的河湖水系连通项目管理的若干思考［J］. 水利规划与设计. 2018（7）：1-4，36.

洼地治理工程的水环境影响及对策措施探讨

葛　耀　杜鹏程　李汉卿

（淮河水资源保护科学研究所，安徽蚌埠　233001）

摘　要： 本文以江苏省淮河流域重点平原洼地近期治理工程为例，通过现状调查和查阅相关资料，分析论证了河道治理对水生态和运行期排涝对水环境的影响，并提出了对策和建议，以更好地促进河道治理和水生态环境的保护。

关键词： 河道治理；水生态；水环境；环境影响；对策措施

江苏省淮河流域重点平原洼地近期治理工程的主要任务是对里下河、黄墩湖地区及南四湖湖西3片洼地18个县（区）共 6 278 km² 面积范围进行治理，通过疏浚区内河道、加固堤防新改建、沿线桥涵闸站等配套建筑物，恢复提高区域防洪除涝标准使治理区形成较为完整的防洪排涝体系，改变低洼地易灾的严重局面[1]。河道治理工程必然会对天然河道的原有水生态系统造成不同程度的影响。因此，应当科学分析河道治理工程的水环境、水生态影响，制订可行性环保措施，才能有效地保护河道的生态环境。

1　主要水生生态现状调查

工程区域水生生态环境现状分析通过收集资料文献及现场调查（59个样点）等方式进行。

1.1　浮游植物

调查水域共检出浮游藻类5门64种，其中绿藻门31种，蓝藻门、硅藻门和裸藻门分别为10种、9种和8种，隐藻门和甲藻门均为3种。各调查水域藻类多样性指数见表1，包括 Shannon-Weaver 多样性指数（H）、Shannon-Weaver 多样性指数（D）和 Pielou 均匀度指数（J）。比较而言，里下河洼地和湖西洼地多样性指数更高，不同样点间有一定差异。

表1　各调查水域藻类多样性指数

样点	黄墩湖洼地			里下河洼地			湖西洼地		
	H	D	J	H	D	J	H	D	J
1#	1.90	0.89	0.79	1.46	0.42	0.91	2.47	1.81	0.77
2#	2.05	1.14	0.78	2.14	0.89	0.93	2.76	2.01	0.83
3#	1.33	0.86	0.56	2.21	0.95	0.92			
4#	1.32	0.61	0.63	2.66	1.64	0.89			
5#	1.25	0.41	0.78	2.23	1.15	0.85	2.59	1.58	0.88
6#	0.79	0.63	0.38	2.20	1.23	0.78	2.06	1.46	0.71
7#	1.48	0.45	0.92	1.60	0.51	0.89			
8#	1.91	0.67	0.92	2.31	1.33	0.83			

作者简介：葛耀（1987—），男，工程师，主要从事水利工程环境影响评价和验收调查工作。

续表 1

样点	黄墩湖洼地			里下河洼地			湖西洼地		
	H	D	J	H	D	J	H	D	J
9#	2.38	1.55	0.81				2.08	1.55	0.68
10#	2.02	0.87	0.88	2.11	1.42	0.72	2.79	1.97	0.85
11#	2.38	1.09	0.93	0.67	0.12	0.97			
12#	1.13	0.40	0.70	2.17	1.03	0.87	2.22	1.11	0.84
13#	2.63	1.47	0.91	1.37	1.10	0.51	1.65	0.75	0.75
14#	2.16	1.15	0.82	1.77	0.50	0.99	2.29	1.37	0.81
15#	2.04	0.75	0.93	2.58	1.60	0.88	2.19	1.77	0.69
16#				2.30	1.19	0.85	1.21	0.42	0.68
17#				2.54	1.63	0.83	1.81	0.77	0.82
18#							1.32	0.33	0.95
19#							1.61	0.54	0.90
20#							1.84	0.98	0.74
21#							0.15	0.47	0.08
22#							1.30	0.51	0.72
23#							1.44	0.50	0.80
24#							1.98	0.74	0.95
25#							1.79	1.28	0.61
26#							1.56	0.65	0.75
平均	1.78	0.86	0.78	2.02	1.04	0.85	1.86	1.07	0.75

1.2 浮游动物

调查水域采集到浮游动物 74 种，其中轮虫最多，枝角类最少，见图 1。各样点的种类数差别较大，有 3~24 种不等，17 个样点在 10 种以下，多数样点为 10~20 种，仅 3 个样点超过 20 种，调查区域的浮游动物种类多样性并不丰富。另外，该区域现存的、分布广泛的大多数浮游动物是耐污的种类。

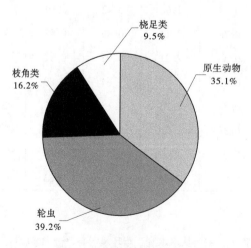

图 1　浮游动物各类群百分比

1.3 底栖动物

调查区域 H 值范围为 0~2.809，D 值范围为 0~2.706；J 值范围为 0.116~1.435。底栖动物的物种丰度和生物多样性均值如表 2 所示。

表 2 各调查区域底栖动物的物种丰度和生物多样性均值

调查区域	H	D	J	物种丰度
黄墩湖洼地	1.490	1.374	0.920	10.1（1~15）
里下河洼地	1.800	1.533	0.961	10.0（0~19）
湖西洼地	1.261	0.994	0.831	6.2（0~16）
平均	1.517	1.300	0.904	8.5（0~19）

调查区域内河道底栖动物群落结构总体呈现出结构单一、物种丰度低和高度耐污性等显著特征。底栖动物的群落主要以常见种居多，特别是一些耐污染的富营养化指示种，如霍甫水丝蚓、环棱螺和摇蚊属；软体动物的种类最多，但出现频率较高的种类是一些适应于富营养化水体的常见的腹足纲种类，尤其以环棱螺最为典型，另外，部分样点种类较多，主要与定性采集到的空壳标本有关，一些稀有种类（特别是蚌科的种类）尽管采集到活体标本，但其分布往往仅限于 1~2 个样点，种群数量稀少。

1.4 鱼类"三场"调查

调查区未发现大型固定的鱼类"三场"分布，但有些生境适合鱼类的产卵。湖西洼地地区，复兴河为主要鱼类"三场"所在地。里下河洼地潮河和马家荡湿地、射阳湖、西塘河、九龙口均为保护区，维持相对较好的水生态系统，拥有鱼类 20~30 种，为鱼类重要的"三场"。黄墩湖洼地内没有大型鱼类"三场"，邳洪河水面开阔，维持相对较好的水生态系统，如截污措施得当，有作为鱼类三场存在的可能性；骆马湖口和骆马湖核心区均为鱼类重要的"三场"。

调查区未发现特有鱼类、保护鱼类、洄游鱼类分布。

2 河道治理工程水生态环境影响及对策措施

江苏洼地近期治理工程各县区均已开工建设，部分工程量较小的县区如铜山、海安、海陵、盐都、射阳、姜堰等区域已完工。河道治理工程中水生态环境是其极其重要的环境影响因素[2]，人们也逐渐认识并发展了水利生态工程技术和建设理念[3]，以保护水生态系统。

2.1 洼地排涝对水环境影响及对策措施

河道治理后，由于过水能力增加，汛期排涝初期，对外部受纳干流水环境会产生一定影响。疏浚后的河道底泥清淤，减少内源污染，将在一定程度上改善河道水环境，增大过流能力，随之挟带的污染物浓度减小，但污染负荷总量增多。

湖西洼地河道疏浚后通过沿线港河（复新河、姚楼河、大沙河、郑集河等）排入南四湖，南四湖为南水北调东线调蓄湖库，水质要求高。湖西洼地只对姚楼河进行疏浚，增加其排涝设计流量，其余港河排涝设计流量维持现状。因此，以运行期姚楼河排涝对南四湖水质影响作为典型进行预测分析。从表 3 可以看到，现状排涝能力将在南四湖湖西航道形成 6.5 km（COD_{Mn}）、8.1 km（NH_3-N）的混合带。表 4 可以看到设计排涝能力将在南四湖湖西航道形成 11.6 km（COD_{Mn}）、14.6 km（NH_3-N）的混合带。

表 3　姚楼河现状过流能力对南四湖近岸水质的影响预测

离岸距离/m	$COD_{Mn}/(mg/L)$	$NH_3-N/(mg/L)$
0	6.22	1.03
1 000	6.19	1.02
5 000	6.05	1.01
6 000	6.01	1.01
6 500	6.00	1.01
7 000	5.98	1.00
8 100	5.94	1.00
9 000	5.91	1.00
10 000	5.88	0.99
11 600	5.82	0.99
13 000	5.78	0.98
14 000	5.74	0.98
14 600	5.72	0.98
15 000	5.71	0.98

表 4　姚楼河设计过流能力对南四湖近岸水质的影响预测

离岸距离/m	$COD_{Mn}/(mg/L)$	$NH_3-N/(mg/L)$
0	6.42	1.05
1 000	6.38	1.05
5 000	6.23	1.03
6 000	6.20	1.03
6 500	6.18	1.03
7 000	6.16	1.03
8 100	6.12	1.02
9 000	6.09	1.02
10 000	6.06	1.02
11 600	6.00	1.01
13 000	5.95	1.01
14 000	5.92	1.00
14 600	5.90	1.00
15 000	5.88	1.00

姚楼河疏浚后过流能力增加 28 m^3/s，增加了 93%。治理工程实施前，汛期姚楼河与湖西航道混合断面的水质浓度 COD_{Mn} 为 6.22 mg/L，氨氮为 1.03 mg/L；姚楼河经疏浚治理后，由于水量增加，则混合断面处 COD_{Mn} 浓度变化为 6.42 mg/L，氨氮为 1.05 mg/L，水质浓度略有增加但增幅均较小，其中 COD_{Mn} 增加 3%，氨氮增加 2.3%。疏浚前，姚楼河支流汇入湖西航道后，在交汇口下游形成的混合带长度 COD_{Mn}、氨氮分别为 6.5 km、8.1 km；治理工程后，由于姚楼河过水流量提高，汇合断

面处初始浓度增加，下游形成的混合带长度也有所增加，COD_{Mn}、氨氮分别为 11.6 km、14.6 km，较疏浚前平均增加了 80%。所以，工程对外部干流混合带长度有所增加，但增加的幅度并不大，而且汛期排涝初期的水质浓度最高，随着排涝时间增加，支流浓度会逐步降低，对外部干流的影响会逐步消除。支流影响南四湖水质最大的因素为支流入湖水质浓度，需提高姚楼河水功能区划要求，建议按 III 类标准控制。

排涝期间，建设单位应加强对入湖断面水质监测，尤其是南水北调东线一期工程取水口水质监测。建设单位应与地方政府、南水北调东线一期工程及相关管理部门建立水质管理应急联动机制，制定应急预案，确保取水水质安全。工程治理范围内政府应结合南水北调东线江苏段水污染防治规划，进行污染源限排、面源治理、信息传递、防污调度等措施保障输水河道水质安全。

2.2 洼地工程对水生生态影响及对策措施

江苏洼地涉水工程主要包括河道工程、建筑物工程等，对水生生态影响主要体现在河道拓浚对水生生境和水生生物的影响。

2.2.1 水生生境

挖泥船疏挖扰动，导致河流开挖区域悬浮物增加，对下游浮游生物、底栖生物、水生植物、鱼类等栖息环境产生一定不利影响，由于河道内水流较快，悬浮物扩散较快，影响时段相对较短。底质开挖也导致开挖区域底栖生物和水生植物附着基质短期内直接损失，将全部被新基质代替。另外，排泥区主要布置在河道沿岸，排泥区废水含沙量、无机盐含量均较高，需经中和、混凝沉淀等处理达标后排放，以减缓对水生生境的影响。

以下官河河道疏浚工程为例，工程总工期约 3 年，分年度分批实施，单个疏浚工程施工点相对分散，施工时段一般为 5~12 个月，可在未施工河段为鱼类等水生生物提供趋避场所。工程施工结合生态修复措施同步实施，尽量减缓对水生生境的影响。

2.2.2 对鱼类饵料生物的影响

河道扩挖疏浚造成水生生境破坏，大部分鱼类、浮游类可以随河水进入其他河段或河道生存[4]；而受工程疏挖直接影响及悬浮物急剧增加影响，底栖动物、水生植物将大量死亡；同时，开挖或处理后局部区域的新基质短期内不利于底栖生物和维管束植物附着生存，继而造成鱼类饵料生物资源下降。预计本工程将造成底栖动物损失 2 145 t，浮游植物和浮游动物的损失量分别为 4.5 t 和 92 t，沉水植物和挺水植物损失量分别为 740 t 和 4 800 t。施工结束后，底栖动物、水生植物可以慢慢恢复，但其种类组成和数量可能发生改变，要恢复到原来状态需要更长期的过程[5]。由于施工河道为区域较小河流，加上区域河流密布，局部水域物种数量变化对区域水生生态系统的影响有限。同时，工程需通过植物修复、底栖生境修复等，加快水生维管束植物的演替及水生生境的恢复。

2.2.3 对鱼类的影响

考虑到保护区的分布，本文以里下河洼地为典型分析对鱼类的影响及对策。里下河洼地含有 4 个保护区：潮河马家荡重要湿地、九龙口风景名胜区、射阳湖水产种质资源保护区和西塘河重要湿地。施工扰泥和污染会对以上区域产生一定的影响，包括对沉性卵、浮性卵、黏性卵等鱼类产卵场的破坏和污染水质毒害鱼类。因此，这 4 个水域的施工应避开鱼类主要繁殖季节，还应为鱼类创造躲避污染空间。九龙口与潮河马家荡湿地之间存在河道清淤工程，因九龙口存在开阔水面可供鱼类逃避污染，所以两水域的施工不应同时进行；首先在潮河马家荡湿地进行，施工方向由北向南推进，以使鱼类面对污染可逃往九龙口，等待潮河、马家荡水域澄清后再在九龙口施工。同样，涉及射阳湖水产种质资源保护区和西塘河重要湿地施工时，应暂缓其相邻水域的施工，以使鱼类有躲避回旋的空间，将施工对鱼类的影响降到最小。

2.2.4 主要生态保护措施

加大疏浚河道生态综合治理，修复两岸水生植被，建设生态护岸。人工营造近自然型河流沿岸带结构，促进河流的自我修复和水质净化，图 2 为下官河桩号 19+254 生态护岸设计断面。乔木选取当地耐水淹、管理方便、树姿优美的垂柳及杨树等树木。水生挺水植物主要采用繁殖迅速、枝叶柔韧性强、对洪水阻力小的芦苇和菖蒲等；浮叶植物可选择野菱、芡实等；沉水植物可选取金鱼藻、苦草、小茨藻、黑藻等。

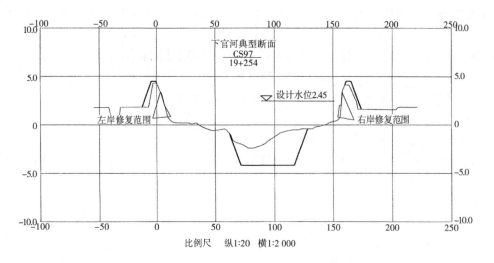

比例尺　纵1:20　横1:2 000

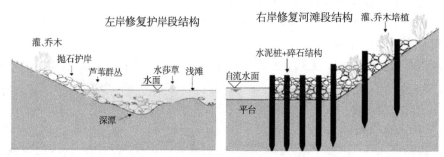

图 2　下官河生态护岸典型设计断面结构

底栖生境修复及生物增殖。河道拓浚前，将表层和水生植物、底栖动物分层剥离，集中堆填，开挖完成后，再将剥离层及水生植物、底栖动物回填至原疏挖区，回填深度约 20 cm，加速疏挖区底栖生境的自我修复。底栖生物增殖以江苏洼地常见的蚌类、螺类等种类为主，每年投放约 14.2 t，加速底栖生境修复区域的修复进程。

河道疏浚后，破坏鱼类原有生境，鱼类资源短时间内难以恢复，需开展鲫、鲤、草、长春鳊等鱼类的人工增殖放流，放流规模为 86 万尾/年，以形成新的生态平衡。

补偿射阳湖国家级水产种质资源保护区的自然渔业资源损失及修复、保护区设施修复、捕捞渔民共计人民币约 535 万元，用于保护区人工增殖放流、人工生境营造、跟踪监测、渔政管理等。

工程完工后，由于河道疏浚的作用清除了底泥污染物，同时河道变宽，水面积增大，有利于水体复氧，加强水体的自净能力，水质将有改善的趋势。生存环境的优化将有利于水生生物的生长和繁殖，使工程影响水系的物种多样性得以增加。结合水生生态保护措施的实施，项目的完工运行将使工程区的水生生态环境得到改善，生物量和净生产量会有所提高，生物多样性和异质性增加，生态系统结构更完整。

3　结语

河道治理工程本就是为了河道整治和水环境保护，既可以加强河道的防洪能力，又可以改善水生态环境，属于民生工程。但由于河道治理工程持续周期较长，涉及面较广，应在工程开工前，科学全面地分析论证可能产生的水生态环境影响，采取必要的环境保护措施，以此达到生态保护和河道治理的双重预期目标，为提高水生态文明建设贡献力量。

参考文献

［1］杜鹏程．江苏省淮河流域重点平原洼地近期治理工程环境影响报告书［R］．蚌埠：淮河水资源保护科学研究所，2017．

［2］陆春建，蒋亚涛，张宇，等．河道治理工程环境影响特点及保护措施［J］．河南水利与南水北调，2018（7）：11-12．

［3］尚淑丽，顾正华，曹晓萌，等．水利工程生态环境效应研究综述［J］．水利水电科技进展，2014，34（1）：14-19，48．

［4］段修宇．菏泽市平原洼地治理工程环境影响分析［J］．山东水利，2021（7）：93-94．

［5］钟继承，范成新．底泥疏浚效果及环境效应研究进展［J］．湖泊科学，2007，19（1）：1-10．

基于生态过程的鄱阳湖水文健康评价

卢 路 熊 昱 李 超

（长江水资源保护科学研究所，湖北武汉 430051）

摘 要：湖泊水文健康是河湖健康评价的重要内容，其健康程度是决定河湖健康的主要指标之一。湖泊水文过程一般和湖泊生态系统在不同尺度、不同层次上存在多维结构关系。因此，采用生态水文指标体系来研究复杂变化条件下湖泊水文过程是一种有效方式。鄱阳湖是我国第一大淡水湖，近年来湖区各地均不同程度地承受着水资源量减少、水生态恶化等多重胁迫，相应地出现了河道形态破坏、生境退化等问题，鄱阳湖水文健康引起湖泊管理者关注。本文采用基于生态过程的湖泊水文健康评价对鄱阳湖水文健康进行评价，科学判定当前鄱阳湖健康状况，为鄱阳湖管理提供技术支撑。

关键词：生态过程；水文健康；湖泊；生态修复

目前，国内外河湖健康评价方法较多[1]，其中较为流行和成熟的方法为参照法[2-4]。该方法首先确定河湖水文健康的标准，即确定参照期。然后构建一套由若干水文指标组成的评价体系。将研究期与参照期指标数据进行比较，对照确定的河湖健康标准确定湖泊健康程度。采用水文指标用于探索河流生态系统与水文过程的耦合关系是一种有效的方式。本文采用改进的参照法方法对鄱阳湖水文健康进行评估，判断当前鄱阳湖水文健康状况，为鄱阳湖科学管理提供参考。

1 鄱阳湖概况

鄱阳湖是我国第一大淡水湖，地处长江中下游南岸、江西省北部，在湖口与长江连通。湖区通江水体面积 3 750 km²，容积 312 亿 m³（星子站水位 22.52 m）。鄱阳湖流域面积 16.22 万 km²，约占长江流域面积的 9%，其水系年均径流量为 1 483 亿 m³，约占长江流域年均径流量的 15%。鄱阳湖是我国重要的生态功能保护区，承担着调洪蓄水、调节气候、降解污染等多种生态功能，同时湖区也是我国重要的商品粮、棉生产基地。在经历了 20 世纪 80 年代以来 40 多年的经济社会快速发展后，湖区各地均不同程度地承受着过度采砂、水资源量减少等多重胁迫，相应地出现了河道形态破坏、生境退化、水文情势改变等问题[3-4]。目前，鄱阳湖处于净冲刷状态，同流量下水位降低，近年来鄱阳湖水位特别是枯季水位下降较为明显[2-3]。鄱阳湖健康问题突出，影响鄱阳湖生态服务功能的可持续利用。

2 数据来源与分析方法

本文采用鄱阳湖湖口站 1955—2008 年的月径流和水位数据，这些数据是经过监测单位审查和备案在册的可靠资料，湖口水文站是鄱阳湖出口的总控制站（见图 1），具有较好的代表性。本次研究采用改进的参照法（卢路等，2019），将水平年分为高水期和低水期两部分，将水文健康分为微小变化、较小变化、中等变化、较大变化和显著变化五个等级（见图 2）。

2.1 指标的选取

湖泊水文节律的变化符合非均匀分布（见图 3）。Richter 等[5] 和崔丽娟[6] 研究显示，通常情况下，水文要素对月流量状况、极端水文现象（如极值）、极端水文现象出现的时间、脉冲流量频率与

作者简介：卢路（1986—），男，高级工程师，主要从事水资源保护相关工作。

图 1　湖口水文站位置示意图

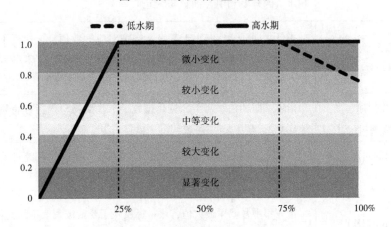

图 2　水文健康等级赋分分布

历时、丰枯水期变化频率等方面的变化产生生态响应。

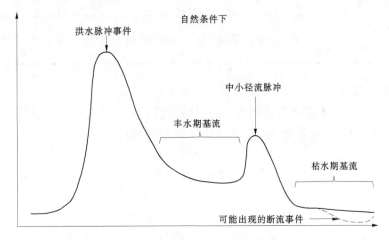

图 3　自然状态下与湖泊生态相关的径流组分

因此，所选指标不仅要能体现自然条件下径流组分，同时人类活动对水文节律的影响也要有所体现，确定 9 个湖泊水文健康评价指标见表 1。

表 1　湖泊水文健康评价指标

指标	说明
高水期指标 （High Flow，HF）	高水期指连续 6 个月水文要素（如水量和水位）之和最大的月份。该指标对丰水期水文要素（含沙量、水量、水位、水温）和湖泊生态要素（是部分鱼类和藻类繁殖信号）有影响
低水期指标 （Low Flow，LF）	低水期指连续 6 个月水文要素（如水量和水位）之和最小的月份。该指标对枯水期径流对水文要素（含沙量、水量、水位、水温）、经济要素（影响水上交通）和湖泊生态要素（水陆交错带等）有影响
连续高水期指标 （Persistently Higher，PH）	指低水期要素连续大于某水文频率对应的数值。该指标能反映枯水期持续时间，该指标对湖泊生态要素（是部分鱼类和藻类繁殖信号）非常重要，如果该参数小于某个临界值，很多生物将不能生存
连续低水期指标 （Persistently Lower，PL）	指高水期要素连续小于某水文频率对应的数值。该指标能反映丰水期持续时间，该指标对湖泊水资源利用非常重要，如果该参数小于某个临界值，将会影响水资源开发利用（如影响航运）
连续低水期极低指标 （Persistently very Lower，PVL）	指低水期要素连续小于某水文频率对应的数值。该指标不仅能反映枯水期持续时间，还能说明湖泊生态程度。如果该指标过大，大部分湖泊生物将不能生存，极端情况是湖泊干旱，可能指示湖泊生态系统崩溃
水文节律变化指标 （Seasonlity Hydrology Shift，SHS）	指丰水期和枯水期年际变化过程。某些生物对该指标特别敏感，如果该指标变化较大，可能导致部分鱼类不进行繁殖
两次洪峰之间的间隔 （Flood Flow Interval，FFI）	该指标反映人类活动对湖泊水文的影响。如大坝调控可能会增加两次洪水发生的时间，是洪水发生概率降低
年最大值 （Highest Monthy，HM）	指一年中月要素最大值，该指标反映了要素极大值年际变化规律
年最小值 （Lowest Monthy，LM）	指一年中月要素最小值，该指标反映了要素极小值年际变化规律
最低生态水位 （Lowest Monthy Water Level，LWL）	指一年中月最低水位，该指标放映了湖泊生态系统对水位的满足度

2.2　水文指标阈值的确定

自然条件下，将 25% 水文频率数值作为生态下限阈值、75% 水文频率数值作为生态的上限阈值、连续极小流量的阈值为 1% 是较为通行做法。具体计算方法如下：

$$75\% \geqslant P \geqslant 25\% \quad f(p) = 1 \tag{1}$$

$$P > 75\% \quad f(p)H = 1 \tag{2}$$

$$f(p)L = 1.75 - p/100 \tag{3}$$

$$P < 25\% \quad f(p) = 4p/100 \tag{4}$$

式中，P 为试验数据水文频率；$f(p)$ 为所赋分数；H 为高水期；L 为低水期。

2.3 参照水平年和计算起始时间的确定

参照水平年一般为所计算数据的第一年，为了避免选择的偶然性，该参照期长度一般为 10 年及以上。水平年一般分为两个时期，分别为高水期和低水期，高水期（低水期）指一年中连续 6 个月流量中位数之和最大（最小）的月份。

2.4 指标计算

如图 4 所示，所选指标与湖泊水文特性紧密相关，其中，HF、LF、HM、LM、SHS 五个指标对参照期水文节律变化非常敏感。也就是说，如果湖泊在自然条件下径流变化不是很大，通过人类调控改变这种状况，使径流发生非常大的变化，这时计算指标可能表现很好。对大多数河流而言，PL、PH、PVL 很少出现在参照期，即便是发生，通常也只有几个月。

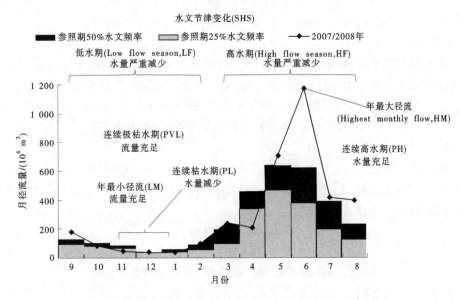

图 4 某湖泊 2007/2008 水平年水文健康指标之间的关系

2.4.1 高水期指标（HF）和低水期指标（LF）

高水期径流量（HF）赋分是根据参照期的高水期径流量确定的，具体赋分方式为试验期任何时段总径流量超过了参照期高水期同一时段最大径流量，赋分为 1；如果低于参照期高水期同一时段最低径流量，赋分为 0。具体赋分方式为：$\mathrm{Sum}\ P_t$（HF）$\geqslant \mathrm{Sum}\ P_p$（HF），$f$（HF）$= 1$；$\mathrm{Sum}\ P_t$（HF）$< \mathrm{Sum}\ P_p$（HF），$f$（HF）$= 0$。其中，$P_t$ 为试验期径流量；P_p 为参照期径流量；f（HF）为所赋分数；H 为高水期；L 为低水期。

2.4.2 年最大值（HM）和年最小值（LM）

试验期年最大流量值（HM）计算的第一步是计算参照期月最大径流量的水文频率分布，然后将试验期的值代入参照期系列数据，得到试验数据在参照期数据中的水文频率值，将该水文频率值代入式（1）~式（4）计算。年最小值（LM）计算方法与年最大值（HM）计算方法一致。

2.4.3 连续高水期（PH）

首先计算试验期每个月径流量在水文频率中所处的频率。如果试验期每个月的径流量超过参照期最大月径流量，赋值 1；如果试验期每个月的径流量小于参照期最小月径流量，赋值 0。这样每个月用 0 或 1 表示，如果月径流水文频率小于或等于参照期的 75%，赋值 0；大于 75%，赋值 1。计算连续高水期的方程如下：

$$\mathrm{Sum（month）} = 6 \quad f（\mathrm{sum}） = 0 \tag{5}$$

$$\mathrm{Sum（month）} \leqslant 1 \quad f（\mathrm{sum}） = 1 \tag{6}$$

$$6 > \mathrm{Sum（month）} > 1 \quad f（\mathrm{sum}） = 1.2 - 0.2\max（\mathrm{Sum}） \tag{7}$$

2.4.4 连续低水期（PL）

首先计算试验期每个月径流量在水文频率中所处的频率。计算连续低水期的方程如下：

$$\text{Sum(month)} \leq -12 \quad f(\text{sum}) = 0 \tag{8}$$

$$\text{Sum(month)} \geq -1 \quad f(\text{sum}) = 1 \tag{9}$$

$$-1 > \text{Sum(month)} > -12 \quad f(\text{sum}) = 1.0909 + 0.0909 \min(\text{Sum}) \tag{10}$$

2.4.5 连续低水期极低指标（PVL）

该指标定义为径流量小于或等于参照期 1% 水文频率下的径流量。计算连续极低水期的方程如下：

$$\text{Sum(year)} \geq 6 \quad f(\text{sum}) = 0 \tag{11}$$

$$\text{Sum(year)} = 0 \quad f(\text{sum}) = 1 \tag{12}$$

$$6 > \text{Sum(month)} > 0 \quad f(\text{sum}) = 1 - \text{Sum(total)}/6 \tag{13}$$

2.4.6 水文节律变化指标（SHS）

首先，计算参照期每个月 50% 径流量并排序，对照下面式（14）和式（15）计算其分数，再与参照期该值比较，该值为 6 表示丰枯完全翻转，如果为 0 则丰枯水期没有变化。

$$P(\text{SHS}) < 75\% \quad f(\text{SHS}) = 1 \tag{14}$$

$$P(\text{SHS}) > 75\% \quad f(\text{SHS}) = 4 - 4P/100 \tag{15}$$

2.4.7 两次洪峰之间的间隔（FFI）

该指标计算的第一步是：确定自然情况下洪水发生的频率，这里对洪水的定义是超过参照期月最高径流量水文频率 75% 的流量即为洪水。FFI 的计算是基于月时间尺度，因此如果用 N（月）表示两次洪水发生的时间间隔，其计算方程如下：

$$N \leq 48 \quad f(\text{FFI}) = 1 \tag{16}$$

$$N > 96 \quad f(\text{FFI}) = 0 \tag{17}$$

$$48 < N \leq 96 \quad f(\text{FFI}) = 2 - N/48 \tag{18}$$

2.4.8 最低生态水位（LWL）

该指标计算方法为：首先，计算参照期各月水位的水文频率分布；其次，将试验期水位代入参照期水位频率曲线返回对应频率，代入式（1）~式（4）求得得分。

2.5 湖泊水文健康评价指标计算方法

采用上述方法分别计算径流、水位等单项健康指数 FH_i，单项健康指数进行加权计算后得到湖泊水文健康综合指数，其计算公式如下：

$$\text{FH} = \sum_{i=1}^{n} \varepsilon \text{FH}_i \tag{19}$$

式中：FH 为湖泊水文健康综合指数；FH_i 为湖泊水文特征项。赋分与所选指标有着密切关系。指标分数的平均数得分为 0~1，其中 0 表示试验期与参照期相关度很高，而 1 表示试验期与参照期的相关度很低。

3 结果分析

3.1 参照期和水平期的确定

鄱阳湖多年平均水资源总量为 $2.340 \times 10^{10} \text{ m}^3$，其中地表水资源量为 $2.155 \times 10^{10} \text{ m}^3$，约占水资源总量的 92.1%。根据水平期的计算方法，参照期连续 6 个月中位数之和最小值为 12 882.5 m^3/s，发生在 9 月至次年 2 月，所对应的第一个月份，即 9 月作为参照期开始计算的月份，9 月至次年 2 月为低水期，3—8 月为高水期。

3.2 参照期水文频率分布和阈值的确定

根据湖泊水文健康体系理论方法。经计算，25% 来水频率低水期和高水期流量分别为 951.25

m³/s 和 3 455 m³/s，75%来水频率低水期流量为 2 975 m³/s，75%月最高流量和月最低流量分别为 10 725 m³/s 和 1 110 m³/s，25%月最低流量和 1%月流量分别为 373.5 m³/s 和 333.59 m³/s，75%月流量排名为 4.16。

3.3　鄱阳湖径流健康指数计算

以鄱阳湖 2008 年湖口水文站月径流为例进行说明。湖口站 3—8 月高水期径流量之和为 31 370 m³/s，9 月至次年 2 月低水期流量之和为 17 780 m³/s，对应的水文频率分别为 30.3%和 28.6%，代入高水期指标（HF）和低水期指标（LF），求得高水期指标 HF 和低水期指标 LF 的得分。其他指数计算方法采用以上计算方法。各指标计算结果见表 2。

表 2　2008 年鄱阳湖湖口站水文健康指数计算结果

湖泊水文健康指标	2008 年得分	年指数分数
高水期指标（HF）	1	1
低水期指标（LF）	1	0.2
连续高水期指标（PH）	0.2	0
连续低水期指标（PL）	1	1
连续低水期极低指标（PVL）	1	1
水文节律变化指标（SHS）	0.88	0.88
两次洪峰之间的间隔（FFI）	1	1
年最大值（HM）	0.92	0.92
年最小值（LM）	1	1
径流健康指标		0.85

重复以上计算步骤，完成 1955—2008 年的水文指标计算，计算结果见图 5。从图 5 可以看出：1955—2008 年间，高流量指标（HFV）在 1963 年发生非常大的变化，1979 年、2004 年和 2007 年发生较大变化；低流量指标（LFV）发生非常大变化的年份 1965 年、1967 年、1968 年、1972 年、1979 年、1987 年、1993 年和 2004 年；连续高流量指标（PHF）发生非常大变化的年份有 1971 年、1994 年、1996 年、2000 年、2001 年和 2003 年，发生较大变化的年份有 1985 年、1991 年、1995 年和 1999 年；连续低流量指标（PLF）无较大变化；连续低水期极低指标（PVL）无较大变化；水文节律变化指标（SHS）发生非常大变化的年份有 1963 年、1971 年、1974 年和 1998 年，发生较大变化的年份有 1976 年、1986 年、1989 年和 1991 年；两次洪峰之间的间隔（FFI）发生非常大变化的年份有 1990 年、1991 年、1992 年和 2006 年；最大月流量指标（HMF）发生非常大变化的年份有 1963 年、1979 年和 2007 年，发生较大变化的年份有 1986 年和 1987 年；最小月流量指标（LMF）发生非常大变化的月份有 1965 年，较大变化的年份有 1980 年和 1987 年。总的来说，该站监测资料显示鄱阳湖水文总体处于较健康状态。具体来说，该期间鄱阳湖水文没有发生非常大变化，最近几十年发生较大变化的年份包括 1991 年和 2004 年，1991 年其原因可能是 7 月长江水位托顶倒灌导致突变，2004 年原因可能是近 10 年最小径流量，其他年份均保持平稳，径流健康程度总体处于较好水平。

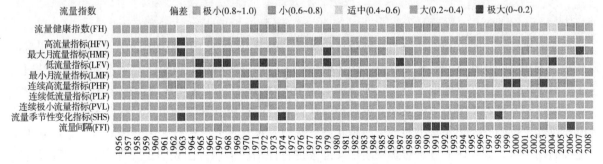

图 5　鄱阳湖水文健康评价马赛克图

3.4 鄱阳湖水位健康评估

根据水文健康评估过程计算水位健康，主要计算最低生态水位（LWL），对应指标中的低水期指标，其计算方法和步骤与低水期指标计算步骤相同。首先确定参照期高水期水位和低水期水位，然后计算参照期每个月水位频率曲线，将试验期数据代入参照期水位频率曲线，返回对应频率，利用式（1）~式（4）计算得分。

重复上述步骤对 1960—2008 年水位进行评估，其结果见图 6，可以看出鄱阳湖水位近 10 年相对于参照期有变低的趋势，且突变趋势明显。尤其是在 2004 年和 2007 年，年均水位均比参照期低，说明这两年生态最低水位相对参照期发生了极大变化，可能已经对湖泊生态系统产生了影响。

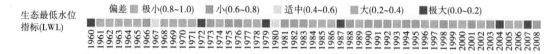

图 6   鄱阳湖水位健康评价马赛克图

3.5 鄱阳湖水文健康综合评价

结合鄱阳湖径流健康评估结果与水位健康评估结果，取其平均值作为鄱阳湖水文健康的综合得分（见图 7），可知鄱阳湖水文总体上较为健康，鄱阳湖水文健康变化趋势与水位健康变化趋势相同，说明鄱阳湖水文健康受水位影响较大，而受径流变化影响相对较小。鄱阳湖径流变化指数与水位指数变化趋势基本一致，在个别年份（1965 年、1967 年、1993 年等）径流变化指数趋势与水位变化指数不同，其原因是年内发生了持续干旱或持续高水位。过去 50 年内，鄱阳湖水位呈周期性变动，水位发生了 6 次极值变化，三峡水库建成前，鄱阳湖水位健康指数基本呈 10 年周期变化，建成后周期缩短为 3 年。鄱阳湖径流健康程度总体处于较好水平，但在个别年份发生了较大变化，其原因可能是 7 月长江水位托顶倒灌。

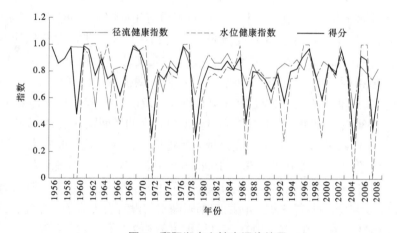

图 7   鄱阳湖水文健康评价结果

4   结论

本文采用基于生态过程的湖泊水文健康评价体系对鄱阳湖水文健康进行评估，评估结果表明鄱阳湖水文处于微小变化状态，其水文健康受水位影响较大，径流影响相对较小，总体上处于较为健康状态。但由于水位健康指数周期由三峡大坝建成前的 10 年缩短为三峡大坝建成后的 3 年，说明鄱阳湖水文健康处于不稳定状态，当鄱阳湖处于亚健康状态时可通过控制鄱阳湖水位对鄱阳湖水文健康进行调控。目前，鄱阳湖处于非常小的变化健康状态，鄱阳湖水文不需要进行人工调控。本文采用基于生态过程的湖泊水文健康评估方法对鄱阳湖水文健康进行评估，但该方法是否适用于其他非通江湖泊，还需要进一步研究。

参考文献

［1］毕温凯．基于支持向量的湖泊生态系统健康评价研究［D］．长沙：湖南大学，2012.

［2］卢路，裴中平，贾海燕．基于生态过程的湖泊水文健康评价体系研究Ⅰ：理论［J］．三峡生态环境监测，2019，4（1）：40-46.

［3］卢路，裴中平，贾海燕．基于生态过程的湖泊水文健康评价体系研究Ⅱ：应用［J］．三峡生态环境监测，2019，4（2）：40-44.

［4］Karr J R. Defining and assessing ecological integrity：beyond water quality［J］．Environmental Toxicology and Chemistry，1993，12：1521-1531.

［5］Richter B D，Baumgartner J V，Wigington R，et al. How much water does a river need?［J］．Freshwater Biology，1997，37：231-249.

［6］崔丽娟．鄱阳湖湿地生态系统服务功能价值评估研究［J］．生态学杂志，2004，23（4）：47-51.

基于四水同治、八维支撑的区域生态水网构建模式探讨

乔明叶[1,2]　杜　征[1,2]

（1. 黄河勘测规划设计研究院有限公司，河南郑州　450003；
2. 水利部黄河流域水治理与水安全重点实验室（筹），河南郑州　450003）

摘　要：基于四水同治、八维支撑的区域生态水网构建，是落实习近平生态文明思想及新时代治水思路对水利基础设施建设新要求的重要体现。本文在探讨生态水网内涵的基础上，统筹高效利用水资源、系统修复水生态、综合治理水环境、科学防治水灾害四个方面，兼顾水文化、水景观、水经济、水管理，构建八维支撑保障体系，实现区域水网"系统完善、丰枯调剂、循环畅通、多源互补、安全高效、清水绿岸"的总体目标。

关键词：四水同治；八维支撑；生态水网

1　引言

民生为上，治水为要。十九大以来，国家持续推进生态文明建设，向美丽中国目标迈进，把水利摆在十九大基础设施建设之首，提出水资源、水生态、水环境、水灾害"四水"统筹治理的思路，我国治水兴水迎来新的战略机遇。《中共中央关于制定国民经济和社会发展第十四个五年规划和二〇三五年远景目标纲要》提出，实施国家水网等重大工程。国家水网是综合水资源调配、水生态修复、水环境保护和水灾害防控的复合网络系统。区域生态水网作为国家水网的重要组成部分，是落实国家水网建设重大部署的有力举措。

随着经济社会的快速发展及区域水网规模和复杂性的不断增加，实施四水同治，兼顾水文化、水景观、水经济、水管理，统筹规划，着力解决水资源保护开发利用不平衡、不充分的问题，弥补水生态修复、水环境治理短板弱项，全面提高水安全保障能力，切实提升深化改革和科技创新动力，探讨区域生态水网构建模式，对于建立现代水利基础设施网络、助推区域经济社会高质量发展具有重要意义。

2　生态水网的内涵

生态水网，是指以河流水系网络为物理基础，深入贯彻落实"山水林田湖草是生命共同体"的系统思想，坚持系统思维、协同推进，以多水源、多目标的水资源合理配置为核心，以水资源统一管理和法律法规为保障，以生态环境修复和改善、水安全保障能力提升为落脚点的现代化水网系统。其构建需从以下八个方面提供支撑保障。

2.1　高效利用水资源

落实节水优先方针，坚持以水定城、以水定地、以水定人、以水定产，统筹当地水、过境水、外调水，加大雨水、洪水中水资源化力度，科学配置生活、生态、生产用水，完善跨流域、跨区域水利基础设施网络，优化水资源战略配置格局，全面提升水资源利用效率和效益。

作者简介：乔明叶（1983—），女，高级工程师，主要从事水利工程规划设计工作。

2.2　系统修复水生态

牢固树立和践行绿水青山就是金山银山的理念，坚持保护优先、自然恢复为主，统筹上下游、左右岸、地上地下、城市乡村，推进河湖生态修复和保护，实施河湖基本生态水量调度，建设生态廊道，维护河湖健康生命。

2.3　综合治理水环境

坚持标本兼治、综合施策、系统治理，加快工业、农业、生活污染源整治，从源头控制水环境污染；严格水功能区监管，实施入河污染物限排减排。完善水环境治理监管体系；实施乡村振兴战略，以建设宜居村庄为导向，综合整治农村人居环境。

2.4　科学防治水灾害

落实责任、完善体系、整合资源、统筹力量，补齐洪水控制、江河治理、城市防洪、平原治涝、蓄洪滞洪、山洪灾害防御、农村基层预报预警等防汛抗旱短板，全面提升抵御水旱灾害的能力。

2.5　深入挖掘水文化

积极推进水文化建设，以治水实践为核心，深入挖掘中华优秀治水文化的内涵，以水为载体，以文化为灵魂，加强水利遗产的保护和利用，提升水利工程的文化品位，适应新阶段水利高质量发展对水文化建设提出的更高要求。

2.6　适当打造水景观

充分挖掘地方所独有的水利风景资源，按照水系不同功能及需求，构建特色水景观体系，建设水文化主题公园、滨水公园、生态长廊，结合滨水旅游，促进人、水、城和谐发展。

2.7　积极发展水经济

践行绿水青山就是金山银山的治理理念，通过城市水利、生态水利和民生水利建设，水岸共治，发展水土经济，构建改善生态环境、提升城市土地价值、支撑产业升级、带动乡村振兴的滨水经济网络，实现经济社会的高质量发展。

2.8　持续落实水管理

全面严格落实河长制和湖长制，坚持精细化管理，强化河道管护全覆盖，扎实开展河湖"清四乱"等重点工作，结合智慧水务建设，提高综合管理水平。

3　应用实践

睢县是商丘市下辖县，处于中原城市群核心发展区，属淮河流域，县域内水系主要涉及惠济河等55条河道（沟道）、锦绣渠等8条供水渠道、北湖等9座湖泊，以及皇台水库、涧岗水库等2座小型水库。作为引黄受水区，历年来饱受新老水问题困扰，随着水利在国民经济和社会发展中基础作用的日益凸显，水承载能力约束性愈加突出，逐渐成为制约睢县经济社会可持续发展的瓶颈。

3.1　水网格局

基于四水同治，同时充分挖掘睢县水系功能特点及历史文化特色，通过惠济河等河道综合治理工程、水系连通工程，以及规划水库、湖泊工程，结合水生态系统保护与修复、水土流失治理、水污染控制体系及水文化水景观建设，"八维支撑"，着力构建睢县"一脉六支四网畅通，两库多点黄淮共济"的生态水网格局，助推睢县经济高质量发展和水美宜居城市建设。其中：

一脉——指惠济河，为涡河一级支流，河南省黄河流域高质量发展"一轴两翼三水"水安全保障格局中"南翼"的重要河流。

六支——分别为蒋河、茅草河、通惠渠、利民河、申家沟、祁河，是贯穿县域的骨干河流。

水网——立足现状水系，通过规划的惠济河、通惠渠等河（渠）道治理工程，锦绣渠延伸、护城河等水系连通工程，完善县域水系网络。

两库——分别为规划的涧岗水库、皇台水库，调蓄引黄水及引黄灌溉补源退水。

多点——结合北湖、苏子湖、濯锦湖、恒山湖、甘菊湖、凤凰湖、利民湖、铁佛寺湖、秀水湖等湖泊水生态系统构建，充分发挥湖泊对雨水的吸纳、蓄渗和缓释作用，同时打造景观节点，赋予文化内涵，提供休憩场所。

黄淮共济——一方面，睢县地处淮河流域，睢县地表水资源主要为淮河支流的天然径流；另一方面，睢县处于引黄受水区，承接引黄水以及引黄灌溉退水，形成对当地水资源的有力补充。

睢县水网格局见图 1。

图 1　睢县水网格局

3.2　八维支撑

3.2.1　水资源

坚持"开源、节流"并重，制订睢县多水源联合调度方案，合理开发地表水，控制地下水过度开发，促进非常规水资源高效利用，构建河湖生态流量保障体系，形成"五源互补，一核多点"的水资源开发利用格局，全面提升水资源优化配置能力、公共服务能力和生态保护能力。

五源：林七水库、引黄灌区补源退水、当地地表水、地下水、再生水。

一核：城乡一体化供水厂。

多点：乡（镇）供水厂。

依托规划的五种水源，通过现状及规划河湖水系，实现水资源在县域内的调度，满足农田灌溉和生态用水需求；通过建设调蓄工程和城乡一体化供水厂，利用引黄水满足城乡生活用水和二产、三产用水需求；通过城乡一体化供水厂和乡（镇）供水厂（站）之间连网，满足各区域水资源之间的调配；通过建设城市地下水备用水源地，满足应急供水需求。

3.2.2　水生态

针对睢县水生态现状和主要问题，提出水生态系统保护与修复、河岸缓冲带建设和水土流失治理 3 项主要对策。水生态系统保护与修复包含帝丘支渠尤吉屯乡段等 5 处水生态系统构建河段，总水面面积 64 741 m²；河岸缓冲带以生态护岸的形式进行，涉及 42 条河渠，总建设长度 369.48 km；水土流失治理分为水源地保护、水土流失治理和清洁小流域治理 3 个子项目，其中水源地保护包括城区水源地保护区和 43 个县、镇水源地保护区，水土流失治理针对轻度以上侵蚀区域、生态保护红线范围和未利用地范围进行治理，治理总面积 42.10 km²，清洁小流域治理包含通惠渠等 2 条河道的生态保护红线范围。

3.2.3　水环境

分析水系现状及规划期内潜在污染源，并对其排放源强进行预测；确定水体的水质保护目标，评估目标水系的水环境容量；根据水环境容量分析成果确定相应的水质保障措施；根据水质保障措施的综合作用，对城市水系规划范围内的各水系水质目标进行可达性分析，并最终优化确定水污染控制体系。主要工程包括：

点源污染：规划新建农村生活污水处理设施 303 处，总处理规模 36 850 m³/d，配套管网 2 091.65 km；针对污水处理厂尾水，规划配套建设 17 处人工湿地进行提标处理；针对乡（镇）污水处理站尾水，规划配套改造 254 个生态坑塘进行提标处理。

面源污染：针对重点河流两侧的农田面源污染，规划改造生态沟渠约 240 km，实现对农田面源污染的有效控制。

内源污染：结合河道治理工程对部分河道进行生态清淤。

3.2.4 水安全

立足睢县水系防洪除涝现状，按照"洪涝兼顾、点-线-面相结合"的思路，通过"畅排、智控"等多种措施，构建睢县安全高效、措施协调的防洪除涝体系。其中，"点"指完善配套建筑物体系，"线"指明确河道治理工程，"面"指提升县域水利监管体系。

畅排——通过实施河道防洪治理工程，提高河道防洪能力，同时，对排涝河道进行疏浚治理、堤防加固、配套建筑物恢复重建等，完善排涝体系。

智控——通过现代化的信息技术和通信手段构建睢县防汛指挥调度系统，完善灾情预警预报系统，为防汛决策提供现代化的科学手段。

3.2.5 水文化

以历史文化和城市生态文化为主线，将贯穿县域的 6 条主要河流以及城区重要水系、人工湖、水库赋予文化内涵，加强水文化建设，其中蒋河体现红色文化，祁河体现古迹文化，惠济河体现运河文化，通惠渠体现漕运文化，利民河体现诗歌文化，申家沟体现农耕文化和汤斌名人文化；城区水系解子八河体现佛教文化，锦绣渠体现民俗文化，护城河体现睢州文化和睢姓文化。此外，通过景观设计手法将睢县十四景作为重要节点进行打造，重塑昔日睢州的美好胜景。

3.2.6 水景观

县域水系景观结构为"一心、二库、六脉、多园"，其中一心指中心城区北湖辐射的生态核心；二库指涧岗水库和皇台水库；六脉为贯穿县域的六条主要河流；多园指中心城区外在各乡镇设置的景观节点。根据县域水系功能特点及历史文化特色，将县域划分为 4 个功能分区，即中原水城游憩区、活力产业休闲区、历史人文探索区和乡村田园旅游区，结合县域内景观节点，打造区域景观文化地标。

3.2.7 水经济

在系统开发、生态开发、综合开发水系沿线产业的基础上，结合睢县特色产业资源，以生态水系治理为突破口，通过城市水利、生态水利和民生水利进行打造，合理经营、开发城乡水系沿线产业，让睢县在商丘振兴发展中率先突破、绿色崛起。

3.2.8 水管理

根据睢县水务管理现状，按照河南省相关管理要求，构建"掌握-成长-智慧-直观"的综合性、系统性水务管理模式，落实河长制和湖长制，建设智慧水务，提高管理水平，完善睢县全域水系管理体系。

掌握——基于工业 4.0+物联网的全面感知，通过防洪抗旱监测、水资源监控、水环境监测、水土保持监测、水利工程监控等监测监控体系建设，实现全县水利基础信息智慧感知。

成长——基于云平台的模块化业务应用，通过支撑环境整合，实现数据资源的统一汇聚、集中共享和深度挖掘，依托云计算实现数据资源的专业化服务，提升智慧分析能力。

智慧——基于水利大数据分析优化的应用服务，构建智慧水利综合应用平台，提升全县水利智慧化管理和服务水平。

直观——基于标准体系的规范和人才队伍的建设，有效地处理海量的数据信息及整体工程的运维管控，保障全县水利信息化可持续发展。

4 结论及建议

基于四水同治、八维支撑的区域生态水网构建，是落实习近平生态文明思想以及新时代治水思路、发展理念对水利基础设施建设新要求的重要体现。统筹高效利用水资源、系统修复水生态、综合治理水环境、科学防治水灾害四个方面，兼顾水文化、水景观、水经济、水管理，构建八维支撑保障体系，对于构建区域生态水网，实现"系统完善、丰枯调剂、循环畅通、多源互补、安全高效、清水绿岸"的总体目标具有重要意义。

参考文献

［1］李群智，杜琳．北方平原区生态水网构建与管理调度系统浅析［J］．地下水，2016，38（2）：130-143.

［2］李少华，王国新，董增川．生态型水网理论框架及主要问题探讨［A］//西安理工大学．水与社会经济发展的相互影响及作用——全国第三届水问题研究学术研讨会论文集．北京：中国水利水电出版社，2005：6.

［3］彭文启．新时期水生态系统保护与修复的新思路［J］．中国水利，2019（17）：25-30.

［4］孙增峰，刘云帆．农村水环境治理规划的实践与思考［J］．水利规划与设计，2021（1）：4-9.

［5］李原园，杨晓茹，黄火键，等．乡村振兴视角下农村水系综合整治思路与对策研究［J］．中国水利，2019（9）：29-32.

鄱阳湖流域水肥管理对稻田氨挥发的影响

罗文兵[1]　刘凤丽[1]　肖　新[2]　王文娟[3]　杨子荣[2]

(1. 长江科学院 农业水利研究所，湖北武汉　430010；
2. 长江大学 资源与环境工程学院，湖北武汉　430100；
3. 宁夏大学 土木与水利工程学院，宁夏银川　750021)

摘　要： 为探明水肥管理对稻田氨挥发的影响规律，以江西省鄱阳湖流域赣抚平原灌区稻田为研究对象，设置间歇灌溉（W1）和淹灌（W0）两种灌溉模式，不施氮（N0）、减量施氮（N1, 135 kg/hm²）和常规施氮（N2, 180 kg/hm²）三种施氮水平，在江西省灌溉试验中心站开展氨挥发田间试验，采用通气法观测分析了不同灌溉模式和施肥量对氨挥发的影响。结果表明：中稻氨挥发损失主要发生在拔节孕穗期和抽穗开花期。两个阶段的氨挥发量占整个生育期氨挥发量的 48.72% ~ 91.19%。W1N2 模式下的氨挥发量最大，分别为 44.17 kg/hm² 和 51.05 kg/hm²。施肥量显著影响稻田氨挥发，N2 相比于 N1，氨挥发损失增大 4% ~ 37%。W1 相比于 W0，氨挥发损失增大 10% ~ 35%。该研究成果可为田间水肥管理、减少氮素损失、提高氮素利用率提供依据。

关键词： 鄱阳湖流域；水稻；水肥管理；氨挥发

1 引言

水稻作为我国主要的粮食作物之一，其产量约占全国粮食产量的 40%[1]。氮素是水稻生产的第一大营养元素，氮肥增产效果显著[2]。单季稻平均施氮量达 180 kg/hm²，比世界平均水平高 75%，过高的氮肥投入使得氮肥利用率过低[3]。我国水稻的氮肥吸收利用率一般仅有 30% ~ 35%，较发达国家低 10% ~ 15%[4]。鄱阳湖平原作为我国重要的水稻产区之一，其水稻种植面积占全省粮食作物播种面积的 86%，历来是江西省首要粮食生产基地，同时也是中国重要的商品粮基地，为我国的粮食生产和粮食安全做出了巨大贡献[5-6]。研究表明，2004—2010 年间，鄱阳湖区水稻复种呈增加趋势，增加幅度约为 20.2%[7]。而在水稻种植过程中，由于不合理的肥料施用和灌水方式所导致的氮素流失现象十分普遍。因此，有必要开展水稻节水灌溉和施肥制度下的氮素流失规律研究。

稻田氮素损失路径多样，主要有作物吸收、气态损失（NH_3、N_2O、N_2）、渗漏淋失、径流损失[8-9]。其中，氨挥发损失占施氮量的 10% ~ 60%[10]，是稻田氮素损失最主要的途径之一，占稻田总反应性氮素损失的 70%[11]。稻田氮素以 NH_3 形式进入大气，然后又通过干湿沉降返回地面，从而造成肥料资源的浪费，也造成臭氧层破坏、酸雨、水体富营养化、地下水污染[12] 等环境问题。

相关学者针对不同因子对稻田氨挥发的影响以及抑制稻田氨挥发的措施进行了大量研究[13]，研究表明，影响稻田系统氨挥发的主要因素包括气候条件（温度、光照、降水、风速和湿度）、土壤理化性质（pH、阳离子交换量、有机质以及黏土含量等）、施肥管理（肥料种类、施肥量、施肥方式、

基金项目： 国家自然科学基金委员会—中华人民共和国水利部—中国长江三峡集团有限公司 长江水科学研究联合基金项目资助（No. U2040213）及中央级公益性科研院所基本科研业务费资助项目（CKSF2019251/NY、CKSF2021299/NY）资助。

作者简介： 罗文兵（1986—），男，博士研究生，研究方向为农业水管理。

通讯作者： 刘凤丽（1979—），女，硕士研究生，研究方向为节水灌溉理论与技术。

施肥时期等）、田间管理措施（耕作方式、灌溉方式等）[14]。在气象条件方面，温度、光照、降水、风速和湿度对氨挥发存在影响[4]。高温强光照会使土壤中的脲酶活性显著增强，加速氮肥水解形成铵态氮，同时藻类大量繁殖，导致田间 pH 升高，加速氨挥发。降水无光照时，氮素会随着下渗的雨水进入更深层的土壤，而此时的 NH_4^+ 能被土壤中的胶体粒子吸附，使得田面水层的 NH_4^+ 浓度下降，从而减少稻田系统的氨挥发。风速对氨挥发的影响规律不一致，宋勇生等[12] 研究表明由于风速的不同使得环境指标类似的两块稻田氨挥发损失量差异较大。但 Cai 等[15] 认为稻田由于水稻的覆盖作用，使得土壤表面风速减缓，由此对稻田氨挥发的作用并不明显。空气湿度高能将土壤中挥发出的氨气溶于水中，再经过大气干湿沉降返回到土壤中，从而减少氨挥发。可见，高温强光照的晴朗天气会促进稻田系统的氨挥发、降水无强光照时氨挥发会明显减少，空气湿度会通过大气干湿沉降减少氮素的损失进而减少氨挥发。针对土壤理化性质，土壤 pH、有机质以及施肥量与氨挥发呈正相关，而土壤黏土含量则与氨挥发呈负相关[4]。在施肥管理方面，氮肥类型显著影响氨挥发，与无机氮肥处理相比，缓释氮肥和有机无机氮肥配施处理显著降低了稻田氨挥发[14]。不同施肥方式之间，氨挥发存在差异，表现为表施>混施>深施>粒肥深施[16]。施肥次数影响稻田氨挥发量，通过把仅追施分蘖肥改为追施分蘖肥和拔节孕穗肥能显著减少稻田氮素氨挥发损失[17]。施肥时期对氨挥发的影响，表现为穗肥施用后产生的氮素氨挥发损失占穗肥的比例明显小于分蘖肥[17]。针对田间管理措施，耕作方式显著影响氨挥发，免耕处理与翻耕处理相比氨挥发显著提高了 15.5%[14]。彭世彰等[18] 研究发现控制灌溉稻田氨挥发量比淹水灌溉稻田减少 20.37 kg/hm²，减少了 13.99%。杨士红等[19] 研究表明控制灌溉和氮肥管理的联合应用既降低了稻田氨挥发峰值，又降低了稻田大部分无施肥时段的氨挥发损失，氨挥发损失量较常规水肥管理稻田降低 44.69%。余双等[17] 研究表明间歇灌溉模式下的稻田氨挥发总量大于淹灌模式，但差异不显著。

可见，目前相关研究多集中在耕作方式、土壤理化性质和施肥等因素对氨挥发的影响上，而缺少稻田常见节水灌溉方式及与施肥制度耦合对氨挥发的影响规律研究。因此，本文以江西省鄱阳湖流域赣抚平原灌区为研究区，在江西省灌溉试验中心站开展水肥调控下的氨挥发田间试验，分析不同灌溉水层和施肥量下的氨挥发规律，定量比较不同处理下、不同阶段氨挥发的差异，进而为田间水肥管理、减少氮素损失、提高氮素利用率提供理论参考。

2 材料与方法

2.1 研究区概况

该试验在江西省鄱阳湖流域赣抚平原灌区的江西省灌溉试验中心站（115°58′E，28°26′N，海拔22.6 m）进行。该地区属于典型的亚热带湿润季风性气候区，气候温和，雨量充沛。多年平均气温18.1 ℃，年平均日照时数 1 720 h，年平均降水量 1 634 mm，最大年降水量为 2 385.8 mm，最小年降水量为 1 119.9 mm，且年内分布不均，降水多集中于 4—6 月，占全年降水量的 46.1%左右。试验区土壤类型为水稻土，耕作层厚度 15~20 cm，耕作层土壤质地为粉壤土：砂粒 8.13%、粉粒 70.01%、黏粒 21.86%，耕作层土壤容重为 1.36 g/cm³，土壤有机质、全氮、全磷和全钾的质量分数分别为1.74%、0.82%、0.25%和 1.18%。站内农田 4 050 m²，种植双季稻和中稻。农田区域地势北高南低，主排水沟位于农田东侧，区域内田块按水稻不同处理分别管理，灌溉水源主要来自试验站旁边的抚河二干渠。

2.2 试验设计

2019—2020 年在田间试验小区开展中稻试验，各小区长 7.6 m、宽 3.5m。小区田埂和排灌水沟田埂均使用塑料膜包裹隔开，防止各小区之间串水串肥。试验设置传统淹灌（W0）和间歇灌溉（W1）两种灌溉模式[20]，三种施氮水平（以纯氮计）为不施氮（N0，0）、减量施氮（N1，135kg/hm²）和常规施氮（N2，180 kg/hm²），共 6 个处理。由于场地限制，2019 年 W1N0 和 W0N0 不设重复小区（但小区内取样重复），其余处理 3 次重复，共 14 个小区，2020 年未设 W1N0 和 W0N0

处理，每个处理3重复共计12个小区，各小区随机区组排列。供试水稻品种为黄华占，种植密度株距×行距为13 cm×27 cm。中稻分别于2019年6月18日和2020年6月16日移栽，分别于2019年9月20日和2020年9月18日收获，生育期95 d。试验期间氮肥按照基肥：蘖肥：拔节肥＝5：3：2施用，氮肥品种为45%的复合肥（N：P_2O_5：K_2O＝15：15：15）；磷肥（以P_2O_5计）为67.5 kg/hm²，品种为钙镁磷肥，全部作基肥施用；钾肥（以K_2O计）为150 kg/hm²，品种为氯化钾，按基肥：拔节肥＝4.5：5.5施用。每个处理具体施肥量如表1所示。基肥在移栽前一天（2019年6月17日和2020年6月15日）施下，分蘖肥分别于2019年7月1日和2020年6月27日施下，拔节肥分别于2019年7月23日和2020年7月21日施下。收割后各小区单独测定籽粒产量，其他田间管理措施同当地常规管理一致。

表1 不同水肥处理组合

处理	灌水模式	施肥水平	处理	灌水模式	施肥水平
W0N0*	W0	N0	W1N0*	W1	N0
W0N1	W0	N1	W1N1	W1	N1
W0N2	W0	N2	W1N2	W1	N2

注：标注*的W0N0、W1N0表示2020年未设置该处理。

2.3 样品采集和分析

采用通气法[20]对稻田氨挥发速率进行观测。氨气采集装置为上下无底透明玻璃圆柱筒（内径10 cm、高20 cm）。采样过程中将2块厚度2 cm、直径10.5 cm的海绵均匀涂以6 mL磷酸甘油溶液（50 mL磷酸加40 mL丙三醇，定容至1 000 mL），置于玻璃圆筒中，上层海绵与圆筒顶部齐平，下层海绵与上层海绵间隔1 cm，下层海绵吸收田面挥发的NH_3，上层海绵防止外部空气中NH_3进入玻璃圆筒。2019年随机选择W0N0、W0N1、W0N2、W1N0、W1N1、W1N2处理的6个小区进行氨挥发观测。2020年对12个小区均进行氨挥发观测。施肥后一周内每天取一次，然后视测到的挥发速率大小，每1~3 d取样一次，拔节孕穗期以后取样间隔延长到4~6 d，直到水稻收获。取样后，将通气法装置中下层的海绵用200 mL 1.0 mol/L KCl溶液浸取，采用纳氏试剂比色法测定。氨挥发速率计算公式如下[19]：

$$V = 0.1M/A \tag{1}$$

式中：V为田间单位面积单位时间内铵态氮挥发量，kg/(hm²·d)；M为海绵1 d内捕获的氨氮量，μg/d；A为玻璃圆筒横截面面积，cm²。

常规气象观测在试验站内气象园进行。

3 结果与分析

3.1 不同水肥调控模式下稻田氨挥发变化规律

不同水肥耦合下稻田氨挥发速率的变化如图1所示，图中箭头表示施拔节肥时间。从图1可知，施肥后1~3 d氨挥发速率持续上升，拔节肥引发的氨挥发在施肥后持续5~7 d。中稻氨挥发损失主要发生在拔节孕穗期和抽穗开花期，这两个时期的氨挥发速率相比其他生育阶段较大。其原因在于这两个时期的温度高、光强大，温度升高会使土壤中的脲酶活性显著增强，稻田施入的尿素在受到脲酶的作用之后会加速水解形成铵态氮，从而促始田面水中的NH_4^+离子加速向NH_3转化，进而加剧了稻田系统中的氨挥发。2019年中稻氨挥发速率在拔节孕穗期达到峰值，而2020年中稻氨挥发速率在抽穗开花期达到峰值。两年中稻氨挥发速率的变化规律类似，总体上呈现出"分蘖期先增加，拔节孕穗期和抽穗开花期减小，乳熟期增加，黄熟期减小"的波动趋势。2019年和2020年分别在8月22日和8月20日出现一次峰值。由于影响稻田氨挥发速率的因素多，包括施肥量、施肥种类、施肥方式、气象条件、土壤环境和管理措施等。由于该时间段未施肥，气象条件变化也不大，故初步分析为田间水层或者土壤的 pH 对氨挥发过程中化学反应的剧烈程度有一定的影响，但这些因素对氨挥发大小的影响程度有待进一步的研究。

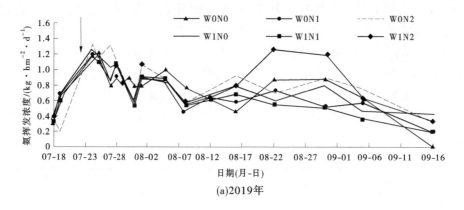

(a)2019年

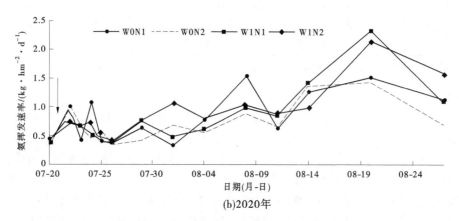

(b)2020年

图1　不同水肥处理下中稻氨挥发速率变化

3.2　不同生育阶段下稻田氨挥发量比较

2019 年和 2020 年分别取了 15 次样和 14 次样，计算得到不同生育阶段的氨挥发损失量，分别见表 2 和表 3。

表2　2019 年中稻不同生育期氨挥发氮素损失量及占施氮量比例

处理	分蘖后期		拔节孕穗期		抽穗开花期		乳熟期		黄熟期		氨挥发总量/ (kg/hm²)
	氨挥发量/ (kg/hm²)	占氨挥发总量比例/%	氨挥发量/ (kg/hm²)	占氨挥发总量比例/%	氨挥发量/ (kg/hm²)	占氨挥发总量比例/%	氨挥发量/ (kg/hm²)	占氨挥发总量比例/%	氨挥发量/ (kg/hm²)	占氨挥发总量比例/%	
W0N0	4.82	11.38	13.60	32.10	8.90	21.01	7.03	16.59	8.01	18.92	42.36
W0N1	5.15	13.26	12.65	32.56	8.54	21.98	5.00	12.88	7.51	19.33	38.84
W0N2	3.93	8.73	13.17	29.22	10.79	23.94	6.35	14.09	10.82	24.02	45.06
W1N0	5.05	11.87	13.23	31.12	9.82	23.10	5.63	13.24	8.79	20.68	42.53
W1N1	5.41	14.54	13.11	35.22	8.60	23.12	4.26	11.45	5.83	15.67	37.22
W1N2	5.36	10.50	13.47	26.39	11.40	22.33	9.85	19.30	10.96	21.48	51.05

表3 2020年中稻不同生育期氨挥发氮素损失量及占施氮量比例

处理	分蘖后期		拔节孕穗期		抽穗开花期		乳熟期		氨挥发总量/（kg/hm²）
	氨挥发量/（kg/hm²）	占氨挥发总量比例/%	氨挥发量/（kg/hm²）	占氨挥发总量比例/%	氨挥发量/（kg/hm²）	占氨挥发总量比例/%	氨挥发量/（kg/hm²）	占氨挥发总量比例/%	
W0N1	2.80	7.34	16.53	43.35	17.66	46.32	1.14	2.99	38.13
W0N2	2.46	7.52	13.69	41.93	15.82	48.46	0.68	2.09	32.65
W1N1	2.66	6.30	15.39	36.40	23.16	54.79	1.06	2.51	42.27
W1N2	2.61	5.91	17.63	39.91	22.35	50.61	1.58	3.57	44.17

从表2、表3可得，拔节孕穗期和抽穗开花期是中稻氨挥发量最大的时期，两个阶段的氨挥发量占整个生育期氨挥发量的一半以上，占比为48.72%~91.19%。在拔节孕穗期和抽穗开花期中稻氨挥发损失占比大的原因是：中稻这两个生育阶段刚好和试验区域的盛夏季节重合，高温和强光照导致田面水温上升，而水温一旦升高就会使得藻类大量繁殖，从而导致田间pH的升高，进而加速稻田系统的氨挥发，尤其在施肥后的几天更为明显。针对两年的W0N1、W0N2、W1N1和W1N2这4种处理，中稻氨挥发量均为W1N2模式下的氨挥发量最大，分别为44.17 kg/hm²和51.05 kg/hm²，其原因在于该模式下拔节孕穗期、抽穗开花期和乳熟期的氨挥发量均最大。而氨挥发最小的处理，两年则有所不同，2019年为W1N1模式，而2020年为W0N2模式。

3.3 不同施肥量对氨挥发的影响

由表2和表3可知，同种灌溉模式下不同施氮水平下氨挥发存在一定的差异，施肥量显著影响稻田氨挥发。针对两年的W0N1、W0N2、W1N1和W1N2的4种处理，N2相比于N1，氨挥发损失增大4%~37%。可见，一定施氮范围内氨挥发量随着施氮量的增加而增加，原因在于稻田排水中氮素浓度和施氮量是正相关的，尤其是铵态氮浓度的增加，导致氨挥发加快。在同种灌溉方式下，2019年中稻每个生育阶段的氨挥发量均为N2处理大于N1处理，而2020年的规律则不明显。此外，2019年中稻在淹灌模式下氨挥发量表现为N1>N2，与前述规律不一致，有待进一步分析。

3.4 不同灌溉模式对氨挥发的影响

由表2和表3可知，同一施氮水平不同灌溉模式下氨挥发存在一定的差异。针对两年的W0N1、W0N2、W1N1和W1N2的4种处理，W1（间歇灌溉）相比于W0（传统淹灌），氨挥发损失增大10%~35%。其原因是间歇灌溉要求田间水层干湿交替，田面水层停留时间短且水层较浅，田间裂隙发育程度较强，进而会提高土壤透气性[21]，从而导致间歇灌溉的氨挥发量大于传统淹灌。该结论与文献[17]一致，而与文献[18]不一致，原因在于文献[18]中分蘖期前氮肥投入比例小，为57%，而本文试验达到了73%~80%，这种施肥制度的差异导致出现不同的规律。

4 结论

中稻氨挥发速率呈波动变化趋势，在拔节孕穗期和抽穗开花期阶段最大。氨挥发损失主要发生在拔节孕穗期和抽穗开花期，两个阶段的氨挥发量占整个生育期氨挥发量的48.72%~91.19%。W1N2模式下的氨挥发量最大，分别为44.17 kg/hm²和51.05kg/hm²，而氨挥发最小模式的结论不一致。施肥量对稻田氨挥发的影响显著，N2相比于N1，氨挥发损失增大4%~37%。间歇灌溉相比于传统淹灌增加了氨挥发损失量10%~35%，但如果调整施肥制度，将更大比例的氮肥施于水稻生长后期，利用节水灌溉模式下田间更好的"以水带氮"效果，可以使节水灌溉模式下氨挥发损失显著减少[17]。

参考文献

［1］杨春．中国主要粮食作物生产布局变迁及区位优化研究［D］．杭州：浙江大学，2009．

［2］朱兆良．中国土壤氮素研究［J］．土壤学报，2008（5）：778-783．

［3］彭少兵，黄见良，钟旭华，等．提高中国稻田氮肥利用率的研究策略［J］．中国农业科学，2002（9）：1095-1103．

［4］杨国英，郭智，刘红江，等．稻田氨挥发影响因素及其减排措施研究进展［J］．生态环境学报，2020，29（9）：1912-1919．

［5］李鹏，肖池伟，封志明，等．鄱阳湖平原粮食主产区农户水稻熟制决策行为分析［J］．地理研究，2015，34（12）：2257-2267．

［6］侯鑫，丁明军，管琪卉，等．基于农户尺度的鄱阳湖平原水稻多熟种植现状及其驱动因素分析［J］．江西师范大学学报（自然科学版），2020，44（4）：429-436．

［7］张亮．鄱阳湖平原耕地复种变化及其对粮食产量的影响［D］．南昌：江西师范大学，2018．

［8］吴建富，潘晓华．稻田土壤中氮素损失途径研究进展［J］．现代农业科技，2008（6）：117-120，124．

［9］许国春．不同轮作系统和稻作模式对稻田温室气体排放及氮素平衡的影响［D］．南京：南京农业大学，2017．

［10］Willem A H Asman, Mark A Sutton, Jan K Schjorring. Ammonia Volatilization and Nitrogen Utilization Efficiency in Response to urea application in rice fields of the Taihu Lake region, China［J］. Pedosphere, 2007（5）：639-645.

［11］Asman W, Sutton M, SchjØrring. Ammonia：Emission, atmospheric transport and deposition［J］. New Phytologist, 1998, 139（1）：27-48.

［12］宋勇生，范晓晖．稻田氨挥发研究进展［J］．生态环境，2003，12（2）：240-244．

［13］卢丽丽，吴根义．基于层次分析法的稻田氨排放影响因素权重分析［J］．湖南农业科学，2021（7）：48-52．

［14］李诗豪，刘天奇，马玉华，等．耕作方式与氮肥类型对稻田氨挥发、氮肥利用率和水稻产量的影响［J］．农业资源与环境学报，2018，35（5）：447-454．

［15］Cai G X, Chen D L, Ding H, et al. Nitrogen losses from fertilizers applied to maize, wheat and rice in the North China Plain［J］. Nutrient Cycling in Agroecosystems, 2002, 63：187-195.

［16］Li M N, Wang Y L, Adeli A, et al. Effects of application methods and urea rates on ammonia volatilization, yields and fine root biomass of alfalfa［J］. Field Crops Research, 2018, 218：115-125.

［17］余双，崔远来，韩焕豪，等．不同水肥制度下稻田氨挥发变化规律［J］．灌溉排水学报，2015，34（3）：1-5．

［18］彭世彰，杨士红，徐俊增．节水灌溉稻田氨挥发损失及影响因素［J］．农业工程学报，2009，25（8）：35-39．

［19］杨士红，彭世彰，徐俊增，等．不同水氮管理下稻田氨挥发损失特征及模拟［J］．农业工程学报，2012，28（11）：99-104．

［20］王朝辉，刘学军，巨晓棠，等．田间土壤氨挥发的原位测定——通气法［J］．植物营养与肥料学报，2002，8（2）：205-209．

［21］陈祯，崔远来，刘方平，等．不同灌溉施肥模式对水稻土物理性质的影响［J］．灌溉排水学报，2013，32（5）：38-41．

颖汝干渠生态修复设计实践与思考

王东栋　吴晓荣　杨安邦　赵殷艾蕾

（中水淮河规划设计研究有限公司，安徽合肥　230601）

摘　要：设计综合考虑源头控制、过程控制和渠道生态修复，从面源点源污染控制、生态防护林、下凹式
生态沟、岸坡植被拦截、沟口截导污、渠道淤泥内源清理和渠道水生植物生态等工程措施，并结
合管理污染源排放及通过工程调度增强水体流动等管理措施对许昌市颖汝干渠进行了生态修复设
计，从而达到恢复颖汝干渠生态环境，实现长效治理的目的。

关键词：颖汝干渠；生态修复；工程措施；管理措施

1　工程概况

颖汝干渠兴建于 1975 年 5 月，于 1978 年 8 月基本完成，位于许昌市南部。干渠起点为北汝河武
湾渠首闸，终点为石梁河退水闸，流经的行政区划包括魏都区、建安区和襄城县，全长 44.15 km，
流域面积 109.3 km²。北汝河经襄城县大陈闸拦蓄，由左岸武湾渠首闸引水入颖汝干渠。颖汝干渠在
襄城县油房李村和湾王村处与颖河平交，经颖河化行闸拦蓄，由油房李闸进入颖河以北，进入建安区
境内，最终在魏都区由石梁河退水闸进入石梁河。颖汝干渠地理位置见图 1。颖汝干渠承担着大型颖
汝灌区农业用水、许昌市区生态水主水源、许昌市区生活用水备用水源、许昌市部分工业用水任务。

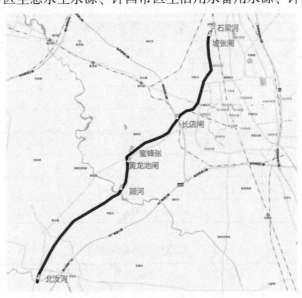

图 1　颖汝干渠地理位置示意图

2　颖汝干渠生态环境现状

2.1　水环境

根据颖汝干渠坡张闸、黄龙池闸、蜜蜂张、长店闸 4 个监测断面（位置见图 1）2017 年、2018

作者简介：王东栋（1981—），男，正高级工程师，主要从事水利工程设计工作。

年监测数据，颍汝干渠在丰水期、平水期和枯水期水质基本满足Ⅲ类水水质目标，水质较好。各断面监测数据见表1~表4，COD 和 NH₃-N 含量与水质标准对比见图2和图3。

表1 坡张闸水质监测数据
单位：mg/L

2017 年	丰水期	水质类别	平水期	水质类别	枯水期	水质类别
TP	0.06	Ⅱ	0.05	Ⅱ	0.05	Ⅱ
NH₃-N	0.15	Ⅱ	0.14	Ⅰ	0.13	Ⅰ
COD	14.00	Ⅰ	15.83	Ⅲ	15.95	Ⅲ
2018 年	丰水期	水质类别	平水期	水质类别	枯水期	水质类别
TP	0.06	Ⅱ	0.08	Ⅱ	0.05	Ⅱ
NH₃-N	0.22	Ⅱ	0.12	Ⅰ	0.13	Ⅰ
COD	15.78	Ⅲ	16.18	Ⅲ	16.64	Ⅲ

表2 黄龙池闸水质监测数据
单位：mg/L

2017 年	丰水期	水质类别	平水期	水质类别	枯水期	水质类别
TP	0.05	Ⅱ	0.04	Ⅱ	0.05	Ⅱ
NH₃-N	0.20	Ⅱ	0.18	Ⅱ	0.20	Ⅱ
COD	16.14	Ⅲ	16.83	Ⅲ	16.69	Ⅲ
2018 年	丰水期	水质类别	平水期	水质类别	枯水期	水质类别
TP	0.03	Ⅱ	0.03	Ⅱ	0.05	Ⅱ
NH₃-N	0.19	Ⅱ	0.17	Ⅱ	0.19	Ⅱ
COD	15.28	Ⅲ	14.73	Ⅰ	15.25	Ⅲ

表3 蜜蜂张水质监测数据
单位：mg/L

2017 年	丰水期	水质类别	平水期	水质类别	枯水期	水质类别
TP	0.15	Ⅲ	0.02	Ⅲ	0.02	Ⅲ
NH₃-N	0.10	Ⅰ	0.11	Ⅰ	0.17	Ⅱ
COD	11.50	Ⅰ	9.00	Ⅰ	14.50	Ⅰ
2018 年	丰水期	水质类别	平水期	水质类别	枯水期	水质类别
TP	0.05	Ⅱ	0.03	Ⅱ	0.03	Ⅱ
NH₃-N	0.24	Ⅱ	0.13	Ⅰ	0.08	Ⅱ
COD	10.50	Ⅰ	13.00	Ⅰ	23.00	Ⅳ

表4 长店闸水质监测数据
单位：mg/L

2017 年	丰水期	水质类别	平水期	水质类别	枯水期	水质类别
TP	0.02	Ⅰ	0.02	Ⅰ	0.03	Ⅱ
NH₃-N	0.07	Ⅰ	0.07	Ⅰ	0.15	Ⅰ
COD	13.50	Ⅰ	9.00	Ⅰ	14.50	Ⅰ
2018 年	丰水期	水质类别	平水期	水质类别	枯水期	水质类别
TP	0.04	Ⅱ	0.04	Ⅱ	0.03	Ⅱ
NH₃-N	0.15	Ⅰ	0.16	Ⅱ	0.06	Ⅰ
COD	12.67	Ⅰ	16.00	Ⅲ	18.00	Ⅲ

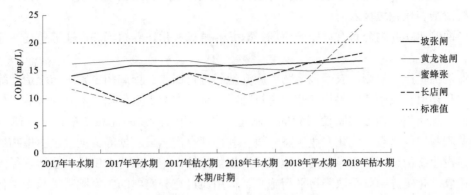

图 2　各监测断面 COD 浓度图

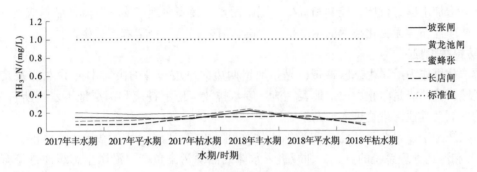

图 3　各监测断面 NH_3-N 浓度图

2.2　生态环境

颍汝干渠为人工开挖渠道，1979 年开始通水运行，1999 年进行了局部清淤。2000—2015 年颍汝干渠一直处于高水位运行，致使干渠内沉积物较多，底泥淤积严重，其中武湾渠首闸—湾王闸段最大淤积深度 0.7 m，平均淤积深度 0.45 m；油房李闸—石梁河退水闸段最大淤积深度 1.5 m，平均淤积 0.8 m。渠道淤积是主要内源污染，释放氮磷等营养物质，使水生植物过度滋生，并且物种较为单一，水生态系统脆弱，在水体流动性较弱时，存在水体富营养化、暴发蓝藻的风险。

2.3　面源点源污染

颍汝干渠为人工河道和水源地保护区，采取了围网等防护措施，可以在一定程度上避免面源污染进入渠道。颍汝干渠沿线分布多个村庄，由于渠系周边保护措施不完善，存在农业面源污染和生活点源污染物的进入，对渠系水环境有不利影响。颍汝干渠交叉河流较多，平时由水闸拦蓄，汛期第一场洪水开闸进入渠内，由于水质较差，影响渠道内水质。

3　生态修复方案

3.1　农业污染控制

在沿线村庄，建议设置高效化粪池，处理农村厕所粪便污水。农户家庭的粪便污水自室内坐便器进入化粪池后，通过化粪池的截留沉淀和厌氧发酵作用达到对粪便污水的处理。为确保处理效率，采用三格式化粪池，格之间通过管道相连通，在进出口上方分别设有清渣口和出粪口。经一定时间的停留出粪口流出的粪液已经基本上不含寄生虫卵和病原微生物，可供农田直接使用。

农村生活垃圾及时清理，加强完善农村垃圾集中收集处理，严禁生活垃圾、建筑垃圾进入河道。对沿河的破旧披棚进行拆除，整治乱堆乱放。统筹考虑村庄分布、经济条件等因素，按照"户分类、组保洁、村收集、镇中转、市处理"的长效收集处理机制，实现垃圾无害化处理。合理设置收集点、垃圾中转站，垃圾收集要全域覆盖。做到户有垃圾桶，自然村有垃圾收集容器，收集容器应带盖或有封闭功能，设置位置便于投放和收集运输；行政村负责垃圾收集，镇负责垃圾转运，县设有垃圾填埋场，确保乡村清洁，杜绝垃圾入河。

颍汝干渠两侧 200 m 内分布有肖庄养殖场、双龙养殖场、岳庄养殖场和庞庄养殖场，建议进行取缔拆除。

推进农业清洁生产。对废弃农药包装物、废弃地膜进行回收，推广病虫害统防统治、绿色防控技术以及农业秸秆还田，鼓励使用生物农药和有机肥料。推广农艺节水保墒技术和通滴灌机械示范，实施保护性耕作。加快制定地方农膜使用标准，制定农膜使用和回收的优惠政策，推广使用高标准农膜，开展残留农膜回收试点。优化农业生态环境，利用现有沟、渠、塘等，配置水生植物群落、格栅和透水坝，建设生态沟渠、污水净化塘、地表径流集蓄池等设施，净化农田排水及地表径流。

科学使用农药化肥。一是采取降污平衡施肥，运用通过充分腐熟的农家肥料进行无害化处理及饼肥为主做基肥，坚持有机肥与无机肥相结合。二是开展测土配方施肥，营养诊断，防止因施肥不当引起环境污染，增加土壤有机质，控制和减少氮肥施用量，提高耕地产出率，降低肥料成本。三是提倡合理耕作、洁净操作等无害化技术的示范推广力度，有效提高无公害农产品生产技术。

3.2 生态防护林工程

生态防护林可作为沿岸生态缓冲带，是指河岸两边向岸坡爬升的由树木（乔木）及其他植被组成的缓冲区域，其功能是防止由坡地地表径流、废水排放、地下径流和深层地下水流所带来的养分、沉积物、杀虫剂及其他污染物进入河湖系统。

沿岸生态缓冲带设置在面源污染和受纳水体之间，在管理上与污染源分开的地带，主要通过土壤-植被系统和湿地处理系统的方式，削减进入水体的面源污染负荷。沿岸生态缓冲带可有效防止过量施用的化肥、农药流入或渗入水系，同时可以分解、吸收渗出或流出的有机肥料，分解和阻滞农药、除草剂的污染。

干渠两岸设置左岸 12 m 宽、右岸 15 m 宽管理范围，两岸管理范围外侧 50 m 宽防护林带，即可达到生态防护缓冲功能。沿干渠两岸安装防护网和警示标志，可解决沿线村庄多、人、畜对干渠干扰大、对水质影响大的问题，达到保护水质和维护水生态环境的功能。

3.3 下凹式生态沟

下凹式生态沟是一种生态的雨水渗透设施，可以更多地消纳地表径流，减少对渠道的水质污染和淤积量，削减面源污染，并可储存一定的水资源量。

根据工程总体布置，下凹式生态沟沿两岸堤顶路布置在其背水侧，汇流宽度包括堤顶路、管理范围和防护林带，宽度 60~70 m，考虑一般降水时径流深度为 5 mm，设计设置宽度 2 m、深度 0.3 m 的缓坡生态沟。在沟内种植当地易生存、耐涝性小的狗牙根。

3.4 生态护岸工程

生态护岸满足外型缓坡化、内外透水化、表面粗糙化、材质自然化等要求，并保证稳定安全、生态健康、景观优美的多功能型岸坡防护技术。在满足工程需求的前提下，使工程结构对河流的生态系统冲击最小，对河道的流量、流速、冲淤平衡、环境外观影响最小，同时大量创造动物栖息地及植物生长所需要的多样性生活空间。生态护岸使原有硬质护岸柔化，保证河道和岸边的水力联系，构成一个完整的河流生态系统；护岸具备一定的防洪抗冲刷强度，同时具有大量植被，能够拦截、吸收污染物质，保护河道水质。

干渠采用生态连锁砖，具有透水效果好、反虑效果好、适应变形能力强、抵抗水土流失性能高等优点，在砖块开孔中植草，有利于保护水质和修复生态环境，达到生态护岸的效果。

3.5 平交河道截导污

颍汝干渠周边河道、沟口汇集的初期雨水水质较差，若直接进入颍汝干渠，会对水质造成一定的影响。为控制来水污染，在与颍汝干渠平交的河道和田间沟渠采取以下沟口截导污措施：

（1）在小泥河、洗眉河、长店沟、文化河、运粮河等河道与干渠相交处采用盾构铺设钢筋混凝土管道，用于将左岸河道初期雨水导入右岸河道，避免直接进入干渠。

（2）结合左岸堤顶管理道路建设，将左岸田间沟渠封堵，沟渠来水通过下凹式生态沟导入相邻平交河道，避免直接进入干渠。

3.6　渠道生态清淤

生态清淤是指去除沉积于河底富营养物质，包括高营养含量的软状沉积物（淤泥）和半悬浮的絮状物（藻类残骸和休眠状活体藻类等），生态清淤清除的是底层富含有机质的表层流泥，以生态修复为目的，最大限度地清除底泥污染物，修复生态系统，保障渠道生命健康和可持续发展。生态清淤主要包括清除底泥和还原被填埋的渠道断面，通过减少内源污染和扩大过水断面的方式，增强河道渠道的自净能力从而改善河道水质。

设计对渠道按比降进行全线淤泥清理，减少渠道内源污染量，改善渠道动力条件，以达到提高自净能力、改善水质的效果。

3.7　渠道水生植物生态

对颍汝干渠与各平交河流交汇点上下游各 600 m 实施水体生态修复工程，通过修复水生态系统食物链中的生产者高等水生植物，疏通与增加河流生态系统中有机质与营养盐等在河中迁移、转化、输出途径和量，提升水质，实现生态系统的良性循环。

颍汝干渠现状水深为 2.0~2.5 m，设计在颍汝干渠主要支流入口处设生态修复措施，为达到净化水质的效果，并考虑景观效果，种植挺水植物、浮叶植物和沉水植物。挺水植物以再力花、黄花鸢尾为主，浮叶植物以睡莲为主；沉水植物包括暖季沉水植物与寒季沉水植物，暖季沉水植物以苦草、黑藻为主，寒季沉水植物以黄丝草等为主。挺水植物与浮叶植物的面积占总面积的 50%，沿水下岸边分布，宽度 2 m，挺水植物和浮叶植物各一半；沉水植物的面积占总面积的 50%，紧靠挺水植物和浮叶植物，向渠道内侧布置，宽度 2 m。其中，暖季沉水植物苦草和黑藻占沉水植物的一半，寒季沉水植物黄丝草占沉水植物的一半。选择适于浅泥层中生长和繁殖的水生植物，根据现场种植条件，灵活采取播种式、分株式、扦插式等种植法种植。通过以上措施，水生植物种植面积为 64 000 m²。

3.8　水功能区管理

根据颍汝干渠水功能区规划、"一河一策"方案、水源地保护规划等规划，从水资源"三条红线"和水功能区水质目标等方面进行综合管理。控制水资源开发利用，加强对取水总量和取水许可的管理。提高用水效率，推进节水型社会建设，加强灌区改造，减少废水排放量。加强污染排放管理，饮用水源地禁止污废水排入。加强渠道水质监测和巡查，对主要取水口、退水口和入河排污口实施监督检查，发现水质异常或水污染事件时及时上报，启动应急预案。

3.9　渠道调度管理

渠道调度管理综合考虑生态环境、防洪和兴利等因素。为满足渠道生态流量，需要考虑不同的水环境和水生态功能需要，包括提供生物体自身的水量和生物体赖以生存的环境水量；保持渠道一定自净能力水量；防止渠道断流、渠道淤积等环境水量和流速。颍汝干渠正常运行期间水位波动不大，采用 R2-Cross 法来确定生态需水调度条件，采用平均流速不小于 0.3 m/s 进行控制，可保障渠道的生态环境和自净能力需要。

4　结语

通过农业生活污染控制、生态防护工程、平交河道导截污、渠道生态清淤、渠道生态修复、渠道水功能区管理和渠道调度管理等工程与管理措施对颍汝干渠实施生态修复，恢复了干渠的自然生态基底，提高了对面源污染、点源污染的截留和净化，增强了干渠两岸的物理隔离功能，构建了稳定的水生态系统。设计强调治水先治污，对点源污染、面源污染和内源污染进行了重点整治；控制周边雨水进入干渠的速度、渗透时间，增强雨水净化；种植水生植物，改善水质问题；优化渠道建筑物调度，保证水体置换、吐故纳新。治理之后的干渠水体透明度有了明显提升，水质得到了改善，设计内容可为类似工程提供借鉴。

参考文献

［1］栾巍. 四里河河道生态修复方案［J］. 水生态文明, 2021 (2)：10-11.

［2］左安垠, 康玉琴. 程海湖生态修复设计［J］. 林业与环境科学, 2021, 37 (2)：111-121.

［3］王鹏, 刘杰, 赵通阳, 等. 水库坝址区生态修复关键技术研究［J］. 人民黄河, 2021, 43 (1)：89-92.

［4］刘凤茹, 雒翠, 张扬, 等. 沉水植物水生态修复作用及应用边界条件［J］. 安徽农业科学, 2021, 49 (9)：66-69.

［5］徐大川. 某河轻度黑臭河水生态修复研究［J］. 陕西水利, 2021 (4)：89-91.

一维水动力模型在南川河生态护岸工程的应用研究

陈　帆[1]　吴从林[1]　刘　磊[2]　孙凌凯[1]　胡石华[1]　韩丽娟[3]

（1. 长江勘测规划设计研究有限责任公司，湖北武汉　430010；
2. 三峡生态环境投资有限公司，湖北宜昌　443004；
3. 太原理工大学，山西太原　030024）

摘　要： 在生态护岸工程设计中，河道水力计算是衔接流域水文分析计算与水工结构设计的关键环节，直接关系到护岸工程的防洪效益、生态效益与经济效益。本文针对浏阳市南川河河道特点，将设计洪水作为输入条件，采用MIKE11一维水动力模型进行河道水力计算，针对河道现状问题提出差异化的护岸工程治理方案，并利用模型分析工程实施效果。结果表明，经参数率定后的MIKE11模型可较准确地反映南川河河道水流条件，计算结果可用于指导护岸形式的选取及设计参数的确定，据此制订的生态护岸工程方案可起到稳定河势、强化河道行洪安全、改善河道生态状况的效果。

关键词： 河道水力计算；一维水动力模型；生态护岸工程；护岸形式

1　引言

　　山区河流具有坡陡流急、汇流时间短、洪水涨落快的特点，易造成河岸冲刷崩退、河势不稳、水土流失等危害[1]。守护山区河流岸线是保障河道行洪安全、维持岸坡及河势稳定、减少山洪灾害损失的重要手段。长久以来，由于缺乏系统规划、资金投入不足等因素，我国山区中小河流治理普遍存在"头痛医头，脚痛医脚"的现象，护岸工程单纯以固岸行洪为目的，采用大量浆砌石或混凝土挡墙等硬质化护岸形式，未考虑工程措施与整体环境的协调及对河道生态的影响[2]；更有甚者，许多重要河段至今仍处于未设防的自然状态，岸坡冲毁严重，威胁周边群众的生命财产安全。因此，针对山区中小河流防洪基础设施薄弱、生态状况不佳等现状，综合考虑两岸洪水冲刷安全、生态景观、经济适用等多方面需求开展生态护岸工程建设必要而迫切[3]。

　　新形势下新的治水思路要求在工程设计中坚持人水和谐的理念，有针对性地开展工作。在生态护岸工程规划设计中，河道水力计算是衔接流域水文分析计算与水工结构设计的关键环节，对护岸工程形式的确定、工程规模及工程造价有着重大影响[4-5]，直接关系到生态护岸工程的防洪效益、生态效益与经济效益。由于山区河道断面形式多变、流态复杂，常规的逐段试算法在计算全面性、准确性和合理性方面已难以满足工程实际需求[6]，需结合洪痕调查、既有成果比对和水动力数值模拟进行河道水力计算，以期为护岸工程设计提供更准确的参考依据。本文以典型山区河流南川河为例，采用水文比拟法与瞬时单位线法结合计算设计洪水，将其作为边界条件导入MIKE11模型进行水力计算，从岸线布置、护岸材料和护岸选型等方面有针对性地提出生态护岸工程方案，并运用模型对工程实施后

基金项目： 长江科学院开放基金项目（CKWV2021869/KY）和山西省回国留学人员科研资助项目（2021–051）联合资助。

作者简介： 陈帆（1991—），男，工程师，主要从事水利规划与设计工作。

的南川河进行模拟，成功分析了生态护岸工程措施对河道行洪及河势稳定的影响，可为其他山区中小河流生态护岸工程规划设计提供参考。

2 研究区域

南川河又名潭水，为渌水一级支流，在浏阳市境内长 61.4 km，流经文家市、中和、澄潭江、大瑶、金刚 5 个乡（镇），控制集雨面积约 736.7 km²，河道平均坡降约 8.99‰；沿途自上而下有 14 条主要支流汇入，修建有水闸 37 座、泵站 20 座和水电站 1 座。南川河浏阳段已有护岸均修建于 2010 年以后，分别位于文家市镇沙溪村段、澄潭江镇集镇段、大瑶镇潭水河大桥段和金刚镇明星桥段（见图1），守护河长约 22.4 km（河道中心线长度），仅占全部河长的 36.5%；剩余未治理河段中，除河岸倚靠山体的河段外，沿河主要分布有农田、道路、村落和集镇等，现状主要存在岸坡冲刷、水土流失、亲水性差、生态面貌不佳等问题。因此，需以河道水力计算为基础，科学论证南川河生态护岸工程措施方案，以达到稳固岸坡、提升河道行洪抗冲能力、全面改善河道生态面貌的目的。

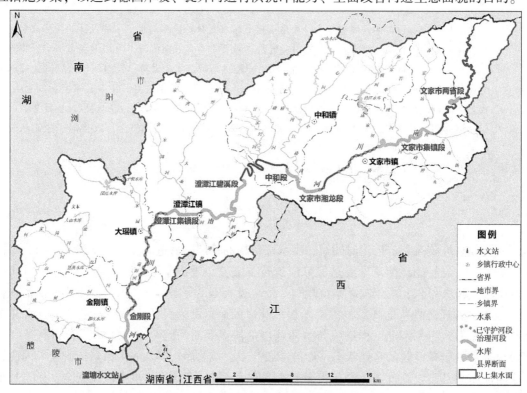

图 1　浏阳市南川河流域范围与治理河段示意图

针对以上问题，浏阳市南川河有生态护岸工程治理需求的河段包括文家市两省段、文家市集镇段、文家市湘龙段、中和段、澄潭江碧溪段、澄潭江集镇段和金刚段，总治理河长约 29.894 km。本文以此范围作为研究区域，研究 MIKE11 一维水动力模型在生态护岸工程设计中的应用。

3 模型构建与验证

3.1 基础数据资料

3.1.1 水文特征数据

浏阳市南川河流域内无水文站，出境断面下游约 5 km 处的醴陵市境内设有潼塘水文站，控制集水面积 1 162 km²。本次分析中，文家市湘龙段及其以下河段的降水及下垫面条件与同流域的潼塘水文站基本相近，其设计洪水依据潼塘水文站实测流量资料采用水文比拟法计算；文家市集镇段及其以上河段控制集水面积较小，可参照适用于小流域设计洪水计算的《湖南省暴雨洪水查算手册》（2013

年）进行推求，即先通过点雨量计算、点面关系转换、雨量时程分配以及扣损后得到设计暴雨和设计净雨，再利用瞬时单位线法推算设计洪水。治理河段各典型断面设计洪峰流量见表1。

表1　治理河段各典型断面设计洪峰流量

断面位置	集雨面积/km²	设计洪峰流量/(m³/s)			断面位置	集雨面积/km²	设计洪峰流量/(m³/s)		
		$P=5\%$	$P=10\%$	$P=20\%$			$P=5\%$	$P=10\%$	$P=20\%$
文家市两省段入口	37.77	188	168	136	小江桥河汇入前	231.26	623	519	413
文家市两省段出口	42.71	206	185	150	中和段出口	299.48	730	607	483
铁南关河汇入前	52.58	240	214	174	澄潭江碧溪段入口	345.12	797	663	527
文家市集镇段入口	68.94	293	261	211	杨泗河汇入前	365.37	826	687	546
苏家坊河汇入前	69.62	294	262	212	澄潭江碧溪段出口	387.91	857	714	567
苏家坊河汇入后	89.67	354	313	257	大圣河汇入后	481.04	982	818	650
石牛滩河汇入前	96.74	374	323	272	澄潭江集镇段出口	486.08	989	823	654
五神岭河汇入后	123.70	451	386	316	金刚段入口	561.73	1 112	925	736
施家坝河汇入前	130.32	468	402	328	灌江河汇入后	651.23	1 219	1 014	806
文家市集镇段出口	132.71	519	456	356	大树下河汇入后	664.43	1 246	1 037	825
文家市湘龙段入口	210.68	590	491	390	金刚段出口	677.85	1 261	1 050	835

3.1.2　地形资料

实测 1:2 000 地形图、带状图和河道断面图。

3.1.3　闸（坝）资料

治理河段内现存16座闸（坝）的结构形式、位置，以及闸孔净宽、闸孔数量及过闸流量等特征参数。

3.2　模型建立

3.2.1　基本原理

采用MIKE11构建一维水动力模型开展河道水力计算，基本方程组为一维圣维南方程组[7]：

$$\left.\begin{array}{c}\dfrac{\partial Q}{\partial x}+\dfrac{\partial A}{\partial t}=q \\[2mm] \dfrac{\partial Q}{\partial t}+\dfrac{\partial\left(a\dfrac{Q^{2}}{A}\right)}{\partial x}+gA\dfrac{\partial h}{\partial x}+\dfrac{gQ|Q|}{C^{2}AR}=0\end{array}\right\} \tag{1}$$

式中：x 为距离（主河道流向方向），m；t 为时间，s；A 为过水断面面积，m²；Q 为流量，m³/s；h

为水位，m；q 为旁侧入流流量，m^3/s；C 为谢才系数；R 为水力半径，m；a 为动量校正系数；g 为重力加速度，m/s^2。

控制方程组采用 Abbott 六点中心隐式差分格式进行离散后形成一系列隐式差分方程组，再用追赶法求解，在每一个网格点按顺序交替计算水位或流量。

3.2.2 模型范围

本次南川河水动力模型范围覆盖全部生态护岸工程治理河段。综合考虑流域汇水特征、城镇规划及防洪标准等因素，分段建立南川河一维水动力模型。其中，第一段模拟范围包括文家市两省段和文家市集镇段，总长 10.131 km；第二段模拟范围包括文家市湘龙段、中和段、澄潭江碧溪段和澄潭江集镇段，总长 16.302 km；第三段模拟范围包括金刚段及其支流段，总长 3.461 km。

3.2.3 河道断面及阻水建筑物

本次 70 个实测河道断面中，32 个位于生态护岸工程治理河段。将河道实测断面输入模型，并对河道断面较稀疏段进行插值处理，确保相邻断面间距不大于 500 m。将 16 座闸（坝）按实际情况在模型中进行参数设置。

3.2.4 河道糙率

河道糙率基于水面线验证结果由模型率定反求，初始糙率取值可根据各河段平面形态、河床组成及岸壁特征，利用《水力计算手册》（第 2 版）[8] 中的断面综合糙率计算公式进行确定：

当 $\dfrac{n_{max}}{n_{min}} > 1.5 \sim 2$ 时

$$n = \left(\frac{\chi_1 n_1^{3/2} + \chi_2 n_2^{3/2} + \cdots + \chi_m n_m^{3/2}}{\chi_1 + \chi_2 + \cdots + \chi_m} \right)^{2/3} \tag{2}$$

当 $\dfrac{n_{max}}{n_{min}} < 1.5 \sim 2$ 时

$$n = \frac{\chi_1 n_1 + \chi_2 n_2 + \cdots + \chi_m n_m}{\chi_1 + \chi_2 + \cdots + \chi_m} \tag{3}$$

式中：n_{max} 和 n_{min} 分别为同一断面的最大糙率和最小糙率；χ_1，χ_2，$\cdots$，χ_m 分别为与糙率 n_1，n_2，$\cdots$，n_m 相应的湿周。

3.2.5 边界条件

模型边界条件主要包括进口入流边界、旁侧入流边界和出口边界。根据水系分布情况，本次模拟共设置 16 个边界条件，其中进口入流边界 3 个、出口边界 3 个、旁侧入流边界 10 个。进口入流边界与旁侧入流边界条件根据水文分析计算结果给定同频流量过程，出口边界条件给定由谢才公式 $Q = AR^{2/3}/nJ^{1/2}$ 推求的水位-流量关系（见图 2），其中水面坡降 J 由进出口断面高差除以间距计算得到，断面综合糙率 n 则根据前述方法给定。经计算，上、中、下游三段模型中 J 取值分别为 2.79‰、1.58‰ 和 1.7‰，n 取值分别为 0.035、0.028 和 0.025。

3.3 模型验证

分别给定模型进口和旁侧入流 5 年一遇、10 年一遇以及 20 年一遇的设计流量过程，模型出口给定水位-流量关系，对模型参数（河道糙率）进行率定，并采用《河湖管理范围划界项目渌水（南川河）浏阳市水文计算书》中的河道水面线已有成果对率定后的模型进行验证，结果见图 3。由图 3 可知，本模型计算所得的南川河上、中游设计水位与已有成果基本一致，但下游出口断面水位明显偏低。经分析，已有成果中全线均采用推理公式法推求设计洪水流量，而下游出口断面处汇水面积过大，推理公式法不再适应，从而导致该段设计流量偏大、计算水位偏高。

分析各频率洪水流量下岸滩淹没情况可知，已有成果中出口段沿程各断面（桩号 K3+461 ~ K0+000）设计水位均高于两岸滩顶 0.2 ~ 3.2 m，平均水深为 6.1 ~ 8.8 m，显著大于上、中游河段的平均水深 4.5 m。显然，由于出口断面设计流量计算结果偏大，已有成果中出口段水面线存在不合理之

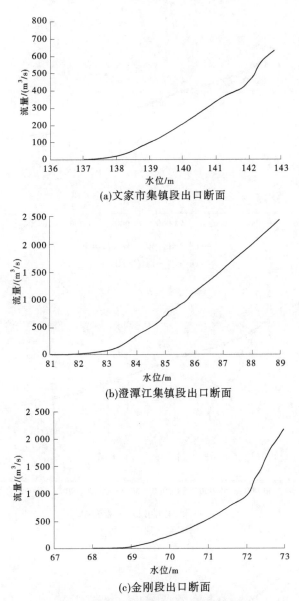

(a)文家市集镇段出口断面

(b)澄潭江集镇段出口断面

(c)金刚段出口断面

图2 模型出口断面水位-流量关系

处。因此，本文将考虑了出口断面汇水面积修正后的设计流量过程与MIKE11相耦合计算得到的水面线更能反映实际情况。

另据2021年6月对2008年洪水的调查结果，南川河支流灌江河镇区段2008年发生了约20年一遇的洪水（流量约329 m³/s），洪水位约为95.97 m，与本模型计算结果较为接近，且其他多处洪痕调查水位与模型计算结果均相差不大，表明本模型计算成果较为合理。

综上，经参数率定后的水动力模型计算结果与洪痕调查及已有成果的符合性较好，能较好地模拟南川河不同频率洪水的传播过程，具有较高的模拟精度，可用于现状与设计条件下的河道水力计算。

4 模型在生态护岸工程方案设计中的应用

4.1 生态护岸工程方案设计

4.1.1 护岸工程设计原则

治理河段部分区域设计洪水位已超过河岸岸顶高程，但考虑到山区河道高水位历时短、流量集中、洪水陡涨陡落的特点，新建堤防会造成堤内排水不畅、阻隔人水亲近等问题，同时也涉及大量的

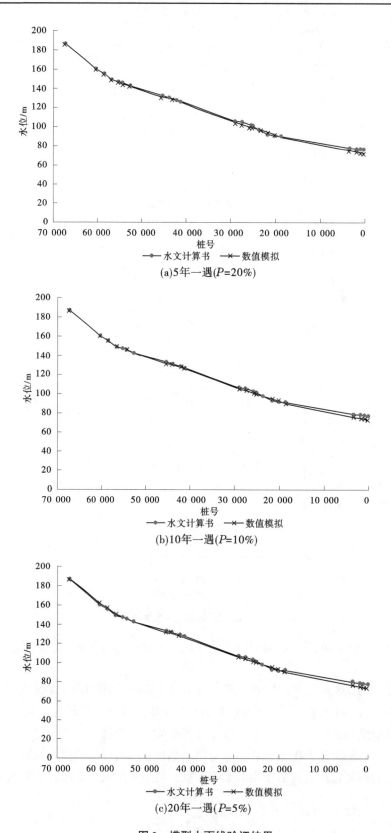

(a)5年一遇(P=20%)

(b)10年一遇(P=10%)

(c)20年一遇(P=5%)

图3　模型水面线验证结果

征地拆迁，带来诸多不利影响[9]，本次研究重点聚焦于山区河流流速大、对河岸冲刷严重等特点，遵循"防冲不防淹"的治理原则，在满足河岸稳定性的前提下，优先选用亲水护岸材料，并因地制宜创建亲水空间，在增强河岸行洪抗冲能力的同时，改善水域生态环境和河道亲水性，促进人水和谐。

4.1.2 护岸材料选择

根据模型计算结果，治理河段约70%的河道断面流速为0.8~2.1 m/s，适宜在非经常性淹没岸坡部位布置草皮护坡（允许不冲流速为2 m/s）[10]，而剩下约30%的河道断面流速为2.2~4.7 m/s，主要集中在弯道狭窄段和集镇段等重点防护段，需在坡脚部位布置防冲能力更强的硬质护岸材料以提升岸坡的防冲能力。

因此，设计综合选用生态性较好的草皮和耐冲性、生态性均较好的自锁式生态块护岸材料，并对凹岸冲毁严重和有一定承重需求的局部河段采用浆砌石等硬质护岸材料加强守护。

4.1.3 护岸形式及设计参数论证

护岸形式选取需综合考虑岸坡地形、地质和河道水文水动力条件等因素。对于岸坡较缓（坡比一般在1∶10~1∶2.5）、稳定性较好但坡面不规整的农田段（河岸总长约38.39 km），考虑到河岸受冲刷影响较小、防冲要求不高，且需治理段较长，设计采用常水位以上局部岸坡进行人工平整后草皮护坡的简单护岸形式（形式一）以节省投资，典型断面见图4（a）；对于岸坡较缓但稳定性较差的居民段或岸顶道路段（河岸总长约7.78 km），考虑到此类河岸一般位于深泓停靠的弯道凹岸，断面流速较大，需一定强度的抗冲能力才能满足防护需求，设计采用仰斜式浆砌石挡墙对坡脚守护至一定深度，挡墙以上坡面人工平整后利用连锁式生态块护坡至设计水位，再采用草皮护坡守护至现状岸顶高程的组合护岸形式（形式二），典型断面见图4（b）；对于岸坡较陡（坡比一般大于1∶2.5）的居民集中段（河岸总长约8.037 km），考虑到河岸主要位于河宽较窄、流速较大，有岸坡防护和生态、亲水需求的集镇河段，设计采用预制生态砖衔接亲水平台，平台以上岸坡进行人工平整后采用连锁式生态块守护至现状岸定高程的组合护岸形式（形式三），典型断面见图4（c）；对于河岸边坡倚靠山体、整体地势较高的自然岸坡段，由于河岸防冲能力强、稳定性较好，无强化防护需求，因此保留现状。

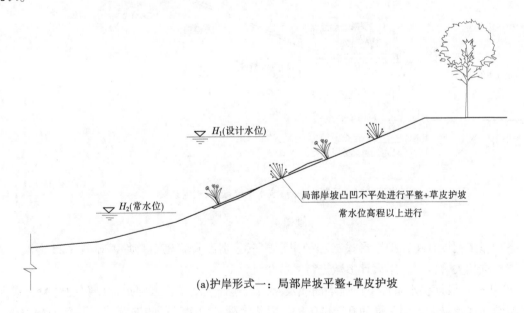

(a)护岸形式一：局部岸坡平整+草皮护坡

图4　典型断面护岸形式示意图

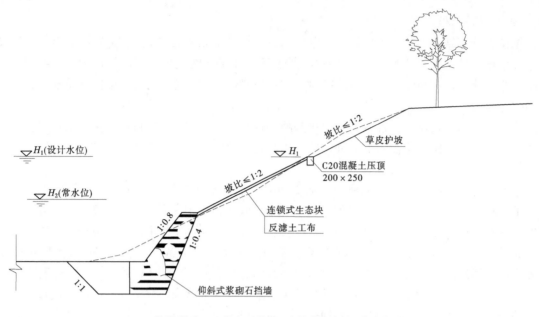

(b)护岸形式二：浆砌石挡墙+连锁式生态块+草皮护坡

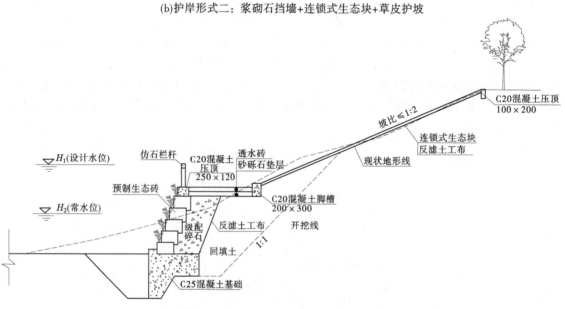

(c)护岸形式三：预制生态砖+亲水平台+连锁式生态块

续图 4

本次生态护岸工程设计中，护岸形式二和护岸形式三分别涉及浆砌石挡墙基础和 C25 混凝土基础的构建，需根据相关规范对护岸设计参数进行复核论证。

将模型 20 年一遇设计洪水条件下河道水面线及断面流速计算结果代入河道冲刷深度经验公式[11]计算得到典型断面河道最大冲刷深度为 0.39~0.83，因此为满足护岸工程防冲要求，基础埋深不得小于 0.83 m；选取岸坡较高陡的最不利设计断面，将模型水面线、挡墙尺寸及墙面坡比、土体性质等代入相应的经验公式[12]计算挡墙各项稳定性参数，结果显示，本次设计中挡墙稳定性参数均满足规范要求（见表 2）；针对三种护岸形式，各选取多个具有代表性的典型设计断面，将护岸各结构尺寸、岸坡岩土物理力学参数和模型水面线作为输入条件，采用瑞典圆弧法进行岸坡稳定验算（见图 5），结果显示，各典型断面岸坡的抗滑稳定安全系数均大于规范允许值[13]。

表 2　挡墙稳定计算结果

计算项目	抗滑移系数 K_c	抗倾覆系数 K_0	墙趾地基承载力/kPa	墙踵地基承载力/kPa	地基平均承载力/kPa	地基不均匀系数
计算结果	4.18	59.63	85.08	102.6	93.84	1.21
稳定性要求	>1.2	>1.5	<140	<140	<140	<2

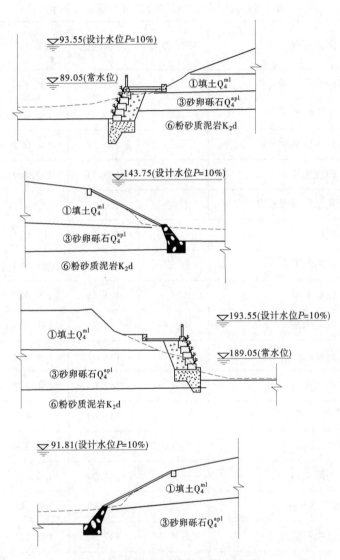

图 5　典型断面岸坡稳定计算示意图

综上，基于模型计算结果对护岸工程进行基础埋深、挡墙稳定性和岸坡抗滑稳定性的验算结果表明，本次生态护岸工程方案设计中，护岸工程形式及设计参数基本合理，满足相关规范要求。

4.2　生态护岸工程方案效果分析

根据护岸工程措施对岸坡形态的改变调整模型河道断面输入，并保持模型边界条件和阻水建筑物的设置不变，利用 MIKE11 水动力模型对护岸工程实施后的南川河再次模拟，推求岸坡调整后的设计水面线。结果显示，与现状水面线相比，工程后沿岸各断面 20 年一遇设计洪水位总体降低 0～0.412 m（见表 3），表明护岸工程在增强河岸稳定性、抗冲性的同时，扩大了河道过水断面，降低了洪水位，使得河道行洪能力有所提升，可在一定程度上减轻洪水对两岸农田、房屋、道路等的侵害。

治理河段在治理前存在凹岸顶冲后退、深泓摆动、局部河势调整的现象，从模型计算结果来看，护岸工程对河道断面流速的影响较小，河道演变影响因素未发生明显改变，且由于护岸工程加强了对凹岸顶冲段的防护，可减少不利的河床、河岸冲淤变化带来的河势调整，有利于河道岸线的稳固及河势稳定。

综上，基于 MIKE11 一维水动力模型计算结果开展南川河生态护岸工程设计，有利于科学选定护岸工程形式和优化工程设计参数，在满足河道固岸防冲、河势稳定需求，减轻灾害对人民生命财产威胁的同时，又能美化村镇面貌、改善生产和生活环境，具有显著的经济效益和生态效益。

表3　南川河各典型断面工程前后 20 年一遇设计洪水位变化

单位：m

断面编号	断面位置	护岸形式	现状河底	现状水位	工程后水位	变化值
1	文家市两省段治理起点	形式三	193.13	195.840	195.560	−0.280
2	文市周家水闸	形式一	189.53	192.098	192.098	0
3	文家市两省段治理终点	形式一	184.38	188.053	188.053	0
4	新成水闸	形式一	183.81	187.469	187.469	0
5	文家市集镇段治理起点	形式一	160.57	165.412	165.412	0
6	梗田水闸	形式一	159.31	164.434	164.434	0
7	苏家坊河汇入	形式一	155.65	161.189	161.189	0
8	长路水闸	形式一	153.71	159.087	159.087	0
9	槐花水闸	形式一	152.78	157.613	157.613	0
10	金鸡潭水闸	形式一	148.32	155.052	155.052	0
11	拦河水闸	形式三	147.66	151.912	151.500	−0.412
12	石牛滩河汇入	形式三	145.44	151.150	150.900	−0.250
13	五神岭河汇入	形式三	144.62	149.259	149.056	−0.203
14	表河泵站	形式三	144.09	149.741	149.522	−0.219
15	永丰坝水闸	形式二	140.82	146.346	146.346	0
16	施家坝河汇入	形式一	137.60	143.171	143.171	0
17	文家市集镇段治理终点	形式一	136.78	142.280	142.280	0
18	文家市湘龙段治理起点	形式一	126.37	131.582	131.582	0
19	文市樟树水闸	形式二	123.30	131.345	131.345	0
20	文家市湘龙段治理终点（中和段治理起点）	形式一	123.18	128.815	128.815	0
21	小江桥河汇入	形式二	121.95	128.091	128.091	0
22	中和段治理终点	形式一	119.80	124.099	124.097	−0.002
23	澄潭江碧溪段治理起点	形式三	100.86	106.426	106.396	−0.030

续表 3

断面编号	断面位置	护岸形式	现状河底	现状水位	工程后水位	变化值
24	珠圆水闸	形式三	97.20	104.417	104.405	-0.012
25	杨泗河汇入	形式二	93.27	99.663	99.663	0
26	澄潭江水闸	形式二	91.33	97.473	97.469	-0.004
27	澄潭江碧溪段治理终点	形式一	88.74	94.910	94.884	-0.026
28	澄潭江集镇段治理起点	形式三	87.90	93.615	93.569	-0.046
29	大圣河汇入	形式一	86.93	92.519	92.519	0
30	澄潭江集镇段治理终点	形式一	81.07	85.750	85.750	0
31	金刚段治理起点	形式三	70.55	76.005	75.870	-0.135
32	灌江河汇入	形式三	71.81	75.554	75.337	-0.217
33	沙江水闸	形式三	70.48	73.856	73.679	-0.177

5 结论

（1）本文在缺乏充足的河道流量与水位资料、河道断面复杂的条件下，将利用水文比拟法和瞬时单位线法计算的流量过程线与 MIKE11 模型相结合，对河道水面线和断面流速进行了较高精度的模拟，为制订河道生态护岸工程措施和方案设计及优化提供了基础和依据。

（2）本文基于实际调研和 MIKE11 水动力模型计算结果，分析了南川河现状存在的河势不稳、岸坡冲毁、水土流失等问题，并结合当地城镇规划和生态文明建设需求，制订了差异化的生态护岸工程治理方案，既满足了不同河段的治理需求，又节省了工程总投资。

（3）本文生态护岸工程方案的制订遵循适当防护的原则，较好地解决了有限资金条件下中小河流防洪安保功能与生态服务功能难以兼顾的难题，在增强河岸稳定性、提升河道行洪抗冲能力的前提下，因地制宜创建亲水空间，改善河道的生态面貌，达到了稳定河势、强化河道行洪安全、改善沿岸居民生活质量的总体目标，可为其他类似的中小河流护岸工程的实施提供参考。

参考文献

［1］么振东，鲁小兵，陈广洲，等．山区中小河流治理的典型工程措施探讨［J］．中国农村水利水电，2017（1）：156-159.

［2］唐德刚．浅谈山区中小河流治理方法［J］．低碳世界，2014（2）：132-133.

［3］翁乃蔚．山区中小河流域综合治理的规划与设计探讨［J］．黑龙江水利科技，2015，43（8）：185-186.

［4］陈学剑，潘世虎．HEC-RAS 在河道整治工程方案优化中的应用［J］．人民黄河，2011（9）：7-8.

［5］孙翔．结合 DHI-MIKE 一维模型的捞刀河天然河道水面线简化复核计算［J］．中国农村水利水电，2012（8）：70-71.

［6］宋永嘉，王达桦．HEC-RAS 模型在小流域山丘、平原复合型河道水面线推求应用与研究［J］．中国农村水利水电，2020（3）：146-149.

［7］Danish Hydraulic Institute. MIKE11 User Manual［M］. Copenhagen：DHI, 2012.

［8］李炜. 水力计算手册［M］.2 版. 北京：中国水利水电出版社，2006.

［9］何秉顺，黄先龙，凌永玉，等. 有限防淹条件下的山洪沟防洪治理［J］. 中国防汛抗旱，2016，26（3）：64-66.

［10］中华人民共和国水利部. 河道整治设计规范：GB 50707—2011［S］. 北京：中国计划出版社，2011.

［11］汤丽惠，章哲恺. 山区性河道整治工程冲刷深度分析与计算初探［J］. 中国农村水利水电，2015（7）：83-84.

［12］中华人民共和国水利部. 水工挡土墙设计规范：SL 379—2007［S］. 北京：中国水利水电出版社，2007.

［13］中华人民共和国水利部. 堤防工程设计规范：GB 50286—2013［S］. 北京：中国计划出版社，2013.

我国小型水库水质劣化特征及长效治理对策

王振华[1,2]　李青云[1,2]　龙　萌[1,2]　胡艳平[1,2]　赵良元[1,2]　李　伟[1,2]

(1. 长江科学院 流域水环境研究所，湖北武汉　430010；
2. 长江科学院 流域水资源与生态环境科学湖北省重点实验室，湖北武汉　430010)

摘　要：因过去几十年高强度渔业网箱养殖、库周农业面源污染输入等因素，我国小型水库富营养化趋势严峻，水质劣化问题日益突出，严重影响其供水水质安全及其功能发挥。本文结合现场调查和文献资料分析，梳理了我国小型水库特点及其污染来源，分析了水质劣化特征，提出了"全面治污-系统修复-综合管护"相衔接的总体治理思路，针对肥水养殖源、面源径流源、底泥内源以及水体污染存量的特点，提出了分类定向施策原则，同时考虑水库库滨带、坝前区、支流及库湾区内的污染特异性，探讨了分区精准治污对策，并提出在截源减负基础上实施水生物修复调控和采取综合管护措施的相关建议，为实现小型水库水质长效达标维持和支撑广大农村地区供水健康管理提供科学依据。

关键词：小型水库；水质；富营养化；污染；治理对策

1　引言

我国现有库容 10 万 m^3 以上的水库 9.8 万多座，其中小型水库（库容小于 1 000 万 m^3）9.4 万座，占比 95%，超过 7.5 万座为库容 100 万 m^3 以下的小（2）型水库[1]。作为地方民生水利基础设施，量大面广的小型水库在灌溉、供水、防洪、养殖、旅游、生态等方面发挥着重要作用，为支持地方经济、社会的快速发展做出了巨大贡献，是新时期实施乡村振兴战略和建设美丽中国的有力支撑。

我国很多地区的水库供水占总供水量的 1/3 甚至 1/2 以上，且主要依赖于中小型水库[2]。随着乡镇的快速发展，许多小型水库还被用作备用水源或应急水源。但在经济社会迅猛发展的同时，各地大量小型水库水质劣化及水生态退化问题也日益突出[3-5]，成为新时期供水基础领域的突出短板，威胁人民群众饮水安全和生产用水安全。目前，围绕小型水库水体污染来源与特点，以及水质改善措施的相关研究较少，制约小型水库水质提升治理工作开展。因此，有必要结合现场调查和文献资料分析，梳理我国小型水库水质恶化成因及主要水质指标参数特征，提出劣质水精准治理与水质长效达标维持对策，支撑广大农村地区供水安全保障，助力乡村振兴和美丽中国建设。

2　小型水库蓄水来源及功能特点

小型水库一般分布在山丘区，总库容和有效库容小，集水面积小，一般为几平方千米至几十平方千米，其蓄水来源主要是坡面汇流或河道干流集水[6]。我国小型水库类型主要可分为集雨型水库和河道型水库，且以集雨型水库数量居多，集水方式主要为坡面汇流。

与以防汛、发电等为主要功能的大中型水库不同，我国小型水库以灌溉、供水和养殖为其主要兴利功能，而且随着经济社会结构调整和环境污染压力的增加，小型水库普遍存在过度养殖、水质劣化、泥沙淤积、内源负荷高等问题，以致出现部分功能退化[7]。据调查，广东、四川、重庆等地很

基金项目：国家自然科学基金区域创新发展联合基金重点项目（U21A20156）。
作者简介：王振华（1980—），男，正高级工程师，主要从事流域水土环境保护治理与修复技术研究工作。

多小型水库因周边农业种植结构调整而灌溉用水需求弱化，因供水水质保障程度低而丧失供水功能，因肥水养鱼引起水体富营养化并最终导致养殖功能退化甚至废止。

3 小型水库水质污染来源

通过对四川、重庆、广东、湖北、江苏、湖南等地典型小型水库水质污染调查和文献资料分析，梳理总结绝大多数位于农村地区的小型水库水体污染主要来源包括肥水养殖、库周面源、内源释放等。

3.1 肥水网箱养殖污染

利用小型水库进行投料式网箱养殖，曾为我国农村地区经济社会发展发挥了一定作用。但随着养殖规模的扩大和养殖密度的增加，加之许多农区采用肥水养殖模式，网箱养殖造成的小型水库水体污染问题越来越突出。肥水养殖过程中，投放的各种饲料、农家粪肥、化肥以及渔药和蓄积水体的水产动物排泄物，导致以氮、磷为主的营养物质含量升高，水体透明度下降，溶解氧含量降低，水质恶化，富营养化程度加重[5,8]。据调查，投放人工配合饲料养鱼过程中，25%~35%的饲料用于鱼生产发育，其他残余饲料将直接或间接污染水体；此外每生产 1 kg 鱼，同时产生约 70 g 氮、14 g 磷和 800 g 有机物通过各种形式进入水体[9]，随养殖对象的不同而有所差异。目前，即使绝大多数小型水库通过取缔禁养措施，切断肥水网箱养殖这一污染源，但以往累积在水体中高负荷营养盐仍会长时间存在，氮、磷浓度难以在短期内降低。

3.2 农村生产生活产生的面源污染

小型水库的集水区域一般分布在农村，水库周边的农田、畜禽养殖、农村径流和分散式生活污水等农业源是造成面源污染的主要原因[7,10]。农业部一项调查显示，我国农田氮肥、磷肥当季平均利用率约为33%和24%，而其余部分除农作物吸收、土壤固定外，相当一部分随径流进入沟渠，并最终汇流入库。未经处理的农村畜禽粪便、生活垃圾和生活废水，也通过降雨径流冲刷或淋溶进入水库，不断增加水库中营养物质负荷，造成水体营养过剩。

3.3 底泥内源污染再释放

随着投料网箱养殖年限的增加，大量残留物料、水产动物排泄物以及入库的面源物质不断沉降至水库底泥表层，蓄积成为内源污染物。水库作为人工型湖泊，因水较深、水动力较弱和水底溶解氧低，表层底泥处于厌氧环境下，加速有机质分解，促进不稳定形态氮、磷的活化，持续向上层水体中释放氮、磷等物质，从而加重水体富营养化[11]。已有研究表明，在外源污染得到有效控制后，内源污染释放成为水库水质恶化的主要来源，若内源污染没得到治理，则水库会长期处于富营养化状态[12-13]。

除受上述多种来源污染影响外，少数位于城镇地区的小型水库还可能受到工业污染影响。此外，小型水库水质恶化的一个重要因素是其自我恢复能力弱。我国现有小型水库大多数为集雨型，其水量来源主要为小流域内降雨汇流，换水补水率低，水体更新缓慢，水环境容量较小，自净能力较差，生物多样性较低，因此一旦水质恶化，小型水库系统较难自我恢复。

4 小型水库水质劣化特征

近些年，为摸清小型水库水体污染情况，各地方的水利部门、环保部门或相关研究机构开展了一些定点取样监测，分析评价了小型水库水质污染程度及特点。2018 年，四川内江对 79 座水库（其中 76 座为小型水库）进行了取样检测，结果显示 64 座水库存在水质超标问题，主要是水体总磷浓度超过地表水 V 类水质标准（GB 3838—2002），超标率 81.0%，超标浓度范围 0.21~2.05 mg/L。在雅安，小型水库水体总氮、总磷和 COD_{Mn} 的超标率分别为 65.6%、40.5% 和 61.1%[8]。在南京，37 座小型水库取样调查数据表明，超过 50% 以上的水库处于富营养状态，主要污染指标为总氮和总磷[5]。在东莞，22% 小型水库发生富营养化，主要超标指标为总磷、总氮、COD 等[3]。

为进一步查明小型水库中不同部位（坝前主体区、库湾区、库尾支流区）水体污染情况及其时空差异性，课题组选取西南地区某小型水库（库容 171 万 m³，水域面积 450 亩（1 亩＝1/15 hm²，全书同），以灌溉功能为主的集雨型水库，坝前平均水深 10 m，支流及库湾水深小于 2 m）开展了多点定位观测（见图 1）。研究表明，不同部位的水质指标值呈现空间差异性（见表 1）。以 2020 年 1 月观测的水体磷为例（见表 1），库区取样点位水体总磷浓度范围为 0.24～1.39 mg/L，全部超过 V 类水质标准（水库 V 类水质总磷限值为 0.20 mg/L），其中 50% 的点位水体总磷浓度在 1.0 mg/L 以上，且这些点位多处于水库坝前区水域（S4、S5、S6、S7、S8、S9），并以溶解态磷为主；支流及库湾水域（S1、S2、S3、S10、S11、S12）为磷低浓度区，且以颗粒态磷为主。此外，不同时间段水质指标值存在明显的差异性。2020 年 9 月该水库水体总磷浓度范围为 0.23～1.08 mg/L，总磷平均浓度较 2020 年 1 月的观测值低 35%，这可能与夏秋季洪水汇集入库后的稀释作用有关。

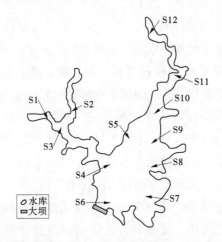

图 1   西南地区某小型水库取样观测点位（S1~S12）示意图

表 1   西南地区某小型水库各观测点位水质指标值

观测点位	总磷/（mg/L）	颗粒态磷/（mg/L）	溶解态磷/（mg/L）	总氮/（mg/L）	pH	溶解氧/（mg/L）	COD$_{Mn}$/（mg/L）
S1	0.44	0.38	0.06	3.23	8.23	4.23	53.40
S2	0.75	0.59	0.16	6.82	8.33	6.24	20.90
S3	0.89	0.71	0.18	3.59	8.07	7.12	27.30
S4	1.22	0.46	0.76	3.16	7.91	5.42	22.60
S5	1.15	0.15	0.90	3.02	8.07	4.48	30.13
S6	1.29	0.12	1.18	3.63	8.15	4.91	22.90
S7	1.32	0.12	1.20	3.45	7.94	4.83	20.95
S8	1.39	0.21	1.19	3.88	7.99	4.39	23.05
S9	1.37	0.14	1.24	4.02	7.93	3.30	21.55
S10	0.31	0.25	0.06	1.32	8.32	8.77	29.90
S11	0.34	0.30	0.04	2.79	8.24	7.40	24.68
S12	0.24	0.21	0.03	3.07	8.60	9.39	26.85

注：取样时间为 2020 年 1 月 5 日。

可见，目前我国小型水库水质污染指标集中于总氮、总磷等，且各指标值存在明显的时空差异性。在实施治污之前明确这些水质污染特征与规律，对小型水库水质污染治理目标的确定和治理时机的选择，是极为重要的。

5 小型水库劣质水长效治理对策

5.1 总体治理思路

小型水库水质提升治理总体思路是在全面控污减污的基础上，加强水库生态系统修复与综合管护，以确保水库水质显著改善并持续稳定达标。其中，全面控污减污应针对肥水养殖源、面源径流源、底泥内源以及水体污染存量采取分类定向施策，同时考虑水库库滨带、坝前区、支流及库湾区内污染特异性，实施分区精准治污。

5.2 全面控污减污措施

5.2.1 分类定向施策

（1）水产养殖污染控制。各地方应正确处理水产养殖生产与水环境保护的关系，坚持生态优先理念，合理布局小型水库的水产养殖生产，依法划定禁养区、限养区和养殖区，科学规划水产养殖规模。全面禁止和取缔传统的肥水养殖和投料（饵料、粪、肥、药）网箱养殖，倡导生态绿色养殖，大力发展适合小型水库特点的健康养殖模式，防止水产养殖对水生态环境的负面影响。

（2）面源径流污染防治。针对山丘区入库面源径流污染特点，在小型水库集水区范围内，因地制宜地采用水土保持、耕作管理、精准施肥、节灌控排、沟塘拦截、湿地净化、缓冲带削减等治理技术[14-15]，通过水肥调控、排水拦蓄、汇集净化等多种途径，在面源径流"产生–排放–入水"全过程，对氮、磷等污染物进行截留和净化，从而减少面源入库污染负荷。

（3）底泥内源污染减控。借鉴湖泊底泥污染控制中常用的环保疏浚、原位覆盖、原位钝化等技术[16-17]，综合考虑这些技术的适用条件、处理效果、应用成本及潜在环境问题和小型水库底泥污染特点，优选效率高、成本少、风险低的底泥污染减控单项或组合技术，通过实施污染底泥生态清淤、覆盖（掩蔽）、固化、稳定化在内的一种或多种处置方式，实现小型水库底泥污染高效控制。

（4）水体存量污染削减。在开展小型水库水体特征污染物浓度监测与存量负荷评价的基础上，综合考虑技术效果、成本和生态风险等因素，优先选择水力调度、水系连通、引调水等水利措施，通过改善环境条件或提高水环境容量方式达到提升水质的目的，其次可配合采用曝气增氧、絮凝沉淀、生态浮床、生物网膜等多种原位治理技术措施[18-19]，削减水体存量污染物。

5.2.2 分区精准治污

以前述西南地区某集雨型小水库的磷污染治理为例（见图 1），重点分析小型水库库滨带、坝前区、支流及库湾区等典型区位内磷污染特点及其特殊性和差异性，提出针对性强的分区控磷减磷措施。

（1）库滨带。作为陆域外源磷污染物迁移入库的最后屏障和必经地，库滨带对外源磷污染物的拦截净化十分关键。考虑库滨带向上延伸分布坡耕地、梯田以及一些分散村落农户和畜禽养殖点及其产排污特点，宜布设等高植物篱、生态沟渠、生态缓冲带、小型人工湿地等技术措施[20-22]，削减进入水库的外源径流磷的污染负荷。

（2）坝前区。水库坝前区水域面积较大，是网箱养殖的主体区域。该区域水体和底泥中磷含量较高，是亟待开展污染治理的核心区域。因这类集雨型小水库不具备实施水利调控改善水质的条件，优选可原位削减营养物质的移动式水质净化系统对坝前区水体磷进行高效快速净化处理[23]。此外，由于实施成本高、淤泥占地面积大等因素，底泥疏浚并不是这类小水库底泥污染控制的最佳选择，而操作简单、控污效果好、生态风险小、成本低廉的原位钝化[24-25]或生态覆盖技术[26-28]，可作为底泥污染修复的优选技术手段。

（3）支流及库湾区。与坝前区相比，支流及库湾区水深较浅、水域面积小，水体中磷含量低且以颗粒态磷为主，宜采用成本低、易操作、对颗粒态磷净化效果好的治理技术，可优选布设生物网膜削减水体磷[29]。此外，支流及库湾区底泥磷含量及其释放量较低，且水面狭窄，多处存在隔堰、人行桥等障碍物，不适宜底泥原位覆盖的施工操作，宜采用便于施工作业的控磷技术措施，可优选投加环保型底泥钝化固磷材料[30-31]，以达到抑制内源磷释放的目的。

5.3 生态系统修复措施

5.3.1 水生植物恢复重建

根据生态适宜性，结合库区时空条件，重点在库滨带、支流及库湾浅水区，开展挺水植物、沉水和浮叶植物种植恢复，重建水库水生植被，改善局部水域环境和自然生态。对水生植物进行恢复时，需考虑外源入库拦截、水体净化、水生态系统稳定运行等多种需求，尽可能选取本地的、净水能力强的水生植物品种，并对不同品种在时间上和空间上优化配置，确保水生植被系统稳定运转，并具有良好的截污净化效果。此外，在水深较深、水生植物常规栽种困难的坝前区，可选取成活率高、根系发达、净污作用强、具有观赏性和经济性的水生植物，构建一定数量的多功能生态浮岛，促进水生态修复的同时美化水库景观。

5.3.2 水生动物优化调控

水生动物优化调控是利用食物网或食物链的摄食关系以及生物相互促进或者抑制的关系，改变水生态系统中各种动物种群配置，以达到改良水质、恢复生态平衡的目的[32]。结合库区水生植物种植恢复情况，优化调控鱼、虾等水生动物的种类和数量，逐步构建起结构合理、功能稳定的水库生态系统。对水生动物调控时，需对水库中现存过多的食草性鱼类（如草鱼）进行适时适量捕获，减少其对种植初期水生植物的摄食，提高水生植物成活率。此外，通过减控水体中现存鲤鱼等底层性鱼类的数量，减少其对底泥的扰动，降低内源营养盐的释放，以实现改善水生态系统结构和功能的同时强化内源污染控制。

5.4 综合管护措施

小型水库劣质水治理工作是一项复杂的系统工程，除科学实施各项技术措施外，还需要政策法规支持，加强相关工作的管理与维护，以及库区居民的积极参与，做到工程技术措施与非工程措施并举，通过综合施策和全方位治理，实现小型水库水质持续改善与长效达标。

地方政府应参照"河湖长制"，全面推进落实"库长制"，明确小型水库水质保护管理职责与分工，加强对库区肥水养殖、网箱养殖、非法排污、面源污染等行为与活动的监管。以"库长制"为抓手，制订小型水库水质监测实施方案，加强水产养殖区水质监测，及时发现水质隐患，并强化对水产养殖污染行为的处罚和责任追究。严格入库排污口与散排点整治，设立水库巡查员，保障库区环境。引导库区农户调整种植结构，推行科学种养与施肥，严格控制化肥投入量，逐步改善耕作习惯，减少农业面源污染入库。建立库周生活垃圾及畜禽粪便处置管理体系，避免垃圾、粪便随雨水径流入库形成污染。加强治污工程技术实施后期的运维管理工作，例如，针对生态沟渠、生态缓冲带、人工湿地等技术在运行过程中可能存在淤堵、植被死亡、碎屑残留等问题，及时进行人工疏淤、补栽、收割、清理等管理维护工作。此外，加大小型水库环保宣传教育，让库周居民认识到水库环境的重要性，引导公众参与维护水库环境。

6 结语

我国小型水库量大面广，是保障农村地区供水安全的重要水利基础设施。由于肥水网箱养殖、库周面源污染、底泥内源释放以及水库自我恢复能力弱等因素，小型水库富营养化严重，水质劣化问题日益突出，造成部分兴利功能退化。

面向小型水库水质提升需求，结合不同污染来源的特点与典型区位内污染特异性，提出了"全面治污-系统修复-综合管护"相结合的总体治理思路，以及分类定向施策、分区精准治污、水生态修复、综合管护等各项具体措施建议，以期科学支撑小型水库水质改善与长效治理工作。

参考文献

[1] 中华人民共和国水利部．中国水利统计年鉴 2020［M］．北京：中国水利水电出版社，2020．

[2] 韩博平．中小型水库生态特征与监测管理中存在的问题——以广东省为例［C］//中国水利学会．中国水利学会2013 学术年会论文集．北京：中国水利水电出版社，2013：26-29．

[3] 陈花．东莞中小型水库水污染现状与治理［J］．广东水利水电，2012，10：15-17．

[4] 舒乔生，侯新，谢立亚，等．重庆市农村饮用水库污染源及其生态修复措施［J］．农村经济与科技，2014，25（10）：17-18．

[5] 陈美军，陈非洲．南京市小型水库水质评价和富营养化分析［J］．环境保护科学，2020，46（4）：87-91．

[6] 蔡守华．小型水库兴利库容及灌溉面积复核计算方法［J］．中国农村水利水电，2010，11：69-71，75．

[7] 汤显强，郭伟杰，吴敏，等．农村小型水库功能退化分析及恢复对策［J］．长江科学院院报，2018，35（2）：13-17．

[8] 钱洪汶．雅安市中小水库水质现状及污染防治对策［J］．黑龙江水利科技，2012，40（11）：141-142．

[9] 黄德祥，张继凯．论水域的渔业污染与自净［J］．重庆水产，2003，4：29-32．

[10] 陈芳，包慧娟．崂山水库污染源评价分析及治理对策［J］．渔业科学进展，2013，4：104-108．

[11] 夏品华，李秋华，林陶，等．贵州高原百花湖水库湖沼学变量特征及环境效应［J］．环境科学学报，2011，31（8）：1660-1669．

[12] 薄涛，季民．内源污染控制技术研究进展［J］．生态环境学报，2017，26（3）：514-521．

[13] 崔会芳，陈淑云，杨春晖，等．宜兴市横山水库底泥内源污染及释放特征［J］．环境科学，2020，41（12）：5400-5409．

[14] 武升，张俊森，张东红，等．小流域农业面源污染评价与综合治理研究进展［J］．环境污染与防治，2018，40（6）：710-716．

[15] 王一格，王海燕，郑永林，等．农业面源污染研究方法与控制技术研究进展［J］．中国农业资源与区划，2021，42（1）：25-33．

[16] 范成新，钟继承，张路，等．湖泊底泥环保疏浚决策研究进展与展望［J］．湖泊科学，2020，32（5）：1254-1277．

[17] 董祎波，吴慧芳，张国庆，等．河湖底泥污染物及其原位修复技术的研究进展［J］．广东水利水电，2020，12：13-18．

[18] 苏相毅，陈非洲．富营养化水库生态治理关键技术研究进展［J］．广西水利水电，2018，3：80-85，93．

[19] 王志红．盐湖区小型水库生态治理与保护措施［J］．山西水利，2018，11：47-48．

[20] 王振旗，顾海蓉，朱元宏．基于旱作农田面源污染控制的生态沟渠构建及其拦截效果研究［J］．环境污染与防治，2016，4：62-65．

[21] 付婧，王云琦，马超，等．植被缓冲带对农业面源污染物的削减效益研究进展［J］．水土保持学报，2019，33（2）：1-8．

[22] 李莉，段志强，白娟，等．高河水库上游人工湿地净化工程设计［J］．现代农业科技，2020，5：162-163．

[23] 李青云，林莉，汤显强，等．湖库富营养化水体移动式水质净化平台关键技术构建研究［J］．长江科学院院报，2014，31（10）：28-33．

[24] 游海林，吴永明，徐力刚，等．污染水体底泥原位钝化技术研究进展［J］．江西科学，2014，32（6）：806-810．

[25] Waajen G, van Oosterbout F, Douglas G, et al. Management of eutrophication in Lake De Kuil (The Netherlands) using

combined flocculant-Lanthanum modified bentonite treatment［J］. Water Research, 2016, 97：83-95.

［26］Palermo M R. Design consideration for in-situ capping of contaminated sediments［J］. Water Science and Technology, 1998, 37（6-7）：315-321.

［27］唐艳, 胡小贞, 卢少勇. 污染底泥原位覆盖技术综述［J］. 生态学杂志, 2007, 26（7）：1125-1128.

［28］黄雪娇, 石纹豪, 倪九派, 等. 紫色母岩覆盖层控制底泥磷释放的效果及机制［J］. 环境科学, 2016, 37（10）：3835-3841.

［29］罗燕, 王晟. 生物膜法处理地表水研究与应用进展［J］. 环境科学与管理, 2011, 36（3）：69-72.

［30］敖静. 污染底泥释放控制技术的研究进展［J］. 环境保护科学, 2004, 30（6）：29-32, 35.

［31］黄廷林, 杨凤英, 柴蓓蓓, 等. 水源水库污染底泥不同修复方法脱氮效果对比实验研究［J］. 中国环境科学, 2012, 32（11）：2032-2038.

［32］姚鹏. 生物修复技术在城市水环境治理中的应用［J］. 工程技术研究, 2020, 5（10）：271-272.

三峡水库沉积物微生物群落结构与代谢功能多样性特征

龙　萌[1,2]　王振华[1,2]　赵伟华[1,2]　李青云[1,2]　杨文俊[2]

(1. 长江科学院流域水环境研究所，湖北武汉　430010；
2. 流域水资源与生态环境科学湖北省重点实验室，湖北武汉　430010)

摘　要： 随着外界物质的不断输入，持续改变三峡水库的沉积物环境，从而影响微生物群落，不同类型断面沉积物微生物受影响的程度可能不同。为查明三峡水库不同类型断面沉积物中微生物群落结构与代谢特征，本文利用 16S rDNA 和 Biolog-Eco 技术，分析了三峡水库坝前、常年回水区、回水变动区、主要城市江段和支流汇入口等区域的代表性河段沉积物中微生物群落结构和碳源代谢多样性特征等。结果表明：三峡水库沉积物微生物共检出 15 门，主要为变形菌（40.6%）、酸杆菌（13.1%）、绿弯菌（10.8%）、拟杆菌（6.6%）和硝化螺旋菌（5.2%），其中，支流汇入口、回水变动区断面的变形菌相对较多，坝前、城市江段和常年回水区断面的酸杆菌相对较多。微生物代谢功能和群落结构均具高度空间异质性，并且群落结构和代谢功能呈现协同变化规律。不同区域沉积物微生物整体代谢活性为 0.05~0.78，组间差异显著，由高至低为：回水变动区>常年回水区、支流汇入口>主要城市江段>坝前，并且主要城市江段表现出显著组内差异；微生物碳源代谢丰富度指数为 2.5~23.5，由高至低依次为：回水变动区>常年回水区>支流汇入口>主要城市江段>坝前。回水变动区微生物对糖类、酸类、醇类和酯类碳源的利用率最高，而坝前和主要城市江段微生物对六大类碳源的利用率均较低，该空间分布特征可能是自然环境和人为活动共同作用的结果。

关键词： 三峡水库；沉积物；微生物；群落结构；代谢功能多样性

1　研究背景

随着人口增加和经济发展，淡水资源的需求量不断增加，同时，由于存在不合理开发利用，湖库水环境安全问题受到国内外学者的广泛关注[1-2]。在湖库水生态系统中，表层沉积物是水环境中微生物生长繁殖和生源要素赋存的主要介质[3]，微生物通过自身代谢影响水体和沉积物中营养盐和重金属的迁移和转化[4]，在维持湖库水生态系统稳定方面，沉积物微生物群落结构与代谢功能多样性体现了其在水生态系统中的重要地位。

三峡水库是新形成的生态系统，具有反季节的蓄水和泄水特征，其沉积物特征较之成库前有显著改变，外界物质的不断输入，持续改变沉积物环境，从而影响沉积物中微生物群落功能多样性[5]。沉积物中微生物功能多样性特征可作为水环境演替的重要生物标志物之一[6]，因此揭示湖库表层沉积物微生物群落结构和代谢功能多样性特征，有助于阐明湖库水生态系统中生源物质循环和能量流动，对维护湖库水生态环境安全与修复治理具有重要的价值和现实意义。

目前，湖库沉积物微生物功能多样性研究主要基于微生物的群落生理水平，研究方法分为两类：

基金项目： 长江科学院技术开发和成果转化推广项目（CKZS2017008/SH）。
作者简介： 龙萌（1988—），男，工程师，主要从事水环境治理与生态修复工作。
通讯作者： 王振华（1980—），男，教授级高级工程，主要从事水环境治理与生态修复工作。

一类是基于传统的培养和分离方法；另一类是基于生物标志物的测定，常用的生物标志物包括 DNA、RNA 和脂肪酸等[7]。这两类研究方法在沉积物微生物功能多样性分析中均存在弊端，其中基于传统培养和分离的方法面临沉积物中大多数微生物不可室内培养的问题；基于生物标志物的方法无法获得微生物群落总体代谢活性相关信息，并且测试劳动强度大，技术含量高[8]。基于微生物群落代谢碳源特征的 Biolog-Eco 技术为分析微生物功能多样性特征提供了更为简便的方法，并能应用于微生物种类鉴定和群落功能多样性评价[9]。

本文采用 16S rDNA 技术测定三峡水库坝前、常年回水区、回水变动区、主要城市江段和支流汇入口等区域的代表性河段沉积物中微生物种类，分析其群落结构。采用 Biolog-Eco 技术对代表性河段沉积物中微生物碳源代谢功能多样性进行分析测定，分析沉积物中微生物总活性、碳源利用多样性指数，以及对 31 种不同碳源的利用情况等，以期为三峡水库沉积物的污染评估和生物修复提供科学依据。

2　材料与方法

2.1　研究区概况

本次试验样品取自三峡水库各主要断面，包括三峡水库坝前（S1、S2、S3）、常年回水区（S4、S5、S6）、回水变动区（S7、S8）、主要城市江段（S9~S15）和支流汇入口（S16~S19），共计 19 个断面，取样时间为 2017 年 6 月。具体取样断面见图 1。

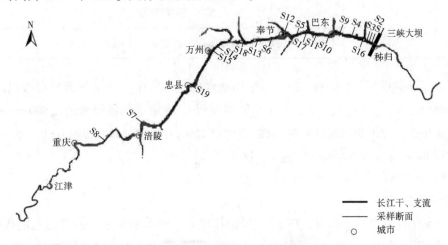

图 1　三峡水库沉积物采样断面示意图

2.2　分析检测方法

2.2.1　微生物群落结构的测定

试验使用 MP FastDNA 土壤自旋提取试剂盒提取细菌总基因组，使用通用引物 27F（AGAGTTTGATCCTGGCTCAG）、1492R（GGTTACCTTGTTACGACTT）扩增 16S rDNA 的部分序列。PCR 程序如下：95 ℃预变性 5 min、95 ℃变性 1 min、45 ℃退火 90 s、70 ℃延伸 2 min，共 30 个循环；70 ℃延伸 10 min。PCR 产物用含有溴化乙锭的 1.0%琼脂糖凝胶电泳进行检测和紫外成像。

纯化后的 PCR 产物连接到 PMD18-T 载体上，连接产物转入感受态 DH5α 大肠杆菌，在 37 ℃条件下，涂布于 LB 固体培养基上培养 20 h，白色克隆子为阳性转化子。每个样品挑选 50 个阳性克隆，菌液 PCR 验证，送往武汉华大基因有限公司测序，鉴定细菌种类和群落结构。

2.2.2　微生物群落对碳源代谢的测定

试验使用美国 Biolog 公司生产的 Biolog-Eco 测试板，Eco 板上一共有 96 个孔，测试板上除不含任何碳源的对照（水）外，共 31 种碳源，每一种碳源有 3 个平行。Biolog-Eco 除对照外的碳源孔中含有 1 种碳源和四氮唑蓝，当微生物利用 Eco 板碳源进行生长呼吸可将四氮唑蓝从无色还原成紫色，颜色深浅代表微生物对这种碳源的利用程度高低。通过测定各板孔的吸光值及其变化来反映微生物群落代谢功能的多样性。

Biolog-Eco 板含有的 31 种不同种类碳源，分为糖类、氨基酸类、酸类、醇类、胺类及酯类共六大类，每一大类的碳源数量及种类见表 1。

表 1　Biolog-Eco 板 31 种碳源分类

碳源种类	碳源数量	碳源名称
糖类	7	D-木糖、D-纤维二糖、α-D-乳糖、1-磷酸葡萄糖、β-甲基-D-葡萄糖苷、α-环式糊精、肝糖
氨基酸类	6	L-天门冬酰胺酸、L-精氨酸、L-苯丙氨酸、L-丝氨酸、L-苏氨酸、甘氨酸-L-谷氨酸
酸类	8	D-半乳糖醛酸、2-羟基苯甲酸、4-羟基苯甲酸、Y-羟丁酸、衣康酸、α-丁酮酸、D-苹果酸、D-葡糖苷酸
醇类	3	I-赤藓糖醇、D-甘露醇、D, L-α-甘油
胺类	3	苯乙胺、腐胺、N-乙酰基-D-葡萄胺
酯类	4	D-半乳糖酸-Y-内酯、丙酮酸甲酯、吐温 40、吐温 80

取沉积物 10 g（湿重），放入 90 mL 灭菌生理盐水的三角瓶中，在空气浴恒温振荡器中振荡 30 min（25 ℃，200 r/min），静置 15 min，取上清液稀释到 1/10 浓度，稀释液经 3 500 r/min 离心去除残留的沉积物（尽量减少沉积物原有碳源干扰），吸取 150 μL 上清液接入 Biolog-Eco 板中 25 ℃下恒温培养 10 d，用 Biolog Reader 读取培养 24 h、48 h、72 h、96 h、120 h、144 h、168 h、192 h、216 h、240 h 时 590 nm（颜色+浊度）和 750 nm（浊度）波长的光密度值。

2.2.3　微生物活性的测定

将沉积物无菌接种至 Biolog 板内，在 28 ℃恒温箱培养，微生物通过新陈代谢利用孔内单一碳源产生的自由电子与四唑盐燃料 TTC 反应变色，通过测定其吸光度值来反映微生物对碳源的代谢特征。Biolog-Eco 法用于研究环境微生物的代谢活性和群落结构等，能够有效获得微生物群落的总体代谢活性及微生物多样性，其计算方法采用每孔颜色平均变化率（Average Well Color Development, AWCD）来计算，AWCD 值表征微生物群落的数量、结构特性，其值越大，说明微生物群落的总体代谢活性越高。

$$AWCD = \sum \frac{(C - R)}{n} \tag{1}$$

2.2.4　微生物多样性的测定

微生物群落多样性指标如 Shannon-Wiener 多样性指数（H'）、丰富度指数（S）、Pielou 均匀度指数（E）、Simpson 优势度指数（D_s）计算方法分别如下：

Shannon-Wiener 多样性指数（H'）：

$$H' = -\sum_{i=1}^{S} P_i \lg P_i \tag{2}$$

Pielou 均匀度指数（E）：

$$E = \frac{H'}{\ln S} \tag{3}$$

Simpson 优势度指数（D_s）：

$$D_s = 1 - \sum P_i^2 \tag{4}$$

其中：

$$P_i = \frac{(C - R)}{\sum (C - R)} \tag{5}$$

式中：C 为含有碳源的每个孔底物的光密度值；R 为对照孔（不含有碳源）的孔底物的光密度值；n 为碳源的数目，数值为 31；P_i 为表示第 i 个非对照孔中的吸光值与所有非对照孔吸光值总和的比值；S 为丰富度指数，指每孔（$C-R$）的值大于 0.25 的孔数。

3 结果及分析

3.1 沉积物微生物群落结构

本次调查共检出沉积物微生物 15 门（见图 2），分别为变形菌门（*Proteobacteria*）、酸杆菌门（*Acidobacteria*）、绿弯菌门（*Chloroflexi*）、拟杆菌门（*Bacteroidetes*）、硝化螺旋菌门（*Nitrospirae*）、放线菌门（*Actinobacteria*）、厚壁菌门（*Firmicutes*）、*Bacteria_ unclassified*、*Candidate_ division_* OP8、芽单胞菌门（*Gemmatimonadetes*）、螺旋体门（*Spirochaetes*）、*Candidate_ division_* WS3、绿菌门（*Chlorobi*）、浮霉菌门（*Planctomycetes*）和 *WCHB*1−60 等，各占 40.6%、13.1%、10.8%、6.6%、5.2%、4.5%、6.9%、2.5%、2.0%、1.5%、1.0%、0.8%、0.5%、0.3%、0.2%。

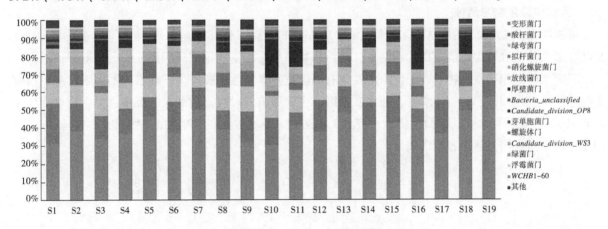

图 2 三峡水库沉积物微生物群落结构组分

不同类型断面的微生物群落组成不同：支流汇入口、回水变动区断面的变形菌相对较多，主要城市江段、常年回水区和坝前区断面的酸杆菌相对较多，坝前、支流汇入口和城市江段断面的厚壁菌相对较多。变形菌、硝化螺旋菌多分布于库区干流断面，酸杆菌和绿弯菌多分布于城市河段断面，厚壁菌多分布于支流汇入断面（见图 3）。

微生物是沉积物生态系统的重要组成部分，在物质循环和能量流动中具有重要作用，微生物的群落结构与代谢功能多样性与沉积物环境直接相关，能够反映沉积物生态系统的健康程度[10]。本研究中三峡水库不同类型断面的沉积物优势菌门均是变形菌门，这符合变形菌门通常是河流沉积物中优势菌群的一般规律[11-12]。三峡水库的主要城市江段、常年回水区和坝前区沉积物中酸杆菌门相对较多，而酸杆菌门易生活在金属污染区域等酸性较强的环境中[13]，表明三峡水库主要城市江段、常年回水区和坝前区的金属污染可能较严重。方志青等[14] 对三峡库区支流汝溪河沉积物中重金属的空间分布调查研究发现，沉积物中重金属含量表现为：生活影响河段>回水区>自然河段。主要城市江段沿岸居民的生产、生活污水未经彻底处理排入水体后，金属蓄积在沉积物中，易造成金属含量超标，从而沉积物中酸杆菌门增多。常年回水区和坝前区的水体流速较缓，在重力的作用下，吸附了重金属的悬浮颗粒物进入沉积物，另外由于水较深，水体自净能力较差[15]，因此常年回水区和坝前区沉积物的金属污染风险较高。

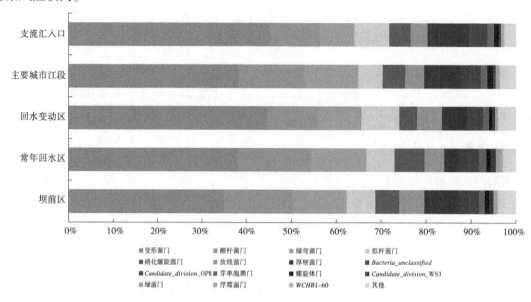

图 3　三峡水库不同区域沉积物微生物群落结构组分图

3.2　沉积物微生物总活性

沉积物微生物总活性用 AWCD 表示，即 Biolog-Eco 测试板孔中溶液吸光值平均变化率表征，AWCD 最大值代表微生物群落的代谢活性，是沉积物微生物群落利用碳源代谢能力的重要评价指标。

三峡水库沉积物微生物的碳源代谢活性具有高度空间异质性。图 4 为三峡水库不同区域沉积物微生物总活性，坝前区、常年回水区、回水变动区、主要城市江段和支流汇入口沉积物微生物总活性在 0.05~0.78，其中回水变动区微生物活性较高，坝前和主要城市江段微生物活性较低，主要城市江段的几个断面微生物总活性表现出较大差异。

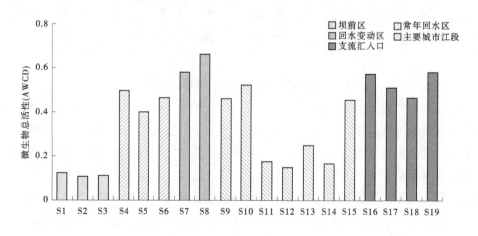

图 4　三峡水库不同区域沉积物微生物总活性

沉积物微生物总活性与水深、水温、溶解氧、有机质含量和污染物浓度等沉积物环境密切相关[16]。微生物群落总体活性一般随水深升高、水温和溶解氧降低而降低，坝前区受水深较高、水温较低、溶解氧较低等因素的综合影响，导致沉积物中微生物活性较低，因此本研究中坝前区微生物总活性显著低于其他区域。主要城市江段是人类活动密集、污染严重的区域，该区域不同断面沉积物中有机质和污染物含量差异显著[17]，微生物总活性一般与沉积物中有机质含量呈正相关，与污染物含量呈负相关，有机质含量高的断面，微生物代谢活性高，代谢多样性也高，高有机质含量通常会促进细菌数量的增长及增强细菌的有机质降解能力[18]，污染物含量较高一般会抑制微生物的生长和繁殖，因此主要城市江段沉积物微生物总活性表现出显著组内差异。变动回水区受水动力冲刷的影响，沉积物中有机质含量较丰富，因此微生物总活性较高。

3.3 微生物碳源利用多样性指数

沉积物微生物群落利用碳源类型的多少可用多样性指数表示，不同的微生物多样性指数反映了沉积物微生物群落功能多样性的不同侧面。丰富度指数可直观地体现微生物种类的多少；Shannon-Wiener 指数用于评价微生物群落的丰富度，包括两个因素，分别为微生物种类丰富度和种类中个体分布的均匀度，即微生物种类越多或者种类之间个体的均匀度越高，Shannon-Wiener 指数越大[19]；Simpson 指数反映微生物群落中某些常见种的优势度。

由图 5 可看出，微生物碳源代谢丰富度指数在 2.5~23.5，其中回水变动区的微生物群落多样性较高，坝前区的微生物群落多样性较低。Shannon-Wiener 指数在 2.0~3.2。各断面间微生物 Simpson 指数差异不大。回水变动区微生物丰富度指数最高，其次为主要城市江段，坝前区微生物丰富度最低。Shannon-Wiener 指数与丰富度指数相一致，即回水变动区微生物 Shannon-Wiener 指数最高，坝前区最低。不同区域沉积物中微生物 Simpson 指数差异不大。

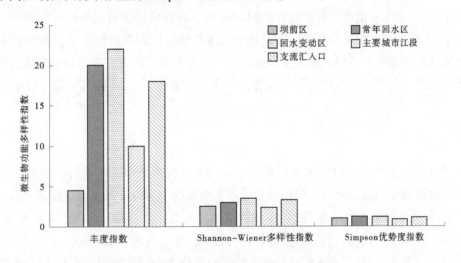

图 5 三峡水库沉积物微生物碳源利用多样性指数

三峡水库沉积物微生物碳源利用多样性指数与微生物总活性表现出一致的变化规律。沉积物微生物多样性与底泥含量具有一定相关性，赵媛莉等[20]研究发现，三峡大坝修建对库区沉积物微生物群落结构和多样性的影响发现，三峡水库回水变动区沉积物中微生物 Simpson、Shannon-Wiener 和 Margalef 多样性指数显著高于其他区域。究其原因，可能是由于三峡大坝的修建导致回水区处沉积更多的底泥[21]，从而带来了大量的沉积物微生物群落[22]，因此，回水变动区的沉积物微生物总活性和碳源利用多样性指数均较高。

3.4 微生物对不同种类的碳源的利用

图 6 为三峡水库沉积物微生物对 Biolog-Eco 板上六大类碳源的利用特征。三峡水库各研究区比较发现，坝前区微生物对六大类碳源的利用率均最低，其次为主要城市江段。常年回水区微生物对氨基

酸类和胺类碳源的利用率最高，回水变动区微生物对糖类、酸类、醇类和酯类碳源的利用率最高。

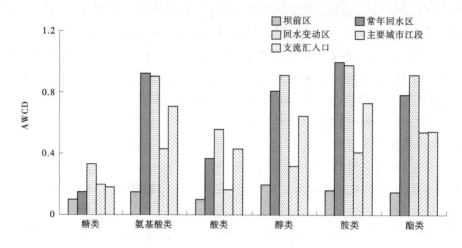

图6　三峡水库沉积物微生物对不同碳源的利用情况

回水变动区沉积物中的微生物对糖类、酸类、醇类、酯类、氨基酸类和胺类六大类碳源的利用率均较高，表明回水变动区沉积物中优势微生物以糖类、酸类、醇类、酯类、氨基酸类和胺类为主要碳源，其碳源代谢功能多样性较高，与回水变动区沉积物微生物总活性和碳源利用多样性指数较高的结论相一致，这主要由于三峡水库水流带来的各种粒径的泥沙，随库水位变化主要在回水变动区落淤[23]，从而回水变动区沉积物中有机质种类较丰富[24]，有机质种类与微生物代谢类群丰富度具有显著正相关[25]，因此三峡水库回水变动区沉积物中微生物功能代谢类群较丰富。常年回水区沉积物中微生物的碳源代谢功能多样性也较高，主要是由于三峡水库蓄水以来，库区内水位抬升引起水体流速减缓，常年回水区由于水体滞留时间的延长和营养因子的蓄积[26]，从而沉积物中微生物代谢类群丰富度提高。

4　结论与展望

（1）三峡水库沉积物中优势菌为变形菌门，不同类型沉积物中微生物群落组成不同，主要城市江段、常年回水区和坝前区断面的酸杆菌相对较多，表明受金属污染程度可能较高。

（2）三峡水库沉积物微生物的代谢功能和群落多样性具高度空间异质性，并呈现协同变化规律，回水变动区沉积物微生物代谢功能和群落多样性均较高，而坝前区均较低。

（3）本次调查初步查明了三峡水库不同类型断面沉积物中微生物群落结构与代谢功能多样性特征，后期还需要更多的数据资料和更先进的技术手段，进一步查明三峡水库沉积物微生物群落结构与代谢功能多样性特征与沉积物环境的相关关系，以及产生差异的机制，从而为三峡水库治理与生态环境保护提供科学依据。

参考文献

［1］宁淼，叶文虎. 我国淡水湖泊的水环境安全及其保障对策研究［J］. 北京大学学报（自然科学版），2009，5（1）：848-854.

［2］Azizullah A，Khattak M N K，Richter P，et al. Water pollution in Pakistan and its impact on public health：a review［J］. Environment International，2011，37（2）：479-497.

［3］Guo C L，Ke L，Dang Z，et al. Temporal changes in Sphingomonas and Mycobacterium populations in mangrove sediments contaminated with different concentrations of polycyclic aromatic hydrocarbons (PAHs) [J]. Marine Pollution Bulletin, 2011, 62: 133-139.

[4] Gad H, Wachendorf C, Joergensen R G. Response of maize and soil microorganisms to decomposing poplar root residues after shallow or homogenous mixing into soil [J]. Journal of Plant Nutrition and Soil Science, 2015, 178 (3): 507-514.

[5] Wang Guanghua, Liu Junjie, Qi Xiaoning, et al. Effects of fertilization on bacterial community structure and function in a black soil of Dehui region estimated by Biolog and PCR-DGGE methods [J]. Acta Ecologica Sinica, 2008, 28 (1): 220-226.

[6] Spring S, Schulze R, Overmann J O, et al. Identification and characterization of ecologically significant prokaryotes in the sediment of fresh water lakes: molecular and cultivation studies [J]. FEMS Microbiology, 2000, 24: 573-590.

[7] Garland J L, Mills A L. Classification and characterization of heterotrophic microbial communities on the basis of patterns of community-level sole-carbon-source utilization [J]. Applied and Environmental Microbiology, 1991, 57 (8): 2351-2359.

[8] Xue D, Yao H Y, Ge D Y, et al. Soil microbial community structure in diverse land use systems: a comparative study using Biolog, DGGE, and PLFA analyses [J]. Pedosphere, 2008, 18 (5): 653-663.

[9] Singh M P. Application of Biolog FF MicroPlate for substrate utilization and metabolite profiling of closely related fungi [J]. Journal of Microbiol Methods, 2009, 77 (1): 102-108.

[10] 王静. 三峡库区小江沉积物细菌群落结构及硝化反硝化变化特征 [D]. 重庆: 西南大学, 2017.

[11] Spring S, Schulze R, Overmann J, et al. Identification and characterization of ecologically significant prokaryotes in the sediment of freshwater lakes: molecular and cultivation studies [J]. FEMS Microbiology Reviews, 2000, 24 (5): 573-590.

[12] Tamaki H, Sekiguchi Y, Hanada S, et al. Comparative analysis of bacterial diversity in freshwater sediment of a shallow eutrophic lake by molecular and improved cultivation-based techniques [J]. Appied and Environmental Microbiology, 2005, 71 (4): 2162-2169.

[13] Barns S M, Cain E C, Sommerville L, et al. Acidobacteria phylum sequences in uranium-contaminated subsurface sedimengts greatly expand the known diversity within the phylum [J]. Applied and Environment Microbiology, 2007, 73 (9): 3113-3116.

[14] 方志青, 王永敏, 王训, 等. 三峡库区支流汝溪河沉积物重金属空间分布及生态风险 [J]. 环境科学, 2020, 41 (3): 1338-1345.

[15] 张代均, 许丹宇, 任宏洋, 等. 长江三峡水库水污染控制若干问题 [J]. 长江流域资源与环境, 2005, 14 (5): 605-610.

[16] Adao H, Alves A S, Patrício J, et al. Spatial distribution of subtidal Nematoda communities along the salinity gradient in southern European estuaries [J]. Acta Oecologica, 2009, 35 (2): 287-300.

[17] Chen L G, Fan J F, Guan D M, et al. Analysis of temporal and spatial distribution of nitrobacteria in sediment of Liaohe Estuary [J]. Marine Environmental Science, 2010, 29 (2): 174-178.

[18] 郑丽萍, 龙涛, 林玉锁, 等. Biolog-Eco 解析有机氯农药污染场地土壤微生物群落功能多样性特征 [J]. 应用与环境生物学报, 2013, 19 (5): 759-765.

[19] 李新伟. 胶州湾近岸沉积物中细菌群落对石油和铜污染的响应特征 [D]. 青岛: 中国海洋大学, 2012.

[20] 赵媛莉, 张倩倩, 刘新华, 等. 三峡大坝对香溪河底栖微生物群落结构和多样性的影响 [J]. 水生态学杂志, 2017, 3: 45-50.

[21] Bergmann A, Bi Y, Chen T, et al. The Yangtze-Hydro Project: a Chinese-German environment program [J]. Environmental science and pollution research international, 2012, 19: 1341-1344.

[22] Jiao N Z, Zhang Y, Zeng Y H, et al. Ecological anomalies in the East China sea: impacts of the Three Gorges Dam? [J]. Water Research, 2007, 41: 1287-1293.

[23] 金笑, 寇文伯, 于昊天, 等. 鄱阳湖不同区域沉积物细菌群落结构、功能变化及其与环境因子的关系 [J]. 环境科学研究, 2017, 30 (4): 529-536.

［24］赵兴青，杨柳燕，尹大强，等．不同空间位点沉积物理化性质与微生物多样性垂向分布规律［J］．环境科学，
2008，29（12）：3537-3545.

［25］Thottathil S D, Balachandran K K, Jayalakshmy K V, et al. Tidal switch on metabolic activity：Salinity induced responses
on bacterioplankton metabolic capabilities in a tropical estuary［J］. Estuarine, Coastal and Shelf Science, 2008, 78
(4)：665-673.

［26］杜萍，刘晶晶，沈李东，等．Biolog 和 PCR-DGGE 技术解析椒江口沉积物微生物多样性［J］．环境科学学报，
2012，32（6）：1436-1444.

狮泉河上游流域气候变化特征研究

许永江[1]　张爵宏[2,3]　翟文亮[2]

（1. 西藏阿里地区水利局，西藏阿里　859400；
2. 长江科学院流域水环境研究所，湖北武汉　430010；
3. 河海大学水文与水资源学院，江苏南京　210024）

摘　要：利用狮泉河上游流域狮泉河站历史气象数据，基于降尺度模型生成未来三种排放情景下气候数据。采用 Mann-Kendall 检验法研究狮泉河上游流域历史降水和气温的变化特征，以及未来气候的变化趋势。结果表明，狮泉河上游流域在 1965 年后降水量有上升趋势，但不显著；气温在 1961—1997 年下降，1997—2018 年上升，上升趋势显著。未来三种排放情景下，在 2020—2099 年 RCP2.6 排放情景下降水无明显变化趋势，RCP4.5 排放情景下降水有增多趋势，RCP8.5 排放情景下降水有减少趋势，三种排放情景气温都有显著的上升趋势。

关键词：降尺度模型；Mann-Kendall 检验；气候变化；狮泉河上游流域

　　西藏地区气候对我国甚至全球气候均造成较大影响，西藏地区气候变化特征对我国气候变化的研究具有重要意义[1]。研究表明，近 50 年来，西藏总体呈现出日照略增、温度升高、降水增加、风速减小、平均相对湿度略有上升的变化趋势[2]。戴睿等[3]研究发现，近 50 年西藏地区四季和年均气温均有显著上升，四季和年均降水量也有增加趋势。狮泉河上游流域位于西藏阿里地区，平均海拔 4 300 m 以上，气候条件极其复杂，流域内多年气候变化特征与未来气候变化情况尚不明晰。

　　目前，最常见的预估大尺度未来气候变化的方法是全球气候模式（General Circulation Models，GCM）。GCM 能相当好地模拟近地面温度、大气环流和高层大气场，能够较好地模拟出大尺度环流因子最重要的平均特征[4]。已有研究表明，该模式在西藏地区具有较好的适用性[5-6]。然而受制于目前 GCM 输出的低空间分辨率，对区域气候情景做全面详细的预测十分困难，降尺度方法常被用于弥补 GCM 对区域气候预测的限制[7]。

　　本文利用狮泉河上游流域狮泉河气象站历史气象数据，通过构建降尺度模型生成未来情景气候数据，采用 Mann-Kendall 检验法，探讨了流域内历史气候变化特征与未来气候变化趋势，为狮泉河上游流域气象管理提供一定参考。

1　数据资料与研究方法

1.1　数据资料

　　本研究气象数据来源于中国气象科学数据共享服务网中国地面气候资料日值数据集（V3.0），选取狮泉河上游流域距离较近的国家气象站狮泉河站 1961—2018 年降水、气温逐日数据。

　　降尺度模型建立所需的数据，主要包括狮泉河气象站 1973—2005 年逐日最高气温、最低气温、降水量数据作为预报量；NCEP 再分析数据 1961—2001 年日序列；GCM 数据采用毗邻汉江流域上游流域的 4 个网格分辨率和 NECP 再分析资料相同的 CanESM2 模式网格在 RCP2.6（低温室气体排放）、RCP4.5（中温室气体排放）和 RCP8.5（高温室气体排放）三种排放情景下的大气变量日值资料作为未来大尺度气候情景数据。

作者简介：许永江（1975—），男，高级工程师，主要从事河湖管理及水利水电工程管理工作。

1.2 研究方法

1.2.1 Mann-Kendall 趋势检验

该方法最初由 Mann 和 Kendall 提出，该方法具有计算简单、不需要样本遵从一定的分布、计算结果不受序列少数异常值干扰的优点，近些年，国内外学者广泛应用该方法分析气温、降水、蒸发、径流、泥沙等气象水文要素的趋势变化[8]。

对于 n 个样本量的时间序列 x，构造一秩序列：

$$S_k = \sum_{i=1}^{k} r_i \quad (k = 2, 3, \cdots, n)$$

定义统计量：

$$UF_k = \frac{|S_k - E(S_k)|}{\sqrt{\mathrm{Var}(S_k)}} \quad (k = 1, 2, \cdots, n)$$

$UF_1 = 0$ 时符合标准正态分布，给定显著性水平 α，查正态分布表可得 $U_{\alpha/2}$，则在显著水平 α 下，序列具有显著的趋势变化，如 $\alpha = 0.05$，置信区间临界值 $U_{\alpha/2} = \pm 1.96$。将时间序列 x 逆序，重复上述计算过程，同时使

$$\begin{cases} UB_k = -UF_k \\ k = n + 1 - k \end{cases} \quad (k = 1, 2, \cdots, n)$$

绘制 UF_k 和 UB_k 曲线图，若 UF_k 和 UB_k 2 条曲线交点位于置信区间内，那么交点即为突变点。

1.2.2 降尺度模型

降尺度法主要包括统计降尺度法和动力降尺度法两种。统计降尺度方法以其计算量小、易于操作等特点被广泛应用到气候变化研究中。本研究中降尺度模型构建的主要步骤如下：

（1）筛选预报因子。采取两种不同的方案筛选预报因子，并对比两种方案的优劣。方案一采用逐步多元回归（SMLR）方法优选气象站点所在 NCEP 网格的预报因子，并建立与预报量之间的经验统计关系。方案二采用 SMLR 方法对预报因子进行筛选，然后利用 PCA 法对筛选出来的预报因子降维，最后分别建立站点与各自主成分的经验统计关系。

（2）基于筛选的预报因子，建立回归数学模型，利用狮泉河站 1973—2005 年的降水、气温资料，建立大尺度环流因子与狮泉河上游流域降水之间的统计关系。以 1973—1995 年作为率定期，1996—2005 年作为检验期，对回归模型进行训练。采用模型的均方根误差（RMSE）评价回归模型的模拟效果。

（3）选取 2020—2099 年 HadCM3 模式 RCP26、RCP45 和 RCP85 三种排放情景数据，选择同 NCEP 观测资料相同的气候因子，并应用 NCEP 观测资料的主分量方向对 HadCM3 的气候因子数据集进行降维压缩。将经过主成分分析处理的 HadCM3 数据输入已建立好的降尺度模型，生成狮泉河上游流域气象站点的 2020—2099 年气候数据序列。

2 流域历史气象特征分析

2.1 历史降水变化特征分析

对狮泉河上游流域 1961—2018 年降水量进行 Mann-Kendall 检验，如图 1 所示。由图 1 可知，在 1962—1964 年，狮泉河上游流域降水量 UF<0，降水量有下降趋势；1965—2018 年，UF>0，降水量有持续增多的趋势，但不显著；UF 与 UB 多次相交，交点都位于置信线以内，说明变化趋势没有发生突变。

2.2 历史气温变化特征分析

对狮泉河上游流域 1961—2018 年气温进行 Mann-Kendall 检验，如图 2 所示。由图 2 可知，在 1961—1997 年，狮泉河上游流域气温 UF<0，气温有下降趋势，下降趋势较为显著；UF 与 UB 在 1997 年相交，表明气温变化趋势发生突变；1997—2018 年，UF>0，气温有显著增多的趋势。

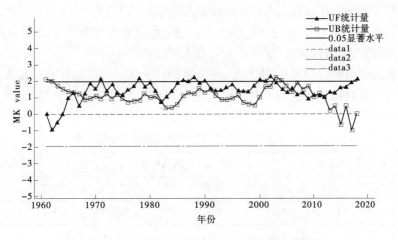

图 1　狮泉河上游流域降水量 Mann-Kendall 趋势检验

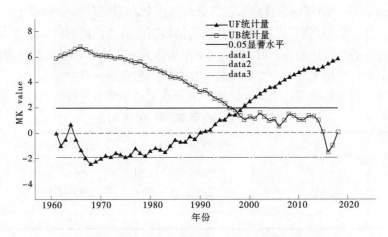

图 2　狮泉河上游流域气温 Mann-Kendall 趋势检验

3　流域未来气候变化预测

3.1　选择预报因子

降尺度模型规定对于预报因子的选取是预报量站点所在的格点值[14]，一般选取格点不同高度的风场、高度场等气象要素值。汉江上游流域气象站分布及 HadCM3 网格划分见图 3。

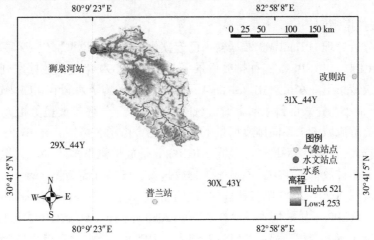

图 3　狮泉河上游流域气象站分布及 HadCM3 网格划分

本研究中两种方案 SMLR 设置选入和剔除的置信度都为 0.1。PCA 设置主成分的阈值为累积贡献率为 90%。两种方案的率定时段为 1973—2005 年，建立预报量与预报因子之间的月模型，其中日最高气温和日最低气温为无条件过程，日降水量为有条件过程。

使用 SMLR 模型的均方根误差（RMSE）评价模型，见表 1。对比方案一和方案二的结果可知，无论是日降水模型、日最高气温模型还是日最低气温模型，方案二的均方根误差略低于方案一的结果，说明方案二的结果更好。

表 1　两种方案优选预报预报因子的均方根误差

站点	降雨		日最高气温		日最低气温	
	方案一	方案二	方案一	方案二	方案一	方案二
狮泉河	1.180	1.172	2.386	2.228	3.617	3.254

3.2　构建降尺度模型

利用狮泉河站 1973—2005 年的日降水、日最高气温和日最低气温资料和主成分分析得到的大气环流因子主分量，分别采用高斯回归模型，神经网络模型以及线性回归模型建立大尺度环流因子与气象站点日天气数据之间的统计关系。以 1973—1995 年作为率定期，1996—2005 年作为检验期，对回归学习模型进行训练。采用模型的均方根误差（RMSE）评价三种回归模型，如表 2、表 3 所示，通过对比发现，高斯过程回归模型模拟精度最高，因此本文基于高斯过程回归模型构建降尺度模型。

表 2　各回归模型率定期 RMSE 对比

站点	气象指标	高斯过程回归	神经网络	线性回归
狮泉河	PRCP	1.161 7	1.205 4	1.163 9
	TMAX	2.521 2	2.550 4	2.692 5
	TMIN	3.431 7	3.447 1	3.619 7

表 3　各回归模型验证期 RMSE 对比

站点	气象指标	高斯过程回归	神经网络	线性回归
狮泉河	PRCP	1.177 8	1.203 1	1.182 2
	TMAX	2.727 7	2.749 1	2.807 3
	TMIN	3.504 3	3.544 8	3.730 8

3.3　未来气候情景数据预测

将经过主成分分析处理的 HadCM3 数据输入已建立好的降尺度模型，生成狮泉河上游流域气象站点的在 RCP2.6、RCP4.5、RCP8.5 三种排放情景下，2020—2099 年气候数据序列。图 4 为狮泉河上游流域未来不同排放情景下降水量对比。由图 4 可知，多年平均降水量在 RCP2.6 排放情景下最大，RCP8.5 排放情景下最小。这表明狮泉河上游流域降水量与温室气体排放呈负相关。

图 5 为狮泉河上游流域未来不同排放情景下气温对比。由图 5 可知，在 RCP8.5 排放情景下，气温显著上升，幅度较大，且多年平均气温最高。RCP2.6 排放情景下多年平均气温最低。狮泉河上游流域降水量与温室气体排放呈正相关，温室气体排放越大，气温升高会越显著。

对狮泉河上游流域 2020—2099 年三种排放情景下的降水量进行 Mann-Kendall 检验，如图 6~图 8 所示。由图可知，在 RCP2.6 排放情景下，在 2020—2050 年间，UF 值在 0 值上下反复变化，且位于置信线以内，降水量无明显变化趋势；2051—2088 年，UF<0，降水量有减少的趋势，但位于置信线以内，趋势不显著；2089—2099 年，UF 值在 0 值上下反复变化，降水量无明显变化趋势。对于

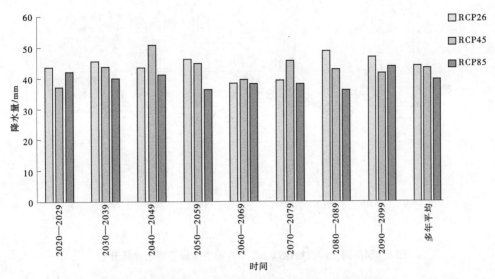

图 4 狮泉河上游流域未来不同排放情景降水量对比分析

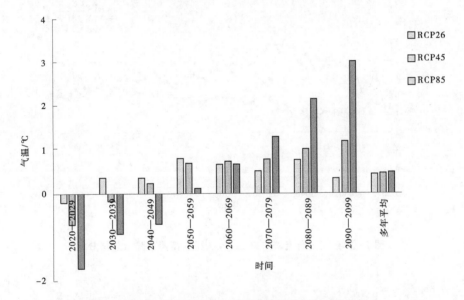

图 5 狮泉河上游流域未来不同排放情景气温对比分析

RCP4.5 排放情景，UF 在大部分时间位于 0 值之上，降水量有上升趋势，且上升趋势较为显著。对于 RCP8.5 排放情景，在 2020—2046 年间，UF 值在 0 上下波动，表明降水量无显著变化趋势；在 2047 年后，UF<0，且越来越接近置信值，表明降水量有减少趋势，且趋势显著性会升高。

对狮泉河上游流域 2020—2099 年三种排放情景下的年均气温进行 Mann-Kendall 检验，如图 9～图 11 所示。由图可知，在未来三种排放情景下气温都有升高的趋势，趋势显著，排放量越大，UF 值会越高，气温升高趋势会越显著。

4 结论

利用狮泉河上游流域狮泉河站历史气象数据，基于降尺度模型生成未来三种排放情景下气候数据。采用 Mann-Kendall 检验法研究狮泉河上游流域历史降水和气温的变化特征，以及未来气候的变化趋势。主要结论如下：

（1）狮泉河上游流域 1961—2015 年降水量有增加的趋势，但趋势不显著；气温在 1961—1997 年显著下降，1997—2018 年显著上升。

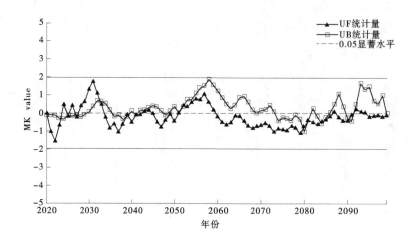

图 6　狮泉河上游流域未来 RCP2.6 排放情景下降水趋势分析

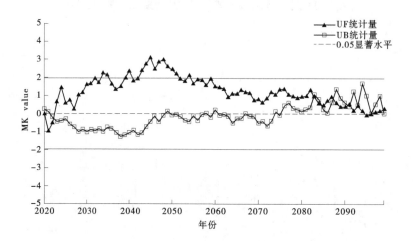

图 7　狮泉河上游流域未来 RCP4.5 排放情景下降水趋势分析

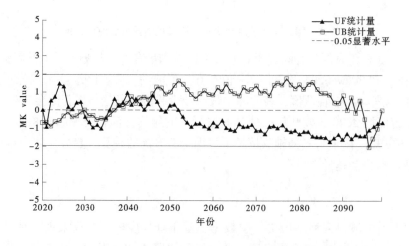

图 8　狮泉河上游流域未来 RCP8.5 排放情景下降水趋势分析

（2）在 RCP2.6 排放情景下，狮泉河上游流域未来 2020—2099 年降水量波动幅度仍然较大，在

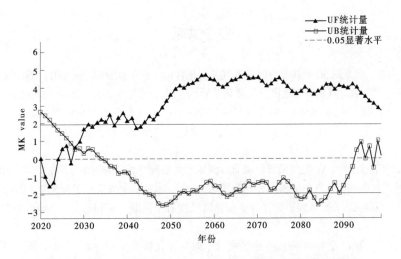

图9　狮泉河上游流域未来 RCP2.6 排放情景下气温趋势分析

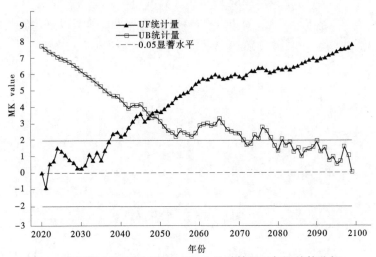

图10　狮泉河上游流域未来 RCP4.5 排放情景下气温趋势分析

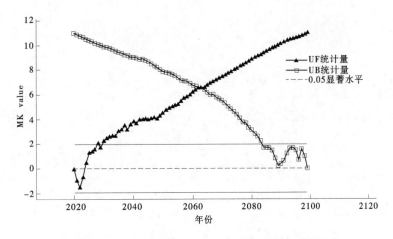

图11　狮泉河上游流域未来 RCP8.5 排放情景下气温趋势分析

RCP4.5 排放情景下，降水量有增多的趋势，而在 RCP8.5 排放情景下，降水量有减少的趋势。在三种排放情景下，狮泉河流域气温都保持上升趋势，排放量越大气温上升越显著。

参考文献

［1］杜军，杨志刚，石磊，等. 近 50 年西藏冷暖冬的气候变化特征［J］. 地理学报，2011，66（7）：885-894.

［2］杨春艳，沈渭寿，林乃峰. 西藏高原气候变化及其差异性［J］. 干旱区地理，2014，37（2）：290-298.

［3］戴睿，刘志红，娄梦筠，等. 西藏地区 50 年气候变化特征［J］. 干旱区资源与环境，2012，26（12）：97101.

［4］范丽军，符淙斌，陈德亮. 统计降尺度法对华北地区未来区域气温变化情景的预估［J］. 大气科学，2007（5）：887-897.

［5］赵智超. 气候变化下基于 SWAT 模型的雅鲁藏布江流域水文研究［D］. 杭州：浙江大学，2017.

［6］冯婧. 多全球模式对中国区域气候的模拟评估和预估［D］. 南京：南京信息工程大学，2012.

［7］刘昌明，刘文彬，傅国斌，等. 气候影响评价中统计降尺度若干问题的探讨［J］. 水科学进展，2012，23（3）：427-437.

［8］鲁菁，张玉虎，高峰，等. 近 40 年三江平原极端降水时空变化特征分析［J］. 水土保持研究，2019，26（2）：272-282.

湖库蓝藻水华应急处理技术研究现状及展望

郝　越[1,2]　王振华[1,2]　龙　萌[1,2]　李青云[1,2]　胡艳平[1,2]

（1. 长江科学院 流域水环境研究所，湖北武汉　430010；
2. 长江科学院 流域水资源与生态环境科学湖北省重点实验室，湖北武汉　430010）

摘　要：随着全球气候变化和人类活动影响的加剧，湖库水体富营养化引起蓝藻水华频发，其应急治理需求迫切，市场空间巨大。本文对现有的化学应急除藻技术和物理应急除藻技术进行了梳理总结，分析了各项应急处理技术的优缺点和适用条件，并针对现有技术的不足和水华防控的新要求，对今后的应急治理技术及装备研发方向与应用前景提出了展望。

关键词：蓝藻水华；富营养化；除藻技术；应急处理

1　引言

蓝藻水华是由水体富营养化引起蓝藻门藻类过度快速增殖的一种自然现象，同时也是一种二次污染。一般认为，蓝藻水华的产生与流速、水温、水体营养盐及蓝藻自身的生理特点等多方面因素有关[1-3]。随着全球气候变化和人类活动影响加剧，太湖、巢湖、滇池、三峡库区以及美国的伊利湖、俄罗斯的贝加尔湖等国内外多个湖库均有蓝藻水华暴发，其中太湖在2015—2018年蓝藻水华的聚集次数持续增加，2020年3—10月期间已高达129次[4-7]。

蓝藻水华的暴发对渔业、工业、日常生活以及生态环境均有不利的影响。2020年4月，生态环境部在部署重点湖库水华防控工作中着重强调做好应急防控工作，健全应急工作机制，提高应急处置能力。应急治理技术作为蓝藻水华防控能力的核心组成部分，一直是研究热点，其主要包括化学、物理、生物等技术。本文重点对已有的湖库蓝藻水华应急治理化学和物理技术进行综述，通过分析不同技术手段的优缺点及适用性，为今后蓝藻水华应急治理技术的研究及应用提供参考。

2　化学除藻技术

化学除藻技术是湖库蓝藻水华应急处理中应用较多的技术之一，通常分为氧化型除藻技术和非氧化型除藻技术[8]。化学除藻技术能够杀死水体中的藻细胞，操作简便，见效快。但是化学物质会对水环境及人体健康造成潜在风险。因此，既能达到良好的除藻效果，又要尽可能降低化学药剂的使用剂量是化学除藻技术的关键所在。

2.1　氧化型除藻技术

氧化型除藻技术是指向水体中投加强氧化剂实现对藻类的去除。湖库中常用的氧化型除藻剂主要有二氧化氯、过氧化氢、臭氧、高锰酸钾、高铁酸钾等[9-12]。

基金项目：国家自然科学基金区域创新发展联合基金重点项目（U21A20156）；长江科学院技术开发和成果转化推广项目（CKZS2017008/SH）。

作者简介：郝越（1997—），男，硕士研究生，研究方向为流域水环境治理与生态修复。

研究发现，以二氧化氯作为预氧化除藻剂，可以达到较好的除藻效果[9]。过氧化氢是无毒低害的环保除藻剂，在一定条件下过氧化氢能够使藻细胞数及叶绿素 a 质量浓度显著降低[10]。高铁酸钾预氧化产生的有毒副产物浓度较低，且兼具氧化作用和吸附作用，可以有效地强化混凝除藻[11-12]。此外，紫外辐照的高级氧化法和电化学氧化法能产生强氧化性游离基，具备极高的蓝藻灭活能力[13]。

氧化型除藻技术具有成本较低、适用范围较广、操作简便、效果显著等优点。部分氧化剂可能会产生有毒副产物，影响其他水生生物，且长期使用会使藻类产生抗药性，使水体存在二次污染的风险[14]。

2.2 非氧化型除藻技术

非氧化型除藻技术即通过投加絮凝剂使藻类和其他大颗粒污染物从水体中转移至沉积物中。絮凝剂包括无机絮凝剂、有机絮凝剂以及复合絮凝剂[15]。

目前，有关硫酸铝、硫酸铜、氯化铁、聚合氯化铝等无机絮凝剂的除藻研究已有较多报道。景二丹等通过试验表明，一定量的硫酸铝与次氯酸钠共同使用，可使阳澄湖的藻类去除率达到98.3%[16]。有研究者在供水水库中采用以铁盐为核心的无机絮凝剂进行应急处理，大幅降低了供水区蓝藻及水华优势种的浓度[17]。林洪等发现锁磷剂与天然无机絮凝剂硅藻土组合能够强化絮凝效果，有效去除富营养化水体中藻类[18]。壳聚糖是有机高分子絮凝剂，阳离子壳聚糖改性黏土的除藻性能明显优于普通黏土，以壳聚糖改性黏土为核心的复合絮凝技术可以实现对淡水湖库蓝藻水华的原位应急治理[19-20]。

非氧化型除藻技术的优点是成本低廉、沉降速度快、处理效果明显，同时也存在单次使用投加量大、底泥处理困难等不足。

3 物理除藻技术

物理除藻技术是利用机械或工程等物理手段控制蓝藻水华的技术，包括人工（机械）打捞技术、调水稀释技术、遮光技术、曝气技术、超声波除藻技术等。物理除藻技术可以实现湖库水面蓝藻水华的快速清除，且对水环境负面影响较小。由于部分技术受水体状况影响、处理范围有限，经常需要多种方法综合使用来控制蓝藻水华[21]。

3.1 人工（机械）打捞除藻技术

人工（机械）打捞是采用人工和机械手段直接将藻类从水体中打捞上岸，是目前国内大中型湖库清除蓝藻的主要措施之一。

有学者提出"湖前、湖内、湖后、湖侧"的打捞思路，分别采用蓝藻暴发池、高效蓝藻打捞船、固定式蓝藻打捞站等对湖库的不同位置进行打捞，使得蓝藻打捞效率明显提高[22]。一种吸取型表层蓝藻打捞船采用绞吸式挖泥船且配备高效表层蓝藻吸取盘，可处理高浓度的藻浆[23]。

打捞技术可以直接削减蓝藻数量、减轻蓝藻暴发程度，同时能够大幅度减少水体中氮、磷含量[24]。机械化、智能化打捞是今后蓝藻水华应急处理技术的发展趋势，提高打捞装备工艺水平、提高打捞作业效率、降低能耗等是该技术发展的根本要求[25]。

3.2 水力调控抑藻技术

水力调控即调水引流、稀释冲刷，通过引水工程或水库调度等方式调水引流，将原有水体进行稀释或置换，降低营养盐含量，从而限制藻类的增殖。

有关水力调控治理水华的案例，国内外已有报道。我国实施的"引江济巢"工程，使巢湖蓝藻水华的暴发在一定程度上得到抑制[26]。三峡库区洪水调度使香溪河流域藻类群落结构发生变化,调度后中上游水域的蓝藻优势度比调度前降低[27]。日本 Tega 湖通过引水调度,蓝藻的优势度明显下降[28]。

水力调控可以带走蓝藻,也可以稀释水体污染物溶度及增加水体环境容量,是抑制和延缓湖库水华暴发的有效手段。但水力调控方式受来水条件、防洪、发电等多种因素的影响,不能随时响应控藻调度需求。

3.3 遮光抑藻技术

遮光抑藻技术主要是在湖面覆盖遮光材料,通过限制光照条件来抑制藻类增殖。常用的遮光材料为塑料浮板。

陈雪初等采用塑料制浮板遮光,覆盖面积为水面的 $50\% \sim 60\%$,遮光一个月左右微胞藻属消失,湖水明澈透底。另有研究采用聚乙烯遮阳网进行遮光控藻试验,表明遮光显著抑制了藻类的光合产氧速率,并促使藻类消亡[29-30]。有研究者提出遮光曝气组合方法控藻思路,可以快速抑制藻类的生长[31]。

遮光抑藻技术理论上可以快速抑制藻类的生长,但水面大规模布设遮光材料难度较大、成本较高,且相关研究仍处于初步探索阶段,在国内尚无实际工程应用。此外,大面积遮光是否会对水体中其他生物产生不利影响仍需深入研究论证。

3.4 曝气增氧抑藻技术

传统的曝气技术包括同温层曝气、空气管混合以及扬水筒混合三种。扬水曝气技术和微纳米曝气技术是基于扬水筒混合技术的优化,其原理是利用机械设备,对下层水体充氧以提高其溶解氧浓度,混合上下水层破坏藻类的悬浮状态,使之向下层迁移,从而抑制其生长[32-33]。

黄廷林等研究表明扬水曝气器运行使水库蓝藻优势降低,周村水库藻类多样性水平提高,水体生态状况良好[34]。微纳米曝气技术能够生产直径极小的气泡,可快速地在水体中溶解,使溶氧效率提高[35]。黄磊等在东牙溪进行围隔试验,结果表明微纳米曝气技术可以削减蓝藻密度,改善水库水质[36]。

曝气技术可以直接提升底层水体的溶解氧含量,改善底层水体的厌氧环境,从根本上抑制湖库水体中藻类的大量繁殖。曝气技术适用于水深较大、流动性较差、易形成水体密度分层的湖泊、水库以及其他景观水体。

3.5 过滤除藻技术

过滤除藻技术是在外力作用下含藻水体通过过滤介质,藻细胞被介质截留,从而使其与溶剂分离的操作。过滤除藻是水厂水处理的必要工序,近些年在湖泊水库的蓝藻水华应急处理中也有不同程度的应用。

李慧峰等应用不同材料过滤去除海河蓝藻水华的研究发现,脱脂棉、快速滤纸、腈纶、无纺布以及海绵对蓝藻的去除率均超过 80%,其中脱脂棉的去除率可达到 96.02%[37]。李贵霞等在过滤除藻试验中采用粒径 $0.9 \sim 1.2$ mm 的均质石英砂进行直接过滤,总藻去除率达 90% 以上[38]。超滤膜是新型过滤除藻介质,聚氯乙烯和聚偏氟乙烯制成的超滤膜过滤去除水中藻体,去除率接近 100%[39]。

过滤介质对提高除藻效率的作用十分重要,采用不同的过滤介质,配合不同的工艺,得到的去藻效果不同[40]。通常湖泊水中的藻体可以利用过滤池或大型过滤器、滤床直接过滤,局部少量水体也可以利用滤网等介质进行微滤,以除去水中直径较大的浮游藻类,方法简单易行。

3.6 超声波除藻技术

超声波除藻是近年来国内外关注较多的一种环境友好型除藻技术。主要工作原理是利用超声波的空化泡共振效应、高温裂解效应、自由基氧化效应和微射流剪切效应，通过破坏藻类细胞壁直接除藻和抑制藻类细胞生长两种方式来控制水中藻类的生物量[41-42]。

相关试验表明，超声波预处理能明显增加絮凝沉降除藻率，且超声的频率越高、辐射功率密度越大，除藻效果越好[43-44]。付琨等对滇池水样进行试验，发现超声波可通过抑制叶绿素及藻胆体的合成，从而抑制藻类的生长[45]。以超声波除藻系统为基础的太阳能除藻仪，在护仓河治理工程中除藻效果较好[46]。

超声波除藻技术具有自动化操作、反应温和、速度快等优点，无化学药物参与，也不会产生二次污染。由于超声波的能量在传播过程中衰减得很快，超声波除藻技术不具有持续抑藻的能力，且超声波能耗大，单独使用时成本高、辐射范围有限，需要联合其他技术组合使用。

3.7　藻水分离技术

藻水分离技术是一种多工艺的组合除藻技术，"混凝沉淀+过滤""混凝沉淀+单级气浮"和"气浮+过滤"是常见的三种藻水分离工艺[47]。

目前，太湖、巢湖、滇池、洱海等国内多个湖泊已经建设起大规模的藻水分离站。高集约化表层蓝藻收集与高效分离技术能够快速清除表层蓝藻并就地分离[48]。基于气浮原理的藻水分离技术能够高效、快速、安全地清除蓝藻，蓝藻去除率高达 99.79%[49]。全自动船载藻水分离一体机，采用"石墨烯微絮凝藻水分离技术"可在蓝藻的全生长周期不间断地进行收集治理，从而有效控制蓝藻水华滋长[50]。巢湖中使用的藻水在线分离磁捕船在藻/水混凝阶段添加"磁种"，絮凝阶段通过磁场实现藻/水原位分离，有效减少蓝藻水华暴发频次和强度[51]。

藻水分离技术除藻效率高、实用性强，除藻的同时能够挟带大量的氮磷，具有广泛的应用前景。

3.8　其他抑藻技术

除上述除藻抑藻技术外，相关报道的一些新型抑藻技术也初见成效，如微电流电解抑藻技术、整流幕控藻技术等。其中，微电流电解抑藻技术是通过微电流电解在水中产生一系列半衰期较长的活性物质以抑制藻类的生长，适用于小型湖库、池塘、景观水体等的治理[52]。整流幕技术是应用水动力学原理，通过改变水库内利于藻类生长繁殖的水动力条件进而控制藻类生长，适用于水深较大，流速缓慢的河道、水库[53]。光催化抑藻技术是以纳米材料作为催化剂，利用光催化产生的大量活性基团和活性分子影响藻类的生理生化过程，既可破坏藻细胞本身又可抑制藻毒素释放，具有节能环保和无二次污染等优点[54]。但目前这些技术多处于室内试验或初期探索阶段，对于此类技术的实际应用效果还需更多的野外试验研究和中试验证。

4　结论与展望

蓝藻水华频发仍是许多湖库突出的生态环境问题。湖库蓝藻水华应急处理技术研究及应用依然任重道远。

（1）研究报道的一些应急治理技术仍处于试验探索阶段，尚无实际应用案例，应加快开展技术优化、中试验证和相关装备研发，推进实用高效的应急治理技术规模化应用与落地见效。

（2）智能化与绿色节能环保是今后湖库蓝藻水华应急治理技术及装备研发的一个重要方面。机械化水平低、能耗高的物理除藻技术装备，需加快技术装备智能化，同时考虑借助太阳能、风能等清洁能源，以达到提效降耗的目的；化学除藻技术要避免或降低有毒有害物质对水体的生态环境风险。

（3）蓝藻水华应急治理技术尤其适用于水华暴发初期的抑藻技术应用，要与湖库水质与富营养化监测预警系统相结合，实现水华防控的信息化管理和及早介入处置，提高抑藻效果和降低治理成本。

（4）对于大规模暴发水华的湖库而言，单一治理技术的处置效果有限，将具有协同治理作用的多种技术进行优化集成开发，同时将应急除藻技术与污染源削减技术、水生态修复技术有效衔接与组合，是今后湖库蓝藻水华防控研究的一项重点工作。

参考文献

［1］张兰婷. 富营养化蓝藻水华发生的主要成因与机制研究综述［J］. 水利发展研究, 2019, 19（5）: 28-33.

［2］Huisman J, Codd G A, Paerl H W, et al. Cyanobacterial blooms［J］. Nat. Rev. Microbiol, 2018, 16（8）: 471-483.

［3］周兵, 蔡小莉, 杨欣欣, 等. 蓝藻水华暴发成因的研究［J］. 环境科学与管理, 2020, 45（1）: 37-42.

［4］Michalak A M, Anderson E J, Beletsky D, et al. Record-setting algal bloom in Lake Erie caused by agricultural and meteorological trends consistent with expected future conditions［J］. Proceedings of the National Academy of Sciences of the United States of America, 2013, 110（16）: 6448-6452.

［5］Namsaraev Z, Melnikova A, Ivanov V, et al. Cyanobacterial bloom in the world largest freshwater lake Baikal［J］. IOP Conference Series Earth and Environmental Science, 2018, 121（3）: 032-039.

［6］王盼, 赵俊, 张闻. 太湖水富营养化蓝藻水华监测及控制研究［J］. 中国水能及电气化, 2021（5）: 27-30, 43.

［7］江苏省生态环境厅. 2020 年江苏省生态环境公报［R］. 2020

［8］方雨博, 王趁义, 汤唯唯, 等. 除藻技术的优缺点比较、应用现状与新技术进展［J］. 工业水处理, 2020, 40（9）: 1-6.

［9］何凤华. 提高水厂高藻期水处理能力的研究［D］. 天津: 天津大学, 2005.

［10］王应军, 全皓, 李娟. 过氧化氢除藻及相关环境条件优化［J］. 安全与环境学报, 2016, 16（5）: 247-252.

［11］张忠祥, 宋浩然, 张伟, 等. 高铁酸钾预氧化强化混凝除藻效能及机理研究［J］. 中国给水排水, 2019, 35（15）: 31-36.

［12］Wang Shuchang, Shao Binbin, Qiao Junlian, et al. Application of Fe（VI）in abating contaminants in water: State of art and knowledge gaps［J］. Frontiers of Environmental Science & Engineering, 2020, 15（5）.

［13］魏群, 王磊, 马湘蒙, 等. 淡水湖库蓝藻水华治理对策研究与展望［J］. 华北水利水电大学学报（自然科学版）, 2021, 42（1）: 22-30.

［14］呼书杰, 李绍秀, 赵德骏, 等. 氧化剂预氧化除藻生成有机副产物的研究进展［J］. 能源与环境, 2011（6）: 81-82, 89.

［15］孙永军, 吴卫杰, 肖雪峰, 等. 絮凝法去除水中藻类研究进展［J］. 化学研究与应用, 2017, 29（2）: 153-159.

［16］景二丹, 许小燕, 李丛宇, 等. 阳澄湖水源水中藻类的去除研究［J］. 中国给水排水, 2019, 35（13）: 43-46.

［17］肖利娟, 韩博平, 林秋奇, 等. HA1 絮凝剂在供水水库水华应急处理中的应用研究［J］. 环境科学, 2007（10）: 2192-2197.

［18］林洪, 苏玉萍, Balaji Prasath·Barathan, 等. 新型锁磷剂组合混凝剂调控富营养化水体沉积物研究［J］. 渔业研究, 2021, 43（1）: 13-20.

［19］靳晓光, 张洪刚, 潘纲. 阳离子化壳聚糖改性黏土絮凝去除藻华［J］. 环境工程学报, 2018, 12（9）: 2437-2445.

［20］Gang Pan, Bo Yang, Dan Wang, et al. In-lake algal bloom removal and submerged vegetation restoration using modified local soils［J］. Ecological Engineering, 2011, 37（2）.

[21] 田静思，都凯，王金恒，等．水华蓝藻物理控制方法研究进展［J］．资源节约与环保，2018（12）：45-46.

[22] 邱学尧，谢光娜．蓝藻打捞新思路［J］．有色金属设计，2018，45（4）：109-112.

[23] 楚维国，咸义，刘东征，等．一种吸取型表层蓝藻打捞船 CN211869629U［P］．2020-11-06.

[24] 朱喜，胡明明．中国淡水湖泊蓝藻暴发治理与预防［M］．北京：中国水利水电出版社，2014.

[25] 王寿兵，徐紫然，张洁．大型湖库富营养化蓝藻水华防控技术发展述评［J］．水资源保护，2016，32（4）：88-99.

[26] 高芮，唐晓先，蒋晨韵．引江济巢对巢湖水质及蓝藻水华的影响分析［J］．水资源开发与管理，2018（6）：54-57.

[27] 彭成荣，陈磊，毕永红，等．三峡水库洪水调度对香溪河藻类群落结构的影响［J］．中国环境科学，2014，34（7）：1863-1871.

[28] Yoshimasa Amano, Yusuke Sakai, Takumi Sekiya, et al. Effect of phosphorus fluctuation caused by river water dilution in eutrophic lake on competition between blue-green alga Microcystis aeruginosa and diatom Cyclotella sp.［J］. Journal of Environmental Sciences, 2010, 22（11）: 1666-1673.

[29] 陈雪初，孙扬才，张海春，等．遮光法控藻的中试研究［J］．环境科学学报，2007（11）：1830-1834.

[30] 张海春，丁炜，陈雪初，等．遮光曝气组合法控制微囊藻研究［J］．净水技术，2009，28（1）：31-34.

[31] 万蕾，朱伟．不同遮光方式的抑藻效果比较研究［J］．环境工程学报，2009，3（10）：1749-1754.

[32] 朱广一，冯煜荣，詹根祥，等．人工曝气复氧整治污染河流［J］．城市环境与城市生态，2004，17（3）：30-32.

[33] 边归国．湖库蓝藻水华防治及应急处置技术的新进展［J］．能源与环境，2011（1）：8-11.

[34] 黄廷林，朱倩，邱晓鹏，等．扬水曝气技术对周村水库藻类的控制［J］．环境工程学报，2017，11（4）：2255-2260.

[35] 江浩，吴涛．微纳米曝气技术在水环境治理方面的应用［J］．海河水利，2011（1）：24-26.

[36] 黄磊，林佳，苏玉萍，等．微纳米曝气组合技术控藻围隔试验研究［J］．福建师大福清分校学报，2019（5）：88-95，116.

[37] 周绪申，李慧峰，罗阳，等．应用不同材料过滤去除海河蓝藻水华研究［J］．环境科技，2012，25（6）：5-8.

[38] 李贵霞，刘艳芳，张自力，等．杨埠水库水的直接过滤除藻中试试验研究［J］．环境污染与防治，2013，35（3）：75-78，84.

[39] 李满屯．受污染水源水超滤组合工艺应用研究［D］．济南：济南大学，2013.

[40] 冯唐锴，司春灿，林英，等．过滤除藻介质及方法的研究进展［J］．安徽农学通报，2017，23（7）：101-102，116.

[41] 陈龙甫，姚娟娟，张智，等．超声波除藻的机制以及安全性研究进展［J］．四川环境，2014，33（1）：150-153.

[42] Zhipeng Duan, Xiao Tan, Niegui Li. Ultrasonic selectivity on depressing photosynthesis of cyanobacteria and green algae probed by chlorophyll-a fluorescence transient［J］. Water Science and Technology, 2017, 76（8）.

[43] 李丹华．基于超声原理的除藻抑藻技术研究［D］．杭州：浙江大学，2017.

[44] 李姣，田小方，赵以军，等．低功率密度超声波强化絮凝沉降除藻技术研究［J］．水生态学杂志，2019，40（2）：88-93.

[45] 付琨，高云涛，刘晓海．超声波抑制滇池水华藻类生长的实验研究［J］．化学与生物工程，2007（12）：64-65.

[46] 陈梁擎，樊宝康．水环境技术及其应用［M］．北京：中国水利水电出版社，2018.

[47] 张军，杨铮，李婷，等．藻水分离技术应用研究进展［J］．环境科学导刊，2019，38（S2）：97-99，111.

[48] 徐佳良，杨栋，陈嘉伟，等．适用船载的藻水高效分离技术研究［J］．中国环保产业，2019（4）：52-56.

[49] 胡明明，孙阳，匡民，等．蓝藻水华规模化清除技术应用研究［J］．环境科学导刊，2011，30（6）：62-64.

[50] 肖邦定，黄立新．一种全自动船载除藻的方法及设备：CN105833596B［P］．2019-03-26.

［51］傅代兵．藻水在线分离磁捕船在巢湖蓝藻污染防控中的应用［J］．通用机械，2019（7）：55-56，59.

［52］林莉，李青云，黄茁．湖库水华治理的微电流电解抑藻技术研究［J］．人民长江，2015，46（19）：79-82.

［53］啜明英，马骏，杨正健，等．整流幕在防控水库水华中的应用研究综述［J］．长江科学院院报，2018，35（10）：15-20.

［54］罗静．纳米材料光催化抑制藻类生长的研究进展［J］．市政技术，2020，38（4）：229-234，250.

水电对实现"双碳"目标贡献分析

曾晨军　黄本胜　刘树锋　魏俊彪　崔静思

（广东省水利水电科学研究院，广东广州　510610）

摘　要：水电是可再生的清洁能源，也是我国重要的发电类型。采用水电生命周期温室气体排放系数，系统地阐明了全国以及广东省水电在实现"双碳"目标的贡献，同时对广东省小水电的减排贡献进行了分析。结果表明，目前水电是我国实现温室气体减排贡献最大的能源类型；2020 年广东省水电替代传统火力发电的减排贡献相当于 0.09 亿~0.11 亿 t 标准煤；广东省小水电对全省温室气体的减排效应明显，亟待更科学全面的评估。

关键词：水电；小水电；温室气体；生命周期；贡献

1　引言

改革开放以来，巨大的能源消耗支撑了中国经济的飞速发展，也使中国成为了温室气体排放大国[1]。2020 年 9 月，习近平总书记在联合国大会上提出我国力争实现 2030 年前碳达峰、2060 年前碳中和的"双碳"目标[2]。2020 年 12 月，气候雄心峰会上提出：我国到 2030 年非化石能源占一次能源消费比重将达到 25%左右[3]。在"双碳"目标的指引下，优化调整能源结构势在必行。

水电是清洁的可再生能源，大力发展水电是实现"双碳"目标的重要举措。据中国电力企业联合会 2020 年的统计数据显示：截至 2020 年底，全国水电、火电、核电、风电、太阳能等发电类型的装机容量及发电量如表 1 所示[4]。其中，水电装机容量占比为 16.82%，发电量占比达到 17.83%，均仅次于火电，是我国主要的发电方式之一。小水电是我国水电发展的重要组成部分，可开发量占我国水资源总量的 1/5（相当于 6 个三峡水电站）[5]。

表 1　2020 年装机容量及发电量占比

发电种类	装机容量/万 kW	装机容量占比/%	发电量/亿 kWh	发电量占比/%
水电	37 000	16.82	13 600	17.83
火电	125 000	56.82	51 700	67.77
核电	4 989	2.27	3 662	4.80
风电	28 000	12.73	4 665	6.11
太阳能	25 000	11.36	2 661	3.49
总计	219 989	100.00	76 288	100.00

作者简介：曾晨军（1990—），男，博士研究生，研究方向为生态水力学。

尽管水电被认为是清洁能源，但是为了开发水电能源，不可避免地需要对自然进行改造，施工、运行和退出的过程涉及能源消耗和温室气体排放，因此水电应属于温室气体"低排放"电力类型。为探究水电与小水电对温室气体的减排贡献，本研究选取 2020 年全国以及广东省的发电数据，从国家与省级层面，系统分析水电与小水电的温室气体减排量，同时与其他电力类型的温室气体减排量进行对比，旨在揭示水电与小水电在实现"双碳"目标中的贡献与地位，以期为国家制定有效的温室气体减排策略提供相关依据。

2 研究方法

2.1 水电温室气体排放系数

目前，主要采用生命周期评价方法，对水电站在建设、运行、退出、拆除的过程中的温室气体排放进行评估，其特征参数为温室气体排放系数。通过查阅相关文献，统计了国内外水电站的温室气体排放系数（见表2），结果表明，尽管水电站的装机容量差异较大，但是温室气体排放系数范围整体处于 $4.33 \sim 44.00$ g（CO_2）/kWh 区间，与早期相关研究的结果 [$2 \sim 48$ g（CO_2）/kWh] 基本一致。因此，本研究采用的水电温室气体排放系数为 $4.33 \sim 44$ g（CO_2）/kWh[9]。

表 2 国内外水电站温室气体排放系数统计

序号	水电站	装机容量/MW	温室气体排放系数/[g（CO_2）/kWh]	作者
1	石门	95	8.04	Jiang Ting[6]
2	可渡河一级	60	13.05	杜海龙[7]
3	向家坝	6 400	6.32	
4	溪洛渡	12 600	4.39	
5	白鹤滩	16 000	9.14	
6	乌东德	10 200	7.22	
7	观音岩	3.2	28.40	Pang Mingyue[8]
8	糯扎渡	5 850	10.04	张社荣[9]
9	Mae Thoei	2.25	22.70	Sunwanit[10]
10	Mae Pai	2.5	16.30	
11	Mae Ya	5.1	11.00	
12	Mae San	6	23.00	
13	Nam Man	1.15	16.50	
14	Itaipu station	14 000	4.33	Ribeiro[11]
15	三插溪电站	44	44.00	Zhang Qinfen[12]
16	高坝洲	252	9.06	邹治平等[13]

2.2 其他电力类型温室气体排放系数

对其他电力类型的温室气体排放系数进行统计（见表 3）可以发现，火电的温室气体排放系数变化范围为 1 083.7~1 341.9 g（CO_2）/kWh[14]，核电的温室气体排放系数变化范围为 7.0~13.0 g（CO_2）/kWh[15]，风电的温室气体排放系数变化范围为 6.0~9.0 g（CO_2）/kWh[16]，太阳能光伏发电的温室气体排放系数变化范围为 20.0~40.0 g（CO_2）/kWh[17]。

表 3 其他发电类型温室气体排放系数

电力类型	火电	核电	风电	太阳能光伏发电
排放系数/ [g（CO_2）/kWh]	1 083.7~1 341.9	7.0~13.0	6.0~9.0	20.0~40.0

2.3 减排贡献计算

在分析不同发电技术生命周期温室气体排放的基础上，以 2020 年为例，采用全国和广东省各发电类型的发电量与各发电类型温室气体排放系数，计算水电等新能源发电技术替代传统火力发电的减排能力，对比分析水电在新能源发电技术中的减排贡献。同时，采用 2019 年广东省小水电发电量，分析小水电的减排贡献。

3 结果与讨论

3.1 全国水电与其他新能源温室气体减排贡献

基于表 1 中 2020 年全国各发电类型的发电量，以及各发电类型生命周期温室气体排放系数统计结果（见表 2 和表 3），计算 2020 年新能源发电替代火电对温室气体减排的贡献（见表 4）。结果表明，2020 年，全国新能源发电对温室气体减排量为 25.8 亿~32.8 亿 t，相当于 10.4 亿~13.2 亿 t 标准煤，其中水电占比达到 55.1%，是温室气体减排贡献量最大的新能源电力类型。这主要是因为水电的发电量占新能源发电类型发电量的 55.3%，同时，水电与其他新能源发电类型的温室气体排放系数相差不大。

表 4 2020 年新能源发电替代传统火电对温室气体减排的贡献

电力类型	水电	核电	风电	太阳能光伏发电
年发电量/亿 kWh	13 600	3 662	4 665	2 661
减排量/亿 t	14.1~18.2	3.9~4.9	5.0~6.2	2.8~3.5
减排等价标准煤/亿 t	5.7~7.3	1.6~2.0	2.0~2.5	1.1~1.4
减排量比例/%	55.1	15.0	19.1	10.8

3.2 广东省水电与其他新能源温室气体减排贡献

广东电力市场 2020 年度报告统计结果表明（见表 5），2020 年广东省发电量 4 780 亿 kWh，其中火电为 2 460 亿 kWh，占比最高达到 51.5%，水电为 204 亿 kWh，占比 4.3%。采用表 2 中水电生命周期温室气体排放系数估算得到，2020 年广东省水电替代传统火力发电的减排贡献达到 0.21 亿~0.27 亿 t，相当于 0.09 亿~0.11 亿 t 标准煤。

表 5 　2020 年广东省发电结构

发电类型	火电	气电	水电	核电	风电	太阳能	其他
发电量/亿 kWh	2 460	748	204	1 032	97	45	194
占比/%	51.5	15.6	4.3	21.6	2.0	0.9	4.1

3.3　广东省小水电温室气体减排贡献

截至 2019 年底，广东省共有小水电站 9 932 座，总装机容量 760 万 kW，小水电总数和装机容量分居全国第一位和第三位。国家统计局统计数据显示，2019 年广东省全省发电量 5 051.02 亿 kWh，其中水力发电量 391.01 亿 kWh，小水电 239.48 亿 kWh，在全省发电量中的占比为 4.74%。尽管小水电发电量在全省发电量中的占比不大，但是小水电在全省水力发电量中的占比达到 61.2%，是广东省水力发电的主力。2019 年小水电替代传统火力发电的减排贡献达到 0.25 亿~0.32 亿 t，相当于 0.10 亿~0.13 亿 t 标准煤。2021 年广东出台小水电清理整改方案，将有序退出涉自然保护区、严重破坏生态环境的违规小水电，鉴于小水电在全省温室气体减排中的贡献，建议在确定退出类小水电的过程中，考虑其在温室气体减排中的作用，综合分析小水电退出的合理性。

4　结论

（1）水电是全国新能源电力温室气体减排贡献占比最高的发电类型，对实现"双碳"目标具有重要意义。

（2）2020 年广东省水电替代传统火力发电的减排贡献相当于 0.09 亿~0.11 亿 t 标准煤。

（3）广东省小水电为全省温室气体减排发挥了重要贡献，建议在确定退出类小水电时，需要考虑其温室气体减排贡献，以实现更科学全面的评估。

参考文献

［1］程莉，孔芳霞，周欣，等. 中国水电开发对碳排放的影响研究［J］. 华东理工大学学报（社会科学版），2018，33（5）：75-81.

［2］胡鞍钢. 中国实现 2030 年前碳达峰目标及主要途径［J］. 北京工业大学学报（社会科学版），2021，21（3）：1-15.

［3］项目综合报告编写组.《中国长期低碳发展战略与转型路径研究》综合报告［J］. 中国人口·资源与环境，2020，30（11）：1-25.

［4］中国电力企业联合会. 2020 年全国电力工业统计快报数据一览表［R/OL］.［2021-01-20］. https：//cec.org.cn/detail/index.html？3—292820.

［5］王亦楠. 落实"碳达峰碳中和"须纠正对小水电的偏见［J］. 中国经济周刊，2021（9）：106-109.

［6］Jiang T，Shen Z Z，Liu Y，et al. Carbon footprint assessment of four normal size hydropower stations in China［J］. Sustainability，2018，10（6）：1-14.

［7］杜海龙. 金沙江大型水电站碳足迹的生命周期分析研究［D］. 重庆：中国科学院大学，2017.

［8］Pang M Y，Zhang L X，Wang C B，et al. Environmental life cycle assessment of a small hydropower plant in China［J］. The International Journal of Life Cycle Assessment，2015，20（6）：796-806.

［9］张社荣，庞博慧，张宗亮. 基于混合生命周期评价的不同坝型温室气体排放对比分析［J］. 环境科学学报，2014，34（11）：2932-2939.

［10］Suwanit W，Gheewala S H. Life cycle assessment of mini-hydropower plants in Thailand［J］. International Journal of Life Cycle Assessment，2011，16（9）：849-858.

［11］De Ribeiro F M，Da Silva G A. Life-cycle inventory for hydroelectric generation：a Brazilian case study ［J］. Journal of Cleaner Production，2010，18（1）：44-54.

［12］Zhang Q F，Karney B，Maclean H L，et al. Life-cycle inventory of energy use and greenhouse gas emissions for two hydropower projects in China ［J］. Journal of infrastructure systems，2007，13（4）：271-279.

［13］邹治平，马晓茜，赵增立. 水力发电工程的生命周期分析 ［J］. 水力发电，2004，30（4）：53-55，62.

［14］狄向华，聂祚仁，左铁镛，等. 中国火力发电燃料消耗的生命周期排放清单 ［J］. 中国环境科学，2005，25（5）：632-635.

［15］特伦布莱 A. 水库水质与温室气体排放的关系 ［J］. 马元，王廷，译. 水利水电快报，2006，27（15）：19-21.

［16］邹治平，马晓茜. 风力发电的生命周期分析 ［J］. 中国电力，2003，36（9）：83-87.

［17］Jungbluth N，Bauer C，Dones R，et al. Life cycle assessment for emergingtechnologies：case studies for photovoltaic and wind power ［J］. Energy Supply，2005，10（1）：1-11.

小水库督查工作思考

王光磊　刘媛媛

（松辽水利委员会水文局（信息中心），吉林长春　130021）

摘　要： 小型水库督查是为全面提升幸福河湖建设，查找安全运行薄弱环节，有效防范和遏制梳理风险开展的重要工作。结合小型水库督查实际，本文总结了检查工作中存在的问题，思考监督检查工作怎样积极有效开展，提出要强化依法监管，继续加强督查法制化建设，信息化辅助模式，结合平台智能化整合提升督查能力。

关键词： 小型水库；督查

1　引言

小型水库在我国农业农村生产中占有非常重要的地位且数量众多，截至 2018 年底，全国小型水库数量达到 94 132 座，较 1973 年新增 24 117 座，总库容增加约 263 亿 m³。中华人民共和国成立 70 多年以来，江河干流防洪减灾体系基本形成，但部分中小河流漫堤溃堤、中小水库出险等防洪薄弱环节仍然存在。据有关统计，截至 2011 年，我国已发生溃坝水库 3 462 座，其中小型水库有 3 336 座，占溃坝总数的 96.4%，成为防汛工作的薄弱环节[1]。自 2001 年至 2010 年底，我国共计确定了 7 983 座小型水库除险加固工程，水行政主管部门陆续出台了《全国重点小型病险水库除险加固规划》及相关实施方案，但小型水库安全度汛问题仍是社会关注的重点。与此同时，还有部分工程由于管理不善发生淤积等情况，已不能继续发挥效益，运行管理问题十分突出。

2　现状及问题

2.1　目标和范围

为基本摸清全国小型水库安全运行情况和风险状况，全面查找安全运行薄弱环节，有效防范和遏制水利风险，同时更好地压实地方水库安全运行管理和监督责任，促进小型水库工程管理水平提升，确保度汛安全，促进幸福河湖建设，国务院水行政主管部门组织开展了小型水库安全运行专项检查工作。2019 年完成了对 6 549 座小型水库的安全运行专项检查，2020 年完成小型水库全覆盖检查，包括抽取 6 500 座小型水库检查及对 2019 年度发现存在重大安全隐患的水库进行复查，同时要求省区完成未检查过的小型水库全覆盖检查。

2.2　依据和内容

工作的开展主要依据《小型水库安全运行监督检查办法（试行）》和《2020 年小型水库安全运行专项检查问题清单》等相关规定。开展检查的主要内容包括七个方面：一是效益发挥情况，通过调查问询和查阅资料了解小型水库效益实际发挥情况。二是"三个责任人"落实履职情况，主要包括行政、技术、巡查责任人落实情况、参加培训情况及履职情况等。三是"三个重点环节"建设落实情况，主要包括调度运用方案和应急预案制订、批复、演练和落实情况，水雨情预测预报能力建设落实情况，汛限水位执行以及病险水库降低水位或空库迎汛情况，四是运行管理情况，主要包括水库注册登记、公示、日常维修养护情况，日常运行管理经费保障落实情况和执行限制（汛限）水位情

作者简介： 王光磊（1981—），男，高级工程师，主要从事水文水资源管理工作。

况等。五是工程实体情况，主要包括挡水建筑物、泄洪建筑物和放水建筑物的安全运行状况。六是安全鉴定和除险加固情况，主要包括是否按照规定进行了安全鉴定，安全鉴定的程序、内容、单位资质是否符合规定，对安全鉴定为三类坝的水库是否采取了限制运用措施、是否及时进行除险加固，除险加固是否严格按照安全鉴定意见和批复内容实施，除险加固是否超工期、投入运行前是否蓄水验收等。七是金属结构机电设备情况，主要包括金属结构和机电设备的运行使用和维修养护情况等。

2.3 工作流程

小型水库安全运行检查工作涉及多个专业领域和工作层级。流域水行政主管部门负责本流域内专项检查工作的具体实施。首先从监督专家库中选择适合此项工作的专家和人员，完成检查人员的召集和检查组组建，具体细化任务，对工作任务和计划进行分解落实，确定检查任务的实施批次，划分各工作组的分工任务，确定工作组最终人员组成和各组详细工作计划等，按工作任务和工作组组成人员实际情况组织开展相关培训，在此基础上编制完成检查工作实施方案。本流域受高纬度气候条件限制，现场检查工作一般在 4 月末开展，各工作组在现场工作中按照有关标准要求完成检查任务，并向当地水行政主管部门及时反馈检查问题。工作组对检查成果通过会商等方式提出整改问题措施建议，在工作完成后及时提交工作报告、附表及图片、视频等配套附件材料。检查问题向省级人民政府（自治区、直辖市）通报或处罚，省级人民政府完成认领、整改等工作。检查工作的范围覆盖了全部小型水库，以"四不两直"方式抽选小型水库开展检查，同时对曾发现存在重大安全隐患的水库按要求进行复查。

2.4 主要存在的问题

对流域范围内抽取了 70 座小型水库开展安全运行专项检查，共记录 286 项安全运行问题，其中一般安全隐患 58 项，占 20.2%；重大安全隐患 24 项，占 8.3%，其他问题对水库工程总体工况影响不大，水库可以正常运行。按照问题数量从高到低依次是，在工程实体方面发现 93 项问题，在"三个重点环节"落实情况方面发现 48 项问题，在运行管理方面发现 42 项问题，在日常巡查及维修养护方面发现 32 项问题，在防汛"三个责任人"落实情况方面发现 27 项问题，在综合管理方面发现 25 项问题，在设备设施方面发现 19 项问题。

比较普遍的问题包括：①水库溢洪道存在溢流面、消力池边墙、护坡等裂缝、破损或水毁情况，行洪通道上有草木生长、布设拦渔网或存在弃石、弃渣及引水渠淤积等问题；②部分水库的坝坡存在树木生长，有些已经出现了冲沟，有些灌溉电源不满足用电安全管理，部分水库的输水闸门启闭设备存在老化或损坏。③部分水库存在严重的超汛限、超正常高水位运行情况，部分水库未按要求开展大坝安全监测，库区有取土、弃石、垃圾和修建活动板房及养殖大棚等情况。④水库缺乏雨水情预测预报能力，部分水库的雨水情监测设施老化或损坏，对雨水情观测的准确性有较大影响。⑤个别水库的应急预案还不具备可操作性，部分水库没有开展针对应急预案或调度方案的演练，水库安全度汛存在隐患。⑥相比行政责任人和技术责任人存在的问题，巡查责任人的履职情况偏差，由于知识背景相对更加薄弱及安全责任意识不强等问题，部分巡查记录存在漏记、错记情况，有些巡查责任人甚至不能较好地掌握观测设备的使用方法。此外，有 10 座小型水库的基础信息缺少注册登记号，部分水库注册信息更新不及时。⑦部分小水库仪器装备自动化程度不高，运行管理比较传统，与现代化管理脱节。

3 督查的举措

3.1 积极推进依法监管落实具体责任

依据水法、防洪法及相应行政管理条例，结合流域管理实际，强化依法监督管理和开展专项检查工作。细化和落实行政条例与有关管理规定、办法的有序衔接，提升管理条例在实际工作中的可操作性。规范和完善处罚及问责的闭环管理，强化处罚措施和问责的力度和效力，增强对"三个责任人"，尤其是行政责任人的监督，与国家纪律监督部门开展联动协同工作检查组在工作中依法依规

"客观公正""严谨精准""规范高效"地开展检查工作，严格遵守中央八项规定精神要求和廉洁工作纪律，严格落实"四不两直""暗访""信息保密"等工作要求。

3.2 完善专业督查配备优化工作模式

从监督体制、机制和能力建设入手，着力构建务实、高效、管用的监管体系。小型水库安全运行专项检查工作以专职监管队伍为基础，抽调职能部门和技术支撑部门的专家和专业技术骨干，组成检查组。检查组人员在开展工作前，根据检查内容和工作要求，有针对性地开展技术培训，确保检查组成员对检查内容、检查方法及问题的定性和责任追究标准等方面能够熟练、全面覆盖性的掌握。检查组专家和带队组长要具有水利工程、防洪减灾、工程建设与运行管理、行政法规等方面较为全面的知识储备和经验，同时还需要较强的协调能力和信息化能力。业务人员具备多面性工作模式如无人机操控和专业图形软件应用数据库处理能力。合理的人员配备是检查组协同工作、准确归类和定性问题，确保检查结果的统一、做好现场取证及原始资料采集工作、严格细致地核对数据和及时提交工作成果的重要保障。

3.3 深度业务创新增加辅助手段

安全检查专项工作要求对发现的问题要做好现场取证及原始资料的采集工作，反映问题实际情况，确保证据实时、真实、完整、可查；对工作成果要进行细致核对，做到数据翔实准确、前后闭合，确保成果质量，但实际检查工作量大、点多，检查项目内容繁杂，要提高专项检查工作的效率效果，就需要提高信息化方式提升检查辅助手段和能力。一方面，小型水库由于建设年份早、建设水平低、管理薄弱等因素，有些小型水库还没有注册登记号，或注册登记信息未及时更新，水库工程的基本信息存在缺失，有些水库的空间位置信息与实际情况还有差异，有些水库所在乡（镇）的行政区划已发生变化，但工程基本信息没有得到及时更新，需要具有易操作、高效率、免安装等特点的信息化手段，为小型水利工程管理单位及时注册、更新维护工程基础信息，为监管部门及时获取更新的基础信息，有效辅助检查工作开展提供支撑。统一的、互通的、更新维护及时的基础信息也可为流域管理机构与有关省统一协调检查计划，避免重复检查提供支撑。另一方面，由于小型水库管理归属和层级相对复杂，水库的工程实体和水库管理单位的空间位置有时相隔较远，有时会遇到工程实体在乡村，而管理单位却在市镇，且目前工作中所使用的导航信息点一般到乡（镇）级，而工程实体所在的乡村道路导航信息还相对偏少，给监管工作按既定时间计划实施带来较大的困难，尤其在一些地广人稀的地区，迫切需要更加细致、时效性高的路线、导航信息以及能够支撑更合理的工作计划路线规划和路线调整的信息化手段。同时，还需要更加专业的专项检查工作业务平台，提供更稳定可靠数据处理能力，平台具有数据异地备份，业务异地传输等基本功能增加督查时效性。

3.4 利用智慧水利提高监管能力

在"三新一高"的要求下，小型水库专项检查工作加强对数据的运用。在获取数据方面，目前利用人工智能通过遥感影像、无人机巡测和视频实时监测等数据资料分析获取监督管理对象工程实体和运行参数等方面存在的疑点和问题的技术，达到数据共享和应用，方便基层工作人员科学、合理地制订检查计划和开展工作。要充分优先利用大数据、人工智能等新技术的融合，分析数据内在关联和问题，找到共性现象及科学的解决办法，将传统的"查记录""看现场"等工作模式升级为"从数据中透视问题"，及时、精准地发现和了解小型水库工程运行管理中的问题，尤其是有重大安全隐患的苗头性倾向性问题，从而实现监督关口前移。

4 思考与建议

4.1 继续加强督查法制化建设

近年来，随着我国监管法治体制机制的快速建立健全和水利行业监管网络的形成，水利专项监督检查全面铺开，尤其是对小型水库安全运行的专项检查，为水旱灾害防御夺取重大胜利提供了基础性保障，建立健全督查机制体制，建立健全全面法制化十分必要，加强全面推进督查细则，落实制度确保落实主体责任。

4.2 加强小水库自动化平台建设有效推进督查的时效性

加强小水库基础信息化建设，增加雷达水位自动测报系统和小水库预警预报系统平台，水库雨水情测报、大坝安全监测系统的建设对提高小水库运行安全十分必要，多平台的建立有效推进督查的智能化和时效性。

4.3 结合信息智能化提升督查能力

提升小型水库督查信息智能化能力，找准信息智能化与专项检查工作的结合点，推动监管工作向信息化、智能化方向发展，在智慧水利、智慧流域框架下，提高发现问题的本领，提升系统化解决问题的能力，使监管工作客观高效。

4.4 建立健全小水库统一协调管理机制

小水库管理机制体制繁杂，建立健全统一协调管理机制，推动建设幸福河湖十分必要。

参考文献

[1] 中华人民共和国水利部. 2020 中国水利发展报告 [M]. 北京：中国水利水电出版社，2020：69-71.

基于水质的"受纳水体-入河排污口-排污单位"全过程监管技术及案例研究

叶维丽[1] 覃 露[2]

(1. 生态环境部环境规划院京津冀区域生态环境研究中心，北京 100012；
2. 清华大学，北京 100012)

摘 要： 本研究从水质改善角度出发，将"受纳水体-入河排污口-排污单位"全过程监管拆解为"受纳水体-入河排污口"以及"入河排污口-排污单位"两个监管节点。"受纳水体-入河排污口"监管以流域排放标准为载体，明确响应关系，通过约束入河排污口污染物排放浓度的方式确定排放浓度限值要求。"入河排污口-排污单位"监管以许可排放量为载体，确定入河排污口许可排放量削减要求，再将削减任务分配到各排污单位。研究以北京清河流域为案例对全过程监管技术进行了验证，提出了清河流域在不同达标要求情景下的入河排污口及排污单位管控对策。

关键词： 入河排污口；排污许可；断面水质；排放标准

基于水质的"受纳水体-入河排污口-排污单位"全过程监管，本质是建立排污单位与受纳水体的水质响应关系，其问题核心一方面在于通过模型模拟建立相对准确的响应关系；另一方面在于设计规范化的前置决策过程，建立考虑经济成本的响应关系需求识别体系。排污单位与水质响应关系研究最广为人知的案例当属美国借助国家污染物排放限值体系（National Pollutant Discharge Elimination System，NPDES）许可证实施的流域每日最大负荷总量（Total Maximum Daily Loads，TMDL）计划。在中国开展类似于 TMDL 计划这样精细化的流域管理存在经济技术和管理水平不足的困难。业内常见的水质机制模型方法已经相对成熟，重点在于将以往缺失的入河排污口作为重要节点纳入研究体系。具体需要构建基于水质的流域排放标准和排污许可技术需求识别链，通过迫切度、可行性筛选，选取条件完备、具有水质改善迫切性的流域或汇水单元率先建立响应关系、实施基于水质的排放限值。

1 以入河排污口为节点的"受纳水体-入河排污口-排污单位"响应关系分解

将流域水质-排污单位响应关系分解为断面水质-入河排污口响应关系及入河排污口-排污单位响应关系两个阶段进行研究。

断面水质-入河排污口响应关系主要指根据流域水质目标要求，确定能够使其达标的入河排污口污染物排放浓度与排放量，将入河排污口排放浓度限值体现在流域排放标准中予以管控。建立该响应关系主要考虑入河排污口与控制断面之间的水文水质等自然扩散、闸坝管控等因素。

入河排污口-排污单位响应关系主要指根据入河排污口的管控要求，以及入河排污口与其所承接的排污单位对应关系，将入河排污口的污染物排放浓度与排放量管控要求递推到排污单位，从而确定排污单位应执行的污染物排放浓度限值与排放量限值，前者在流域排放标准中予以管控，后者在排污许可证中予以体现。建立该响应关系主要考虑共同使用一个入河排污口的各排污单位之间污染管控的

基金项目： 水体污染控制与治理科技重大专项（2018ZX07111001）。

作者简介： 叶维丽（1984—），女，硕士研究生，研究方向为入河排污口、排污许可、排放交易等污染源管理政策。

公平性、有效性等因素。

对于部分汇水单元,其排污单位与入河排污口主要是一一对应的关系,通过断面水质-入河排污口响应关系确定入河排污口管控要求后,基本能够控制入河排污口对应的排污单位排放情况,可以极大减少管控成本。对有些无法达到排放浓度或总量管控要求的入河排污口,管理部门可以通过取缔、合并等方式进行精准管控。对于部分汇水单元,其入河排污口已经是整合后的结果,一个入河排污口可能对应多个排污单位,情况相对复杂,管理部门可通过入河排污口管控确定优先需要监测监管的入河排污口,明晰重点,再根据公平性或效率性原则进行排污单位排放量削减管控。

2　断面水质-入河排污口监管

断面水质-入河排污口响应关系是指降低控制断面污染物浓度,入河排污口排放的污染物也相应降低的数量关系。在断面水质-入河排污口响应关系中,通过约束入河排污口污染物排放浓度的方式确定流域排放标准,从而达到改善水质情况,因此确定满足流域水质目标的入河排污口污染物排放限值是关键问题。

一般建立响应关系均是从"断面水质-入河排污口"的方向进行模拟,以断面水质情况倒推入河排污口的污染物排放限值。在该过程中,理论上的入河排污口污染物排放限值可以有无数解,而研究需要解决的是如何设置社会、经济、技术的约束条件,使得该排放限值获得一定条件下的最优解。本研究讨论了断面水质-入河排污口响应关系建立方法及其机制,各类汇水单元根据自身水体特点,推荐了不同的响应关系建立方法。

根据断面水质-入河排污口响应关系方法的难易程度、数据需求量以及精细程度的要求,将有水质改善需求的各类汇水单元进行分类,将断面水质-排污口响应关系的方法归纳为简单响应、统计模型及机制模型三个层面,并将不同类型汇水单元与不同推荐级别的响应关系对应起来。

目前,能够建立断面水质-入河排污口响应关系的模型较多,还包括了大量现有模型的延伸版本及自研模型。本研究经过初步筛选与梳理,推荐了一批较为常见、使用基础较为广泛的模型方法,详见表1。

表 1　常用响应关系模型方法推荐

响应方法	推荐模型方法名称	说明
简单响应	同限值排放分配法	确定汇水单元水质改善目标或比例,根据排放水量得出满足该比例的污染物排放浓度限值,应用于汇水单元内的所有入河排污口及点源
	入河排污口等比例分配法	确定汇水单元水质改善浓度比例,按各入河排污口的污染物排放量进行排放或削减比例的等比例分配,再确定入河排污口-污染源的分配比例
	所有污染源等比例分配法	确定汇水单元水质改善浓度比例,对所有污染源进行同等比例削减,确定点源排放浓度限值
	按贡献率削减分配法	以污染源对控制断面水质的贡献率为权重,分配该区域的允许排放量及排放浓度限值
统计模型	基于统计学习的动态模型法	一种自研的统计模型法,将河流概化为一维模型,统计分析入河排污口排放情况,设定数学最优解,确定排放限值及排放量分配方案,可应用于城市小微河网
	其他统计模型法	其他基于污染物排放效率评估的入河排污口排放限值确定方法

续表1

响应方法	推荐模型方法名称	说明
机制模型	MIKE	(1) 能够模拟河网、湖泊、海岸、河口和滩涂等地区； (2) 包括 MIKE11、MIKE21 等模型，可应用于不同条件场景
	QUASAR	一维动态综合水质模拟模型，可随机模拟中大型的，受废水排污口、取水口和水工建筑物等多种因素影响的枝状河流体系
	WASP	能分析动态或稳态下的一、二、三维湖泊、河口水质问题，可针对常规污染物和有毒污染物在水中的迁移和转化规律，及其运输和归趋问题的模拟，常与 EFDC 耦合使用进行水质模拟
	EFDC	(1) 可用于包括河流、湖泊和近岸海域一、二、三维等地表水水质的模拟，同时可进行点源和非点源的污染模拟，有机物迁移、归趋等； (2) 可快速耦合水动力、泥沙和水质模块
	CE-QUAL-W2	(1) 可模拟点源和非点源污染问题； (2) 通常用于二维分析，侧重于狭长水体纵向水质梯度变化研究
	HEC-RAS	(1) 可模拟河道一维恒定流、一维/二维非恒定流、一维泥沙输移/水质模型； (2) 支持坝、堰、堤、桥梁、涵管、闸门等水工建筑物的水力建模模拟

在表1的基础上，本研究从经济性、实用性角度出发，通过优选、比对，提出了确定各类汇水单元及各层响应关系级别下所优先推荐的响应关系建立方法，详见表2，各种推荐方法之间按优先度排序。

表2　各类汇水单元响应关系确定方法

汇水单元分类		响应关系推荐级别	响应关系确定方法推荐（按优先度排序）
以点源排放为主的汇水单元	常规点源排放方式为主的汇水单元	统计模型法> 机制模型法	基于统计学习的动态模型法、其他统计模型法、QUAL2K、MIKE、EFDC、QUASAR、HEC-RAS
	点源为主且超标排放严重的汇水单元	简单响应法>统计模型法>机制模型法	同限值排放分配法、入河排污口等比例分配法、所有污染源等比例分配法、按贡献率削减分配法、基于统计学习的动态模型法、其他统计模型法、QUASAR
	点源为主且为劣Ⅴ类水体汇水单元	简单响应法>统计模型法>机制模型法	同限值排放分配法、入河排污口等比例分配法、所有污染源等比例分配法、基于统计学习的动态模型法、其他统计模型法、QUASAR
复合型汇水单元	—	机制模型法>统计模型法>简单响应法	SWAT、CE-QUAL-W2、QUAL2K、MIKE、基于统计学习的动态模型法、其他统计模型法、同限值排放分配法、入河排污口等比例分配法
以非点源排放为主的汇水单元	—	简单响应法>机制模型法>统计模型法	同限值排放分配法、入河排污口等比例分配法、所有污染源等比例分配法、SWAT、CE-QUAL-W2、MIKE、WASP、基于统计学习的动态模型法、其他统计模型法

3 入河排污口-排污单位监管

3.1 入河排污口与排污单位的对应关系

入河排污口-排污单位响应关系建立的关键问题为入河排污口与排污单位之间的对应关系，一般来说可以分为"一对一"及"一对多"情况。

"一对一"即一个入河排污口对应一个排污单位，常见于直接排放的工业企业、污水处理厂、规模化畜禽养殖场等已经被纳入排污单位管控体系多年、管理水平较为完备的排污单位。

"一对多"指的是一个入河排污口对应多个排污单位的情形，常见于工业园区内多个企业共用一个污水处理设施或各自处理后共用一个入河排污口的情形，农村生活排污口接纳各种散排污水的情形，以及灌区灌渠排污口接纳工业、农村生活、养殖等各类排污主体的情形。"一对多"的对应关系中，需要探讨的关键问题为各排污单位对该入河排污口的排放贡献与削减责任问题，涉及公平、效率、削减成本、责任主体明晰等要素。

3.2 响应关系与排污许可证的衔接

基于流域排放标准的排污许可量核定方法，主要是基于多层识别及多级优化，首先确定入河排污口许可排放量削减要求，再将削减任务分配到各排污单位，在各排污单位现有许可排放量的基础上进行削减。有核发权的地方生态环境部门可根据需要将年许可排放量按季、月、日进行细化。重污染行业优先削减法、等比例削减法、行业处理费用加权等比例削减法、总处理费用最小单目标优化法、边际效益最大法、排污指标有偿加权分配法、多目标优化法等方法均可用于开展许可排放量分配核定。本研究将其按照优先序进行排序，详见表3。

表3 各种情形下排污单位许可排放量确定方法

汇水单元水质状况	入河排污口与排污单位对应关系	入河排污口许可排放量	推荐排污单位许可排放量确定方法
汇水单元水质达标	所有排污单位	不变	采用所属行业排污许可证申请与核发技术规范规定的方法计算各排污单位许可排放量
汇水单元水质不达标	入河排污口只接受一个排污单位废水	削减	采用所属行业排污许可证申请与核发技术规范规定的方法计算各排污单位初始许可排放量，按照可行性原则依次选取重污染行业优先削减法、等比例削减法、行业处理费用加权等比例削减法、总处理费用最小单目标优化法、边际效益最大法、排污指标有偿加权分配法、多目标优化法等方法确定各排污口许可排放量削减量分配情况，确定各排污单位最终许可排放量
	入河排污口接收多个排污单位废水	削减	采用所属行业排污许可证申请与核发技术规范规定的方法计算各排污单位初始许可排放量，按照可行性原则依次选取重污染行业优先削减法、等比例削减法等方法确定各排污口许可排放量削减量分配情况，再依次选取重污染行业优先削减法、等比例削减法、行业处理费用加权等比例削减法、总处理费用最小单目标优化法、边际效益最大法、排污指标有偿加权分配法、多目标优化法等方法确定每个排污口各排污单位削减量及最终许可排放量
	入河排污口接收集中式污水处理设施废水	不变或自愿削减	集中式污水处理设施：通过提标改造减少许可排放量；接入集中式污水处理设施的排污单位：通过与集中式污水处理设施协商确定各自需要减少的许可排放量

4 北京清河流域案例研究

4.1 案例区域介绍

明确拆分"断面水质-入河排污口"响应关系及"入河排污口-排污单位"响应关系后，便可以通过流域排放标准与排污许可管理体系，对"受纳水体-入河排污口-排污单位"响应链进行全过程监管。本研究以北京清河流域为案例开展了现场采样、监管分析及模型模拟。

清河是北京市的主要排洪河流之一，属于北运河流域，全长 23.7 km，流域面积 210 km²。清河发源于西山碧云寺，自西向东流经海淀区、朝阳区和昌平区，于顺义区汇入温榆河，沿途经过商业区、居民生活区、城市绿地公园区以及农郊区等。清河流域流经多个城市森林公园、园林景区及多所院校，流域两岸分布商业区及居民生活区，是北京市城市北部数家污水处理厂的重要受纳水体，自净能力较差。

4.2 案例区域数据收集与流域水质改善需求判定

本研究以汇水单元水质改善需求的流域和水质维持型的流域作为判断依据，对清河流域管理需求分析进行了评估。基于清河的清河闸和沙子营国控断面月均监测数据，清河流域清河闸断面 2015 年全年超标，2015—2019 年月均达标率 78.33%；沙子营断面 2015 年全年劣 V 类，2015—2019 年月均达标率 53.33%。清河流域作为北京市西北区重要流域，北京市致力于对清河绿色生态廊道功能进行修复，因此判定清河流域属于水质改善型流域。为摸清清河流域水质与污染源排放状况，本研究对清河开展了入河排污口实地摸排，共计排查 31 个点位，其中具备采样条件的点位共 27 个。摸排详细结果见图 1。本研究于 2019 年 3 月至 2020 年 9 月对流域 27 个采样点位开展了 29 次流域采样及水质检测工作。

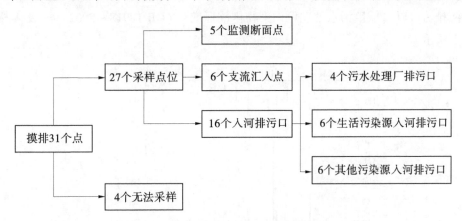

图 1 清河流域入河排污口及污染源情况摸排

基于清河流域污染源摸排实测结果统计，清河流域 2019 年 3 月至 2020 年 9 月点源排放污染物总量化学需氧量、氨氮、总氮和总磷分别为 897.6 t/年、49.6 t/年、299.2 t/年和 10.1 t/年，分别占地区总排放量的 81.7%、67.1%、91.0%、77.9%，认定清河流域的汇水单元属于以点源排放为主的汇水单元，且主要点源为污水处理厂，基本不存在超标问题。根据表 2 判定，清河流域可选择统计模型法或机制模型法建立响应关系，为充分验证全过程监管技术，本研究选取了机制模型法构建响应关系。

4.3 流域断面水质-入河排污口响应关系构建

本研究选取了 MIKE11 模型对清河流域监测结果进行模拟分析，主要考虑原因有三：一是 MIKE11 模型对流域水质水量模拟效果较好；二是清河不是重点监测河流，并没有长时间序列累积的气象水文水质数据，根据 29 次手工检测数据，MIKE11 模型能够有效开展模拟；三是研究与购买了 MIKE11 模型的单位进行合作，成本相对经济。研究考虑到模型复杂性，在模型中，将清河流域干流简化成一条河网，支流不纳入模型河网考虑。流域上设置了 5 个断面，将流域进一步细化。经过污染源概化、模型构建及参数率定，最终构建了清河流域断面水质–入河排污口响应关系，以清河流域实测断面 Q5 为参照断面，2019 年 3 月至 2020 年 3 月水位及流量数据进行模型参数率定。

4.4 流域断面水质–入河排污口响应关系构建

通过对清河流域的实地排查可知，清河流域入河排污口为污水处理厂入河排污口、生活污染源入河排污口和其他污染源入河排污口。其中，生活污染源入河排污口为污水直排口，需要进行封堵处理；其他污染源入河排污口为流域沿岸公园景观水排口，排放污水均满足流域水质目标；流域沿岸排污单位污染物主要通过污水处理厂统一处理后，由污水处理厂入河排污口统一排放。

清河流域清河闸断面 2017—2020 年年均值达到水质目标，但在开展样品采集后，仍出现部分月份未达水质目标的现象。依据表 2 可知，入河排污口接收集中式污水处理设施废水，集中式污水处理设施通过提标改造减少许可排放量；接入集中式污水处理设施的排污单位通过与集中式污水处理设施协商确定各自需要减少的许可排放量。

4.5 全过程监管情景分析

基于入河排污口–污染源响应关系结果，将生活污染源入河排污口关停，生活废水纳入集中污水处理设施处理达标后统一排放；在生活污染源废水纳入集中污水处理设施处理的技术上，将污水处理厂提标改造至北京市地方标准《城镇污水处理厂水污染物排放标准》（DB 11/890—2012）一级 B 标准排放。具体情景设置如下所示：

（1）情景一：生活污染源入河排污口截污纳管至污水处理厂处理达标后统一排放。

边界设置：将生活污染源入河排污口全部关停，并将关停的入河排污口排水量并入污水处理厂，污水处理厂入河排污口以《城镇污水处理厂污染物排放标准》（GB 18918—2002）一级 A 标准排放。模拟结果如图 2 所示。

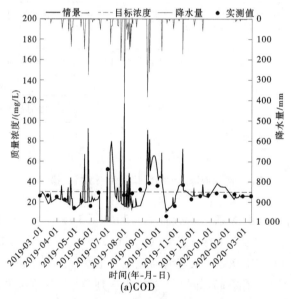

(a)COD

图 2 情景一下 Q5 断面水质变化情况

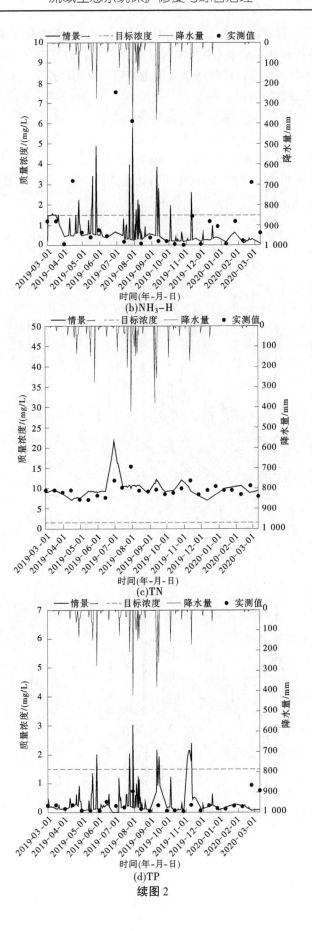

(b)NH₃-H

(c)TN

(d)TP

续图 2

生活污染源入河排污口封堵由污水处理厂处理排放后，对下游水质影响较小，水质改善并不明显。除 TN 指标外，其他指标均在地表水Ⅳ类标准上下浮动，仍存在部分时刻水质超标问题，雨天更为明显。因此，生活污染源入河排污口封堵进入污水处理厂处理后排放，水质改善效果仍不明显，可执行进一步措施进行污染源管控。

（2）情景二：基于情景一，对污水处理厂进行提标改造。

边界设置：基于情景一，将污水处理厂 NH_3-N、TN 和 TP 指标以北京市地方标准《城镇污水处理厂水污染物排放标准》（DB 11/890—2012）一级 B 标准排放。由于北京市地表一级 B 与国标一级 A 的 TN 指标排放浓度限值相同，均为 15 mg/L，因此在情景二中，研究将模型边界条件的 TN 指标排放浓度限值设置为 10 mg/L。模拟结果如图 3 所示。

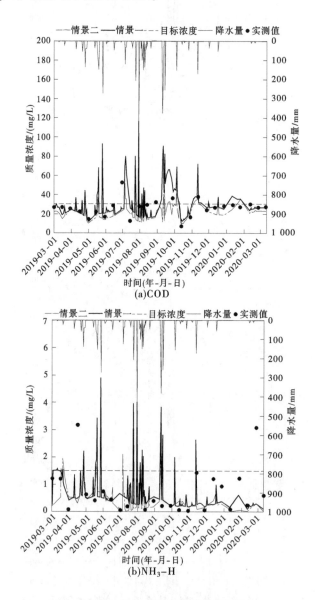

图 3　情景二下 Q5 断面水质变化情况

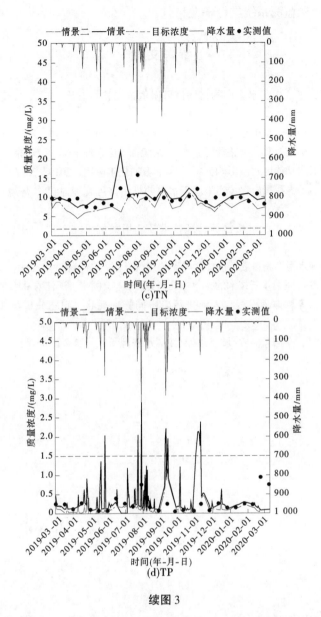

续图 3

情景二下，清河流域 Q5 断面水质改善较为明显，除 TN 指标外，其他水质指标除在降水时产生面源污染，导致水质浓度增加外，其余时刻基本稳定处于水环境Ⅳ类标准，因此污水处理厂入河排污口标准应以情景二为准。TN 指标经过截污纳管、提标改造一系列措施模拟后，水质 TN 改善明显，但仍未达到水环境Ⅳ类标准，对于 TN 的超标问题，除进行流域入河排污口管控后，还应与人工湿地等生态措施同时实施，用生态方式提升流域净化效果。

4.6 结论

由前述分析，以清河流域为案例开展流域排放标准限值确定，如流域水质目标设定为Ⅳ类，主要管控措施包括：

（1）对于污水直排口，应纳入污水处理厂集中处理达标后排放。

（2）污水处理厂入河排污口不能稳定达标的，清河流域污水处理厂可通过提标改造、参数优化等措施满足基于水质目标的流域排放标准，排放标准限值建议为 COD：30 mg/L，NH_3-N：1.5 mg/L，TN：10 mg/L，TP：0.3 mg/L。

（3）企业所在流域制定流域排放标准时，应对比企业执行的行业水污染物排放标准（或污水综合排放标准）与企业所在流域的流域排放标准，并从严取值。从管理角度，应结合排污许可制度，利用排污许可平台以及管网监测系统进行备案和监管。

参考文献

[1] 白颖杰，曾科，高镜清，等．中美水污染物排污许可限值核定技术对比［J］．环境工程，2021，39（2）：16-20，26.

[2] 管瑜珍．点源水污染物排污许可限值核定研究［J］．环境污染与防治，2017，39（9）：1048-1050.

[3] 胡娟．浅析水污染物排放标准及其完善路径［J］．黑龙江省政法管理干部学院学报，2017（6）：102-104.

[4] 桂佳．入河排污口设置对水功能区水质影响分析［J］．石油化工应用，2019，38（12）：93-96.

[5] 胡颖，邓义祥，郝晨林，等．我国应逐步实施基于水质的排污许可管理［J］．环境科学研究，2020，33（11）：2507-2514.

[6] 雷坤，孟伟，乔飞，等．控制单元水质目标管理技术及应用案例研究［J］．中国工程科学，2013，15（3）：62-69.

[7] 李义松，刘金雁．论中国水污染物排放标准体系与完善建议［J］．环境保护，2016，44（21）：48-51.

[8] 林雅静．水污染物排放许可证中基于技术的排放标准研究［D］．杭州：浙江农林大学，2019.

[9] 王焕松，王海燕，张亮，等．排污许可与入河排污口协同管理现状、问题分析与政策建议［J］．环境保护，2019，47（11）：37-41.

[10] 余灏哲，李丽娟，李九一．基于量–质–域–流的京津冀水资源承载力综合评价［J］．资源科学，2020，42（2）：358-371.

基于统计学模型的长江流域无机氮输出通量分析

包宇飞[1]　李伯根[2]　吴兴华[3]　王雨春[1]　胡明明[1]　陈天麟[1]

(1. 中国水利水电科学研究院水生态环境研究所，北京　100038；
2. 云南省水文水资源局，云南昆明　650201；
3. 中国长江三峡集团有限公司长江生态环境工程研究中心，北京　100038)

摘　要： 长江在我国的建设和社会发展中起到了极其重要的作用，长江大保护背景下流域营养盐输送的通量问题一直备受关注。本文应用基于统计学分析的全球大河流域营养盐输送模型 Global NEWS，估算了 1980—2017 年以来长江流域溶解无机氮（DIN）输出通量，并分析了时空变化特征。研究结果表明：长江流域输出的 DIN 通量逐年呈上升趋势，其中来自点源的氮输入从 2015 年后迅速下降，反映出流域内各地对工业废水和生活污水加强了管控，而来自非点源的氮输入总体上逐渐上升。贡献率方面，总体而言，化肥施用带来的氮输入占比逐年增大，约占 1/3，其次是畜禽粪便氮输入，贡献率维持在 27% 左右，生物固氮的贡献率逐年呈逐渐下降的趋势，而大气氮沉降的贡献率呈增大的趋势，点源氮贡献率整体较小，不足 10%。空间上，长江流域源头省份（青海、西藏）的 DIN 输入主要受畜禽粪便和大气氮沉降输入的影响，流域中下游的 DIN 受化肥施用氮输入的影响逐渐增大，最下游的上海市受工业废水和生活污水点源性氮输入的影响增大，表现出流域上游主要受畜牧业和自然因素的影响，而中下游受到人类活动的影响加大。本研究对长江流域 DIN 的输送通量进行了初步的探索，为认识和控制长江流域的氮污染提供一定的理论依据和支持。

关键词： 长江流域；溶解无机氮；Global NEWS；时空变化；统计分析

河流在全球和地区的生源物质输送过程中扮演着重要角色[1]。大量含有氮磷等营养盐从不同的来源进入河流，再随着河流运移，最终输出到海洋，据报道，人类活动输入陆地氮的 30% 由河流最终输送至海洋，这一过程是全球和地区生物地球化学循环的重要环节[2-3]。但是，同时随着人类活动，尤其是工农业的不断发展进步，河流输出的大量营养盐引起了河口和近海区域的富营养化，从而造成了包括赤潮和生物多样性减少等在内的各种环境问题[4]。因此，在近几十年内，海内外的研究人员[5-6]对流域的营养盐输送问题开展了大量的研究工作，并致力于通过建立合适的模型对输送过程进行模拟，以达到对该问题进行定量化研究的目的。

长江是我国的"母亲河"，横跨中国的西南，干支流共流经 19 个省、直辖市及自治区，全长 6 300 余 km，流域面积约 180 万 km²，年均径流量居世界第三，仅次于亚马孙河和刚果河[6]，在中国的建设和社会发展中起了极其重要的作用。然而，长江流域的土地利用、工农业生产方式等的改变导致了更多的营养物质汇入长江，数十年来长江口及其毗邻海域的氮通量不断升高，水体富营养化是长江口的重要问题之一[7]。

目前，研究人员对于流域的营养盐通量研究，主要方法还是注重在实测方面，但是实测研究通常只是针对于某个监测站点或者某几个断面，通量计算过程中可能忽略了断面间的污染传输过程和机制，对于大型流域的营养盐输送估算有一定的局限性[7-8]。为了能更直接、准确地对溶解态的营养盐进行估算，本论文应用国际上近十几年提出的基于统计学模型的流域营养盐输出（Global NEWS）模

基金项目： 中国长江三峡集团有限公司项目资助（201903144）；国家自然科学基金项目（51679258 和 51809287）；国家重点实验室项目（SKL2020TS07 和 SKL2018ZY04）。

作者简介： 包宇飞（1990—），男，工程师，主要从事流域生源物质地球化学循环及评价工作。

型进行计算，该模型在长江流域[2]、珠江[9]、九龙江[10] 等流域计算精度已经得到验证，如晏维金等[2] 通过模型研究得出长江大通站溶解无机氮（DIN）通量从 1968—1997 年约增长了 10 倍，但是对于长江流域空间上的变化还不明确。因此，本文进一步从时空上量化长江流域内无机氮的分布特征及其主要来源，为认识和控制长江流域的氮污染提供理论依据。

1　材料与方法

1.1　基于统计学的 Global NEWS 模型简介

Global NEWS 模型（Global Nutrient Export from Watersheds）是由联合国教科文组织政府间海洋学委员会（UNESCO-IOC）在 2005 年提出的，即 Global NEWS-1。Global NEWS-1 是由几个独立的子模型组成的，可以用模拟不同元素、不同形态的营养盐的年输出通量。这些子模型主要包括 DIN 子模型、DIP 子模型等[11]。在这些子模型中，溶解态模型主要基于统计性和机制性的物质平衡计算。Mayorga 等[12] 在先前的研究基础上基于多元素、多形态的统一框架整合了各个子模型，提出了模型的第二代，即 Global NEWS-2。第二代模型解决了先前模型中存在的部分术语使用不一致、元素质量平衡含义不清晰、联合分析一种或多种元素的各形态营养盐的来源和分布时有困难等问题，并补充和完善了输入源数据集[12]。本研究主要采用 Global NEWS 模型中计算 DIN 的方法来模拟分析长江流域 DIN 的输出通量变化。

1.2　Global NEWS-DIN 计算模型

本文所采用的 Global NEWS-DIN 计算模型模拟了长江流域通过人类活动及自然过程的点源和非点源的氮输入，包括生活污水、化肥、粪便、生物固氮、大气沉降等，并考虑了不同作物、不同牲畜等氮源输出的区别[12]，具体计算方法和说明如下：

Global NEWS-DIN 模型的总输出方程为

$$\mathrm{Yld_{DIN-mod}} = \mathrm{FE_{riv,\,DIN}} \cdot (\mathrm{RSpnt_{DIN}} + \mathrm{RSdif_{DIN}}) \tag{1}$$

式中：$\mathrm{Yld_{DIN-mod}}$ 为模型计算的 DIN 输出通量，$\mathrm{kg/(km^2 \cdot a)}$；$\mathrm{FE_{riv,DIN}}$ 为河流截留 DIN 的比例系数；$\mathrm{RSpnt_{DIN}}$ 为流域内以点源方式输入河流的 DIN 通量，$\mathrm{kg/(km^2 \cdot a)}$；$\mathrm{RSdif_{DIN}}$ 为流域内以非点源方式输入河流的 DIN 通量，$\mathrm{kg/(km^2 \cdot a)}$。

1.2.1　点源部分

Global NEWS-DIN 模型中的点源 DIN 通量 $\mathrm{RSpnt_{DIN}}$ 按下式计算：

$$\mathrm{RSpnt_{DIN}} = \mathrm{FE_{pnt,\,DIN}} \cdot \mathrm{PSpnt_N} \tag{2}$$

式中：$\mathrm{FE_{pnt,DIN}}$ 为 $\mathrm{RSpnt_N}$ 中 DIN 的比例；$\mathrm{RSpnt_N}$ 为以点源方式输入河流的 TN 通量，$\mathrm{kg/(km^2 \cdot a)}$，比例系数 $\mathrm{FE_{pnt,DIN}}$ 参考 Dumont 等[11] 的研究，用一个线性经验方程计算。

式（2）中以点源方式输入河流的 TN 通量 $\mathrm{RSpnt_N}$ 按下式计算：

$$\mathrm{RSpnt_N} = (1 - \mathrm{hw_{frem,\,N}}) \cdot I \cdot \mathrm{WShw_N} \tag{3}$$

式中：$\mathrm{hw_{frem,N}}$ 为通过污水处理去除的 N 的比例；I 为与污水处理系统关联的人口比例；$\mathrm{WShw_N}$ 为流域内源自人类活动废弃物的 N 输入通量，$\mathrm{kg/(km^2 \cdot a)}$。

1.2.2　非点源部分

Global NEWS-DIN 模型中的非点源 DIN 通量 $\mathrm{RSdif_{DIN}}$ 按式（4）和式（5）计算：

$$\mathrm{RSdif_{DIN}} = \mathrm{FE_{WS,\,DIN}} \cdot \mathrm{WSdif_N} \tag{4}$$

$$\mathrm{WSdif_N} = \mathrm{WSdif_{fe,\,N}} + \mathrm{WSdif_{ma,\,N}} + \mathrm{WSdif_{fix,\,N}} + \mathrm{WSdif_{dep,\,N}} - \mathrm{WSdif_{ex,\,N}} \tag{5}$$

式中，$\mathrm{FE_{WS,DIN}}$ 为 $\mathrm{WSdif_N}$ 中 DIN 的比例，用年径流深（m/a）乘以系数 0.94 得到；$\mathrm{WSdif_N}$ 为以非点源方式输入河流的 N 元素通量，$\mathrm{kg/(km^2 \cdot a)}$。式（5）中的 $\mathrm{WSdif_{fe,N}}$ 为源自化肥的 N 输入通量，$\mathrm{kg/(km^2 \cdot a)}$；$\mathrm{WSdif_{ma,N}}$ 为源自畜禽粪便的 N 输入通量，$\mathrm{kg/(km^2 \cdot a)}$；$\mathrm{WSdif_{fix,N}}$ 为源自生物固氮的 N 输入通量，$\mathrm{kg/(km^2 \cdot a)}$；$\mathrm{WSdif_{dep,N}}$ 为源自大气氮沉降的 N 输入通量，$\mathrm{kg/(km^2 \cdot a)}$；$\mathrm{WSdif_{ex,N}}$ 为

农作物收获带出的 N 通量，kg/（km² · a）。以上几项参数的计算步骤均为先计算流域内各城市的数值，再乘以流域内各城市所占面积的比例，最后求和。各项参数的数据主要从各省的统计年鉴中得出[13-14]。

1.2.3　输出系数计算

Global NEWS-DIN 模型中河流截留 DIN 的比例系数 $FE_{riv,DIN}$ 按式（6）计算：

$$FE_{riv, DIN} = (1 - L_{DIN}) \cdot (1 - D_{DIN}) \cdot (1 - FQrem) \tag{6}$$

式中：L_{DIN} 为河道本身对 DIN 的截留系数；D_{DIN} 为大坝、水库、湖泊等对 DIN 的截留系数；FQrem 为水资源利用对 DIN 的截留系数。这三项参数的具体计算方法主要参考王佳宁等[15]的论文。

2　结果与分析

2.1　长江 DIN 输出通量时间变化分析

以长江流域 19 省（直辖市、自治区）统计数据为基础，计算长江流域溶解性无机氮（DIN）通量的变化情况。如图 1 所示，在 1980—2015 年的 35 年间，长江流域输出的 DIN 通量总体呈波动上升的趋势，从 600.5 kg/（km² · a）上升至 1 138.3 kg/（km² · a），增加到了原来的约 2 倍，年均增长率约 2.6%。

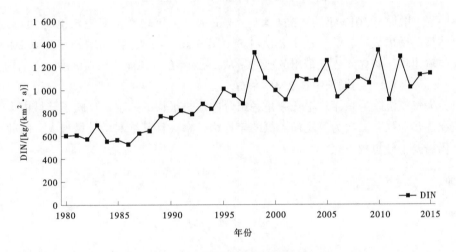

图 1　长江流域 DIN 输出通量值

DIN 的输出通量主要受流域上点源氮和非点源性的氮输入通量有关。如图 2 所示，点源 DIN 输入通量整体呈上升趋势，从 1980 年的 93.3 kg/（km² · a）增加到 2011 年的 273.6 kg/（km² · a），增大了约 3 倍，这主要反映了人口增长等带来的污染排放增加。2011—2015 年，点源氮污染通量逐渐趋稳，2015 年后，DIN 输入通量快速下降，下降至 2017 年 150.1 kg/（km² · a），这主要与国家大力实行水污染控制，工业、城镇污水处理率大幅提高有关，使得点源性氮污染呈快速下降。

非点源氮组分主要包括化肥氮、畜禽粪便氮、生物固氮、大气氮沉降的氮输入通量以及农作物收获带出的氮通量，长江流域非点源氮各组分模拟值如图 3 所示。从图 3 中可以看出，非点源氮整体上从 1980 年以来逐年呈上升趋势，2011 年以后逐渐平稳，2015 年呈现略微下降的趋势，非点源氮从 1980 年的 3 373.4 kg/（km² · a）上升到 2017 年的 7 707.6 kg/（km² · a），增加了 1 倍多，年均增长率在 3.3% 左右，略大于点源氮的年均增长率。

非点源氮中，氮肥施用输入的氮通量最大，从 1980 年的 1 409.6 kg/（km² · a）增加至 2017 年的 3 875.7 kg/（km² · a），年均增长率达到 4.7%；畜禽粪便氮输入的氮通量从 1980 年的 1 704.4 kg/（km² · a）稳步增加至 2005 年的 3 624.5 kg/（km² · a），2005—2006 年的畜禽粪便氮输入通量呈断崖式下降，这主要源于 2004 年国内的禽流感暴发，2006 年以后，畜禽粪便氮缓慢增长至 2017 年的 3 320.9 kg/（km² · a），总体年均增长率为 2.5%；大气氮沉降通量逐年呈增加趋势，从 1980 年的

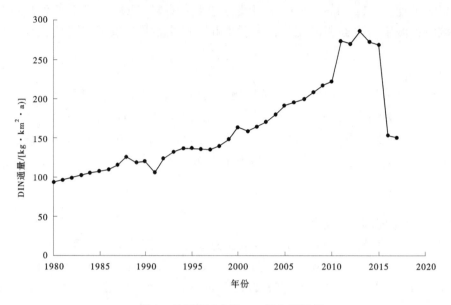

图 2　长江流域点源 DIN 输入通量值

749.9 kg/(km² · a) 增加至 2017 年的 2 554.4 kg/(km² · a)，年均增长率为 6.3%；生物固氮带来的氮输入通量整体呈略微增大的趋势，在 1 250~1 350 kg/(km² · a)，年均增长率为 0.2%，变化不明显。而作为氮的输出项，农作物收获带出的氮通量从 1980 年的 1 764.2 kg/(km² · a) 增加至 2017 年的 3 390.3 kg/(km² · a)，年均增长率在 2.4% 左右。

　　可以看出，大气氮沉降通量年均增长率是各组分中增长最快的一项，反映了流域内大气氮沉降带来的氮污染正在逐步加强，其次为氮肥输入氮的年均增长率，且其绝对增长量最大，因此长江流域面源性氮肥污染仍需要十分重视[3]。

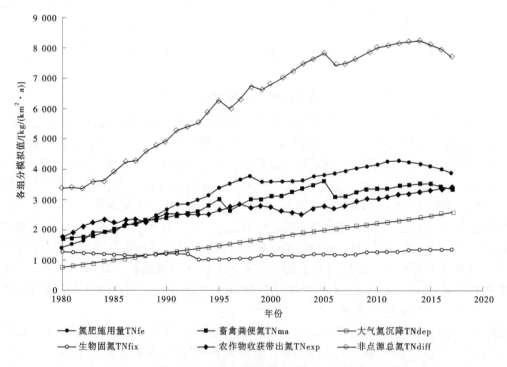

图 3　长江流域非点源性氮输入通量计算值

　　长江 DIN 输出通量的不同来源贡献率的比较如图 4 所示。从图 4 可以看出，长江输送 DIN 通量的来源以非点源氮输入为主，流域内非点源氮输入量占总输入量的90%以上，点源氮输入量相比之下则只占了不到10%，占比维持在5%~7%。非点源氮输入中，化肥施用和畜禽粪便氮输入合计占总贡献率的50%以上，化肥施用的贡献率从1985年的25.8%增加到了2015年的34.1%，流域性污染随着化肥施用量的增加持续增加；其次为畜禽粪便氮输入，贡献率始终维持在27%左右，变化不大；生物固氮的贡献率从1985年的31.2%下降到了2015年的14.2%；大气氮沉降的贡献率占11%~18%，但随着人类化石燃料消费量的增加，它的贡献率还可能继续增加[15]。

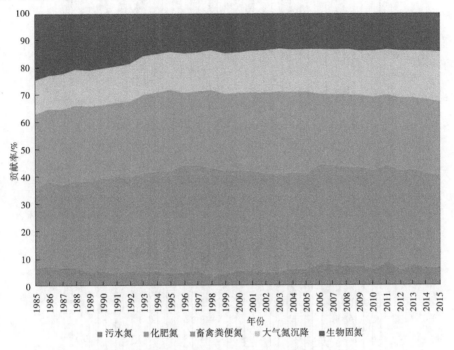

图4　长江流域 DIN 输出通量不同来源贡献率比较

2.2　长江流域 DIN 输出通量空间变化分析

由于 DIN 在河流中存在沿程的截留，因此在分析空间变化时，分别计算各省（自治区、直辖市）向河流输入的 DIN 量进行分析。1990年、2000年和2010年长江流域内各省（直辖市）、自治区的 DIN 输入贡献变化如图5所示，流域上游的西藏和青海 DIN 输入主要来源于畜禽粪便氮输入及大气氮沉降输入，约占到80%，而化肥氮所占比例非常低，在西藏约占1%，在青海约占4.5%；流域中下游区域 DIN 输入主要受化肥氮输入和畜禽粪便氮输入的影响[16-17]，其中化肥氮输入占比从上游的2.8%增长至中下游的35%左右，增长十分明显。流域最下游的上海市较为特殊，不同于其他各省（自治区、直辖市）历年的 DIN 输入通量均以非点源的贡献率为主，上海市的点源性氮（污水氮）占比很高，从1990年的33.1%大幅上升到了2010年的60.2%，远高于其他各省（自治区、直辖市）的4%~6%。此外，从时间上看，这种总体格局历年来几乎没有变化，这表明了流域上游的 DIN 输入主要受畜牧业以及自然因素影响，流域中下游的 DIN 输入逐渐受到人类活动的影响加大，流域性的化肥施用对氮的输入有重要贡献，最下游的上海市受工业废水和生活污水等点源性氮输入影响增大。

对于 DIN 的输出通量空间变化，以代表年份（1980年、1990年、2000年和2010年）计算可以得出，1980年仅有四川省 DIN 输出通量在100~200 kg/(km²·a)（重庆市尚未直辖），其余省（自治区、直辖市）均低于100 kg/(km²·a)；到了1990年，四川省的 DIN 输出通量超过了200 kg/(km²·a)，湖南省的 DIN 输出通量增加到了100~200 kg/(km²·a)；2000年湖北省的 DIN 输出通量也增加到了100~200 kg/(km²·a)；2010年，湖北、湖南两省的 DIN 输出通量都超过了200 kg/(km²·a)，江西省的 DIN 输出通量增加到了100~200 kg/(km²·a)，流域下游的江浙沪逐年呈稳步增长，增长率小于流域中游的省份。总的来说，整个长江流域的 DIN 输出通量呈增加趋势，增长量也以四川和两湖地区最为明显[16]。长江流域各省（自治区、直辖市）代表年份 DIN 输入通量空间变化见图 6。

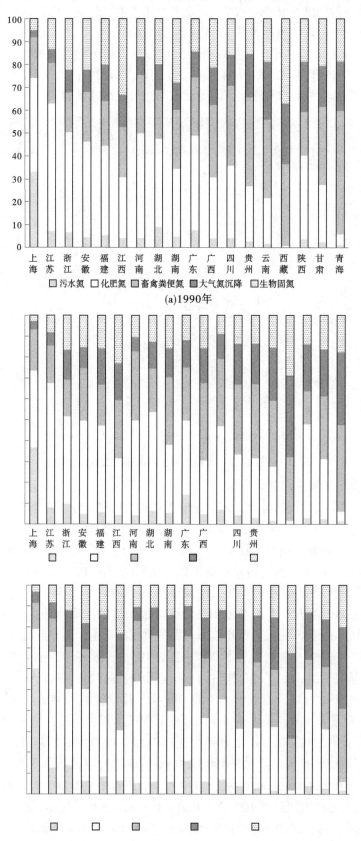

图 5　长江流域各省（自治区、直辖市）代表年份 DIN 不同来源贡献率空间变化

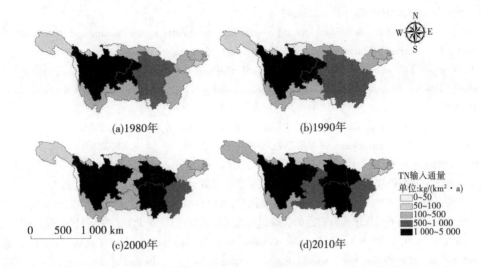

图6 长江流域各省（自治区、直辖市）代表年份 DIN 输入通量空间变化

3 结论

（1）本研究采用基于统计学的 Global NEWS-DIN 模型计算了1980—2017年的长江流域 DIN 输出通量，长江流域 DIN 输出通量呈现显著的时空变化特征，在1980—2015年的35年间，长江流域输出的 DIN 通量总体呈波动上升的趋势，年均增长率约2.6%。

（2）在时间上，长江流域输出的 DIN 通量呈稳定上升的趋势，其中来自点源的氮输入从2015年后迅速下降的趋势，反映流域内各地对工业废水和生活污水加强了管控，而来自非点源的氮输入总体上逐渐上升。贡献率方面，化肥施用带来的氮输入占比逐年增大，占1/3左右，其次是畜禽粪便氮输入，贡献率维持在27%左右，生物固氮的贡献率逐年呈下降的趋势，而大气氮沉降的贡献率增大。

（3）在空间上，长江流域上游的 DIN 输入主要畜禽粪便输入和大气氮沉降输入的影响，流域中下游的 DIN 受化肥施用氮输入的影响逐渐增大，最下游的上海市受工业废水和生活污水等点源性氮输入影响增大，表现出流域上游主要受畜牧业和自然因素的影响，而中下游受到人类活动的影响加大。

参考文献

[1] Meybeck M. Carbon, Nitrogen, and phosphorus transport by world rivers [J]. American Journal of Science, 1982, 282: 401-450.

[2] 晏维金. 人类活动影响下营养盐向河口/近海的输出和模型研究 [J]. 地理研究, 2006 (5): 825-835.

[3] 郭金强, 张桂成, 褚春莹, 等. 长江水体营养盐输入及对长江口海域营养盐浓度和结构的影响 [J]. 海洋环境科学, 2020, 39 (1): 59-65.

[4] 晏维金, 章申, 王嘉慧. 长江流域氮的生物地球化学循环及其对输送无机氮的影响——1968~1997年的时间变化分析 [J]. 地理学报, 2001, 56 (5): 504-513.

[5] Mishima S, Endo A, Kohyama K. Nitrogen and phosphate balance on crop production in Japan on national and prefectural scales [J]. Nutrient Cycling in Agroecosystems, 2010, 87: 159-173.

[6] 陈飞. 长江流域人类活动净氮输入及其生态环境效应浅析 [D]. 上海: 华东师范大学, 2016.

[7] 刘春兰, 金石磊, 马秩凡, 等. 长江口邻近海域夏季营养盐的含量与分布特征 [J]. 厦门大学学报, 2020, 59 (S1): 75-80.

[8] Suwarno D, Löhr A, Kroeze C, et al. The effects of dams in rivers on N and P export to the coastal waters in Indonesia in the future [J]. Sustainability of Water Quality and Ecology, 2014 (3): 55-66.

[9] Strokal M, Yang H, Zhang Y, et al. Increasing eutrophication in the coastal seas of China from 1970 to 2050 [J].

Marine pollution bulletin, 2014, 85（1）：123-140.

［10］Yu D, Yan W, Chen N, et al. Modeling increased riverine nitrogen export：source tracking and integrated watershed-coast management［J］. Marine pollution bulletin, 2015, 101（2）：642-652.

［11］Dumont E, Harrison J A, Kroeze C, et al. Global distribution and sources of dissolved inorganic nitrogen export to the coastal zone：Results from a spatially explicit, global model［J］. Global Biogeochemical Cycles, 2005, 19（4）, GB4S02.

［12］Mayorga E, Seitzinger S P, Harrison J A, et al. Global nutrient export from WaterSheds 2（NEWS 2）：model development and implementation［J］. Environmental Modelling & Software, 2010, 25（7）：837-853.

［13］中华人民共和国国家统计局. 中国统计年鉴［M］. 北京：中国统计出版社, 1980-2017.

［14］中华人民共和国水利部长江水利委员会. 长江流域及西南诸河水资源公报［R］. 1980-2017.

［15］王佳宁. 人类活动影响下长江流域溶解态营养盐输送模型研究［D］. 北京：中国科学院研究生院, 2006.

［16］李新艳. 人类活动影响下长江输送营养盐的关键过程及模型研究［D］. 北京：中国科学院研究生院, 2009.

［17］Deng C, Liu L, Peng D, et al. Net anthropogenic nitrogen and phosphorus inputs in the Yangtze River economic belt：spatiotemporal dynamics, attribution analysis, and diversity management［J］. Journal of Hydrology, 2021, 597（9）：126-221.

基于 MIKE21 的湖库饮用水源地突发污染事件模拟

李双双[1]　诸葛亦斯[1]　李国强[1]　杜　强[1]　杜　霞[1,2]　张军峰[3]　聂　睿[1]

(1. 中国水利水电科学研究院，北京　100038；
2. 流域水循环模拟与调控国家重点实验室，北京　100038；
3. 生态环保部黄河流域生态环境监督管理局，河南郑州　450004)

摘　要： 黄壁庄水库是河北省的重要水源地，也是北京市的备用水源地，其水质安全正在受到入库河流沿岸的化工企业突发污染事故的威胁。黄壁庄水库入库河流有滹沱河干流、南甸河和冶河，其中冶河上游存在着历史悠久的井陉矿区，南甸河上游有近年新建的工业园区，这些工矿企业都是黄壁庄水库水质的重要风险源。本文采用 MIKE21 建立了河-库水质水动力模型，研究了极端不利条件下，冶河和南甸河事故污水全面进入河道后，污水团的演进状况，以期为黄壁庄水库水源地精细化管理和风险防控提供技术支持。

关键词： 黄壁庄水库；冶河；南甸河；滹沱河；突发污染事件；水质水动力模型

1　引言

突发性污染事件不同于一般的环境污染，它具有不确定的突发性、影响范围的广泛性和危害的严重性等特点[1]。突发性水污染事件包括恐怖主义、船舶化学品和石油泄漏、工业事故排放、暴雨径流污染、投毒等[2]。突发性水污染事件很有可能在短时间内迅速造成城市水源地内的生态环境和饮用供水系统的重大损失，对环境造成严重破坏[3-4]。

国外在突发性水污染风险评估方面的研究起源较早，目前已有较丰硕的成果，近年来，国外开始重视对新型污染物（包括医药品、个人护理品以及农药等）的分布、危害等进行研究，到目前为止已经有了较多的发现，取得了较大的成果。相比之下，国内对突发污染事件的研究起步较晚，目前定性评价用得较多，定量研究相对较少，且侧重于单一的风险评价指标体系、评估模型的建立，即针对某一次或某一特定区域的突发性水污染的评估，尚未建立普遍使用的评估体系[5]。常用的水质预测模型有 SELECT、CE-QUAL-R1 和 CE-QUAL-W2 等模型[6]，美国国家环保署（EPA）开发的 WASP[7]、EFDC 模型[8]，美国农业部（USDA）开发的 SWAT 模型等[9]，以及丹麦水力学研究所（DHI）研制开发的 MIKE 软件模型。其中，MIKE21 模型在近海和湖泊水体的水动力和水质研究方面较为先进，MIKE21 水动力模拟适合用忽略垂向分层的二维自由表面流方程求解，目前应用较为广泛，在平面二维自由表面流数值模拟方面具有强大的功能，已应用到湖库的水质水动力模拟并获得学术界公认[10-14]。

突发性水污染事件给饮用水水源地供水安全保障提出了重要挑战。为了保障饮用水水源地水质安全，模拟突发性水污染事件发生后污染团的迁移状况以及污染物浓度在时间、空间 2 个维度上的变化，也有利于制订应急突发水污染事件的有效应对措施[15]。本次研究以 MIKE21 水动力模型为基础，建立黄壁庄水库型饮用水水源地突发水污染事件风险模型，实现对突发水污染事件的实时动态模拟，为黄壁庄水库突发水污染事件预防和应急预案制定提供指导。

基金项目： 国家水体污染控制与治理科技重大专项（2018ZX07110-006）。
作者简介： 李双双（1996—），女，硕士研究生，研究方向为河流生态环境模型与模拟。

2 研究区概况

黄壁庄水库位于滹沱河干流中游河段，水库以防洪为主，兼顾灌溉、发电、工业及城市生活用水等综合利用，总库容 12.1 亿 m³，正常蓄水位 120 m，死水位 111.5 m。正常蓄水位时对应坝前水深约 10 m。黄壁庄水库所在区域属于大陆性季风气候；太阳辐射的季节性变化大，四季分明，夏冬季长，春秋季短；干湿期明显，雨量集中于夏秋季节。经统计，多年平均降水量 484.4 mm。年内降水分布不均，主要集中在 7—9 月，占年总降水量的 70%~80%。春季常有 4 级偏北风或偏南风；秋季受蒙古高压影响，深秋多东北风；冬季受西伯利亚冷高压的影响，盛行西北风。水库库区流场形式主要为风生流及干支流入库口局部流场。

黄壁庄水库入库河流主要包括滹沱河、南甸河、冶河等，如图 1 所示，多年平均入库水量中滹沱河干流 5.12 亿 m³、南甸河 0.93 亿 m³、冶河 2.77 亿 m³，分别占入库河流水量总量的 58%、11% 和 31%，具体见表 1。黄壁庄主要入库河流冶河流经山西省和河北省，在河北省境内涉及平山县、井陉县和井陉矿区等行政区，其中井陉矿区属于国家重点开发区域，矿区部分工业企业是黄壁庄水库水质的重要风险源；南甸河为黄壁庄水库入库河流，流域分布有工业园区和部分村庄，该区域为面源主要集中区，其部分工业企业是黄壁庄水库水质的风险源。根据黄壁庄水库水源保护区划分，这 3 条主要入库河流均位于饮用水源地二级保护区内，黄壁庄水库为饮用水源地一级保护区。根据相关资料，到 2021 年南水北调工程引江水将占石家庄市城镇生活和工业用水的比例达到 100%。

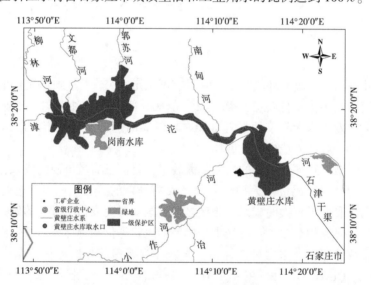

图 1 黄壁庄水库位置及其所在流域

表 1 入库河流多年平均入库水量及流量条件

边界及源汇项	水量/万 m³	水量占比/%	流量/(m³/s)
滹沱河干流	51 200	58	16.24
南甸河	9 300	11	2.95
冶河	27 700	31	8.78
合计	88 200	100	27.97

3 水库水质水动力二维模型

3.1 基本方程

描述污染物物质在水体中输移转化运动的平面二维运动方程如下：

$$\frac{\partial}{\partial t}(hc) + \frac{\partial}{\partial x}(uhc) + \frac{\partial}{\partial y}(vhc) = \frac{\partial}{\partial x}\left[hD_x\frac{\partial c}{\partial x}\right] + \frac{\partial}{\partial y}\left[hD_y\frac{\partial c}{\partial y}\right] - khc + S \tag{1}$$

式中：c 为输移物浓度，mg/L；u、v 分别为水平方向流速在 x 向和 y 向的分量，m/s；h 为水深，m；D_x、D_y 分别为 x 方向和 y 方向的扩散系数，m^2/s；k 为衰减系数，s^{-1}，盐分为惰性物质，不衰减也不增加，仅仅随水流做迁移和扩散运动，$k=0$；S 为源汇项，$S=Q_s(c_s-c)$，Q_s 为源或汇项流量，$m^3/(s\cdot m^2)$，c_s 为源或汇项中输移物的浓度。

描述污染物物质在水体中输移转化运动的平面二维运动方程如下：

$$\frac{\partial}{\partial t}(hc) + \frac{\partial}{\partial x}(uhc) + \frac{\partial}{\partial y}(vhc) = \frac{\partial}{\partial x}\left[hD_x\frac{\partial c}{\partial x}\right] + \frac{\partial}{\partial y}\left[hD_y\frac{\partial c}{\partial y}\right] - khc + S \tag{2}$$

式中：c 为输移物浓度，mg/L；u、v 分别为水平方向流速在 x 向和 y 向的分量，m/s；h 为水深，m；D_x、D_y 分别为 x 方向和 y 方向扩散系数，m^2/s；k 为衰减系数，s^{-1}，盐分为惰性物质，不衰减也不增加，仅仅随水流做迁移和扩散运动，$k=0$；S 为源汇项 $S=Q_s(c_s-c)$，Q_s 为源或汇项流量，$m^3/(s\cdot m^2)$，c_s 为源或汇项中输移物的浓度。

3.2 水库水质数学模型计算网格布置

黄壁庄水库模拟范围，东西方向总长约 15.0 km，南北方向总宽约 15.0 km。考虑到库区几何边界较为复杂，曲线网格在离散方程时会造成一定误差，故采用矩形网格进行对计算区域进行划分，综合考虑计算精度，采用较密的计算网格，确定纵向、横向计算网格长度为 $\Delta x=100$ m、$\Delta y=100$ m。黄壁庄水库的计算网格布置见图 2。黄壁庄水库南部库底高程低，最低高程约为 102 m，由南向北逐渐提升。

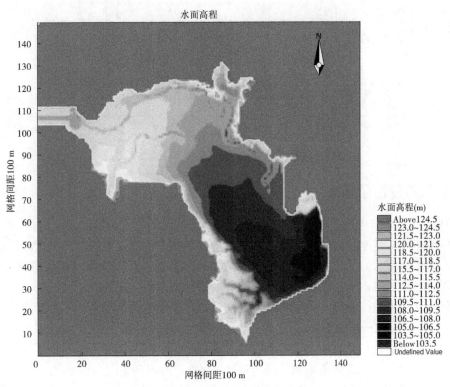

图 2 黄壁庄水库的计算网格布置

3.3 水库水质模型的率定验证

通过对模拟期间段的水质参数进行不断率定，最终得到水质场的变化，并依据实测数据对模拟结果进行对比分析，使模拟结果达到合理的范围。2008—2017 年岗南水库和黄壁庄水库库中 COD 和氨氮污染物浓度实测值与模拟值的对比情况，如图 3、图 4 所示。得出基本符合实测数据的模拟过程，进而，确定河道糙率、水质扩散系数等重要的模型参数，同时得到基本与水动力流体场呼应的水质运移场，可认为水质浓度场满足水库的实际情况，可近乎真实地展现水库中某水质浓度的迁移。

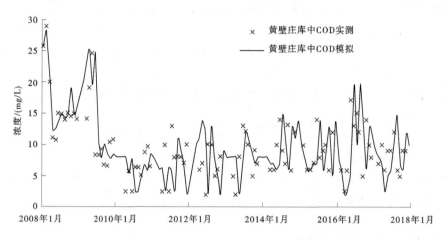

图 3　黄壁庄水库库中 COD 实测与模拟结果对比

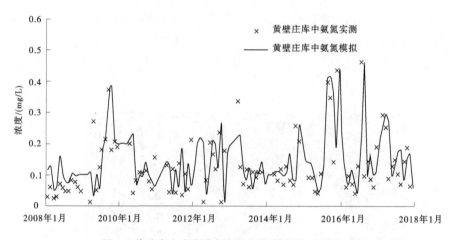

图 4　黄壁庄水库库中氨氮实测与模拟结果对比

4　突发水污染事件情景模拟

4.1　情景构建

突发水污染事故对取水口的影响取决于水库水位和风向、风速。水库水位对应不同的水面面积和形状，影响污水团的流程。风向和风速影响污水团的运移速度，对风险防范的应急反应时间起作用。据此，确定对水库取水口水质安全保障最不利的各因素组合工况，见表 2。

根据历年水文气象监测资料，黄壁庄水库高值情景正常蓄水位为 120 m，低值情景实测最低水位为 112 m；风速实测月均最高值为 4 m/s，低值为多年平均值 2.5 m/s。黄壁庄水库的主要风险源分布于冶河和南甸河，河流入口位于取水口西侧，在水库低水位、西风和最大风速情景下，是突发水污染事故应急的最不利工况。南甸河最不利工况为情景 9，冶河最不利工况为情景 13。根据最大西风风速发生时间，情景模拟的时间是 1 月 1 日 12:00 至 2 月 5 日 5:20。

表 2 主要影响因素大小情景组合

情景	突发污染事件 发生的河流	水库水位	风向	风速
1	南甸河	高（正常蓄水位）	西风	高（实测最高值）
2	南甸河	高（正常蓄水位）	西风	低（多年平均值）
3	南甸河	高（正常蓄水位）	东风	高（实测最高值）
4	南甸河	高（正常蓄水位）	东风	低（多年平均值）
5	冶河	高（正常蓄水位）	西风	高（实测最高值）
6	冶河	高（正常蓄水位）	西风	低（多年平均值）
7	冶河	高（正常蓄水位）	东风	高（实测最高值）
8	冶河	高（正常蓄水位）	东风	低（多年平均值）
9	南甸河	低（实测最低水位）	西风	高（实测最高值）
10	南甸河	低（实测最低水位）	西风	低（多年平均值）
11	南甸河	低（实测最低水位）	东风	高（实测最高值）
12	南甸河	低（实测最低水位）	东风	低（多年平均值）
13	冶河	低（实测最低水位）	西风	高（实测最高值）
14	冶河	低（实测最低水位）	西风	低（多年平均值）
15	冶河	低（实测最低水位）	东风	高（实测最高值）
16	冶河	低（实测最低水位）	东风	低（多年平均值）

4.2 结果与讨论

情景 9 即水库蓄水量最小、突发污染事故暴发于南甸河且最大西风风速条件为最不利工况。自 1 月 9 日 9：00 至 11：00，河道内石油类瞬时浓度 800 mg/L，来自南甸河的污染团入库后，需要 96 h 达到取水口。南甸河发生突发水污染事故的最大应急反应时间为 96 h。污水团运移路径见图 5。

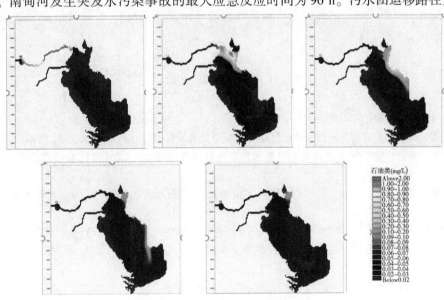

图 5 南甸河污染团入库输移过程

情景 13 即水库蓄水量最小、突发污染事故暴发于冶河且最大西风风速条件为最不利工况。自 1 月 9 日 9：00 突发污染事故（河道内石油类瞬时浓度可达 0.54 mg/L，最高浓度 8.46 mg/L）发生，10 日 5：00 污染团入库，于 14 日 6：00 到达取水口，来自冶河的污染团入库后，需要 97 h 达到取水口。冶河发生突发水污染事故的最大应急反应时间为 97 h。污水团运移路径见图 6。

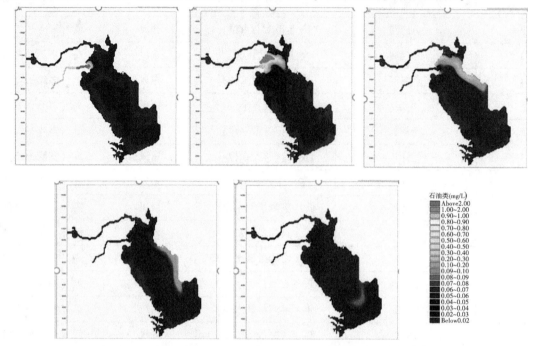

图 6　冶河污染团入库输移过程

上述模拟给出了南甸河、冶河发生突发水污染事故情景下，污水团的运移路径和最大应急反应时间。一旦发生突发水污染事故，可根据发生时长，有效判断污水团的位置和流向。

5　结论

本文借助 MIKE21 水环境模型，建立了黄壁庄水库 MIKE21 水质水动力模型，并模拟了 16 种情景下的石油类在库区的迁移路径；在极端不利情景，即低水位、西风、最大风速情景下，南甸河和冶河的最大应急反应时间大约为 96 h 和 97 h。本文模拟研究结果为黄壁庄水库风险防范预案和措施的制订具有重要的意义。

参考文献

［1］崔伟中，刘晨. 松花江和沱江等重大水污染事件的反思［J］. 水资源保护，2006（1）：1-4.

［2］阮仁良，张勇. 黄浦江上游水源地突发性水污染事故应急处置预案探讨［J］. 上海水务，2006（3）：1-4.

［3］张勇，徐启新，杨凯，等. 城市水源地突发性水污染事件研究述评［J］. 环境污染治理技术与设备，2006，7（12）：1-4.

［4］李静，吕永龙，贺桂珍，等. 我国突发性环境污染事故时空格局及影响研究［J］. 环境科学，2008（9）：2684-2688.

［5］徐小钰，朱记伟，李占斌，等. 国内外突发性水污染事件研究综述［J］. 中国农村水利水电，2015（6）：1-5.

［6］王济，王世杰. 土壤中重金属环境污染元素的来源及作物效应［J］. 贵州师范大学学报（自然科学版），2005（2）：113-120.

［7］孙颖，陈肇和，范晓娜，等. 河流及水库水质模型与通用软件综述［J］. 水资源保护，2001（2）：7-11.

［8］刘夏明，李俊清，豆小敏，等. EFDC 模型在河口水环境模拟中的应用及进展［J］. 环境科学与技术，2011，34（S1）：136-140.

[9] 赖格英，吴敦银，钟业喜，等 . SWAT 模型的开发与应用进展 ［J］. 河海大学学报（自然科学版），2012，40（3）：243-251.

[10] 梁云，殷峻暹，祝雪萍，等 . MIKE21 水动力学模型在洪泽湖水位模拟中的应用 ［J］. 水电能源科学，2013，31（1）：135-137.

[11] 徐帅，张凯，赵仕沛 . 基于 MIKE21FM 模型的地表水影响预测 ［J］. 环境科学与技术，2015，38（S1）：386-390.

[12] 于磊，顾华，楼春华，等 . 基于 MIKE21FM 的北京市南水北调配套工程大宁水库突发性水污染事故模拟 ［J］. 南水北调与水利科技，2013，11（4）：67-71.

[13] 常楚阳，周建中，徐少军，等 . 基于 MIKE21FM 的杜家台分蓄洪区洪水演进模拟 ［J］. 人民长江，2017，48（S1）：14-18.

[14] 李如忠，王超，汪家权，等 . 基于未确知信息的河流水质模拟预测研究 ［J］. 水科学进展，2004（1）：35-39.

[15] 张波，王桥，孙强，等 . 基于 SD-GIS 的突发水污染事故水质时空模拟 ［J］. 武汉大学学报（信息科学版），2009，34（3）：348-351.

南水北调工程关键技术研究进展综述

关 炜

（水利部南水北调规划设计管理局，北京 100038）

摘 要："十一五"以来，科学技术部国家科技支撑计划项目，围绕南水北调东中线一期工程规划设计、施工建设和运行管理中的工程技术问题，设置了一系列关键技术攻关课题。跟踪分析课题研究进展情况及成果，攻关研究在工程设计与施工、设备与材料、水资源配置与输水调度、管理与安全运行、风险管理与病害防治、水质安全及影响评估等6个方面，取得了25项（类）主要关键技术创新成果，为南水北调工程建设发挥了坚实的技术支撑作用。随着工作进展，对于新的关键技术问题，仍需开展攻关研究。本文可为广大读者了解南水北调工程建设相关领域的关键技术，以及开展相关研究提供参考。

关键词：南水北调工程；国家科技支撑计划；关键技术

1 引言

南水北调工程是缓解我国北方地区水资源严重短缺、优化国家水资源配置格局、保障经济社会可持续发展的重大战略性基础设施。经过长达半个世纪的规划设计和科学论证，2002年国务院批复《南水北调工程总体规划》，明确建设东、中、西线工程的总体布局，其中南水北调东、中线一期工程于2002年12月开工，分别于2013年11月、2014年12月建成通水发挥工程效益，期间国家科技支撑计划提供了有力的技术支撑。跟踪分析国家科技支撑计划项目安排的南水北调工程关键技术攻关课题，系统梳理提炼取得的研究成果，对掌握攻关科研进展、整体集成重大水利工程创新技术、推进南水北调工程高质量发展具有意义。

2 南水北调东中线一期工程概况

南水北调东线一期工程从长江下游三江营引水，由泵站逐级提水向北，利用京杭大运河和与其平行的河道，以及高邮湖、洪泽湖、骆马湖、南四湖、东平湖输水，提水进入东平湖后，一路沿黄河南岸向东经新辟的胶东输水干线接引黄济青渠道，向沿线和胶东地区供水；另一路穿过黄河，具备向天津应急供水的能力。输水干线长1 467 km，全线共设立13个梯级泵站、22处枢纽、34座泵站，总扬程65 m，总装机台数160台；南水北调中线一期工程从汉江丹江口水库陶岔渠首闸引水，沿线开挖渠道，经唐白河西部过长江流域与淮河流域的分水岭方城垭口，沿黄淮海平原西部边缘，在郑州以西孤柏嘴处穿过黄河，沿太行山东麓山前平原及京广铁路西侧的条形地带北上，至河北省唐县以北进入低山丘陵区和拒马河冲积扇，终点为北京团城湖。输水总干线工程全长1 267 km，全线设分水口门84座、退水闸54座、倒虹吸100座、渡槽31座、隧洞9座、暗渠及涵洞18座。

南水北调东中线一期工程是由众多泵站、渠道、渡槽、隧洞、管涵（PCCP）、倒虹吸等大型输水建筑物与河湖系统组成的长距离、大流量复杂动态的调水工程系统，工程跨越多个流域、多个省

作者简介：关炜（1980—），男，高级工程师，主要从事南水北调工程技术研究与应用工作。

份、多种地质带、众多条河流，横穿不同地形地质、水文气象、生态环境等条件地区，影响地区多、涉及面广、关系领域多，工程建设与运行条件差异变化很大。东线工程的大型低扬程大流量泵站和水质保障，中线工程隧洞穿黄河、膨胀土渠道边坡处理、渡槽群设计与施工等，存在众多复杂工况和关键技术难点，建设管理十分复杂，运行存在安全风险，面临各种技术挑战，一系列关键技术难关和项目管理难题需要通过科研攻关解决。

3 南水北调工程关键技术攻关科研课题概况

3.1 攻关科研计划安排情况

"十五"以来，国家科技支撑计划和国家重大技术装备研制计划，围绕南水北调东中线一期工程，安排了一系列关键技术攻关科研课题（见表1）。由于"十三五"国家重点研发计划项目正在实施过程中，本文重点分析"十一五""十二五"国家科技支撑计划攻关科研成果，"十五""十三五"仅简要介绍关键技术攻关计划安排情况。

表1 "十一五""十二五"国家科技支撑计划项目南水北调工程课题清单

时期	序号	课题名称	编号	承担牵头单位	负责人
"十一五"	1	丹江口大坝加高工程关键技术研究	2006BAB04A01	长江水利委员会长江勘测规划设计研究院	廖仁强
	2	大型渠道设计与施工新技术研究	2006BAB04A02	山东省南水北调工程建设管理局	罗辉
	3	大型贯流泵关键技术与泵站联合调度优化	2006BAB04A03	南水北调东线江苏水源有限责任公司	冯旭松
	4	超大口径PCCP管道结构安全与质量控制研究	2006BAB04A04	北京市水利规划设计研究院	王东黎
	5	大流量预应力渡槽设计和施工技术研究	2006BAB04A05	武汉大学	王长德
	6	南水北调中线水资源调度关键技术研究	2006BAB04A07	中国水利水电科学研究院	王浩
	7	南水北调运行风险管理关键技术问题研究	2006BAB04A09	南京水利科学研究院	刘恒
	8	膨胀土地段渠道破坏机理及处理技术研究	2006BAB04A10	长江水利委员会长江科学院	蔡耀军
	9	复杂地质条件下穿黄隧洞工程关键技术研究	2006BAB04A11	长江水利委员会长江勘测规划设计研究院	钮新强
	10	中线工程输水能力与冰害防治技术研究	2006BAB04A12	中国水利水电科学研究院	刘之平
	11	工程建设与调度管理决策支持技术研究	2006BAB04A13	河海大学	张阳
	12	丹江口水源区黄姜加工新工艺关键技术研究	2006BAB04A14	北京大学	倪晋仁
	13	东、中线一期工程沿线区域生态影响评估技术研究	2006BAB04A15	中国水利水电科学研究院	甘泓
	14	南水北调水资源综合配置技术研究	2006BAB04A16	中国水利水电科学研究院	王建华

续表1

时期	序号	课题名称	编号	承担牵头单位	负责人
	15	施工期膨胀土开挖边坡稳定性预报技术	2011BAB10B01	水利部长江勘测技术研究所	蔡耀军
	16	强膨胀土（岩）渠道处理技术	2011BAB10B02	中国科学院武汉岩土力学研究所	陈善雄
	17	深挖方膨胀土渠道渠坡抗滑及渠基抗变形技术	2011BAB10B03	长江勘测规划设计研究有限责任公司	钮新强
	18	膨胀土渠道防渗排水技术	2011BAB10B04	长江勘测规划设计研究有限责任公司	吴德绪
	19	膨胀土水泥改性处理施工技术	2011BAB10B05	长江水利委员会长江科学院	程展林
	20	高填方渠道建设关键技术	2011BAB10B06	天津大学	王晓玲
	21	膨胀土渠道及高填方渠道安全监测预警技术	2011BAB10B07	长江勘测规划设计研究有限责任公司	谢向荣
"十二五"	22	南水北调东线工程泵站（群）优化调度关键技术集成与示范	2015BAB07B01	河海大学	朱跃龙
	23	南水北调河渠湖库联合调控关键技术研究与示范	2015BAB07B02	天津大学	高学平
	24	南水北调中线干线工程应急运行集散控制技术研究与示范	2015BAB07B03	中国水利水电科学研究院	蒋云钟
	25	南水北调工程混凝土病害防治关键技术研究与示范	2015BAB07B04	武汉理工大学	晏石林
	26	南水北调平原水库运行期健康诊断及防护技术研究与示范	2015BAB07B05	山东大学	刘健
	27	南水北调河道疏浚泥堆场综合处置关键技术研究与应用	2015BAB07B06	南水北调东线江苏水源有限责任公司	邓东升
	28	南水北调大型跨（穿）河建筑物运行风险识别和预警关键技术研究与示范	2015BAB07B07	清华大学	余锡平
	29	南水北调煤矿采空区渠道运行安全标准与应急处理关键技术研究	2015BAB07B08	三峡大学	李建林
	30	南水北调中线水质差异应对关键技术研究与应用	2015BAB07B09	清华大学	陈永灿
	31	南水北调工程地震灾害监测与预警关键技术研究与示范	2015BAB07B10	河海大学	钱向东

（1）"十五"期间，水利部会同中国机械工业联合会共同设置"十五"国家重大技术装备研制计划"南水北调工程成套装备研制"项目，对"大型低扬程水泵及装置研制""大型渠道施工成套装备研制""大型渡槽现浇施工成套装备"等5个课题进行技术攻关。

（2）2006年，科学技术部设置"十一五"国家科技支撑计划"南水北调工程若干关键技术研究与应用"项目（2006BAB04A05），对"丹江口大坝加高工程关键技术研究"等14个课题开展科研攻关。

（3）2011 年、2015 年，科学技术部分别设置"十二五"国家科技支撑计划"南水北调中东线工程运行管理关键技术及应用"（2015BAB07B00）和"南水北调中线工程膨胀土和高填方渠道建设关键技术研究与示范"（2011BAB10B00）项目，对"施工期膨胀土开挖边坡稳定性预报技术"等共 17 个课题开展科研攻关。

（4）2018 年，科学技术部设置"十三五"国家重点研发计划"南水北调工程运行安全检测技术研究与示范""南水北调工程应急抢险和快速修复关键技术与装备研究" 2 个项目展开科研攻关。

3.2 攻关科研计划安排特点

（1）依据国家建设宏观布局安排攻关。学科技术部依据国民经济和社会发展五年规划目标任务与战略部署，确定 5 年规划期国家科技支撑计划的方向与重点，将南水北调作为国家五年规划科学技术发展重点，支持开展工程关键技术攻关研究。

（2）根据南水北调工程实施进展组织攻关。水利部（含原南水北调办公室）根据工程建设进展情况组织课题申报与攻关研究，"十一五"是南水北调中东线一期工程建设的初期，重点围绕工程规划设计与施工开展关键技术攻关；"十二五"期间，重点围绕工程建设、管理与运行的相关关键技术问题开展攻关研究。

（3）按照工程建设需求开展攻关。在中线干渠施工建设过程中，针对当时膨胀土渠道施工的突出问题，在"十一五"开展相关课题研究的基础上，"十二五"首批紧急安排了 7 个膨胀土关键技术攻关课题。

4 南水北调工程关键技术攻关主要科研成果

水利部南水北调规划设计管理局（含原南水北调设计管理中心）跟踪南水北调工程关键技术攻关科研，收集了各课题科研成果及技术报告，配合有关单位开展了成果整理存档工作。现根据掌握的资料情况，对"十一五""十二五"关键技术攻关科研成果进行分类梳理总结。

4.1 工程设计与施工

4.1.1 丹江口大坝加高工程关键技术

长江勘测规划设计研究院等单位，针对丹江口大坝加高工程存在的新老混凝土结合关键技术难题，以理论分析、数值模拟、室内和现场试验、原形观测相结合，对新老混凝土结合状态与安全评价、新老混凝土结合面工程措施及灌浆措施、大坝抗震安全问题评价、初期工程帷幕耐久性及高水头下帷幕补灌等技术进行研究[1]。采用三维有限元非线性仿真，研究大坝存在裂缝、老化、缺陷条件下，在水压、变化温度场、加高附加荷载等作用下的坝体受力和安全状态，分析新老坝体结合面开合随时间的变化过程及坝体的应力变化过程；研究不同灌浆时间、不同灌浆压力、不同库水位灌浆和不同灌浆措施对结合面接触状态的影响，以及灌浆措施、缝面接触灌浆对坝踵应力的影响等问题[2]，得出结合面状态与加高大坝安全度变化规律，提出了满足大坝安全度要求的设计参数技术指标[3]。

4.1.2 大流量预应力渡槽设计与施工关键技术

武汉大学、河南省水利勘测设计研究有限公司等单位，研究提出了大断面预应力大跨度 U 形预制预应力渡槽结构形式，构建了大型 U 形渡槽空间预应力体系，研发了大型渡槽黏结加压板新型接缝止水结构，实现了输水梁式渡槽在流量、跨度、输水断面、预制架槽重量等综合技术指标的突破，创新发展了大型渡槽结构设计理论和方法，提出了渡槽结构局部受压稳定性分析的半解析柱壳有限元法和整体受压稳定分析的结构侧弯扭稳定性总势能泛函表达式，解决了大断面簿壳渡槽受压稳定关键技术难题。提出了千吨级特大型 U 形渡槽采用地面预制、槽上运送、架机施工的新型工法，成功实现了单榀 1 200 t U 形槽架槽施工工厂化、规模化、标准化、流程化作业，创建了 U 形预制渡槽施工质量控制成套技术措施及指标体系[4-5]。

4.1.3　中线穿黄隧洞设计与施工关键技术

钮新强团队针对穿黄工程（有压水工隧洞）需要解决游荡性河段、地质条件复杂、地震威胁等技术难题，研发了"结构联合、功能独立"的"盾构隧洞预应力复合衬砌"新型输水隧洞结构形式设计理论方法，并建立了相应的设计控制标准体系，解决工程穿越黄河多相复杂软土地层高压输水隧洞结构受力，高压内水外渗导致围土失稳破坏难题；研发了竖井井壁设置弧形始发反力座的新型双层衬护竖井结构及双层结构联合受力动态结构设计方法，提出了饱和砂土地层超深竖井工程结构及防渗成套技术，解决了饱和砂土地层结构安全和防渗难题；研发了黄土抽水技术，提出了通过降水提高黄土强度、实现软黄土高边坡施工期及运行期稳定的工程地质分析方法和设计方法。揭示了受卸荷与动水压力控制的黄土过饱和机制及地下洞室突泥发展规律，提出了洞内控制卸荷边界效应、洞周控制卸荷向外扩展，阻断黄土过饱和发展进程的综合处理技术[6-8]。

4.1.4　膨胀土地段渠道施工处理关键技术

"十一五"期间，蔡耀军团队探讨膨胀土工程特性、破坏机制、处理技术、施工工艺，建立了大型膨胀土渠道稳定控制技术体系[9]。"十二五"期间根据当时工程建设的实际需要，开展了施工期膨胀土开挖边坡稳定性预报等 7 项关键技术攻关。明确了深挖方膨胀土渠基抬升变形的主要机制和控制因素，提出了土体一维卸荷回弹变形理论及膨胀土膨胀模型和反映裂隙空间分布稳定分析方法；分析膨胀土边坡破坏主要模式，揭示膨胀土强度的非线性特性，确定了膨胀土开挖边坡稳定性预报的主因子、辅助因子，建立预报流程（方法）与预报模型，提出了膨胀土等级现场快速判别的定性与半定量方法；研究了深挖方膨胀土渠道浅层滑坡和深层结构面滑坡的治理抗滑措施及作用机制，膨胀土坡顶防护措施、排水体出口控制技术、饱和膨胀土基础快速施工技术，以及土工格栅加筋、土工袋、土工膜封闭覆盖、水泥改性等处理方法的优化参数，系统地研究提出了膨胀土水泥改性处理施工技术[10-11]。选择南阳膨胀土渠道和新乡膨胀岩渠道，分区研究不同处理措施的稳定状态和破坏模式，比较验证其他膨胀土（岩）段渠坡处理方案的合理性与可行性[12]，优选了各膨胀土渠段的处理方案。

4.1.5　大型渠道设计与施工关键技术

罗辉团队针对南水北调工程长距离输水，渠道沿线穿越复杂的地形、地质条件，水文、气象以及运行条件差异变化大的特点，研究提出了大型渠道边坡稳定与优化技术、高水头侧渗深挖方渠道边坡稳定、大型渠道新型结构形式，开发了适应不同设计条件、不同地质条件、不同施工方法、不同运行工况下渠道边坡稳定的优化理论和计算软件，提出了高水头侧渗深挖方渠道边坡稳定与安全技术，提出了渠道防渗漏、防冻胀、防扬压的新型材料和结构形式，开发了基于探地雷达和声波探测技术的渠道混凝土衬砌施工无损检测技术[13]。

4.1.6　高填方渠道建设关键技术

倪锦初团队针对高填方渠道施工中穿渠建筑物与渠道之间易形成差异沉降，结合部位易出现渗水通道等安全隐患问题，开展了穿渠建筑物对渠道安全的影响分析，提出了设计、施工控制要素与技术要求；研究了渠道沉降随填筑时间的变化过程[14]，提出了填方渠道质量控制措施技术，完成填方渠道的风险分析及应急预案措施技术研究，提出了采取水泥搅拌桩防渗墙、加厚钢筋混凝土衬砌、ECC纤维混凝土衬砌、加厚复合土工膜、渠堤外坡增设水泥搅拌桩及桩间设置排水体、防浪墙加大超高、水泥土铺盖贴坡截渗、河渠交叉建筑物闸门改造等成套措施技术，研制开发了高填方碾压施工质量实时监控系统。

4.2　设备与材料

4.2.1　东线大型灯泡贯流泵关键技术

冯旭松团队研究提出了灯泡贯流泵机组传动方式选用原则和方法、机组工况调节方式定量选择方法、机组电机过滤清洁通风方式和电机通风方式优化设计方法，开发了具有自主知识产权的大型灯泡贯流泵站静动力及流固耦合有限元分析软件；提出了泵型选择评价方法和指标体系，建立了标准化的泵模型特性选型数据库，经济性、可靠性和稳定性分析方法和综合评判泵型选择方法，提出了贯流泵装置多工况设计方法与贯流泵装置自动优化技术，研发了四套不同灯泡贯流泵装置[15]。

4.2.2 混凝土新材料及超大口径 PCCP 结构安全与质量控制关键技术

王东黎团队开展高性能混凝土新材料、超大口径 PCCP（预应力钢筒混凝土管）结构安全与质量控制研究，研发了预应力钢筒混凝土管设计和仿真分析软件，建立考虑预应力钢丝缠丝过程和刚度贡献的 PCCP 预应力损失模拟分析断丝模型，提出了 PCCP 承载能力全过程的数值分析方法，PCCP 管道糙率测算方法，超大口径 PCCP 制造工艺试验、管道结构原型试验、现场运输安装试验、管道防腐试验，克服了超大口径 PCCP 管道无法利用水力试验获取糙率系数的难题，解决了超大口径 PCCP 结构安全与质量控制的一系列设计、制造、安装等关键技术问题[16-17]。

4.2.3 大型渠道及建筑物施工装备关键技术

研究提出了斜坡混凝土布料、振动碾压成型、振捣滑模衬砌成型、层密实成型、自动找正等技术与衬砌成套设备的控制技术体系，以及大型渠道机械化成型技术装备设计制造和工程技术，研发了大型渠道机械化衬砌综合施工工艺、大型渠道机械化衬砌系列成套设备，开发了具有自主知识产权的长斜振捣滑模和振动碾压衬砌成型机及其配套设备[18]，以及大型 U 形预制渡槽施工及质量控制成套设备[5]，填补了我国当时大型渠道及建筑物机械化成型技术装备和大型渡槽机械化装备的空白。研究了全断面岩石掘进机（TBM）主机主参数间的内在规律，结合穿黄泥水工况，完成了主要部件、液压系统和电气系统、控制和导向系统的转化设计，研发钻机超前地质预报仪和 TBM 施工短期预报仪，形成 TBM 主机设计技术体系、配套系统设计方案，开发了计算机辅助设计和辅助决策系统[19-20]。

4.3 水资源配置与输水调度

4.3.1 水资源综合配置关键技术

王建华团队针对南水北调庞大供水系统，整体识别黄淮海三大流域之间、流域生态与经济之间、流域内区域之间、区域内城市与农村之间的全口径水资源需求，提出了缺水识别技术和方法，形成了涵盖"三生"的全口径缺水识别的整体技术；提升配置决策机制、配置目标和配置技术，提出基于五个统筹的五维水资源配置理论与方法；基于宏观经济水资源模型和长系列供需分析模拟模型，多种自然要素和经济社会要素的二元水资源系统，耦合生态模块和水环境保护模块，动态连接各个模块变量，形成超大泛流域水资源合理配置整体模型[21]。

4.3.2 中线水资源调度关键技术

王浩团队针对水源区和受水区不同水文分布及来水系列组合、受水区多目标需求矛盾协调、多水源配置优化等难点问题，深化研究南北方水文分布组合特征和用水需求特征，提出了水资源配置协调技术，建立了南水北调中线受水区分布式水文模型——EasyDHM 模型，进行了长系列水文过程模拟，基于二元水循环模式、耦合动态水资源调度模型、多目标群决策理论和多准则自适应控制理论，提出了汉江流域及中线受水区二元水循环模拟技术，建立了涵盖水源区、汉江中下游、干线和受水区全范围的水资源调度体系，与市场相耦合，提出"宏观总控、长短相嵌、实时决策、滚动修正"的干线调度模式，建立了中线水资源调度模型及其调度决策支持系统[22]。

4.3.3 东线输水河渠湖库联合调控关键技术

高学平团队研究提出了东线工程河渠湖库复杂水网的输水控制技术，包括东线山东段复杂水网闭环输水控制技术、软硬件一体的自流渠道输水控制技术和梯级泵站群优化运行及控制技术，提高了输水响应时间速度、减少闸门启闭次数，构建了河渠湖库复杂系统联合同步调控调度技术体系。采用

"同步控制自适应平衡"的调度控制技术与采用传统的人工调度控制方式相比较，完成一个调度方案的时间和开动闸门次数可降低 7% 左右，提高了输水效率，降低了输水成本。研发的同步指令同时满足自动化与人工执行方式要求，大大降低了全线统一调度风险[23-24]。

4.3.4 中线工程冰期输水关键技术

刘之平团队系统研究了工程输水能力及稳定性问题和闸前常水位输水模式实现方式，提出了包含前馈、反馈与解耦环节的控制思想和控制算法，系统解决了长距离输水系统稳定时间长、水位波动大和渠池间耦合强等问题，实现了复杂输水系统的自适应建模，建立了南水北调中线工程输水模拟平台、长距离输水渠道控制模型和冰期输水模型；建立了中线工程冬季输水全过程仿真模型，定量论证了冰期输水能力，提出了安全、高效的冰期运行方式和控制方法，确定了中线工程冰期运行控制方式，优化了拦冰索结构形式；进行了真冰条件下的物理模型试验，确定了典型输水建筑物防冰害临界水位，提出了防冰拦冰措施技术和大型调水工程超高设计标准[25]。

4.4 管理与安全运行

4.4.1 工程建设与调度管理关键技术

张阳团队研究提出了南水北调工程项目群规划、管理技术及其决策技术，设计了突发状况应急处置方案和应急管理技术，从信息系统建设、决策管理、优化与控制、风险管理四维度构建了南水北调工程建设与调度管理的技术体系；完成了以项目群管理和项目组合管理为主的工程建设多项目管理理论、方法及技术体系研究，提出了数据建模、分析方法、挖掘技术和数据挖掘分析算法，构建了工程建设与调度管理群决策支持系统，提出了南水北调工程运营初期的管理技术、调度决策体系；建立统一的信息分类和编码体系，制定数据采集、处理和仿真机制，研发了工程建设与调度管理信息采集、处理、仿真与数据挖掘技术体系，形成应急处置支持平台[26]。

4.4.2 东线泵站（群）优化运行关键技术

扬州大学以泵站单机组叶片全调节、变频调节优化运行为研究单元，将大系统理论与东线工程大规模、长距离、多目标、多功能梯级泵站群紧密结合，建立了联合优化调度大系统复杂理论体系和一系列数学模型的求解方法，从理论上突破解决了单机组、多机组（水泵同型号、不同型号）、并联泵站和梯级泵站的优化运行数学问题，建立了泵站群优化模型及其求解法，并成功应用于东线江苏段梯级泵站群的联合优化调度。河海大学等单位课题组集成创新泵站工程（单机组、站内多级机组、并联站群、梯级站群）优化调度理论方法和优化调度准则，开发一整套优化调度决策系统软件，形成了规格化技术体系，建立跨部门异构的信息系统协同与信息共享平台，编制完成了《南水北调东线工程泵站（群）运行数据规格化规范》企业标准[27-29]。

4.4.3 水库运行健康诊断及防护技术

刘健团队针对东线山东受水区调蓄水库多、易出现安全隐患等问题，分析安全隐患影响及识别因子，建立了平原水库运行期健康诊断技术体系[30]，制定了适用于南水北调东线的平原水库风险划分等级及评价标准，提出了不同风险等级的应急预案技术指标；揭示运行条件下平原水库膜下非饱和土地基中的水气运移规律和土工膜气胀破坏机制，提出了平原水库围坝与穿坝涵管接触面渗漏监测、防护和处治成套技术，提出了基于光纤传感技术的平原水库围坝渗流监测技术方案；建立了平原水库波浪力分析模型，揭示了下卧土层水分运移机制和冻胀变形对护坡的破坏机制，形成了混凝土护坡施工与防护技术，研发了环保防冻融护坡材料，提出了平原水库护坡冻融冻胀修复技术。

4.4.4 工程安全关键技术

蒋云钟团队提出了应急工况下闸门现地自动控制方法和渠道运行集中控制技术，开发了渠道水量水质耦合模拟模型，进行各种工况下水力学水质过程的精细模拟，研发了中线应急运行调度控制平台，实现应急监测、故障诊断、应急调控、模拟评价、应急控制方案编制等功能[31]；李建林团队构建了采空区渠道变形预测模型，给出了南水北调东线煤矿采空区渠道运行安全标准，开发了渠道安全运行预警系统与渠道及建筑物破坏应急处理技术[32-33]；长江勘测规划设计研究有限责任公司研究提出了膨胀土渠道全链条安全监测技术体系，研制了变位式分层沉降监测系统和水平双向变形监测系统，提出了集成监测数据的实时通信传输技术以及数据管理技术、膨胀土渠道安全监测可视化技术、三维漫游技术，开发了一套完整膨胀土安全实时监测、预报分析与处理技术[34]。

4.5 工程风险与病害防治

4.5.1 运行风险管理关键技术

刘恒团队围绕工程运行过程中可能出现的工程风险、水文风险和生态与环境风险等，研究风险识别因子，分析风险响应机制，用工程质量、结构、稳定等各类风险因素的组合概率评价预测工程运行风险，用水源区与受水区不同水文概率分布评估预测水文风险，用水质风险和生态敏感区生态风险、突发性和非突发性风险评估预测生态与环境风险，完成了对复杂调水工程系统的多层次时空风险预测与模拟，提出了工程运行风险控制标准。以系统控制理论为指导，结合运行管理特点和风险控制技术，研究风险控制机制与方法，提出了南水北调工程运行系统风险管理的综合策略技术，调水工程运行风险分析的理论框架，建立了安全控制和运行风险度的定量分析模型，制定了南水北调工程运行风险调度技术体系及预案[35]。

4.5.2 混凝土病害防治关键技术

晏石林团队针对渠道和渡槽混凝土结构病害的预防问题，研究提出了混凝土性态变化监测评估技术、混凝土表面改性技术、混凝土表面防护材料、止水密封防老化涂料以及渠道混凝土衬砌防冰盖破坏技术，有效防止或减缓病害的发生，提高了输水工程混凝土结构的耐久性；针对渠道混凝土衬砌破裂、表面破损、渠道表面糙率过大、渠坡失稳等，研发了水下混凝土快速修复/修补材料、渠道糙率恢复技术、渠道滑坡应急处理技术，提出了病害及时快速整治技术[36-37]。

4.5.3 建筑物运行风险识别和预警关键技术

余锡平团队集成建筑物风险评价模型、结构稳定性与风险诊断模型、流域洪水模型以及区域水沙运动模型，综合考虑工程质量信息和洪水、冲刷、采砂等复杂外部不利条件，给出了跨（穿）河建筑物的综合风险因子，系统集成跨（穿）河建筑物风险评价模型，采用模糊评价和BP神经网络相结合的方法，计算建筑物的静态风险[38]，构建了南水北调中线大型跨（穿）河建筑物运行风险识别和预警系统平台，及时预报流域雨情和河道水情、准确识别建筑物在不同运行工况下的危险部位。

4.5.4 地震灾害监测与预警关键技术

钱向东团队研究提出了基于GPS和BDS组合定位的形变监测方法，获得了毫米级的监测精度，建立了自动化GNSS形变监测系统，提高了监测的时间分辨率，基于模糊概率方法，建立了平原水库与堤坝工程的震害评估模型，提出了水库堤坝震害预警指标体系和预警判据的确定方法；将概率地震需求模型和易损性分析理论引入到泵站枢纽的震害评估中，获得了泵站枢纽的结构需求和地震动强度之间的关系，研究了泵站枢纽在不同强度地震作用下达到或超过各性能水准的概率，构建了不同概率水准地震作用下泵站的震害评估模型，针对水库堤坝及泵站枢纽两类工程，建立了相应的基础信息库，构建了震害预警系统的架构，集成研发了震害预警系统[39-40]。

4.6 水质安全、影响评估

4.6.1 调水工程水质差异应对关键技术

陈永灿团队现场观测与试验相结合，深入研究中线水源区、受水区水质的差异特征及其化学变化反应过程，以及管网材料对水质的影响，揭示沉积物金属离子释放规律和释放后管垢物化性质变化，不同主客水调配比例下金属离子的释放规律，确定了各受水区水质差异的定量评估方法，研究建立了水质差异的监测系统，提出了应对水质差异的技术手段[41-42]。

4.6.2 丹江口水源区黄姜加工新工艺关键技术

倪晋仁团队开发了"催化-溶剂法"黄姜皂素清洁生产工艺，通过有机溶剂和催化剂/助剂的耦合，实现了皂甙和纤维、淀粉等的有效分离；开发了基于 SMRH 工艺的循环经济生产系统关键技术，黄姜资源综合利用率和皂素收率大幅提高，污染负荷大幅削减；开发了基于直接分离法黄姜清洁生产工艺关键技术，实现了黄姜淀粉与纤维回收利用；开发了兼有脱硫功能的两相厌氧和以 G-BAF 为主的好氧处理工艺，高效去除黄姜加工废水中的 COD、氨氮等污染物，实现加工废水稳定达标排放[43]。

4.6.3 河道疏浚泥堆场综合处置关键技术

邓东升团队针对南水北调东线输水河道疏浚泥堆场等问题，研究揭示了疏浚泥排水淤堵机制，负压作用下影响疏浚泥固结排水效果的主要因素，提出了防堵可控真空快速固结技术，以及防堵、高效节能真空设备与环保排水材料为一体的疏浚泥堆场快速加固处理等综合处置关键技术，研发了可降解排水材料，解决了长期以来我国工程施工排水材料长期埋于地下持续产生污染的问题[44]。

4.6.4 区域生态影响评估关键技术

甘弘团队深化研究了与南水北调工程建设相配套与生态保护恢复目标相协调的节水、地下水调控和河流湖泊湿地恢复等关键技术，以及生态水文效应与调控关键技术，提出了由水循环调控技术、水质调控技术和生态系统评估技术等组成的调水工程受水区生态环境影响评估技术体系，建立了典型城市节水模型、外调水-当地水联合调配模型、平原区地下水模型、区域分布式流域水循环模型等评估模型，从物理模型和计算机实体仿真两方面提出了调水工程直接生态效应的有效分析模式[45]。

5 主要结论与发展展望

5.1 主要结论

（1）"十一五"以来，科学技术部围绕南水北调东中线一期工程，设置国家科技支撑计划项目课题，支持开展了一系列关键技术攻关研究，其中"十一五"关键技术攻关科研课题 14 项，"十二五"科研课题 17 项，共 31 项。攻关科研在工程设计与施工、设备与材料、水资源配置与输水调度、管理与安全运行、工程风险与病害防治、水质安全及影响评估等方面，取得了 25 项主要关键技术创新成果，为南水北调工程提供有力的技术支撑，保证了工程顺利建成通水、安全运行，最优化发挥工程效益。

（2）取得的主要创新成果包括：丹江口大坝加高、大流量预应力渡槽、中线穿黄隧洞、膨胀土地段渠道、大型高填方渠道等工程设计与施工方面的关键技术；东线大型灯泡贯流泵、高性能混凝土新材料及超大口径 PCCP、大型渠道及建筑物施工装备等设备与材料方面的关键技术；水资源综合配置、中线水资源调度、输水河渠湖库联合调控、冰期输水等水资源配置与输水调度方面的关键技术；工程建设与调度管理、东线泵站（群）优化运行、水库运行健康诊断、工程安全运行等管理与安全运行方面的关键技术；运行风险管理、混凝土病害防治、建筑物运行风险识别和预警、地震灾害监测与预警等工程风险与病害防治方面的关键技术；调水工程水质差异应对、丹江口水源区黄姜加工工艺、河道疏浚泥堆场综合处置、区域生态影响评估等水质安全及影响评估方面的关键技术。

（3）关键技术攻关科研紧密结合不同时期、不同阶段南水北调工程的实际，根据工程对关键技术的需求，充分利用当时各相关领域的新技术，逐步展开关键技术攻关研究，并将成果直接用于工程建设，很多创新成果及时转化成生产力。目前，南水北调东中线一期工程已运行数年，进入了正常运行提质增效期，后续工程正在抓紧论证，针对攻关科研进展不平衡问题，面对绿色、高质量发展新要求，满足一期工程长期安全稳定高效运行和后续工程建设新需求，仍然面临诸多关键技术需要开展攻关研究。

5.2　发展展望

（1）通过南水北调"十三五"国家重点研发计划项目的实施，将研究提出工程运行隐患早期识别技术、风险诊断方法、检测技术与标准，形成南水北调工程运行安全检测成套技术，研发配套专用检测装备，为保障南水北调工程安全运行提供技术支撑。

（2）"十四五"期间，将从推进南水北调高质量发展方面开展关键技术攻关，深入分析南水北调工程面临的新形势、新任务，深入研究明析南水北调工程高质量发展基本要求和技术体系，提出推进工程高质量运行管理、提质增效、更好发挥工程效益的技术措施与方法，以及数字南水北调工程技术、智能精细化调度技术；从立足流域整体和水资源空间均衡配置、科学推进后续工程、提高水资源集约节约利用水平等方面，提出高质量发展的战略举措、相关技术与标准，为推进南水北调高质量发展提供技术支撑。

（3）围绕南水北调后续工程开展关键技术攻关，结合前期论证和方案比选，开展工程技术与难题的攻关研究，包括东线二期穿黄关键技术、东线泵站选型模型试验、东线后续工程生态治理及水质保障，中线补源深埋超长隧洞关键施工技术、加大流量输水关键技术、在线调蓄水源建设运行技术，西线工程供水需求及建设影响、超长距离深埋超长隧洞与复杂工况施工等关键技术攻关，为后续工程的论证、规划设计和建设提供技术支撑。

（4）今后，将在深化南水北调水资源调度与风险管控等方面继续开展关键技术攻关，根据气候变化极端气候影响、生态环境保护和水需求等变化的新情况，南水北调工程运行实践经验和暴露出来的新问题，以及新时代发展战略、经济社会发展和供水保障程度提升等新要求，研究提出进一步优化水资源配置格局、技术提升，以及确保工程长期安全运行、不断提高工程综合效益的关键技术，为确保南水北调供水、工程和水质安全提供坚实技术支撑。

参考文献

［1］廖仁强，陈志康，张国新，等．丹江口大坝加高工程关键技术研究综述［J］．南水北调与水利科技，2009，7（6）：47-49．

［2］施华堂，徐年丰，李洪斌．丹江口大坝加高初期工程帷幕检测及耐久性研究［J］．人民长江，2009，40（23）：65-67．

［3］陈志康，郑光俊，王莉．丹江口大坝加高新老混凝土结合措施设计［J］．人民长江，2009，40（23）：93-95．

［4］夏富洲，王长德，曹为民，等．大流量预应力渡槽设计与施工技术研究［J］．南水北调与水利科技，2009，7（6）：20-28．

［5］河南省水利勘测设计研究有限公司．南水北调特大型渡槽关键技术研究［M］．北京：中国水利水电出版社，2018．

［6］钮新强，谢向荣，符志远．复杂地质条件下穿黄隧洞工程关键技术综述［J］．人民长江，2011，42（8）：1-7．

［7］定培中，张伟，张家发．南水北调工程穿黄隧洞衬砌垫层淤堵试验［J］．水利水电科技进展，2009，29（6）：54-57．

［8］谢向荣，石裕，符志远．穿黄隧洞大型超深竖井结构加固与防水设计［J］．人民长江，2011，42（8）：21-30．

［9］蔡耀军．膨胀土渠坡破坏机理及处理措施研究［J］．人民长江，2011，42（22）：5-9．

［10］钮新强，蔡耀军，谢向荣．膨胀土渠道处理技术［M］．武汉：长江出版社，2016．

［11］龚壁卫，胡波，倪锦初，等．膨胀土水泥改性机理及技术［M］．北京：中国水利出版社，2019．

［12］李青云，程展林，马黔．膨胀土（岩）渠道破坏机理和处理技术研究［J］．南水北调与水利科技，2009，7

（6）：13-19.

[13] 罗辉，曲卓杰，张晶，等．大型渠道设计与施工新技术研究综述［J］．南水北调与水利科技，2009，7（6）：50-53.

[14] 倪锦初，李晓伟，张治军，等．高填方渠道施工期沉降预测分析［J］．人民长江，2014，45（6）：85-88.

[15] 冯旭松，关醒凡，井书光，等．南水北调东线灯泡贯流泵水力模型及装置研究开发与应用［J］．南水北调与水利科技，2009，7（6）：32-35.

[16] 王东黎，郑征宇，胡少伟，等．超大口径 PCCP 管道结构安全与质量控制研究［J］，南水北调与水利科技，2009，7（6）：26-31.

[17] 王东黎，刘进，石维新，等．南水北调工程 PCCP 设计关键技术研究［J］．水利水电技术，2009，40（11）：33-39.

[18] 李典基，韩其华，贾乃波，等．大型渠道混凝土机械化衬砌振动碾压成型机的设计［J］．南水北调与水利科技，2009，7（6）：362-366.

[19] 王江涛，陈建军．南水北调中线穿黄工程泥水盾构施工技术［M］．武汉：长江出版社，2010.

[20] 蔡辉，李荣智．南水北调中线穿黄隧洞工程盾构施工技术探讨［J］．隧道建设，2007，27（6）：57-62.

[21] 王建华，李海红，张新海，等．南水北调水资源综合配置关键技术研究［M］．北京：科学出版社，2015.

[22] 蒋云钟，赵红莉，董延军，等．南水北调中线水资源调度关键技术研究［J］．南水北调与水利科技，2007，5（4）：1-5.

[23] 高学平，聂晓东，孙博闻，等．调水工程中相邻梯级泵站的开启时间差研究［J］．水利学报，2016，47（12）：1502-1509.

[24] 罗辉，靳宏昌，李福生，等．南水北调河渠湖库复杂水网输水控制模式及技术［M］．北京：中国水利水电出版社，2018.

[25] 刘之平，陈文学，吴一红．南水北调中线工程输水方式及冰害防治研究［J］．中国水利，2008（21）：60-62.

[26] 张阳，邓东升，熊璋，等．工程建设与调度管理决策支持技术研究［J］．南水北调与水利科技，2009，7（6）：1-3.

[27] 程吉林，张仁田，龚懿．南水北调东线工程泵站（群）优化运行［M］．北京：中国水利水电出版社，2019.

[28] 张仁田，朱红耕，卜舸，等．南水北调东线一期工程灯泡贯流泵性能分析［J］．排灌机械工程学报，2017，35（1）：36-45.

[29] 王继民，朱跃龙，周洲，等．南水北调东线泵站（群）运行监控数据标准化研究［J］．水利信息化，2018（5）：6-10.

[30] 岳强，刘福胜，刘仲秋．基于模糊层次分析法的平原水库健康综合评价［J］．水利水运工程学报，2016（2）：62-68.

[31] 王浩，郑和震，雷晓辉，等．南水北调中线干线水质安全应急调控与处置关键技术研究［J］．四川大学学报，2016，48（2）：1-6.

[32] 刘汉东，朱华，黄银伟．南水北调中线工程郭村矿采空区段稳定性研究［J］．岩土力学，2015，36（2）：519-523.

[33] 张溢丰，朱华，贾聿颉，等．采空区残余变形预测研究．水利与建筑工程学报［J］．2016，14（2）：90-95.

[34] 谢向荣，程翔，李双平．安全监测技术在膨胀土渠道监测中的应用［J］．人民长江，2015，46（5）：26-29.

[35] 刘恒，耿雷华，裴源生，等．南水北调运行风险管理关键技术问题研究［J］．南水北调与水利科技，2007（5）：4-7.

[36] 杨稳华，余剑英，吴敏，等．抗老化防护涂料的制备及其防护效果的研究［J］．新型建筑材料，2016（5）：5-8.

[37] 钟慧荣，姜城成，查亚刚，等．环氧树脂乳液改性水泥基水下修补砂浆的制备与性能研究［J］．新型建筑材料，2017（5）：33-35.

[38] 韩迅，安雪晖，柳春娜．南水北调中线大型跨（穿）河建筑物综合风险评价［J］．清华大学学报（自然科学

版），2018（7）.

［39］饶为胜，杜成斌，孙立国，等．基于环境激励的平原水库动力特性及动弹模反演研究［J］．水利水电技术，2018，49（1）：96-101.

［40］饶为胜，杜成斌，江守燕．土坝震害分类快速预测的模糊概率方法［J］．灾害学，2017，32（2）：206-209.

［41］李漫洁．供水管网中铁释放规律及水质稳定性研究［D］．北京：清华大学，2019.

［42］沙懿．水质差异对供水管网垢金属释放规律的研究［D］．上海：东华大学，2018.

［43］程鹏，赵华章，付东康，等．黄姜加工废水处理技术研究进展［J］．南水北调与水利科技，2009，7（6）：36-41.

［44］冯旭松，向清江，吉锋，等．基于模糊控制的疏浚泥射水抽真空装置真空度可调设计［J］．排灌机械工程学报，2017，35（12）：1049-1053.

［45］甘泓，汪林，王芳．南水北调东中线一期工程受水区生态影响评估技术［M］．北京：中国水利水电出版社，2014.

关于太湖水生态文明建设的认识与思考

郑春锋　尤林贤

（太湖流域管理局苏州管理局，江苏苏州　215011）

摘　要： 水生态文明建设是生态文明建设的重要组成部分。太湖流域是我国经济社会最发达的地区之一，自 2007 年以来，经过 10 多年的综合治理，太湖水环境综合治理成效明显，但是太湖仍处于亚健康水平，太湖生态系统并不稳定，太湖健康状况仍会产生波动，太湖的水生态文明建设仍面临着诸多困境和挑战，已成为流域经济社会高质量发展的重要制约因素。本文分析了太湖面临的水生态建设问题，提出了要以习近平生态文明思想指导太湖水生态文明建设工作，并对推进水生态文明建设进行深入思考后提出了相关措施建议，为全面实现水生态文明建设目标和建设美丽太湖提供参考。

关键词： 习近平生态文明思想；太湖流域；水生态文明；思考

太湖流域地处长江三角洲南翼，北抵长江，东临东海，南滨钱塘江，西以天目山、茅山为界。流域面积 36 895 km²，面积为 2 338 km² 的太湖位于流域中心，是流域最重要的水体，是流域洪水和水资源调蓄中心。太湖流域是我国经济社会最发达的地区之一。2007 年因蓝藻暴发导致的无锡供水危机，给原有的发展方式提出预警，其后，太湖流域水环境综合治理全面铺开。经过 10 多年的综合治理，太湖流域水环境、水生态恶化趋势得到遏制，治理成效已经凸显。但是，太湖水生态文明建设仍然面临着诸多困境和挑战，迫切需用习近平生态文明思想来指导开展太湖水生态文明建设，以支撑流域经济社会高质量发展。

1 太湖水生态文明建设面临的挑战

流域管理机构和地方水行政主管部门联合编制的《2018 太湖健康状况报告》中 2018 年太湖健康状况评价得分 59.1 分，尽管得分呈现上升趋势，但是仍处于亚健康水平，太湖流域污染物入河（湖）总量仍远超水体纳污能力，太湖营养过剩的状况没有根本扭转，太湖生态系统并不稳定，太湖健康状况仍会产生波动，仍需要进一步加强太湖流域水环境综合治理。

（1）太湖水质状态整体较差且不均衡。2018 年，太湖高锰酸盐指数为Ⅲ类，氨氮为Ⅰ类，总磷为Ⅳ类，总氮为Ⅴ类。其中，仅有氨氮、总氮浓度达到《太湖流域水环境综合治理总体方案（2013 年修编）》确定的 2020 年控制目标（见图 1）。而且太湖各湖区水质状况差别较大，其中贡湖、东太湖、东部沿岸区水质较好，竺山湖和西部沿岸区水质相对较差且总氮浓度在 2.0 mg/L 以上（劣Ⅴ类）。

（2）太湖营养过剩的状况没有根本扭转。2007 年以来，太湖营养指数总体呈现缓慢下降趋势（见图 2）。2018 年太湖平均营养指数为 60.3，仍为中度富营养。总磷的控制没有好转，总磷浓度围绕 2007 年的 0.074 mg/L 波动，2015—2018 年还有缓慢抬升。决定太湖各湖区水质类别的主要指标是总氮，其中竺山湖、西部沿岸区总氮指标为劣Ⅴ类。

（3）水生植物分布波动大，且分布不均。2013 年前后基本达到近年来最大，2015 年分布面积明

作者简介：郑春锋（1975—），男，高级工程师，主要从事水利工程建设与运行管理工作。

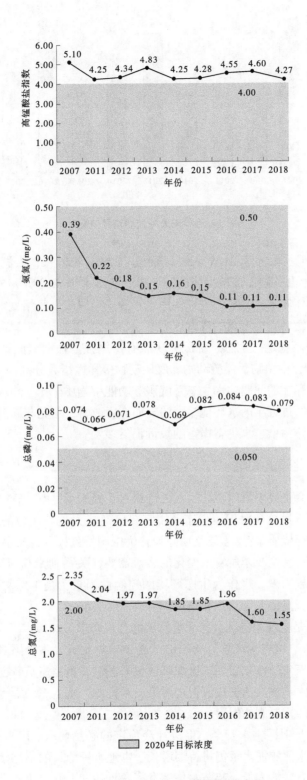

图1 近年来太湖主要水质指标浓度变化

显减少。2016年以来，太湖沉水植物分布面积呈稳定上升趋势。人工调查结果显示，2018年春季（5月）和夏季（8月），太湖沉水植物分布面积分别为336 hm² 和297 hm²，主要分布在东太湖、东部沿岸区、贡湖和梅梁湖。

（4）蓝藻水华多发频发且强度上升，太湖安全度夏依然承压。2018年，太湖蓝藻平均密度为

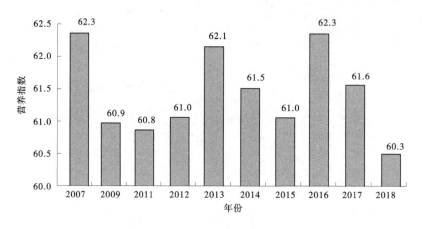

图 2　近年来太湖营养指数变化

8 624 万个/L，叶绿素 a 平均浓度为 31.5 mg/L。而且自 2016 年以来，太湖蓝藻平均密度持续超过 8 000 万个/L，强度明显上升，湖体藻型生境已经形成。蓝藻水华高发期从 5—8 月扩展至 5—12 月，若蓝藻集聚死亡，导致水体异常，会显著增加饮用水水源安全风险。每年夏季，苏州、无锡等环太湖城市仍然面临控制太湖湖泛、安全度夏的较大压力。

（5）太湖生态系统并不稳定，生态系统服务功能有待增强。根据监测结果计算 Shannon-Wiener 多样性指数，2018 年太湖浮游植物、浮游动物和底栖动物多样性指数分别为 1.52、2.60 和 1.75。由于太湖水生态系统结构上存在的问题，水生态系统服务功能中物质生产、环境调节、生命支持、社会文化等功能有所衰退，虽经过近年的水环境综合治理而有所改善，但是与新时代人民群众的需求和期盼相比仍有差距，关于水体污染、水生态损害的投诉仍然多发。

2　太湖水生态文明建设的迫切性

进入新时代，随着社会主要矛盾的转化，人民群众对于健康水生态、宜居水环境的需求越来越迫切；习近平总书记强调"人民群众对优美生态环境需要已经成为这一矛盾的重要方面，广大人民群众热切期盼加快提高生态环境质量"。生态文明建设作为中国特色社会主义事业"五位一体"总体布局的一部分，适应了我国社会主要矛盾发生变化的客观需要，关系到幸福河湖建设，关乎乡村振兴，关系到人民福祉，关乎民族未来。水作为生态环境的控制性因素，是生态文明的重要组成和基础保障，强化水生态文明建设就显得尤为重要和迫切。

（1）水生态文明建设是实现经济社会高质量发展的客观要求。2019 年，太湖流域总人口达 6 164 万，占全国总人口的 4.4%，国内生产总值（GDP）达 96 847 亿元，占全国 GDP 的 9.8%。太湖流域作为经济发达地区，是长三角一体化发展国家战略的核心区域，更是肩负着创建高质量发展样板区的重任。太湖流域经济体量大、发展速度快，但水污染、水资源、水生态环境等存在明显不足，已成为流域经济社会高质量发展的重要制约因素。

（2）水生态文明建设是保证供水安全、促进社会稳定的必然要求。随着流域经济发展及人口增长压力的进一步加大，未来流域需水量仍将持续增长，本地水资源量的不足使得流域供水安全持续承压。太湖水体流动缓慢、自净能力低，蓝藻水华多发频发且强度上升，流域供水安全和生态安全受到严重威胁。

（3）水生态文明建设是促进人水和谐、建设幸福河湖的根本需要。人类应力求与自然共生，与自然协同发展，以充分发挥生态系统的自我修复能力，做到发展与环境双赢。由于太湖水污染仍然较重、水生态环境退化等问题，水生态、水环境尚未得到根本性改观，水生态系统的自我修复能力还不足，实现人水和谐、建设幸福河湖的任务，依然任重而道远。

3　太湖水生态文明建设要贯彻习近平生态文明思想

习近平生态文明思想创新提出了"人与自然是生命共同体"核心关系，提出了新时代推进生态文明建设所必须坚持的六项原则。习近平生态文明思想传承了中国优秀传统文化，体现了"天地与我并生，而万物与我为一"和"万物各得其和以生，各得其养以成"。习近平总书记指出"我们要特别重视挖掘中华五千年文明中的精华，弘扬优秀传统文化，把其中的精华同马克思主义立场观点方法结合起来"。习近平生态文明思想是马克思主义关于人与自然关系思想和学说中国化的最新发展、最高成就，是人与自然关系思想史上的重要里程碑，是指导生态文明建设的根本遵循。

水生态文明建设是生态文明建设的重要组成部分，太湖水生态文明建设必须要贯彻习近平生态文明思想。习近平生态文明思想强调"坚持人与自然和谐共生""山水林田湖草是生命共同体"，是太湖水生态文明建设必须遵循的基本原则。贯彻习近平生态文明思想，要求我们在实际工作中必须把握客观规律，落实新发展理念，破解太湖水生态文明建设中存在的难题；要尊重自然规律，强调资源可持续、环境可持续、生态可持续，坚持生产发展、生活富裕、生态良好的文明发展道路和建设资源节约型、环境友好型社会，真正做到人与水和谐相处、经济社会的可持续发展和高质量发展；在流域管理与治理过程中，要更加统筹注重系统治理，统筹山水林田湖草各要素，从系统工程和全局角度寻求治理之道；要将流域作为一个生命共同体，以水为主线，统筹各大要素，把治水与治山、治田、治林、治湖、治草有机结合起来，统筹规划、系统治理；要体现水在山水林田湖草生命共同体中的核心纽带地位和关键控制性作用，按照自然规律，把流域治理好，把河湖修复好，把山水林田湖草保护好。

4　以习近平生态文明思想指导太湖水生态文明建设的思考

4.1　全面推进太湖水生态文明建设

只有尊重自然规律的发展才能够适应有限自然资源的刚性约束，减轻生态环境所承受的压力；只有把资源开发利用的强度限制在其再生速率的限度内，坚持节约优先、保护优先、自然恢复为主的方针，才可能保持资源利用的可持续性。要以建设美丽太湖为目标，全面推进太湖水生态文明建设，促进太湖水资源可持续利用和水生态环境不断改善。

要充分认识加快推进太湖水生态文明建设的重要意义，全面理解水生态文明建设的指导思想、基本原则和目标，认真落实最严格水资源管理制度、优化水资源配置、强化节约用水管理、严格水资源保护、推进水生态系统保护与修复、加强水利建设中的生态保护、提高保障和支撑能力、广泛开展宣传教育，着力化解太湖水资源和水环境约束，建成有太湖特色的水生态文明建设体系，真正做到最严格水资源管理制度全面落实，城乡水资源配置格局完善，河湖水生态系统完整，城乡水系通畅，水资源管理与保护体制机制顺畅，水生态文明理念深入人心，以实现水安全有效保障、水资源可持续利用、水生态系统健康、水环境优美和谐的建设目标。

4.2　要控制入（河）湖污染物，突出抓好太湖水生态保护与修复

造成太湖所面临水生态环境问题的重要原因之一，是太湖流域污染物入河（湖）总量仍远超水体纳污能力，太湖不堪污染之重负，水生态遭到了破坏。

（1）入湖河道总磷浓度不达标。根据 2019 年的监测资料，在入太湖的 22 条重要河道中，仅有 8 条河道的 4 项主要水质指标（高锰酸盐指数、氨氮、总磷和总氮）浓度均达到 2020 年控制目标，但这 8 条河道水量仅占入湖水量的 15.1%；22 条河道中，总磷浓度不达标的达 11 条。

（2）环太湖河道入湖污染物总量不达标。根据监测资料表明，2017—2019 年入湖总磷年均值为 1 913 t，为太湖总磷纳污能力（每年 514 t）的 3.7 倍；入湖总氮年均值为 38 466 t，为太湖总氮纳污能力（每年 8 509 t）的 4.5 倍。

根据太湖水生态系统现状，依据"自然恢复为主"方针，太湖水生态保护与修复要抓住问题的主要方面，关键是要控制入（河）湖污染物，突出抓好太湖水生态保护与修复。太湖的污染物排放和太湖的水质状况会对水生态环境产生最直接的影响，因而要按照"最严格制度最严密法治保护生态环境"的原则，实施最严格的水资源管理制度，按照太湖流域水环境综合治理总体方案明确的水质及污染物排放控制目标，严格控制上游入湖污染物的排放量，逐步减轻湖体负荷、改善湖体水质，推动经济社会发展与流域水资源、水生态和水环境承载能力相适应；此外，还应针对历史上积累而成的生态问题，制订相应的治理目标，采取节水优先、湖体清淤、蓝藻打捞、引江济太等措施，严格保护并逐步修复太湖水生态环境。

4.3 深化太湖水生态文明建设的措施建议

在太湖水生态文明建设中，要全面贯彻落实习近平生态文明思想，对照"十四五"规划纲要明确提出的"提升生态系统质量和稳定性"的要求，基于太湖生态系统并不稳定的现状，从系统性和流域性出发，认清科学规律，找准问题症结，切实对症下药。

（1）确立水生态文明的发展观和价值观。要充分认识和宣传尊重水的自然规律、增加水的忧患意识、必须保护水资源的价值观念。让太湖流域的生产布局、城镇发展、项目建设都能充分考虑太湖水体的量和质的承载能力和自然水环境，给人类社会发展留下更多的水资源、更美的水环境。

（2）落实《太湖流域管理条例》《江苏省太湖水污染防治条例》，严控重点水污染物排放总量，尤其是严控各水功能区的总磷、总氮指标。要抓住控源、截污、治违三个重点，持续做好污染防控；除持续减少工业污染外，还要高度重视、规范管控，以降低农业面源污染。要以点带面，有序推进环太湖有机废弃物处理利用。

（3）坚持节水优先。节水是水资源开发、利用、保护、配置、调度的前提条件。太湖流域经济发达、人口密集，水资源量不足，节水仍然要放在第一位，须认识到节水也是解决太湖流域水环境污染问题的重要手段。结合丰水地区节水宣传教育的特点，加大宣传力度、创新宣传方式，促成"节水即是减排减污"的共识。严格实施最严格水资源管理制度，加强"三条红线"考核，助推节水优先。

（4）加强重大科技问题研究，发挥科技、创新引领作用。聚焦"控磷降氮""蓝藻水华防控""水生植物恢复""太湖水位控制""底泥处置及污染防控"等问题，组织开展重大课题研究及关键技术攻关。加强太湖流域水网构建技术、水资源优化配置与高效利用、因地制宜的生态水利工程等关键技术研究与应用。

（5）要构建科学合理的太湖水网，加强生态涵养保护。在城镇化进程中，要发挥规划约束作用，更加合理地布局河湖水系，提高水生态自净能力；水利建设要兼顾生态、环境、人文等功能，给人类留下更多秀美的水环境空间。加快推进环太湖及入太湖重要河流的生态绿廊建设，加大湿地建设和保护力度，开展普遍性的沿水造绿和水土保持工作。发挥望虞河等骨干工程作用，适时开展引江济太，以优质的长江水资源补给太湖。

（6）推进管理机制创新，构建太湖水生态文明建设大格局。发挥河（湖）长制、环太湖城市水利工作联席会议等体制机制作用，借助长三角一体化发展机遇，突出流域性和系统性，突破行政区域壁垒、行业藩篱，实现一体化发展的合力。联保共治，健全环太湖跨区域跨行业环境监测、监察、应急处置的联合运作机制，加快建立行业之间、区域之间统一的生态评价标准；探索完善地区生态补偿机制，加快推动河湖水质根本性好转。

参考文献

［1］国家发展和改革委员会．太湖流域水环境综合治理总体方案（2013 修编）［R］．2013．

［2］水利部太湖流域管理局．2018 太湖健康状况报告［R］．2018.

［3］董文虎．水利发展与水文化研究［M］．郑州：黄河水利出版社，2008.

［4］翟淑华．太湖流域水生态文明建设理念与实践［C］//2017 中国水资源高效利用与节水技术论坛论文集．2017.

［5］滕尚梓．水生态文明建设的部门联动机制研究——基于对浙江省湖州市南浔区的实证调研［J］．中国管理信息化．2019，22（3）：180-182.

［6］卢沈煜．引江济太对保障太湖流域供水安全的作用探讨［J］．工程技术研究，2019（3）：255-256.

基于流量-盐度-生物响应模型的河口生态流量计算方法研究综述

纳 月[1] 孙晓杰[2] 王 琦[1] 赵进勇[1] 付意成[1]

(1. 中国水利水电科学研究院，北京 100038；
2. 德州市水利局河道管理服务中心，山东德州 253000)

摘 要：为加强河口生态流量及相关支持理论的综合研究，针对河口生态系统复杂多变的特点，在辨识河口及河口生态流量内涵的基础上，以保护生物多样性和恢复河流生态服务功能为管理目标定义的河口生态基流量指维持或恢复河口生态功能所需的最小入海流量。系统梳理国内外河口生态流量研究进展，依据河口生态流量、盐度及生物物种多样性之间的相关性，总结出流量百分比法、状态法、得克萨斯州河口数学规划模型、价值生态系统要素法、水产资源法等五种基于流量-盐度-生物丰度相应关系的河口生态流量计算方法，为今后的河口生态流量分析提供科学支撑。

关键词：河口；生态流量；盐度分数；研究进展；计算方法

1 引言

近年来，随着资源约束趋紧、环境污染严重、生态系统退化越发严重，生态修复逐渐成为水利工程聚焦的重点[1]。河口作为海洋与河流交接的咸淡水高度混合的区域，由于人类对水资源的大力开发，自然潮汐涨落受到影响，海水倒灌盐水入侵，导致河口生态系统遭到严重破坏[2]。2021 年《黄河流域生态保护和高质量发展规划纲要》提出，保障河口湿地生态流量及河道基本生态流量和入海水量，促进黄河下游河道生态功能提升和入海口生态环境改善。《中华人民共和国长江保护法》规定，要开展河口咸淡水平衡、保障鱼类产卵期等敏感生态用水研究，提升长江口的生态流量保障程度。流量作为水文情势五大要素之一直接影响鱼类和无脊椎动物的生存和繁殖，也会增加生物入侵的风险[3]。保障河口的生态流量及生态用水需求，促进河口海岸的健康发展是恢复河流生态整体性的重要内容。目前，生态流量的相关概念及计算方法的研究多数都针对河流、湖泊等内陆水体，以河口为主的研究较少。因此，河口生态流量的研究逐渐成为生态文明建设下的重要问题之一。研究河口生态流量的方法主要有借助河口生态流量计算，包括不同频率最枯月平均值法、Tennant 法等，耦合计算河口植被、蒸发、输沙所需水量，以及基于植物、鸟类栖息地需求计算生态水位等。本文通过回顾近年来国内外河口及河口生态流量、生态需水等相关研究，系统梳理河口生态流量计算方法，从河口自身特点出发，总结提出了以盐度质量分数为主要目标的五种基于流量-盐度-生物响应模型的计算方法，达到维持"河海"交汇区水盐平衡的目的，为今后河口生态流量研究提供一定的科学支撑。

2 河口及河口生态流量基本内涵

2.1 河口组成及主要特征

河口是河流下游的终点，此处断面扩大，常受海洋潮汐的影响[4]。从河口地貌学的角度，河口

基金项目：中国水科院创新团队专项（WE0145B042021，城乡水系生态景观构建理论和技术研究）。
作者简介：纳月（1996—），女，硕士研究生，研究方向为水文水资源、水环境学方向。
通讯作者：赵进勇（1976—），男，教授级高级工程师，主要从事河流生态修复、生态水工学等工作。

可以分为三部分，即近口段、河口段和口外海滨段（见图1）。近口段是在原来的口外海滨或河口段，经历三角洲外伸，沙洲并岸，河槽束狭，河槽成型、加深等阶段逐渐形成的。从近口段的演化过程看出，该段属于河流。口外海滨段虽受到河流影响，但是其仍然表现为海洋属性。河口段介于近口段和口外海滨段之间，从潮流界至口门，水流从这里分叉或者形成三角洲，河段受径流和潮流的共同作用而造成自然要素的不连续，这种不连续表现在河口形态，底床形态，潮汐特征，水团（盐度、絮凝体）、浊度及沉积物特性等方面，同时物理及化学的时空变化随河流入海的年际变化而出现。

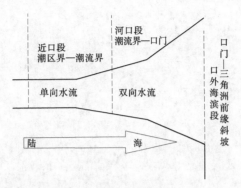

图1 河口分段示意图

河口是淡咸水交汇区（见图2），生物多样性丰富且生态环境脆弱，中国入海河流众多，且北方地区主要河口生态环境不断恶化。长江、珠江等河口近年来水质污染严重，长江河口及其近海水域已经成为中国近海污染最严重的海域，《2016中国近岸海域环境质量公报》公布在9个重要海湾中，长江口、杭州湾和闽江口水质极差，与此同时，人类的过度捕捞使得河口生态系统全面衰退，鱼类多样性逐渐降低，水生生物物种快速减少，如国家重点保护鱼类中华鲟等几乎灭绝，经济水产生物产量明显下降[3]。河口湿地作为人类活动最频繁、人口最集中、经济最活跃的地带，属于典型生态敏感区，人类的开发利用活动已导致河口湿地出现大范围的生态退化和环境污染。黄河河口由于大量的泥沙进入河口地区致使河海交汇处水流挟沙力骤然降低，海洋动力又不足以输送如此巨量的泥沙，使得河口滩涂面积不断扩大，频繁的海潮风暴加剧河口土壤盐渍化。国外许多河口因农业和其他用途而改道，由于流量或时间的改变而导致退化[5-7]。改道导致水流严重枯竭甚至断流，对河口造成严重后果[8]。淡水入流量是河口物理变异性的主要原因，入流量通过各种途径影响河口的物理、地质、化学和生物学[9]，造成各种影响，如淹没河口滩涂平原、增加物质和生物体的负荷、污染物的稀释或移动、河口盐度场和密度梯度的压缩，同时导致某些化学颗粒物和生物的侵入。

2.2 河口生态流量内涵

生态流量的研究开始于美国，后续随着各国的深入探索不断发展。一般来说，实施生态流量管理的流域或地区是水资源相对匮乏、人类经济社会用水与水生态系统需水呈现竞争态势的流域或地区。董哲仁等[10]曾指出生态流量应集中关注水文情势变化对生态系统特别是对于生物的影响，更加突显水文情势的生态学意义。

河口作为河流入海的区域，是一个开放的系统，其水动力、水环境及生态系统等都与河流的上中下游有关。上游的来水量及水质情况都会影响河口的水质水量情况。刘静玲等[11]曾以保护生物多样性和恢复河流生态服务功能为管理目标定义河口的生态基流量，认为其应该是维持或恢复河口生态功能所需的最小入海流量。按照其功能划分包括保证蒸发与渗漏需水的基流量、保证水生植物需水的基流量、保证底栖动物需水的基流量、保证径流量潮流的基流量、保证恢复生物栖息地需水的基流量、保证防止海水入侵需水的基流量、保证提供旅游及景观娱乐需水的基流量。

图 2　黄河入海口（董保华摄）

3　河口生态流量计算

3.1　国内外研究进展

　　我国河口生态流量相关研究主要集中在长江口、黄河口及海河口等主要大江大河流域。盐的质量分数影响河口生物的生存和分布情况，保持河口水域合理的盐的质量分数是河口生物栖息地对水量的基本需求。盐的质量分数较低的河口和近岸海域是幼鱼和无脊椎动物的育苗场以及洄游鱼类重要的产卵场，盐的质量分数增大会破坏其生境。因此，众多学者通过研究河口水盐平衡的关系来确定河口的生态流量（见图 3）。王高旭等[12]通过建立长江下游大通水文站至长江口段一、二维耦合数学模型，模拟下游不同来水流量时长江口盐的质量分数空间分布规律，采用下游流量作为模型的上边界输入条件，利用潮流、盐的质量分数数学模型计算不同来水时长江口盐的质量分数值，分析盐水入侵的程度，得出长江河口生态流量为 1 万 m^3/s。顾圣华[13]通过研究长江口含氯度的大小与河口下游潮位的关系，得出要使长江口保持水盐平衡，需要长江上游来水流量达到 1.75 万 m^3/s。王新功等[14]通过观察河口鱼类生长繁殖情况与盐度的关系，确定 5—6 月鱼类繁殖期为盐度最为合适的时期，将此期间的来水流量定位黄河口适宜生态流量为 150 m^3/s。郑建平等[15]利用河口的年入海水量与相应海域的盐度资料进行回归分析，建立二者的相关性，根据盐度测站地理位置的生物类型及其适应盐度能力，确定海河河口生态需水量为 21.6 亿 m^3。王明娜等[16]根据天津市历史海区盐度、渔业产量与径流的关系，以及海区盐度与鱼类洄游、产卵、幼鱼孵化、幼体生长的相关分析，建立非线性关系方程，得出天津市需要保证最低年入海水量为 13.21 亿 m^3，其中 4—6 月鱼类洄游产卵期需保证最低 3.22 亿 m^3 的入海淡水量，即天津市河口最小生态流量为 3.22 亿 m^3。拾兵等[17]以黄河河口海域叶绿素浓度作为生态特征量，输入参数建立神经网络预测模型，得出河口 2003—2004 年年均清水最小生态需水流量约为 59.73 m^3/s，含沙的最小生态需水流量约为 157.73 m^3/s，且随河口来沙量的增加而增加。

　　国外主要集中于淡水入流量对生态系统的影响，确定河口生态流量。南非是发展和应用评估河口生态需水量方法的先驱。南非的水务部门和林业部门及河口科学家在整体性方法基础上根据河口不同的保护目标分类确定相应的淡水入流量。Jezewski 等[18]首次评估了河口淡水入流需求，评估包括淹没需求和蒸发需求两个部分。此后，南非完整提出河口淡水入流的概念，并制定了河口淡水入流的评

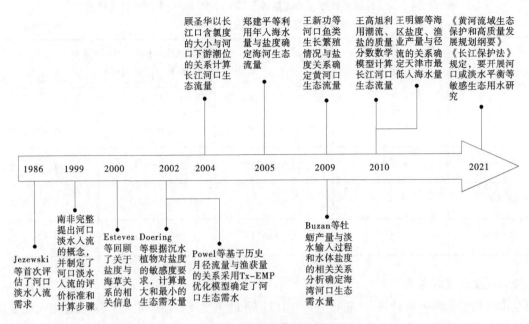

图3　国内外研究进程

价标准和计算步骤[19]。Adams 等[20] 通过评价河口健康指数确定南非众多河口的生态保护物种，提出有利于这些河口保护物种的适宜淡水入流量。澳大利亚对河口生态需水的研究基于淡水输入量减少对河口生态系统造成的风险评价，展开综合多目标要求[21]。Buzan 等[22] 根据美国加尔威斯顿湾的牡蛎产量与淡水输入过程和水体盐度的相关关系分析确定海湾河口生态需水量。Powel 等[23] 基于历史月径流量与渔获量的关系采用 Texas Estuarine Mathematical Programming （Tx-EMP） 优化模型确定了河口生态需水量。Doering 等[24] 根据美国卡卢萨哈奇河口生物栖息地两种关键的沉水植物对盐度的敏感度要求，计算最大和最小的生态需水量。Estevez 等[25] 回顾了关于盐度与海草关系的相关信息，虽然在生态上很重要，但得克萨斯河口的海草适合在较高的盐度下生存，因此对确定入流标准没有帮助[26]。从已有研究成果看，盐度已被确定为主要控制河口动植物群功能、组成、分布和丰度的环境变量[27-28]。

3.2　计算方法总结

3.2.1　流量百分比法[29]

基于自然流态对河流地貌和生态特征的影响提出流量百分比法，该方法主要依据河口生态系统对淡水入流量的响应确定适宜的淡水入流量。高入流量周期性脉冲影响河流三角洲及海湾地貌结构的形成，而三角洲及海湾地貌作为河口栖息地的组成部分，其面积又取决于盐度质量分数，盐度质量分数决定了适宜于该地的生物物种丰度。同时，其季节性的水文周期变化可直接对鱼类多样性产生影响[26]。当淡水入流量较低时，无脊椎动物和鱼类等生物物种的丰度随之降低。

因此，佛罗里达对于未受到影响的河流采用流量百分比法限制了人类用水占淡水入流的百分比，保障了河口维持生态稳定性的需水量。该方法主要依据淡水入流量与河口生态特征和生物物种丰度间的非线性定量关系，主要包括盐度分数对淡水入流量的响应曲线[30]、栖息地地貌结构的变化、依赖河口入流量的鱼类生活史特征的影响，比较河口不同相关变量响应的淡水入流量综合确定淡水入流量提取百分比即河口允许的生态流量标准[31]。基于长系列流量数据，当流量等于第 10、50 和 90 个百分位流量时，低盐度等盐线位置对流量减少10%的响应见表1。

表 1 基于长系列流量数据，当流量等于第 10、50 和 90 个百分位流量时，
低盐度等盐线位置对流量减少 10%的响应[32-35]

河流	等盐度线/psu	等盐度线位置+向上游移动距离（距河口距离/km）		
		第 10 个百分位流量	第 50 个百分位流量	第 90 个百分位流量
和平河	6	18.39+0.45	12.76+0.43	5.69+0.41
迈阿卡河	0.5	33.95+0.55	21.64+0.35	16.18+0.26
小海牛河	5	17.67+0.79	11.35+0.51	5.57+0.25
安克洛特	5	14.37+0.18	12.47+0.18	7.54+0.18

3.2.2 2‰盐度位置状态法[36]

旧金山河口的淡水入流量是可变的，一些河口物种的丰度或存活率也随着淡水的流入而变化[37]。佛罗里达州中西部潮汐河流盐度特征的研究表明等盐线对淡水入流量的响应基本呈线性，旱季淡水入流量的减少可能导致等盐线位置显著向上游移动[38-39]。

1991 年和 1992 年美国环境保护署制定了海湾、三角洲河口群保护战略，提出 2‰（每千克海水含盐克数）盐度等值线作为淡水入流响应指标。2‰盐度等值线位置（用 X_2 表示）反映了盐度随距离变化的关系特征量，淡水入流量决定了该指数沿河口轴线距离金门的距离（千米），平均盐度分数距金门（X）的距离关系可通过 X_2 进行缩放，因此 X_2 可直接表明盐度平均分布的情况，根据 X_2 就可重建整个河口的盐度分布情况。其次 2‰盐度等值线位置与河口浮游动植物、大型底栖无脊椎动物（软体动物）等物种丰度存在显著关系。历史数据表明，2‰盐度等值线处河口生物物种丰度最高[40]。通过建立 2‰的底部盐度位置的时间序列回归模型及该值与河口生物物种丰度的经验关系，可确定河口的淡水入流量标准。

3.2.3 德克萨斯州河口数学规划模型（Tx-EMP）[23]

以月平均盐度分数、渔业产量和河口淡水入流量季节变化范围为关键参数，分别建立淡水入流量与盐度和渔业年产量的关系式。该模型通过淡水入流量对于每年不同月份的盐度分数及渔业产量的影响，确定适宜盐度分数下的入流量目标或者渔业产量最大时的淡水入流量目标［见式（1）、式（2）］。在满足河口盐度及流量季节变化范围内采用梯度法等非线性规划算法进行试算求解[41]，确定不同保护目标下的淡水入流量标准。

$$S_i = c_{oi}(Q_i + Q_{i-1})^{c_{1i}} \tag{1}$$

$$H_k = \alpha_{oj} \prod_{m=1}^{5} Q_{mj}^{\alpha_{mj}} E_k^{b_k} \tag{2}$$

式中：S_i 为 i 月的平均盐度分数,‰；Q_i 为 i 月流入河口的平均流量，m³/s；c_{oi}、c_{1i} 为常数系数；H_k 为鱼类产量，t/a；Q_{mj} 为季节 m 来自淡水水源 j 的平均入流量，m³/s；E_k 为鱼类的年均日产量，t/d；α_{oj}、α_{mj}、b_k 为常数系数。

3.2.4 价值生态系统要素法[24]

在同一地点，生存所需的盐度可能需要不同于适度生长所需盐度的流量。同样，在两个不同的位置保持相同的盐度需要不同的流量。南佛罗里达州水资源管理区采用了遵循淡水入流量要求的资源法，而该方法又可追溯到价值生态系统要素法。一旦确定了某种重要资源（或资源配置），就要有维

持该资源的合适外部环境条件。在佛罗里达州的卡卢萨哈奇河（Caloosahatchee）河口，确定了 3 个海草物种，即美国苦草属、二药藻属和泰莱草，并将它们定为能为幼体河口物种和海洋物种提供重要水底栖息地的关键物种。由于这些海草对水体含盐量的要求各有不同，因此将维持沿河口纵轴向的含盐量分布型式作为河口健康的一项总体指标，用水文分析和模拟方法可确定维持河口范围内目标含盐量所需的流量。美国苦草属、二药藻属对于盐度的耐受试验见表 2。

表 2　美国苦草属、二药藻属对于盐度的耐受试验[24]

物种	试验开始日期 （年-月-日）	盐度分数/‰	植物在恒定盐度下的 处理天数/d
美国苦草属	1996-03-01	0，3，9，12，15	43
	1996-07-11	0，3，9，12，15	43
	1998-01-05	18	20，30，50，70
二药藻属	2001-03-20	3，10，20，25，30	36
	1999-03-04	3，6，12，18，25	30
	2000-07-20	6	28

3.2.5　水产资源法[23]

该方法系利用历史月（或其他周期）淡水入流量与河口的各种鱼类、甲壳类动物或软体动物之间的相关关系。采用得克萨斯州河口数学规划模型（Tx-EMP），建立一种非线性、随机且多目标优化的模型，分别模拟含盐量、捕鱼量与淡水入流量之间的关系。运用淡水入流量与含盐量之间关系的变化来设定含盐程度的统计范围。Tx-EMP 可以用 GIS（地理信息系统）结合二维水动力循环量模型（Tx-BLEND）进行模拟，得到不同淡水入流量生成的各种含盐量状况下的湿地地图和牡蛎礁石分布图。运用该模拟方法，绘出一条河口特性曲线，便于研究人员和水资源管理者研究各种方案，从水资源规划和取水许可方面评估这些方案的优劣。加尔维斯顿湾指数点的盐度计算方程见表 3。

表 3　加尔维斯顿湾指数点的盐度计算方程表[23]

	公式
特里尼蒂湾	$S = 49.109 - 3.221\ln(Q_1^{①}) - 3.039\ln(Q_2^{②})$
雷德布拉夫	$S = 42.438 - 3.567\ln(Q_1) - 1.179\ln(Q_2)$
多拉尔	$S = 48.803 - 4.316\ln(Q_1) - 0.757\ln(Q_2)$

注：① Q_1 是盐度测量前 30 d 内的总流入量。
　　② Q_2 是盐度测量前 30~60 d 内的总流入量。

4　结论与展望

由于生态需水及生态流量在国内提出时间较晚，目前对于生态流量的计算方法研究主要集中于河流等流域，对于河口的生态流量确定方法不够成熟，还需进一步深入研究。

（1）河口是海洋与河流交接的咸、淡水高度混合的区域，该区段受径流和潮流的共同作用而造成河口形态、底床形态、潮汐特征、水团（盐度、絮凝体）、浊度及沉积物特性等方面的影响，同时物理及化学的时空变化随河流入海的年际变化而出现。本文通过归纳梳理已有的国内外研究成果，从河口自身特点出发，以适宜的盐度分数为控制目标，维持"河海"交汇区水盐平衡为目的，总结提出了流量百分比法、2‰盐度位置状态法等 5 种基于盐度-生物-流量响应模型的计算方法，确定河口适宜的生态流量。

（2）目前，河口生态流量研究大多借鉴河道内生态流量的计算方法，并不完全适用于河口，实用性和可操作性较差。河口是受到径流及潮流影响的复杂区域，应该从河口生态系统自身出发，基于南非、澳大利亚等国外河口众多的国家的研究方法，综合考虑自然生态系统与社会经济多方的需求，合理确定生态保护目标，从河口的保护目标、河口的影响因素等出发，因地制宜地探讨河口的生态流量计算方法。

（3）当前对于河口生态流量的研究，对于河口生态流量的定义不具有确定性，且定性研究多于定量研究，在今后的研究中应该加强河口生态流量及相关支持理论的综合研究，形成一个较为明晰和完整的理论框架，为准确计算河口生态流量提供可靠的理论依据。

参考文献

[1] 王奇. 基于生态用水保障的秦岭北麓水资源配置研究 [D]. 郑州：华北水利水电大学，2019.

[2] 陈吉余，陈沈良. 长江口生态环境变化及对河口治理的意见 [J]. 水利水电技术，2003，34（1）：19-25.

[3] 董哲仁，张晶，赵进勇. 生态流量的科学内涵 [J]. 中国水利，2020，15：15-19.

[4] 阿辛顿. 河口生态与淡水入流量分析 [J]. 水利水电快报，2015，36（08）：17-21.

[5] Harvey T E. Status and trends report on wildlife of the San Francisco Estuary [M]. Sacramento Fish and Wildlife Enhancement Office, 1992.

[6] Drinkwater K F , Frank K T . Effects of river regulation and diversion on marine fish and invertebrates [J]. Aquatic Conservation Marine and Freshwater Ecosystems, 2010, 4（2）：135-151.

[7] McIvor C C, Ley J A, Bjork R D. Changes in freshwater inflow from the Everglades to Florida Bay including effects on biota and biotic processes：a review [J]. Everglades：The ecosystem and its restoration, 1994：117-146.

[8] Whitfield A K, Wooldridge T H. Some theoretical and practical considerations [J]. Changes in Fluxes in Estuaries：Implications from Science to Management, 1994, 22：41.

[9] Sklar F H, Browder J A . Coastal Environmental Impacts Brought About by Alterations to Freshwater Flow in the Gulf of Mexico [J]. Environmental Management, 1998, 22（4）：547-562.

[10] 董哲仁，张晶，赵进勇. 环境流理论进展述评 [J]. 水利学报，2017，48（6）：670-677.

[11] 刘静玲，杨志峰，肖芳. 河流生态基流量整合计算模型 [J]. 环境科学学报，2005，25（4）：436-441.

[12] 王高旭，李褆来，陈敏建. 长江口生态流量研究 [J]. 水利水运工程学报，2010（3）：53-58.

[13] 顾圣华. 长江口环境用水量计算方法探讨 [J]. 水文，2004，24（6）：35-37.

[14] 王新功，魏学平，韩艳丽，等. 黄河河口生态保护目标及其生态需水研究 [J]. 水利科技与经济，2009，15（9）：792-797.

[15] 王明娜，秦大庸，尤嘉，等. 天津河口鱼类洄游产卵期最小需水量研究 [J]. 水利学报，2010，41（9）：1108-1113.

[16] 郑建平，王芳，华祖林，等. 海河河口生态需水量研究 [J]. 河海大学学报，2005，33（5）：518-521.

[17] 拾兵，李希宁，朱玉伟. 黄河口滨海区生态需水量研究 [J]. 人民黄河，2005，27（10）：76-77.

[18] Jezewski W A, Roberts C P R. Estuarine and lake freshwater requirements [R]. Pretoria：Department of Water Affairs and Forestry South Africa, 1986.

[19] Susan T L. Water resources protection policy implementation, resource directed measures for protection of water resources,

estuarine ecosystems［R］. Pretoria：Department of Water Affairs and Forestry South Africa，1999.

［20］Adams J B，Bate G C，Harrison T D，et al. A method to assess the freshwater inflow requirements of estuaries and application to the Mtata Estuary，South Africa［J］. Estuaries and Coasts，2002，25（6B）：1382-1393.

［21］Eirson W L，Bishop K，Van S D，et al. Environmental water requirements to maintain estuarine processes［R］. Environmental Flows Initiative Technical Report. Canberra：Commonwealth of Australia，2002.

［22］Buzan D，Lee W，Culbertson J，et al. Positive relationship between freshwater inflow and oyster abundance in Galveston Bay，Texas［J］. Estuaries and Coasts，2009，32（1）：206-212.

［23］Powell G L，Matsumoto J，Brock D A. Methods for determining minimum freshwater inflow needs of Texas Bays and estuaries［J］. Estuaries，2002，25（6B）：1262-1274.

［24］Doering P H，Chamberlain R H，Haunert D E. Using submerged aquatic vegetation to establish minimum and maximum freshwater inflows to the Caloosahatchee Estuary，Florida［J］. Estuaries，2002，25（6B）：1343-1354.

［25］Estevez E D. Matching salinity metrics to estuarine seagrasses for freshwater inflow management［J］. Crc Marine Science，2000：295-307.

［26］Longley W L. Freshwater inflows to Texas bays and estuaries：ecological relationships and methods for determination of needs［R］. Texas Water Development Board and Texas Parks and Wildlife Department，1994.

［27］Bulger A J，Hayden B P，Monaco M E，et al. Biologically-based estuarine salinity zones derived from a multivariate analysis［J］. Estuaries，1993，16（2）：311-322.

［28］Gunter G. Some Relations of Estuarine Organisms to Salinity［J］. Limnology and Oceanography，1961，6（2）：182-190.

［29］Flannery M S，Peebles E B，Montgomery R T. A percent-of-flow approach for managing reductions of freshwater inflows from unimpounded rivers to Southwest Florida Estuaries［J］. Estuaries，2002，25（6B）：1318-1332.

［30］Flannery，M. S. Part II rule revision：Potential impacts to streams and estuaries［R］. Technical memorandum. Southwest Florida Water Management District，Brooksville，Florida，1989

［31］PBS&J，INC. Peace River hydrobiological monitoring program 2003 Interpretive Report［R］. Peace River Manasota Regional Water Supply Authority，Sarasota，Florida，2001

［32］JANICKI ENVIRONMENTAL，INC. Regression analyses of salinity-streamflow relationships in the Lower Peace River/Upper Charlotte Harbor estuary［R］. Peace River Manasota Regional Water Supply Authority，Sarasota，Florida，2001

［33］Hammett K M. Physical processes，salinity characteristics，and potential salinity changes due to freshwater withdrawals in the tidal Myakka River，Florida［M］. US Department of the Interior，US Geological Survey，1992.

［34］PEEBLES，E. B. An assessment of the effects of freshwater inflows on fish and invertebrate habitat use in the Alafia River estuary［R］. The University of South Florida College of Marine Science for the Southwest Florida Water Mangement District，Brooksville，Florida，2002

［35］Fernandez M. Surface-water hydrology and salinity of the Anclote River estuary，Florida［M］. Department of the Interior，US Geological Survey，1990.

［36］Kimmerer W J. Physical，biological，and management responses to variable freshwater flow into the San Francisco Estuary［J］. Estuaries，2002，25（6）：1275-1290.

［37］Jassby A D，Kimmerer W J，Monismith S G，et al. Isohaline Position as a Habitat Indicator for Estuarine Populations［J］. Ecological Applications，1995，5（1）：272－289.

［38］Yobbi D K，Knochenmus L A. Salinity and flow relations and effects of reduced flow in the Chassahowitzka River and Homosassa River estuaries，Southwest Florida［M］. Department of the Interior，US Geological Survey，1989.

［39］Yobbi D K，Knochenmus L A. Effects of river discharge and high-tide stage on salinity intrusion in the Weeki Wachee，Crystal，and Withlacoochee River estuaries，southwest Florida［M］. Department of the Interior，US Geological

Survey, 1990.

[40] Kimmerer, W. An evaluation of existing data in the entrapment zone of the San Francisco Bay Estuary [R]. Technical Report 33, Interagency Ecological Studies Program for the Sacramento-San Joaquin Estuary, California Department of Water Resources, Sacramento, California, USA, 1992

[41] Martin Q W . Estimating freshwater inflow needs for Texas estuaries by mathematical programming [J]. Water Resources Research, 1987, 23: 230-238.

入湖灌区排水渠道水质指标时空分布特性分析

郑春阳　张晓辉　叶　楠　谷小溪　鄢雨萌　王玮琦　李　聪　陈永明

（吉林省水利科学研究院，吉林长春　130022）

摘　要：分析灌区排水渠道水质现状及问题。以 2019—2020 年逐月的前郭灌区和大安灌区入查干湖排水渠道监测数据为基础，利用野外采样、相关性分析和单因子指数评价方法，探究灌区排水渠道水质指标时空分布特征与主要影响因素。主要水质指标浓度整体呈沿程增加趋势，钙则呈沿程降低趋势；主要水质指标浓度在冬季值相对较高，相较于 2019 年、2020 年同时期水质指标浓度值略有升高；气温的变化对氯化物、重碳酸盐、钙影响较大，流量的变化对硝酸盐、重碳酸盐影响较大。水质指标分布时空分布具有差异性，排水渠道水质状况良好。

关键词：灌区排水渠道；时空分布；水质评价

1　研究背景

灌区农田排水会对承泄区水质造成不利影响，查干湖作为前郭灌区和大安灌区农田排水的承泄区，其水质会直接受到影响[1-2]。前郭灌区始建于 1942 年，现有水田面积 57 万亩，其中有 43 万亩水田排水可通过排水干渠（引松渠道）进入查干湖，是农业面源污染的主要迁移途径[3-5]。大安灌区位于查干湖的西北岸，设计水田灌溉面积 54.84 万亩，大安灌区排水也是查干湖重要的农业面源污染来源，对近几年查干湖水质劣化的直接与间接贡献较大[5]。研究表明，前郭灌区进入查干湖水量达 2.853 亿 m^3[6]，是查干湖重要的补给水源，也是影响查干湖水质-水量的主要机制。因此，针对前郭灌区和大安灌区入湖排水的水质指标进行研究显得尤为重要。

近年来，多位学者对灌区退水水质做了大量监测研究[1-5,7-14]。孙晓静等[1]、高国明等[3]、苏保健等[9] 先后基于不用时间的采样数据，对经灌区排水渠道入湖的水质及排水对湖内水质的影响进行分析。以上关于灌区退水的研究成果多基于少数水质指标进行分析获得，少有针对多项水质指标时空分布特征和其影响因素的研究。本文根据目前的研究现状，以前郭灌区和大安灌区入湖排水渠道为主要研究对象开展多指标、长系列的野外研究，着重探讨灌区排水渠道多项水质指标的时空变化特征和其主要影响因素，并对排水渠道主要污染现状做出评价，为灌区排水渠道水环境治理提供依据。

2　数据与方法

2.1　研究区概况与样品采集

前郭灌区位于查干湖东岸，入湖排水渠道位于查干湖东北部，渠道自前乾桥（拐脖店桥）至新庙泡入口的高家桥 17 km，排水在高家桥进入新庙泡，经 30 km^2 的水域后，自川头闸经 1.25 km 渠道流入查干湖[4]。

大安灌区位于查干湖的西北岸，灌溉退水由大安市海坨乡姜家村附近的姜家排灌站排出后，经 2.7 km 排水干渠进入通让铁路桥西侧湖泡湿地，湖泡面积 4 km^2，排水经排水干渠出口姜家泡进入海

基金项目：吉林省科技发展计划基金（20180201011SF）；吉林省财政厅基础科研经费（JLSKY-JBKYJF-2021-01）。

作者简介：郑春阳（1996—），女，硕士研究生，研究方向为地表水环境。

坨泡，与霍林河方向来水汇合后，在通让铁路桥下进入查干湖[7-8]。

采样点布置在灌区排水渠道沿程，主要采样断面位置见图 1。前郭灌区入湖排水沿程采样断面分别设在前乾公路桥、高家桥、川头闸、入湖口的放生台，大安灌区入湖排水沿程采样断面分别设在姜家排灌站、姜家渠道口、姜家湖心、海坨泡、通让铁路桥。于 2019—2020 年间对灌区渠道排水进行采样检测，其中 2019 年每月采样一次，2020 年 1 月、3—12 月每月采样一次。采样过程中，采用有机玻璃水体采样器采集渠道水样，并使用 2.5 L 窄口聚乙烯塑料瓶盛装，采集水样前，使用该采样断面的水样充分润洗采样器和样品瓶。

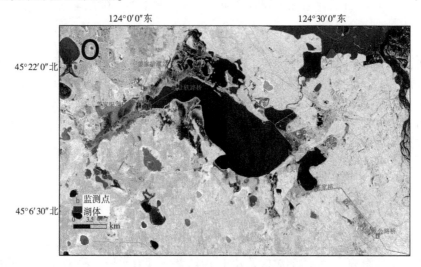

图 1 灌区排水渠道采样断面布置

2.2 样品的分析测试

现场利用便携式多功能水质检测设备对水体主要理化指标进行检测，如便携式溶解氧仪、便携式电导率仪和雷磁 pH 计，用于现场检测水体溶解氧、电导率、pH。重碳酸盐采用酸碱指示剂滴定法测定；氯化物、溴化物、亚硝酸盐、硝酸盐、硫酸盐采用离子色谱仪法测定；钾、钙、镁、铜、锌、铬、锰采用电感耦合等离子发射光谱仪法（ICP-AES）测定[15]。

2.3 数据处理与分析方法

2.3.1 污染物含量标准化

为了避免在探究污染物空间分布规律时单位以及数量级的影响，将各断面水中污染物含量进行标准化处理。标准化的计算公式如下：

$$Z_{ij} = \frac{C_{ij} - C_{ij\min}}{C_{ij\max} - C_{ij\min}} \tag{1}$$

式中：C_{ij} 为第 i 种污染物在第 j 个断面多年平均含量，mg/L；$C_{ij\min}$ 为各断面中第 i 种污染物在第 j 个断面多年平均含量最小值，mg/L；$C_{ij\max}$ 为各断面中第 i 种污染物在第 j 个断面多年平均含量最大值，mg/L；Z_{ij} 为第 i 种污染物在第 j 个断面的标准化值。

2.3.2 单因子标准指数法

为研究渠道水体中各污染物的环境效应，采用单因子标准指数法对水体中的污染物情况进行评价，计算公式如下：

$$S_j = \frac{C_j}{C_s} \tag{2}$$

式中：C_j 为第 j 个断面污染物实测值，mg/L；C_s 为污染物含量评价标准值，mg/L；S_j 为第 j 种污染物的标准指数。

单因子标准指数法 pH:

$$S_{\mathrm{pH},\,j} = \frac{\mathrm{pH}_j - 7.0}{\mathrm{pH}_{su} - 7.0} \quad \mathrm{pH}_j > 7.0 \tag{3}$$

$$S_{\mathrm{pH},\,j} = \frac{7.0 - \mathrm{pH}_j}{7.0 - \mathrm{pH}_{su}} \quad \mathrm{pH}_j \leqslant 7.0 \tag{4}$$

式中：pH_j 为第 j 个断面的 pH 实测值，mg/L；pH_{su} 为评价标准限值，mg/L；$S_{\mathrm{pH},j}$ 为 pH 的标准指数。

单因子标准指数法溶解氧 DO:

$$S_{\mathrm{DO},\,j} = \frac{|\mathrm{DO}_f - \mathrm{DO}_j|}{\mathrm{DO}_f - \mathrm{DO}_s} \quad \mathrm{DO}_j \geqslant \mathrm{DO}_s \tag{5}$$

$$S_{\mathrm{DO},\,j} = 10 - \frac{9\mathrm{DO}_j}{\mathrm{DO}_s} \quad \mathrm{DO}_j < \mathrm{DO}_s \tag{6}$$

式中：DO_f 为饱和溶解氧浓度，mg/L；DO_s 为溶解氧评价标准限值，mg/L；DO_j 为第 j 个断面溶解氧实测值，mg/L；$S_{\mathrm{DO},j}$ 为 DO 的标准指数。

3 结果与分析

3.1 污染物空间分布特征

按式（1）对各断面历次采样结果的均值进行标准化处理，前郭灌区入湖排水渠道各污染物沿程变化见图 2。由图 2（a）可见溶解氧、电导率、pH、氯化物、溴化物基本呈自上而下沿程增加趋势，体现出积累性升高的特征，最小值在前乾公路桥，最大值均在放生台（入湖口处），分析可能是排水干渠中汇集的孔隙潜水水量较大，且在孔隙潜水中水质指标浓度较低[9]。由图 2（b）可见碳酸盐、重碳酸盐呈沿程增加趋势，最大值在放生台，与电导率等趋势相同。亚硝酸盐、硝酸盐、硫酸盐、磷酸盐最大值在前乾公路桥和高家桥，猜测可能是同一位置各耗氧指标高导致溶解氧浓度低。由图 2（c）可见钾、镁呈沿程增加趋势，最大值在放生台；而钙则呈沿程降低的趋势，最大值出现在前乾公路桥，水环境比较稳定元素，如铬、镉等沿程趋于稳定，分析原因可能是钙离子与碳酸盐等产生反应而沉降。

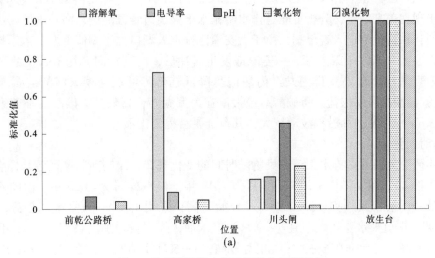

图 2 前郭灌区排水渠道污染物沿程变化

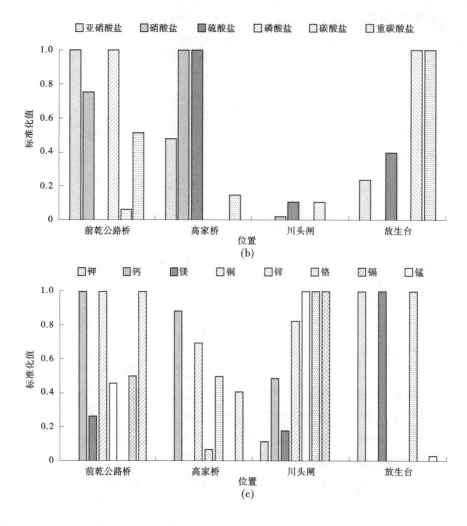

续图 2

大安灌区入湖排水渠道各污染物沿程变化见图 3。由图 3（a）可见溶解氧、电导率、氯化物、溴化物最大值出现在姜家湖心，分析可能是排水经排水干渠出口姜家泡进入海坨泡，与霍林河方向来水汇合后，在通让铁路桥下进入查干湖，由于大安灌区排水入湖口位于湖流下游，入湖排水受来自上游的湖水顶托，在姜家排水干渠末端——姜家泡发生对冲后，向南折向海坨泡，使灌区排水在姜家泡-海坨泡水域壅积。pH 自姜家排灌站至海坨泡呈降低趋势，可能是姜家泡的前置缓冲作用。由图 3（b）可见，硝酸盐、磷酸盐、重碳酸盐最大值在姜家湖心，硫酸盐、碳酸盐在姜家湖心值也相对较高。由图 3（c）可见，钙沿程波动较大，其余金属沿程变化不大。

3.2　污染物随时间变化

为了进一步研究灌区入湖排水渠道污染物随时间的变化规律，绘制前郭灌区各采样点逐月污染物浓度曲线图（见图 4）。图 4 中横坐标 1—12 月为 2019 年，13—24 月为 2020 年。由图 4 可见，溶解氧在不同位置处基本呈相同趋势，2019 年 6 月开始升高，直到 11 月一直呈增加趋势，可能是因为 5—9 月为灌溉期，渠道来水量较大，且 7—9 月为丰水期，降水量增加。相较于 2019 年、2020 年同时期浓度值略有升高。电导率在 1—3 月值相对较高，3—5 月波动明显，在放生台处 10—12 月增加较多，分析可能是冬季（1—3 月、11—12 月）随水体结冰厚度不断增加，冰下水体相对减少，离子变得集中，使电导率浓度相对升高，在融冰初期（3—4 月）电导率浓度显著下降。水体 pH 在各监测断面呈相同的波动趋势，春、秋季节较大，可能是受苏打盐碱土壤毛细输送作用影响[16]。氯化物、溴化物和电导率变化规律相同。亚硝酸盐、硝酸盐、硫酸盐于每年 5 月在前乾公路桥、高家桥出现峰

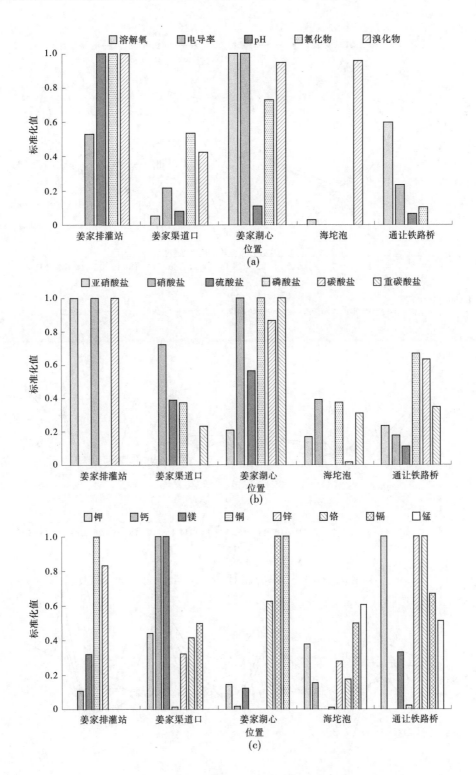

图3 大安灌区入湖排水渠道各污染物沿程变化

值，可能与灌溉初期排水进入渠道有关。重碳酸盐在1—4月呈降低趋势，这与电导率规律一致。钾每年5月达到峰值，放生台处不同，钙处于波动状态，除放生台外，其余位置于年末达到峰值，可见放生台处因位于入湖口，受影响因素较多。镁在2019年8月达到峰值，在9—10月略有降低，11月后基本维持同一水平，相比于2019年、2020年值明显降低。

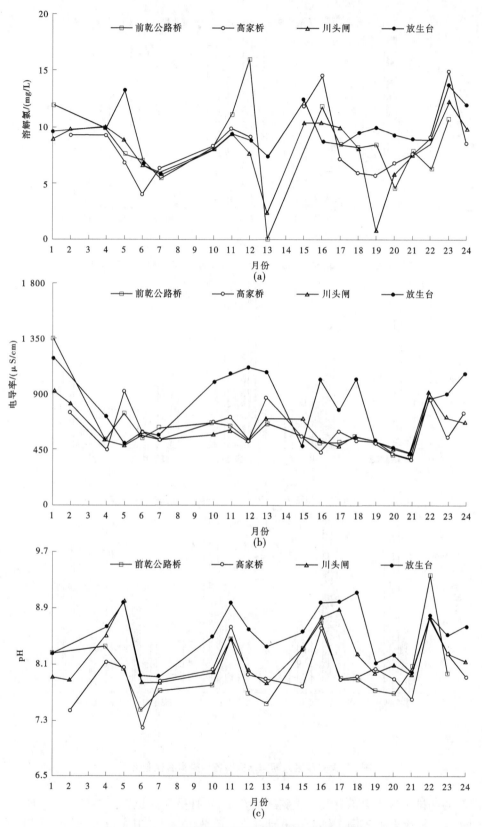

图 4　前郭灌区各采样点逐月污染物浓度曲线

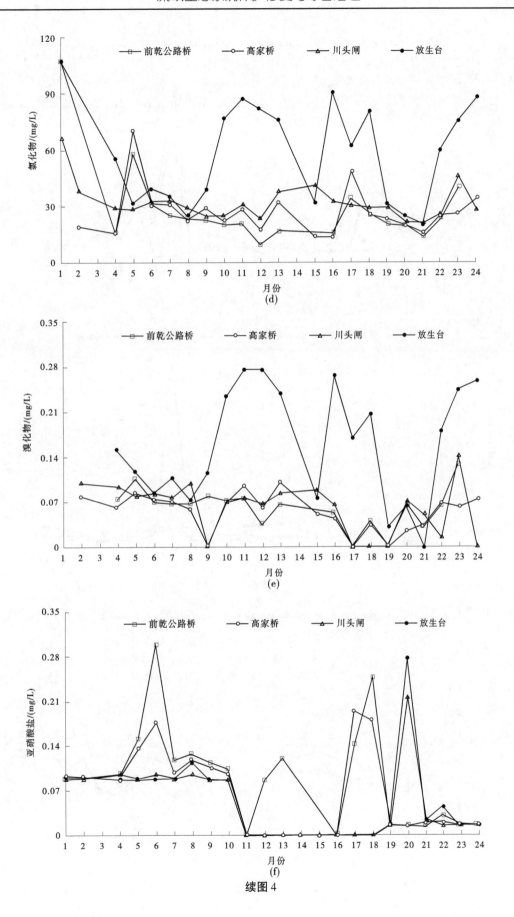

续图4

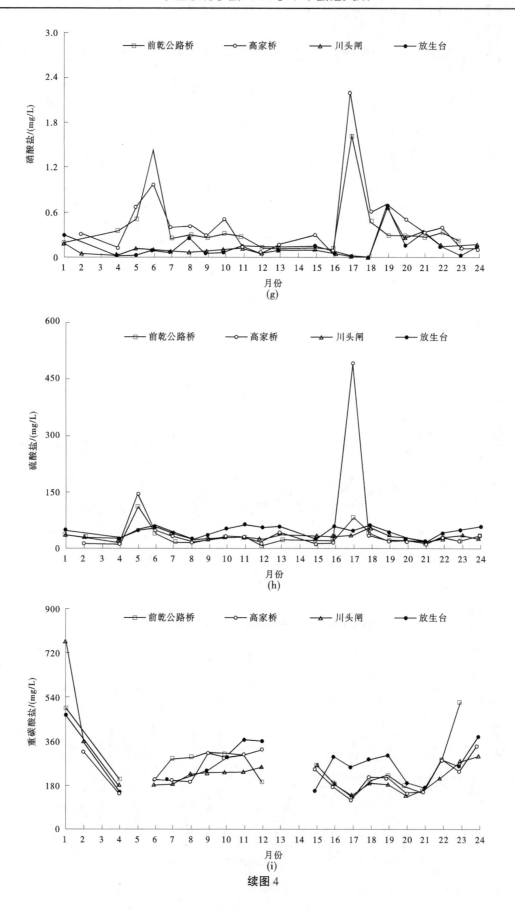

续图 4

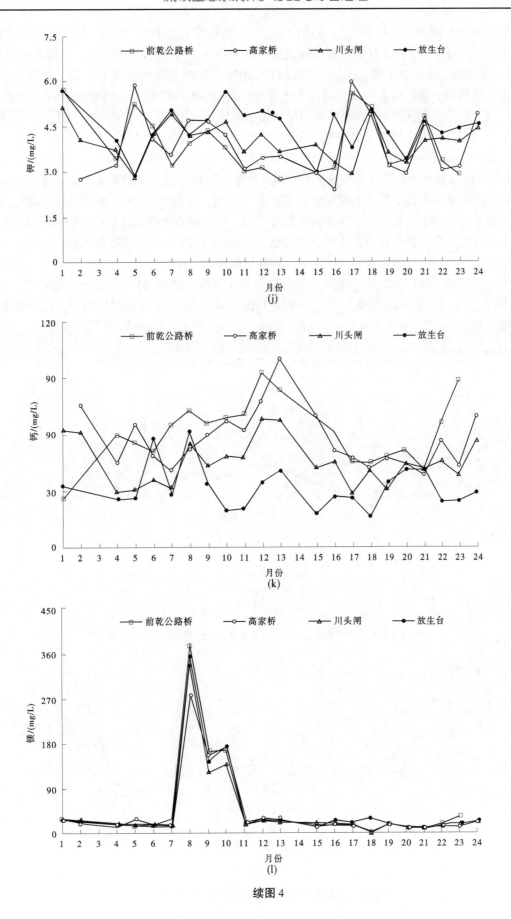

续图 4

大安灌区各采样点逐月污染物浓度曲线图见图 5。溶解氧在不同位置处基本呈相同变化趋势，2019 年 6 月开始升高，直到 11 月一直呈增加趋势，可能是因为 5—9 月为灌溉期，渠道来水量较大，且 7—9 月为丰水期，降水量增加，相较于 2019 年、2020 年同时期浓度值略有升高。年内排水期的电导率低于非排水期，涝区排水增加，降低了电导率。沿程 pH 在年内变化均体现出春、秋季节高、夏季低的特点，与前郭灌区排水干渠 pH 年内变化规律相似。氯化物、溴化物年内与通让铁路桥保持基本相同的变化规律，由于排水干渠内常年积水，在排水前的 4 月至 5 月初，渠道内的污染物积累较多，水中氯化物、溴化物浓度较大；在 5 月中旬开始排水后，浓度由高迅速降低，在主降水期的 7—8 月，由于降水的稀释作用，各监测点氯化物、溴化物浓度降到最低。亚硝酸盐于姜家排灌站处波动明显，可能与周围环境相关。在排水期硝酸盐高于非排水期，且相比于 2019 年、2020 年硝酸盐值增加，分析可能是排水干渠水位抬高后，淹没了边坡土壤，由毛细富集作用迁移到地表的硝酸盐被溶入水中。硫酸盐年内变化趋势与硝酸盐相同，但相比于 2019 年、2020 年硫酸盐值降低。年内排水期的重碳酸盐低于非排水期，这与电导率规律一致。钾在灌溉排水初期浓度上升明显，于每年 5 月达到峰值。钙浓度排水期低于非排水期，可见钙在排水期会发生沉降。镁在 2019 年 8 月达到峰值，在 9—10 月略有降低，11 月后基本维持同一水平，相比于 2019 年、2020 年镁值明显降低，与前郭灌区排水干渠规律一致。

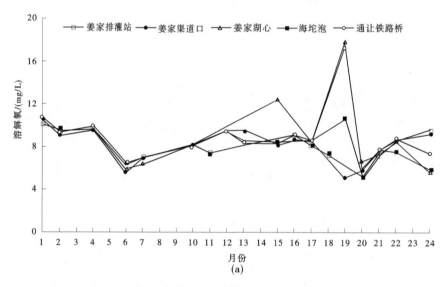

(a)

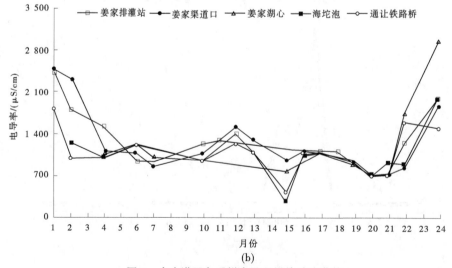

(b)

图 5　大安灌区各采样点逐月污染浓度曲线

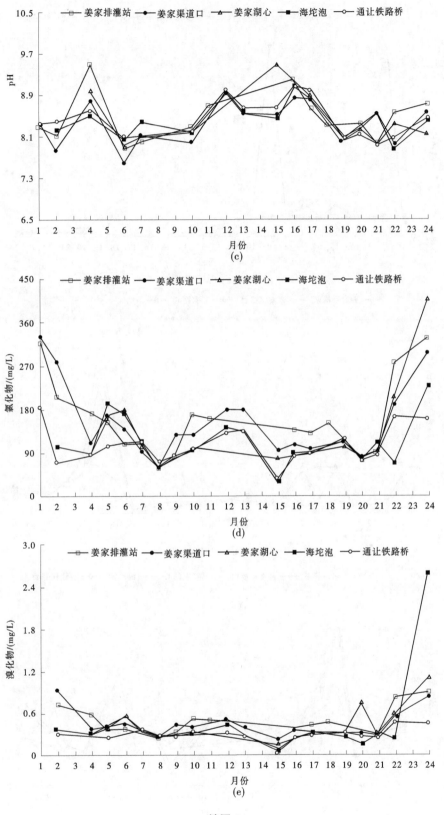

续图 5

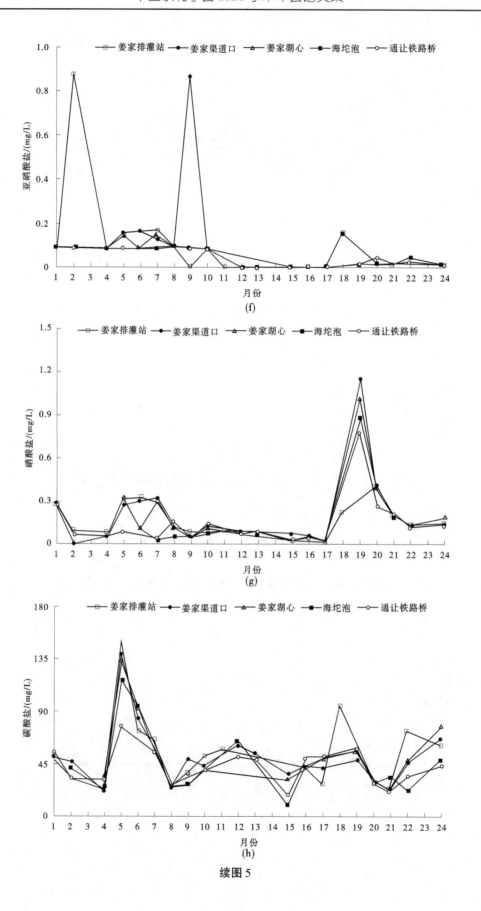

续图 5

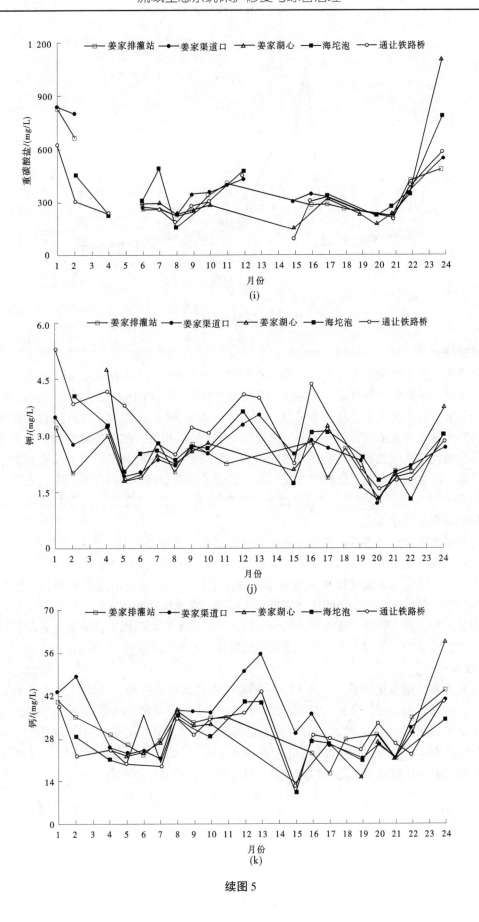

续图 5

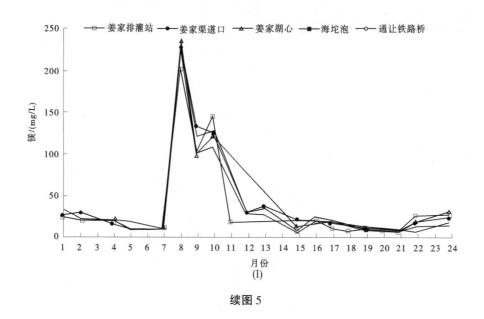

续图 5

3.3 相关性分析

排水渠道污染物来源受灌区排水和人类活动等因素的影响[13]，其地球化学行为往往表现出一定元素的组合，利用相关性分析可以反映这些元素的组合特征，将 14 种形态的污染物进行相关性分析，其皮尔逊相关分析结果见表 1。从表 1 可以看出，溶解氧与 pH 呈正相关，与亚硝酸盐和流量呈负相关，可见影响溶解氧含量的因素比较复杂。电导率与 pH 呈正相关，碱性环境有利于电导率增加[17]。氯化物、溴化物均受重碳酸盐、气温、流量的影响，且氯化物、溴化物二者之间呈正相关。硝酸盐与硫酸盐、气温、流量呈正相关。重碳酸盐受气温、流量的影响。钙与气温呈负相关，表明气温升高有助于钙的沉降[18]。由上可以看出，气温和流量的变化对于氯化物、溴化物、重碳酸盐、硝酸盐等水质指标起到至关重要的作用。

表 2 为大安灌区排水渠道污染物皮尔逊相关分析结果，由表 2 可知，电导率与氯化物、溴化物、重碳酸盐、钾、钙呈正相关，与气温、流量呈负相关，可见影响电导率的因素很多。pH 与亚硝酸盐和流量呈负相关，这与前郭灌区排水渠道规律一致。氯化物、溴化物均受重碳酸盐的影响，且氯化物、溴化物二者之间呈正相关。硝酸盐与流量呈正相关。重碳酸盐受钾、钙、气温、流量的影响。钾与钙呈正相关，与气温、流量呈负相关。钙与气温呈负相关，表明气温升高有助于钙的沉降。由上可以看出，气温和流量的变化对于电导率、重碳酸盐等水质指标起到至关重要的作用。

3.4 污染物评价

依据《地表水环境质量标准》（GB 3838—2002）中Ⅲ类水标准和《生活饮用水卫生标准》（GB 579—2006），由式（2）~式（6）计算得到 2019—2020 年前郭灌区和大安灌区排水渠道污染物单因子指数沿程变化（见图 6）。由图 6（a）可见，前郭灌区排水渠道溶解氧、pH、氯化物、硝酸盐、硫酸盐指数变化范围均在 0~1，低于评价标准。由图 6（b）可见，大安灌区排水渠道溶解氧、pH、氯化物、硝酸盐、硫酸盐指数变化范围均在 0~1，低于评价标准。总体水质良好。

表1 前郭灌区排水渠道污染物皮尔逊相关系数矩阵

项目	溶解氧	电导率	pH	氯化物	亚硝酸盐	硝酸盐	硫酸盐	溴化物	重碳酸盐	钾	钙	镁	气温	流量
溶解氧	1													
电导率	0.045	1												
pH	0.453*	0.494*	1											
氯化物	0.284	0.245	0.222	1										
亚硝酸盐	-0.553*	-0.180	-0.438	0.026	1									
硝酸盐	-0.346	-0.132	-0.164	-0.05	0.201	1								
硫酸盐	-0.069	-0.077	0.207	0.297	0.197	0.730**	1							
溴化物	0.380	0.175	0.266	0.605**	0.058	-0.656**	-0.17	1						
重碳酸盐	0.397	0.343	0.006	0.823**	-0.067	-0.331	-0.147	0.649**	1					
钾	-0.058	0.024	-0.079	0.549**	0.266	0.212	0.300	-0.112	0.407	1				
钙	-0.130	0.121	-0.313	-0.134	0.200	-0.377	-0.280	0.445*	0.238	-0.269	1			
镁	-0.025	0.015	-0.086	-0.181	0.235	-0.083	-0.171	0.056	0.025	0.197	0.302	1		
气温	-0.391	-0.238	-0.062	-0.483*	0.251	0.493*	0.143	-0.645**	-0.674**	0.056	-0.545**	0.219	1	
流量	-0.528*	-0.267	-0.265	-0.433*	0.314	0.553**	0.166	-0.716**	-0.522*	0.184	-0.377	0.2	0.868**	1

注:**表示在置信度(双侧)为0.01时,相关性是极显著的;*表示在置信度(双侧)为0.05时,相关性是显著的。下同。

表 2 大安灌区排水渠道污染物皮尔逊相关系数矩阵

项目	溶解氧	电导率	pH	氯化物	亚硝酸盐	硝酸盐	硫酸盐	溴化物	重碳酸盐	钾	钙	镁	气温	流量
溶解氧	1													
电导率	0.228	1												
pH	0.191	0.016	1											
氯化物	0.093	0.944**	-0.175	1										
亚硝酸盐	-0.097	0.268	-0.423	0.088	1									
硝酸盐	0.399	-0.115	-0.500*	0.041	-0.189	1								
硫酸盐	-0.223	0.247	-0.251	0.399	0.212	0.204	1							
溴化物	-0.245	0.878**	-0.193	0.903**	0.083	-0.065	0.258	1						
重碳酸盐	0.168	0.963**	-0.020	0.916**	0.153	-0.072	0.223	0.880**	1					
钾	0.419	0.625**	0.484*	0.431	0.244	-0.326	-0.018	0.167	0.590**	1				
钙	-0.027	0.719**	0.146	0.558**	0.249	-0.278	-0.039	0.483*	0.739**	0.550**	1			
镁	0.076	0.115	-0.054	-0.272	0.238	-0.203	-0.314	-0.174	-0.157	0.009	0.317	1		
气温	-0.293	-0.652**	-0.426	-0.562**	-0.031	0.391	0.133	-0.351	-0.730**	-0.626**	-0.647**	0.138	1	
流量	-0.322	-0.519*	-0.473*	-0.386	-0.162	0.444*	-0.063	-0.257	-0.464*	-0.620**	-0.418	-0.063	0.673**	1

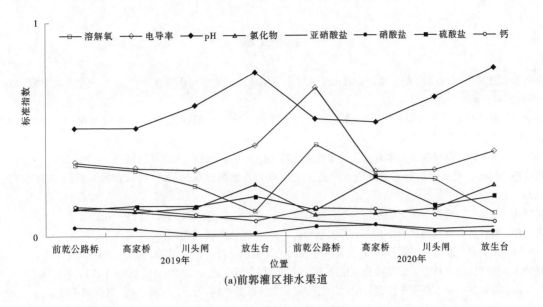

(a)前郭灌区排水渠道

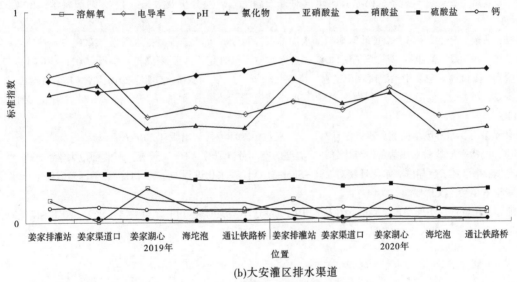

(b)大安灌区排水渠道

图6 污染物单因子指数变化

4 结论

（1）前郭灌区入湖排水渠道沿程各水质指标浓度分布各异，溶解氧、电导率、pH、氯化物、溴化物、碳酸盐、重碳酸盐、钾、镁基本呈自上而下沿程增加趋势；亚硝酸盐、硝酸盐、硫酸盐、磷酸盐、钙则呈沿程降低趋势。大安灌区入湖排水渠道主要指标最大值均出现在姜家湖心。

（2）前郭灌区入湖排水渠道溶解氧、亚硝酸盐、硝酸盐、硫酸盐排水期升高，相较于2019年，2020年同时期浓度值略有升高；氯化物、溴化物、电导率、重碳酸盐在冬季值相对较高。大安灌区排水干渠规律与前郭灌区排水干渠规律一致。

（3）主要水质指标的皮尔逊系数表明，前郭灌区排水干渠与大安灌区排水干渠污染物受影响因素略有不同，但气温和流量变化与多数水质参数体现出不同程度的相关关系。

（4）污染物评价结果表明，前郭灌区排水干渠与大安灌区排水干渠污染物中，水质指标值低于评价标准，总体水质良好。

参考文献

[1] 孙晓静, 王志春, 赵长巍, 等. 盐碱地农田排水对查干湖承泄区的水质影响评价 [J]. 农业工程学报, 2011, 27 (9): 214-219.

[2] 孙立鑫, 林山杉. 基于 WASP 模型的农田退水对查干湖水质影响的评价 [J]. 水资源保护, 2018, 34 (6): 88-94.

[3] 高国明, 董建伟. 前郭灌区退水对查干湖水质的影响 [J]. 吉林水利, 2015 (11): 5-7, 10.

[4] 董建伟, 何峰, 史忠生. 前郭灌区节水改造工程削减农田面源污染物 COD 效果分析 [J]. 吉林水利, 2011 (12): 1-4, 16.

[5] 董建伟, 赵爽. 吉林查干湖总氮变化的特点及调控对策 [J]. 吉林水利, 2011 (8): 1-5.

[6] 董建伟, 胡春芳. 前郭灌区退水入查干湖水量分析 [J]. 吉林水利, 2015 (10): 1-4, 8.

[7] 谷小溪, 张天翼, 董建伟. 查干湖 pH 变化的主要因素与机制分析 [J]. 吉林水利, 2018 (4): 1-7.

[8] 赵艳茹, 董建伟. 吉林查干湖总磷的变化趋势及驱动机制分析 [J]. 吉林水利, 2018 (12): 1-3, 8.

[9] 苏保健, 董建伟. 查干湖引松渠道补给水量对年内水质参数的影响 [J]. 吉林水利, 2009 (4): 7-10, 19.

[10] 孙广友, 田卫, 贾志国, 等. 松原灌区建设对查干湖生态风险分析及对策 [J]. 湖泊科学, 2014, 26 (1): 66-73.

[11] 俞淞, 马巍, 王红瑞, 等. 引黄灌区典型排水沟排水特性分析 [J]. 灌溉排水学报, 2020, 39 (S1): 92-95.

[12] 邢君杰, 齐学斌, 黄仲冬, 等. 宁夏引黄灌区退水水质评价研究 [J]. 灌溉排水学报, 2011, 30 (1): 72-75.

[13] 刘国强, 杨世琦. 宁夏引黄灌区农田退水污染现状分析 [J]. 灌溉排水学报, 2010, 29 (1): 104-108.

[14] 谷少委, 刘杰云, 范习超. 广利灌区总干渠水质及氮磷污染初步评价 [J]. 灌溉排水学报, 2021, 40 (2): 93-100.

[15] 国家环保局. 水和废水监测分析方法 [M]. 北京: 中国环境科学出版社, 1997.

[16] 曾晔. 松嫩平原盐渍土积盐条件与盐分补给类型的空间分异研究 [D]. 长春: 东北师范大学, 2006.

[17] 李兆恒, 韦江雄, 余其俊. 水化环境对 $MgO-SiO_2-H_2O$ 体系水化进程的影响 [C] // 中国硅酸盐学会水泥分会第五届学术年会论文摘要集, 2014: 1.

[18] 颜亚盟, 任青考. 不同温度下硫酸钙在盐水中的沉降速率实验研究 [J]. 盐科学与化工, 2018, 47 (6): 30-33.

山洪灾害防御

济宁市重点山洪沟灾害治理非工程
措施技术应用研究

孟 迎

（济宁市水利事业发展中心，山东济宁　272000）

摘　要： 山洪沟灾害治理与防洪安全、生态安全和社会安全密切相关，是山丘区国民经济和社会发展的重要基础。本文从济宁市山洪沟灾害治理非工程措施建设入手，详细地论述了非工程措施治理山洪沟灾害的优势，客观地分析了存在的问题和短板，并在科学调研的基础上，提出了在山洪沟所在小流域建立相对完善的非工程措施和工程措施相结合的综合防御体系，大力加强监测能力、预警能力、巡查能力、群防群治能力建设等切实可行的解决方案，对于加快推进济宁市山洪沟灾害治理体系创新发展，实现水利信息化和防汛现代化具有重要的指导意义。

关键词： 山洪沟灾害治理；非工程措施；综合防御体系；监测能力；预警能力；巡查能力；群防群治能力

2020 年 7 月 17 日，习近平总书记发表重要讲话，强调要坚持以防为主、防抗救相结合的原则，提高山区局部强降雨、山洪等预警信息发布水平，把加强山洪灾害治理体系和能力建设纳入"十四五"规划统筹考虑，从防汛责任落实、监测预报预警、避险撤离转移、防洪工程建设等方面全面提高山洪灾害防御能力。韩正副总理也指出，山洪灾害是当前我国水利领域的三大重点风险之一，必须全面贯彻习近平总书记"两个坚持，三个转变"的防灾减灾救灾理念，严格遵循"水利工程补短板，水利行业强监管"的水利改革发展总基调，牢固树立以非工程措施防御为主的指导思想，持续开展山洪沟灾害治理体系建设，努力推动山洪沟灾害防治工作从"有"到"好"转变。

济宁市地处鲁南泰沂山丘陵与黄泛平原交接地带，东部山峦绵亘，邹城凤凰山海拔 648.8 m，曲阜尼山、泗水尧山海拔均在 100 m 以上，山丘区面积占全市总面积的 19.6%。受热带海洋气团影响，东部山丘区夏季常发生特大暴雨，多年平均降水量 700.1 mm，汛期降水量占年降水量的 70% 以上，加之山体岩石裸露、土层植被稀少、水土流失严重，极易形成山洪灾害，给人民的生命财产安全造成了严重威胁。

近年来，济宁市经济快速发展，2020 年全市生产总值 4 370.17 亿元，人民群众的幸福感明显提高，但也多次遭遇极端天气引发的山洪灾害：2005 年、2011 年在邹城市望云河山洪沟、曲阜市夫子洞河山洪沟、泗水县三角湾山洪沟发生的山洪灾害，造成了重大人员财产损失；2018 年 8 月 19 日，受台风"温比亚"影响，邹城市山丘区最大降水量高达 370.3 mm；2019 年 8 月 11 日，台风"利奇马"来袭，曲阜市和泗水县山丘区出现罕见强降雨，山洪灾害防御面临的形势非常严峻。社会经济的快速发展和极端天气的多发、频发对山洪沟灾害治理体系提出了更高要求，进一步深化山洪沟灾害防治工作，在山洪沟所在小流域建立相对完善的非工程措施和工程措施相结合的综合防御体系，巩固提升济宁市山洪沟灾害防御能力已经成为全市防汛工作的重中之重。

1　济宁市山洪沟灾害治理工作的优势

近年来，济宁市在邹城市望云河山洪沟、曲阜市夫子洞河山洪沟、泗水县三角湾山洪沟实施了一

作者简介： 孟迎（1977—），女，水利高级工程师，主要从事水旱灾害防御技术、山洪灾害防治、水利信息化、水利工程设计、水土保持等研究工作。

系列灾害防治项目建设，取得了显著的防灾减灾效益。

（1）在山洪沟沿岸人口密集的居民点以及有重要基础设施的河段合理布设防洪工程，形成以治点为主的防护工程布局，提高了山洪沟河道两岸防护对象的防洪能力，形成小流域山洪灾害治理工程体系，提高了重点山洪沟山洪灾害防御能力。

（2）完善了重点山洪沟灾害治理项目网格化责任体系，培养了一批基层信息化技术和管理人员，在山洪灾害群防群治方面积累了一定的经验，基层群众防灾意识、避灾能力和村级预警转移能力有了一定的提高，减少了人员伤亡和财产损失。

（3）初步建立了山洪沟灾害治理监测预警体系，实现了从数据监测、分析预报、指挥调度到信息反馈的完整循环，加强了水雨情监测设施与山洪沟河流水文设施的统筹整合，提升了基层防汛决策指挥能力。

2　山洪沟灾害治理中存在的问题

（1）山洪沟汛期隐患仍在，防洪压力巨大。

邹城市望云河堤防级别仅为 4 级、滩地狭窄、坐弯顶冲段 3 处，洪水对堤防冲击较大；曲阜市夫子洞河历史采矿形成的 2 处残留阻水道路仍然存在，部分滩地塌陷缩小，部分陡坡地还在继续耕作，一旦来水，极易冲刷河岸形成坍塌，严重影响沟道泄洪；泗水县三角湾沟桩号 1+930 生产桥、卞家庄支沟 0+660 生产桥在滩地上修建引路，梁底高程分别低于 20 年一遇防洪水位 0.38 m、0.55 m，过流能力仅为 812 m^3/s、786 m^3/s，汛期桥面和栏杆阻水，严重威胁河道行洪安全。

（2）居民水土保持意识有待提高，群测群防体系需进一步加强。

山洪沟小流域村庄普遍经济发展落后，交通条件较差，居民在山体上采石、修路、修渠、建房，在河道边乱倒、乱建、乱挖，破坏了山体结构，造成了水土流失；村委会、居委会对破坏环境行为的管理力度不够，行政部门和水利部门在监管上存在短板，加剧了暴雨转换成山洪灾害的可能性，对山洪沟治理造成了不利影响。

济宁市山洪沟群测群防体系虽已覆盖乡镇村居，但信息反馈能力不足，简易雨量报警器等群众性预警手段的缺乏，造成了对社会公众的预警发布能力不强，农村留守老人、妇女和中小学生等弱势群体防汛应对能力不足，监测预警"最后一公里"的问题非常突出。

（3）山洪沟小流域自动监测站点少，部分监测预警设备损坏严重。

目前，济宁市山洪灾害自动雨量监测站点密度已达到 30 km^2/站，自动水位监测站点密度达到 10～30 km^2/站，站点密度已达到规划要求。但是，重点山洪沟沿岸自动监测站点少，无法提供第一手准确数据，现场反馈能力和预警能力相对不足；部分监测设备超出正常使用年限，蓄电池、RTU、雷达及传感器等监测设备损坏严重；山丘区无线网络环境不理想，加之专网、无线网等多路网络并行，网络切换故障率较高，监测数据丢失情况时有发生，影响设备正常发挥效益。

3　解决问题的途径

（1）科学实施工程巡查，确保山洪沟防洪工程发挥最大效能。

①组建专业队伍，落实巡查制度。

按照"谁包保，谁负责"的原则，由熟悉防洪工程情况、有防汛抢险经验的人员组成巡查队伍，严格落实"五、四、三"责任制：巡查时要注意"五时"，即黎明时（人最疲乏）、换班时（巡查易间断）、吃饭时（思想易松懈）、黑夜时（险情易忽视）、下雨时（出险难判断），都不能间断巡查，还要做到"四勤"和"三清三快"，"四勤"即眼勤、手勤、耳勤、脚勤；"三清三快"即险情查清、信号记清、报告说清，发现险情快、报告险情快、处理险情快。巡查结束后，及时对记录资料进行整理，在初步分析的基础上编写巡查报告并签名归档，如发现异常情况应立即复查，查明原因后采取必要措施并及时向上级主管部门报告。

②工程巡查要护防并重，兼顾排导。

古语云：千里之堤溃于蚁穴，要把护岸堤防巡查放在巡查工作的首位，做到护防并重，兼顾排导。对于护岸堤防，要查看坡面是否平整完好，混凝土墙体相邻段有无错动，变形缝开合和止水是否正常，土心顶部是否平整，土石接合是否严紧，砌体有无松动、塌陷、脱落、架空、垫层淘刷等现象，浆砌石墙体变形缝内填料有无流失，护坡上有无陷坑、脱缝、水沟和洞穴，坡面是否发生侵蚀剥落、破碎老化等隐患发生；对于排导设施，要查看保护层是否完整，有无损坏失效，排水沟沟身有无沉陷断裂、接头漏水和阻塞，进口处有无孔洞暗沟，出口处有无冲坑悬空，河道清淤疏浚工程是否淤堵淤塞等异常情况。

③加强技术管理设施巡查。

山洪沟灾害治理体系是多种防洪设施和技术的有机结合，随着科技的进步，观测、信息、交通等现代化技术管理设施发挥着越来越重要的作用，对其巡查也成了巡查工作的重中之重。首先，要检查各种观测设施能否正常使用，观测设施的标志、盖锁、围栅或观测房是否丢失或损坏，观测设施及其周围有无动物巢穴；其次，检查信息化设备、电缆是否完好，是否存在破损、中断等现象，信息化系统是否运行正常，监控图像是否存在缺失；最后，检查防洪道路安全管理设施及标志是否完好，未硬化的护岸堤防道路有无管护措施，防汛通道的路面是否平整、坚实，交通是否通畅，有无打场、晒粮等人为阻塞现象。

（2）汛前、汛期、汛后检查对山洪沟灾害治理具有重要的指导意义。

①汛前检查重细致。

对上年度山洪沟防洪中隐患问题的维修和处置情况进行检查，重点检查"四落实"，即山洪沟包保责任制是否落实，监测预报、抢险应急和群众转移制度是否落实，防洪设备完好是否落实，防洪巡查抢险队伍组织到位是否落实，在最大程度上为山洪沟防洪预案编制提供翔实细致的决策信息。

②汛期检查要及时。

汛期检查的重点是观察行洪时近岸段特别是弯道顶冲段河势的变化，根据顶冲点的上提下挫，准确地预判险情的发展，及时地做好险情报告，一般险情立即处置，重大险情由专家组评估并提出险情级别建议，根据险情级别及时组织处理。

③汛后检查应全面。

汛期过后应全面检查护岸堤防及排导设施的损坏情况，查看堤脚冲刷及防冲结构有无异常，检查监测设施有无损坏，系统整理险情记录、洪水水印标记记录和处理记录，将发现的问题形成检查报告，提出次年防洪岁修工程计划。汛后检查能够对山洪沟防洪工作进行客观评价和总结，对山洪沟防汛能力的提高有着重要意义。

（3）完善群测群防体系，增强自防、自救、互救能力。

①制订完善预案，强化防洪培训。

落实山洪沟监测预报方案、抢险应急预案和群众转移方案，组织开展超标洪水应对推演和应急演练，突出山洪防御、群众转移等核心内容，加强对防汛工作人员业务培训和群众转移安置环节的汛前培训；强化村（居）委会及防御网格"四应有"、防灾责任人"四应知"和防灾监测人"四应会"培训，在重点山洪沟灾害防治区组织开展山洪灾害避险演练，购置简易雨量报警器、手摇警报器和手持扩音器，增强山丘区群众的主动防灾避险意识和自救互救能力，实现"乡自为战、村组自救、预警到户、责任到人"的防御山洪灾害工作机制。

②落实包保责任，开展隐患排查。

严格落实行政首长负责制和重点山洪沟包保责任制，落实山洪沟灾害治理行政、技术、巡查"三个责任人"，做到每一个重点部位、关键环节都有专人负责和技术支撑；组织开展重点山洪沟和山洪沟上游水库、下游河道的风险隐患排查，对风险隐患建立台账、明确责任、落实措施，主汛期前全面整改落实到位。

（4）完善山洪沟灾害治理信息化系统，提高监测预警能力。

强化山洪沟小流域内防洪信息化建设，针对部分监测设备通信保障率低、供电能力不足等问题，升级数传终端 RTU，升级通信模块，实现自动监测站的实时及历史信息召测双发，提高自动监测设施运行可靠性，满足信息时效性和灵活性的需求；实现山洪沟风险区域内 18 个雨水情数据站、山洪灾害防御和农村基层防汛雨量水位站的数据全面接入，对 76 个山洪沟防洪工程视频监控和单兵设备集中整合，实现移动手机端实时查看灾害防御数据，使山洪沟灾害防治的各项监测预警措施更加系统化、集成化和实用化；实现信息的实时共享，对降水情况实时监测，对灾害性洪水及时预测预报，为受威胁群众及时转移争取宝贵时间；提升调度指挥能力和监测预警能力，提高决策的科学性和准确性，进一步完善山洪沟灾害治理体系。

作为战斗在山洪沟灾害治理一线的水利工作者，我们要始终在建设山洪沟灾害综合治理体系上下功夫，大力加强监测能力、预警能力、巡查能力、群防群治能力的建设，确保监测系统可靠管用，预警系统到户到人、巡查系统全面及时、群防系统高效迅捷，增强水利信息化和防汛现代化水平，以实际行动践行"绿水青山就是金山银山"的发展理念，夺取山洪沟灾害治理工作的全面胜利。

参考文献

［1］任洪玉，任亮．山洪灾害群测群防体系建设问题探讨［J］．中国防汛抗旱，2021，31（3）：50-54.

［2］王志明，李己华，宋丙剑，等．加强我国专业抗洪抢险队伍体系建设思考［J］．中国防汛抗旱，2021，31（2）：66-69.

［3］孙东亚，郭良，匡尚富，等．我国山洪灾害防治理论技术体系的形成与发展［J］．中国防汛抗旱，2020，30（Z1）：5-10.

［4］丁留谦，郭良，刘昌军，等．我国山洪灾害防治技术进展与展望［J］．中国防汛抗旱，2020，30（Z1）：11-17.

［5］李青，何秉顺，李昌志，等．山洪灾害气象预警方法探索与实践［J］．中国防汛抗旱，2020，30（Z1）：31-35.

［6］尚全民，吴泽斌，何秉顺，等．2020 年山洪灾害防御工作实践与思考［J］．中国水利，2021（3）：17-19.

［7］马文财．青海省山洪灾害防治非工程措施运行管理浅析［J］．中国水利，2021（3）：23-25，12.

MIKE21 在中小河流山前平原河段洪水模拟的适用性研究

盖永岗[1,2] 韩 岭[1,2] 李荣容[1,2] 雷 鸣[1,2]

（1. 黄河勘测规划设计研究院有限公司，河南郑州 450000；
2. 水利部黄河流域水治理与水安全重点实验室（筹），河南郑州 450003）

摘 要：洪水模拟是风险图编制的重要技术基础工作。结合新疆北部的精河、金沟河、头屯河等中小河流防洪保护区洪水风险图编制工作的实践，充分分析了 3 条河流计算河段所在区域地形地貌、河道特征及线状地物等特点，选择头屯河为典型，构建了头屯河防洪保护区的 MIKE21 模型，对保护区河段的洪水演进、洪水漫溢以及淹没过程进行了较为准确的模拟，分析总结了该 3 条河流模拟河段的特点及 MIKE21 模型在该类中小河流山前冲、洪积平原区段洪水演进模拟中的适用性，为中小河流山前冲、洪积平原区段洪水模拟提供了技术方案。

关键词：洪水模拟；MIKE21；中小河流；防洪保护区

1 引言

我国是世界上洪水灾害多发的国家之一，洪水灾害严重威胁着人民群众的生产和生活。近年来，我国组织开展了全国层面的洪水风险图编制工作[1-2]。洪水风险图编制工作的重要内容之一是在收集基础地理信息的基础上，对研究区域的洪水进行较为准确的模拟，因此洪水模拟的准确与否直接关系到洪水风险图绘制的可靠性。本文通过新疆北部的精河、金沟河、头屯河等中小河流防洪保护区洪水风险图编制工作实践[3-5]，在充分开展 3 条河流的研究河段所在区域地形地貌、河道特征及线状地物等区域情况分析的基础上，以头屯河为典型，构建了头屯河防洪保护区的 MIKE21 模型，对保护区河段的洪水演进、洪水漫溢以及淹没过程进行了较为准确的模拟。模拟结果表明，MIKE21 模型能较好地模拟中小河流山前冲、洪积平原区段的洪水演进特征，为该类河段洪水模拟提供了技术方案。

2 研究区域概况

2.1 分析区域地理位置、地形地貌及河道特征

精河、金沟河、头屯河均位于新疆境内的天山北坡，为自南向北流向的西北内陆中小河流，3 条河流的洪水风险图编制河段均位于河流出山后的山前倾斜平原区和冲积平原区，地势相对平坦，地形较为开阔，研究区河段两岸多分布为农田，河段下游为城市河段，为流域内经济社会发展的核心区域，见图 1。

精河、金沟河和头屯河的研究河段河道均基本顺直。其中，精河河床宽而浅，河床宽度 200~400 m，自上而下河道逐渐展宽，河道比降逐渐变缓，为 14.8‰~6.22‰；金沟河中部河段河道较宽散，河漫滩比较发育，河床宽度 200~2 000 m，自上而下河道比降 11.3‰~12.7‰；头屯河研究河段上段宽浅，河道宽度 200~600 m，下段由于人为侵占而束窄至 100 m 以下，河道比降 2.6‰~8.2‰。

作者简介：盖永岗（1982—），男，高级工程师，主要从事水利规划、水文分析计算和水情自动测报方面研究工作。

图 1　精河、金沟河、头屯河分析河段地理位置及地形地貌示意图

2.2　分析区域线状地物及防洪工程概况

精河、金沟河和头屯河虽相距较远，但各条河流的分析河段均穿过城市河段，分析区内对洪水演进有影响的线状地物具有相似性，兰新铁路和连霍高速路均横跨各分析河段，为各分析河段的主要阻水线状地物，兰新铁路和连霍高速公路跨河桥梁及两侧的涵洞均为过水构筑物。此外，对头屯河洪水计算有影响的线状地物还有乌昌快速路、引额济乌渠道和省道 S231 部分路段，相应过水构筑物有乌昌快速路跨河桥梁及两侧涵洞和引额济乌渠道跨河渡槽。

精河和头屯河在出山口分别建有下天吉水库和头屯河水库，对洪水具有一定的调蓄作用，分析河段现有治理工程均为护岸工程，无明显高出背河侧的堤防工程。金沟河无防洪调蓄水库，分析河段现有治理工程也多为护岸工程，其中连霍高速公路桥以下的沙湾县城段有部分河段两岸为堤防形式。

2.3　分析区域洪水特性及主要洪水来源

精河、金沟河、头屯河均位于我国西北内陆的新疆维吾尔自治区境内天山山脉北坡，具有相似的气候条件，流域内洪水特性也相似。洪水从时间上可分为春洪和夏洪两大类，洪水发生时间也从成因上将洪水类型分为融雪型、暴雨型和混合型三种。融雪型洪水发生在春、夏季，完全受气温控制，春洪以中、低山区季节性积雪消融为来源，夏洪以高山区冰川及永久性积雪消融为来源。暴雨型洪水洪量较小，一般与降雨笼罩面积、走向和强度有关，形成的洪水具有陡涨陡落的特点。混合型洪水为上述两种洪水的组合，多发生于夏季，具有洪峰高、量大及历时相对较长的特点。其中，威胁较大的为发生于夏季的混合型洪水，是研究区域洪水风险分析中考虑的主要洪水来源。

通过以上分析，精河、金沟河、头屯河具有相似的地形地貌、河道特征、区内线状地物及防洪工程、区域洪水特性等条件，因此在洪水计算模型的选取及洪水计算方面，也具有相同的适用性，仅以头屯河为典型进行介绍。

3　MIKE21 模型构建及应用

3.1　MIKE21 模型适用性分析

MIKE21 为平面二维模型，可以通过构建不同的网格类型精确还原原始的复杂地形，更真实地模拟水流的自然演进过程，可以很好地处理地表的水流淹没和退水过程[6-7]。

精河、金沟河和头屯河洪水风险图编制区域均位于出山口以下的平原区河段，河道主要呈宽浅型，河床较平整，精河和金沟河部分河段河道宽散，无明显主槽，水流发散呈扇面形。3 条河计算范围内河道两岸现状修建的河道治理工程多为标准较低的护岸工程，金沟河沙湾县城段有部分堤防工程，河道内水位一旦高于护岸或堤防决口，洪水将自然漫溢或溃决至两岸的台地或高地，洪水演进主要受地形影响，具有明显的二维模型计算特性，可选用 MIKE21 非结构化网格模型来进行洪水演进模拟，网格剖分时对主河道部分的网格适当加密，保证河道内任一横截面上的网格数量不少于2个，从而河道内有足够模拟河道水流演进实际的计算点。

3.2 模型构建

以头屯河为例，头屯河防洪保护区建模范围从兰新铁路桥下，北至乌五公路桥，河道长约37.8 km，建模范围223 km²，在对头屯河防洪保护区内基础地理数据和区内主要构筑物进行处理的基础上，采用不规则三角形网格进行剖分，计算分区平均网格面积为0.003 km²，为保证模拟精度，头屯河河道内单网格最大面积不超过0.000 9 km²，整个保护区内单网格最大面积不超过0.01 km²。

对头屯河 MIKE21 水动力学模型无明显影响的计算参数均采用默认值，其余计算参数设置如下：①计算时间步长：最大为30 s，最小为0.01 s，模型根据网格质量、进洪情况及区域地形复杂程度自动调整计算时间步长。②糙率：根据《洪水风险图编制技术细则》[8]、《水力计算手册》[9] 等资料，利用头屯河防洪保护区内的土地利用图、遥感图，并结合现场调查的区内地形、地貌、植被状况，对不同下垫面赋予不同的糙率值，并插值获得保护区各网格糙率值，插值后糙率值云图见图2。③干湿边界：干水深、浸没水深和湿水深分别取0.005 m、0.05 m和0.1 m。

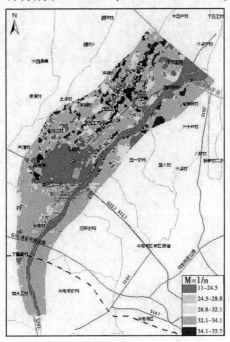

图2 二维模型糙率值云图

3.3 洪水分析计算及合理性分析

设置头屯河遭遇10年、50年、100年一遇洪水时自然漫溢方案。模型上边界为入流边界，设置为相应频率的设计洪水过程；下边界为出流边界，设置为可能出流断面的水位流量关系；模型计算区域外围其他位置均为陆地边界，洪水演进过程中将无法穿越。各方案计算的有关洪水风险要素信息成果见表1。

表1 头屯河防洪保护区洪水计算风险要素信息成果

洪水量级	洪峰流量（头屯河水库调蓄后）/（m³/s）	来水总量/万 m³	淹没面积（不含河道）/km²	最大水深/m	保护区内平均水深/m	最大流速/m	保护区内流速/（m/s）
10年一遇	110	2 871	2.34	3.90	0.22	4.8	<0.5
50年一遇	165	4 814	2.84	4.27	0.23	4.9	<0.5
100年一遇	175	5 668	3.02	4.40	0.23	5.0	<0.5

3.4 合理性分析

（1）水量平衡：以 100 年一遇洪水方案淹没情况为例，见表 2，计算区域内淹没总水量为计算时段末计算区域内总水量减去计算时段初计算区域内总水量，来流量减去出流量，与区内淹没总水量的误差为 7×10^{-4}，认为洪水模拟结果合理。

表 2 头屯河防洪保护区 100 年一遇自然淹没方案水量平衡分析

来水量/万 m³	出流量/万 m³	（来水量-出流量）/万 m³	保护区内水量/万 m³			差值/万 m³	相对误差
			起始时刻	终止时刻	淹没总水量		
5 688	5 395.5	292.5	0	292.7	292.7	0.2	7×10^{-4}

（2）流场分布：头屯河防洪保护区洪水沿地势呈现由南向北演进，并主要在新庄村以下缩窄河段两岸地势平坦区域向岸边漫溢，模拟结果合理。对于局部区域而言，如图 3 所示，流场分布均匀一致，线状地物具有明显阻水效果，涵洞具有明显过水效果，洪水态势比较准确。

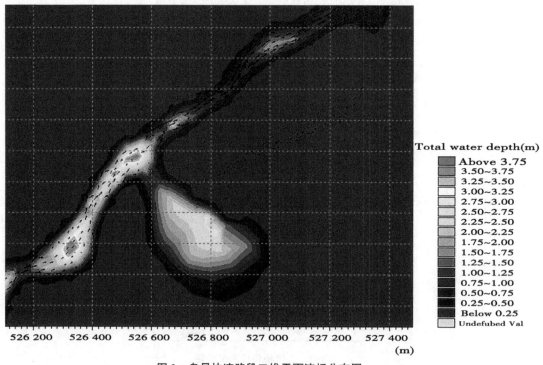

图 3 乌昌快速路段二维平面流场分布图

（3）不同量级洪水方案淹没影响程度合理性：由表 1 可以看出，洪水量级越大，淹没面积、水深、最大流速等淹没指标也越大，说明模拟结果较为合理可靠。

（4）典型断面水位流量关系线比较：将二维模型计算得到的 G312 线昌吉过境段公路 K50+250 断面处水位流量关系与《G312 线昌吉过境段公路 K3+000～K7+065 防洪影响评价报告》中河道一维模型计算得到的该断面处的水位流量关系进行比较，见图 4，表明建立的头屯河 MIKE21 二维模型可以较好地模拟该河段的洪水演进。

4 结论

精河、金沟河和头屯河 3 条河流均为位于新疆自治区天山山脉北坡的自南向北流向的中小河流；具有相似的水文气象条件，洪水特性和洪水灾害类型基本相似；区域线状地物情况和防洪工程建设程度基本相似；防洪保护区均为西北内陆干旱区中小河流出山后冲、洪积平原区河段，评价河段均为流

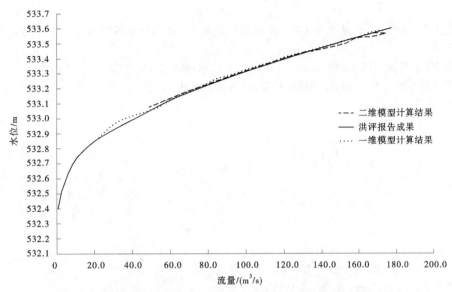

图4　G312 线昌吉过境段公路 K50+250 断面处水位流量关系线比较

域内经济社会发展的核心城镇区域；因此精河、金沟河和头屯河防洪保护区洪水模拟的各项基本条件具有相似性。

　　该类中小河流大多存在出山口后河道突然展宽河段，展宽河段的河道分汊串流、主流摆动不定，滩地较为宽阔，河道横断面散乱且横向跨度较大，无明显主槽，若进行一维洪水模拟，则河道断面测量宽度太大、断面整理与选取较为困难，而在该种河道特征和地形条件下，河道内水位一旦高于河岸，洪水将自然漫溢至两岸的台地或高地，洪水演进主要受地形影响，具有明显的二维模型计算特性。

　　该3条河流河道比降大致在10‰左右，保护区内流域坡度与河道比降基本相同，流域地形变化相对较为明显，河道纵向沟状明显，选用 MIKE21 非结构化网格模型来进行洪水演进模拟，网格剖分时对主河道部分的网格适当加密，保证河道内任一横截面上的网格数量不少于2个，从而河道内有足够模拟河道水流演进实际的计算点。

　　通过精河、金沟河和头屯河防洪保护区 MIKE21 模型构建及分析实践，表明 MIKE21 可以较好地模拟该类出山后冲、洪积平原区河段防洪保护区的洪水演进。该类中小河流出山后冲、洪积平原区河段往往缺乏河道地形测绘资料，而少有工程项目资金支持河道地形测绘，难以构建一维河道模型进行洪水计算；而可以通过测绘部门获取该类河段所在区域的区域地形测绘资料后，就可构建分析区域的MIKE21 模型对有关河段及防洪保护区的洪水演进进行模拟。

参考文献

［1］李娜，向立云，程晓陶．国外洪水风险图制作比较及对我国洪水风险图制作的建议［J］．水利发展研究，2005（6）：28-32.

［2］马建明，许静，朱云枫，等．国外洪水风险图编制综述［J］．中国水利，2005（17）：29-31.

［3］盖永岗，李荣容，韩岭，等．新疆维吾尔自治区2014年度头屯河洪水风险图成果报告［R］．郑州，黄河勘测规划设计有限公司，2016.

［4］李荣容，盖永岗，韩岭，等．新疆维吾尔自治区2014年度精河洪水风险图成果报告［R］．郑州，黄河勘测规划设计有限公司，2016.

［5］李荣容，盖永岗，韩岭，等．新疆维吾尔自治区2014年度金沟河洪水风险图成果报告［R］．郑州，黄河勘测规划设计有限公司，2016.

［6］纪忠华，胡勐乾，王璐，等．基于MIKE21模型的滨海核电厂厂址防洪评价研究［J］．水利水电技术，2016（1）：

132-137.

［7］郭凤清，屈寒飞，曾辉，等．基于 MIKE21FM 模型的蓄洪区洪水演进数值模拟［J］．水电能源科学，2013，31（5）：34-37.

［8］水利部．洪水风险图编制技术细则（试行）［R］．北京：水利部，2013.

［9］李炜．水力计算手册［M］．北京：中国水利水电出版社，2006.

基于分沂入沭以北应急处理区滞洪条件下沂河100年一遇洪水安排的研究

黄渝桂　王　蓓　周立霞

（中水淮河规划设计研究有限公司，安徽合肥　230091）

摘　要： 沂河是沂沭泗水系中最大的山洪河道，为流经苏、鲁两省的国家一级河流。本文针对沂河100年设计一遇的洪水量级，研究沂河洪水安排，通过对沂河河库联动调洪（水库调洪、河道演进）演算和枢纽调度，分析分沂入沭以北应急处理区滞洪的影响。研究表明，沂河在现状工情下，通过上游水库优化调度结合河道强迫行洪，理论上必须启用分沂入沭以北洪水应急处理区，且滞洪区滞洪淹没范围广、经济损失大、撤退转移人口多、社会影响大；成果可为沂河100年一遇洪水调度方案制订和工程布局提供参考。

关键词： 沂河；洪水调度；水库调洪；分沂入沭以北应急处理区

1　引言

随着全球气候变暖，流域超标准洪水事件发生的频率增加，其强度高、历时长。超标准洪水主要面向极端天气和事件，具有突发性、不确定性的特点。我国流域大部分地区人口密集、发展变化迅速，洪水受水利工程调度应用影响大，超标准洪水应对问题突出，在气候变化背景下，面临规律重新认知、技术亟须提升和措施体系亟待完善等重大挑战，其难度和复杂程度世界少有。

沂河作为沂沭泗流域防洪除涝体系的一部分，是沂沭泗水系中的重要骨干河道，沿线城市有临沂、郯城、邳州、新沂，经济社会发展水平较高，一旦发生洪水灾害，将危害人民生命财产安全，经济损失巨大，社会影响较大。

分沂入沭以北应急处理区，是为了保护流域和临沂城区防洪安全，发生超标准洪水临时滞洪的区域。分沂入沭以北洪水应急处理区目前为临沂经济技术开发区，位于临沂城区的东南部，距离市中心15 km，于2003年6月经山东省政府批准启动建设，2010年12月经国务院批准升级为国家级经济技术开发区。因此，一旦滞洪，经济损失较大，社会影响较大。

2　概述

沂河是沂沭泗水系中最大的山洪河道，河道全长333 km，流域面积11 820 km²，其中山东境内河道长287.5 km，流域面积10 772 km²；江苏境内河道长45.5 km，流域面积1 048 km²。

沂河防洪体系包括上游6座大中型水库（5座大型水库，1座中型水库）、沂河堤防、控制性枢纽（涉及刘家道口枢纽、大官庄枢纽）、分洪河道（沂河、分沂入沭水道、邳苍分洪道等）及分沂入沭水道以北应急处理区等。

项目项目： 国家重点专项目：“变化环境下流域超标准洪水及其综合应对关键技术研究与示范”中课题四“超标准洪水调度决策支持系统集成与示范应用”（2018YFC1508006）资助。

作者简介： 黄渝桂（1983—），男，高级工程师，主要从事水利流域规划、区域规划、工程规划和河道整治专业领域相关工作。

沂河祊河口以下已按 50 年一遇防洪标准治理，临沂至刘家道口、刘家道口至江风口、江风口至入骆马湖口段设计流量分别为 16 000 m³/s、12 000 m³/s、8 000 m³/s。分沂入沭水道已按 50 年一遇防洪标准治理，设计流量 4 000 m³/s。邳苍分洪道已按 50 年一遇防洪标准治理，江风口闸下至东泇河口设计流量 4 000 m³/s、东泇河口以下设计流量 5 500 m³/s[1]。

通过对沂河超标准洪水（超 50 年一遇洪水）调度运用方式的研究，分析分沂入沭以北滞洪区作用和对沂河洪水安排的影响，从而为沂河 100 年一遇设计洪水调度预案制订提供依据。

3 计算方法

3.1 水库调算

水库进行调洪调算，理论方法是基于水力学的圣维南方程组进行简化[2-3]，忽略了洪水入库至泄洪建筑物间的行进时间、沿程流速变化及动库容等的影响，简化后水库调洪计算的公式即水量平衡方程[4-7]。

$$\frac{Q_1 + Q_2}{2}\Delta t - \frac{q_1 + q_2}{2}\Delta t = V_2 - V_1 \tag{1}$$

$$\Delta V = f(q) \tag{2}$$

式中：Q_1、Q_2 为计算时段初、末的入库流量，m³/s；q_1、q_2 为计算时段初、末的下泄流量，m³/s；V_1、V_2 为计算时段初、末的水库蓄水量，m³；ΔV 为 V_1 与 V_2 之差；Δt 为计算时段。

3.2 河道演进

河道演进采用马斯京根流量演算法的改进方法即分段连续演算法。分段连续演算法根据马斯京根演算方程为线性系统的特点，首先推求上游断面进入一个单位水量，后经多个河段连续向下游演进，在下游断面形成一个相应的流量过程线。

沂河上游为山区性河流，干、支流间相互干扰作用不大，可把干、支流各河段视为相互独立的无支流河段，求得各自的流量演算参数，分别把上游站（水库出流）的入流量演算到下游站（临沂站），然后叠加即为该断面的出流过程[8-9]。

3.3 溃口分洪

溃口位置应考虑对保护区影响较大和各种不利情况的组合，综合河势地形、地质状况、工程状况、历史出险等情况。溃口宽度与底高程应根据工程实际情况和洪水特征等确定。

溃口流量采用侧堰流量公式计算，计算所需的上、下游水位分别由河道洪水计算和泛滥洪水计算获得。溃口时机取溃口所在位置的水位达到设计洪水位的时刻。

4 水库调度办法及调洪成果

4.1 设计洪水

沂河临沂站洪峰及洪量计算。洪量频率 3 d、7 d、15 d、30 d 洪量系列年限与洪峰流量相同。其中，1730 年洪量用峰量关系插补，峰量关系的高水部分无实测点据，外延精度差，推得的 1730 年洪量仅作参考[3]。主要依据 1912 年以来的洪水点据，采用 P-III 型曲线适线，各时段洪量频率计算成果见表 1。

4.2 水库调度办法

沂河临沂、沭河大官庄来量是按照沂、沭河洪水经水库调蓄后下泄，汇区间洪水，并经河道演进的方法确定的。沂、沭河上游现有大中型水库 10 座（沂河 6 座、沭河 4 座），其中沂河及其支流有田庄水库、跋山水库、岸堤水库、许家崖水库、唐村水库和昌里水库，沭河及其支流有沙沟水库、青峰岭水库、小仕阳水库和陡山水库，总控制流域面积 5 375 km²，占临沂、大官庄以上控制面积的 39%。

根据 2019 年《淮河流域大型水库汛期调度运用计划》中水库调度运用办法进行调洪。

表 1　沂河（临沂站）设计洪峰、洪量复核成果

项目	不同重现期设计值/年				均值	C_v	C_s/C_v
	20	50	100	200			
洪峰/（m^3/s）	16 800	22 400	26 700	31 000	5 800	0.95	2.5
3 d 洪量/亿 m^3	14.8	19.2	22.7	26	5.5	0.85	2.5
7 d 洪量/亿 m^3	24.8	32.2	37.9	43.5	9.2	0.85	2.5
15 d 洪量/亿 m^3	33.8	43.3	50.6	57.7	13	0.8	2.5
30 d 洪量/亿 m^3	46.3	59.3	69.2	79	17.8	0.8	2.5

4.3　水库调洪水成果

沂河洪水仍采取尽可能东调原则，洪水安排方案如下：

当沂河遇到 100 年一遇洪水时，沂、沭河上游水库按照《淮河流域大型水库汛期调度运用计划》中水库调度运用办法进行调洪计算，汇区间洪水，并经河道演进到临沂、大官庄；沂河临沂、沭河大官庄洪水按照枢纽调度运用办法进行安排。

调洪成果中关键控制点（沂河临沂站、沭河大官庄站）流量成果见表 2。

表 2　沂河临沂站、沭河大官庄站流量成果　　　　　　　　　　　　　单位：m/s

调度运用办法	控制点	沂河为主
《淮河流域大型水库汛期调度运用计划》	沂河临沂最大流量	19 389
	沭河大官庄最大流量	5 916

5　调洪计算及超额洪水处置

5.1　调洪原则

根据《沂沭泗河洪水调度方案》（国汛〔2012〕8 号），沂河、沭河洪水尽可能东调，预留骆马湖部分蓄洪容积和新沂河部分行洪能力接纳南四湖及邳苍地区洪水。遇标准内洪水，合理利用水库、水闸、河道、湖泊等，确保防洪工程安全。遇超标准洪水，除利用水闸、河道强迫行洪外，并相机利用滞洪区和采取应急措施处理超额洪水，地方政府组织防守，全力抢险，确保南四湖湖西大堤、骆马湖宿迁大控制、新沂河大堤等重要堤防和济宁、临沂、徐州、宿迁、连云港等重要城市城区的防洪安全，尽量减少灾害损失。枢纽调度运行办法见表 3。

5.2　计算情景

沂河发生 100 年一遇设计洪水时，经水库调洪后临沂断面最大洪峰流量为 19 389 m^3/s，通过刘家道口枢纽、大官庄枢纽进行洪水安排。根据现状河道行洪能力、枢纽调度情况等因素，结合 2012 年洪水调度方案中刘家道口枢纽、大官庄枢纽调度运用办法，研究分沂入沭滞洪区滞洪的影响，确保流域防洪及临沂城区的安全。

计算工况：当沂河发生 100 年一遇设计洪水时，预报沂河临沂站洪峰流量超过 16 000 m^3/s 时（临沂最大洪峰流量为 19 389 m^3/s），彭道口闸分洪流量 4 000~4 500 m^3/s，控制刘家道口闸下泄流量 12 000 m^3/s。当采取上述措施仍不能满足要求时，超额洪水在分沂入沭以北地区采取应急措施处理。

5.3　调洪计算成果

沂、沭河上游水库按照《2019 年淮河流域大型水库汛期调度运用计划》中水库调度运用办法进行调洪计算，汇区间洪水，并经河道演进到临沂、大官庄；沂河临沂、沭河大官庄洪水上述工况进行洪水安排。

表 3 刘家道口枢纽、大官庄枢纽的调度运行办法（2012 年洪水调度方案）

	沂河来量/（m^3/s）	沂河泄量/（m^3/s）	分沂入沭泄量/（m^3/s）
刘家道口	<3 000	Q	0
	3 000~4 650	650	$Q-Q_沂$
	4 650~9 500	$Q-Q_分$	4 000
	9 500~12 000	$Q-Q_分$	4 000
	12 000~16 000	$Q-Q_分$	4 000
	16 000~16 500	12 000	$Q-Q_沂$（≤4 500）
	>16 500	分沂入沭以北滞洪	
大官庄	沭河+分沂入沭来量/（m^3/s）	新沭河泄量/（m^3/s）	人民胜利堰下泄/（m^3/s）
	<50	0	Q
	50~3 000	$（Q-50）×70\%$	$（Q-50）×30\%+50$
	3 000~7 500	$Q-Q_沭$	$Q×33.33\%$
	7 500~8 500	6 000	$Q-Q_新$
	8 500~9 500	6 500	$Q-Q_新$
	>9 500	大官庄以北滞洪	

沂河为主，沭河相应的沂沭河洪水，临沂最大流量为 19 389 m^3/s[5]，当临沂流量超过 16 500 m^3/s（刘家道口闸下泄 12 000 m^3/s，彭家道口闸下泄 4 500 m^3/s）时，超额洪水进入分沂入沭以北地区采取应急措施处理。分沂入沭最大进洪流量 2 889 m^3/s，进洪为 3 个时段 6 个小时，进洪量为 0.47 亿 m^3，小于分沂入沭以北应急处理区最大滞洪量 0.87 亿 m^3，满足沂河超标准防洪要求。

5.4 超额洪水处置

根据《沂沭泗河洪水调度方案》，当临沂站洪峰流量达到 16 500 m^3/s 并继续上涨时，即需要启用分沂入沭以北应急处理区处置超额洪水。

5.5 分洪口门

根据《临沂市城市超标准洪水防御预案》，分沂入沭以北应急处理区分洪地点在沂河左岸朱家庙，堤防桩号 59+100 处，破堤长度 200 m，分洪口门可采用炸药临时爆破，分出的洪水滞蓄在分沂入沭以北，沂沭河之间的地区。最大分洪流量为 2 000 m^3/s，最大滞洪总量为 8 668 万 m^3，滞洪面积 53.53 km^2。分洪口门位置示意见图 1。

5.6 应急处理区滞洪

采用爆破方式破口，分洪口门宽度 200 m，破口平均高程为 60.95 m，淹没范围面积约 57 km^2，平均水深约 0.82 m。淹没区涉及临沂市经济开发区等，受影响人口约 3.8 万，受影响 GDP 约 20.6 亿元[11]。按照批准的预案，洪灾发生地各级人民政府要提前组织做好人员与财产转移安置工作，提供紧急避难场所，妥善安置受灾群众，做好医疗救护、卫生防疫、治安管理，保证基本生活需求[12]。淹没范围及转移撤退路线见图 2。

6 结语

（1）当沂河发生 100 年一遇洪水时，根据水库调洪计算和洪水演进成果，临沂断面设计流量为 19 389 m^3/s，结合 2012 年国务院批复的《沂沭泗河洪水调度方案》中刘家道口枢纽、大官庄枢纽的调度办法，分沂入沭以北应急处理区需滞洪，淹没区涉及临沂经济开发区，淹没面积约 57 km^2，平

图 1　朱家庙分洪口门位置示意图

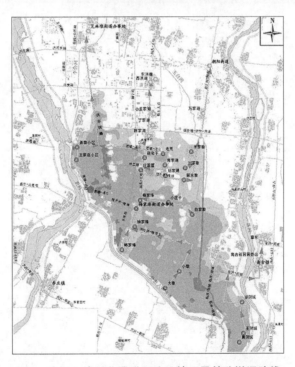

图 2　分沂入沭以北滞洪区淹没情况及转移撤退路线

均水深约 0.82 m，受影响人口约 3.8 万，受影响 GDP 约 20.6 亿元。一旦分沂入沭以北滞洪区滞洪，影响人口较多、经济损失较大，社会影响大。

（2）通过对沂沭河流域河库联动调洪（水库调洪、河道演进）演算，分析刘家道口枢纽、大官庄枢纽运用对沂河洪水的安排以及分沂入沭以北滞洪区的分洪口门设置，同时分沂入沭以北地区滞洪对区域的影响较大。因此，本次研究成果可为沂河 100 年一遇洪水调度预案制订提供参考。

（3）当流域发生超标准洪水（超 50 年一遇，流量超过 16 500 m³/s）时，分沂入沭以北洪水应急处理区需滞洪。根据分沂入沭以北地区地位和社会经济的发展要求，需开展分沂入沭以北洪水应急处理区研究工作。为了保证沂沭泗流域防洪的安全，在未找到合适的替代区域之前，分沂入沭以北区仍为超标准洪水应急处理区。

参考文献

［1］张友祥，等．沂沭泗洪水东调南下二期工程可行性研究报告［R］．中水淮河规划设计研究有限公司，2000.

［2］王秋梅，付强，徐淑琴，等．水库调洪计算方法的发展［J］．农机化研究，2006（6）：56-57，67.

［3］黄渝桂，章鹏，段蕾．宿迁大控制对流域洪水调度的影响研究［J］．水利水电技术，2019，50（S1）：106-111.

［4］王龙江，袁超．基于 Excel VBA 水库调洪计算程序的开发应用［J］．西北水电，2010（5）：1-3，10.

［5］黄渝桂，等．沂沭泗洪水东调南下提标工程规划［R］．中水淮河规划设计研究有限公司，2021.

［6］张静，王建文，王刚．Excel 软件在洪水调洪演算中的应用［J］．山东煤炭科技，2005（6）：14，16.

［7］陈开德．调洪演算的有限差分法［J］．西北水电 1998（4）：41-44.

［8］叶守泽．水文水利计算［M］．北京：中国水利水电出版社，2006.

［9］Singh V P，Wangb S X，Zhanga L. Frequency analysis of nonidentically distributed hydrologic flood data［J］．Journal of Hydrology，307（2005）175-195.

［10］水利部淮河水利委员会．淮河流域综合规划（2012—2030）报批稿［R］．水利部淮河水利委员会，2013.

［11］孟建川，黄渝桂，杨乐．基于现状工情下沂河超标准洪水的影响研究［J］．治淮，2021（8）：19-22.

［12］张大伟，等．沂沭河上片防洪保护区洪水风险图编制成果［R］．中国水利水电科学院，2016.

汲取沟后溃坝经验探讨龙背湾大坝结构安全性

李玉明　贾万波

（黄河小浪底水资源投资有限公司，河南郑州　450000）

摘　要： 论文介绍了龙背湾水电站坝顶结构，分析了沟后面板砂砾石坝溃坝的教训，从工程措施、防浪墙防渗设计、坝体排水以及反滤设计、蓄水安全设计等方面探讨了龙背湾面板堆石坝安全性。龙背湾水电站面板堆石坝结构安全，工程措施有效，坝体防浪墙不至于因坝顶填料发生较大的不均匀沉降而使防浪墙结构破坏，无溃坝的风险。

关键词： 水电站；面板堆石坝；安全；探讨

1 引言

龙背湾水电站位于湖北省竹山县堵河流域南支官渡河中下游，总装机容量 2×90 MW，有效库容 8.3 亿 m³，大坝为混凝土面板堆石坝，最大坝高 158.3 m。大坝从上游至下游依次为混凝土防渗面板、垫层料、过渡料、主堆石区、次堆石区、下游砌石护坡及坝后堆石棱体压重。

2 龙背湾水电站面板堆石坝坝顶结构

龙背湾大坝上游钢筋混凝土面板坝坡 1∶1.4，面板顶部厚度 30 cm，底部厚度 84 cm，板厚随高程按照 $t=0.3+0.003\ 5H$ 计算。下游砌石坝坡 1∶1.44。坝顶设"U"形槽结构钢筋混凝土封盖压重式防浪墙，底宽 11.6 m，槽内回填石渣，防浪墙高 5.1 m，设计高程 525.50 m。地震设防烈度Ⅶ度。坝顶防浪墙结构为：在高程 520.4 m 以上将上游防浪墙和坝顶下游挡墙设计成整体式"U"形槽结构，混凝土底板厚 0.8 m，防浪墙上游高 5.1 m，下游高 3.9 m，"U"形槽内回填石渣。龙背湾坝顶结构图见图 1。

3 沟后水库面板砂砾石坝溃坝原因分析

3.1 沟后水库面板砂砾石坝结构

沟后水库面板砂砾石坝位于青海省共和县境内的恰卜恰河上游，总库容 330 万 m³，大坝为钢筋混凝土面板砂砾石坝，坝体直接置于 13 m 厚的砂砾石覆盖层上，坝顶宽 7.0 m、高 71.0 m。坝顶采用高防浪墙的结构形式，在面板高程 3 255.0 m 处设一道水平缝，趾板建于基岩上。对基岩进行了帷幕灌浆。大坝正常水位、设计水位和校核水位均为 3 278.0 m，高于防浪墙水平底板 1.0 m。坝体设计剖面见图 2。

1990 年 10 月大坝全部竣工，同年蓄水至高程 3 274.10 m，运行正常。1993 年 8 月 23 日，库水位首次达到 3 277.3 m 时溃决（低于正常蓄水位 0.7 m，高于面板顶部以及防浪墙底部接缝 0.3 m）。溃坝前 8 月 26 日库水位 3 276.7 m 时仍未发现大坝有明显异常现象，27 日中午库水位达防浪墙底板 3 277.0 m 高程，20 时在下游坝坡 3 260.0 m 高程以上观察到大量渗流外逸，21 时大坝开始溃决。

作者简介：李玉明（1973—），男，高级工程师，主要从事水利工程运行管理工作。

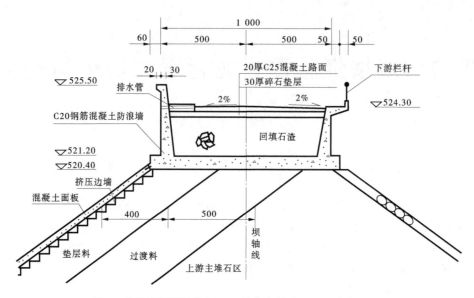

图 1 龙背湾坝顶结构图 （单位：尺寸，cm；高程，m）

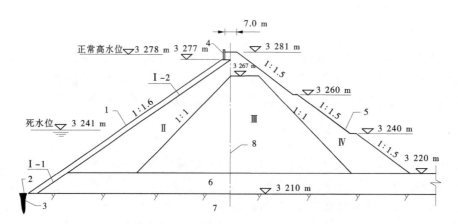

1—面板；2—趾板；3—帷幕；4—"L"形防浪墙；
5—干砌石护坡；6—河床砂砾石；7—基岩；8—坝轴线

图 2 沟后水库面板砂砾石坝坝体设计剖面图

3.2 溃坝原因及过程

沟后水库大坝由于防浪墙沉降以及设计、施工的质量问题，致使防浪墙底板与面板顶端之间接缝止水被拉断，而且面板接搭于底板上，与坝体相脱开。溃坝前水位已经超过该水平缝 0.3 m，从而面板顶部与坝顶防浪墙之间的水平缝漏水，坝顶强透水层的上游面与库水直接相连通，超过了坝体排水的能力，灌入坝体水流把坝体填筑砂砾料的细粒料冲走，逐渐形成管涌，使坝顶失稳防浪墙倒塌，库水漫坝而溃决。

3.3 主要原因分析

3.3.1 面板顶部与防浪墙之间的水平缝止水缺陷（正常蓄水位高程设置存在风险）

沟后水库正常洪水位、设计洪水位、校核洪水位皆为 3 278 m，超出面板顶部水平缝高程（3 277.35 m），防浪墙为永久性挡水结构，使该薄弱水平缝淹没于正常蓄水位之下，存在一定的风险。因此，应严格按永久防渗结构缝设计，并同时考虑适应坝体沉降变形的要求，但实际存在以下问题：

（1）水平 PVC 止水在与面板横缝处未与"W"形紫铜片止水连接，形成渗流通道。

（2）防浪墙仅在底部及墙下游面布置钢筋，所以混凝土趾板易于开裂破坏。根据文献，在溃坝前 2 年已经发现较大的开裂、错台，未进行有效处理。

（3）防浪墙上游水平趾板与面板连接处的 PVC 止水，施工中有的是采用搭接连接，有的一侧未浇入混凝土中。

3.3.2 砂砾石坝体未专门设置排水体

对混凝土面板砂砾石坝，渗流从下游坝坡较高部位逸出后，不仅降低了坝坡的稳定性，更危险的是容易产生渗透破坏，因为砂砾石的抗渗强度一般都比较低，渗流一旦从无反滤保护的下游坝坡逸出，就有管涌破坏的可能，而且会沿坝坡直接产生坡面冲刷，因此绝对不允许渗流从下游坝坡外逸，更不允许从较高部位逸出。混凝土面板砂砾石坝控制渗流破坏的成熟经验不是完全寄希望于面板不漏水，而是必须考虑面板各类接缝漏水的可能性，并采取在砂砾石中设置竖向排水的措施。

沟后坝体内未设置专门的排水设施，而依靠坝体自身的砂砾石排水。施工中，由于开采、运输和铺筑的不均匀以及颗粒分离，致使上坝的砂砾石颗粒组成重新分配。经现场试验，碾压后的坝体实测粗颗粒含量变幅较大，最大砾石含量为 75.4%，最小仅为 39.5%，砂砾石中，细颗粒含量偏大。施工中曾发现碾压后坝面凹坑集水长达 2~3 d 不能下渗消失。大坝运行后，在库水位较高时（3 272~3 274 m），靠近右岸下游坝坡脚以上 2 m 处（长 2~3 m），发现坝内渗水沿坝坡下流，证明坝体排水不太通畅，使渗漏逸出点偏高。坝基虽可自由排水，却仍难排去漏入坝体的超量积水，而大量向下游坡逸出并冲蚀。

国外已建数座砂砾石面板坝及国内青海高 55 m 的小干沟坝（几乎与沟后坝同期建成），以及西藏在海拔 4 388 m 建成的高 39.25 m 的查龙砂砾石面板坝（沟后坝溃坝时正在施工），皆在垫层下游设置了贯通大坝下游的砾石排水层，这些坝至今运行正常。特别是查龙坝实测渗流量 40 L/s，但坝体排水通畅，未形成浸润线，坝体稳定。

3.3.3 对水工建筑物日常维修维护工作不重视

根据文献，防浪墙上游趾板在溃坝前 2 年已经发现较大的开裂、错台，未进行及时处理。工作中对此薄弱部位重视不够、麻痹大意，没有做到发现问题及时处理消缺。

3.3.4 对关键部位施工期质量控制不够严格

防浪墙上游水平趾板与面板连接处的 PVC 止水，施工中有的是采用搭接连接，有的一侧未浇入混凝土中，见表 1。

表 1 沟后水库面板防渗止水情况

接缝名称		接缝所在部位	止水层数	止水材料			说明
				上层	中层	下层	
面板之间	纵向	河床段 0+070~0+196	1			紫铜片	缝间夹沥青木板条
		两岸坡坝段	2	丁基胶		紫铜片	
	水平向	高程 3 255 m	2		橡胶	紫铜片	
趾板之间		高程度 3 245 m 以上	2		橡胶	紫铜片	
		高程度 3 245 m 以上	1			紫铜片	
趾板同面板之间		周边缝	3	丁基胶	橡胶	紫铜片	
面板同防浪墙之间		水平缝	1		橡胶		夹沥青木板条

3.3.5 没有深刻理解堆石坝漫坝的风险

汛期没有做好水量调度及泄洪准备工作，没有进行合理的水情预报及腾库准备，主汛期水位蓄水较高，没有深刻理解堆石坝漫坝的风险，工作中可能存在认识不足、重视不够、防范风险意识不够的情况。

4 龙背湾水电站面板堆石坝防溃坝安全措施

4.1 工程措施

龙背湾水电站面板堆石坝坝高 158.3 m、坝基为厚 13~15 m 的砂砾石覆盖层。坝体的不均匀沉降有可能将混凝土防浪墙整体结构错断或者防浪墙底板下形成空腔，采取以下工程措施：

（1）大坝上部 30 m 高的堆石体采用变形特性较好且相同的坝料进行填筑，适当提高坝体的压实标准，改善其产生不均匀沉降的变形形态。

（2）坝顶防浪墙的浇筑延后，确保防浪墙下部坝体堆石料的沉降期，提高下游次堆石区的填筑标准，使上、下游堆石区的沉降变形协调一致，降低上、下游方向坝体的沉降差。

（3）缩小"U"形防浪墙沿坝轴线方向的分块宽度，沿坝轴线方向每 8 m 设一道伸缩缝，适应坝体在轴线方向的不均匀沉降。

4.2 防浪墙防渗设计

防浪墙底缝为坝顶防浪墙与面板连接的永久缝，在面板底面与防浪墙底面间设一道"V"形铜止水片，底面粘贴在垫层表面用水泥砂浆构成附有 PVC 止水片的基底面上。特殊部位防浪墙分块缝与面板止水以及防浪墙接缝与面板垂直缝止水均采用"E"形止水连接。在肋内缘粘贴 ϕ 25 mm PVC 棒和聚氯乙稀泡沫塑料，缝口增设了 ϕ 30 mm PVC 棒和 SR 嵌缝材料以及 SR 盖片进行遮盖保护。整体防渗设计按永久缝设计要求设计，防浪墙的止水与面板止水连接，防渗体系完整，满足安全需求。防浪墙分块缝与面板止水图见图 3。

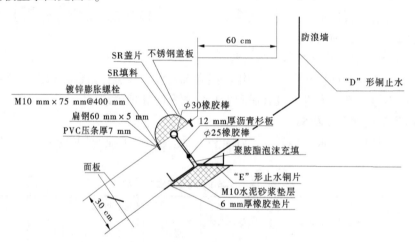

图 3 防浪墙分块缝与面板止水

防浪墙分缝间距为 8 m，内设"D"形止水铜片，与防浪墙底缝铜止水焊接。整体防渗设计按永久缝设计要求设计，防浪墙的止水与面板止水连接，防渗体系完整，满足安全需求。

4.3 坝体排水以及反滤设计

垫层料区：垫层料控制边坡 1∶1.4，水平宽度 4 m，为降低临时断面挡水度汛时坝体的浸润线，垫层料渗透系数 $A \times 10^{-3} \sim A \times 10^{-4}$ cm/s，达到半透水性，以便垫层料挡水度汛时不产生对坝体材料的冲蚀破坏。

过渡层区：垫层下为宽 5 m 的过渡层区，过渡料除将面板上的水压力均匀传递到堆石体外，过渡料必须对垫层料起反滤作用，防止垫层料中细料的流失，渗透系数为 $1 \times 10^{-2} \sim 1 \times 10^{-3}$ cm/s，是垫层料的 10 倍。

上游堆石体：主堆石区为灰岩料，渗透系数为 1×10^{-1}，是过渡料的 10 倍，有良好的排水能力，贯通大坝基础的砂砾石排水层。

反滤过渡料：坝基高程 382~383 m 填筑反滤过渡料，下游堆石区利用砂砾石和溢洪道开挖料填筑区周围填筑 1 m 厚的反滤过渡料，可保障排水不产生对坝体材料的冲蚀破坏。

4.4 蓄水安全设计

龙背湾水电站正常蓄水位 520.0 m，低于面板顶部高程 520.4 m，满足《混凝土面板堆石坝设计规范》（SL 228—2013）。同时，为了防止沉降后满足蓄水安全要求，大坝最大断面处堆石体顶部高程 520.40 m，超填 100 cm，左右坝肩堆石体顶部高程 520.40 m，超填 50 cm。

面板坝防浪墙顶高程等于水库静水位加墙顶高度。考虑到风浪爬高以及非常运用情况，坝顶设计高程 524.30 m 高于校核洪水位 523.89 m，满足规范要求。防浪墙顶部高程需达到 525.39 m，设计高程 525.5 m，满足要求。

5 龙背湾水电站面板堆石坝监测资料分析

5.1 防浪墙底缝开合度

防浪墙底部与面板接缝之间开合度监测共布设 2 支测缝计，分别布设在 0+263 断面和 0+359 断面。2 支仪器历史最大开度分别为 3.72 mm 和 2.84 mm，均小于设计警戒值指标 5.5 mm，防浪墙底缝测缝计监测成果见表 2。

表 2 防浪墙底缝测缝计监测成果

部位	桩号	高程/m	编号	历史最大值		当前值（2019-12-22）/mm
				开合度/mm	出现日期（年-月-日）	
防浪墙接合缝	0+263	520	J9	+3.72	2019-08-24	2.01
	0+359	520	J10	+2.84	2019-12-22	2.84

注：+表示开合度张开；-表示开合度闭合。

5.2 坝顶沉降分析

截至 2020 年 12 月 15 日，面板顶部累计沉降在 76.0~183.8 mm，最大位移 183.8 mm，发生在测点 LT5-3（0+263 断面）。面板顶高程均高于正常蓄水位，略低于设计高程 520.4 m。经设计复核：面板坝坝顶高程最低为 524.06 m，高于校核洪水位（523.89 m），满足相关规范要求。防浪墙顶要满足最低高程 525.26 m，非正常工况下最低高程 525.39 m 的设计要求，在坝体沉降收敛后，一次性采取措施将防浪墙顶加高至高程 525.60 m。上游坝顶沉降位移观测成果见表 3。

表 3 上游坝顶沉降位移观测成果

部位	安装高程	桩号	编号	当前高程/m	累计沉降量/mm	说明
面板顶部高程	520 m	0+084	LT5-1	520.25	97.0	
		0+164	LT5-2	520.24	166.6	
		0+263	LT5-3	520.26	183.8	
		0+340	LT5-4	520.26	166.4	
		0+420	LT5-5	520.27	76.0	

5.3 坝顶脱空

龙背湾大坝面板脱空检查以及现场钻孔检查，顶部与坝体之间无脱空，接触密实。

5.4 坝体浸润线

坝体浸润线监测布置两个监测断面，分别位于大坝 0+263 断面（P1~P9）和大坝 0+167 断面（P10~P14）。P1、P10 渗压计安装在大坝帷幕灌浆前，主要监测大坝坝前水压力，P2、P3 渗压计安装在帷幕线下游防渗板底部孔中。P4~P9、P11~P14 渗压计主要监测坝体内部水压力，见表 2。

根据监测数据以及过程线，目前坝体浸润线稳定在高程 390 m，无突变。坝体水平排水高程为 383~405 m，坝体渗压计水头见表 4。

表 4 坝体渗压计水头

安装位置	高程/m	桩号	仪器编号	水头/m
帷幕前	365.832		P1	502.92
帷幕后	365.638		P2	452.66
坝基	350.985	0+263	P3	415.03
	365.812		P4	389.66
	380.136		P5	390.65
	382.113		P6	390.85
	382.640		P7	390.94
	383.241		P8	389.62
	382.842		P9	390.59
帷幕前	416.617		P10	504.23
坝基	413.242	0+167	P11	0
	404.467		P12	0
	402.922		P13	0
	390.135		P14	0

6 结语

（1）龙背湾大坝坝体排水通畅，保障坝轴线下游侧坝体干燥，保障坝体稳定。同时反滤的设计可保障面板在渗水的情况下不会产生管涌，危及坝体安全。

（2）龙背湾面板堆石坝结构安全，安全措施满足坝体防浪墙不至于因坝顶填料发生较大的不均匀沉降而使防浪墙结构破坏，无溃坝的风险。

参考文献

［1］刘杰. 沟后水库溃坝原因初步分析［J］. 人民黄河，1994（7）：28-32.

［2］刘杰，丁留谦，缪良娟. 沟后面板砂砾石坝溃坝机理及经验教训［J］. 水利水电技术，1998（3）：4-9.

［3］刘杰，丁留谦，缪良娟. 沟后面板砂砾石坝溃坝机理模型试验研究［J］. 水利学报，1998（11）：69-75.

［4］李君纯. 青海沟后水库溃坝原因分析［J］. 岩土工程学报，1994，16（6）：1-14.

［5］褚履祥，杨智睿. 沟后混凝土面板砂砾石坝设计中的几个问题［J］. 水力发电，1992（3）：29-31.

［6］杨得勇．沟后水库溃坝机理现场复核试验研究［J］．水利发电，2003，29（3）：53-57.

［7］郭诚谦．沟后水库溃坝原因分析［J］．水利发电，1998（11）：40-45.

［8］马洪琪，迟福东．高面板堆石坝安全性研究技术进展［C］∥高面板堆石坝安全研究及软岩筑坝技术进展论文集，2014.

［9］湖北龙背湾水电站枢纽工程专项验收设计自检报告第四分册水工设计.

［10］湖北龙背湾水电站工程竣工验收安全鉴定报告.

三峡水库入库洪水计算方法比较研究

李妍清　熊　丰　汪青静　张冬冬

（长江水利委员会水文局，湖北武汉　430010）

摘　要：本文分析对比了水量平衡法、流量叠加法和多输入单输出模型法推求三峡水库入库洪水的差异和优劣，给出了相应的成果建议。所得主要结论如下：①根据对三峡水库蓄水运用以来各年库区水面线资料及运行实践，确定了三峡入库洪水的入库点为清溪场附近。②三峡水库蓄水运用后，静库容反推法存在明显的跳动，难以准确反应真实的入库流量过程。动库容反推法更符合三峡水库河道型水库的动库容特性，计算得到的入库洪水成果更为可靠。③三峡水库蓄水运用以前的1954年和1960—2002年，分别采用流量叠加法和多输入单输出模型法分析计算入库洪水过程。经综合分析比较，两种方法均能很好地模拟三峡入库洪水，模拟误差较小。

关键词：入库洪水；三峡水库；水量平衡法；流量叠加法；多输入单输出模型法

我国已建水库，一般是以坝址洪水作为防洪设计的依据。然而，水库建成后，库区被淹没，水库回水末端至坝址处，沿程水深急剧增加，水库周边汇入的洪水在库区的传播速度大大加快，原有的河槽调蓄能力丧失。流域产汇流条件的变化，使得入库洪水相对于建库前的坝址洪水，通常具有洪峰提前、峰形集中、洪水历时缩短、峰高量大等特点[1-2]。这些变化都不利于水库运行以及下游地区的安全。若水库调洪时仍按坝址洪水调洪，则重复考虑了河道的调蓄作用，使计算成果偏低，水库设计往往不安全。我国众多水库多年运行的实际资料和经验也表明入库洪水与坝址洪水存在差别，不同的水库特性及不同典型洪水的时空分布，两者差异的大小也不同。因此，采用入库洪水作为设计依据更符合建库后的实际情况[3-4]。

三峡水库的入库洪水由三部分组成，分别由水库回水末端附近干流寸滩站、乌江武隆站及库区支流水文站以上流域产生的洪水，干支流水文站以下到水库周边以上区间陆面产生的洪水以及水库库面的降水三部分组成，三部分总水量或同时流量的总和即为入库洪水（洪量或洪水过程）[5-6]。由入库洪水的组成特性可以看出，入库洪水不能直接实测得到，只能靠部分实测、部分推算或全部推算才能获得。应当根据资料条件及水库特征，采用不同的方法进行分析计算。

本文分析了三峡水库的入库点，对比了静库容反推法、动库容反推法、流量叠加法和多输入单输出模型法推求三峡水库入库洪水的差异和优劣，给出了相应的成果建议。成果可为三峡入库洪水的分析计算提供参考。

1　方法介绍

1.1　水量平衡法

水量平衡法分为静库容反推法和动库容反推法。静库容反推法是根据水库水位、水库库容曲线以及出库流量，基于水量平衡反推入库流量，公式如下：

$$\bar{I} = \bar{O} + \frac{\Delta V_{损}}{\Delta t} + \frac{\Delta V}{\Delta t} \tag{1}$$

基金项目：中国长江三峡集团有限公司科研项目资助（0799239），三峡后续工作项目（三峡水库中小洪水调度的影响及控制指标研究）。

作者简介：李妍清（1989—），女，工程师，主要从事水文水资源方面的研究工作。

式中：$\overline{I}$ 和 $\overline{O}$ 分别为时段平均入库流量和出库流量；$\Delta V_{损}$ 为水库损失水量，包括水库的水面蒸发、库区渗漏损失等；ΔV 为时段始末水库蓄水量变化值；Δt 为计算时段。

动库容反推法利用三峡出库流量、蓄水量变化确定入库流量。把回水末端至坝前整个区间看作水库，进入该区域水面即为入库，通过计算始、末时刻库区水面线以下的蓄水量变化，加上时段内的平均出库水量即为该时段的平均入库水量。此方法较为客观，并符合水量平衡原理。动库容反推法与静库容反推法均基于水量平衡原理，不同在于，其采用槽蓄量的变化量反映时段始末水库水面线下的水库蓄量差，反映了动库容的影响。

1.2 流量叠加法

三峡入库洪水主要包含长江干流来水、乌江来水及寸滩以下至坝址区间来水三部分，将寸滩、武隆站的洪水过程与寸滩—武隆—宜昌区间洪水过程同时刻叠加，得到三峡入库洪水过程。三峡水库坝址以上干流有寸滩站，主要支流乌江上有武隆站，两站控制的流域面积分别为 866 559 km² 和 83 035 km²，两站资料比较可靠完整。故本次长江干流来水直接采用寸滩站实测洪水过程，乌江来水直接采用武隆站实测洪水过程。

三峡区间（寸滩—武隆—宜昌区间）来水无实测资料，采用前期雨量指数 Pa 为参数的降雨径流相关关系推求。本次采用雨量站为 58 个，为考虑降雨时空分布的不均匀性，按干流水文站控制情况，将三峡区间划分为寸滩—清溪场（左岸）、寸滩—清溪场（右岸）、清溪场—万县、万县—奉节、奉节—巴东、巴东—宜昌共 6 个小区，各小区的面平均雨量采用算术平均法计算；前期雨量指数 Pa 值，采用分月 K 值分区计算，再与次洪累积面平均雨量查降雨径流相关图。以寸滩流量过程加上武隆错后 3 h（寸滩为 t 时刻，武隆为 $t+3$ 时刻）流量过程，为上游合成入流过程，经河道演算至清溪场，传播时间为 12 h，演算公式为[7]

$$Q_{清t+12} = 0.112Q_{寸t+12} + 0.823Q_{寸t} + 0.065Q_{清t} \tag{2}$$

上游合成入流演算到清溪场，叠加寸滩—清溪场（左、右岸）区间径流过程得到清溪场的流量过程；同时刻叠加其他区间流量过程即为集总式三峡入库洪水过程。因此，流量叠加法区间径流采用建库前三峡区间产汇流方案进行计算，区间汇流采用分区综合单位线的方法，即利用产流方案的时段净雨过程，与单位线卷积求得各区出口断面的区间洪水过程。以寸滩流量过程加上武隆错后 3 h（寸滩为 t 时刻，武隆为 $t+3$ 时刻）流量过程，为上游合成入流过程，经河道演算至清溪场后，同时刻叠加子区间径流过程得到入库洪水过程。

1.3 多输入单输出（MISO）模型法

MISO 模型属于系统模型的一种，其基本方程可表示为[8]

$$y_i = \sum_{j=1}^{m} x_{i-j+1}h_{ij} \tag{3}$$

式中：x_j 是第 j 个输入变量序列；y 是输出序列；h_j 为第 j 个输入的脉冲响应函数的纵坐标。如果 x_t 代表入流或者区间流域的净雨量，y_t 为流域出口断面的径流量，那么两者应该相等。但在实际的汇流过程中，不可避免地会出现水量的损失，即时间轴与脉冲响应函数所包围的面积常常不等于 1，这个数值被定义为增益因子 G，表示总净雨量转化为总径流量的比例。式（3）可表示为[8]

$$y_t = G\sum_{j=1}^{n}\sum_{k=1}^{m(j)} u_k^{(j)} x_{t-k+1}^{(j)} + e_t \tag{4}$$

式中：$u^{(j)}$ 和 $m(j)$ 分别为第 j 个输入系列的标准脉冲响应函数的纵坐标值和记忆长度；e_t 为误差项；n 为输入的个数。模型的关键在于求解脉冲响应函数的纵坐标值 h 以及确定记忆长度 m 的大小。

脉冲响应函数 $\hat{H}$ 可采用最小二乘法进行估计。

三峡水库入库洪水 MISO 模型结构如图 1 所示。以上游干流寸滩站、支流乌江武隆站流量过程和寸滩、武隆—宜昌区间净雨过程作为输入，输出为三峡水库的入库洪水过程。其中，考虑到降雨时空分布的不均匀性，将三峡区间划分为 6 个小区，即寸滩—清溪场（左岸）、寸滩—清溪场（右岸）、清溪场—万县、万县—奉节、奉节—巴东和巴东—宜昌，采用算术平均法计算面平均雨量，利用 API 模型计算净雨量。

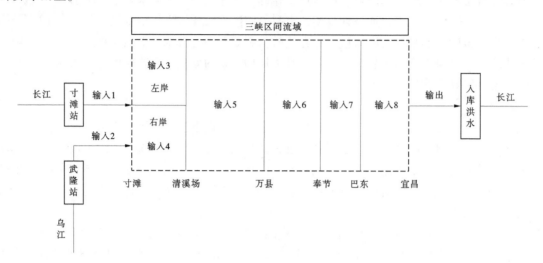

图1 三峡水库入库洪水多输入单输出模型结构图

8 个输入依次为寸滩站流量、武隆站流量、寸滩—清溪场（左岸）净雨、寸滩—清溪场（右岸）净雨、清溪场—万县净雨、万县—奉节净雨、奉节—巴东净雨和巴东—宜昌净雨，时段为 6 h。通过试算，确定各输入对应的记忆长度依次为 84 h、84 h、60 h、60 h、42 h、24 h、18 h 和 18 h。

2 三峡水库入库点分析

当三峡水库正常蓄水为 175 m 时，库区范围为：长江干流上至江津的朱沱水文站附近，支流嘉陵江的北碚，乌江的武隆站附近至三峡坝址三斗坪，干流长约 600 km。三峡水库建成后水库沿长江干流河谷延伸、呈长条带状。三峡水库坝前汛期水位为 145 m，20 年一遇回水末端干流在巴县木洞镇附近，约距坝址 565 km，水库面积 1 084 km²，其中淹没陆地面积 632 km²，其余为原有河道的水面。

当坝前水位一定时，水库回水末端随入库流量的大小而变动，在计算入库设计洪水时，水库周边主要干支流的入库点只能根据水文资料条件近似地加以固定。三峡初设阶段，计算的入库设计洪水假定水位为 175 m，当时成果比较时假定的两个入库点为朱沱和寸滩。三峡工程汛期的入库设计洪水干流以寸滩站，支流乌江以武隆站、库区小支流小江以小江站等为水库回水末端。而根据目前三峡水库调度运行方案，三峡水库汛期汛限水位为 145 m。在较低的坝前水位条件下，入库点相应更靠下游，相比之下入库洪峰较小，峰现时间也相应推迟。

点绘了三峡水库运行以后 2003—2014 年年最大入库洪峰出现的同时刻三峡库区实况水面线，分析三峡水库的回水末端（洪峰入库点），见图 2。通过年最大场次洪水实况水面线的比较，可以看出历年干流入库点在清溪场至忠县之间。基于库区实测水面线资料，结合近年的洪水分析和作业预报经验，确定三峡入库点为清溪场附近。

3 三峡运行后入库洪水

首先分析对比了动库容反推法和静库容反推法的成果，如图 3 所示。从图中可以看出，静库容反推入库不仅存在明显的跳动，而且随坝前水位变化、出入库流量变化、区间来水、闸门开启等因素的变化而带来不同的误差，故不能准确反应真实的入库流量过程。三峡水库动库容对入库洪水的影响较大，采用动库容反推法更符合三峡水库河道型水库的动库容特性，计算得到的入库洪水成果更为可靠。因此，最终采用动库容反推法计算三峡水库入库洪水过程。

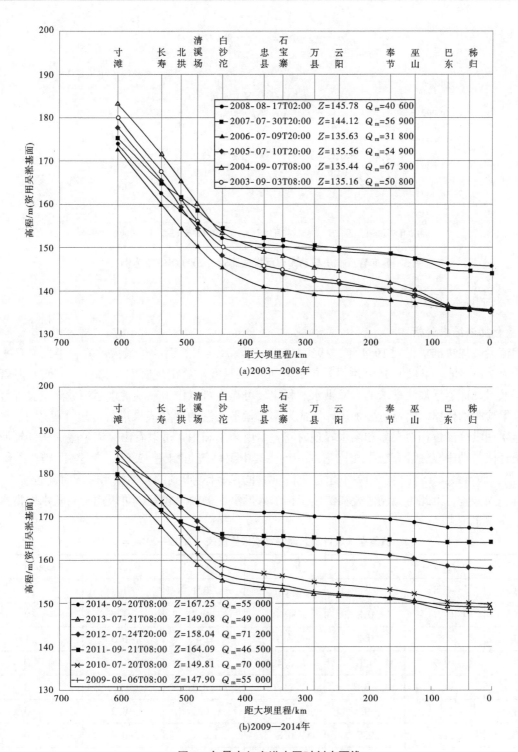

图2 年最大入库洪水同时刻水面线

　　根据动库容反推法计算得到三峡水库2003—2020年入库洪水年最大洪峰、洪量统计特征值及峰现时间。结果表明，三峡蓄水运用以来的18年中，以2020年年最大洪峰流量75 000 m³/s为最大，出现在8月20日，2012年和2010年年最大洪峰流量71 200 m³/s和70 000 m³/s位列二、三位，均发生在7月；最小的入库洪峰流量出现在2006年，仅为31 800 m³/s。

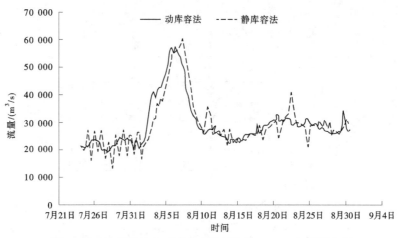

图 3　静库容反推法与动库容反推法比较（2009 年汛期为例）

4　三峡运行前入库洪水

4.1　流量叠加法结果分析

采用流量叠加法推求得到 1954 年、1960—2002 年入库洪水系列的年最大洪峰、年最大日平均流量、年最大 7 d 洪量、年最大 15 d 洪量、年最大 30 d 洪量及洪峰出现时间。2003 年三峡水库蓄水运用以后，通过动库容反推法推求的入库洪水过程比较可靠，可以作为三峡蓄水运用后流量叠加计算入库洪水成果检验的依据。将流量叠加法计算成果同水量平衡法的计算成果进行比较（见表 1、图 4），检验指标采用洪峰流量相对误差和洪水峰现时间差。由表 1 和图 4 可以看出，流量叠加法计算所得入库洪水统计值与动库容法计算结果相比基本一致，其中洪峰流量相差−3.0%～3.5%，相对差绝对值在 4% 以内，而年最大 15 d 洪量相差不超过 2%。两种方法计算得到的入库洪水峰现时间也基本相同，仅 2 年有一天误差。由此可见流量叠加法用于推求入库洪水的效果较好，可以用于三峡水库蓄水运用以前的入库洪水推求。

表 1　流量叠加法计算入库洪水成果检验表（2003—2014 年）

年份	Q_m/%	$Q_日$/%	W_{3d}/%	W_{7d}/%	W_{15d}/%	峰现时间差/d
2003	−0.8	2.5	−1.1	−0.1	−1.4	0
2004	0.7	0.8	−2.0	−0.7	−1.0	0
2005	0.5	0.2	2.3	0.4	−0.5	1
2006	−0.9	1.0	3.4	0.5	0	0
2007	0.7	−3.3	−0.7	−0.3	0.5	0
2008	0.2	−0.5	−0.9	−0.5	−0.2	0
2009	3.5	2.7	0.8	−0.1	−0.4	0
2010	−0.9	0.9	−2.4	−1.5	−0.6	0
2011	−3.0	−2.0	−2.4	−1.8	−0.2	1
2012	−1.5	−2.1	−0.1	1.1	−1.4	0
2013	0.2	0.8	−1.5	−1.3	−0.5	0
2014	−0.2	−1.5	−1.3	−0.8	0.7	0
均值	−0.1	0.0	−0.5	−0.4	−0.4	0.15

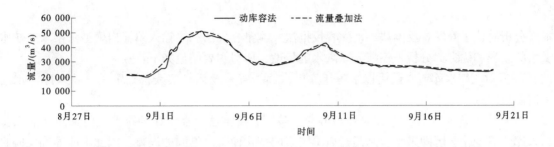

图4　流量叠加法与动库容反推法计算入库洪水过程比较（2003年汛期为例）

4.2　多输入单输出模型法结果分析

以2003—2010年作为率定期，2011—2014年作为检验期，得到MISO模型效果如表2所示。结果显示无论是在率定期还是在检验期，模型效率系数均达到97%以上，径流总量相对误差绝对值小于3%，基本能够满足实际应用需要。

表2　入库洪水模型率定期和检验期评定指标　　　　　　　　　　　　　　　%

评价指标	阶段	数值
模型效率系数	率定期	97.08
	检验期	98.42
径流总量相对误差	率定期	2.58
	检验期	1.70

采用三峡水库入库洪水多输入单输出模型，分析模拟三峡水库蓄水运用前（1954年、1960—2002年）的入库洪水过程，推求得到1954年、1960—2002年入库洪水系列的年最大洪峰、年最大日均流量、洪量统计值及出现时间。为了进一步验证模型的适用性，采用马斯京根法将推求的入库洪水过程演算到坝址处得到宜昌站，并与宜昌站实测过程进行对比。以1982典型年为例，三峡水库蓄水运用前部分年份的MISO计算入库洪水、演算至宜昌站断面过程、宜昌站实测过程对比情况见图5。可以发现，将入库洪水演算至宜昌后的过程与宜昌站实测洪水过程两者基本吻合，表明MISO模型所计算的入库洪水过程是合理可行的。

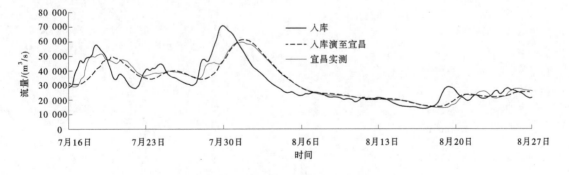

图5　MISO模拟的入库洪水过程及验证（1982年洪水为例）

由计算结果可知，入库洪水与坝址洪水有明显的差异。主要表现为入库洪水的洪峰大于坝址洪水的洪峰，峰现时间提前，入库洪水的洪量在涨洪段比坝址洪水集中。以上结果表明，采用多输入单输出入库洪水模型推求的三峡水库入库洪水成果符合入库洪水的一般特性，具有较好的精度。

5 结论

本文分析对比了静库容反推法、动库容反推法、流量叠加法和多输入单输出模型法推求三峡水库入库洪水的差异和优劣，分析了三峡入库洪水的特性，所得主要结论如下：

（1）根据对三峡水库蓄水运用以来各年库区水面线资料及运行实践，确定了三峡入库洪水的入库点为清溪场附近。

（2）三峡水库蓄水运用后的 2003—2020 年，静库容反推法存在明显的跳动，而且随坝前水位变化、出入库流量变化、区间来水、闸门开启等因素的变化而带来不同的误差，因此不能准确反应真实的入库流量过程。动库容反推法更符合三峡水库河道型水库的动库容特性，计算得到的入库洪水成果更为可靠。

（3）三峡水库蓄水运用以前的 1954 年和 1960—2002 年，分别采用流量叠加法和多输入单输出模型法分析计算入库洪水过程。经综合分析比较，两种方法均能很好地模拟三峡入库洪水，模拟误差较小。

参考文献

［1］闵要武，王俊，陈力．三峡水库入库流量计算及调洪演算方法探讨［J］．人民长江，2011，42（6）：49-52.

［2］刘章君，郭生练，钟逸轩，等．入库洪水计算方法及研究进展综述［J］．中国农村水利水电，2016（11）：1-6，11.

［3］李记泽，叶守泽，夏军．入库洪水与坝址洪水关系初探［J］．水文，1992（3）：32-35，65.

［4］李心铭，刘其发．用多维线性汇流系统研究入库洪水与坝址洪水的关系［J］．人民长江，1994，25（5）：17-23.

［5］张雅琦，李妍清，戴明龙，等．基于投影寻踪法的三峡入库洪水与坝址洪水分类［J］．人民长江，2016，47（9）：25-28.

［6］唐海华，陈森林，赵云发，等．三峡水库入库流量计算方法研究［J］．中国农村水利水电，2008（4）：26-28.

［7］水利部长江水利委员会水文局，水利部南京水文水资源研究所．水利水电工程设计洪水计算手册［M］．北京：中国水利水电出版社，2001.

［8］郭生练，熊丰，王俊，等．三峡水库运行期设计洪水及汛控水位初探［J］．水利学报，2019，50（11）：1311-1317，1325.

山洪灾害监测预警中存在的问题及对策

付立文

（水利部海河水利委员会引滦工程管理局，河北唐山 064309）

摘　要：山洪是指山区溪沟中发生的暴涨洪水。山洪具有突发性，水量集中流速大、冲刷破坏力强，水流中挟带泥沙甚至石块等，常造成局部性洪灾。鉴于此，需要借助现代化预警机制，在山洪易出现的时间段内进行监测和预警，力求能够尽早发现山洪出现的趋势并做出警报，降低山洪带来的人员伤亡与恶性影响。

关键词：山洪灾害；预警机制；问题与方式

山洪产生具有鲜明的季节性、突发性、群发性，一旦在山区发生便会对区域内的居民产生十分严重的影响，摧毁房屋、掩埋建筑、伤害居民等现象屡见不鲜。为此，需要选择一套行之有效的预警机制，能够在山洪出现的第一时间进行预警，及时撤离山洪区域内的居民，并做好防范工作，降低其不良影响。在本文研究中将针对现阶段山洪预警机制中存在的问题进行详细论述，并提出优化预警系统的有效措施，力求能够为山区居民提供更为优质的保障。

1　山洪灾害监测预警中存在的问题

1.1　基础资料收集难度较大

为了进一步提升山洪灾害信息获取的广度和精度，需要基层负责人将信息获取的范畴缩小到每一个流域、每一个监测站点、每一个工作人员小组中。期间设计的数据信息十分庞大，并且山区环境的通信设备不甚理想，甚至一部分地区还存在信号不畅的现象[1]。要将以上信息统一录入、整合分析，需要消耗大量的人力资源和物力资源。

1.2　临界雨量难以准确界定

临界雨量的影响因素较多，与地质地形、降水规律、山洪特点等息息相关，出现短时间强降雨的原因也十分复杂，导致区域内各个监测位置的临界雨量出现较大波动，且规律难以探寻。在山洪预警中对其判断直接影响预警的准确性和有效性，进而导致山洪灾害预警系统建设阻力颇大[2]。

1.3　不合理的人类活动加剧了山洪灾害的发生

结合山洪出现的具体原因和区域能够看出，即便山洪具有自身的不可抗因素，但是与人为房屋建设、资源开采、滥砍滥发等现象息息相关，人类在生产生活中出现的不合理开发利用，造成大面积水土流失，影响河道的吞吐量，降低河道对自然灾害的抵抗能力等，诱发山洪出现更大规模的演变。

1.4　响应措施计算机化水平有待提高

山洪灾害防治措施需要结合山洪的具体等级选择相应的应对措施。但是在实际操作的过程中灾害现场情况复杂，救援措施需要与之相适应，实现按部就班、逐一推进的理想形式。将以上部署内容纳入计算机中并加以实施也存在一定难度，还需要在后续工作中加以优化[3]。

1.5　运行维护管理难度较大

山洪灾害监测系统基本上都部署在室外环境中，其中雨量站、水位站、广播站的运行与管理受到

作者简介：付立文（1984—），男，高级工程师，主要从事水利工程运行管理工作。

自然因素影响的比重较大，且长时间在室外环境中缺少管理与维护，经常出现被盗、老化、损毁等现象，严重影响山洪预警机制建设。

气象勘测中得到的数据内容主要应用于台风观测、强对流天气预测、强降雨、雷暴天气预警等，这类天气是否能够及时有效的预测，有赖于气象检监测的海量数据。系统在收集和整理数据的过程中对计算机设备的性能要求较高。设备操作与维护对技术人员的知识水平要求极高。基层技术人员往往身兼数职，导致工作阶段能够付出的时间和精力较少，导致工作阶段经常出现遗漏和问题，影响最终监测效果。

2 优化山洪灾害监测预警的可行性措施

2.1 正确处理山洪防治工作与生态治理之间的关系

由于山洪具有自身的特殊性、突发性、破坏性等，在人们猝不及防的一瞬间便可发生，且治理难度较大。在开展治理工作的过程中需要将自然环境保护与防灾工作相协调，实现"避治结合，避重于治"的治理原则，认识到灾难出现的具体原因，并选择疏导、通畅的治理方案，实现最佳治理效果。

2.2 进一步规范技术要求，加大系统建设力度

2010 年 7 月 21 日，国务院常务会议决定要"加快实施山洪灾害防治规划，加强监测预警系统建设，建立基层防御组织体系，提高山洪灾害防御能力"[4]。为保障国家的相关政策能够及时落实在基层群众中，国家防办强调，需要在山洪灾害防治县级（1 836 个县）非工程措施建设中进行全面覆盖、全面勘测。借助中央以及各个基层政府的资金布置，严格按照各个区域的基本情况构建山洪防御机制，基层负责人需要严格把关，切勿使建设机制中存在隐患问题和安全问题，为预警机制建设提供必要的信息支持与技术保障。

2.3 加强系统管理和维护

每年的区域气象观测记录档案都呈现"裂变"式的增长，内容十分复杂，需要对以上的众多数据、资料进行管理，需要更多具有气象专业知识、档案管理经验的工作人员开展详细整合和记录，才能够实现山洪预警的准确性和时效性，无疑增加了技术人员的工作压力与难度。基层政府需要及时出台相应的政策与措施，确保各个环节的工作都能够有专项人员负责，工作阶段出现异常现象能够第一时间溯源，确保工作有条不紊地完成。将区域内的人员、经费、设备集中统一管理，实现高效率工作[5]。

2.4 建立部门之间协调配合的良好关系

由相关文献研究能够看出，我国某县气象和水文部门各自建立了相应的系统，每次遇到极端天气，两个部门都会向工作人员的手机中发送大量相关信息，导致防汛、防灾部门的负责人一时间手机"爆炸"，且每天接收内容相似的信息也会影响工作人员的心态，导致其无所使用。鉴于此，需要在水文和气象两个部门之间建立协同配合的关系，将上传下达的指令统一发送给防汛部门的工作人员，两个部门之间的"交叉人员"能够及时收获相关信息，且在开展工作的过程中能够进一步加强工作效率，实现信息共享、工作同行，构建防灾抗灾工作的合力。

2.5 增强基层群众防灾抗灾能力

科学技术的第一生产力，众多不同的技术都是为人民群众服务的，需要借助科学的手段建立完善的保障机制，确保其效益最大化。例如，在山洪灾害现场可引进无人机作为勘测主要设备，多旋翼无人机在交通事故现场勘察中使用能够实现对道路交通的监管监督工作，并且针对一些监控观察不到的盲区位置，能够给予更加真实有效的监督控制。

与此同时，还需要着手强化基层培训工作，针对广大山区的干部、居民进行教育培训工作，增强其防灾减灾的意识，利用舆论宣传提高其重视程度，针对山洪防范中的薄弱环节进一步优化，指导县镇地区制定相应的自然灾害预防措施，务必要保证各项措施便于上手和操作，基层居民也能够短时间

内领会其中要义。使得人民群众能够在灾害出现的第一时间做出反应、发挥作用[6]。

3　结论

根据上文的论述能够看出，山洪的影响力和突发性十分显著，对于其出现的时间未能够准确认识，是造成山洪恶性影响的最主要原因。鉴于此，需技术人员进一步分析当下预警机制中存在的问题和缺陷，寻找更加有效、精准的信息资源，力求能够在短时间内将山洪信息发布出来，降低其消极影响，保障我国山区居民的切实权益。

参考文献

[1] 尹卓. 湖南省山洪灾害防治项目建设实践与思考 [J]. 湖南水利水电, 2021 (4)：77-80.
[2] 潘丽红. 武山县山洪灾害防治非工程措施项目避险保安工作与启示 [J]. 现代农业研究, 2021, 27 (7)：153-154.
[3] 柳杨, 林波. 广东省山洪灾害重点沿河村落雨量预警方法探析 [J]. 广东水利水电, 2021, (7)：13-17.
[4] 李方舟, 贾宗仁. 自然灾害监测网络建设的背景、现状及对策 [J]. 中国矿业, 2021, 30 (S1)：9-16.
[5] 李锐, 刘荣华, 田济扬, 等. 山洪灾害预警信息靶向服务系统设计及应用 [J]. 水利水电技术（中英文）, 2021, 52 (7)：33-43.
[6] 刘超, 方婧. 安徽省山洪灾害监测预警系统建设探析 [J]. 水利建设与管理, 2021, 41 (4)：75-79.

鸟儿巢水电站防洪能力分析研究

孙玮玮[1,2]　周克发[1,2]　彭雪辉[1,2]　龙智飞[1,2]　蔡　荨[1,2]

(1. 南京水利科学研究院，江苏南京　210029；
2. 水利部大坝安全管理中心，江苏南京　210029)

摘　要：水库是我们防洪的一张"王牌"，水库的主要作用中防洪要排在首位，鉴于近年出现频繁的大降雨情况，因此对水库的防洪能力进行分析是很有必要性的。此文以鸟儿巢水电站作为实例，分别对水电站的设计洪水、泥沙、调洪计算、抗洪能力进行复核验算，其中设计洪水位用水文比拟法和暴雨查算法对比计算。结论表明水文比拟法得到的各频率下设计洪水量均小于暴雨查算法；调洪计算按原设计成果计算符合规范要求，抗洪能力的坝顶超高计算值 182.09 m，未达实际标高 182.20 m。

关键词：设计洪水；水文比拟法；暴雨查算法；调洪计算；防洪复核

　　水库是防洪工程体系的重要组成部分，承担着水库所在河流川渝河段的防洪任务。我国流域面积广大，水系众多，洪水地区组成与遭遇十分复杂，防洪需求众多[1]。近年来在极端气候频发、城市建设规模持续扩张、流域规划防洪格局改变等新形势下，流域整体洪量增加，流域干流泄洪压力明显增大[2]。因此，研究大中型水库防洪能力、挖掘其工程应用价值是缓解干流防洪压力、减少洪水入侵平原的重要举措，是提升水利防灾减灾能力、支撑新形势下经济社会可持续发展的内在要求。国内外关于水库防洪能力的研究起步于 20 世纪 90 年代，冯平等[3]通过概率组合方法估算了水库的防洪能力，得出的结果与仅依赖设计洪水过程给出的防洪标准比较发现概率组合法更能反映水库的实际防洪作用。仲志余等[4]基于动库容调洪的基本原理并考虑了泥沙淤积对水库防洪能力的影响，计算分析了三峡水库的防洪能力。石宁[5]通过数值模拟法得出地面沉降对区域水系防洪能力也产生一定的影响，地面沉降每增加 0.1 m，同样洪水条件下区域水系水位下降 0.3～0.5 m，入海水量锐减 10%～15%，河道防洪能力下降明显，防洪风险增加趋势明显。赵文焕等[6]建议水库汛期要进行水位动态控制及在汛末时提前蓄水的措施，并提出构建面向"时-空-量"的多级防洪调度体系。Bennett 等[7]结合美国 11 000 座水库的实测资料，研究了累积沉积物（如泥沙）等对水库防洪能力的影响。Jing 等[8]认为仅用历史洪水资料计算河道型水库的防洪能力是不够的，需要结合利用随机洪水模拟方法，找出水库在特定设计频率下最危险的入库洪水过程，并通过动态库容洪水调度来模拟洪水在水库中的传播过程。Zhang 等[9]提出了一种考虑预报提前期差异的多水库系统两阶段洪水风险分析方法。此方法通过将行业期划分为预报提前期和超预报时间段来评价洪水预报的不确定性。

　　总体来说，国内外关于水库防洪能力的研究经历了从静态到动态[10]，从单库防洪能力到多库联合防洪能力的变化[11]。国内外现有的研究均是从水库上游来水的角度出发，结合水库的运行状况分析优化水库的防洪能力[12]。本文将从水库现有防洪标准、设计洪水、调洪计算等方面出发，对鸟儿

基金项目：南京水利科学研究院基金项目"基于风险的水库大坝安全管理法规框架与技术标准体系"（Y720009），"土石坝漫顶溃决洪水模拟的不确定性分析"（Y719010）；国家重点研发计划课题"基于大数据的大坝安全诊断与预警关键技术"（2018YFC0407104），"国家大坝安全监管云服务平台研发与应用"（2018YFC0407106）。

作者简介：孙玮玮（1981—），女，高级工程师，主要从事大坝安全和风险评价研究工作。

巢水库现状的防洪能力做一个全面的分析研究，对水库 50 年一遇洪水设计和 500 年一遇洪水校核，希望本文的研究结果可以对鸟儿巢水电站的防洪能力起到参考作用。

1 水文

1.1 流域概况

鸟儿巢水电站位于沅水左岸一级支流洞庭溪下游，地处东经 110°52′、北纬 28°50′附近，属沅陵县七甲坪镇，距沅陵县城 129 km，距下游河口（沅水干流）13.2 km。鸟儿巢水电站位于洞庭溪干流，控制流域面积 381 km²，占全流域面积的 53.4%，干流长 52.2 km，干流坡降 4.66‰。

工程地处亚热带季风气候区，暖热多雨。沅陵县气象观测站从 1952 年 7 月起进行实测至今有近 70 年实测资料。根据该站实测资料，多年平均气温 16.6 ℃，最高气温在 7 月，平均温度 27.8 ℃；1 月气温最低，平均气温 4.7 ℃。极端最高温度 40.3 ℃；极端最低气温-13 ℃。多年平均风速为 1.5 m/s，最大风速 19 m/s，风向为东北风，全年风向以东北风为主。多年平均相对湿度 79%，年内多年平均相对湿度变化在 75%~83%，最小相对湿度为 2%。多年平均年蒸发量为 1 200.41 mm，蒸发量夏季最大、冬季最小。

洞庭溪流域有七甲坪、沅古坪两个雨量站，其中七甲坪有 1956—2019 年雨量资料，多年平均降水量为 1 592.1 mm（1959—2019 年统计）；上游沅古坪雨量站有 1963—2019 年实测雨量资料，多年平均降水量为 1 616.9 mm。雨量多集中在 4~8 月，约占全年降水量的 67.4%，最大暴雨出现在 6~8 月，24 h 最大暴雨量为 372.8 mm（沅古坪站），出现在 1981 年 6 月 27 日。

1.2 水文测站

流域内无水文测站，仅在洞庭溪一级支流王家溪上游有沅古坪雨量站，一级支流大溪中下游有七甲坪雨量站。为了推求鸟儿巢坝址径流，本次以流域下垫面情况类似，流域面积适中，降雨特征接近为原则，选择同为沅水左岸的草龙潭水文站作为参证站，作为本次计算径流的依据。

1.2.1 草龙潭水文站

草龙潭水文站是 1958 年 10 月 28 日由湖南省水利水电局设立的水文站，11 月 1 日开始观测，1967 年 1 月 1 日基本水尺断面下迁 90 m 观测至 2018 年，流量测验至 2017 年；2019 年本站上迁 4.5 km 至枫香坪村，改名为借母溪水文站。草龙潭水文站测验河段为卵石河床，较顺直平坦，无回流漫滩现象，两岸陡坡，山高多岩石，有少量树林，基本断面上游 190 m 处为弯道，下游 40 m 处为滩头。历年流量测验以流速仪为主，历年实测最大流量为 1 520 m³/s（2002 年 6 月 19 日）。本次收集该站 1959—2019 年流量、降雨资料。

1.2.2 雨量站

本次收集了深溪流域的四都坪、筒车坪、军大坪、草龙潭等 4 个站，洞庭溪流域的沅古坪、七甲坪等 2 个站雨量资料，各站基本情况见表 1。各站资料均采用湖南省水文局刊印成果。

表 1　各雨量站基本情况

站名	位置	设立年份	绝对高程/m	资料系列
四都坪	张家界市四都坪乡四都坪村	1966 年	347	1966 年 6 月至 2019 年
筒车坪	沅陵县筒车坪乡筒车坪村	1962 年	255	1962 年 4 月至 2019 年
军大坪	沅陵县军大坪乡军大坪村	1967 年	220	1967 年 6 月至 2019 年
草龙潭	沅陵县枫香坪乡草龙潭村	1958 年	133	1959—2019 年
沅古坪	张家界沅古坪乡沅古坪村	1963 年	368	1963 年 9 月至 2019 年
七甲坪	沅陵县七甲坪乡七甲坪村	1956 年	210	1956—2019 年

2 径流

洞庭溪流域未设水文站，无实测水文资料。距洞庭溪流域较近同为沅水左岸深溪河有草龙潭水文站，该站从 1959—2019 年至今有 61 年长系列资料，深溪流域与洞庭湖流域同属一个武陵山区，为同一个暴雨一致区，即第五区；两个流域植被良好，从流域年降水量分析较为接近，洞庭溪降水量大 5.5%（1959—2019 年深溪流域多年平均降水 1 514.2 mm，相应的洞庭溪流域 1 598.2 mm），草龙潭站控制流域面积 340 km²，与鸟儿巢水电站控制流域面积 381 km² 较为接近，且两流域同属一个产流区，故可利用草龙潭站资料推求坝址径流。

2.1 径流计算

由于深溪流域与洞庭溪流域自然地理气候特征一致，因此直接引用草龙潭站流量资料，用面积比及年降水量修正推求鸟儿巢坝址径流。草龙潭站流域面降水量采用四都坪、筒车坪、军大坪、草龙潭 4 站降水量的平均值。鸟儿巢水电站坝址面降水量采用沅古坪、七甲坪站降水量，用泰森多边形法[13]求得。

鸟儿巢水电站流域面积 381 km²，经统计，其坝址 1959—2019 年多年平均径流深为 861.7 mm，平均流量为 10.4 m³/s，径流量为 3.28 亿 m³。

经统计，鸟儿巢水电站多年逐月平均流量成果见表 2、多年平均流量时空分布见图 1，丰水期 3—8 月占全年径流量的 81.0%，9 月至次年 2 月占全年径流量的 19.0%。

表 2 鸟儿巢水电站多年逐月平均流量成果

| 年份 | 断面名称 | 各月平均流量/（m³/s） | | | | | | | | | | | | 年平均 | 径流量/亿 m³ | 径流深/mm |
		1 月	2 月	3 月	4 月	5 月	6 月	7 月	8 月	9 月	10 月	11 月	12 月			
2019	鸟儿巢	4.24	5.34	10.46	7.25	29.0	23.2	9.15	3.82	0.86	1.54	1.25	1.04	8.11	2.56	671.3
多年平均值	鸟儿巢	2.13	4.44	8.03	15.1	21.0	25.4	22.4	8.63	5.51	4.73	5.02	2.34	10.4	3.28	861.7

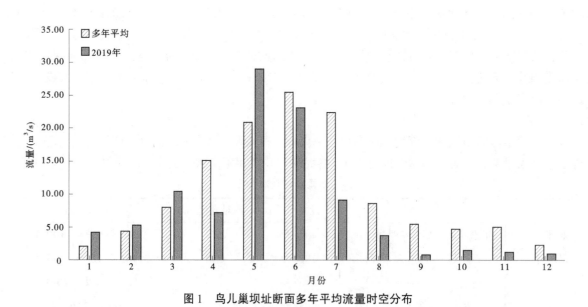

图 1 鸟儿巢坝址断面多年平均流量时空分布

2.2 年径流频率计算

经对鸟儿巢水电站坝址 1959—2019 年年平均流量成果进行频率统计分析，采用 P-Ⅲ型曲线，求得年平均流量频率设计值见表 3，年平均流量频率适线图见图 2。

表3 鸟儿巢水电站年平均流量频率设计值

分析阶段	参数			各频率下年平均流量/(m³/s)								
	均值	C_v	C_s/C_v	2%	5%	10%	20%	50%	75%	90%	95%	99%
初设报告	10.9	0.33	2.0	19.5	17.4	15.7	13.8	10.5	8.3	6.62	5.73	4.3
本次分析	10.4	0.277	2.0	17.2	15.6	14.2	12.7	10.1	8.32	6.94	6.22	4.98

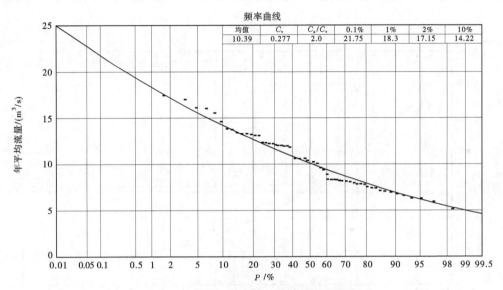

图2 鸟儿巢坝址年平均流量频率适线图

3 设计洪水

鸟儿巢水电站所在流域内无流量资料，可以采用两种方法计算鸟儿巢水电站坝址设计洪水。一是采用邻近流域草龙潭水文站洪水资料类推坝址设计洪水，二是采用《湖南省暴雨洪水查算手册》[14]（简称《手册》）提供的方法推求坝址设计洪水。

3.1 水文比拟法

由于深溪与洞庭溪流域均发源于张家界境内，植被、干流坡降、年降雨量、下垫面条件等基本相似，按照《手册》所定义，两个流域均在同一个暴雨区，即暴雨一致第五区。因此，以草龙潭水文站洪水采用面积比拟法推算鸟儿巢坝址断面洪水，还是可行的。

3.1.1 草龙潭设计洪水计算

资料系列：1959—2019年共计61年实测洪水资料。其中2016年草龙潭断面受下游刘家电站蓄水影响，当年没有定线整编，但有实测洪水资料；2017年草龙潭站有水位资料；2018年草龙潭上迁4.5 km至枫香坪村，成立借母溪水文站，当年该站有实测流量成果，但没有顶线整编成果。草龙潭站控制流域面积340 km²，借母溪站控制流域面积311 km²。

洪水资料查补：2016年有高洪水位流量实测成果，实测水位16.79 m，仅低于洪峰水位（16.85 m）0.06 m，采用插补延长方法查读相应流量为1 450 m³/s。2017年借用2016年实测及定线成果，查读相应洪峰流量为906 m³/s。2018年洪峰流量采用2019年定线成果查读相应洪峰流量为258 m³/s。

洪水频率计算：洪水频率计算采用《水利水电工程设计洪水计算规范》（SL 44—2006）[15]计算方法进行计算，按照实测序列的经验频率计算：

$$P_m = \frac{m}{n+1} \tag{1}$$

采用 P-Ⅲ 型曲线，用配线法适线，草龙潭水文站各频率设计洪水流量值见表 4，洪水频率适线图见图 3。

表 4　草龙潭水文站设计洪水计算成果

参数			各频率下流量/ (m³/s)								
X	C_v	C_s/C_v	0.2%	0.5%	1%	2%	3.3%	5%	10%	20%	50%
759.6	0.462	3.5	2 444	2 160	1 949	1 735	1 579	1 447	1 226	998	672

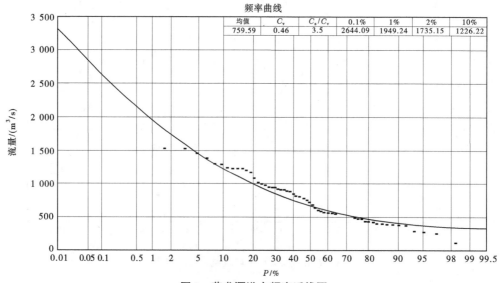

图 3　草龙潭洪水频率适线图

3.1.2　鸟儿巢坝址设计洪水流量

草龙潭水文站控制流域面积 340 km²，鸟儿巢坝址以上流域面积 381 km²。根据其地理位置，两流域暴雨分区均为第五区，产流分区均为四区，下垫面因素基本相似，按照《水利水电工程设计洪水计算规范》（SL 44—2006）的规定，工程断面设计洪水流量可以按照面积比拟法推算。

根据沅江流域上下游水文站多年实测资料推算，流域面积比拟法 n 值多年平均为 0.5，本次偏安全考虑，采用 0.7。

$$Q_{坝址断面} = 0.7 \times (F_{坝址断面} / F_{水文站}) \times Q_{水文站}$$

式中：$Q_{坝址断面}$ 为施工断面设计流量；$F_{坝址断面}$ 为施工断面控制流域集雨面积；$F_{水文站}$ 为水文站所控制的流域集雨面积；$Q_{水文站}$ 为水文站设计流量。

鸟儿巢坝址面积比拟法[16]计算设计洪水流量成果见表 5。

表 5　鸟儿巢坝址面积比拟法设计流量成果

断面名称	控制集雨面积/km²	各频率下的流量/ (m³/s)								
		0.2%	0.5%	1%	2%	3.3%	5%	10%	20%	50%
草龙潭	340	2 444	2 160	1 949	1 735	1 579	1 447	1 226	998	672
鸟儿巢	381	2 647	2 339	2 111	1 879	1 711	1 567	1 328	1 081	728

3.2　暴雨查算法

采用《手册》进行分析计算，本节的设计洪水复核方法是主要参数参照湖南省水利厅 2015 年编制的《手册》查算，暴雨资料以流域内实测暴雨资料为依据。

3.2.1 设计暴雨

采用两种方法推求设计暴雨：一是采用《手册》进行查算，二是直接采用流域内代表雨量站实测资料重新复核计算。计算成果见表6、表7。经分析认为：《手册》所用资料系列为1979—2009年，共计31年，资料系列较短；本次分析资料系列为1959—2019年共计61年资料系列，资料系列做了延长，比《手册》所用资料更加接近现状，本次分析采用暴雨成果为表7成果，即以实测资料为基础计算的成果。坝址以上面平均最大24 h降雨量频率曲线见图4。

表6 查手册各站年最大24 h暴雨成果

项目	参数			各频率各站年最大24 h暴雨成果/mm								
	X	C_v	C_s/C_v	0.2%	0.5%	1%	2%	3.3%	5%	10%	20%	50%
沅古坪	139.86	0.42	3.5	412.6	367.8	334.3	300.7	275.5	254.5	218.2	180.4	125.9
七甲坪	124.65	0.42	3.5	367.7	327.8	297.9	268.0	245.6	226.9	194.5	160.8	112.2
坝址以上面雨	132.3	0.42	3.5	390.2	347.8	316.1	284.4	260.6	240.7	206.4	170.6	119.1

表7 本次以实测资料计算24 h暴雨成果

项目	参数			各频率24 h暴雨成果/mm								
	X	C_v	C_s/C_v	0.2%	0.5%	1%	2%	3.3%	5%	10%	20%	50%
沅古坪	144.9	0.48	3.5	486.4	428.0	384.2	341.0	308.7	281.9	236.7	190.8	126.1
七甲坪	127.8	0.4	3.5	360.9	323.6	294.9	266.3	244.9	227.0	195.8	164.1	116.5
坝址以上面雨	136.1	0.41	3.5	390.5	349.8	318.5	287.3	263.9	244.3	210.3	175.7	123.8

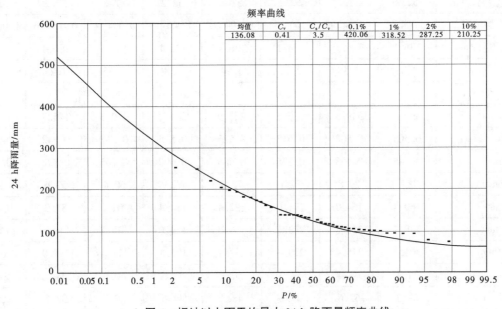

图4 坝址以上面平均最大24 h降雨量频率曲线

按照相关规范要求，鸟儿巢坝址以上流域面雨量可按照流域内代表雨量站推求。洞庭溪流域以上代表站有沅古坪与七甲坪站两个雨量站，本次设计计算就采用该两站做面雨量计算，即鸟儿巢水电站坝址采用沅古坪与七甲坪站暴雨成果平均值作为流域24 h面暴雨量。

根据鸟儿巢水电站的地理位置和控制集雨面积（381 km²），利用《手册》查得鸟儿巢水电站工程河段属湖南省暴雨一致性分区第五区、产流分区第四区，24 h面暴雨量多年均值 $H_{24平}=136.1$ mm，降雨量初损 25 mm，$C_v = 0.41$，$C_s/C_v = 3.5$，求得各频率设计 24 h 暴雨。

各时段设计暴雨按《手册》公式计算推求，计算公式如下：

（1）$H_{24点} = K_p H_{24平}$，$H_{24面} = a H_{24点}$ (2)

（2）$1 \sim 6$ h：

$$H_t = H_{24面} \cdot 24^{n_3 - 1} \cdot 6^{n_2 - n_3} \cdot t^{1 - n_2}$$ (3)

（3）$6 \sim 24$ h：

$$H_t = H_{24面} \cdot 24^{n_3 - 1} \cdot t^{1 - n_3}$$ (4)

（4）用试算法公式求 Q_m 和 τ：

$$\theta = L/(F^{\frac{1}{4}} H^{\frac{1}{3}}), \quad m = 0.123\theta^{0.520}$$ (5)

$$Q_m = 0.278 F R t/t$$ (6)

$$\tau = \frac{0.278L}{mJ^{1/3}} \times \frac{1}{Q_m^{1/4}}$$ (7)

$$\sum Q_i = R_上 F/(3.6\Delta t)$$ (8)

$$Q_{m地} = R_下 F/(3.6\Delta t)/T$$ (9)

$$\Delta Q_{m地} = Q_{m地}/T$$ (10)

鸟儿巢水电站设计暴雨查算成果见表 8。

表 8 鸟儿巢水电站设计暴雨查算成果

项目	各频率 P 下设计暴雨查算成果							
	2%	0.5%	2%	3.33%	5%	10%	20%	50%
F 控制集雨面积/km²	381	381	381	381	381	381	381	381
L 坝址以上河长/km	52.2	52.2	52.2	52.2	52.2	52.2	52.2	52.2
J 河道平均坡降	0.004 66	0.004 66	0.004 66	0.004 66	0.004 66	0.004 66	0.004 66	0.004 66
多年平均 $H_{24平}$/mm	136.1	136.1	136.1	136.1	136.1	136.1	136.1	136.1
K_p	2.88	2.58	2.12	1.94	1.8	1.55	1.29	0.91
$H_{24点}$/mm								
$H_{24面}$/mm	390.5	349.8	287.3	263.9	244.3	210.3	175.7	123.8
n_2	0.505	0.508	0.517	0.521	0.525	0.532	0.542	0.554
n_3	0.645	0.655	0.675	0.685	0.690	0.705	0.722	0.750
H_1/mm	98.3	89.8	77.1	72.3	67.9	60.4	52.6	39.4
H_3/mm	169.4	154.2	131.0	122.4	114.4	101.0	87.0	64.3
H_6/mm	238.7	216.8	183.1	170.6	159.0	139.7	119.5	87.5
H_{12}/mm	305.3	275.4	229.3	212.2	197.1	171.4	144.9	104.1
$H_3 - H_1$/mm	71.1	64.4	53.9	50.1	46.5	40.6	34.4	24.9
$H_6 - H_3$/mm	69.3	62.6	52.1	48.2	44.6	38.7	32.5	23.3
$H_{12} - H_6$/mm	66.6	58.6	46.3	41.6	38.1	31.7	25.4	16.6
$H_{24} - H_{12}$/mm	85.2	74.4	57.9	51.8	47.2	38.9	30.8	19.7
I_0	25.0	25.0	25.0	25.0	25.0	25.0	25.0	25.0
θ	70.7	70.7	70.7	70.7	70.7	70.7	70.7	70.7
m	1.76	1.76	1.76	1.76	1.76	1.76	1.76	1.76

续表8

项目	各频率 P 下设计暴雨查算成果							
	2%	0.5%	2%	3.33%	5%	10%	20%	50%
θ/m	40.17	40.17	40.17	40.17	40.17	40.17	40.17	40.17
$R_总/mm$	365.5	324.8	262.3	238.9	219.3	185.3	150.7	98.8
Ψ	0.74	0.73	0.7	0.7	0.7	0.7	0.7	0.7
$R_上/mm$	270.5	237.1	183.6	167.3	153.5	129.7	105.5	69.2
τ/h	6.2	6.6	7.2	7.5	7.6	8.0	8.6	9.7
S_p	126.4	116.8	102.3	97.0	91.2	82.3	72.6	55.9
$Q_m/(m^3/s)$	3 053	2 625	2 000	1 809	1 669	1 409	1 139	755
W（万 m^3）	13 925	12 374	9 993	9 104	8 356	7 059	5 741	3 764
$\sum Q_i (m^3/s)$	28 624	25 091	19 430	17 702	16 248	13 726	11 164	7 320
$Q_m/\sum Q_i$	0.107	0.105	0.103	0.102	0.103	0.103	0.102	0.103
$Q_{m地}/(m^3/s)$	279.4	257.8	231.3	210.7	193.4	163.4	132.9	87.1
$\Delta Q_{m地}/(m^3/s)$	7.76	7.16	6.43	5.85	5.37	4.54	3.69	2.42

3.2.2 入库设计洪水流量

鸟儿巢水电站坝址控制流域面积 381 km²，坝址以上干流长度 52.2 km，干流平均坡降 4.66‰。

（1）采用《手册》推理公式法推求，初损取 25 mm，由此推求鸟儿巢水电站入库洪水成果见表9。

（2）采用地区综合单位线法推求，扣损方法同推理公式，由此推求鸟儿巢水电站入库洪水成果见表9。

表9 鸟儿巢水电站入库设计洪水成果

计算方法	项目	各频率下入库设计洪水成果/%							
		0.2%	0.5%	2%	3.33%	5%	10%	20%	50%
推理公式	$Q_m/(m^3/s)$	3 860	3 320	2 480	2 200	1 890	1 510	1 170	676
单位线	$Q_m/万 m^3$	3 450	3 000	2 300	2 080	1 830	1 500	1 170	681
	$W_{24}/万 m^3$	1.18	1.03	0.79	0.716	0.628	0.512	0.394	0.228

3.3 成果分析

通过对以上成果进行分析：虽然深溪草龙潭水文站与洞庭溪鸟儿巢水电站控制流域面积、发源地、干流坡降、下垫面条件、降雨特征基本一致，但在控制断面以上河道长度差别较大，如草龙潭控制断面以上干流长度 114 km，鸟儿巢电站坝址以上干流长度 52.2 km，两者相差很大；再者，两个控制断面以上流域形状不一样，深溪呈长条状，洞庭溪呈扇状，汇流条件差异很大，前者洪峰流量偏小，后者流量偏大。有鉴如此，洪峰流量推荐采用推理公式法计算成果，24 h 洪量采用单位线法计算成果。

根据前述三个分析结论，综合成果见表10。

表 10 鸟儿巢设计洪水综合成果

计算方法	单位	各频率下设计洪水综合成果							
		0.2%	0.5%	2%	3.33%	5%	10%	20%	50%
面积比拟法	$Q_m/$（m^3/s）	2 647	2 339	1 879	1 711	1 567	1 328	1 081	728
推理公式	$Q_m/$（m^3/s）	3 053	2 625	2 000	1 809	1 669	1 409	1 139	755
单位线	$Q_m/$（m^3/s）	3 006	2 527	1 959	1 793	1 638	1 384	1 131	738
	$W_{24}/$万 m^3	13 925	12 374	9 993	9 104	8 356	7 059	5 741	3 764

4 泥沙

由于洞庭溪流域附近无泥沙资料，本次参照《手册》推求鸟儿巢水电站悬移质泥沙，经查洞庭溪流域多年平均悬移质侵蚀模数为 380 t/km²，多年平均悬移质输沙量 14.48 万 t，含沙量 0.421 kg/m³，输沙率 4.588 kg/s；多年平均推移质输沙量 2.896 万 t；多年平均总沙量 17.38 万 t。

5 调洪计算

5.1 调洪原则

由于设计洪水没有变化，正常运用情况下，鸟儿巢水电站防洪调度仍采用初步设计方案。

本次复核计算中，由于延长洪水系列年限，造成洪水计算结果较原设计洪水成果偏小，为安全起见仍采用原设计洪水。因此，本次复核调洪计算中，采用的也是原设计洪水，而水位-库容关系曲线、水位-泄量关系曲线以及调洪原则均未改变，故 20 年一遇防洪高水位、50 年一遇设计洪水位、500 年一遇校核洪水位均可延用湖南省怀化市鸟儿巢水电站初步设计成果。

综上，鸟儿巢水电站调洪原则为：调洪起调水位为 176.50 m，库水位超过 176.50 m 后，由溢洪道堰顶自由泄流，发电引水隧洞不参与调洪计算。

5.2 库容曲线

水库上游植被较好，库内淤积较小，不影响工程防洪库容，本次复核采用原设计库容曲线，见表 11。

表 11 水位-库容

水位/m	110	122	126	130	134	138	146	150	151	156
库容/万 m³	0	163	208	282	378	524	940	1 219	1 302	1 755
水位/m	158	160	161	162	164	168	174	176	178	180
库容/万 m³	1 968	2 181	2 308	2 435	2 688	3 264	4 355	4 849	5 292	5 673

5.3 溢洪道泄流能力

本工程泄洪建筑物按 3 级建筑物设计，采用坝顶开敞式溢洪道，弧形闸门控制泄流，设 3 孔，每孔净宽 10.0 m，溢流前缘净宽 30.0 m，布置于大坝中央，坝顶设置 3 扇 102 m×10 m 钢制弧形闸门挡水。

溢流堰面采用 WES 曲线，堰顶高程 167.00 m，设计最大下泄流量 3 297 m³/s；反弧半径 6.0 m 和 7.0 m，设差动式挑坎，鼻坎高程分别为 163.0 m 和 161.0 m；挑坎挑角分别为 34°33′19″和 15°；采用挑流消能。

技施设计阶段无重大设计变更。设计采用的泄流公式：$Q = m\varepsilon\sigma_m B\sqrt{2g}H_0^{3/2}$，采用的计算公式符合相关规范要求，采用的参数也是合适的，并通过整体水工模型试验验证。库水位与泄量关系见表12，库水位与渗流能力曲线见图5。

表 12　库水位与泄量关系

上游水位/m	171.25	171.99	173.77	175.09	176.88
流量/（m³/s）	527.67	693.10	1 064.55	1 480.94	2 014.79
上游水位/m	177.69	177.93	178.51	179.31	180.77
流量/（m³/s）	2 275.96	2 342.74	2 537.83	2 810.82	3 294.98

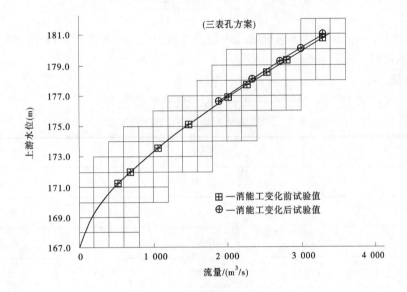

图 5　溢洪道泄流能力曲线

5.4　调洪计算成果

由于设计洪水、库容曲线、调洪原则、泄流能力等均与原设计一致，因此调洪成果与原设计一致，水电站50年一遇洪水设计，设计洪水位178.54 m，相应下泄流量2 300 m³/s；500年一遇洪水校核，校核洪水位180.95 m，最大下泄流量3 450 m³/s。

6　大坝抗洪能力复核

按《水利水电工程等级划分及洪水标准》（SL 252—2017）[17] 和《砌石坝设计规范》（SL 25—2006）[18] 的要求，坝顶应高于校核洪水位，坝顶上游防浪墙顶高程应高于波浪顶高程。坝顶超高 Δh 由下式计算：

$$\Delta h = h_{b} + h_{z} + h_{c} \tag{11}$$

式中：Δh 为防浪墙顶至正常蓄水位或校核洪水位的高差，m；h_{b} 为波浪高度，m；h_{z} 为波浪中心线至正常蓄水位或校核洪水位的高差，m；h_{c} 为安全超高，本工程建筑物级别为3级，按照规范，正常蓄水位时的安全超高为0.4 m，校核洪水位时的安全超高为0.3 m。

6.1　波浪要素计算

根据《砌石坝设计规范》（SL 25—2006）[18]，鸟儿巢水电站浪高、波长按官厅水库公式计算，即

$$\frac{gh_{b}}{v_0^2} = 0.007\ 6 v_0^{-\frac{1}{12}} \left(\frac{gD}{v_0^2}\right)^{\frac{1}{3}} \tag{12}$$

$$\frac{gL_\mathrm{m}}{v_0^2} = 0.33\left(\frac{gD}{v_0^2}\right)^{\frac{4}{15}} \tag{13}$$

式中：h_b 为波高（当 $\frac{gD}{v_0^2}=20\sim250$ 时，为累积频率 5% 的波高 $h_{5\%}$，当 $\frac{gD}{v_0^2}=250\sim1\,000$ 时，为累积频率 10% 的波高 $h_{10\%}$），m；L_m 为平均波长，m；D 为风区长度，250 m；v_0 为计算风速，m/s，最大风速 19 m/s。

由于空气的阻力小于水的阻力，波峰在静水面以上的高度大于波谷在静水位以下的深度，根据浪压力计算公式，波浪中心线至计算水位高度 h_z 可由下式计算：

$$h_\mathrm{z} = \frac{\pi h_{5\%\sim10\%}^2}{L_\mathrm{m}}\mathrm{cth}\,\frac{2\pi H}{L_\mathrm{m}} \tag{14}$$

式中：L_m 为平均波长，m；H 为挡水建筑物迎水面前水深，m，正常蓄水位取 70.55 m；h_z 为波浪中心线至计算水位的高度，m。

6.2 坝顶超高计算

由上述公式，可得表 13 所示的安全超高和水库所需防浪墙顶高程。

表 13　鸟儿巢水电站坝顶超高计算结果　　　　　　　　　　　　　　　单位：m

计算工况	正常蓄水位工况	校核洪水位工况
h_b	0.69	0.41
h_z	0.81	0.43
h_c	0.40	0.30
$\Delta h = h_\mathrm{b}+h_\mathrm{z}+h_\mathrm{c}$	1.90	1.14
库水位	178.54	180.95
计算所需坝顶高程	180.44	182.09

由表 13 可见，在设计（$P=2\%$）情况与校核（$P=0.2\%$）情况下，分别加上风浪爬高与安全超高后，计算所需坝顶高程分别为 180.44 m（$P=2\%$）和 182.09 m。实际坝顶防浪墙顶高程 182.20 m。因此，坝顶安全超高满足相关规范要求。

7　结论

（1）鸟儿巢水电站为中型水库，属Ⅲ等工程，其主要建筑物级别为 3 级。原设计采用的防洪标准为 50 年一遇洪水设计、500 年一遇洪水校核，符合《水利水电工程等级划分及洪水标准》（SL 252—2017）要求。本次安全鉴定洪水标准仍采用 50 年一遇洪水设计、500 年一遇洪水校核。

（2）本次洪水标准复核计算是在原设计成果的基础上进行的。本次复核洪水计算结果较原设计洪水成果偏小，为安全起见仍采用原设计洪水。经调洪计算，50 年一遇洪水设计，设计洪水位 178.54 m，相应下泄流量 2 300 m³/s；500 年一遇洪水校核，校核洪水位 180.95 m，最大下泄流量 3 450 m³/s。

（3）鸟儿巢水电站大坝为砌石拱坝，经坝顶超高复核，坝顶高程满足相关规范要求。

综上，鸟儿巢水电站防洪标准满足相关规范要求，堰顶能按设计下泄洪水，坝顶高程满足相关规范要求。根据《水库大坝安全评价导则》（SL 258—2017），鸟儿巢水电站工程防洪安全性综合评为"A"级。

参考文献

［1］胡向阳，丁毅，邹强，等．面向多区域防洪的长江上游水库群协同调度模型［J］．人民长江，2020，1（51）：56-63，79.

［2］余萍，李建柱，刘阳．基于实测暴雨洪水资料的流域水土保持工程对洪水特征影响程度估算［J］．干旱区资源与环境，2014，28（7）：90-95.

［3］冯平，纪恩福．水库实际防洪能力估算［J］．天津大学学报，1994，27（5）：603-607.

［4］仲志余，李文俊，安有贵．三峡水库动库容研究及防洪能力分析［J］．水电能源科学，2010（3）：42-44.

［5］石宁．区域地面沉降对河流水系防洪能力影响的数值模拟评价研究［J］．水利规划与设计，2019，183（1）：52-55.

［6］赵文焕，李荣波，訾丽．长江流域水库群风险防洪调度分析［J］．人民长江，2020，51（12）：139-144，182.

［7］Bennett S J, Cooper C M, Ritchie J C, et al. Assessing sedimentation issues within aging flood control reservoirs in Oklahoma［J］. Jawra Journal of the American Water Resources Association, 2002, 38（5）: 1307-1322.

［8］Jing Z, An W, Zhang S, et al. Flood control ability of river-type reservoirs using stochastic flood simulation and dynamic capacity flood regulation［J］. Journal of Cleaner Production, 2020, 257: 120809.

［9］Zhang X, Liu P, Xu C Y, et al. Real-time reservoir flood control operation for cascade reservoirs using a two-stage flood risk analysis method［J］. Journal of Hydrology, 2019, 577: 123954.

［10］王冶志．水库运行及调度管理研究［J］．水利规划与设计，2014，000（11）：48-51.

［11］蒋峰．灵活调度增强水库防洪能力［J］．水利技术监督，2000，8（4）：29-31.

［12］都兴隆．无资料地区水库防洪标准复核计算与分析［J］．水利规划与设计，2016，000（11）：63-64.

［13］王增凯，马超，王晓鹏，等．不同量级降水推算面雨量的算法浅析［J］．地下水，2019，41（4）：166-167，190.

［14］王结平．浅谈《湖南省暴雨洪水查算手册》在工程中的应用［J］．湖南水利水电，2000（3）：21-22.

［15］中华人民共和国水利部．水利水电工程设计洪水计算规范：SL 44—2006［S］．北京：中国水利水电出版社，1980.

［16］詹寿根，张华仁．伦潭水库坝址设计洪水分析计算方法的探讨［J］．水利水电工程设计，2003（4）：24-27.

［17］中华人民共和国水利部．水利水电工程等级划分及洪水标准：SL 252—2017［S］．北京：中国水利水电出版社，2017.

［18］中华人民共和国水利部．砌石坝设计规范：SL 25—2006［S］．北京：中国水利水电出版社，2006.

2020 年甘洛县黑西洛沟山洪-滑坡-堰塞湖灾害链成灾机理分析

范　刚[1]　聂锐华[1,2]　陈　骎[1]　张洁源[1]　林子钰[1]

(1. 四川大学 水利水电学院，四川成都　610065；
2. 四川大学 水力学与山区河流开发保护国家重点实验室，四川成都　610065)

摘　要：2020 年 8 月 31 日，四川省甘洛县阿兹觉乡黑西洛沟发生山洪-滑坡-堰塞湖灾害，造成重大损失。本文通过现场调查和基础数据收集，对本次灾害的成灾机理进行了分析。研究结果表明：灾害发生前连续 15 h 的降雨导致黑西洛沟内松散物源浸水饱和，是本次灾害的主要诱发因素；黑西洛沟内深厚的松散堆积体为本次灾害提供了丰富的物源条件；成灾过程可以划分为"降雨汇流—铲刮下切—沟壁垮塌—堰塞成坝—溃决掩埋"；黑西洛沟内目前仍然存在大量的松散物源，后期应加强对其进行变形监测。

关键词：山洪；滑坡；堰塞湖；致灾机理

1　引言

　　全球山地面积约占陆地面积的 30%，统计数据表明全球每年因山洪灾害造成超 5 000 人死亡，本世纪全球因山洪灾害造成的经济损失已高达每年 460 多亿美元。中国山洪灾害防治区面积约占陆地面积的 40%，山洪灾害造成的人员死亡约占洪涝灾害死亡人数的 70%[1]。我国 2011 年以来每年平均约 400 人死于山洪灾害。21 世纪初期，我国逐渐重视山洪灾害问题，2006 年编制了《全国山洪灾害防治规划》，目前已基本建成了适合我国国情的专群结合的山洪灾害防治体系[2]。我国西部山区地形险峻、地表破碎、表层风化层厚、局地暴雨频发、沟床冲淤调整剧烈，山洪灾害发生时，大多是水、沙灾害同时产生作用，二者相互耦合，甚至可能出现"小水大灾"的情况。现有小流域山洪灾害研究往往忽视了泥沙启运、淤积、堵江灾害链生过程。

　　目前，流域山洪灾害吸引了大量研究者的目光，主要聚焦于山洪灾害预警预报、致灾机理和防治体系等方面。张涛等[3] 利用改进的 SCS 模型开展了历史山洪模拟，并探讨了 SCS 模型在小流域暴雨山洪预报预警中的广泛适用性。孙东亚[4-5] 结合山洪灾害自然属性、社会属性和灾害属性分析，阐述了山洪灾变过程和机理，提出了山洪灾害防治连续概念性模型和山洪灾害防治系统化方法，构建了山洪灾害防治理论技术框架。王协康等[6] 基于山洪灾害现场调查及致灾机理分析，将山洪灾害分为山洪洪水灾害、山洪水沙耦合灾害和山洪泥石流灾害。邓志远等[7] 利用数字高程模型分析流域地貌特征，结合汶川"8·20"暴雨山洪灾害区调查，探讨了山洪灾害易发区与流域地貌、洪水特征的关系。孙桐等[8] 以四川省屏山县中都河流域"8·16"山洪灾害为例，结合实地调查及基础资料，系统分析了此次暴雨山洪的灾变响应过程及山洪灾害预警指标阈值。杨凌崴等[9] 利用暴雨洪水计算方

基金项目：山区暴雨山洪水沙灾害预报预警防控平台构建与示范（2019YFC1510705）；四川省国际科技创新合作/港澳台科技创新合作项目（2021YFH0178）。

作者简介：范刚（1987—），男，副研究员，主要从事山区流域防灾减灾方面的教学和研究工作。

法，分析了福建省三明市"5·16"洪灾的暴发频率。李钰等[10]基于现场调查，对四川省甘洛县2019年群发性山洪泥石流灾害成因机理进行了分析。孙东亚等[11]系统梳理了我国山洪灾害防治理论技术体系的形成脉络与核心内容，包括山洪灾害防治连续统概念模型、小流域暴雨洪水分析方法、监测预报预警技术、预警指标分析体系和风险评价理论等。朱锡松等[12-13]通过典型案例分析，提出了对四川省下一步山洪灾害防御工作的思考，提出了四川省山洪灾害危险区动态管理及分级管理的技术要求和措施。许田柱等[14]以2019年和2020年发生的4起典型山洪灾害事件为例，探索了当前山洪灾害监测体系建设方面存在的不足。

现有研究对深化山洪灾害致灾机理和提升山洪灾害防灾减灾能力具有十分积极的作用，然而，山洪灾害的发生受多种因素的共同作用，且具有较强的个性化特征。本文以2020年8月31日发生在四川省甘洛县阿兹觉乡黑西洛沟的山洪–滑坡–堰塞湖灾害为例，分析其成灾机理，以期为今后类似灾害的应急避险和减灾降灾提供参考。

2　灾情概况

2020年8月31日上午8时，甘洛县阿兹觉乡阿兹觉村发生山洪–滑坡–堰塞湖灾害。尼日河右侧的黑西洛沟内约100万 m³的固体物质从沟内冲出，跨过成昆铁路，堵塞尼日河，形成堰塞湖。堰塞坝自然溃决后冲毁下游场镇、村庄、学校和道路，造成阿兹觉乡1 730名群众受灾，失联3人，黑西洛沟口的成昆铁路桥梁被冲毁，堰塞坝下游的国道G245约1.2 km道路和多处桥梁被掩埋、冲毁，多栋房屋损毁，经济损失严重。甘洛县位于四川省凉山彝族自治州南部，地形地貌处于横断山脉东侧大凉山系，境内地形复杂，沟壑密布，松散物源广泛分布。甘洛县多年平均降水量873.3 mm。

黑西洛沟为尼日河右侧的1条小山沟，长度约为5 km，如图1所示。沟道两侧松散物源分布广泛，植被不发育。在非汛期，沟内仅有较小溪流从沟内流出，在枯水季节沟内偶尔断流。据当地村民回忆，灾害发生时，黑西洛沟内的松散物源被沟内的山洪裹挟，并逐渐演变为冲沟沟壁的滑坡、崩塌灾害，山洪灾害逐渐演变为泥石流灾害，沟内冲出的大量固体物源几乎呈垂直状态入流尼日河，并形成堰塞坝，堵塞尼日河，如图2所示。经现场测量，形成的堰塞坝河道纵向方向长度约200 m，顺河向长度约为400 m，高度约30 m，堰塞坝体积约100万 m³。堰塞坝形成后约20 min，上游河水漫过堰塞坝顶，在堰塞坝中部偏左侧地势较低处形成自然泄流槽。灾前该段河道呈明显S形，如图3（a）所示，堰塞坝溃决后，该段河道截弯取直，几乎呈顺直状态，如图3（b）所示。堰塞坝溃决后，堰塞坝材料在下游1 km范围内淤积，导致下游阿兹觉村挖哈组、乃牛组两个组被完全掩埋。

图1　黑西洛沟及尼日河灾前卫星影像

图 2 灾后黑西洛沟全貌

(a)灾前   (b)灾后

图 3 甘洛县"8·30"灾害前后对照

3 成灾机理分析

根据甘洛县水利局的实测降雨数据，阿兹觉乡 8 月 30 日 0 点至 31 日 20 点累积降雨量达到 150 mm，其中 30 日 20 点 1 h 降雨量达到 31 mm，如图 4 所示。从 8 月 30 日 17 点阿兹觉乡开始降雨，降雨一直持续至 31 日 11 点，降雨持续了 18 个小时。在黑西洛沟发生山洪–滑坡–堰塞湖灾害时，当地已降雨 15 个小时。长时间的降雨导致黑西洛沟内的松散物源浸水饱和，并最终被冲出，因此长时间的降雨是本次灾害发生的主要诱因。

灾害发生的阿兹觉乡位于尼日河下游地区，距离尼日河和大渡河交汇口仅 5 km，尼日河峡谷在这一段呈深 V 形态，河谷深切，两岸高峰耸立。受尼日河下切作用和常年风化作用影响，尼日河两岸松散堆积体广泛分布，为山洪泥石流灾害的发生提供了丰富的固体物源。现场筛分试验表明，黑西洛沟内的松散固体物源中细颗粒物质含量较高，如图 5 所示。灾害发生后的现场调查发现，黑西洛沟内形成了一条深约 10 m 的冲沟，冲沟两侧几近垂直（如图 6 所示），在未来出现强降雨时极有可能

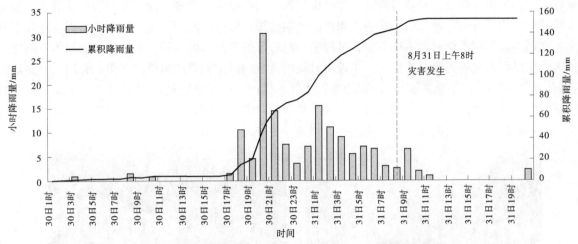

图4　甘洛县阿兹觉乡8月30日0点至31日20点降雨数据

再一次出现大规模的崩滑，堵塞下游的尼日河，因此应加强对黑西洛沟内残余物源的监测。黑西洛沟丰富的松散固体物源为本次灾害提供了物源条件。

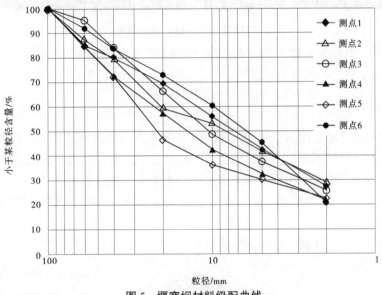

图5　堰塞坝材料级配曲线

图6　灾后黑西洛沟内残余固体物源

　　灾害发生前该地区经历了较长时间的降雨过程，黑西洛沟内的深厚堆积体表层一定厚度范围内的物源浸水饱和，在8月31日黑西洛沟内表层的固体物源在地表山洪的作用下突然启动。因黑西洛沟坡降较大，山洪流速较快，并且沟内堆积体结构松散，细颗粒成分较多，极易被山洪裹挟带走，被山洪带动的固体物质在运移过程中不断裹挟和铲刮底层物源，形成山洪泥石流，且山洪泥石流规模不断扩大。在沟内山洪泥石流通道不断下切的过程中，泥石流通道两侧的岸坡不断垮塌，崩塌体不断进入通道内，山洪泥石流的规模急速扩大，在较短时间内大量的固体物源冲出黑西洛沟，直接入汇并堵塞尼日河，形成约 30 m 高的堰塞坝。随着堰塞湖库区水位的不断升高，最终堰塞坝自然溃决，对下游造成巨大的损失，如图 7 所示。综上所述，甘洛县"8·30"灾害经历了"降雨汇流—铲刮下切—沟壁垮塌—堰塞成坝—溃决掩埋"的灾害过程，形成了完整的灾害链。

图 7　堰塞坝下游被掩埋的房屋

在堰塞坝形成后，当地政府对下游场镇居民、学校师生和阿兹觉村挖哈组、乃牛组村民进行了紧急的人员转移，避免了重大的人员生命损失。

4　结论

本文对 2020 年四川甘洛县黑西洛沟山洪–滑坡–堰塞湖灾害的成因进行了分析，结果表明：

(1)长时间的降雨导致黑西洛沟内松散物源浸水饱和是本次灾害的主要诱发因素。

(2)黑西洛沟内深厚的松散堆积体为本次灾害提供了丰富的物源条件。

(3)本次灾害完整经历了"降雨汇流—铲刮下切—沟壁垮塌—堰塞成坝—溃决掩埋"的灾害链过程。

(4)黑西洛沟内目前仍然存在大量的松散物源，后期应加强对其进行监测。

参考文献

[1] 刘超，聂锐华，刘兴年，等．山区暴雨山洪水沙灾害预报预警关键技术研究构想与成果展望［J］．工程科学与技术，2020，52（6）：1-8.

[2] 郭良，何秉顺．我国山洪灾害防治体系建设与成就［J］．中国防汛抗旱，2019，29（10）：16-19，29.

[3] 张涛，訾丽，杨文发，等．SCS 模型在山区小流域山洪灾害预报预警中的适用性分析［J］．长江科学院院报，2021，38（9）：71-76.

[4] 孙东亚．新时期全国山洪灾害防治项目建设若干思考［J］．中国防汛抗旱，2020，30（Z1）：18-21.

[5] 孙东亚．山洪灾害防治理论技术框架［J］．中国水利水电科学研究院学报，2021，19（3）：313-317.

[6] 王协康，刘兴年，杨坡，等．西南山区暴雨山洪致灾机理探讨［C］//第三十一届全国水动力学研讨会论文集，北京：海洋出版社，2020：112-117.

[7] 邓志远，王以道，闫旭峰，等．汶川震后"8·20"暴雨山洪灾害特征分析［C］//第三十一届全国水动力学研讨会论文集，北京：海洋出版社，2020：2112-2117.

[8] 孙桐，杨坡，许泽星，等．中都河流域"8·16"山洪致灾机理分析［J］．工程科学与技术，2021，53（1）：132-138.

[9] 杨凌葳，叶龙珍，余斌，等．福建三明后山"5·16"暴雨洪水分析及山洪灾害防治［J］．水文，2021，41

（3）：95-100.

［10］李钰，甘滨蕊，王协康，等. 四川省甘洛县 2019 年群发性山洪泥石流灾害的形成机理［J］. 水土保持通报，2020，40（6）：281-287.

［11］孙东亚，郭良，匡尚富，等. 我国山洪灾害防治理论技术体系的形成与发展［J］. 中国防汛抗旱，2020，30（Z1）：5-10.

［12］朱锡松，黄振国，杨江. 四川省山洪灾害防治非工程措施系统与防灾体制机制关联融合的分析与思考［J］. 中国防汛抗旱，2020，30（Z1）：123-126.

［13］朱锡松，肖彪. 四川省山洪灾害危险区动态管理及分级管理初探［J］. 中国水利，2021（3）：20-22，23.

［14］许田柱. 当前山洪灾害防御薄弱环节与对策研究——以 2019 年和 2020 年 4 起典型山洪灾害事件为例［J］. 水利水电快报，2021，42（1）：49-53.

V型河谷中溃坝洪水演进的数值模拟研究

秦小枫　王　波　刘文军

（四川大学 水力学与山区河流开发保护国家重点实验室，四川成都　610065）

摘　要： 通过 CFD 软件进行数值模拟三角形断面情况下的溃坝洪水，选取上下游水深比 α 分别为 0、0.2、0.4、0.7 的典型工况，主要涉及水面线、流速、壁面剪切力和湍动能的研究分析。研究发现：①$t=1.5$ s 和 $t=3$ s 时，干底情况下沿程流速整体呈上升趋势，直到在波前区域达到峰值，湿底情况下渐变流区流速先增大后趋于稳定，流速最大值分布在渐变流区；②同一演进时间固定位置干底的壁面剪切力总是大于湿底的壁面剪切力，最大壁面剪切力的位置均位于波前区域，随着水深比的增大，干底情况下壁面剪切力的最大值趋于稳定所需的时间更长；③$t=1.5$ s 和 $t=3$ s 时，相同位置干底情况湍动能总是大于湿底情况的湍动能，同一时刻湍动能在沿程上均是先增加达到峰值后减小，$\alpha=0$ 和 $\alpha=0.7$ 时，湍动能最大值位置随激波向下游演进而不断移动。

关键词： 三角形断面；溃坝洪水；水深比；壁面剪切力；湍动能；CFD

1　引言

溃坝洪水具有很强的破坏性，作为强烈的非恒定流，其运动特征研究也变得十分复杂。目前主要的研究方法主要有理论分析、物理模型试验、数值模拟。Saint-Venant 提出圣维南方程后，对于溃坝洪水的研究有了理论分析的基础，在此基础上，各国学者做了大量的研究，其中 Ritter[1]（1892）在圣维南方程基础上，推导了忽略摩擦阻力的干底的瞬时溃坝解析解，Stoker[2]（1957）将 Ritter 解推广到了下游有水的情况，得到了湿底情况下的溃坝解析解。在此基础上，有大量学者对溃坝解析解进行了研究分析，对于下游溃坝波演进、下游坝址流量过程线等方面有了较为丰硕的结果 ［Thakar[3]（1976），Hunt[4]（1984），Fernandez-Feria[5]（2006），Wang 等[6]（2017）］。

试验研究作为研究物理现象的可靠手段，在溃坝洪水的研究中占有重要地位。近些年随着图像处理技术等的发展、粒子图像测速法的不断完善，有更多的测量方法与手段被运用在溃坝洪水的研究中。Aleixo 等[7]（2011）通过 PTV 技术测量了溃坝水流深度方向的速度剖面，但其对于溃坝水流断面流速分析局限于一维。Wang 等[8]（2019）运用图像处理技术捕捉了矩形断面和三角形断面溃坝水流的演进情况并进行了对比分析，侧重于沿程与固定断面水位分析，且其上下游水深比较小，不包含大水深比情况（$\alpha=0.5$ 以上）。

数值模拟可以研究复杂边界条件下的溃坝洪水，近些年随计算机硬件设施与高精度算法的飞速进步，数值模拟的计算速度和精度也得到了极大的提升。Oertel 等[9]（2012）采用 VOF 方法模拟了溃坝洪水，与高速相机得到的试验结果相比较，重点关注了水面线和阻力，发现试验和数值模拟方法结果较为一致，但其研究成果多集中在水流流态，对于其内部流场的研究还有欠缺。LaRocque 等[10]（2013）通过数值模拟分析各湍流模型对于下游流速的预测效果，并与试验测量结果对照，但其数值

基金项目： 国家自然科学基金项目"基于滩槽间非恒定质量输移的溃坝水流结构及洪水波演进规律研究"（51879179）。

作者简介： 秦小枫（1999—），女，硕士研究生，研究方向为水工水力学。

通讯作者： 王波（1981—），男，研究员，研究方向为水工水力学。

模拟结果是与实际溃坝情况有出入，设置条件较为理想化，结论有一定的的限制。

实际工程中，受地形地质等条件制约，很多"V"字形河谷上都修建了水库大坝，相较于平坦河谷，这对于下游灾害防治、应急处理提出了更高的要求，然而对三角形断面的溃坝洪水的研究目前还比较少，且对溃坝洪水的研究很长一段时间都集中在宏观特性上，如水面线（Lauber 等[11]）、流速（LaRocque 等[12]）、底部阻力（Liu 等[13]）等，对于其内部流场如湍动能变化等的关注程度还不是很高。湍流的脉动会引起动量的输送，而湍动能可以衡量湍流强度，湍动能的大小在一定程度上可以反映出边界层中动量的输送情况，衡量湍流发展或衰退情况。在农田水利的输水渠道、水轮机机组尾水管放水、城市内涝中有障碍物等情况均有溃坝洪水类似的现象和规律，在这些情况中可能存在的泥沙运动、水源污染扩散、水气两相混合流动等都与其湍流强度相关，湍动能的研究也就变得更为重要。Yang 等[14]（2018）通过数值模拟研究了矩形断面情况下不同下游水深深度对溃坝洪水的影响，主要研究了波前流速、自由水面、标志点运动轨迹、湍动能变化等，但其结果是基于矩形断面而非三角形断面。本文应用 CFD 软件进行数值模拟，以三角形断面溃坝洪水作为研究对象，在不同水深比情况下，从水面线、流速变化、壁面剪切力变化、湍动能变化等方面分析了三角形断面溃坝洪水的运动特征，加深了对三角形断面溃坝洪水内部流场结构认识。

2 数值模拟

湍流流动是高度非线性的复杂流动，通过数值模拟对湍流进行近似简化可以得到与实际较为相符的结果。本文采用商业软件 Fluent 进行三角形断面不同上下游水深比的溃坝洪水的模拟，采用雷诺时均算法中的标准 k-ε 模型，对流体的自由水面追踪采用体积捕捉方法（VOF）。VOF 法是通过求解单一的动量方程，对两种及以上不能混合的流体的体积分数进行追踪从而模拟流体变化，计算精度、计算速度都有较大的优势，在溃坝后的流体运动模拟中得到了广泛应用。

2.1 控制方程与湍流模型

采用标准 k-ε 模型求解流动问题时，是应用的雷诺时均算法，引入了反应湍流特征的脉动量的概念，其控制方程即雷诺时均方程组，可以表示为：

$$\frac{\partial \rho}{\partial t} + \frac{\partial}{\partial x_i}(\rho u_i) = 0 \tag{1}$$

$$\frac{\partial}{\partial t}(\rho u_i) + \frac{\partial}{\partial x_j}(\rho \overline{u_i}\, \overline{u_j}) = -\frac{\partial p}{\partial x_i} + \frac{\partial}{\partial x_j}\left[\mu\left(\frac{\partial u_i}{\partial x_j} + \frac{\partial u_j}{\partial x_i}\right) - \rho \overline{u_i'}\,\overline{u_j'}\right] - \frac{2}{3}\frac{\partial}{\partial x_j}\left(\mu \frac{\overline{\partial u_j}}{\partial x_i}\right) \tag{2}$$

式中：ρ 为流体密度；x_i、x_j 为空间点的坐标；u_i 为在时间 t 坐标 x_i 点的速度分量，$i=1$，2，3；u_j 为在时间 t 坐标点 x_j 的速度分量，$j=1$，2，3；μ 为流体黏性系数；u_i'、u_j' 分别为在时间 t 坐标点 x_i、x_j 的湍流脉动速度；$\overline{u_i}$、$\overline{u_j}$ 分别为时间 t 坐标 x_i、x_j 的湍流平均速度。

湍动能 k 的输运方程可写为：

$$\frac{\partial(\rho k)}{\partial t} + \frac{\partial(\rho k u_i)}{\partial x_i} = \frac{\partial}{\partial x_j}\left[\left(\mu + \frac{\mu_t}{\sigma_k}\right)\frac{\partial k}{\partial x_j}\right] + P_k = \rho\varepsilon \tag{3}$$

引入的湍能耗散率 ε 的输运方程可表示为

$$\frac{\partial}{\partial t}(\rho\varepsilon) + \frac{\partial}{\partial x_i}(\rho\varepsilon u_i) = \frac{\partial}{\partial x_j}\left[\left(\mu + \frac{\mu_t}{\sigma_\varepsilon}\right)\frac{\partial \varepsilon}{\partial x_j}\right] + C_{1\varepsilon}P_k/k - C_{2\varepsilon}\rho\varepsilon^2/k \tag{4}$$

式中：μ_t 为涡黏性系数，$\mu_t = \rho C_\mu k^2/\varepsilon$；$P_k$ 为由平均速度梯度产生的湍流动能，$P_k = \mu_t S^2$，S 为平均应变率张量的模，$S = \sqrt{2S_{ij}S_{ij}}$，其中应变率张量 $S_{ij} = (\partial u_i/\partial u_j + \partial u_j/\partial u_i)/2$；$C_\mu$、$C_{1\varepsilon}$、$C_{2\varepsilon}$、$\sigma_k$、$\sigma_\varepsilon$ 为一组模型常数，其默认值为 $C_\mu = 0.99$、$C_{1\varepsilon} = 1.44$、$C_{1\varepsilon} = 1.92$、$\sigma_k = 1.0$、$\sigma_\varepsilon = 1.3$。

2.2 边界条件与网格划分

大坝装置示意图如图 1 所示，其中大坝库区全长 8.37 m，下游长 9.63 m，上下游交界处有一闸门，通过快速提起闸门，形成溃坝洪水。大坝断面为等腰直角三角形断面，大坝宽 0.6 m，高 0.6 m。其中 h_u 为上游水深，h_d 为下游水深，上游水深 h_u 在不同水深比下均为 0.4 m。刘文军等[15] 研究结果表明，上下游水深比对溃坝水流的传播有较大的影响，选取其中代表性较强的水深比进行数值模拟，最终确定上下游水深比 α 分别为 0、0.2、0.4、0.7。

图 1　数值模拟体型示意图

将水槽顶部设置为压力边界，水槽尾门以上出口设置为压力出口，将大坝两侧墙体、上游墙体和尾门处墙体设置为无滑移条件壁面，上下游水体在初始状态均为静止。闸门提起速度设为 2.4 m/s，在 Fluent 中采用 laying 形式的动网格技术实现闸门提起过程，当闸门运动 0.25 s 停止运动，关闭动网格。

考虑计算时间与计算精度之后，参考 Ozmen 等[16]（2010）在湿底情况下网格敏感性的分析及 Liu 等[13] 在干底和湿底情况下的模型建立与网格划分，考虑到动网格对于网格尺寸要求较高，需要在闸门位置进行网格的加密。综合确定在闸门外的网格尺寸为 $\Delta x = \Delta y = \Delta z = 0.02$ m，闸门处的网格尺寸为 $\Delta x = \Delta z = 0.01$ m，$\Delta y = 0.003$ m。闸门附近横截面网格单元示意图如图 2 所示。

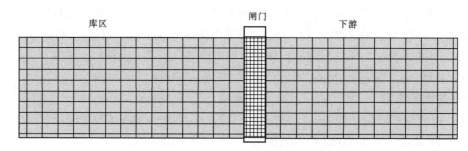

图 2　闸门附近网格单元沿程变化示意图

3　试验结果与分析

3.1　水面线

水流在未演进到下游尾门之前时，水面线波动较大，其中 1.5 s 和 3 s 各个水深比的数值模拟和试验的水面线沿程变化情况如图 3 所示。可以看到，数值模拟与试验的结果在渐变流区符合程度较好，其水流演进的基本规律是一致的，激波区由于水面线变化剧烈试验值与数模值有一定的差异，其中 $t = 1.5$ s 均方根误差为 4.9%，$t = 3$ s 均方根误差为 5.2%，从误差分析来看，fluent 模拟的结果能够满足要求。由于水体黏性与大坝底部阻力的存在，湿底情况下水流演进过程中存在一定的水流壅起。不同上下游水深比在演进同一时间时演进距离差异较大，随着上下游水深比的增大，下游水体对上游水体演进的阻碍作用也在不断增加，对比干底和湿底情况可以发现，干底情况下水流在相同时间内运动距离大于湿底情况。$t = 1.5$ s 时，负波向上游传播的速度大致相同，而在 $t = 3$ s 时，$\alpha = 0.7$ 情况下负波向上游传播的速度明显慢于其他水深比情况。

3.2　断面平均流速

不同上下游水深比情况下 $t = 1.5$ s 和 $t = 3$ s 的断面平均流速沿程分布情况如图 4 所示。其中，干底情况由于没有受到下游水体的阻碍，其断面平均流速明显大于湿底情况下断面平均流速，干底情况下断面平均流速在渐变流区不断增长，在波前区达到峰值，其速度增长率更大。湿底情况下随着水深比的增大，同一时刻的断面平均流速也在增大。湿底情况的断面平均流速在渐变流区出现一定的波

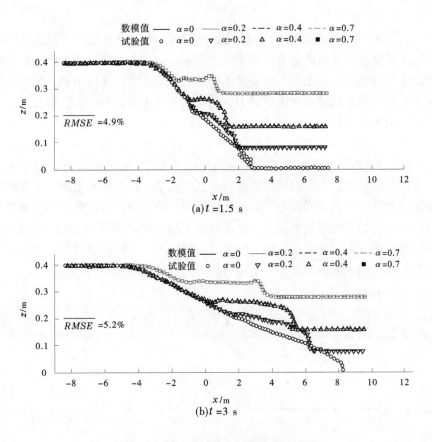

图3 不同上下游水深比沿程水面线变化

动，断面平均流速峰值在大坝下游，但不在波前区域，随着激波不断向下游演进而向下游发展，在波前区域断面平均流速不断减小。

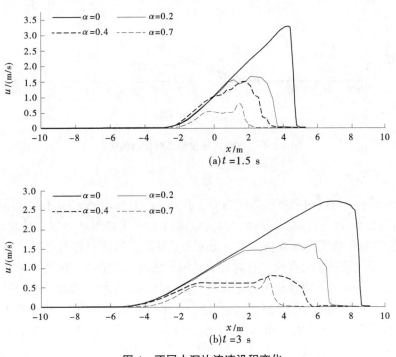

图4 不同水深比流速沿程变化

3.3 壁面剪切力

$t=1.5$ s 和 $t=3$ s 时壁面剪切力沿程分布情况如图 5 所示，$0\sim3$ s 内剪切力最大值随时间变化情况如图 6 所示，不同时刻壁面剪切力最大值位置如图 7 所示。$t=1.5$ s 和 $t=3$ s 时，干底和湿底情况壁面剪切力呈现逐渐上升的趋势，其中最大壁面剪切力的位置均在波前区域出现，干底情况下的最大壁面剪切力普遍大于湿底情况下的最大壁面剪切力，随着上下游水深比的增大，壁面剪切力的最大值逐渐减小，壁面剪切力沿程变化斜率逐渐减小，$\alpha=0.7$ 的上下游水深比下壁面剪切力的变化斜率整体最小，有一段位置趋于稳定，但和其他水深比一样仍然有壁面剪切力尖锐凸起的位置。$\alpha=0$、$\alpha=0.2$、$\alpha=0.4$ 三个上下游水深比下的壁面剪切力在渐变流区闸门上游的位置差异值不大，随着上下游水深比的增加，水流不断演进，壁面剪切力值的差异也增大了。根据图 6 可知，干底情况下，最大壁面剪切力在水流演进初期，呈现上升趋势，且增速比较大，随后最大壁面剪切力逐渐减小，水流演进一段时间后，最大壁面剪切力的值趋于稳定，干底情况下最大壁面剪切力值趋于稳定所需时间更长。由图 7 可以发现，随着激波向下游演进，各个时刻壁面剪切力最大值出现的位置也在不断的向下游移动，随着水深比的增大，同一时刻出现最大壁面剪切力的位置也在往闸门靠近。

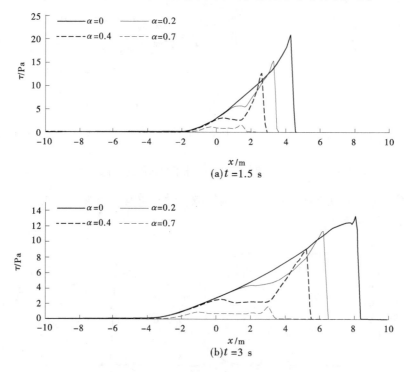

(a)$t=1.5$ s

(b)$t=3$ s

图 5　不同水深比沿程壁面剪切力变化

3.4 湍动能

湍动能一般用 k 表示，可以用来衡量湍流的混合能力。$t=1.5$ s 和 $t=3$ s 不同上下游水深比下湍动能沿程分布情况如图 8 所示，沿程湍动能最大值位置随时间变化如图 9 所示。从湍动能在 $t=1.5$ s、$t=3$ s 两个时刻的沿程分布情况可以看到，湍动能最大值发生在激波交界面附近，干底与湿底情况下同一时刻湍动能沿程变化总体上是呈现增长趋势，其中干底情况下 $t=3$ s 在激波区交界面有一段较为稳定的湍动能分布，与 $t=1.5$ s 的湍动能沿程分布相比，其湍动能增长率更小。$t=1.5$ s 和 $t=3$ s 两个时刻 $\alpha=0.7$ 水深比下湍动能最大值变化最为平稳，其相同位置湍动能的值也是最小的。在 $t=1.5$ s、$t=3$ s 两个时刻，上下游水深比增大，相同位置的湍动能反而减小。随着上下游水深比的增大，湍动能最大值向下游移动发展的速度变慢，其中水深比较大的情况下（$\alpha=0.7$）湍动能最大值位置向下游移动速度最慢，这是由于下游水体对激波的传播有较大的阻碍作用，上下游水深比的增大降低了波

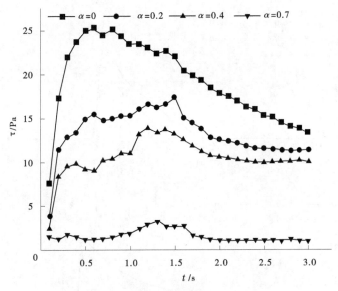

图 6 不同水深比最大壁面剪切力值变化

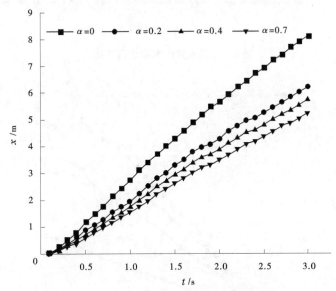

图 7 不同水深比沿程最大壁面剪切力位置变化

前速度，也减缓了湍动能向下游的传播。

4 结论

本文利用 CFD 软件分析了三角形断面溃坝洪水的内部流场情况，主要有水面线、流速变化、壁面剪切力变化和湍动能变化，主要的结论如下：

（1）同一时刻干底和湿底情况下的流速沿程变化规律不同，干底情况流速整体呈现上升趋势，在波前区域达到峰值，湿底情况下在渐变流区流速先增大后趋于稳定，流速最大值位于渐变流区。

（2）同一演进时间，干底的壁面剪切力普遍大于湿底的壁面剪切力，随着上下游水深比的增大，同一时刻的沿程壁面剪切力的最大值也在不断减小，最大壁面剪切力的位置位于波前区域，干底情况下壁面剪切力最大值趋于稳定所需时间更长。

（3）总体来讲，同一时刻的不同上下游水深比情况下湍动能沿程分布均是先增大，达到峰值后减小，其中在同一时刻固定位置干底的湍动能总是大于湿底的湍动能。湍动能最大值出现位置随着激波

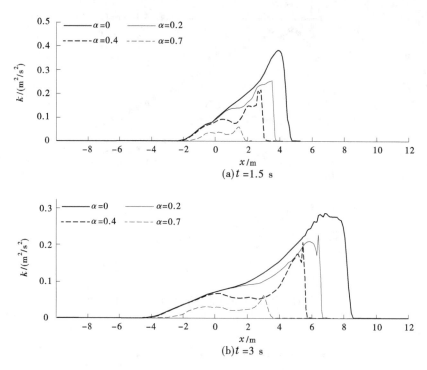

(a)t =1.5 s

(b)t =3 s

图 8　不同水深比湍动能沿程变化

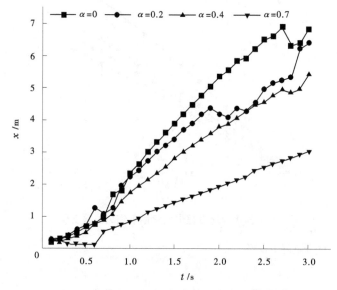

图 9　不同水深比沿程湍动能最大值位置变化

不断向下游演进而不断向下游发展，上下游水深比较大的情况下（α = 0.7）湍动能最大值位置向下游移动速度最慢。

　　干底情况下湍动能、壁面剪切力和流速的值都会比较大，湿底情况下湍动能、壁面剪切力等也随上下游水深比有较大的变化，在上下游水深比较小的情况下，水流演进初期湍动能最大值有一定的振动。农田水利工程中的输水渠道，其水流演进情况和规律与本文研究类似，在输水渠道管理过程中，应合理调节上下游水深，避免出现湍动能较大或湍动能波动较大的情况，危害下游建筑物或构筑物安全，对闸门下游渠道进行设计和计算时，应充分考虑闸门下游有可能会出现的最大剪切力位置和湍动能最大值位置，进行充分的防护衬砌。

参考文献

［1］Ritter A, 1892. Die fortpflanzung de wasserwellen ［J］. Zeitschrift Verein Deutscher Ingenieure, 1893, 36（33）: 947-954.

［2］Stoker J J. Water Waves: The Mathematical Theory With Applications ［M］. Hoboken, NJ, USA: John Wiley&Sons, Inc, 1992.

［3］Thakar V S. The Dam-Break Problem: Studies towards Solution in the Natural Situation ［J］. Water and Znergy International, 1976, 36（3）: 367-374.

［4］Hunt B. Dam-Break Solution ［J］. Journal of Hydraulic Engineering, 1984, 110（6）: 675-686.

［5］Fernandez-Feria R. Dam-Break Flow for Arbitrary Slopes of the Bottom ［J］. Journal of Engineering Mathematics, 2006, 54（4）: 319-331.

［6］Wang B, Chen Y, Wu C, et al. Analytical solution of dam-break flood wave propagation in a dry sloped channel with an irregular-shaped cross-section ［J］. Journal of Hydro-environment Research, 2017, 14: 93-104.

［7］Aleixo R, S Soares-Frazão, Zech Y. Velocity-field measurements in a dam-break flow using a PTV Voronoï imaging technique ［J］. Experiments in Fluids, 2011, 50（6）: 1633-1649.

［8］Wang B, Zhang J, Chen Y, et al. Comparison of measured dam-break flood waves in triangular and rectangular channels ［J］. Journal of Hydrology, 2019, 575: 690-703.

［9］Oertel M, Bung D B. Initial stage of two-dimensional dam-break waves: laboratory versus VOF ［J］. Journal of Hydraulic Research, 2012, 50（1）: 89-97.

［10］Larocque L A, Imran J, Chaudhry M H. Experimental and Numerical Investigations of Two-Dimensional Dam-Break Flows ［J］. Journal of Hydraulic Engineering, 2013, 139（6）: 569-579.

［11］Lauber G, Hager W H. Experiments to dambreak wave: Horizontal channel ［J］. Journal of Hydraulic Research, 1998, 36（3）: 291-307.

［12］LaRocque L A, Imran J, Chaudhry M H. Experimental and Numerical Investigations of Two-Dimensional Dam-Break Flows ［J］. Journal of Hydraulic Engineering, 2013, 139（6）: 569-579.

［13］Liu W, Wang B, Guo Y. Numerical study of the dam-break waves and Favre waves down sloped wet rigid-bed at laboratory scale ［J］. Journal of Hydrology, 2021.

［14］Yang S, Yang W, Qin S, et al. Numerical study on characteristics of dam-break wave ［J］. Ocean Engineering, 2018, 159（JUL. 1）: 358-371.

［15］刘文军, 王波, 张建民, 等. 上下游初始水深比对溃坝水流传播的影响 ［J］. 工程科学与技术, 2019, 51（2）: 121-129.

［16］Ozmen-Cagatay H, Kocaman S. Dam-break flows during initial stage using SWE and RANS approaches ［J］. Journal of Hydraulic Research, 2010, 48（5）: 603-611.

灌区工程建设项目工程相关地质灾害
风险和防治建议

潘炜元　徐宗超

（黄河勘测规划设计研究院有限公司，河南郑州　450001）

摘　要：以柴石滩水库灌区工程为例，根据相关地质灾害调研信息，评估了该项目在宜良县区域的危险点，探讨了存在的滑坡、崩塌等灾害，在建设与运营等工作中，会对来往人员与车辆产生威胁。同时结合危险性评估情况，科学制订防治措施，希望能够为相关单位与人员提供参考，充分规避有关地质灾害，保证工程项目的安全性。

关键词：工程建设；地质灾害；防治建议

在社会经济快速发展过程中，人类对于山区的开发力度持续增加，导致滑坡以及其他山地灾害发生频率持续增加，民众开始认识到减轻滑坡、防范滑坡等对于保护自身生命财产安全的重要性。对于地质灾害，实际发育和发展演化均需要基于特定地质环境才能够形成。因为近年云南省快速建设发展，使得地质环境恶化问题日益加重，对当地民众生命财产产生严重威胁，同时还会影响经济发展。但是修建柴石滩水库对于当地灌区的缺水问题，强化灌溉效率，提高粮食产量等具有重要作用，因此水库建设工作是迫切的、必要的。所以，相关水库项目地质灾害调研工作可以为当地的地质灾害风险防治工作提供良好依据。

1　灌区工程概况

昆明柴石滩水库灌区工程位于昆明市宜良县与石林县境内，项目总投资为 32.762 6 亿元，计划工期 42 个月。总灌溉面积 37.81 万亩，具有灌溉、供水和保护高原湖泊阳宗海生态环境等综合利用效益。

2　项目地形地貌

2.1　区域地貌地形

柴石滩水库灌区工程呈现小盆地和山地相间地貌特征。地势整体呈现东南低、北西高特点，当地山脉呈现南北向，南部和西部岭脊比较高，坡度在 25°~40°，基本上为盆地、山地地形。其中，山地地壳上升或是地块上升产生断翘山或是断块山，同时由于溶蚀与浸蚀等方面影响，进而产生构造溶蚀山地与浸蚀山地。

2.2　地形地貌评估

灌区工程项目拟建西干渠、主干渠与总干渠沿着南盘江两岸地形布线。北东侧水库大坝到南盘江属于峡谷河道，岸坡比河谷高出 200 m 以上，河床高程在 1 400~1 369 m，河流纵比降在 1.69% 左右，属于横向河谷。横北侧—南侧的河流穿过一盆地，地形较为开阔，并且河流的坡降较为平缓，同时河床高程在 1 410~1 373 m，纵比降在 0.69% 左右。南盘江山坡较为对称，但是河谷山坡非常陡峭，地

作者简介：潘炜元（1985—），男，工程师，主要从事工程管理及智慧水利工作。

形坡度基本上在 20°~40°。对地形特征、成因类别等因素进行综合考虑，将该地区微地形划分为丘陵、河谷、断陷盆地及山地斜坡四种类型。

2.3 灌区工程底层

根据现场调查与地质调查，在工程建设区域浅漏出 Q_4^{el+dl}（第四系残坡积层）黏性土夹碎石，而南盘江与支流沿线分布在 Q_4^{al+pl}（第四系冲洪积层）圆砾、卵石、粉砂。下伏基岩涵盖 N2（第三系上新系统），E（下第三系），D_1c^a、D_1c^b（泥盆系），S_3y、S_2m^a、S_2m^b、S_2m^c（志留系），$\in_2 s$、$\in_2 d$、$\in_1 l$、$\in_1 c$、$\in_1 q$、$\in_1 y$（寒武系），$Z_b dn$、Zac、Zbn、Zbd 等。

3 项目地形地貌

3.1 崩塌

临空面上岩体较破碎，局部还有岩体松动。边坡崩落面与岩层产状面顺向，且外倾结构面倾角小于坡面角，边坡不稳定；崩落面与 J1 组节理裂隙面顺向，为不利组合结构面，发生再次崩塌的可能性大。在工程扰动、强降雨等影响下，上部岩体易崩落再次引发崩塌灾害，坡体上方无重要建筑物分布，但下方分布有乡村道路，主要危害对象为坡体上方的旱坡地，坡体下方道路及过往车辆、行人的安全，危害程度及危险性为小—中等。

3.2 滑坡

自然坡度较陡，筑房切坡产生边坡剥蚀作用，后缘基岩呈临空状分布，岩性为页岩、粉砂质页岩、粉砂岩，岩体风化强烈层差异风化显著，软弱结构面发育，加上强烈的构造运动，在降雨冲刷、重力失稳条件下形成滑坡。边坡面与岩层产状面顺向，且外倾结构面倾角小于边坡坡面角，边坡不稳定；边坡面与节理面顺向，交棱线的倾角<45°，为不利组合结构面，与邻近节理呈大角度斜交。调查发现滑体已下滑，滑坡后壁陡峭，前缘有小错动，现处于蠕滑阶段，现状不稳定；坡体上方无重要建筑物分布，但下方分布有居民区，主要危害对象为坡体上方的旱坡地、坡体下方居民房屋及人身安全，危害程度及危险性大。

3.3 潜在不稳定滑坡

斜坡岩层倾向与坡向反向，对边坡稳定有利；坡面与斜向顺向，与邻近节理斜向顺向，倾角均较陡。在降雨或人工扰动条件下，反向陡倾节理岩体可能产生倾倒破坏危害。该潜在不稳定斜坡现状无任何防治措施，坡脚见有松散垮塌物，现状稳定性较差；边坡周边无居民点，乡村道路由斜坡前缘穿过，潜在不稳定斜坡存在潜在威胁。其可能性中等，危害程度及危险性中等。

4 水库灌区工程项目地质灾害风险综合预测评估

4.1 坡地质灾害危险性评估

（1）滑坡。柴石滩水库灌区工程建设诱发滑坡与崩塌的灾害可能性为中等，其危害性为小—中等。绕坝渗漏的危害性与危险性等级同样为大级别。库区的淤泥主要会对库容产生影响危险性小、危害性小。沿线边坡诱发滑坡与崩塌等灾害可能性属于中等—大级别，危险性与危害性为中等。施工过程中，出现滑坡以及其他地质灾害可能性等级为中等—大，危险性大、危害性大。在运营过程中，滑坡以及其他地质灾害发生的可能性为小—中等。

（2）渗漏。柴石滩水库灌区工程分布中生界侏罗系张河组，岩层走向和库盆之间处于平衡状态，顺向河谷，岩层呈现单斜倾向左岸的趋势。灌区工程中的相对隔水层为泥岩和粉砂质泥岩，长石适应砂岩具有紧密的结构，对于强风化岩的长石，在长期浸蚀过程中变为高岭土对孔隙进行充填，裂隙地段没有溢出地下裂隙水，缺乏良好透性。库盆狭窄，展布方向为北东向，附近分水岭的山体非常雄厚，没有低邻谷，水库具有良好密封条件，蓄水区没有库水渗漏条件。

4.2 地质灾害风险综合分区

（1）综合分区评估。结合 S 水库灌区项目特点以及当地地质环境等，对当地的地质环境条件差一级以及潜在地质灾害的隐患点危险程度以及分布情况，结合"区际相异，区内相似"的原则，把评估区的地质灾害风险划分为危险性小、危险性中等以及危险性大 3 个等级，见表 1。

表 1　柴石滩水库灌区工程地质灾害风险分区

风险等级	危险性小	危险性中等	危险性大
分区依据	当地的地质条件整体复杂，并且工程建设基本上不会引发地质灾害问题，并无突出危险性	当地的地质条件整体复杂，并且工程建设遭受、诱发、加剧地质灾害可能性主要是小—中等，并且危害性与危险性主要是中等	当地的地质环境整体复杂，对于现状灾害不会继续发育，并且工程建设并不会引发显著风险。工程建设主要会诱发拦河坝失稳以及边坡失稳等地质灾害，危害性与危险性主要是中等—大
范围	灌区工程外围地段没有建设内容	S 水库灌区的永久公路、淹没区、弃渣场等项目	灌区工程的临时公路、弃渣场、输水隧洞、输水渠道以及溢洪道等

（2）柴石滩水库灌区工程适宜性评估。本次评估范围，危险等级主要涵盖危险性小、危险性中等以及危险性等 3 个级别。其中，危险性小的面积在整个评估区域的占比为 78.2%，危险性中等面积在整个区域的占比为 19.8%，危险性大面积在整个区域中的占比为 2%。拟建工程家具、诱发的地质灾害的防治难度属于中等，所以灌区工程场地属于基本适宜。

5　水库灌区工程项目地质灾害风险防治措施

（1）加强对现状灾害的治理，对拟建工程穿过的滑坡体或崩塌体进行挖方清除或部分清除；对紧邻拟建渠道两侧的滑坡崩塌应采取削坡、锚固、抗滑桩、支护、拦挡，建设截排水沟设施进行护坡，尤其是加强 B2、H3、H7 和 H9 的支护措施；对潜在不稳定边坡采取避让以及采取放缓边坡并采取支护的措施。施工期间加强对现状灾害的监测，防止工程扰动使其失稳或在工程运营中失稳对工程、施工人员产生危害；防治难度为小—中等。

（2）隧洞进口、出口地段稳定性差，需及时对开挖面进行浆砌石挡墙、护坡加固，做好防水、排水措施，防止诱发其他地质灾害；隧洞掘进过程中，须注意洞顶、洞壁掉块、渗水；要严格控制爆破，以免震动山体；要加强隧洞的防渗处理，避免运营期间渗漏危害隧洞围岩的稳定性。防治难度为中等—大。

（3）拟建倒虹吸铺设过程中做好边坡保护和排水，管道镇墩须置于稳定的岩石地基上，根据实际增加一定数量的深齿槽，确保镇墩、支墩的稳定。防治难度为小—中等。

（4）渡槽工程严格按有关规范进行岩土工程勘察，查清各槽位的工程地质及水文地质条件，再论证确定槽基基础型式，对在常年流水的河沟中施工时，应采取安全可行的施工方案，防止涌水、涌砂、浸泡等地质问题的发生；槽基开挖应重视坑壁支护。防治难度中等。

（5）渠道沿线多位于强风化层，扩建、新建时需注意开挖边坡的稳定性，及时对开挖面进行浆砌石挡墙、护坡加固，对通过碎石黏土层中的渠道应适当加固，防止其产生垮塌、滑坡及小崩塌危害施工人员、设备及场地区安全；渠道运营中可能产生渗漏危害，工程建设时，封堵漏水通道，认真做好防渗补漏工程，做好防水、排水措施，防止诱发其他地质灾害。防治难度为小—中等。

（6）明渠建成后，在强降雨或连续降雨期间有可能漫槽，从而引发滑坡或泥石流危害渠道下边坡村寨生命财产安全，需加强渠道排水及外缘截水措施，减小对村寨的威胁。

（7）泵站开挖应设计适宜的坡比，减缓削坡坡度和深度，边坡开挖后及时进行支护，尤其是大平地泵站，开挖边坡最大达 20 m，坡面应及时进行必要的防护，坡脚应有挡墙支挡，并可采用后缘设排水沟措施进行防治。防治难度为中等—大。

（8）工程建设时，做好灌区改扩建道路及新建道路的设计，按合理开挖坡比施工，并做好排水、支护、加固等防护工程，以避免引发滑坡、崩塌等。防治难度中等。

6 结语

综上所述，在柴石滩水库灌区工程的地质环境条件较为复杂，存在较多风险点。所以建议按现行勘察规范的要求，分阶段对全线进行详细的岩土工程地质勘察工作；查明基岩、土体的物理力学性质、空间变化规律和不良地质作用的分布及其影响，为地质灾害防治，地基的整治、利用，提供科学依据，保证水库灌区项目稳定建设与运营，为民众生产、生活用水提供保障。

参考文献

［1］黄举松，卿翠贵，李俊明．某引水工程地质灾害的危险性评估与防治措施［J］．土工基础，2016，30（4）：423-426.

［2］保靖琨，钱乔富．大理巍山风电场工程建设地质灾害危险性分析及防治措施［J］．中国水运（下半月），2020，20（5）：264-266.

［3］谭衢霖，夏宇，蔡小培，等．基于GIS和信息量模型的山区铁路走廊地质灾害危险性评价［C］//中国铁道学会、中国铁建股份有限公司．川藏铁路工程建造技术研讨会论文集．中国铁道学会、中国铁建股份有限公司：中国铁道学会，2019.

［4］刘昌伟，马琳．云南省武定县仁和水库区工程地质灾害危险性评估与防治［J］．中国锰业，2017，35（3）：162-164.

［5］张亮，张弘，曾剑楠，等．兰州美加地块低丘缓坡工程地质灾害危险性评估与防治措施探讨［J］．西部资源，2017（03）：111-112.

［6］陈骏，邓新发，赵奇．江山市地质灾害风险区划与评价研究［C］//浙江省地质学会．地质工作助推生态文明建设——浙江省地质学会2018年学术年会论文集．温州：浙江国土资源杂志社，2018：356-361.

［7］沈良坤．发力精细化精准化 让预警跑在灾害前 福建省应急管理厅加强综合风险监测研判，不断加强自然灾害监测预警［J］．安全与健康，2021（5）：33-34.

［8］李冠宇，李鹏，郭敏，等．基于聚类分析法的地质灾害风险评价——以韩城市为例［J］．科学技术与工程，2021，21（25）：10629-10638.

黄河下游河南段防洪监测预警研究

李 岩¹ 孟利利²

(1. 黄河勘测规划设计研究院有限公司, 河南郑州 450000;

2. 黄河建工集团有限公司, 河南郑州 450000)

摘 要: 黄河流域生态保护和高质量发展是重大国家战略, 按照新时期中央治水方针和水利部党组 "水利工程补短板, 水利行业强监管" 的水利改革发展总基调, 黄河下游水利信息化工程仍然存在短板, 监管能力相对薄弱。本文针对黄河下游河南段防洪监测预警建设现状和存在问题进行分析, 在此基础上, 对现有体系进行改进, 结合非工程措施的预警措施的探索, 为深化黄河下游河南段防洪监测预警建设提供理论依据。

关键词: 黄河下游河南段; 防洪监测预警; 智慧管控

黄河干流在灵宝市进入河南省境, 流经三门峡、洛阳、郑州、焦作、新乡、开封、濮阳 7 个市中的 24 个县 (市、区)。黄河干流孟津以西是一段狭谷, 水流湍急, 孟津以东进入平原, 水流骤缓, 泥沙大量沉积, 河床逐年淤高, 两岸设堤, 堤距 5~20 km, 主流摆动不定, 为游荡性河流。花园口以下, 河床高出大堤背河地面 4~8 m, 形成悬河, 涨洪时期, 威胁着下游广大地区人民生命财产的安全, 成为防汛的心腹之患。干流流经兰考县三义寨后, 转为东北行, 基本上成为河南、山东的省界, 至台前县张庄附近出省, 横贯全省长达 711 km。由于黄河下游河南段河道情况比较复杂, 洪灾比较严重, 因此黄河下游河南段防洪监测预警的建设对于该流域防洪来说至关重要。

1 黄河下游河南段防洪监测预警建设的现状

1.1 信息化采集感知现状

1.1.1 堤防工程

堤防工程主要预防汛期高水位作用下的渗水、管涌、漏洞、滑坡、陷坑、冲塌、裂缝、风浪淘刷和漫溢等险情, 堤防安全信息目前仍靠一线管理人员日常人工巡视检查获得, 保险仍采用电话上报等落后方式。

1.1.2 河道整治工程

长期以来河道整治工程的水下根石稳定性监测一直是河防工程监测的技术瓶颈, 具有实施难度大、精度差、不易实现自动化等特点, 目前仅依靠非汛期的根石探测和汛期的人工巡河的方式来发现险情, 工作劳动强度大, 费时费力且容易出现疏漏, 使河防工程安全保障工作存在严重的滞后与隐患。

1.1.3 水闸工程

全部引黄涵闸和分泄洪闸均在建设期设计有安全监测仪器设施, 监测内容包括: 闸室顶部和堤顶的沉降观测用水准点、闸室和闸底板基础下的测压管 (或渗压计)、大堤与水闸接合部的测压管 (或渗压计)、管身之间测缝计等设施, 其中大多数渗流监测用的测压管 (或渗压计) 为电测传感器, 在个别工程实现了自动采集, 水准点均为人工观测。

作者简介: 李岩 (1982—), 女, 高级工程师, 主要从事工程造价管理研究工作。

1.2 视频监控现状

2015 年在黄河下游河南段重要险工和浮桥建设 60 个视频监视点，主要针对河道治理和防汛抗旱提供视频监视服务。

2 黄河下游河南段防洪监测预警建设存在的问题

防洪监测预警体系整体不健全，采集密度和范围不够，信息采集和监测能力严重不足，工程安全信息采集工作量大、效率低，覆盖范围有限，大范围、高频次和智能监控能力欠缺，各级主管部门得到安全隐患信息滞后，导致险情发现不及时，存在小险酿大灾的风险，难以满足防洪抢险和现代化精细化管理需求。需要强力推进物联网、大数据、云计算、空天地一体化监测等新一代信息技术在治黄工作中的深度应用，全方位采集治黄水利要素，实现数据泛在感知采集。

从大型工程的运行经验来看，监测系统的可靠运行主要取决于运行维护，如南水北调工程作为大型线性工程，运行以来工程安全设施及其数据采集系统均能进行及时的维护，监测资料能够及时整理分析，因此其监测预警系统也发挥了其应有的作用。反观黄河、其他堤防工程以及中小型水库，大部分工程没有完备的监测预警运行管理制度，监测设备没有进行必要及时的维护，监测资料没有进行及时的分析反馈，因此出现了监测预警系统均没有发挥应有作用的情况，也是造成"监测仪器安装之日就是其报废之日"的原因所在。

测压管淤堵的问题，实质也是运行维护问题，这是测压管客观存在的，只是黄河由于泥沙多，淤堵更厉害，需要更高频次的测压管细孔工作，如小浪底工程就存在这些问题。

3 黄河下游河南段防洪监测预警系统的建立

3.1 对防洪监测预警建设的总体规划

建设黄河下游全要素动态感知的水利监控体系，充分利用物联网、遥感、无人机、视频监控等手段，构建天空地一体化水利监测体系，实现对河湖水域岸线、各类水利工程、防洪、水生态环境等涉水信息的动态监测和全面感知。建设高速泛在的水利信息网络，利用互联网、云计算、大数据等先进技术，充分整合利用各类水利信息管理平台，实现水利所有感知对象以及各级水行政主管部门、有关水利企事业单位的网络覆盖和互联互通。进一步加强计算和存储能力建设，建设高度集成的水利大数据中心，集中存储管理各要素信息、各层级数据，及时进行汇集、处理和分析，实现共享共用，提高水利智能化管理和决策能力、水平与效率。加强信息安全管理和信息灾备系统建设，保障网络信息安全。依托"数字黄河"现有成果，推进防汛抗旱、防洪管理、防洪工程监测、河湖管理等智慧建设。

3.2 防洪监测预警系统的关键技术研究

黄河下游河南段防洪监测预警系统的研究主要针对常年靠河、易出险、堤外人口多、经济发达、地势低洼、洪灾损失大的河段，选择了部分典型的重点堤防工程、河道整治工程，以及全部引黄涵闸、重点分泄洪闸进行长期监测，旨在掌握各种工况下典型工程部位的渗流及变形规律，为黄河下游防洪工程安全监管和险情预警预报提供技术支撑。

3.2.1 堤防工程

历史资料显示，堤身和堤基的渗透破坏是威胁临黄大堤安全的主要因素，而本次监测的目的也是在汛期水位上升时，及时发现堤身由于出逸水力坡降大于允许水力坡降而产生的散浸、渗漏等渗透破坏险情，以及堤基由于临河侧渗透压力增大，顺着老口门堤基、粉细砂基等软弱层产生的管涌、流土等渗透破坏险情，堤防工程主要险情如图 1 所示。

所以，堤防工程的监测重点以浸润线、渗压监测手段为主。辅以一定的渗漏监测手段，采用新型的分布式监测法，针对个别易形成渗漏通道的重点堤段，进行少量布设。

由于黄河下游大堤主要受洪水位升降影响，是一种典型的非稳定渗流过程，其特点是洪峰大、历时短，远没有水库蓄水过程所持续的时间长，难以形成稳定渗流。所以本次研究采用渗压计法进行堤

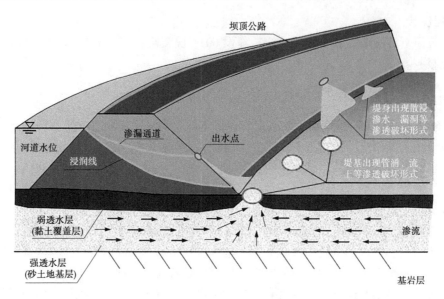

图1 堤防渗流破坏示意图

身浸润线和堤基渗透压力监测，其中渗压计采取一孔多支的钻孔埋设法，测点之间采用膨润土封堵，由于渗压计属于永久性埋设式仪器，更换修复比较困难，仪器选型时应选用长期稳定性好的传感器。另外辅以新型分布式监测方法填补常规点式电测传感器进行渗漏通道监测难以捕捉到堤防薄弱部位的空白。堤防渗漏自动化监测预警系统现场布置示意图见图2。

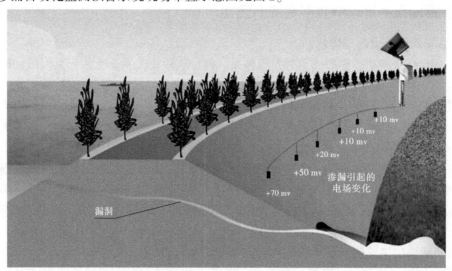

图2 堤防渗漏自动化监测预警系统现场布置示意图

系统实现过程为：在堤防浅地表埋设电位传感器和电缆进行自然电场监测，实时了解堤防内部自然电位变化的情况，采用地球物理场正反演技术，解译堤防内部渗漏分布情况，并和邻近的监测断面成果相互补充，从而实现土石堤、坝渗漏的提前感知与预警的目的。

3.2.2 河道整治工程

目前，黄河下游险工和控导工程坝垛变形监测基本还为空白，主要靠汛期人工排查，汛后根石探测，无法实时发现工程险情。随着电子测量技术、自动化测控技术、新材料、新工艺等新兴技术的快速发展，安全监测仪器一直不断地发展与完善。得益于20世纪90年代以来，中国水利水电工程的蓬勃发展，高坝大库相继开工为安全监测仪器技术的发展提供了契机，常规仪器百花齐放，高耐水压仪器、超大量程仪器应运而生；以激光、红外光等光源为载波的光波测距仪（全站仪、雷达干涉测量系统等为主要代表）和以微波为载波的微波测距仪（INSAR为主要代表）开始在工程中投入使用，为广域覆盖范围（平方千米数量级）的高精度位移测量提供了崭新的产品技术手段；光纤传感器和卫星定位测量等技术得到初步应用，分布式自动化测量系统逐步进入成熟期，为实现工程安全监测项目的全覆盖提供了准确可靠的技术手段。各种监测手段的优缺点对比见表1。

表1　变形监测方法对比

监测方法	常规用途	优点	缺点	适用根石变形情况
测斜管	边坡内部变形	技术成熟，对于土质边坡变形监测效果良好，便于实现自动化	需钻孔，堆石体变形监测效果一般	不适用
多点位移计	边坡内部变形	技术成熟，对于潜在滑面变形监测效果良好，便于实现自动化	需钻孔灌浆	
GPS	结构表面变形	精度高，三维测量，便于实现自动化	造价高	
分布式光纤	结构表面连续变形	可连续监测，适用于大变形，便于实现自动化，光缆本身既是感知元件，又是传输介质	只能定性监测变形位置，无法获取位移量和位移方向，光纤解调仪造价较高	
TDR 时域反射计	结构表面连续变形	可连续监测，适用大面积变形，电缆本身既是感知元件，又是传输介质，自动采集设备造价低	只能定性监测变形位置，无法获取位移量和位移方向	可在一般工程或应急工程用于定性监测
YRAP-D 黄河坝岸险情传感系统	根石变形监测	成本低，施工方便，可重复使用	发生大规模险情才有反映，无法跟踪坦石、根石的变形过程	可在一般工程用于定性监测
坦石变形监测系统	坦石变形监测	同时对位移和应力进行监测，精度高，便于实现自动化	土建工程量大，失效率高，且需要沿坡面斜向钻孔	不适用
图像识别分析法	变形监测	非接触式测量，结合视频监视摄像头即可实施，硬件成本低，主要是后台软件开发费用	视频流占用网络带宽较大，后台识别算法需专门研制开发，监测效果受制于图像质量，夜晚识别效果较差	适用
阵列式位移计	结构物变形监测	三维测量、高精度、高稳定性、大量程、可重复利用，便于实现自动化	造价稍高，坝垛出险后不易恢复，对于已建坝垛只能在堆石体表面安装，需对安装方式进行验证	宜在重点工程用于高精度定量监测
倾角计	单体变形监测	成本低，施工方便可对单体对象进行角度监测	需找到合适的安装方式，通过倾角反映根石变形	水闸工程适用
静力水准	地铁、隧道、大坝沉降监测	精度高、体积小、可埋入式安装	需要连通管将各个测点连接，后期维护工作量大	水闸工程适用

综合比较各监测方法的测量原理及优缺点，本研究拟采用图像识别分析法和阵列式位移计相结合

的方式，同时对坝垛表面坦石和水下根石变形情况进行综合监测。其中图像识别法利用视频监控系统的摄像头对坝垛水面以上的坦石变形、滑塌等险情进行自动识别；阵列式位移计埋设在坝垛临河侧坡脚处，通过实时监测水下根石坡度，结合原工程设计的标准断面坡度控制指标，按照 1:1.5、1:1.3、1:1.0 三级进行判别报警。

3.2.3 水闸工程

对水闸工程来说，闸室的不均匀沉陷量过大，会造成闸墩倾斜，闸门无法启闭等影响涵闸正常运行的后果。为监测闸室的不均匀沉陷，往往在每联水闸的各个闸墩四周各布设有沉降标点。但是该种监测手段必须依赖于人工观测实施，无法实现智能监控的目的，与本研究的原则不符。所以需要研究一种可实现自动化的监测手段，目前主流的沉降监测仪器有静力水准和倾角计两种，其中静力水准虽能测得绝对沉降量，但是造价较高，且后期配套设施的维护工作量大，如储液罐、液体管路、CCD传感器等都需要定期维护。倾角计是通过倾角的变化来反映闸室的不均匀沉陷情况，虽然不能直接测得闸室绝对沉降量，但是影响涵闸正常运行的主要原因是闸室的倾斜变形，即不均匀沉降，倾角计可以借助双轴传感器分别监测闸室上下游方向和左右岸方向的不均匀沉降，实为一种简单可行的水闸沉降监测手段，而且相比静力水准而言，倾角计具有安装简单、造价低、耐水压性能好等优点。因此，本研究选用倾角计进行闸室沉降变形。

4 结语

黄河下游河南段防洪监测预警系统是"智慧黄河"的重要组成部分，国家已批复的《黄河流域综合规划》《黄河流域防洪规划》对加强工程安全监测、建设黄河下游沿堤骨干光纤环网提出了明确要求。系统建成后，将补齐黄河下游防洪工程信息采集、网络传输等基础设施建设的短板，黄河下游重点堤段、险工、控导、水闸等防洪工程安全状况和工作性态将得到更加精准地监测感知，并能一目了然地掌握，将实现黄河下游防洪工程安全状况的预测、告警、上报共享和业务协同，助推治河工作由治理开发利用向保护与管理转变，实现下游各级水行政部门的互联互通和信息共享，全面提升监管信息获取能力、动态监控能力、协同监督能力，有效控制重大风险。为保障黄河长治久安、促进流域高质量发展提供基础设施保障和技术手段。

参考文献

[1] 王海沛，李中志. 基于云架构的山洪灾害监测预警系统的设计与实现 [J]. 软件, 2015, 36 (5): 97-104.

[2] 王鹏. 基于数据挖掘的洪峰预测系统的研究与实现 [D]. 南京：河海大学, 2006.

[3] 张雄灵，杨贯中. 数据挖掘在河道洪水准确预测中的应用研究 [J]. 计算机仿真, 2013, 30 (1): 401-403, 413.

[4] 韦继忠. 贺州市水雨情自动监测报警系统的设计与实现 [D]. 成都：电子科技大学, 2012.

[5] 丁娇. 山洪灾害监测预警管理系统设计与实现 [D]. 济南：山东大学, 2015.

基于径流系数的山洪预报模型在
沙河流域的适用性分析

许营营　　侯东儒　　胡彩虹

（郑州大学水利与科学工程学院，河南郑州　450000）

摘　要：预警预报工作在山洪的防治减灾中具有重要而深远的意义。利用少量的模型参数，结合降雨径流相关关系和流域土壤含水量为基础构建的山洪预报模型，来模拟沙河流域的洪水特性，发现此模型下的沙河流域模拟洪峰和洪量合格率分别为 87.50%、93.75%，模拟结果总合格率达到了81.25%，符合乙级预报标准，平均纳什效率系数为 0.734 5，符合乙级预报标准。数据分析结果表明基于径流系数的山洪预报模型在沙河流域的验证中，减少率定过程的同时使用的模型参数更为精炼，且形象地表达了沙河流域的洪水过程，模型简单实用，具有较强的适用性，在以后的山洪预报模拟工作中可进一步进行推广与使用。

关键词：沙河流域；降雨径流关系；山洪模型；适用性分析

1 引言

在当今全球气温变暖的大背景下，山洪灾害在山区小流域时有发生，且因其突发性强、破坏性大、防治和预警预报难等特点日渐成为防洪减灾工作中的短板[1]。据统计，1949—2015 年，全国山洪灾害发生了 53 000 多次，死亡人数约 6 万，占洪涝灾害死亡总人数的 70% 以上。2015 年之前，河南省发生的山洪灾害包括由山洪诱发的滑坡、泥石流等各类灾害高达 1 977 次，期间累计有 4 346.26万亩田地受灾害影响，2 979.5 万人受害，死亡人数达到了 2.12 万人。资料显示 2000—2010 这 10 年间，河南省因山洪灾害而造成的死亡人数约占全省洪涝灾害死亡总人数的 90%。河南省驻马店在1982 的 7、8 月大雨、暴雨连降，雨量的大小仅仅逊于"75·8 水灾"，两个月的汛期冲毁房屋 165间，冲毁农田 4.13 hm²；1998 年 8 月 13~15 日，市区三日降雨量 237 mm，期间有 30.67 hm² 农田受灾，冲毁房屋 285 间，桥梁 3 座；2007 年，受北方冷空气、副热带高压边缘的西南暖湿气流以及西南低涡的影响，全市平均降雨量 456 mm，受灾农田 8.67 hm²，冲毁房屋 26 间。山洪灾害日益成为了洪水侵害人类的主要灾种之一，严重威胁着人民生命财产安全[2]。

目前党中央、国务院对山洪灾害的防治工作越来越重视，各地区也积极响应政府的号召，推进山洪灾害防治项目建设。河南省由于其特殊的地理位置、气候特点再加上其人口较多、居住人口密集等，造成的山洪灾害往往来势凶猛、损失偏大。因此，加强当地的山洪灾害防御防治工作，保障人民的生命财产安全，已经成为河南省水利厅各部门亟须解决的关键性问题。受人为因素的影响以及地理和地形条件、降水等各种环境条件的影响，不同流域的山洪致灾机制存在着较大的差异性，且山区大

基金项目：国家重点研发计划（2019YFC1510703）；国家自然科学基金（51979250）；国家自然科学重点基金（51739009）。

作者简介：许营营（1999—），女，硕士研究生，研究方向为水文学及水资源专业。

通讯作者：胡彩虹（1968—），女，教授，主要从事水文学及水资源专业方面的教学和科研工作。

部分地区受无资料或者资料缺乏所限，小流域山区洪水的模拟一直存在着模拟精度低、预报精度差等各种各样的问题[3-4]。针对山区小流域资料少、模型实用度较低的现象，本文以沙河流域为研究对象，利用了一种基于径流相关系数的山洪预报模型、选取了较少的参数对沙河流域进行模拟分析，以此来探讨此模型在沙河流域的适用性和可行性。

2 研究区概况

沙河流域位于河南省驻马店市泌阳县，源出伏牛山，为淮河流域洪河支流，流域及各站点分布见图 1。流域位于 113°36′00″E—113°46′59″E，32°86′16″N—32°98′20″N，流域面积为 79 km²。流域存在着显著的季节性变化特点，夏季降水量较多占 53.7%，春季与秋季基本上一致，冬季最少，春、秋、冬季分别占年降水总量的 20.7%、19.2%、6.4%。

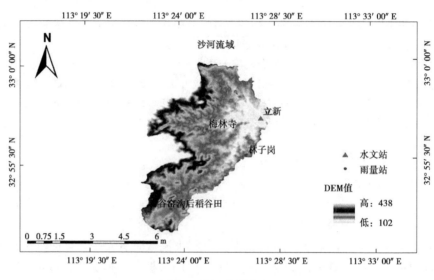

图 1 沙河流域分布

3 模型介绍与应用

3.1 模型简介

在河流源短河流急且山高坡陡的山区小流域，由于暴雨的作用常常造成具有流速快、流量大、预报难度大、遇见期短、洪峰较高、峰形尖瘦等具有各种不利特点的突发性山洪。且致灾因子复杂多变，山洪的产生和发展也比较复杂。山洪的影响因素主要可分为降雨和地形两类，前者受气候波动易产生波动，后者一般较为稳定。根据山洪的特点，结合降雨径流相关关系和下垫面的影响，本文选用了一种适用于少资料甚至无资料地区的山洪预报模型。

首先考虑到降雨过程中由于地形下垫面等各种因素的影响，流域的产流分布总是不均匀的，每次的降雨过程中，总会有一些区域产流较早，一些区域产流较晚，也有一些区域存在不产流的现象，结合流域蓄水容量曲线中不同降雨量 P 具有不同径流量 R 的结论，可以得到流域中的土壤含水量 W 与不同的降雨量 P 以及径流量 R 有着密切的关系，其函数关系可以表达为

$$R = Pe^{-\beta \frac{(W_m - W_0)}{P}}$$ （1）

式中：R 为径流深，mm；P 为降雨量，mm；W_m 为流域蓄水容量，mm；W_0 为初始土壤含水量，mm；β 为产流模型参数。

其次考虑到山洪流速快、历时短、洪峰较高等特点，在模型中利用稳定下渗率 f_c 将时段径流深划分为地面径流 R_s 和地下径流 R_g 两种。当时段降雨量 P 大于流域的稳定下渗率 f_c 时，满足地下径流的基础上有地面径流的产生；反之，没有地面径流的产生，只产生地下径流且产生的时段地下径流量

等于径流深。

最后结合地面、地下汇流的划分，分别利用纳西瞬时单位线法和线性水库法进行地面、地下汇流计算以及出口断面的流量计算，计算公式如下：

$$Q_{s, 0} = 0 \tag{2}$$

$$u_{(0, t)} = \frac{1}{k\Gamma(n)} \left(\frac{t}{n}\right)^{n-1} e^{-t/k} \tag{3}$$

$$q_{(\Delta t, t_i)} = \frac{10F}{3.6\Delta t} \cdot u_{(\Delta t, t_i)} \tag{4}$$

$$Q_{s, t} = \sum_{j=1}^{t} R_{s, j} \cdot q_{i-j+1} \quad (1 \leqslant i - j + 1 \leqslant t) \tag{5}$$

$$Q_{g, t+1} = \frac{0.278F}{k_g + 0.5\Delta t} R_{s, t} + \frac{k_g - 0.5\Delta t}{k_g + 0.5\Delta t} Q_{g, t} \tag{6}$$

$$Q_t = Q_{s, t} + Q_{g, t} \tag{7}$$

式中：$Q_{s,0}$ 为初始时刻的地面径流，m^3/s；$u_{(0,t)}$ 为无因次单位线；n 为线性水库个数；k 为线性水库蓄水常数；$\Gamma(n)$ 为 n 的伽马函数；$q_{(\Delta t, t_i)}$ 为时段单位线；F 为流域面积，km^2；$u_{(\Delta t, t_i)}$ 为时段 Δt 的时段单位线纵高；$Q_{s, t}$ 为第 t 时刻的地面径流量，m^3/s；$R_{s, j}$ 为第 j 时段的地面径流深，mm；q_{i-j+1} 为单位线第（$i-j+1$）时段的流量，m^3/s；$Q_{g, t+1}$ 为第 $t+1$ 时段的地下径流量，m^3/s；k_g 为地下水库蓄量常数，h；$R_{s, t}$ 为第 t 时段的地面径流深，mm；$Q_{g, t}$ 为第 t 时段的地下径流量，m^3/s；Q_t 为第 t 时段的径流总量，m^3/s。

3.2 参数推求

本文选取河南省驻马店泌阳县沙河流域为研究对象，利用该流域的产汇流信息进行山洪预报模拟工作，以此来验证该模型在沙河流域的可行性与适用性。利用 1982—2010 年沙河流域的水文站年流量数据、洪水水文摘录数据、降水量摘录数据等挑选出了洪峰流量大于 200 m^3/s 具有代表性的洪水场次 16 场。用到的模型参数汇总见表 1。

表 1   模型参数汇总

产汇流部分	符号	名称
产流部分	w_m	流域蓄水容量/mm
	w_0	初始土壤含水量/mm
	β	产流模型参数
径流划分	f_c	稳定下渗率/（mm/h）
汇流部分	n, k	纳西瞬时单位线法参数
	k_g	线性水库法地下水库蓄量常数/h

3.2.1   流域蓄水容量

一个流域的蓄水容量就是流域的最大缺水量。根据 SCS-CN 模型原理[5-7]，由降雨径流资料率定出模型参数 CN，然后利用 SCS-CN 模型公式推求每场降雨的潜在入渗量 S。在干旱情况下，如有全流域普降、并能产生蓄满产流的场次降雨，通过模拟确定该场降雨的潜在入渗量 S，即为流域蓄水容量 w_m；在非干旱情况下，确定 S 后，再考虑其前期影响雨量，二者之和即为流域蓄水容量 w_m。为了实际应用的方便，S 用无因次曲线数 CN 来表示［见式（8）］，且 $0 \leqslant CN \leqslant 100$。

$$S = \frac{25\,400}{CN} - 254 \tag{8}$$

式中：CN 的确定由土地利用类型、土壤类型、土地管理水平等决定。

3.2.2　初始土壤含水量

初始土壤含水量 w_0（前期影响雨量 p_a）可由流域内各雨量站点前 5 d 降雨量根据递推公式法加权平均获得[（见式(9)]。

$$p_{a, t} = k_c p_{t-1} + k_c^2 p_{t-2} + \cdots + k_c^n (p_{t-n} + p_{a, t-n}) \tag{9}$$

式中：k_c 为流域蓄水的日消退系数；$P_{a,t}$ 为第 t 天的前期影响雨量，mm；n 为影响本次径流的前期降雨天数，d；P_{t-n} 为影响本次径流的前 n 天的日降雨量，mm。

3.2.3　产流模数参数

在对多场洪水过程观察中发现，产流模型参数 β 与有效降雨时段内的平均时段降雨量有着密切的关系，通过统计研究区域历史洪水资料及查阅文献，采用目标函数优化即均方根误差函数与人工试错相结合的方法[8]，确定了挑选出来的 16 场洪水中各场洪水参数 β 的值。

3.2.4　稳定下渗率

在场次降雨中，土壤下渗率决定了流域产流模式，而土壤类型则是影响土壤下渗率的重要因素[9]。本文根据地区土壤类型查阅相关资料并结合相关径流、土壤下渗及持水特性关系确定了场次洪水中流域的稳定下渗率 f_c。

3.2.5　纳西瞬时单位线法参数

纳西瞬时单位线法是等效线性水库串联的汇流假设，当 n、k 值减小时，瞬时单位线的洪峰增大，峰现时间提前，增大时则相反，文中结合相关的资料、汇流关系、人工试错方法精确地确定了场次洪水中纳希瞬时单位线参数的取值。

3.2.6　线性水库法地下水库蓄量常数

线性水库法地下水库蓄量常数 k_g 根据实测场次降雨停止后流域的地下退水曲线，采用地下汇流公式对地下水库蓄量常数进行计算[见式(10)]。

$$k_g = 0.5\Delta \cdot \frac{Q_{g, t} + Q_{g, t+1}}{Q_{g, t} - Q_{g, t+1}} \tag{10}$$

3.3　适用性分析

根据山洪突发性强退水快的特点选取了 1982—2010 年的具有代表性的 16 场洪峰较大的典型洪水进行分析，利用推求出的特征参数进行径流模拟工作[10]，模拟结果见图 2（选取峰型显著的 6 场作为代表进行展示）。按照《水文情报预报规范》（GB/T 22482—2008）对沙河流域的模拟结果进行评定[11]，选取洪峰流量、洪水总量、确定性系数作为判别模型精度的指标。

在沙河流域的 16 场洪水模拟过程中，洪峰流量误差值大于 20% 的有 2 场，洪量误差大于 20% 的有 1 场（见表 2），统计各场次洪水的洪峰流量、洪水总量及其误差以及确定性系数，汇总结果见表 3。模拟的 16 场洪水中洪峰合格率为 87.50%，洪量合格率为 93.75%，模拟结果总合格率为 81.25%，达到乙级预报标准，确定性系数均值为 0.734 5，也达到乙级预报标准。由此基于径流相关系数的山洪模拟在沙河流域的研究中适用性较强。

4　结论与展望

基于径流系数的山洪预报模型在沙河流域的应用试验表明：

（1）基于径流系数的山洪预报模型在沙河流域的模拟过程中，预报方案精度达到乙级预报标准，沙河流域 16 场具有代表性的洪水模拟结果展示出了此模型在沙河流域具有较强的适用性与可行性，未来此模型可在沙河流域使用与推广。

（2）我国山洪灾害洪峰流量的预报精度普遍不高，一般在 40% 左右，而基于径流系数的模型在使用较少参数的同时，洪峰洪量的预报精度较高，模拟结果与实际相近。考虑到模型在沙河流域适用性较好的验证结果，未来此模型的推广与使用对提高河南山区小流域的山洪防治防御工作具有重要的实践意义。

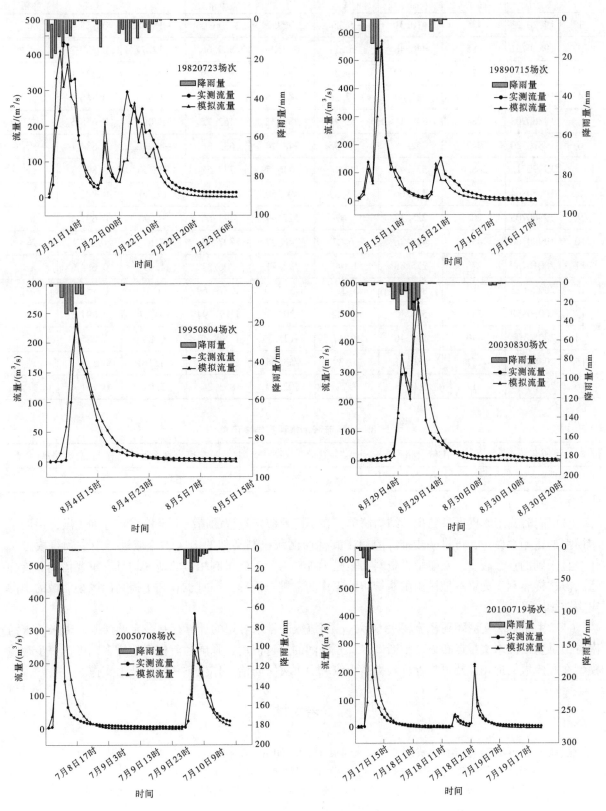

图 2　沙河流域模拟结果

表2 沙河流域16场次洪水模拟结果

序号	洪水场次	实测洪峰/(m³/s)	模拟洪峰/(m³/s)	洪峰误差/%	实测洪量/万 m³	模拟洪量/万 m³	洪量误差/%	纳什效率系数	是否合格
1	19820723	436	410.31	-6.26	2 028.14	1 706.04	-18.88	0.753 5	是
2	19830721	485	440.48	-10.11	642.39	569.66	-12.77	0.559 7	是
3	19840614	392.4	246.39	-59.26	587.31	551.69	-6.46	0.775 1	否
4	19850912	274	233.47	-17.36	447.55	473.30	5.44	0.846 0	是
5	19860908	287	249.11	-15.21	439.32	462.75	5.06	0.658 5	是
6	19870720	342	252.68	-35.35	748.14	633.36	-18.12	0.834 1	否
7	19890715	548.6	571.42	3.99	1 036.59	777.57	-33.31	0.865 3	否
8	19950804	258	231.66	-11.37	400.50	484.02	17.26	0.882 5	是
9	19960703	208	225.27	7.67	527.99	493.65	-6.96	0.607 5	是
10	19990706	456	429.36	-6.21	746.37	807.45	7.57	0.5712	是
11	20010730	273	275.88	1.04	792.71	806.31	1.69	0.694 6	是
12	20020623	757	800.06	5.38	1 393.48	1 579.69	11.79	0.758 0	是
13	20030830	546	534.12	-2.22	1 205.94	1 197.94	-0.67	0.891 5	是
14	20050708	440	491.46	10.47	1 125.77	1 208.43	6.84	0.785 7	是
15	20080722	251	280.11	10.39	753.06	651.39	-15.61	0.537 9	是
16	20100719	517	560.18	7.71	802.69	853.24	5.92	0.731 4	是

表3 沙河流域模拟评定结果汇总

流域名称	洪峰合格率	洪量合格率	平均确定性系数	总合格率
沙河流域	87.50%	93.75%	0.734 5	81.25%

（3）同时鉴于本模型参数少、结构简单、在不需要率定过程的情况下合格率较好等优点，说明了本模型的适用性较广，可进一步推广应用于其他产汇流机制类似的山区小流域进行山洪预报模拟工作。且用到的参数较少，对于缺乏资料甚至是无资料的产汇流机制相似的地区均具有重要借鉴和指导意义。这样有利于无资料地区山洪防御防治工作的推进与治理，同时也有利于提高山区小流域的山洪灾害防御水平。

（4）由于本次实测降雨径流场次不多，沙河流域的蓄水容量的计算存在一定的误差。未来随着河南省山洪防治区水文站点布设的不断增多、互联网的普遍使用、降雨径流资料的增多，可进一步检验模型在此流域的适用性及可靠性，为提高小流域山洪灾害防治工作提供一定的技术支撑。

参考文献

［1］张志彤. 山洪灾害防治措施与成效［J］. 水利水电技术, 2016, 47（1）: 11-15, 21.

［2］刘志雨. 山洪预警预报技术研究与应用［J］. 中国防汛抗旱, 2012（2）: 46-50, 55.

［3］王洪心, 龚珺夫, 李琼, 等. 湿润地区山区小流域水文模型应用与比较研究［J］. 南水北调与水利科技, 2020, 18（4）: 1-11.

［4］张亚萍, 周国兵, 胡春梅, 等. TOPMODEL 模型在重庆市开县温泉小流域径流模拟中的应用研究［J］. 气象, 2008（9）: 34-39.

［5］Auerswald K，Iiaider J. Runoff curve numbers of small grain under German cropping conditions ［J］. Journal of Environ-mental Management，1996，47：223-228.

［6］周翠宁，任树梅，闫美俊. 曲线数值法（SCS 模型）在北京温榆河流域降雨-径流关系中的应用 ［J］. 农业工程学报，2008，24（3）：87-90.

［7］徐秋宁，马孝义，娄宗科，等. SCS 模型在小型集水区降雨径流计算中的应用 ［J］. 西南农业大学学报，2002，24（2）：97-100.

［8］田竞，夏军，张艳军，等. HEC-HMS 模型在官山河流域的应用研究 ［J］. 武汉大学学报（工学版），2021，54（1）：8-14.

［9］杨艳生，史德明，姚宗虞. 侵蚀土壤地表径流和土壤渗透的研究 ［J］. 土壤学报，1984（2）：203-210.

［10］胡彩虹，王金星，李析男. 蓄满—超渗兼容水文模型的改进及应用 ［J］. 水文，2014，34（1）：39-45，77.

［11］水利部水文局，水利部长江水利委员会水文局，水利部黄河水利委员会水文局，等. 水文情报预报规范：GB/T 22482—2008 ［S］. 北京：中国标准出版社，2009.

基于山区地形及降雨特征预测的小流域
实时面雨量插值方法

刘 启[1,2] 张晓蕾[1,2] 刘荣华[1,2]

(1. 中国水利水电科学研究院，北京 100038；
2. 水利部防洪抗旱减灾工程技术研究中心，北京 100038)

摘 要：山区降水具有大量的不确定现象和强烈的时空异质性，由于地区、降雨分布及时空尺度等的差异，不同情景的降雨插值算法在不同环境条件下具备不同优越性。本文基于高精度地形地貌数据，以降雨区块预测运动矢量为前进方向，采用模糊匹配法对山区地形特征与降雨时空分布及运动预测结果进行匹配，从而判断出多维影响降雨的因子，建立面雨量插值因子库。建立基于确定性空间插值方法及地统计学两类方法的插值算法库，实时链接到插值因子库，动态选择相应降雨情境下最优插值算法模型及参数组合，从而获取全国范围内山区小流域面雨量最优插值结果。

关键词：面雨量监测；山洪灾害；空间插值算法

1 前言

利用地面观测数据进行空间插值是研究区域降雨空间分布规律的主要方法之一，而空间插值方法的选择是决定降雨空间插值质量的主要因素，现有的研究主要集中于如何在现有观测条件基础上利用高精度的山区降雨空间插值方法获取高精度的流域面雨量。

由于地区、降雨分布及时空尺度等的差异，适用于不同情景的空间插值方法具有很大差异，目前的确定性方法和地学统计插值方法各有优缺点，不能适用于所有的情景，而目前的研究成果中，并没有根据不同的地区情景和降雨特征情景给出的不同的最优插值方法。影响降雨插值精度的因素非常多，包括地形地貌、坡度、经纬度、站点分布情况等基础环境因素，也包括降雨时空分布特征预测、降雨运动矢量特征预测等因素，仅仅采用某一种插值方法，基于某一种参数模型，无法覆盖所有的地形区和降雨情景，未能全面考虑综合因素对山区降雨空间插值的影响[1-3]。

基于以上考虑，本文提出基于山区地形及降雨特征预测的小流域面雨量插值方法，基于全国多普勒雷达体扫基数据产品及拼图产品，提取多普勒雷达强回波区块时空矢量特征和形状特征[4-7]，利用3D卷积神经网络建立时空序列预测模型，提取降雨区块时空分布及移动预测结果及历史运动轨迹，基于高精度地形地貌数据，以降雨区块预测运动矢量为前进方向，采用模糊匹配法对山区地形特征与降雨时空分布及运动预测结果进行匹配，从而判断出多维影响降雨的因子，建立面雨量插值因子库。建立基于确定性空间插值方法及地统计学两类方法的插值算法库，实时链接到插值因子库，动态选择相应降雨情境下最优插值算法模型及参数组合，从而获取全国范围内山区小流域面雨量最优插值结果，主要用于山区复杂地形情况下的高精度小流域面雨量获取，从而实现准确的复杂地形区山洪灾害预警预报工作。

作者简介：刘启（1983—），女，高级工程师，主要从事防洪减灾工作。

2 降水区运动预测

2.1 降水区特征提取

基于多普勒雷达体扫基数据产品及雷达拼图产品，获取雷达观测基本反射率样本，将雷达观测基本反射率样本叠加同时间分辨率的站点气象要素实测值，建立实测站点-雷达图像样本组。提取降雨回波区块时间特征、空间方向特征和形态特征，并作为特征样本输入3D卷积神经网络全连接层。

优选多普勒雷达数据源为中国气象局专线共享的全国6 min单站雷达体扫基数据产品及全国雷达拼图产品，数据产品分辨率空间分辨率1 km×1 km。地面观测站点（地面基准站点）为全国4万个多要素观测站及2 170个标准气象站观测数据，气象要素包括降雨、风力、风速等，时间分辨率5 min。将雷达反射率图片和气象要素数据进行时间维归一化标准处理，统一为6 min时间间隔数据（时间分辨率为6 min）。

基于不同像元尺度要求（50 m，100 m，200 m，1 000 m）划分网格，每张雷达图像大小为[101，101]像元，对应不同的空间覆盖范围，每个像元反映反射率因子值。提取地面实测站点分布情况，将地面实测降雨值与雷达回波反射率图像叠加，建立实测站点-雷达图像样本组。样本组根据雷达扫描仰角分为4个高度层，每组120 min，包含4个高度层上的图像，每组图像共80幅，样本组具有时序属性，适合深度神经网络对数据进行训练与学习。

将实测站点-雷达图像样本组根据时序排列，每2帧相邻图像进行回波轨迹追踪，利用SIFT定位算法在一定时间间隔内进行空间坐标匹配，获取流场速度矢量；利用时间外推样本组图像，提取运动回波的时间特征、空间特征的矢量；从全局样本图像中提取云团形状的整体形态特征。

时间特征、空间特征的矢量包括：时间维、空间维像素平均值、最大值、极值点个数、方差等特征要素；云团形状的整体形态特征包括：云团运动速度、方向、加速度、流线曲率、SIFT描述子的直方图、监测点位置、检测点反射率与最大值比值等。

2.2 降水区运动预测

取根据时序排列样本集中三维空间图像数据作为时序数据立方体，样本既包含空间特征也包含时序信息，作为3D卷积神经网络的输入。选取样本集中30个不同时序、4个不同高度通道的样本图像生成训练集和测试集，使用样本进行训练，首先进行模型参数初始化，然后采用卷积层内积运算获取特征值，然后在池化层进行采样进入全连接层，计算RMSE并进行验证集的迭代测试，最后输出回波降雨区块未来2 h的降雨预测结果，包括时空分布、移动方向、移动速度、降雨量等，同时，以6 min为间隔标记历史运动轨迹。降水运动轨迹预测流程如图1所示。

3 基于山区地形及降水预测的面雨量插值方法

3.1 面雨量插值因子库构建

与目标区域内降雨因素相关的多维因子（影响面雨量插值方法选择的影响因子，面雨量插值因子）有很多，坡度、坡向、风向坡向夹角（PWEI）、高程是山区降雨分布最重要的影响因子，另外还包括经度、纬度、小流域范围内平均海拔、最高海拔、距海岸线距离、预测降雨大小、预测降雨分布、降雨移动速度、雨带到达时间等，综合所有影响因子，建立面雨量插值因子库。

以降雨区块预测运动矢量为前进方向，提取未来2 h内的运动矢量轨迹。以5 km作为单位标记所有降雨区块运动点。采用模糊匹配法搜索整条运动轨迹中所有的高坡度区域，确定迎风坡、背风坡，计算风向和坡向夹角获得主风向效应值PWEI。

根据匹配出的地貌地形数据和降雨时空分布预测结果，获取目标小流域的基础参数数据和面雨量插值因子，如表1所示。

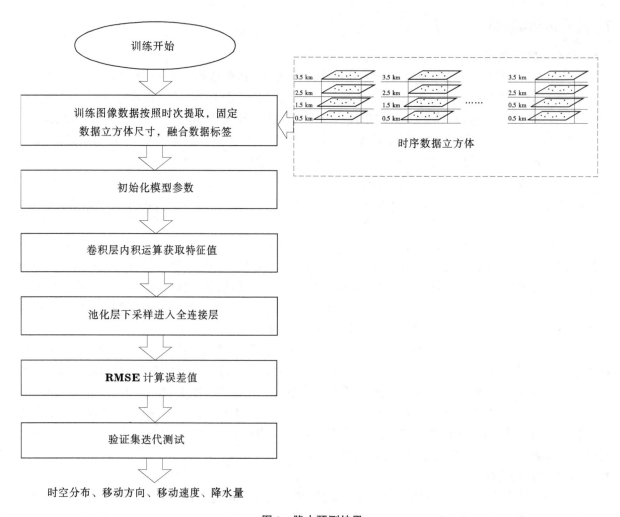

图 1　降水预测结果

表 1　面雨量插值因子

基础数据	小流域降雨测站的分布、站点密度、插值像元尺度（50 m, 100 m, 200 m, 1 000 m），站点异常率
面雨量插值因子	坡度、坡向、风向坡向夹角（PWEI）、高程、经度、纬度、小流域范围内平均海拔、最高海拔、距海岸线距离、预测降雨大小、预测降雨分布、降雨移动速度、雨带到达时间

3.2　面雨量最优算法选择模型及最优参数组合模型

目前，没有任何一种降雨插值方法适用于所有地形和降雨时空分布状况，但是，每一种插值方法都在特定情景下具有优势，集成 6 类主要插值算法，建立插值算法库，综合分析不同降雨情境和地形条件下，面雨量插值因子对面雨量插值精度的影响，建立综合最优算法选择模型及最优参数组合模型，可以获取不同环境下的最优插值方法，获得最优面雨量插值结果。算法库中包含的 6 类插值算法有：泰森多边形法、反距离权重法、样条法、普通克里金插值方法、回归克里金插值方法、协同克里金插值方法[1-2]。

除了面雨量插值因子库，基础数据也是影响最优插值算法选择的重要因素，基础数据库包括小流域降雨测站的分布、站点密度、插值像元尺度（50 m, 100 m, 200 m, 1 000 m），站点异常率，基于不同算法原理及特征，综合分析不同降雨情境和地形条件下，不同情景、不同相关因子条件下降雨插值算法的适用性，按照多级标准动态选择最优化的插值算法及相应的参数组合，建立综合最优算法选择模型及最优参数组合模型，如表 2 所示。

表2　最优算法选择模型及最优参数组合模型

插值算法	实时地形及降雨情景	相关性
泰森多边形法	面雨量插值因子：坡度、坡向、风向坡向夹角（*PWEI*）、高程、经度、纬度、小流域范围内平均海拔、最高海拔、距海岸线距离、预测降雨大小、预测降雨分布、降雨移动速度、雨带到达时间；基础数据库：小流域降雨测站的分布、站点密度、插值像元尺度（50 m，100 m，200 m，1 000 m）、站点异常率	1级相关因子：小流域降雨测站的分布、站点密度、站点异常率。 2级相关因子：像元尺度、小流域范围内平均海拔、最高海拔。 首选因子：站点异常率≥15%、站点密度像元尺度≥1 000 m。 否决因子：①坡向迎风坡、背风坡（对于复杂地形、迎风坡背风坡条件而言，确定性方法难以模拟地形起伏对于降雨量的影响，可靠性低，坡面情况不予考虑）；②站点密度 *N*≥3 个/km²，泰森多边形不考虑邻近点观测结果，因此容易导致突变点，站点密度足够时不采用此算法
反距离权重法		1级相关因子：小流域降雨测站的分布、站点密度、站点异常率。 首选因子：站点密度 *N*≤3 个/km²。 否决因子：①如果数据点集存在孤立点；②迎风坡、背风坡（对于复杂地形、迎风坡背风坡条件而言，确定性方法难以模拟地形起伏对于降雨量的影响，可靠性低，坡面情况不予考虑）
样条法		1级相关因子：小流域降雨测站的分布、站点密度。 2级相关因子：像元尺度、小流域范围内平均海拔、最高海拔。 否决因子：迎风坡、背风坡
普通克里金插值方法		1级相关因子：小流域降雨测站的分布、站点密度、像元尺度、站点异常率。 首选因子：站点密度 *N*≥10 个/km²，且站点异常率 *k*≤5%，无坡向。 否决因子：①站点密度 *N*≤3 个/km²；②迎风坡、背风坡（普通克里金不考虑地形和气象因素影响，同等条件下回归克里金插值方法和协同克里金插值方法更精确）
回归克里金插值方法		1级相关因子：小流域降雨测站的分布、站点密度、像元尺度、站点异常率、坡度、坡向、风向坡向夹角（*PWEI*）、高程。 2级相关因子：预测降雨大小、预测降雨分布、降雨移动速度、雨带到达时间。对各因子进行共线性分析，容忍度小于0.2表示因子间共线性存在，容忍度小于0.1表示因子间有明显共线性。 首选因子：站点密度 *N*≥10 个/km²，且站点异常率 *k*≤5%，有坡向。 回归因子：经纬度、坡度、坡向、小流域范围内平均海拔、最高海拔作为变量进行回归。 否决因子：①站点密度 *N*≤3 个/km²；②迎风坡、高海拔、线性度小于1.5时不采用回归克里金插值方法
协同克里金插值方法		1级相关因子：小流域降雨测站的分布、站点密度、像元尺度、站点异常率、坡度、坡向、风向坡向夹角（*PWEI*）、高程。 2级相关因子：预测降雨大小、预测降雨分布、降雨移动速度、雨带到达时间。 首选因子：迎风坡、背风坡（在山地更适合采用协同克里金插值方法，因为降雨受迎风坡、背风坡的影响较大，所以与坡向因子相关性较高）。 协同因子选择：协同克里金插值方法只能插入3个辅助变量，目前的变量因子较多，根据列表对多个参数进行三三组合，获取拟合度 R^2 最高值，选取拟合度最高的组合进行协同克里金插值方法。 否决因子：站点密度 *N*≤3 个/km²

插值算法优选模块通过链接面雨量插值因子库和基础数据库，同时获取当前情景下目标小流域所有相关因子。最优算法选择模型按照①否决因子→②首选因子→③1级相关因子→④2级相关因子的顺序进行多级选择，以相关度高、相关因子多为原则确定最佳插值算法。模型计算流程如图2所示。

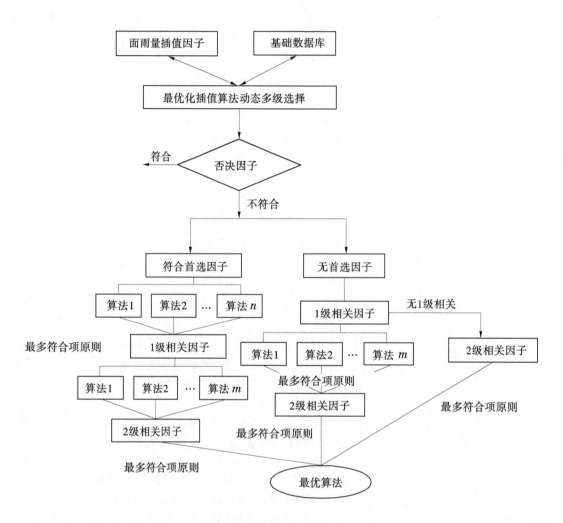

图2　最优插值算法及插值参数组合计算流程

动态提取相应降雨情境下的最优插值算法及相应插值参数，计算当前小流域面雨量，获取小流域降雨空间最优插值结果。

4　结论与展望

为了获取高精度山区面雨量，面雨量插值算法需要能够适用于不同情景，在不同环境条件下具备不同优越性。针对目前单一的各类降雨插值算法的适用性不强、面对不同的基础环境条件和降雨时空特征时，经常出现变异极值及误差、仅适用于某一情景或固定地区的问题，提出了基于山区高精度地形地貌及降雨特征预测的小流域面雨量插值方法，主要用于山区复杂地形情况下的高精度小流域面雨量获取，用于全国山洪灾害预警预报系统中的面雨量计算问题，能够在大范围内进行推广应用，为山洪灾害的预警与决策提供帮助。

参考文献

[1] 刘金涛，张佳宝. 山区降水空间分布的插值分析 [J]. 灌溉排水学报，2006，25（2）：34-37.

[2] 张继国，谢平，龚艳冰，等. 降雨信息空间差值研究评述与展望 [J]. 水资源与水工程学报，2012，23（1）：6-13.

[3] 金浩宇，鞠琴，李思言. 以尼洋河流域为例探究高原山区降水插值方法 [J]. 人民珠江，2019，40（3）：9-12.

[4] 愈小鼎，姚秀萍，熊廷南，等. 多普勒天气雷达原理与业务应用 [M]. 北京：气象出版社，2006.

[5] 牛睿平，唐跃平. 利用雨量雷达构建面雨量自动监测系统 [J]. 水利信息化，2015（1）：33-36.

[6] 刘黎平，葛润生，张沛源. 双线偏振多普勒天气雷达遥测降水强度和液态水含量的方法和精度研究 [J]. 大气科学，2002，26（5）：709-719.

[7] 张家国，王珏，周金莲，等. 暴雨多普勒天气雷达回波特征分析及临近预警 [J]. 暴雨灾害，2008，27（4）：326-329.

山洪水沙灾害风险评估指标体系选取探究

牛志攀[1,2]　龙　屹[1]　第宝锋[1]　徐礼来[1]

(1. 四川大学 灾后重建与管理学院，四川成都　610207；
2. 四川大学 水力学与山区河流开发保护国家重点实验室，四川成都 610065)

摘　要： 山洪灾害的预警和动态风险评估是山区防灾减灾的重要措施。本文基于前人提出的山洪灾害风险评估指标体系，梳理了与山洪水沙灾害密切相关的指标及其阈值，从危险性、暴露、敏感性及适应能力四个方面选择代表性指标用于构建山洪水沙灾害风险评价框架，根据指标选取原则构建了较为全面的山洪水沙灾害风险评估指标体系，以期推进山洪水沙灾害风险评估指标体系的构建，为我国山洪水沙灾害风险评估提供支撑。

关键词： 山洪水沙；灾害风险评估；指标选取；指标体系

1　引言

山地区域地形险峻，表层风化层厚，局地暴雨频发，洪水陡涨猛落，沟床冲淤调整剧烈，山洪水沙运动耦合致灾突出，严重威胁着山区人民的生命财产安全。山洪水沙灾害动态评估和预警防控，是我国当前山丘区防灾减灾的一个重要战略方向，也是重点和难点。

目前国内外许多研究已经初步建立了山洪灾害风险评估和预警体系，主要考虑山区暴雨洪水灾害，基于区域气象条件、水文水力、地形地貌等因子，大多按照"暴雨—洪水—水位"的思路[1]，主要关注了"水"的影响，而忽视了"泥沙"在山洪灾害中的作用。山洪水沙灾害其诱发因素也是短期强降雨，与山洪洪水灾害不同的是，山洪水沙灾害中的水沙耦合作用往往影响水沙输运过程、造成泥沙淤积以及引起水位激增，此外，泥沙淤积溃决还有可能产生类似堰塞坝溃决的灾害效应，该灾害过程强调"暴雨—洪水—泥沙—沟床响应—水位升高"的作用关系[2]。山区暴雨山洪灾害实例表明，泥沙补给与洪水的耦合作用往往是重大山洪灾害发生的关键因素，水沙灾害同时发生，二者相互交错，泥沙不仅会改变水沙输运过程、引起河床响应突变和洪水位激增等，还可能引发堰塞坝、泥石流和滑坡等次生灾害，水沙耦合容易导致"小水大灾"的现象[3]。

山洪灾害呈现分布范围广、突发性强、受灾频繁、危害大且损失严重的特点[4]。目前国内外许多学者建立了山洪灾害风险评价体系，但主要考虑洪水灾害，山洪中的泥沙灾害问题常常未被作为独立的灾害来研究。而实际中山洪水沙灾害包括水灾和沙灾两层含义，是灾害的两种形式，具有灾害的一般特性[5]。由于泥沙灾害与水灾之间相互交错，现有研究将山洪与水沙分开研究与现实是不符合的，在山洪灾害出现时，往往同时伴随着水沙灾害，水沙所带来的冲刷淤积等作用同样形成了次生灾害扩散危险。目前山洪灾害风险因子与指标体系较少从水沙耦合的角度考虑，相较于其他领域内成熟的风险评估体系，山洪水沙灾害的风险评估研究发展缓慢。因此，在洪水与泥沙灾害耦合的基础上，本文旨在更加清晰深刻地认识山洪水沙灾害，探究山洪水沙灾害风险评估指标体系的构建，为我国山区暴雨山洪水沙灾害风险评估提供支撑。

基金项目： 国家重点研发计划项目"山区暴雨山洪水沙灾害风险动态评估与预警技术"（2019YFC1510704）；四川省应用基础研究项目（2020YJ0321）。

作者简介： 牛志攀（1984—），男，副教授，主要从事水灾害研究工作。

2 山洪水沙灾害风险评估指标统计与阈值分析

2.1 山洪水沙灾害风险评估指标统计

本文通过多种手段获取研究区环境背景资料、历史灾害事件及活动特征、典型山洪水沙灾害特征等相关资料和文献，分析归纳多个因子与山洪水沙灾害风险之间的作用机制，开展山洪水沙灾害风险评估指标研究。鉴于水沙灾害与山洪洪水灾害以及山洪泥石流灾害之间的关联性，从105份与山洪指标体系、泥石流指标体系以及水沙指标体系有关文献中，一共筛选出了53个不同的评价指标。所统计的文献资料来源于中国水利、地理研究、水文、水利水电技术、山地学报、人民黄河、人民长江、灾害学等多家具有权威性的期刊单位。所统计出的评价指标主要涉及山洪物理性质、降雨相关指标、地形地质特点、灾害相关指标等几个方面。得到表1所示的指标统计表。其余未列出的32项指标出现概率均在5%以下，未在表中罗列。

表1 山洪水沙评价选取指标统计 %

指标	出现概率	指标	出现概率
降雨量	66	洪水流速	11
坡度	54	成灾水位	9
植被覆盖率	31	地形起伏度	8
地质岩性	29	气候分区	8
径流量	22	河网密度	8
高程	15	冲淤变化	7
人口密度	13	土壤含水量	7
河床类型	13	经济财产	7
含沙量	13	道路密度	6
土地利用类型	13	洪峰流量	5
水库建设	11		

注： 出现概率是指该指标被用于风险评价的次数比上总的被统计文献数。

2.2 山洪水沙灾害风险评估指标阈值分析

除了将所读文献中出现的指标进行统计整理，我们还将文献中出现过的各指标的致灾阈值也进行了统计整理，希望该数据可以为后期指标体系建立以及风险等级划分提供参考。具体统计数据如下。

2.2.1 危险性指标

1 h 降雨量：临界值分布在30~70 mm，即当研究区的1 h 降雨量小于30 mm时，大概率不会引起山洪暴发[6-13]；24 h 降雨量：在甘肃、云南、湖南以及陕西等地达到90 mm时大都会提高山洪发生的概率[8,13-16]，对于亚洲其他一些国家，如印度日降水量达到70 mm洪水风险等级就达到中风险[17]；年降雨量：东南沿海地区的该临界值较高，分布在1 700~2 000 mm[18]，贵州、重庆、四川等地由于地形地质更复杂，对降雨量这一致灾因子的阈值接受范围相比东南沿海地区更小[19-20]，其分布在1 100~1 200 mm。

2.2.2 暴露指标

经济财产GDP和人口密度可以反映山洪灾害承灾体的脆弱性，往往人口密集、经济发展水平高的地区更应受到重视。根据自然间断法进行1~5级的风险分级，等级越高代表山洪灾害风险性越大，经济财产GDP（元）被分为<392.16、392.16~2 431.37、2 431.37~6 274.51、6 274.51~10 666.67、>10 666.67五个等级[15]；人口密度（人/km²）分为<1 558.12、1 558.12~5 648.19、5 648.19~

13 049. 25、13 049. 25~25 319. 56、>25 319. 56 五个等级[15]。

2.2.3　敏感性指标

土地利用类型：类型一般可分为林地、草地、耕地和居民地，其风险等级为林地<草地<耕地<居民地[14-15]；坡度：在山洪灾害中地表越陡峭，越易引发山洪灾害，即坡度值越大，山洪灾害风险等级越高，前人基本将等级分为 4 个，0°~15° 为低风险；15°~30° 为中风险；30°~60° 为高风险；60°~90° 则为极高风险[18-19]；河网密度（km/km²）：能很好表征河流的冲刷作用，河网密度越大，山洪灾害危险性越高。前人基本将等级分为 4 个，0~0.5 为低风险；0.5~1.0 为中风险；1.0~1.5 为高风险；大于 1.5 则为极高风险[21]；地质岩性：曹琛等在对北京市房山区西区沟小流域的研究中将地质岩性分为硬岩、砾类土、黏性土、粉砂黏土、砂类土，风险等级逐步升高[22]，而 Thirumurugan 等在对印度泰米尔纳德邦的洪水风险研究中，黏土类地质的风险等级也是最高的[17]；高程：反映了地势的起伏度，各研究区高程临界值区别较大，据已有的数据可以得出低海拔地区高程在 150~450 m 危险程度最高，高海拔地区则在 1 000~1 200 m[22-24]；植被覆盖率：植被可以减轻地表径流对坡面土层的直接冲刷，防治和减慢山洪的发生，广泛应用于山洪灾害的分析，前人对植被覆盖率的等级划分大都一致，60%~100% 为低风险；30%~60% 为中风险；20%~30% 为高风险；小于 20% 则为极高风险[14,19-20]。

对于含沙量和河床类型两个指标，在所读文献中，不少研究者认为这是影响山洪水沙灾害的重要指标，而河道的冲淤变化也是涉及水沙耦合作用的重要内容；但却都未出现明确临界值已经对应的风险等级划分，本文提出的山洪水沙灾害指标体系框架也将含沙量和河床类型作为重要的指标，就这两个指标的风险阈值来说，以往研究成果能够明确给出具体临界值仍然较少，本文涉及的指标体系方面，在梳理出指标之后将采用层次分析和现场调研对这些指标的作用机制和贡献率进行进一步研究。

3　山洪水沙灾害风险评估指标体系框架构建

以表 1 中的统计数据作为参考，围绕山洪水沙灾害风险，从危险性、暴露、敏感性及适应能力四个方面选择代表性指标用于构建山洪水沙灾害风险评价框架，如图 1 所示，其中，洪水危险性、暴露、敏感性与风险呈现正相关，适应能力与山洪水沙灾害风险呈现负相关。该框架所包含的指标不仅考虑了气象环境、水文环境等对山洪水沙灾害的影响，还将社会环境和人文环境充分考虑其中，是一个涵盖自然、社会和人的全面评价体系。

3.1　山洪水沙灾害风险评估指标选取原则

为了使评价体系更具科学性、准确性以及代表性，在建立山洪水沙灾害风险评价指标体系时应该遵从以下原则：

（1）全面性：一般来说选择的指标越多，可以反映的客观条件就越多，对灾害的风险等级评价结果就会越精确。结合山洪水沙灾害的形成原因以及区域灾害系统理论，从危险性、敏感性、暴露以及适应能力四个方面综合考虑，选取能科学代表这四个方面的指标，继而可以全面地反映出研究区山洪水沙灾害的各方面情况。

（2）代表性：由于山洪水沙灾害的形成是由多种因素耦合产生的，以及构建山洪灾害风险性评价体系时存在众多复杂的评价指标，很多指标相互叠加、相互制约，选择太多的指标会增加不必要的计算工作量，且各指标的权重计算可能存在较大误差。所以，选取评价指标时，在考虑指标全面性的同时要分清主次、突出重点，选择的指标应能够客观、直接反映山洪灾害的特点。

（3）数据的可得性：根据研究区的实际情况，所选取的指标的数据应该是可以获取的且具有操作性的。若选取的指标其数据不可获得或者其数值难以量化，则会影响整个风险评价体系的准确性。

3.2　山洪水沙灾害风险评估指标体系构建

根据 3.1 节所述原则构建了具有科学性、准确性以及代表性的山洪水沙灾害风险评价指标体系层次模型，如图 2 所示。指标体系有目标层、准则层、子准则层和指标层四个层次：目标层为山洪水沙

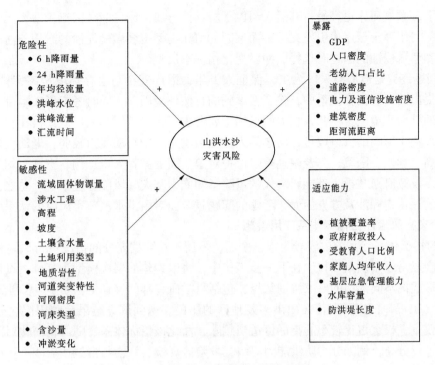

图1　山洪水沙灾害风险评估概念框架

灾害风险评价指标体系；准则层包括山洪水沙灾害危险性、敏感性、暴露及适应能力四个方面；子准则层则是将各个指标进行归纳分类，将代表危险性的指标分为代表气象和水文两类，代表暴露性的指标分为反映社会经济条件和基础设施两个大类，代表敏感性的指标分为地理地质条件和水文条件两类，适应能力分为工程措施和非工程措施两类。

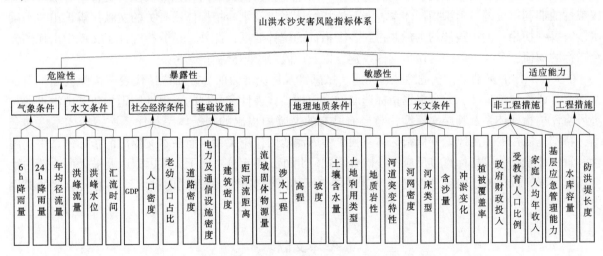

图2　山洪水沙灾害风险评价指标体系层次模型

与当前已有的文献中提出的指标体系相比，该指标体系更为全面，特别是以往的山洪风险评价指标体系很少考虑泥沙的作用关系，但是在实际山洪案例中经常观察到泥沙的淤积现象，特别是在西南山地地区，固体物源又较为丰富，所以考虑了含沙量这一能直接影响泥沙淤积效果的指标。此外，在河道比降变缓处、河（沟）道交汇处、河（沟）道展宽处、河（沟）束窄处、河（沟）道弯曲处，泥沙可能淤积在本河段，导致洪水位抬高，故加入河道突变特性指标来反映此类问题；再如不同的河床类型的过流能力也有所差异，顺直河床的过流能力与弯曲河床相比就更良好些，在面临来流流量突然增大的情况下，顺直河床更容易将其引入河段下游，而弯曲河床可能会因流量增大无法良好过流而导致水位升高，河水蔓延至岸边引发灾害，而不同的河床类型也会影响泥沙的淤积与河床的侵蚀。在考虑泥沙淤积和河床侵蚀的问题时选择以冲淤变化指标来反映。

研究灾害问题终究是以服务人民为主，保证人类生命财产安全与生存环境是灾害科学研究目的。所以，在本次提出的评价指标体系中，除了考虑到的自然环境因素，同时考虑了人本身的影响因素以及被人所改造的社会环境因素。和人相关的指标主要考虑了人口密度和人口老幼占比，人口密度直接反映受山洪水沙灾害影响的人口数量，而老幼人口在山洪避险中行动能力较弱，老幼人口占比越高的地区脆弱性越高。学校、医院、养老院是重点保护对象。而受教育人口比例、家庭人均年收入、基层应急管理能力以及政府财政投入都能影响人的风险感知能力和灾害风险管理水平。总之，能影响山洪水沙灾害风险的评价指标涉及方方面面，考虑的问题越全面对山洪水沙灾害风险的认识就越深刻。

3.3 山洪水沙灾害风险评估指标体系应用设想

前文提出的指标体系涵盖的内容较为丰富全面，适用于在数据充分的情况进行风险评估，但是在实际应用中则会显得过于复杂冗长。在下一步工作中，将以构建的层次模型为基础，设计专家问卷调查表，以问卷形式向不同部门的专家咨询意见，包括科学研究部门（研究人员）、水利部门（政府）、水利设计机构（工程师）以及居住在山洪多发地区的居民。得到调查结果后利用层次分析法计算得出各个指标的权重，权重占比较小的指标可适当删除，简化该指标体系。随后将简化后的指标体系根据不同的特征进行分类，例如分为防洪能力等级、危险区规模、社会与自然适应能力等级、水沙耦合作用程度等几大类，在给对应的指标进行综合等级打分，从而快速地得到研究区的山洪水沙灾害风险等级，以此更方便快捷地将该指标体系投入实际应用。

4 结论

本文聚焦山洪水沙灾害风险评估，探讨了为构建该评估体系的指标选取。分析统计了 105 份来源于中国水利、地理研究、水文、水利水电技术、山地学报、人民黄河、人民长江、灾害学等多家具有权威性的期刊单位的与山洪指标体系、泥石流指标体系以及水沙指标体系有关的文献，辨识出与山洪水沙灾害密切相关的风险评估指标并得到各个指标的统计数据，此外，还分析统计了文献中出现的各个指标的阈值，希望可以为后期指标体系建立以及风险等级划分提供参考。

在统计工作的基础上，从危险性、暴露、敏感性及适应能力四个方面选择代表性指标提出了山洪水沙灾害风险评价框架，并且根据指标选取的全面性、代表性和数据的可得性原则构建了山洪水沙灾害风险评估指标体系及其层次模型，与当前已有的文献中提出的指标体系相比，该指标体系更为全面，特别是以往的山洪风险评价指标体系很少考虑泥沙的作用关系，而在本文提出的指标体系中利用含沙量、冲淤变化等指标直接反应泥沙耦合问题。此外，还充分考虑了人文因素以及被人所改造的社会环境因素，以期推进山洪水沙灾害风险评估指标体系的构建，为我国山洪水沙灾害风险评估提供支撑。

参考文献

［1］王协康，杨坡，孙桐，等．山区小流域暴雨山洪灾害分区预警研究［J］．工程科学与技术，2021，53（1）：29-38.

［2］刘超，聂锐华，刘兴年，等．山区暴雨山洪水沙灾害预报预警关键技术研究构想与成果展望［J］．工程科学与技术，2020，52（6）：1-8.

［3］李秀霞，吴腾．黄河下游河道对水沙过程变异响应［J］．科技导报，2010，28（20）：25-28.

［4］马美红，王中良，喻海军，等．山地城市内涝与山洪灾害综合防御探讨［J］．人民黄河，2019，41（9）：59-64.

［5］邓金运．流域水沙输移模型及其在长江上中游的应用［D］．武汉：武汉大学，2003.

［6］王超．四会市山洪灾害分析评价［J］．广东水利水电，2018（5）：15-18.

［7］原文林，付磊，高倩雨．基于极端降水概率分布的山洪灾害预警指标估算模型研究［J］．水利水电技术，2019，50（3）：17-24.

［8］陈文辉．山洪灾害防治非工程措施中预警指标的确定——以甘肃省陇南市宕昌县为例［J］．广东水利水电，2011（3）：65-67.

［9］高宇恒．绥中县小岭屯山洪灾害预警指标复核探析［J］．地下水，2019，41（2）：152-154.

［10］周伟凯，金翠翠，李新德．小流域山洪灾害雨量预警指标分析研究［J］．人民珠江，2017，38（9）：37-42.

［11］牛亚男．山洪灾害预警指标计算及检验［D］．武汉：华中科技大学，2017.

［12］刘家琳，梁忠民，王军，等．昆明市盘龙区山洪灾害分析评价方法［J］．水电能源科学，2018，36（4）：53-56.

［13］许文涛，张平仓，任斐鹏，等．金沙江下游地区山洪灾害防治非工程措施适宜性评价［J］．中国水利，2016（3）：50-52.

［14］田运涛，王高峰，高幼龙，等．基于组合赋权模糊综合评价的泥石流危险度评价——以白龙江中游为例［J］．人民长江，2018，49（S1）：81-85.

［15］朱恒槺，李虎星，袁灿．基于区域灾害系统和 ArcGIS 的山洪灾害风险评价［J］．人民黄河，2019，41（6）：21-25.

［16］陈明，王运生，梁瑞锋，等．基于云模型的单沟泥石流危险性模糊综合评价［J］．人民长江，2018，49（10）：66-71.

［17］Thirumurugan P, Krishnaveni M. Flood hazard mapping using geospatial techniques and satellite images-a case study of coastal district of Tamil Nadu［J］. Environmental Monitoring Assessment, 2019, 191（3）：193.

［18］徐兴华，唐小明，游省易，等．东南沿海山区小流域突发地质灾害动态风险评价与应急预警［J］．灾害学，2018，33（4）：78-85，92.

［19］吴建峰，张凤太，颜潇，等．基于 GIS 和 AHP 方法的喀斯特地区泥石流危险性评价［J］．人民珠江，2017，38（12）：86-90.

［20］孙欣，林孝松，何锦峰，等．基于 GIS 的山区镇域山洪灾害危险性分区及评价［J］．重庆工商大学学报（自然科学版），2014，31（9）：82-88.

［21］左倩云，林孝松，韩赜，等．山区镇域山洪灾害危险评价研究［J］．绿色科技，2014（2）：223-227.

［22］曹琛，陈剑平，宋盛渊，等．煤矿采空塌陷区山洪危险性评价［J］．东北大学学报（自然科学版），2016，37（11）：1620-1624.

［23］李朝仙，赵翠薇．高原山地区山洪灾害风险评价——以贵州省赫章县为例［J］．贵州科学，2018，36（1）：31-37.

［24］罗日洪，黄锦林，王立华．海南省五指山市山洪灾害分析评价［J］．广东水利水电，2017（7）：34-39.

基于高分三号雷达遥感影像的洪涝灾害监测——以郑州"7·20"特大暴雨灾害为例

何颖清[1,2]　齐志新[3]　冯佑斌[1,2]　何秋银[1,2]

(1. 水利部珠江河口动力学及伴生过程调控重点实验室，广东广州　510611；
2. 珠江水利委员会珠江水利科学研究院，广东广州　510611；
3. 中山大学地理科学与规划学院，广东广州　510275)

摘　要：洪涝灾害遥感监测的关键在于水体的提取，而不同极化方式水体和非水体的差异度不同；且自然水体与洪水的特征相似，一景雷达影像很难将自然水体与洪水区分开来。本研究首先基于高分三号雷达影像，通过对比训练样本发现，HV 极化较 HH 极化能够更好地显示水体和非水体的差异，更适合洪涝区域的检测。基于洪灾前、后获取的高分三号 HV 影像，采用图像差值法提取了 2021 年 7 月 20 日郑州市洪水受淹范围。提取结果显示洪涝区域的检测精度、误报率及总体精度分别为 90.72%、1.63% 和 97.85%。研究结果表明，利用高分三号雷达遥感影像可以及时准确地提取洪涝灾害范围，为评估洪涝灾害风险区域、辅助紧急救援组织以及城市未来的发展规划提供技术支持。

关键词：洪涝灾害；高分三号；合成孔径雷达；郑州洪水

1　引言

洪涝灾害是具有重大威胁和破坏的自然灾害之一。与世界上其他自然灾害相比，洪水具有最大的破坏潜力，影响人数众多。我国是全球气候变化的敏感区和脆弱区，也是暴雨洪涝发生最频繁的国家之一。随着人口快速增长和社会经济的发展，单位面积承载量和基础设施、物质财富等暴露度的持续增加，洪涝灾害造成的经济损失与人员伤亡日趋严重[1]。在我国，很多城市都遭受过严重的洪涝灾害，尤其是在我国东部城市。由于城市地区建筑物和人口密集、关键基础设施落后，往往使洪涝灾害事件的经济损失、人员伤亡、社会影响非常大[2]。及时、准确地提取受淹区域是洪涝灾害监测研究的重要内容，对评估洪涝灾害风险区域、保障人民群众生命财产安全、减少社会经济损失、辅助紧急救援组织以及城市未来的发展规划具有重要意义。

由于洪涝灾害具有范围大、空间分布广泛的特点，通过地面观测方法或者使用无人机拍摄大范围洪水具有很大的局限性，不仅难以及时获取完整的受灾面积，而且还消耗大量人力和财力，影响应急救援时间。通常情况下有限的地面监测站所代表信息仅适用于当地情况，在宏观范围上不具有代表性。卫星遥感技术具有重返周期短、成像面积大，时效性强，可连续观测的优势，为洪涝灾害的监测、制图以及评估提供了一种快速、安全、高效的工具。光学遥感技术现在已被广泛应用于洪水动态监测研究中[3]。然而，光学遥感影像依赖太阳光成像，洪水发生时常常伴随着多云多雨的天气，使得光学遥感技术常常无法获取有效的数据，限制了其在洪涝灾害监测研究中的发展。

基金项目：珠科院科技创新自立项目（〔2021〕ky104）。

作者简介：何颖清（1985—），女，高级工程师，主要从事水环境遥感研究和水利遥感应用工作。

星载合成孔径雷达系统（synthetic aperture radar，SAR）成像不依靠太阳光，使用波长较长的电磁波，不受云、雨、雾的影响，具有全天时、全天候获取影像数据的优势。它能够弥补光学遥感的局限性，非常适用于对洪涝灾害的及时监测。近年来，极化雷达（polarimetric SAR，PolSAR）遥感技术发展迅速。与传统单极化雷达遥感影像相比，极化雷达遥感影像中包含更多的地物信息，能够实现更高精度的地物分类[4]。星载极化雷达系统，如 Sentinel‑1、RADARSAT‑2、TerraSAR‑X 和 COSMO‑SkyMed 所提供的数据目前已经开始用于洪涝灾害的监测研究[5‑7]。2016 年 8 月，我国发射了高分三号极化雷达遥感卫星。高分三号卫星重访周期为 17 d，能够获取分辨率 1~500 m、成像幅宽 10~650 km 的 C 波段多极化遥感影像，在洪涝灾害监测和防灾减灾领域具有较大应用潜力。本研究采用高分三号极化雷达遥感影像，对 2021 年 7 月 20 日郑州市及其周边地区的洪水淹没区域进行检测，探索适用于高分三号雷达影像的洪水提取方法，并分析高分三号数据在洪水监测方面的应用潜力。

2 研究区域与数据

2.1 研究区域

研究区域位于河南省郑州市及其周边城市地区（见图 1）。自 2021 年 7 月 16 日以来，河南省大部地区出现暴雨、大暴雨，卫河、贾鲁河、沙颍河、洪汝河、白河、双洎河出现涨水过程，7 月 20 日，郑州市突发特大暴雨，市区出现严重内涝，铁路、公路和民航交通瘫痪，水库溃坝，山体滑坡，造成重大人员伤亡和财产损失。截至 7 月 25 日 12 时，据河南省应急管理厅消息，此轮强降雨造成全省 139 个县（市、区）1 464 个乡镇 1 144.78 万人受灾，因灾死亡 63 人，失踪 5 人。全省已紧急避险转移 85.2 万人（累计转移安置 131.78 万人），需紧急生活救助 29.6 万人；农作物受灾面积 876 600 hm²，倒塌房屋 8 876 户 24 474 间。

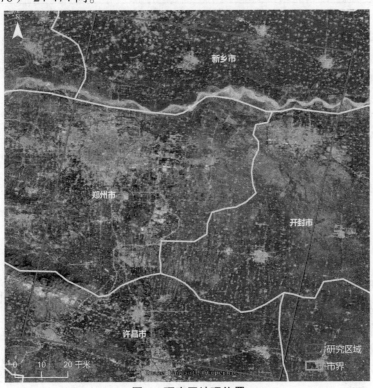

图 1　研究区地理位置

2.2 研究数据

研究收集了洪水前（2021 年 7 月 3 日）、洪水后（2021 年 7 月 20 日）两景高分三号雷达影像（见图 2），影像的获取参数如表 1 所示。两景影像的产品分辨率分别为 5.85 m 和 4.77 m，入射角度分别为 27.88°和 31.45°。两幅影像极化方式都为 HH+HV 极化。

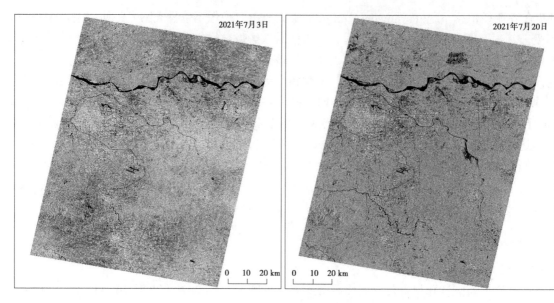

图2　高分三号极化雷达遥感影像

表1　高分三号雷达遥感影像成像参数

成像日期	产品分辨率/m	极化方式	入射角度（°）	景号	产品号
2021-07-03T22：35：11	5.85	HH+HV	27.88	9126224	5731806
2021-07-20T22：31：51	4.77	HH+HV	31.45	9181507	5764929

此外，我们通过对两幅高分三号影像进行目视解译，选取了洪水及非洪水样本，并将样本分为训练样本及验证样本两组（见表2）。训练样本主要用于分析用于洪水检测的最佳阈值，验证样本主要用于评估洪水提取的精度。

表2　洪水及非洪水样本

样本类型	训练样本		验证样本	
	区域个数	像素个数	区域个数	像素个数
洪水	61	5 786	37	4 927
非洪水	71	49 730	44	67 066

3　研究方法

常规洪水制图研究主要侧重于水体与陆地的分离。平静开阔的水面由于发生镜面反射，通常在雷达影像上呈现暗黑色，所以仅使用一景雷达影像就能够提取出水体范围。但是，由于自然水体与洪水的特征相似，利用单一雷达影像很难将自然水体与洪水区分开来，而使用多时相变化检测的方法可以去除由永久水体、雷达阴影，以及其他散射机制和水体类似的地物（如机场、开阔的马路等）等导致的误差[8]。因此，本研究采用图像差值法，对比洪灾前后的两景雷达影像，提取洪水淹没区域。方法具体流程如图3所示。

3.1　图像预处理

雷达图像预处理主要涉及辐射定标、滤波降噪和几何校正。辐射定标旨在将雷达图像的数字转换为后向散射系数，即地面范围内单位面积的雷达反射率，以便于不同时间获取的雷达影像间的对比。雷达影像中存在较多的斑点噪声，会限制雷达影像的变化检测精度，本研究采用7×7 窗口的 Lee 滤

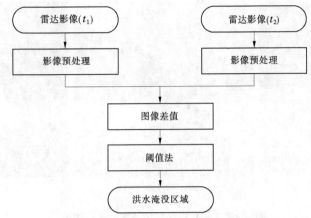

图3　基于高分三号雷达影像的洪水提取

波，抑制高分三号雷达影像中的斑点噪声，确保检测结果的精度。最后，利用高分三号雷达数据产品提供的地面控制点，对影像进行地理矫正。由于两幅影像入射角度不一样，地理矫正后的两幅影像存在着轻微的偏差。因此，我们通过人工选取控制点，对两幅影像进行了进一步的配准。

3.2　计算图像差值

图像差值法，即通过计算两幅影像间的差值获取变化强度信息。与传统的单极化雷达影像不同，本研究采用的高分三号影像为极化雷达影像，包括两种不同极化方式。因此，需要首先明确那种极化方式更适合洪水检测。我们在影像上选取了水体和非水体样本，分析了两类样本在不同极化图像上的分布。如图4所示，与 HH 极化相比，水体和非水体在 HV 极化图像上的差异更加显著。因此，本研究采用 HV 极化图像计算图像差值，即利用洪灾前的 HV 影像减去灾后的 HV 影像，具体结果如图5所示。

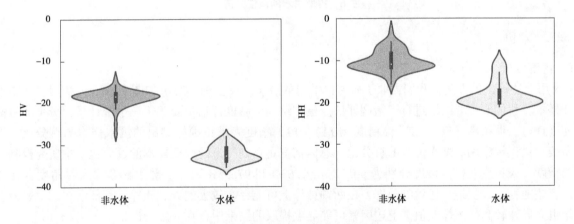

图4　不同极化图像上水体和非水体的差异

3.3　阈值确定

在差值图像上，如果地表覆盖没有发生变化，则差值一般为0。洪水淹没区域对应着其他地表覆盖（如植被、裸土等）到水体的变化，由于水体的雷达后向散射系数远低于其他地物的后向散射系数，因此洪水淹没区域在差值影像上具有较大的值（见图5）。选取合适的阈值，便可将洪水淹没区域与其他区域区分出来。本研究基于表2中的训练样本，采用决策树算法分析了提取洪水的最优阈值。如图6所示，用于提取洪水的最佳阈值为5.03。

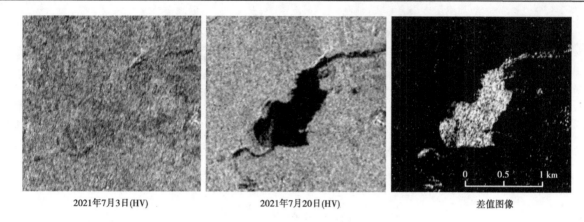

| 2021年7月3日(HV) | 2021年7月20日(HV) | 差值图像 |

图 5 基于 HV 极化影像计算的差值图像

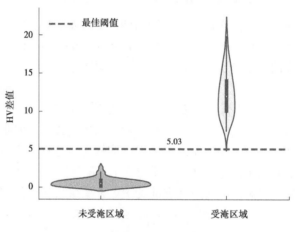

图 6 提取洪水的最佳阈值

4 结果分析

4.1 精度分析

采用上述提出的方法，我们提取了研究区域内的洪水淹没范围，结果如图 7 所示。利用表 2 中的验证样本，我们对提取结果进行了精度评估。检测结果的精度评估主要基于三个统计量，分别为检测精度（DA）、误报率（FR）和总体精度（OA）。检测精度表示正确检测出的洪水样本的百分比。误报率表示错误标记的非洪水样本的百分比。总体精度是正确标记的验证样本的百分比。本研究得到的检测精度、误报率及整体精度分别为 90.72%、1.63% 和 97.85%。由于雷达影像的入射角度存在差别，有些地物，如裸地、建筑物顶部，在两幅影像上可能存在较大差异。此外，其他潜在的地表覆盖变化也会导致较高的图像差值。上述因素可能导致提取的结果中存在一定的误报。

4.2 洪涝分析

提取结果显示，截至 7 月 20 日晚 10 时，研究区域内洪水受淹面积为 140.60 km²。黄河、双洎河河段水面明显扩张，导致部分江心洲被淹没（见图 8）。

提取结果显示郑州市区内出现了大面积的内涝。图 9 显示了发生在郑州市东风渠和南都路交界处的内涝区域。

研究还发现 7 月 20 日晚 10：30，郑州市中牟县韩寺镇荣庄村贾鲁河一段河堤发生大面积溃口，洪水淹没面积约为 12.64 km²，大片农田被淹没，可能影响的村落包括高庙范村、老鸭田村、文家村、东刘庄、胡平庄村等（见图 10）。

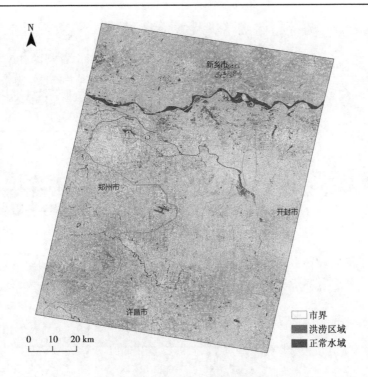

图 7 研究区域内洪水提取结果

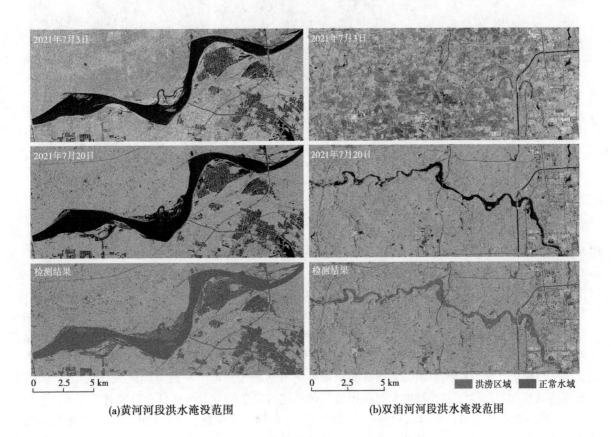

(a)黄河河段洪水淹没范围   (b)双洎河河段洪水淹没范围

图 8 双洎河河段洪水淹没范围

图 9 郑州市东风渠和南都路交界处的内涝

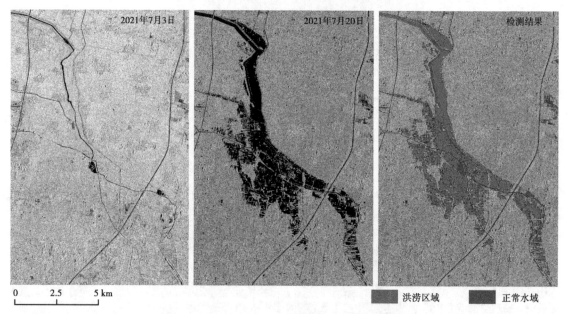

图 10 郑州市中牟县韩寺镇荣庄村贾鲁河河堤溃口

5 结论

本研究采用高分三号极化雷达遥感影像，提取了 2021 年 7 月 20 日发生在郑州市及其周边地区的洪涝区域。研究发现，与 HH 极化相比，HV 极化能够更好地显示水体及非水体差异，更加适合洪涝区域的检测。研究采用洪灾前后获取的 HV 影像，利用图像比值法提取了洪涝灾害范围，检测精度、误报率及总体精度分别为 90.72%、1.63% 和 97.85%。研究发现，截至 2021 年 7 月 20 日晚 10 时，研究区域内受淹面积为 140.60 km²，郑州市区内出现了大面积的内涝，黄河、双泊河河段水面明显扩张，导致部分江心洲被淹没。郑州市中牟县韩寺镇荣庄村贾鲁河一段河堤发生大面积溃口，洪水淹没面积约为 12.64 km²，大片农田被淹没，可能影响的村落包括高庙范村、老鸭田村、文家村、东刘庄、胡平庄村等。研究结果表明，利用高分三号极化雷达影像，可以及时准确地提取洪涝灾害范围，为对评估洪涝灾害风险区域、辅助紧急救援组织以及城市未来的发展规划具有重要意义。

研究同时发现由于雷达影像入射角存在差别，某些地物，如裸地、建筑物的雷达后向散射系数在两幅影像上存在一定的差异。此外，其他潜在的地表覆盖变化也会导致较高的图像差值。上述因素导致提取结果中存在一定的误报。后续研究将探索消除此类误差的方法，进一步提高洪涝灾害的检测精度。

参考文献

［1］Shi J，Cui L，Tian Z. Spatial and temporal distribution and trend in flood and drought disasters in East China ［J］. Environmental Research. 2020. 185.

［2］Ward P J，Jongman B，Aerts J C J H，et al. A global framework for future costs and benefits of river-flood protection in urban areas ［J］. Nature Climate Change，2017，7（9）：642-646.

［3］周成虎. 洪涝灾害遥感检测研究［J］. 地理研究，1993，12（2）：63-68.

［4］Lee J S，Grunes M R，Pottier E. Quantitative comparison of classification capability：Fully polarimetric versus dual and single-polarization SAR ［J］. IEEE Transactions on Geoscience and Remote Sensing，2001，39：2343-2351.

［5］Shen X，Anagnostou E H，Allen G H，et al. Near-real-time non-obstructed flood inundation mapping using synthetic aperture radar ［J］. Remote Sensing of Environment，2019，221：302-315.

［6］Long S，Fatoyinbo T E，Policelli F. Flood extent mapping for Namibia using change detection and thresholding with SAR. Environmental Research Letters，2014，9（3）：035002.

［7］Tanguy M，Ghokmani K，Bernier M，et al.，River flood mapping in urban areas combining Radarsat-2 data and flood return period data ［J］. Remote Sensing of Environment，2017，198：442-459.

［8］Bazi Y，Bruzzone L，Melgani F. An unsupervised approach based on the generalized Gaussian model to automatic change detection in multitemporal SAR images ［J］. IEEE Transactions on Geoscience and Remote Sensing，2005，43（4）：874-887.

无资料中小河流洪水预报模型应用研究

张文明[1] 陈 俊[2] 付宇鹏[1] 陈清勇[2] 栾承梅[3]

(1. 水利部珠江水利委员会水文局，广东广州 510611；
2. 福建省水文水资源勘测中心，福建福州 350001；
3. 江苏省水文水资源勘测局，江苏南京 210029)

摘 要：本文针对无资料中小河流特点，通过考虑前期 30 d 降雨量、增加径流曲线数分级等对 SCS 产流模型进行修正，并将修正后的 SCS 产流模型与基于 DEM 提取参数的 Nash 单位线汇流模型结合，构建了中小河流洪水预报模型，选取福建省闽江的中小河流进行验证。结果表明，构建的中小河流洪水预报模型参数少且均可通过 DEM、土壤、土地利用等信息获取，可为无资料中小河流洪水预报研究提供参考。

关键词：无资料；中小河流；SCS 模型；Nash 单位线

1 引言

我国中小河流分布广、数量多，山区中小河流洪水常伴有泥石流、滑坡等山洪地质灾害发生。与大江大河相比，由于中小河流洪水具有暴涨暴落、流速快、汇流历时短、资料短缺等特点，中小河流洪水预报一直以来都是当前水文科学研究热点和难点[1-2]。

美国农业部水土保持局研制的 SCS 模型结构简单，其模型参数可通过流域土壤和土地利用等下垫面条件直接确定，对水文资料依赖性小，国内外得到广泛应用[3]。SCS 模型是基于美国众多流域高度概括的经验性模型，直接应用于我国还不太适合，因此国内许多学者对 SCS 模型进行修正研究[3-4]。随着 GIS 技术发展，基于地形地貌信息可直接推求 Nash 单位线汇流模型参数[5]。因此，SCS 产流模型与 Nash 单位线汇流模型耦合为无资料地区水文预报提供了一个途径[6]。

本文针对中小河流无资料的特点，将修订的 SCS 产流模型和基于地形地貌特征的 Nash 单位线汇流模型进行耦合，构建无资料地区中小流域洪水预报模型，并以福建闽江的中小河流为例进行了应用研究，进一步验证 SCS-Nash 产汇流模型在无资料中小河流洪水预报的适应性。

2 洪水预报模型方法

2.1 SCS 产流模型

SCS 模型降雨径流基本关系式为

$$\frac{F}{S} = \frac{Q}{P - I_a} \tag{1}$$

式中：F 为后损量，mm；S 为最大可能滞留量，mm；Q 为总径流深，mm；P 为总降水量，mm；I_a 为初损，mm。

假设初损值与最大可能滞留量关系式为

基金项目：国家自然科学基金项目（51309263）；广州市珠江科技新星专项（2014J2200067）。

作者简介：张文明（1980—），男，高级工程师，从事水文预报研究工作。

$$I_a = \lambda S \tag{2}$$

式中：λ 为初损率，一般取为 0.2。

由水量平衡得：

$$P = I_a + F + Q \tag{3}$$

由式（1）、式（2）、式（3）构建 SCS 模型产流计算公式：

$$\begin{cases} Q = \dfrac{(P - \lambda S)^2}{(P - \lambda S + S)} & P \geqslant \lambda S \\ Q = 0 & P \leqslant \lambda S \end{cases} \tag{4}$$

模型引入无因次参数 CN 来推求 S，S 与 CN 关系式如下：

$$S = 254(\frac{100}{CN} - 1) \tag{5}$$

式中：CN 为一个无量纲参数，其取值范围为 0~100，可反应下垫面条件对产汇流过程的影响。通常默认计算的 CN 值为前期土壤湿润程度处于正常情况（AMC Ⅱ）下的 CN 值，且不同的 AMC 等级对应的 CN 值是可以相互转换的，转换公式如下：

$$CN_1 = 4.2CN_2/(10 - 0.058CN_2) \tag{6}$$

$$CN_3 = 23CN_2/(10 + 0.13CN_2) \tag{7}$$

式中：CN_1、CN_2 和 CN_3 分别为干旱、正常和湿润情况下的 CN 值。

运用 SCS 模型进行产流计算的关键是确定参数 CN 值，方法如下：

（1）计算各种土地利用和土壤分组在流域中所占的面积权重。其中，土壤分组按土壤最小下渗率分类，分为 A、B、C、D 四类。

（2）根据土地利用和土壤分组 CN 值表查找相应的 CN 值。

（3）假定降雨前流域土壤湿度处于正常情况，得到流域相应的 CN_2 值，通过换算得到 CN_1、CN_3，根据前期 5 d 的降雨量确定前期土壤湿度等级，进而确定 CN 值。

借鉴已有相关研究[4]，本次采用修订的 SCS 产流模型进行产流计算，采用前 30 d 的影响雨量 P_a 代替原模型中前 5 d 降雨总量，并结合重新估算过的前期土壤湿润情况，采用线性插值的方法增加 CN 值的分级，缩小 CN 级差，重新修订 CN 值分级表。

2.2 Nash 单位线汇流模型

Nash 单位线汇流模型在现行流域汇流计算中得到了广泛应用，Nash 瞬时单位线数学表达式为

$$u(t) = \frac{1}{k(n-1)!}(\frac{t}{k})^{n-1}e^{-\frac{t}{k}} \tag{8}$$

式中：n 为线性水库个数；k 为线性水库的蓄量常数，均可通过地形地貌参数确定[5]。

2.2.1 Nash 模型参数 n 的确定

Nash 模型中的参数 n 是一个取决于霍顿地貌参数的汇流参数，它主要反映流域面积、形状和水系分布特点对流域汇流的影响，其计算公式如下：

$$\frac{(n-1)^n e^{(1-n)}}{(n-1)!} = 0.58(\frac{R_B}{R_A})^{0.55}R_L^{0.05} \tag{9}$$

式中：R_B、R_L、R_A 分别为流域水系的分汊比、河长比和面积比，一般统称为霍顿地貌参数，可通过地形地貌参数确定。

2.2.2 Nash 模型参数 k 的确定

Nash 模型中的参数 k 反映了水动力扩散作用对流域汇流的影响，其计算公式如下：

$$k = \frac{\alpha L \Omega}{n(1 - \lambda_{\Omega-1}^{1-m\lambda_{\Omega-1}})}v_\Omega^{-1} \tag{10}$$

$$\lambda_i = (\sum_{j=1}^{i} R_L^{j-\Omega})/(\sum_{j=1}^{\Omega} R_L^{j-\Omega}) \quad (i = 1, 2, 3, \cdots, \Omega) \tag{11}$$

式中：Ω 为最高级河流数；L_Ω 为最高级河流长度，km；v_Ω 为流域出口断面的流速，m/s；$\lambda_{\Omega-1}$ 为河源至 $\Omega-1$ 级河流末端处的 λ 值；α 为流域形心至出口长度与流域长度之比；m 为反应河道纵剖面特性的综合参数，一般取值 1.0~1.2。

2.2.3 Nash 模型流速 v 的确定

从式（10）可以看出，确定模型参数 k 的关键是确定流域出口断面的流速 v。在完全缺乏水文资料的地区，可以考虑利用 Eagleson-Bras 流速公式[7-8]。该公式具有一定的水力学基础，考虑了影响流速的几个主要地理因子，并可通过净雨强度的变化反映流速的非线性影响，因而较其他的经验公式更具有吸引力。

$$v_\Omega = 0.665\alpha_\Omega^{0.6}(i_r A_\Omega)^{0.4} \tag{12}$$

$$\alpha_\Omega = S_0^{0.5}/nB^{2/3} \tag{13}$$

式中：i_r 为净雨强度，cm/h；A_Ω 为流域面积，km^2；B 为河宽，m；S_0 为河道坡降；n 为曼宁糙率系数，对计算结果不敏感，一般取 0.025。

3 应用实例

3.1 研究区概况

大凤水文站位于闽江支流的吉溪上，具体位置在福建省南平市延平区南山镇大凤村，流域集水面积 523 km^2，流域内有大凤、汲溪、下溪、迪口、占村等 5 个雨量站，其中大凤站也是水文站。流域多年平均径流深 800~900 mm，多年平均降雨量 1 594 mm。大凤流域水系、站点分布图见图 1。

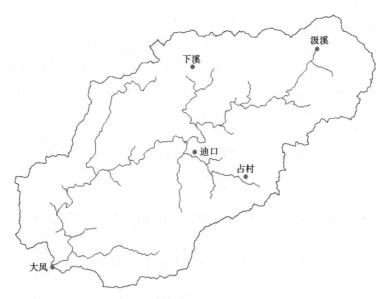

图 1　大凤流域水系、站点分布

3.2 资料情况

本文 DEM 资料来源于 ASTER GDEM V3 的 30 m 分辨率 DEM，可从互联网免费下载得到。历史场次洪水的降雨和流量资料分别从流域内的雨量站和水文站获得，降雨资料作为模型的输入，流量资料主要用来验证洪水预报模型。用泰森多边形法确定各个雨量站的面积权重系数，计算流域平均降雨量。降雨和流量资料时间步长为 1 h。

土壤数据采用第二次全国土地调查的 1∶100 万土壤数据，大凤流域土壤类型见图 2。

土地利用采用中国科学院土地资源调查的 1∶10 万土地利用数据，大凤流域土地利用类型见图 3。

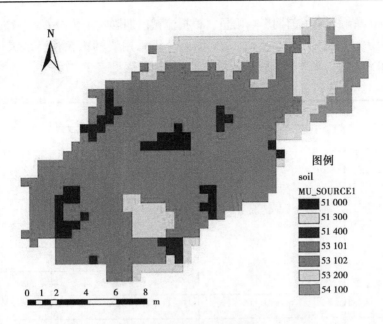

图 2　大凤流域土壤类型分布

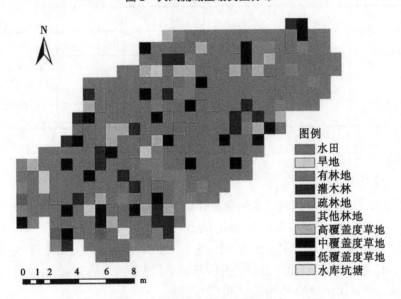

图 3　大凤流域土地利用类型分布

3.3　模型构建

3.3.1　SCS 产流模型构建

假定流域土壤湿度处于正常情况，将对应的 CN 值乘以相应的土壤类型和土地利用权重后求和，可得前期土壤湿度正常时的 CN_2 值，通过公式换算可得干旱情况时的 CN_1 值及湿润情况时的 CN_3 值。CN 值查算表见表 1。

表 1　大凤流域 CN 值查算表

土壤类型	土地利用类型				土壤类型权重
	耕地	林地	草地	水体	
B	71	55	60	100	0.264
C	78	70	73	100	0.736
土地利用类型权重	0.099	0.762	0.136	0.003	

通过考虑前 30 d 降雨来确定前期影响雨量，根据流域前期影响雨量对 CN_1、CN_3 值进行线性插值处理，由此确定各场次洪水对应的 CN 值。CN 值的分级采用线性内插法，取大凤流域 WM 为 140 mm，对 Pa 以每 10 mm 为一级进行分级，流域的 CN 值分级表见表 2。

表 2　大凤流域 CN 值分级

编号	前期土壤湿润程度等级	Pa 值	CN 值
1		0~10	46.72
2		11~20	49.49
3		21~30	52.27
4	干旱情况	31~40	55.04
5		41~50	57.81
6		51~60	60.59
7		61~70	63.36
8	正常情况	71~80	66.13
9		81~90	68.90
10		91~100	71.68
11	湿润情况	101~110	74.45
12		111~120	77.22
13		121~130	79.99
14		131~140	82.77

3.3.2　Nash 单位线汇流模型构建

（1）Nash 单位线汇流模型参数计算。

采用 GIS 工具根据 DEM 提取流域基本信息，计算大凤流域的河长比 $R_L = 2.55$、河数比 $R_B = 4.26$、面积比 $R_A = 5.23$，计算得 Nash 单位线参数 $n = 3.002$。

通过遥感影像和 DEM 提取得河宽 B 为 52 m，L_Ω 为 31.73 km，河道坡降 S_0 为 0.040 5，α 为 0.36，m 取值为 1.1。在对实测时段降雨资料分析基础上，根据 Eagleson-Bras 流速公式计算大凤站断面流速，最终计算得到场次洪水的 Nash 汇流模型参数 k。

（2）Nash 时段单位线推求。

根据参数 n 和 k 推求 Nash 瞬时单位线，然后通过 S 曲线转换将 Nash 瞬时单位线转换为时段单位线。

3.4　计算结果

将大凤流域视为无流量资料流域处理，采用构建的大凤流域洪水预报模型进行场次洪水的流量过程模拟，将其结果与对应的实测流量过程进行对比，以验证洪水预报模型对大凤流域的适应性。根据资料收集情况，选用大凤站 1966—2012 年间 28 场整编历史洪水过程进行模型模拟计算，模拟结果见表 3。

从表 3 中模拟结果来看，大凤站 28 场洪水中洪峰流量相对误差均小于 20%，洪量相对误差小于 20% 的有 27 场，说明模型对洪峰流量和洪量的模拟精度较高。从确定性系数来看，有 15 场洪水确定性系数超过 0.80，24 场洪水确定性系数超过 0.70，28 场洪水的平均确定性系数为 0.79，说明模型对洪水过程的整体模拟也具有一定的精度。对中小河流域洪水预报而言，洪峰流量和峰现时间的预报尤为关键，表 3 模拟结果表明 SCS-Nash 产汇流模型对大凤流域洪水预报适应性较好，可为无资料地区水文预报提供参考。限于篇幅，图4为部分场次洪水过程模拟结果图，从图中可以看出对洪号19700521的复峰洪水也能模拟较好。

表3 大凤流域洪水模拟结果统计

序号	洪号	洪峰误差/%	峰现时差/h	洪量误差/%	确定性系数
1	19660602	−6.90	1	2.40	0.75
2	19660819	−6.30	1	3.70	0.86
3	19690523	8.30	−1	−11.40	0.83
4	19690626	16.10	−3	−3.60	0.65
5	19690808	−18.80	0	−16.80	0.90
6	19700521	−8.00	0	−6.80	0.74
7	19740812	11.00	−4	−27.00	0.82
8	19970601	−12.90	0	−17.50	0.89
9	19970606	−19.90	−1	−5.80	0.71
10	19970622	17.50	0	−5.20	0.75
11	19980607	13.70	−4	−9.60	0.70
12	19980619	3.00	0	−7.10	0.78
13	19980622	8.20	−1	8.50	0.81
14	20010405	−15.70	−1	−4.80	0.92
15	20010504	−8.20	−1	−7.90	0.55
16	20010831	17.60	0	−19.90	0.82
17	20020616	−1.80	0	11.00	0.86
18	20030412	−2.10	−2	0.30	0.97
19	20050513	15.60	−4	−13.20	0.61
20	20050617	−2.40	−2	0.60	0.76
21	20060605	−13.20	0	1.10	0.83
22	20070326	−9.90	2	−10.60	0.58
23	20090603	16.80	0	−5.60	0.75
24	20090702	5.10	−3	2.90	0.87
25	20100413	−1.00	−1	−0.80	0.89
26	20100519	12.70	0	9.90	0.79
27	20100521	9.00	−2	−6.90	0.83
28	20120726	−18.60	1	−18.90	0.89

4 结语

（1）本文针对中小河流无资料的特点，将修订的 SCS 产流模型和基于地形地貌特征的 Nash 单位线汇流模型进行耦合，构建了无资料地区中小流域洪水预报模型，模型参数少且可通过流域地形地貌以及土壤类型、土地利用等下垫面条件直接确定，对水文资料依赖性小。

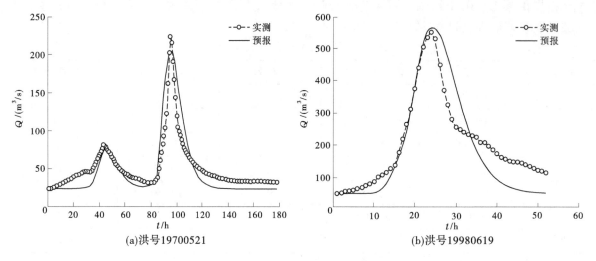

(a)洪号19700521   (b)洪号19980619

图4　大凤站部分场次洪水计算结果

（2）模型在福建省闽江支流大凤流域应用实例表明，模拟的洪峰流量以及洪水过程都与实测洪水较为一致，进一步验证了 SCS-Nash 产汇流模型在无资料中小河流洪水预报的适应性。本文成果可为其他无资料地区的水文预报提供参考。

参考文献

［1］李致家，朱跃龙，刘志雨，等．中小河流洪水防控与应急管理关键技术的思考［J］．河海大学学报（自然科学版），2021，49（1）：13-18.

［2］刘志雨，刘玉环，孔祥意．中小河流洪水预报预警问题与对策及关键技术应用［J］．河海大学学报（自然科学版），2021，49（1）：1-6.

［3］刘家福，蒋卫国，占文凤，等．SCS 模型及其研究进展［J］．水土保持研究，2010，17（2）：120-124.

［4］付宇鹏，梁忠民，李彬权，等.SCS 产流模型在渭河流域的修订研究［J］，人民黄河，2021，43（5）：24-29.

［5］芮孝芳．利用地形地貌资料确定 Nash 模型参数的研究［J］，水文，1999，3：6-10.

［6］栾承梅，梁忠民，仇少鹏，等．山丘区小流域 SCS-Nash 产汇流模型应用［J］，南水北调与水利科技（中英文），2021，19（2）：246-254.

［7］李琪，文康．地貌单位线通用公式中动力因子—流速计算的研究［J］，海河水利，1989，1：6-12.

［8］姚蕾，梁忠民，王军，等.Nash 汇流模型在无资料地区的应用［J］，水电能源科学，2014，32（2）：23-26.

考虑泥沙影响的山洪灾害动态风险评估方法研究

刘泓汐^{1,2}　易雨君^2　杜际增^2

(1. 北京师范大学 自然科学高等研究院，广东珠海　519087；
2. 北京师范大学 教育部水沙科学重点实验室，北京　100875)

摘　要：我国山洪灾害防治区域面积占陆地面积的40%，山洪灾害防治是山区防灾减灾和经济社会发展的迫切需求，是防止因灾返贫，巩固中国全面脱贫成果的重要保障。山洪灾害风险的准确评估是减少人员伤亡的有效手段。现有山洪灾害风险评估体系主要考虑降雨-流量-水位关系，基于径流评价山洪风险而忽略泥沙作用，导致对部分河段灾害风险的低估，降低了山洪灾害防治的有效性与可靠性。本研究基于泥沙对河段水沙风险的影响机制，引入河段泥沙风险等级，进而结合径流风险等级，达到快速、综合评价泥沙影响下的山洪水沙风险，以期为山洪防治提供技术支撑。

关键词：山洪水沙灾害；山区流域；泥沙影响；动态风险；风险评估

1　研究背景

极端气候影响下，山洪的发生频率和破坏强度显著增加。我国作为多山地国家，山地面积占陆地面积的69%，山洪灾害防治区面积占陆地面积的40%，山洪灾害造成的人员死亡约占洪涝灾害死亡人数的70%[1]。自2009年，我国全面开展山洪灾害防治项目建设，山洪灾害监测预警、风险评估技术明显提升[2]。

现有山洪风险评估模型主要从致灾因子危险性、孕灾环境敏感性、承灾体脆弱性三方面进行构建[3]，常用公式如下：

$$R = W_h \cdot H + W_e \cdot E + W_v \cdot v$$

式中：W_h、W_e、W_v分别代表致灾因子H、孕灾环境E和承灾体v的比重。致灾因子多考虑降水总量、降雨历时、降雨强度等；孕灾环境多考虑地质、地貌、植被等；承灾体多考虑人口密度、道路、耕地面积等。

这样的评估模型主要基于长期的历史数据构建，最终的呈现形式是一张静态的风险图。然而，基于历史数据反应的是平均风险，山洪风险随着降雨形式的变化具有动态变化特征。刘荣华等提出了山洪风险的动态评估方法，结合雷达临近预报、数值大气模式、基于高精度地形地貌数据的精细化分布式水文模型等技术，根据降雨-流量-水位实现山洪风险的动态评估。

我国山区流域受暴雨影响，常表现出暴雨洪水与泥沙的共同作用，造成沟床局部淤堵调整，水位陡增，导致重大人员伤亡和财产损失。现有的山洪灾害风险评估体系主要考虑降雨-流量-水位关系，基于径流评价山洪风险而忽略泥沙作用，导致对部分河段灾害风险的低估，降低了山洪灾害防治的有效性与可靠性[4]。通过水文-水动力耦合技术，可以在水动力模拟阶段引入泥沙对水位的影响[5]，但该技术需要的数据较多，模型运算时间长，并且引入泥沙运动模拟模块增加了系统的不确定性，难以满足风险评估的时效性和准确性要求。本研究引入快速识别河段泥沙风险等级方法，结合传统基于径

基金项目：国家重点研发计划（2019YFC1510704）；国家自然科学基金（52109074）。

作者简介：刘泓汐（1987—），女，讲师，主要从事流域产沙及其生态效应理论研究工作。

流得到的风险，达到快速、综合评价泥沙影响下的山洪水沙风险，以期为山洪防治提供技术支撑。

2 泥沙对山洪灾害的影响机制

考虑泥沙影响的山洪水沙灾害风险评估的核心科学问题，是基于泥沙对山洪灾害的影响机制，识别出灾害风险受泥沙影响较大的河段，进而结合降雨-流量-水位的风险评估结果，进行水沙灾害的危险性分析。

针对泥沙对山洪灾害影响机制的探讨，王协康等[4] 基于山洪灾害现场调查和资料分析，将山区暴雨洪水产沙输移诱发山洪成灾模式概括为：暴雨洪水诱发滑坡与沟道超量产沙，水沙相互作用导致沟床冲淤突变、水位陡增，灾害风险急剧增加。宋云天等[6] 以北京房山红螺谷沟"7·21"洪水为例，通过一维水动力模型计算分析了泥沙输移、河床冲淤对最高洪水位、最大流速、峰现时间等山洪特征值的影响。结果发现在河床冲淤影响下，自上游至下游沿程各断面达到最高水位的时间并非单调递增，因此不能以个别监测点位的水位变化结果判断整个河段的洪水涨落趋势。Contreras 等[7] 基于数值模拟结果得出结论，不考虑泥沙对河床的影响，只考虑高浓度泥沙对流体黏滞力的影响，当泥沙浓度达到40%以上时，水位升高 1.5 m；低浓度泥沙（20%以下）对水位变化的影响可忽略。Liu 等[8] 采用一维水动力模型，考虑泥沙对河床冲淤的影响，模拟了低浓度（1%~5%）含沙量对山洪灾害的影响。在对水动力模型进行校正和验证后，通过多情景设定，分析了山洪对泥沙入流方式、粒径分布和浓度等泥沙特征的敏感性。结果表明，相较上游来沙，以泥石流、滑塌等方式瞬时进入河道的泥沙对一定距离内河道的水位增高、河床变化有较大影响。相较泥沙粒径，含沙量对洪水危险性有更大影响。

综上，泥沙对水沙灾害风险的影响主要体现在对河床的冲淤影响导致水位急剧变化。泥沙以泥石流、滑坡等方式瞬时、大量进入河道是导致沟床淤堵，水位骤增的一种典型方式；以悬移质、推移质自目标河段上游入流时，当含沙量达到一定阈值时，在特征断面（如"由窄变宽""由陡变缓"）处造成河床抬升，水位上升。针对这种特征，可以建立快速的河段潜在泥沙风险评估方法，再结合已有的径流风险评估结果，综合得到考虑泥沙影响的风险评估结果。

3 考虑泥沙影响的山洪水沙灾害风险评估

河段潜在泥沙风险应在灾害来临之前预先判定，主要指标为泥沙入流方式和含沙量，动态风险评估流程如图1所示。根据泥沙对山洪灾害的影响特征分析，当泥沙以滑坡、滑塌、泥石流等方式进入河道，常常引发沟床局部淤堵，水位陡增。存在此类风险的河段定义为潜在高风险泥沙河段。滑坡、滑塌、泥石流等常表现出复发性特征，因此根据野外调研，当河道边岸有滑坡、边岸坍塌、泥石流等痕迹时，该痕迹上下游一定范围内（如 500 m）河道为泥沙高风险河道。

泥沙也可通过上游来沙，以悬移质、推移质形式进入目标河段。当泥沙浓度达到一定阈值时，会强化推移质运动，导致"由窄变宽""由陡变缓"河段处河床淤积。将此类河段定义为潜在中风险泥沙河段。在资料足够的情况下，可以针对全河段进行水动力模拟，在同等流量边界条件下，设计不同含沙量作为模型的泥沙边界条件，模拟泥沙影响下河床的冲淤情况，表现出明显淤积特征的即为潜在中风险泥沙河段。潜在低风险泥沙河段指河段水位不会因为含沙量的增加而明显抬升。潜在低风险泥沙河段的特征是河道顺直，河床在悬移质和推移质运动下表现为冲蚀特征。在判别出泥沙高风险、中风险河道后，其余部分均视为潜在低风险泥沙河段。

判定河段潜在泥沙风险等级后，根据现有降雨-径流-水位关系技术判定径流导致的河段径流风险，设定三个风险等级，对应2~5年一遇洪水水位，5~20年一遇洪水水位，超20年一遇洪水水位。结合之前的潜在泥沙风险，综合判定水沙的动态风险。对于潜在高风险泥沙河段，若达到引发泥石流、滑坡等灾害的降雨临界值，导致泥沙大量进入河道，无论径流风险等级判定结果，河段风险等级为最高等级（一级风险）；若未达到降雨临界值，认为该河段风险由径流风险决定。对于潜在中风险

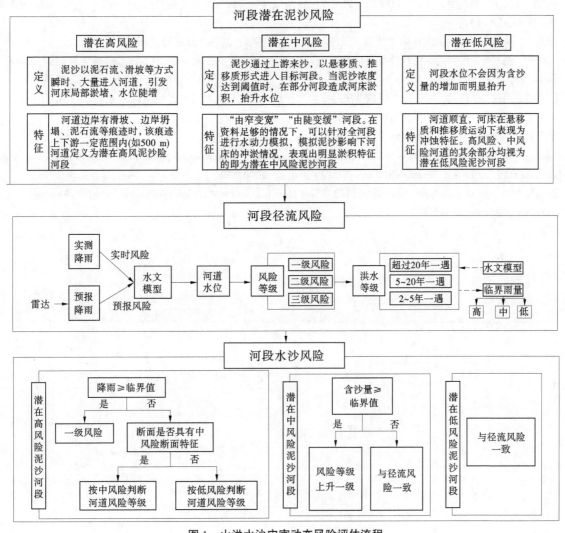

图1 山洪水沙灾害动态风险评估流程

泥沙河段,若含沙量达到临界值,在该值下,泥沙会导致河段水位上升,风险等级升高。该河段等级在径流风险等级判定结果上升一级;若含沙量未达到临界值,河段风险等级与径流风险等级一致。对于潜在低风险泥沙河段,泥沙不影响风险判定,河段风险等级与径流风险等级一致。

以上方法基于泥沙对河段水沙风险的影响机制,突出不同泥沙入流方式对河段风险影响程度的差异,在区分泥沙入流方式的基础上判定河段潜在泥沙风险等级。进而结合径流风险等级,快速判定河段的水沙风险等级。

4 结论

现有山洪灾害风险评估体系主要基于降雨–径流–水位关系,忽略了泥沙导致的沟床淤堵,水位激增,造成对部分河段风险的明显低估。本研究基于泥沙对山洪风险的影响机制,分析了影响山洪风险的主要泥沙特征。针对不同的泥沙入流方式对河床冲淤、水位变化和河段风险的影响,提出快速判别河段潜在泥沙风险等级的方法,并结合已有的径流风险等级,最终判定河段的水沙风险等级。

参考文献

[1] 李海辰,解家毕,郭良,等.中国山洪预警研究综述 [J].人民珠江,2017,38(6):29-35.

［2］刘超，聂锐华，刘兴年，等. 山区暴雨山洪水沙灾害预报预警关键技术研究构想与成果展望［J］. 工程科学与技术，2020, 52（6）：1-8.

［3］吉中会，吴先华. 山洪灾害风险评估的研究进展［J］. 灾害学，2018, 33（1）：162-167, 174.

［4］王协康，刘兴年，周家文. 泥沙补给突变下的山洪灾害研究构想和成果展望［J］. 工程科学与技术，2019, 51（4）：1-10.

［5］江春波，周琦，申言霞，等. 山区流域洪涝预报水文与水动力耦合模型研究进展［J］. 水利学报，2021：1-14.

［6］宋云天，曾鑫，张禹，等. 泥沙输移对山洪特征值时空分布的影响——以北京"7·21"山洪为例［J］. 清华大学学报（自然科学版），2019, 59（12）：990-998.

［7］Contreras M T, Escauriaza C. Modeling the effects of sediment concentration on the propagation of flash floods in an Andean watershed［J］. Natural Hazards and Earth System Sciences，2020, 20（1）.

［8］Liu H, Yi Y, Jin Z. Sensitivity Analysis of Flash Flood Hazard on Sediment Load Characteristics［J］. Frontiers in Earth Science，2021, 9：683453.

山洪灾害流域单元暴雨洪水快速复盘法
——以湖北柳林镇山洪为例

李昌志　何秉顺　张　森　李　青

（中国水利水电科学研究院，北京　100038）

摘　要：针对山洪灾害调查对山洪快速复盘要求，以湖北柳林镇山洪为例，首先探讨了地形范围确定、降雨数据、地形数据的来源及快速处理方法，接着以流域为单元，建立气象模型、地形模型，并适当划分网格，根据流域具体情况简化涉水工程和糙率等参数，开展洪水计算，最后，对受灾地点洪水过程、淹没水深和洪水流速等进行分析。结果表明，根据雨量监测数据和公开地形数据，可以较为快速地对山洪洪水进行模拟，结果基本满足山洪灾害调查的洪水复盘要求，提高调查工作效率。

关键词：山洪灾害；暴雨洪水；快速复盘

1　引言

近十年来，我国持续开展了全国山洪灾害防御工作，在山洪灾害防治区内，开展了山洪灾害调查评价、监测预警系统、群测群防体系建设等大量工作，大大增强了山洪灾害防御能力。但是，由于气候变化、山丘区社会经济迅速发展、人们对山洪灾害风险意识不足等原因，仍然时有较大人员伤亡的事件发生。事件发生后，需要迅速对山洪灾害事件开展调查，进行山洪灾害事件全过程复盘，以便总结经验、吸取教训，全面提升山洪灾害防御能力，最大限度地保障人民群众生命财产安全，对山洪灾害风险进行防控，保障山丘区经济社会持续稳定发展。洪水复盘是山洪灾害调查早期的关键性基础工作，如何快速进行复盘，了解洪水概貌，并获取受灾地点洪峰、洪水过程、淹没范围、淹没水深、洪水流速等详细信息，对于推进调查过程具有重要作用。本文以湖北省柳林山洪灾害事件为例，运用HEC-RAS软件，探讨基于流域单元的山洪洪水快速复盘过程的数据需求、模型建立、参数简化以及结果分析等环节的处理方法，以便全面获取洪水信息，为山洪灾害调查工作提供支撑。

2　数据处理

洪水复盘过程用到的基础数据为山洪灾害发生地所在流域的降雨数据和地形数据两大类。我国已经初步建立了山洪灾害监测系统，其中包括自动雨量站和简易雨量站，并向县级山洪灾害监测预警平台发送相关数据，雨量记录的时间间隔为 5 min，可以提供山洪灾害事件的基本雨量数据。地形数据需要山洪灾害发生地所在流域的全部地形数据，该数据可以通过相关平台获取，代表性的有：①全国地理信息资源目录服务系统（http：//www. webmap. cn/main. do? method＝index）；②地理空间数据云（http：//www. gscloud. cn/），两个平台均提供 90 m、30 m 分辨率的 DEM 数据，基本可以满足地形数据的要求。

2.1　范围确定

由于需要的数据范围为山洪灾害发生地所在流域，首要任务是获取流域范围。为此，首先要确定

基金项目：山区暴雨山洪水沙灾害预报预警关键技术研究与示范（2019YFC1510701）。

作者简介：李昌志（1971—），男，教授级高级工程师，主要从事防洪减灾工作。

柳林镇所在流域出口的地理位置，这可以从国产三维数字地球-图新地球或者 Google Earth 等平台上直接获取。工作中，在平台上查得柳林镇的位置，沿穿过该镇的浪河向下寻找其与上一级河流的交汇点，发现浪河流入白果河水库，该库是中型水库，具有一定的库容量，即以浪河和白果河水库库尾交汇点为流域出口，获取其地理位置。接着，需要在前述平台上下载湖北随州市随县 DEM 数据，进而采用 HEC-HMS 或者 ArcHydro 等工具，通过填注、积水区处理、河流识别、间断点管理（浪河和白果河水库库尾交汇点）、流域要素描述等步骤，提取水系和流域边界，通过合并、融合或者重新勾绘等方式，获取地形范围，结果如图 1 所示。

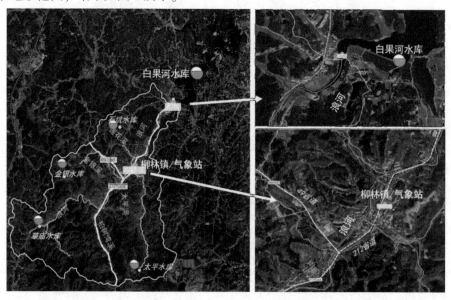

图 1　柳林镇所在浪河流域（白果河水库以上）

柳林镇属亚热带大陆性季风气候，主要有均水、浪河、郑家河三大水系，11 条支流，年均降雨量 1 100 mm，降雨集中在 6—8 月。该镇国土面积 197 km²，下辖 12 个村（居委会），43 个村（居）民小组，全镇总人口 2.23 万人。辖区属低山丘陵地貌，地形为"8"字形分布，中部高、南北低，东与何店镇接壤；西与三里岗镇相连；南与京山连界，北与均川镇连接。主要交通干线为 212 省道（穿镇）和 49 省道。

2.2　降雨数据

在山洪灾害防治建设项目中，柳林镇大堰角村设有 1 个简易雨量站，大桥街居民委员会设有 1 套预警广播；另外，还有草庙水库、金银水库、太平水库、石坑水库、柳林店、桐木冲水库、白果河水库等水库雨量站（位置见图 1）。根据这些站点的短历时暴雨资料，"8·12"暴雨期间，最大 10 min 降雨量为 23.0 mm（柳林店站）；最大 1 h 降雨量为 113.4 mm（桐木冲水库站，4~5 h）；最大 3 h 降雨量为 277.5 mm（柳林店站，3~6 h）；最大 6 h 降雨量为 439 mm（柳林店站，2~8 h），最大 24 h 雨量为 485.0 mm（柳林店站）。面雨量分析如下：通过雨量站点、降雨分布情况推算，柳林镇断面以上流域的最大 1 h、3 h、6 h、12 h 面雨量分别为 96.0 mm、251.5 mm、380.4 mm、421.5 mm；白果河水库以上流域的最大 1 h、3 h、6 h、12 h 面雨量分别为 89.5 mm、226.3 mm、350.1 mm、382.3 mm。这些雨量站点中，最接近流域中心的是柳林气象站，图 2 给出了该站"8·12"暴雨期间（8 月 11 日 20 时至 12 日 20 时小时雨量过程）。

根据相关分析，8 月 11—12 日，随州南部山区洪山、柳林、均川、环潭、三里岗等地发生短历时极端强降雨天气，其中柳林镇为本次极端强降雨中心，因此后面选择该站资料作为代表性降雨数据进行计算。

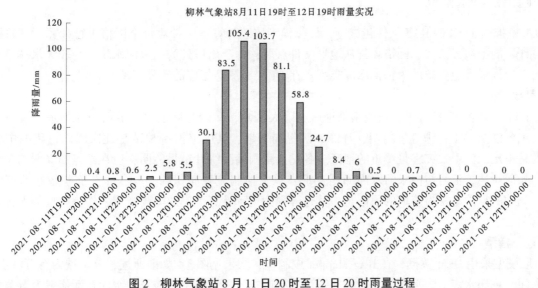

图2　柳林气象站8月11日20时至12日20时雨量过程

2.3　地形数据

根据确定的范围对 DEM 数据进行裁剪，获得该范围 DEM 数据；在 RAS Mapper 中设置好数据的投影文件，基于该 DEM 数据制作地形文件。针对柳林镇的具体情况，制作的地形文件和遥感影像对比结果见图3。

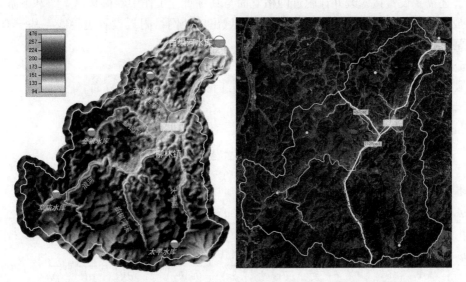

图3　柳林镇所在浪河流域（白果河水库以上）地形与遥感影像对比图

根据相关资料，浪河为府澴河右岸支流，发源于随县柳林镇大堰角村，流经柳林镇、曾都区何店镇、随州高新区淅河镇，在淅河镇虹桥村和幸福村之间汇入府澴河。浪河全长53 km，流域面积422 km²，均在随州境内。通过量算分析，交汇点以上控制流域面积约26.4 km²，浪河主河道长9.32 km。集镇及上游河谷宽一般为150～250 m，河谷形态相对宽缓，大堰角村至柳林集镇的干流河段内，左岸有金银溪、莲花溪等支流近垂向汇入，右岸有太平河、柏树湾溪等支流近垂向汇入，此外还有15条溪沟汇入干流或支流。集镇下游至白果河水库库尾河段河谷宽一般为70～100 m，相对狭窄，可见，柳林集镇河谷为相对封闭的天然储水库盆，参见图1。

3 暴雨山洪洪水模拟

山洪模拟基于 HEC-RAS 软件包进行，计算模型按照计算步长针对每个网格进行计算。气象模型为网格计算的上边界条件，网格高程从地形文件获取；由于出口处为白果河水库，为较大水体，故在河流出口处设置下边界条件为正常水深类型，在 DEM 上测算相应的比降等参数。

3.1 气象模型

8 月 11 日晚至 12 日上午，随州南部地区突降大暴雨，暴雨区域主要覆盖府澴河均水、浪河等小流域，主要涉及洪山、柳林、均川、环潭、三里岗等地，其中浪河柳林镇是此次降雨过程的中心区域，也是本次山洪引发灾害最严重的地区。各站点降雨情况统计结果表明，所在站点的降雨均为特大暴雨。如前所述，浪河与白果河水库库尾交汇点以上控制流域面积约 26.4 km²，面积较小，可以将柳林气象站的点雨量视为流域的面雨量，其过程视为全部计算范围的降雨过程，作为模型的上边界条件，见图 2。

3.2 地形模型

地形模型采用 DEM 数据，在 RAS Mapper 中制作，结果见图 3。如前所述，该区域内有石坑水库、金银水库、草庙水库、太平水库，对柳林镇洪水有影响。不过，由于涉及的水库在河流偏上游源头地区，集雨面积总体偏小，且在山洪事件中所有水库都正常运行，因此，进行建立地形模型时，没有单独考虑水库，而是直接采用了 DEM 数据的地形结果。

3.3 网格剖分

工作中将一般区域划分为 30 m×30 m，重点区域划分为 15 m×15 m。此外，为了获得典型断面处的洪水过程，还需要设置接缝线并让附近网格立面与其垂直，工作中在柳林镇上游和下游各设了一个接缝线并形成控制断面以获取洪水流量过程。在流域出口处网络附近设置边界线，基于 DEM 数据测算结果，该河段比降约为 5‰。

3.4 算法与参数

洪水模拟针对每个网格进行，其算法包括水平方向和垂直方向两个方面。

3.4.1 水平方向

连续方程：

$$\frac{\partial h}{\partial t} + \frac{\partial (hu)}{\partial x} + \frac{\partial (hv)}{\partial y} = q \tag{1}$$

动量方程：

$$\left.\begin{aligned}
\frac{\partial u}{\partial t} + u\frac{\partial u}{\partial x} + v\frac{\partial u}{\partial y} &= -g\frac{\partial Z_s}{\partial x} + \frac{1}{h}\frac{\partial}{\partial x}\left(v_{t,xx}h\frac{\partial u}{\partial x}\right) + \frac{1}{h}\frac{\partial}{\partial y}\left(v_{t,yy}h\frac{\partial u}{\partial y}\right) - \frac{\tau_{b,x}}{\rho R} + \frac{\tau_{s,x}}{\rho h} + f_c v \\
\frac{\partial v}{\partial t} + u\frac{\partial v}{\partial x} + v\frac{\partial v}{\partial y} &= -g\frac{\partial Z_s}{\partial y} + \frac{1}{h}\frac{\partial}{\partial x}\left(v_{t,xx}h\frac{\partial v}{\partial x}\right) + \frac{1}{h}\frac{\partial}{\partial y}\left(v_{t,yy}h\frac{\partial v}{\partial y}\right) - \frac{\tau_{b,y}}{\rho R} + \frac{\tau_{s,y}}{\rho h} + f_c u
\end{aligned}\right\} \tag{2}$$

式中：t 为时间，s；h 为淹没水深，m；u、v 为 x、y 方向速度分量，m/s；q 为源汇项，m/s；Z_s 为水面高程，m；ρ 为水密度，kg/m³；g 为重力加速度，m/s²；$v_{t,xx}$、$v_{t,yy}$ 分别为 x、y 方向水平涡黏系数，m²/s；$\tau_{b,x}$、$\tau_{b,y}$ 分别为底部 x、y 方向剪切力，kg/（m·s²）；$\tau_{s,x}$、$\tau_{s,y}$ 分别为风在地面的剪切力，kg/（m·s²）；R 为水力半径，m；f_c 为科里奥利斯力参数。

糙率是反映表面水流阻力状态的重要参数，与表面粗糙度和表面水阻力特性有关。根据网格所处的河流条件、土地类别的构成、树木和道路的分布等综合确定，各地类具体赋值如表 1 所示。根据遥感影像目视解译结果，浪河柳林镇区域土地利用类型主要包括耕地、林地、草地、湿地、水体和人工地表等类型，本研究中为了快速估算，未按照各种地类细分，直接采用了统一综合值 0.045 进行计算。

表 1　土地利用类型及其糙率取值

编码	地类	糙率范围	地类说明
10	农用地	0.065~0.080	用于农业、园艺和花园的土地
20	林地	0.080~0.100	乔木覆盖的土地，植被覆盖率超过30%
30	草地	0.050~0.065	草本覆盖的土地，植被覆盖率超过10%
40	灌木	0.060~0.080	灌木覆盖的土地，植被覆盖率超过30%
50	湿地	0.035~0.050	湿地植物和水体共同覆盖的土地
60	水体	0.020~0.025	如水库、湖泊、有水流的河流河道、海洋等
70	苔原	0.025~0.045	地衣、青苔、多年生草本和灌木覆盖的极地地区
80	人工地面	0.080~0.100	人类建筑活动改变的土地
90	裸地	0.020~0.035	植被覆盖率低于10%
100	永久雪地与冰川	0.010~0.025	永久积雪、冰川和冰帽覆盖的土地

3.4.2　垂直方向

网格向上方向为气象模型的降雨过程，向下方向有 SCS 曲线法、Green-Ampt 法和 Deficit and Constant 法。研究中，为了快速起见，并基于暴雨山洪事件中土壤下渗影响较小的考虑，没有考虑下渗过程。

所建柳林镇山洪复盘模型见图 4。

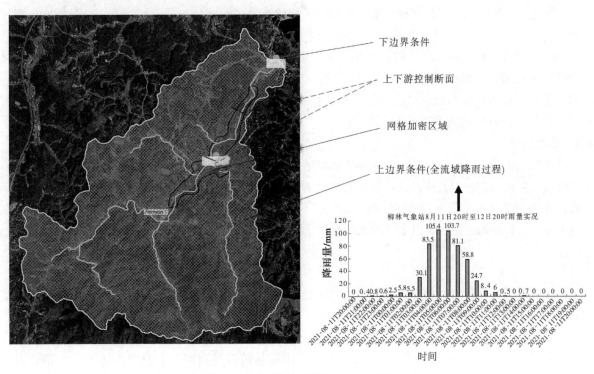

图 4　柳林镇山洪复盘模型建立示意图

4 结果与讨论

4.1 洪水过程

根据复盘情况，获得了柳林镇上下游控制断面的洪水过程，见图 5。由图 5 可见，本次洪水上涨迅猛，流速大、汇流时间短。明显较大降雨在 02:00—03:00 之间发生（30.1 mm）。在柳林镇上断面，在 2021 年 8 月 12 日 03:30，开始迅速涨水，至 05:10 洪峰出现，约 610 m³/s；洪水高峰持续约 1 h，至 06:20 开始下降；在下断面，在 2021 年 8 月 12 日 04:20 开始迅速涨水，至 05:30 洪峰出现，约 660 m³/s；洪水高峰持续约 1 h，至 06:20 开始迅速下降。根据相关材料，柳林镇漫溢流量为 250 m³/s，复盘结果在上断面该流量出现时间约为 12 日 03:50，消退时间约为 12 日 08:40，在下断面该流量出现时间约为 12 日 04:30，消退时间约为 12 日 09:00。复盘获得的洪水过程与调查结果非常接近❶。

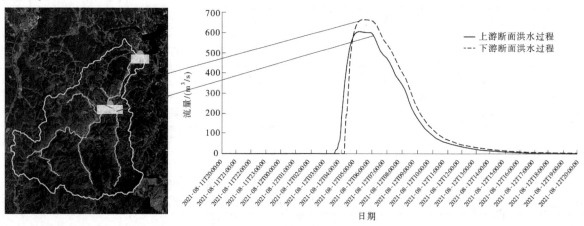

图 5 柳林镇上下游典型断面洪水过程

4.2 淹没水深

根据复盘情况，获得了浪河柳林镇所在部分区域的淹没水深信息，见图 6（a）。由图可见，柳林镇绝大部分区域被淹没，只有少数靠山脚较高的房屋幸免于被淹。图中实线为 212 省道和 49 省道，其中 212 省道穿过柳林镇，根据相关调查报告，洪水最大时该省道已经变成实际上的行洪通道，道路两旁的房屋被淹，洪水最高可到达一层楼楼顶，见图 6（b），模拟结果在 3.0~3.5 m。从图 6（a）还可以看出，在石坑、金银、草庙、太平 4 个水库所在区域积水较深，一定程度上反映了水库的蓄水作用。可见，淹没模拟结果接近实际情况。

4.3 洪水流速

通过模拟还获得了浪河柳林镇所在部分区域的洪水流速信息，见图 7。

由图 7 可见，柳林镇被淹没区域洪水流速差别较大，大部区域洪水最大流速在 5 m/s 以下，少部分陡峭地段可达 7 m/s 以上，低洼地在 1 m/s 以下；212 省道穿过柳林镇，沿线洪水最大流速一般在 3~5 m/s，也有局部达 7 m/s 以上，因此此次洪水破坏性是巨大的，见图 6（b）。

5 结语

针对山洪灾害调查洪水复盘要求，本文以湖北柳林镇山洪为例，探讨了以流域为单元的暴雨山洪洪水快速复盘方法，关键环节和主要结论如下：

（1）范围确定、降雨数据、地形数据的来源及快速处理，是洪水复盘的基础工作。本文作者工作中根据柳林镇气象站监测成果获得降雨过程信息，以柳林镇所在浪河在下游白水河水库入库处为节

---

❶ 《湖北省随州市随县柳林镇"8·12"重大山洪灾害事件调查分析报告》，2021 年。

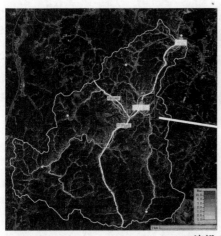

(a)淹没水深复盘结果

(b)现场淹没情况及洪痕

图6　淹没水深

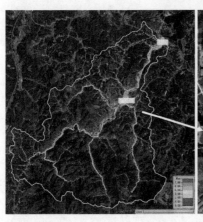

图7　洪水流速

点，采用水系和流域提取方法，确定流域范围，基于全国地理信息资源目录服务系统、地理空间数据云等公用平台获取 DEM 数据，基于 GIS 平台进行地形数据处理。

（2）开展山洪洪水计算是洪水复盘的核心工作。本文工作以流域为单元，建立气象模型、地形模型，并适当划分网格，一般区域网格划分较粗，重点地区网格适当缩小，同时，根据洪水过程获取需求设置接缝线，并参照流域具体情况适当简化水库等涉水工程、糙率等参数，以及下渗过程，以提高建模和洪水计算效率。

（3）获取典型地方洪水过程、淹没水深和洪水流速，提供关键的洪水信息。本文根据洪水模拟结果，对柳林镇山洪洪水涨退、峰现时间，以及沿镇 212 省道的淹没水深及洪水流速等进行了分析，所得成果与调查获得的信息基本一致。

（4）本文工作表明，基于雨量监测数据和公开地形数据，运用 HEC-RAS 平台可以较为快速地以流域为单元对山洪洪水进行模拟，模拟成果与调查结果较为一致，基本满足山洪灾害调查的暴雨洪水复盘成果要求，可以有效提高山洪灾害调查洪水复盘工作的效率。

致谢：

关于研究区域气候条件、地理条件、社会经济、降雨等信息，本文引用了《湖北省随州市随县柳林镇"8·12"重大山洪灾害事件调查分析报告》的数据；地形数据来自地理空间数据云平台；从网络上引用了有关该事件的部分照片。在此一并致谢！

顺直陡变缓沟道沟床演变对泥沙补给响应机制研究

何逸敏[1]　王　路[1]　聂锐华[1]　李昌志[2]　刘兴年[1]

(1. 四川大学水力学与山区河流开发保护国家重点实验室，四川成都　610065；
2. 中国水利水电科学研究院，北京　100048)

摘　要：大量山洪灾害案例表明，暴雨山洪过程中坡面、沟道或岸坡侵蚀会产生大量泥沙物源，被水流裹挟向下游运动。当泥沙运动到沟道缓坡段时容易落淤，导致床面、水位陡增，造成灾害。本文在顺直陡变缓水槽（长 20 m，宽 1.5 m，深 0.8 m；上游坡度 20%，长 10 m，下游坡度 5%，长 10 m）中开展了一系列试验，研究了不同泥沙补给条件下顺直陡变缓沟道的沟床演变规律，揭示了顺直陡变缓沟道沟床演变对泥沙补给的响应机制。

关键词：山洪灾害；陡变缓沟道；沟床演变；泥沙补给

1　引言

我国山地面积约占 70%，是受山洪灾害威胁最严重的国家之一[1]。山区沟道两岸地质条件复杂，沟内松散体大量堆积，在极端暴雨的作用下易造成滑坡崩岸，大量泥沙物源进入沟道，造成沟床形态急剧演变，水位激增，放大山洪的致灾效应，严重威胁山区的基础设施和人民的生命财产安全[2]。山洪水沙灾害的泥沙物源主要来自于坡面产沙与沟道产沙，其中坡面产沙主要表现为滑坡产沙以及坡面侵蚀产沙，沟道产沙主要表现为垂向（床底）侵蚀和侧向（岸坡）侵蚀[3]。因此，沟床演变特性对山洪过程中沟道产沙量估算有重要意义，亟须系统研究。沟道产沙照片见图 1。

(a)山洪作用下沟床侧向侵蚀　　　　　　　　(b)山洪作用下沟床垂向侵蚀

图 1　沟道产沙照片

近年来，国内外学者研究了山区河道中的水沙运动和沟床演变规律。曹叔尤等基于一系列水槽试验，探究了泥沙补给变化的条件下，山区河流河床调整与突变机制，揭示了泥沙补给对非均匀卵石起动、输移的影响机制和泥沙补给变化下陡坡河道水沙运动奇异特征[4]。侯极等基于水槽试验，研究

基金项目：国家重点研发计划课题"山区暴雨产流产沙过程与水沙耦合致灾机制研究"（2019YFC1510701）。

作者简介：何逸敏（1997—）女，硕士研究生，研究方向为山洪水沙灾害。

通讯作者：王路（1988—），男，副研究员，主要从事水力学及河流动力学专业工作。

了山洪泥沙汇入河道后引起的水位变化，探明了泥沙粒径、水流条件、泥沙补给、河床条件对水深的影响规律，提出了水流挟沙后水深计算的经验公式[5]。宋云天等基于"水文-水动力学-输沙模型"，研究了泥沙输移对山洪特征值及其时空分布的影响规律，揭示了最高洪水位、最大流速、峰现时间等山洪特征值对泥沙输移、河床冲淤的响应机制[6]。方迎潮等基于对云南东川蒋家沟的野外观测，总结了降雨量、沟床比降、弯曲度等对泥石流沟床冲淤影响[7]；Robert 等基于水槽试验，研究了不同坡度沟道展宽量的变化，探明了沟床的平衡宽度与流量、比降之间的量化关系，提出了清水冲刷下平衡沟床宽度的计算公式[8-9]；Henrique 等基于水槽试验和 GIS 技术，揭示了清水冲刷条件下沟床形态变化规律[10]。然而，上述试验研究中大多关注单一坡降沟道内的水沙运动和沟床演变规律。大量实际案例表明，山洪沟通常为上下游比降不统一的陡变缓沟道。因此，上述研究结论或方法可能无法适用于陡变缓山洪沟道。

本文在顺直陡变缓水槽中开展了一系列试验，研究了水流强度、泥沙补给条件下顺直陡变缓沟道中水位、沟床形态的变化规律，揭示了顺直陡变缓沟道沟床演变对泥沙补给的响应机制。

2 试验设置

本研究试验在四川大学水力学与山区河流开发保护国家重点实验室进行。试验水槽为长 20 m，宽 1.5 m，高 0.8 m 的顺直陡变缓钢架玻璃水槽［见图 2（a）］。其中陡坡段坡度为 20%，长 10 m，缓坡段坡度为 5%，长 10 m。陡坡段和缓坡段以长 6 m 的过渡段平滑连接。试验用沙中值粒径 $d_{50} = 6.1$ mm，几何标准差 $\sigma_g = 3.8$，密度 $\rho = 2\,650\ kg/m^3$。水槽陡坡段为定床，用水泥将试验用沙贴在水槽底部，保证沟床底部的糙率一致；陡缓过渡段及缓坡段为动床，沟床断面形状为下底 0.3 m，深 0.2 m，坡比为 1 的直角梯形［见图 2（b）］。试验采用固定在陡坡段末端（$X = -3$ m）的履带式加沙机进行泥沙补给，补给泥沙与床沙级配相同，补给速率由加沙漏斗底部的开度和履带的转速共同控制。试验前先对泥沙补给速率进行率定，开始加沙后保持不变。

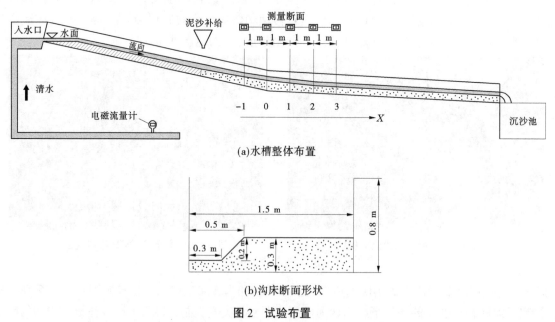

图 2 试验布置

试验中，流量通过安装在供水管道上的电磁流量测量，精度为 0.01 L/s。床面高程和水位的历时变化通过网络摄像头记录结合水槽侧壁上的透明网格纸测量，误差±2 mm。试验共设置 5 个测量断面［见图 2（a）］，分别位于 $X = -1$ m、0 m、1 m、2 m、3 m。每次试验开始前和结束后，利用单反相机对整个沟床地形拍照（控制连续两张照片横流向重合度大于 60%、顺流向重合度大于 80%），将照片导入 Photoscan 软件进行拼图处理，获得冲刷前、后沟床地形的数字高程文件（DEM）和正射影像，利用 ArcGIS 软件进行进一步的数据分析处理。

本研究共开展 6 组试验，3 组清水试验（A1—C1），3 组加沙试验（A2～C2）。具体工况如表 1 所示。表 1 中 Q 为流量；d_{50} 为中值粒径；ω 为单位水流功率，$\omega = vS$；Fr 为上游来流的弗劳德数；g_s 为单宽沟道的泥沙补给速率；v 为上游来流的流速；S 为沟道的坡降。A2、B2 和 C2 三组试验进行泥沙补给，当沟床在清水作用下达到平衡时开始泥沙补给，补给时间为 10 min。试验全过程均保持匀速泥沙补给，补给速率为 1.5 kg/（m·s）。

表 1 试验条件

试验组次	Q/（L/s）	d_{50}/mm	ω/（m/s）	Fr	g_s/［kg/（m·s）］
A1	5	6.1	0.036 6	1.546	—
A2	5	6.1	0.036 6	1.546	1.5
B1	6.5	6.1	0.040 2	1.569	—
B2	6.5	6.1	0.040 2	1.569	1.5
C1	8	6.1	0.043 4	1.584	—
C2	8	6.1	0.043 4	1.584	1.5

3 试验结果及分析

3.1 无泥沙补给试验

图 3 展示了无泥沙补给条件下，不同水流强度产生的最终沟床形态。在无泥沙补给条件下，下游缓坡段有较为明显的侧向侵蚀展宽。随着水流强度增大，侧向侵蚀展宽增加，且侧向最大展宽断面的位置逐渐向下游移动。这主要是因为水流强度增加导致泥沙能够运动至下游更远处落淤，水深减小，流速增加，提升了下游侧向侵蚀能力。

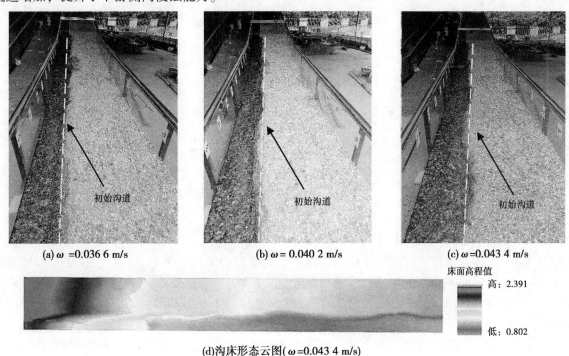

(a) ω =0.036 6 m/s   (b) ω = 0.040 2 m/s   (c) ω =0.043 4 m/s

床面高程值

高：2.391

低：0.802

(d)沟床形态云图(ω=0.043 4 m/s)

图 3 无泥沙补给条件下最终沟床形态

3.2 泥沙补给试验

图 4 展示了加沙试验最终沟床形态。在有泥沙补给的条件下，沟道最大横向展宽约为 0.2 m；无泥沙补给条件下，沟道横向最大展宽为 0.15 m（见图 5）。这说明泥沙补给会增加沟道侧向侵蚀。这主要是因为上游泥沙补给带来更多的泥沙，在水流挟沙能力不变情况下，泥沙更容易落淤，造成水深减少，流速增加，提升了水流侧向侵蚀能力。

(a) $\omega = 0.0366$ m/s   (b) $\omega = 0.0402$ m/s   (c) $\omega = 0.0434$ m/s

(d) 沟床形态云图($\omega = 0.0434$ m/s)

床面高程值
高: 2.230
低: 0.8138

图 4　有泥沙补给条件下最终沟床形态

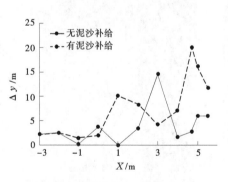

图 5　沿程侧向展宽长度对比

图 6（a）～（e）对比了有无泥沙补给条件下不同断面最终床面形态、水位。在陡变缓过渡段（$X = -1$ m、0、1 m），沟床变化以垂向冲刷和侧向侵蚀为主；当有泥沙补给时，垂向侵蚀减弱，水位抬升。在下游缓坡段（$X = 2$ m、3 m），床面以淤积为主，泥沙补给能够略抬高床面，整体上增加沟道侧向侵蚀展宽。

图 6（f）展示了有泥沙补给条件下，不同流量各断面的平均水位。可见，随着水流强度增大，上游陡变缓过渡段（$X = -1$ m、0、1 m）水位下降，下游缓坡段（$X = 2$ m、3 m）水位增加。这主要由于陡变缓过渡段床面以垂向侵蚀为主，水流挟沙能力增强、侵蚀加剧导致水位下降；侵蚀的泥沙被水流带到下游落淤，抬升下游缓坡段床面和水位。

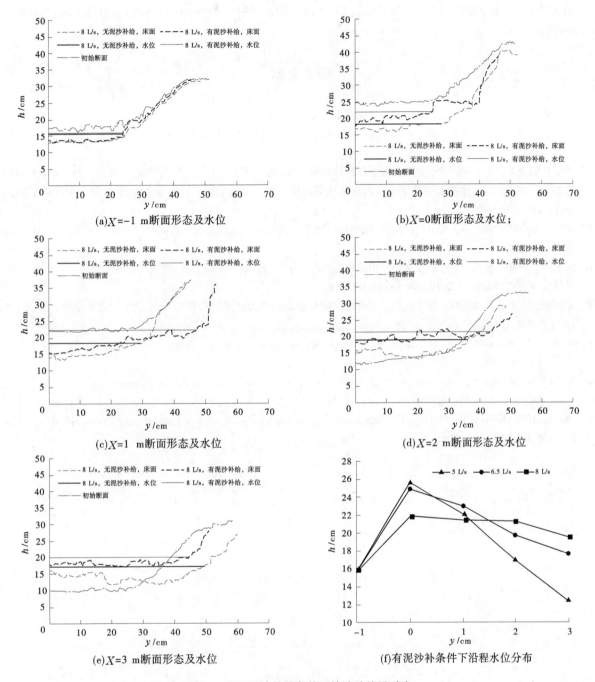

图6　有无泥沙补给条件下的试验结果对比

4　结论

本文基于水槽试验，研究了泥沙补给对沟床形态演变的作用，分析了水位、沟床横断面形态与泥沙补给之间的响应关系。研究结果发现：①无泥沙补给条件下，顺直陡变缓沟道中的下游缓坡段有较为明显的侧向侵蚀展宽。随着水流强度增大，水流挟沙能力增强，侧向侵蚀展宽增加；侧向侵蚀产生的泥沙运动到更远的下游，导致侧向最大展宽断面的位置向下游移动。②在有泥沙补给的条件下，顺直陡变缓沟道中下游缓坡段沟道侧向侵蚀增加。这主要是上游来沙在下游缓坡段落淤，造成水深减少，流速增加，提升了水流侧向侵蚀能力。③无论上游有无泥沙补给，顺直沟道陡变缓过渡段的沟床变化均以垂向冲刷和侧向侵蚀为主，使水位降低。当上游有泥沙补给时，陡变缓过渡段的垂向侵蚀减弱，水位抬升。在下游缓坡段，床面以淤积为主，上游泥沙补给能够略抬高床面，整体上增加沟道侧向侵蚀展宽。

参考文献

［1］曹叔尤，刘兴年，王文圣. 山洪灾害及减灾技术［M］. 成都：四川科学技术出版社，2013.

［2］王协康，刘兴年，周家文. 泥沙补给突变下的山洪灾害研究构想和成果展望［J］. 工程科学与技术，2019，51（4）：1-10.

［3］严华，郭晓军，葛永刚，等. 泥石流沟岸堆积体侧蚀破坏的随机性［J］. 自然灾害学报，2020，29（6）：85-97.

［4］曹叔尤，刘兴年. 泥沙补给变化下山区河流河床适应性调整与突变响应［J］. 四川大学学报（工程科学版），2016，48（1）：1-7.

［5］侯极，刘兴年，蒋北寒，等. 山洪携带泥沙引发的山区大比降河流水深变化规律研究［J］. 水利学报，2012，43（S2）：48-53.

［6］宋云天，曾鑫，张禹，等. 泥沙输移对山洪特征值时空分布的影响——以北京"7·21"山洪为例［J］. 清华大学学报（自然科学版），2019，59（12）：990-998.

［7］方迎潮，王道杰，何松膛，等. 云南东川蒋家沟泥石流 2003—2014 年冲淤演变特征［J］. 山地学报，2018，36（6）：907-916.

［8］Wells R R, Momm H G, Rigby J R, et al. An empirical investigation of gully widening rates in upland concentrated flows ［J］. Catena, 2013, 101：114-121.

［9］Wells R R, Bennett S J, Alonso C V. Modulation of headcut soil erosion in rills due to upstream sediment loads ［J］. Water Resources Research, 2010, 46（12）：12531. 1-1253. 16.

［10］Momm H G, Wells R R, Bingner R L. GIS technology for spatiotemporal measurements of gully channel width evolution ［J］. Natural Hazards, 2015, 79（1）：97-112.

顺直陡变坡沟道中桥涵淤堵致灾机制试验研究

李向阳[1] 王 路[1] 聂锐华[1] 解 刚[2] 刘兴年[1]

(1. 四川大学水力学与山区河流开发保护国家重点实验室，四川成都 610065；
2. 中国水利水电科学研究院，北京 100048)

摘 要： 山洪灾害是全球范围内的重大自然灾害。大量山洪灾害案例表明：暴雨洪水裹挟大量泥沙向下游运动，在经过跨沟桥涵时往往发生落淤、堵塞，造成灾害。本文在顺直陡变缓水槽中（20 m 长，0.5 m 宽，0.6 m 深，陡坡段比降20%，缓坡段比降5%）开展了一系列陡变坡试验，研究了顺直陡变坡沟道中桥涵淤堵致灾机制。研究发现：①在缓坡段涵洞容易淤堵，愈靠近下游，涵洞对水位的影响愈小；②在泥沙补给速率很大时（如滑坡、岸坡垮塌等），陡坡段涵洞处会产生严重泥沙淤积，造成水位淤增；③当上游泥沙补给量相对较小时，陡坡段涵洞处不容易发生床面淤堵。

关键词： 山洪灾害；泥沙补给；桥涵淤堵；水位激增

1 引言

我国山丘区域占地面积高达 2/3，远超世界平均水平[1]，山洪对于人民生命财产安全威胁巨大[2-3]。我国 1949—2015 年发生山洪灾害 5.3 万余次，死亡约 5 万人，2011 年以来中国每年平均约 400 人死于山洪灾害。大量的暴雨山洪灾害现场表明，泥沙补给与洪水的耦合作用是重大山洪灾害的关键源动力。跨沟桥涵是常见的水工建筑物[4]，因其施工简单、取材方便的特点，常用于山区跨沟乡道。当暴雨山洪发生时，大量粗颗粒泥沙在经过涵洞时容易发生淤堵，降低涵洞过水能力，导致水位陡增致灾（见图1）[4-5]。

近年来，国内外许多学者基于物理模型试验研究了山区沟道中水沙运动规律[6-10]。Song 等[6] 基于大量管道和水槽试验，研究了泥沙运动产生的水流阻力，提出泥沙输移过程中水深变化的表达式。Gao 等[7] 开展了动床和定床水槽试验，结合 Song 等[6] 的数据，通过无量纲分析提出了推移质运动的阻力表达式。侯极等[8] 基于大比降水槽模型试验研究了水流含沙后的阻力变化，探明了水位对泥沙粒径、输沙率、床面形态、底坡与水力条件的响应机制。李彬等[9-10] 开展了一系列陡变缓水槽试验，研究了强输沙状态下的水位激增与泥沙淤积。研究发现：强输沙水流增加了水沙通量与水流阻力；河床在下游缓坡段淤积抬高，导致水位激增。Brussee 等[11] 基于洪水风险预测模型，发现当提高预测模型的分辨率时，涵洞、矮堰等水工建筑物结构附近水位、流速和洪灾死亡率大大增加，指出桥涵淤堵是洪水过程中较大的风险因素。Schalko 等[12-13] 也通过水槽试验对类似的河道拥堵事件进行了研究，提出了水位上升的预测公式。

然而，现有研究对暴雨山洪过程中的桥涵淤堵致灾机制认识不足，严重制约了山洪水沙灾害预报预警和防治水平，亟须进一步研究。本文在顺直陡变缓水槽中开展了一系列试验，研究了有桥涵顺直陡变缓沟道水位和床面形态对泥沙补给的响应机制，解释了顺直陡变缓沟道中桥涵淤堵的致灾机制。

基金项目： 国家重点研发计划课题"山区暴雨产流产沙过程与水沙耦合致灾机制研究"（2019YFC1510701）。
作者简介： 李向阳（1998—）男，硕士研究生，研究方向为山洪水沙灾害。
通讯作者： 王路（1988—）男，副研究员，主要从事水力学及河流动力学专业工作。

(a)沟口涵洞　　　　　(b)上游涵洞　　　　　(c)淤堵后粗颗粒泥沙堆积

图 1　雅安市八步村张家沟涵洞淤堵灾后现场

2　试验设置

本研究所有试验均在一条长 20 m、宽 0.5 m、深 0.6 m 的顺直陡变缓水槽中开展（见图 2）。该水槽陡坡段长 10 m，比降 20%；缓坡段长 10 m，比降 5%。水槽底部黏沙进行加糙处理，并在陡坡、缓坡段交接处铺设长 6 m 的变坡过渡段。试验用沙为非均匀沙，中值粒径 $D_{50} = 6.1$ mm［见图 3（a）］。试验采用拱形涵洞模型，如图 3（b）所示。试验过程中，实时水位、床面变化采用摄像机配合玻璃边壁粘贴的透明网格纸（精度为 ±2 mm）来测量。

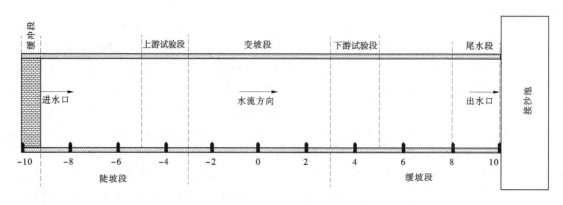

图 2　陡变缓水槽示意图　　（单位：m）

本研究共开展了两个系列（A 系列无桥涵 6 组、B 系列有桥涵 12 组）共 18 组水槽试验（见表 1）。无桥涵试验采用 2 种流量，每种流量采用 3 种泥沙补给量，共 6 组（A1～A6）；有桥涵试验流量不变，采用 2 种补沙方式和 6 个涵洞布置位置，共 12 组（B1～B12）。试验主要测量初始水位 h_0 和不同工况条件下桥涵模型上游壅水水位 h，水位增长率 $\Delta h/h_0 = (h-h_0)/h_0$，是表征水位增长程度的无量纲参数。

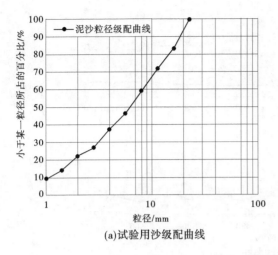

(a)试验用沙级配曲线

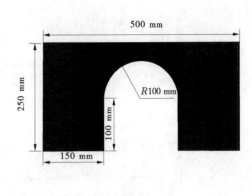

(b)涵洞模型示意图

图 3　拱形涵洞模型试验

表 1　水槽模型试验工况设置

试验组次	流量 $Q/$ (L/s)	加沙量 G/kg	加沙方式	加沙速率 $G_s/$ (kg/s)	桥涵位置 x/m
A1~A6	5，10	25~150	加沙机均匀加沙	0.378~0.422	—
B1~B6	5	50	加沙机均匀加沙	0.412	−3，−4，−5，5，4，3
B7~B12	5	50	倾倒加沙	5.1~7.2	−3，−4，−5，5，4，3

3　试验结果与分析

3.1　无桥涵试验

试验观察表明，上游陡坡段几乎不发生床面淤积，床面淤积仅发生在下游缓坡段。图 4 展示了均匀加沙条件下（A3 工况），缓坡段不同断面的河床高程、水位的历时变化过程。由图 4 可以看出，当 $T<300$ s 时，上游泥沙还未运动至缓坡段试验观测断面，$x=3$ m、4 m、5 m 三个断面的床面高程和水位均无明显变化。之后，泥沙运动至 $x=3$ m 断面，床面发生急剧淤积抬升，导致水位升高。由于此工况下泥沙仅在 $x=3$ m 附近淤积，无法运动至下游，故 $x=4$ m 和 $x=5$ m 断面水位和床面未发生明显变化。

图 5 展示了不同流量条件下，缓坡段最大水位增长率 $\Delta h/h_0=(h-h_0)/h_0$（h_0 为初始水位，h 为瞬时水位，两个参数均以初始河床位置为 0 点）与加沙量之间的关系。由图 5 可见，随着加沙量的增加，水深最大增长率变大。当流量为 5 L/s 时，断面 $x=3$ m 的水位增长率远大于 $x=4$ m 和 $x=5$ m 断面。在 $x=4$ m 和 $x=5$ m 断面，当加沙量为 25 kg 或 50 kg 时，水位几乎没有增长。因为泥沙在 $x=3$ m 附近落淤，无法运动到更下游。当流量为 10 L/s 时，相同加沙量（80 kg）在 $x=3$ m 造成的水位增长率要低于 5 L/s，在 $x=4$ m 和 $x=5$ m 造成的水位增长率略高于 5 L/s。这主要时因为流量增加，水流的挟沙力变大，泥沙能够运动到更远的下游发生淤积。

3.2　有桥涵试验

图 6 展示了桥涵淤堵作用引起的陡坡段和缓坡段的水位变化。由图 6（a）可见，没有泥沙补给的情况下，涵洞会使上游陡坡段水位明显抬升（$\Delta h/h_0=4~5$）。当上游泥沙补给速率较小时，泥沙不会在涵洞处淤堵，水位较无泥沙补给条件下没有明显变化。随着泥沙补给量增大，泥沙在涵洞处发生淤堵，导致水位激增。在倾倒加沙工况下（实际情况下类似滑坡），水位激增 10~12 倍。由图 6（b）可见，在缓坡段均匀加沙会使水位大幅抬升，这是由于泥沙在缓坡段更容易落淤。而在设

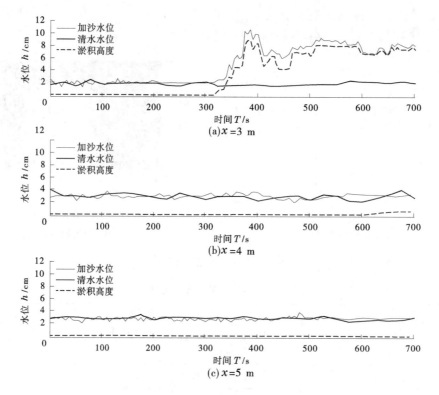

图 4   缓坡段各断面床面、水位历时变化过程

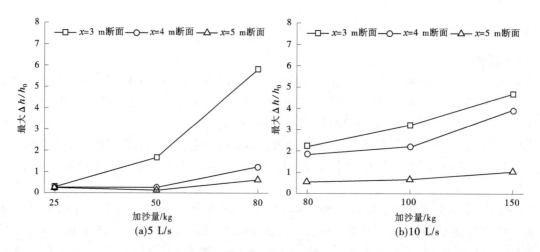

图 5   缓坡段各断面不同加沙量下的水位增长率

置涵洞后，涵洞的位置越靠近下游，其对水位的抬升作用越弱，这是因为水流在缓坡段的挟沙能力较弱，泥沙难以运动到下游抬高床面。

图 7（a）展示了不同来沙条件下陡坡段涵洞处水位历时变化过程，可以看出除倾倒加沙外，其他各工况在均匀加沙条件下水位历时变化不明显。这主要是因为泥沙补给速度不足以在涵洞处产生明显淤积。当泥沙补给条件是倾倒加沙时，涵洞处淤堵，水位陡增。图 7（b）为缓坡段涵洞处水位历时变化过程，与图 7（a）陡坡段水位历时变化相比，在均匀加沙条件下，缓坡段河床有明显的淤积抬升过程。主要原因是缓坡段水深大、流速小，水流挟沙能力较陡坡段弱，使泥沙更容易在缓坡段涵洞处淤积。

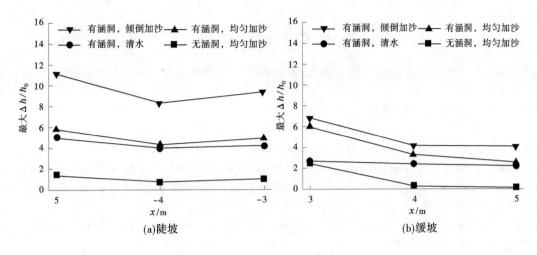

图6　各断面不同工况下最大水位增长率

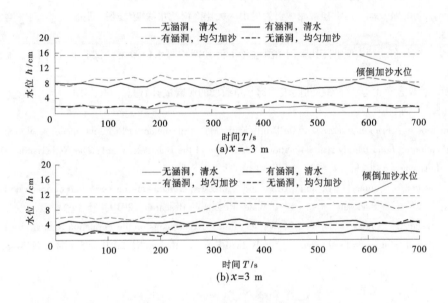

图7　断面不同工况下水位历时变化过程

4　结论

本文基于水槽试验，研究了暴雨山洪条件下顺直陡变坡沟道中的涵洞淤堵致灾机制，分析了有桥涵、无桥涵沟道床面、水位对泥沙补给的响应关系。研究结果发现：①上游陡坡段修建涵洞后会造成局部水头损失，导致水位抬升，最大可达4~5倍（以相同流量下初始水位为基准）。当上游泥沙补给速度相对较小时，因陡坡段水流具有很强的挟沙能力，所以不会产生床面淤积，水位几乎不受泥沙补给的影响；当上游泥沙补给速度相对较大时，超过了水流的挟沙能力，陡坡段涵洞处会产生严重的泥沙淤积，造成水位陡增现象，最大可达10~12倍（以相同流量下初始水位为基准）。②下游缓坡段修建涵洞导致的水位抬升幅度较上游陡坡段减弱，最大达到2倍（以相同流量下初始水位为基准）。与上游陡坡段相比，下游缓坡段对泥沙有更强烈的响应，即使少量泥沙补给也会造成涵洞处发生淤堵，抬升上游水位，最大可达6倍（以相同流量下初始水位为基准），且涵洞位置越靠近下游，其对水位的影响作用越小。

参考文献

［1］曹叔尤，刘兴年．泥沙补给变化下山区河流河床适应性调整与突变响应［J］．四川大学学报（工程科学 版），2016，48（1）：1-7.

［2］任洪玉，邹翔，张平仓．我国山洪灾害成因分析［J］．中国水利，2007（14）：18-20.

［3］李红霞，覃光华，王欣，等．山洪预报预警技术研究进展［J］．水文，2014，34（5）：12-16.

［4］吉训刚．山区公路涵洞病害成因分析与防治［J］．交通科技，2017（4）：115-118.

［5］Bin-rui Gan，Xing-nian Liu，Xing-guo Yang，et al. The impact of human activities on the occurrence of mountain flood hazards：lessons from the 17 August 2015 flash flood/debris flow event in Xuyong County, south-western China［J］．Geomatics，Natural Hazards and Risk，2018，9（1）：816-840.

［6］Song T，Chiew Y M，Chin C O. Effect of Bed-Load Movement on Flow Friction Factor［J］．Journal of Hydraulic Engineering，1998，124（2）：165-175.

［7］Gao P，Abrahams A D. Bedload transport resistance in rough open-channel flows［J］．Earth Surface Processes and Land-forms，2004，29（1）：423-435.

［8］侯极，刘兴年，蒋北寒，等．山洪挟带泥沙引发的山区大比降河流水深变化规律研究［J］．水利学报，2012，43（S2）：48-53.

［9］李彬，郭志学，陈日东，等．变坡陡比降河道强输沙下泥沙淤积与水位激增的试验研究［J］．泥沙研究，2015（3）：63-68.

［10］李彬，顾爱军，郭志学，等．强输沙对陡坡河道水位激增的影响试验研究［J］．四川大学学报（工程科学版），2015，47（S2）：34-39.

［11］Brussee Anneroos R，Bricker Jeremy D，De Bruijn Karin M，et al. Impact of hydraulic model resolution and loss of life model modification on flood fatality risk estimation：Case study of the Bommelerwaard, The Netherlands［J］．Journal of Flood Risk Management，2021，14（3）．

［12］Schalko I，Lageder C，Schmocker L，et al. Laboratory Flume Experiments on the Formation of Spanwise Large Wood Accumulations：I. Effect on Backwater Rise［J］．Water Resources Research，2019，55（6）．

［13］Schalko I，Lageder C，Schmocker L，et al. Laboratory Flume Experiments on the Formation of Spanwise Large Wood Accumulations：Part II—Effect on local scour［J］．Water Resources Research，2019，55（6）：4854-4870.

基于水动力学模型的山区建设项目防洪影响分析

徐卫红[1,2] 王 静[1,2] 李 娜[1,2]

（1. 中国水利水电科学研究院，北京 100038；
2. 水利部防洪抗旱减灾工程技术研究中心，北京 100038）

摘 要： 本文基于一维水动力学模型、一般冲刷和桥墩局部冲刷公式，分析了省道 S355 改线情景中阻水桥梁的防洪影响。结果表明，建设项目区涉及河道按规划治理后，100 年一遇设计流量下，桥下过流面积减少 16.8 m^2，平均流速增加 0.28 m/s，桥前最大壅水高度 0.178 m，壅水长度 62.45 m，壅水高度和范围均较小。考虑壅高后的桥下 100 年一遇洪水位为 352.168 m，为保障汛期河道行洪期间桥梁的安全，桥下允许的最低梁底高程为 352.668 m。建桥后，桥下平均流速 6.50 m/s，最大冲深 3.72 m，桥梁桩基的安全埋深至少为 4.22 m。

关键词： 阻水桥梁；防洪影响；水动力学；山区；省道 S355

1 引言

随着河北省承德市兴隆县安营寨村及其周边的发展，该区域的常住人口及车流量将大幅增加，为满足日益增长的交通和片区发展需求，需对途经该地区的省道 S355 路段进行改线及扩建。改建情景中涉及一座桥梁跨越清水河，由于桥墩对水流的干扰，桥梁上游将形成一定距离的壅水，局部水动力环境也将发生改变，被阻水流在桥墩周围形成涡流，对河床泥沙的冲刷作用将增强，对该区域防洪安全造成一定的影响[1]。防洪影响分析是设计和实施防洪措施的重要依据。目前，针对阻水桥梁引起的防洪影响，分析方法包括经验公式法、数值模拟法、水工模型法等[2-4]。经验公式法形式简单，使用简便，但适用条件有限。随着数值模型和计算机技术的不断发展，水动力学模型开始广泛应用于防洪影响分析中[5-6]。本文利用 MIKE 软件构建水动力学模型，分析安营寨区域的清水河按规划治理后，省道 S355 改建情景中阻水桥梁的防洪影响，以期为后续路线改建工作及防洪安全措施的布设提供依据。

2 研究区概况

2.1 建设项目

省道 S355 京冀界—梓椤台村段是国道 G234 兴隆至阳江公路的一部分，现状为二级公路标准。该路段大部分位于清水河以南，贯通安营寨、二道河、梓罗台等村镇（如图 1 所示），是兴隆县西部区域往来县城的重要通道，也是兴隆县去往北京市的一条便捷通道。根据相关规划，兴隆县拟对安营寨村附近进行开发建设，随着规划项目的建成，该地区的常住人口及车流量将大幅度增加，省道 S355 的交通量将随之日益增长，现有道路将无法满足交通运输和片区发展的需求。为提升车辆的通行效率，带动区域经济增长，需对该区域的省道 S355 路段进行改线和扩建，改线情景如图 1 所示。从图中可以看出，该改线情景在安营寨村西北部位置建设了一座桥梁，省道 S355 跨越清水河之后，沿着清水河北岸布线，在梓罗台村以东位置与省道 S355 顺接。

作者简介：徐卫红（1984—），女，高级工程师，主要从事城市洪涝风险、水文学及水资源等研究工作。

图 1　省道 S355 现状位置及改线情景

2.2　气象水文

建设项目区位于燕山迎风区,地貌属于山地类型,山峦起伏,沟壑纵横。由于山区地势的错综复杂和燕山主峰对大气环流的影响,其气候特点是四季分明、气候多变、季风型强、雨水充沛,属暖温带和半湿润、半干旱季风型大陆性气候。该区域夏、秋季受中小尺寸天气系统的影响,经常出现历时短、强度大的局部暴雨、大暴雨,引发山洪灾害。项目区处于清水河流域(如图 2 所示),清水河属于潮河一级支流,发源于青灰岭,最终入密云水库。建设项目所涉河段原有堤防的防洪能力仅 5 年一遇,为了提高该河段的防洪能力,相关部门提出对该区域的河道进行综合治理,工程设计报告已被批复,工程实施后防洪标准将提高至 20 年一遇。

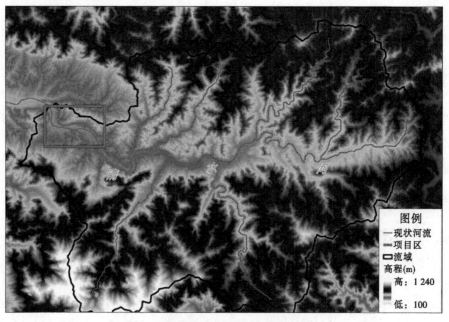

图 2　建设项目区在清水河流域的位置

3　研究方法

3.1　水动力学模型

本文针对省道 S355 改线情景中涉及的河道和桥梁(如图 1 所示),利用 MIKE 模型[7] 中的水动力学模块（HD Module），构建河道非恒定流数值模型，阻水桥梁概化为箱涵，模拟并分析无阻水桥梁、有阻水桥梁工况情景下，河道水位、流速等洪水特征的变化。模型采用圣维南（Saint-Venant）方程组作为控制方程，公式如下：

连续性方程：
$$\frac{\partial Q}{\partial x} + \frac{\partial A}{\partial t} = m \tag{1}$$

动量方程：
$$\frac{\partial Q}{\partial t} + \frac{\partial}{\partial x}\left(\alpha \frac{Q^2}{A}\right) + gA\frac{\partial h}{\partial x} + g\frac{Q|Q|}{C^2 AR} = 0 \tag{2}$$

式中：Q 为断面流量；A 为断面过水面积；m 为旁侧入流流量；x、t 分别为距离坐标和时间坐标；h 为水深；C 为谢才系数；R 为水力半径；g 为重力加速度；α 为动量校正系数。

方程采用六点 Abbott-Ionescu[8] 差分格式离散，利用双向消除法（Double Sweep Algorithm[9]）求解。

3.2 边界及参数

建设项目区所涉河段的规划防洪标准为 20 年一遇，改建的省道 S355 为一级公路，防洪标准为 100 年一遇。模拟河段全长 2.6 km，上边界桩号 0+000，下边界桩号 2+600，跨河桥梁位于桩号 2+100 处。上游以设计流量为入流边界，不同重现期设计洪峰如表 1 所示。下游以水位-流量关系（如图 3 所示）为出流边界，区间无径流汇入。一维河道水动力学模型的参数主要是糙率，断面采用规划的河床数据，属于规则的人工河道，根据河床与岸壁的设计形态，糙率取值为 0.03。

表 1 不同重现期设计洪峰

重现期	10 年	20 年	50 年	100 年
洪峰流量/（m³/s）	596	786	1 052	1 267

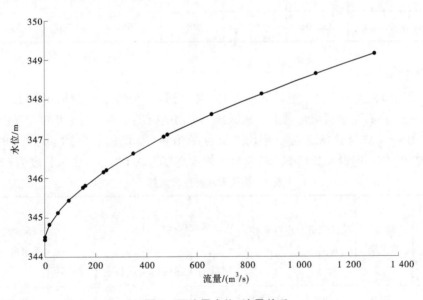

图 3 下边界水位-流量关系

3.3 冲刷计算方法

利用《公路工程水文勘测设计规范》（JTG C30—2015）推荐的非黏性土河床的一般冲刷公式和桥墩局部冲刷公式，计算河槽冲刷和墩台局部冲刷，公式如下：

$$h_p = 1.04\left(A_d \frac{Q_2}{Q_c}\right)^{0.90}\left[\frac{B_c}{(1-\lambda)\mu B_{cg}}\right]^{0.66} h_{cm} \tag{3}$$

$$h_{\mathrm{b}} = K_{\xi} K_{\eta^2} B_1^{0.6} h_{\mathrm{p}}^{0.15} \left(\frac{v - v_0'}{v_0} \right), \quad v \leq v_0 \tag{4}$$

$$h_{\mathrm{b}} = K_{\xi} K_{\eta^2} B_1^{0.6} h_{\mathrm{p}}^{0.15} \left(\frac{v - v_0'}{v_0} \right)^{n_2}, \quad v > v_0 \tag{5}$$

式中：h_{p} 为桥下一般冲刷后的最大水深，m；A_{d} 为单宽流量集中系数；Q_2 为桥下河槽部分通过的设计流量，$\mathrm{m^3/s}$；Q_{c} 为天然状态下河槽部分设计流量，$\mathrm{m^3/s}$；B_{c} 为天然状态下河槽宽度，m；B_{cg} 为桥长范围内河槽宽度，m；λ 为设计水位下在 B_{cg} 宽度范围内桥墩阻水总面积与过水面积的比值；μ 为桥墩水流侧向压缩系数；h_{cm} 为河槽最大水深，m；h_{b} 为局部冲刷深度，m；K_{ξ} 为墩形系数；K_{η^2} 为河床颗粒影响系数；B_1 为桥墩计算宽度，m；v 为一般冲刷后墩前行进流速，m/s；v_0 为河床泥沙起动流速，m/s；n_2 为指数。

4 结果与分析

4.1 设计洪水位

不考虑跨河阻水桥梁影响的规划河道设计洪水位如表 2 所示。从表中可以看出，跨河桥梁所处断面的规划河底高程和堤顶高程分别为 347.31 m 和 352.01 m。建设项目区涉及河道按规划治理之后，跨河桥梁所处断面 20 年一遇设计洪水位是 350.87 m，100 年一遇设计洪水位是 351.99 m，分别比设计堤顶低 1.14 m 和 0.02 m。省道 S355 改建之后其设计防洪标准为 100 年一遇，本文针对该频率的洪水对跨河桥梁的防洪影响进行分析。

表 2　断面参数及洪水位

位置	河道桩号	设计河底高程/m	设计堤顶高程/m	河道底宽/m	堤顶间河宽/m	设计流量/（$\mathrm{m^3/s}$）		设计水位/m	
						20 年	100 年	20 年	100 年
跨河桥	2+100	347.31	352.01	40	48	786	1 267	350.87	351.99

4.2 壅水及行洪安全

跨河桥梁所处断面在无阻水桥梁情景下，遇 100 年一遇设计流量，过流面积为 203.8 $\mathrm{m^2}$，断面平均流速为 6.22 m/s。在有阻水桥梁情景下，桥墩减少了河道行洪断面，遇 100 年一遇设计流量，桥下过流面积为 187.0 $\mathrm{m^2}$，减少了 16.8 $\mathrm{m^2}$，平均流速为 6.50 m/s，增加了 0.28 m/s。从表 3 可以看出，桥梁修建后，在 100 年一遇设计流量下，桥前最大壅水高度为 0.178 m，壅水长度为 62.45 m。

表 3　桥梁壅水高度及长度

位置	河道桩号	洪水重现期	设计流量/（$\mathrm{m^3/s}$）	设计水位/m	过水面积/$\mathrm{m^2}$		平均流速/（m/s）		桥前最大壅水高度/m	壅水长度/m
					建桥前	建桥后	建桥前	建桥后		
跨河桥	2+100	100 年	1 267	351.99	203.8	187.0	6.22	6.50	0.178	62.45

对于山区河流，洪水急涨急落，历时短，且河床坚实时，桥下壅水高度可采用桥前最大壅水高度。根据《公路桥涵设计通用规范》（JTG D60—2015），在洪水期无大漂流物、有大漂流物的情景下，非通航河道的桥下净空须达到 0.5 m 和 1.5 m。省道 S355 涉及河段为山区河道，无通航要求，随着项目建设区今后的发展及对河道的管理逐渐完善，洪水期河道内有大漂流物的可能性很小，桥下净空可取 0.5 m。考虑壅高后的桥下 100 年一遇设计洪水位为 352.168 m，桥梁的允许最低梁底高程

为 352.668 m。

4.3 冲刷分析

桥梁建设后桥墩改变了局部水动力环境，从桥梁建设前后流速的计算结果可知，流速增大会加强河床的冲刷，同时，被阻水流在桥墩周围会产生涡流，与床面泥沙发生作用，在桥墩周围特别是迎水面附近，会形成局部淘刷。根据设计洪峰流量、河槽宽度、行洪断面、设计洪水位以及相关参数，利用《公路工程水文勘测设计规范》（JTG C30—2015）推荐的非黏性土河床的一般冲刷公式和桥墩局部冲刷公式，计算的河槽冲刷结果如表 4 所示。

表 4　冲刷分析成果

位置	河道桩号	洪水重现期	设计流量/（m³/s）	设计水位/m	最大水深/m	桥下一般冲刷后的最大水深/m	一般冲刷深度/m	局部冲刷深度/m	最大冲深/m
跨河桥	2+100	100 年	1 267	351.99	4.68	6.10	1.42	2.30	3.72

从表 4 可以看出，桥下一般冲刷深度为 1.42 m，局部冲刷深度为 2.30 m，最大冲刷深度为 3.72 m。桥梁桩基应布设在 100 年一遇洪水冲刷线 0.5 m 以下，即桥梁桩基的安全埋深至少为 4.22 m。另外，由于桥梁所在河道发生 100 年一遇设计洪水时，水流速度较大，超过了 5 m/s，阻水桥梁对河道淤积造成的影响很小。

5　结论

（1）本文利用一维水动力学模型，计算了无、有阻水桥梁情景下，建设项目区规划河道洪水特征的变化。结果表明，阻水桥梁所处断面在桥梁建设前，100 年一遇设计洪水位 351.99 m，过流面积 203.8 m²，平均流速 6.22 m/s；桥梁修建后，桥下过流面积减少 16.8 m²，平均流速增加 0.28 m/s，桥前最大壅水高度 0.178 m，壅水长度 62.45 m，壅水高度和范围均较小。

（2）考虑壅高后的桥下 100 年一遇设计洪水位为 352.168 m，建设项目区河道为山区河流，洪水急涨急落，且河床坚实，桥下壅水高度采用桥前最大壅水高度 0.178 m。涉及河道无通航要求，且考虑到该区域今后汛期河道内有大漂流物的可能性很小，桥下净空取 0.5 m，为保障汛期河道行洪期间桥梁的安全，允许最低梁底高程为 352.668 m。

（3）桥梁所在河道发生 100 年一遇设计洪水时，桥梁建设后桥下平均流速增大至 6.50 m/s，桥下一般冲刷深度 1.42 m，局部冲刷深度 2.30 m，最大冲刷深度 3.72 m，桥梁桩基应布设在 100 年一遇洪水冲刷线 0.5 m 以下，桥梁桩基的埋深至少为 4.22 m，才能保障桥墩的稳定与安全。

参考文献

［1］叶东升，章敏，范北林．桥墩设计原理与实践［M］．郑州：黄河水利出版社，2004.

［2］梁小刚．关于桥梁壅水计算中几种经验公式应用的探讨［J］．治淮，2011（11）：73-75.

［3］吴时强，薛万云，吴修锋，等．城市行洪河道桥群阻水叠加效应量化研究［J］．人民黄河，2019，41（10）：96-102.

［4］闫杰超，徐华，焦增祥．基于动量守恒的桥墩壅水预测及数值模拟［J］．人民长江，2020，51（S2）：280-284.

［5］王晓阳，邓赞新，喻娓厚．HEC-RAS 模型及其在桥梁阻水壅高计算中的应用［J］．湖南水利水电，2008（3）：31-32.

［6］袁雄燕，徐德龙．丹麦 MIKE21 模型在桥渡壅水计算中的应用研究［J］．人民长江，2006，37（4）：31-32.

［7］Danish Hydraulic Institute（DHI）．MIKE 11：A modeling system for rivers and channels reference manual［R］．Denmark：DHI. 2005.

［8］ Abbott M B, Minns A W. Computational Hydraulics ［M］. England：Ashgate，1998.

［9］ Bononi L, Bracuto M, D Angelo G, et al. Concurrent replication of parallel and distributed similations ［C］//Proceedings of the 19th Workshop on Principles of Advanced and Distributed Simulation. Washington：IEEE Computer Society，2005：234-243.

长距离调水工程运行安全风险预警系统研究

关　炜　张　颜　孟路遥　王泽宇

（水利部南水北调规划设计管理局，北京　100038）

摘　要：为提升长距离调水工程运行安全风险的综合管控水平，基于霍尔三维结构模型、概念模型和风险识别模型，进行风险因素识别，并开发出了一套适用于长距离调水工程的运行安全风险预警系统。在系统中识别出工程运行风险中的关键风险因子和关键风险因素，形成适用于长距离调水工程运行安全风险数据数字化管理办法，结合风险事故信息，进行风险预警，工程运行管理指导意义显著。研究表明，该系统有助于提升长距离调水工程运行安全风险的综合管控水平，对未来该领域的信息化发展模式探索具有一定的指导意义。

关键词：风险预警；系统开发；运行安全；长距离调水工程

1　引言

长距离调水工程运行中可能会面临工程结构、环境因素和运行管理不当等诸多风险[1]，尤其是其串联性特征，可能存在风险相互叠加因素，使渠道工程的运行管理具有复杂性和高风险性。整个输水系统任何一个环节存在风险均会影响整个系统的安全运行，甚至会造成巨大的经济损失和不良的社会影响。因此，进行长距离调水工程运行安全风险预警系统开发研究，对长距离调水工程的风险预警体系和工程运行管理体系具有重要的理论和实践价值[2]。

目前，大多数工程安全监控仍大量采用传统监控方式，如人工监测数据采集与分析、纸质监测报表递送等方式进行。然而，这些传统监控方式存在着监测数据误差甚至错误率大、数据分析水平受限、监测数据利用率低及工程指导意义不足等问题[3]。

近年来，随着各项传感器、采集仪等自动化监测技术的兴起，越来越多的自动化监测技术被应用到工程的运行管理中[3]。如薛长龙和张代新利用物联网技术，设计了高速公路边坡一体化实时监测预警系统[4]。许建平等通过对总体框架、网络通信、数据传输、水雨情自动测报、数据交换平台、应用支撑平台以及应用系统等一些关键性技术问题分析研究，构建了江苏省小型水库防汛通信预警系统[5]。米西峰等采用传感器、无线传输网络以及计算机处理技术构建了黄河流域生态环境监测预警系统[6]。此外，Seo等识别了施工风险事件，利用安全检查表对地下工程施工过程进行了早期风险预测[7]。Wu等通过分析尾矿坝溃坝事故案例，分析了采用风险预警原理建立风险预警系统，其中识别、收集和分析预警信息是系统关键技术[8]。Guo等在研究了风险预警理论基础上，对建设项目全生命周期构建了风险预警系统，系统包括识别、分析、解决方案和再评价四个步骤[9]。已有的研究大部分集中于建筑工程施工、基坑施工等方面的安全预警，关于引调水工程运行安全风险预警系统的研究尚较少见。

基于以上分析，开展引调水工程运行安全风险识别、监测数据分析及安全风险评估与预警，开发适用于大型引调水公司多层级安全管控需求于一体的安全风险识别与预警系统，降低工程运行管理过程中的安全风险，提高引调水工程运行安全风险管理的专业化、信息化及智能化管控水平，具有重要

基金项目：国家重点研发计划"南水北调工程运行安全检测技术研究与示范"（2018YFC0406900）。

作者简介：关炜（1980—），男，高级工程师，主要从事南水北调工程技术研究与应用工作。

的理论价值和实践指导意义。

2 功能设计

长距离调水工程安全运行风险预警系统包括风险因子识别模块、风险预警模块及事故处置模块三大功能，是在长距离调水工程运行安全监测管理体系的基础上进一步发展形成的具有全过程动态监测和即时预警功能的系统。

（1）风险因子识别模块主要包含风险因子的增删改查、风险优先数的计算以及风险因子霍尔三维结构的展示等具体内容。

（2）风险预警模块主要包含检测数据管理和运行安全预警分析两部分的内容。检测数据管理部分包含工程质量检测数据管理和工程缺陷检测数据管理；工程质量检测数据管理主要是对建筑物的具体检测项数据进行管理，并结合后台编辑的规则对检测项的检测结果进行评价；工程缺陷检测数据管理主要是对巡检当中发现的问题进行增删改查操作。运行安全预警分析界面通过工程质量检测数据对各建筑物的具体检测项进行风险预警，并对各预警信息进行处置。

（3）事故处置决策模块主要是为了辅助现场管理人员进行事故处置。其具体功能包含案例库管理和案例匹配两部分。案例库管理主要是对案例库中的案例进行增删改查操作，其中各案例主要包含三部分内容，分别为事故案例情景信息、事故详情和处置措施。案例匹配则是依据当前事故状况信息在案例匹配界面输入相应的数据，结合编辑的情景匹配算法在案例库中匹配出相似的案例，结合相似案例的处置方案，制订事故处置措施。

3 运行流程

首先通过对各类风险因子进行识别，然后进行风险评估，继而实施明确警情、寻找警源、分析警兆、预报警度和启动预案等五个风险预警步骤，最后对预警的结果提出相关的对策建议。其中，预警管理的最基本和首要的工作是确定警情、寻找出警源、深入分析警兆，引入定量化分析手段对警情因素进行量化分析，预报警度是安全预警的最终目标，启动相应的预案是为预防和减少风险发生最终采取的措施。其基本流程如图 1 所示。

3.1 风险识别及评估

通过资料收集、调研、专家访谈等方式收集风险因素，对项目风险因素进行初步识别之后，从理论角度、实践角度及动态管理角度确定关键风险因素，以此构建运行期工作风险评价指标体系，最后利用相关理论开展风险评估，对其评估结果进行相应的风险判断。

3.2 明确预警的警情

运行安全风险预警的基本前提就是明确警情，警情是指在长距离调水工程运行过程中造成了重大风险事故的现象和问题，这些问题的根源在于工程沿线水文地质条件的不确定性、施工的隐蔽性、施工方法或组织方案的不合理性等。当警情确定后，就可以运用定性和定量的方法分析确定特定区间，这个区间可以显示长距离调水工程运行安全过程中风险变化，一旦实际数值超出这一区间就表明警情出现。

3.3 寻找预警的警源

将警情产生的根源叫警源。在预警体系的建立过程中，由于造成长距离调水工程运行安全的风险因素很多，为了抑制或减少警情的发生，要首先找到预警的根源并采取合适的措施，进而促使表现警情的各项指标都趋于正常。

3.4 确定预警警兆

长距离调水工程运行安全过程中产生的警情（即将发生的迹象或征兆）称为风险预警警兆。不稳定性因素在孕育和滋生过程会逐渐显现并暴露，这种先行暴露出来的现象就是警兆，它是警源过渡到警情的中间状态，警兆可以是警源的扩散，也可以是扩散过程中产生的其他相关现象。

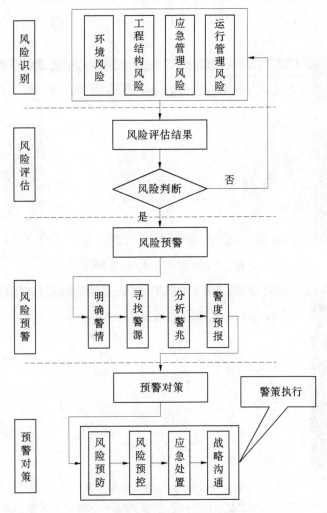

图 1　预警基本流程

3.5　确定预警警限，划分警级，预报警度

警情程度的合理测度称为警限，警限是风险由量变转化为质变的临界点。它是一条指示线，警示安全和危险的区域，它通常也称为危机爆发的"零点"或"临界点"。警限作为提出预警对象运行正常的衡量标准，并以此判别预警对象运行中是否出现警情及其严重程度。根据警情的警限，运用定性和定量的方法分析警兆报警区间，为表达警情的严重程度而人为划分预警级别，这就是警级。本研究将警级分为警情大、警情较大、警情一般、警情小 4 个等级，危机警源运行中出现的负面扰动因素发展到某种程度的量化显示实际上就指的是警级确定的过程，它是预警系统的最终产生形式。

3.6　针对预警的情况提出对策建议，排除警患

根据预警的结果，结合长距离调水工程运行安全风险管理结果和预警理论方法提出控制风险事故发生、降低事故损失的对策建议，充分发挥预警系统在实践中的检测预报作用。

4　系统实现

4.1　风险因子识别模块功能实现

在"风险因子列表框"中可以添加风险因子。要对具体建筑物的风险因子进行评估，首先就要保证风险因子的全面性，因此需要具备"添加"风险因子的功能。该风险因子的"添加"弹窗页面主要包含添加所属管理处、风险因子名称的信息，并对严重度、风险频度和可探测度等进行打分，如图 2 所示。在风险因子添加、编辑中对相应风险因子的发生频度、严重度、可探测度等指标进行打

分，依据计算规则，计算出各风险因子的风险优先数并进而排序，如图3所示。在风险因子列表栏中计算出各风险因子的风险优先数之后，利用云图的形式对各风险因子在界面中以时间维度和知识维度对其进行划分并展示，如图4所示。

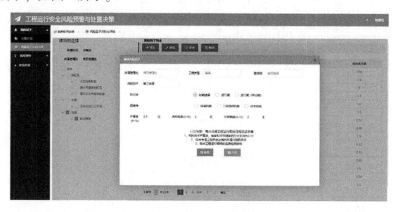

图2 风险因子添加、删除界面

图3 风险优先数计算排序界面

图4 风险因子霍尔三维结构展示

4.2 风险预警模块功能实现

风险预警是通过监测/检测数据识别诱因、然后进行警情诊断，并迅速发出预警的一种功能。检测数据管理项主要包含对数值型检测数据和非数值型检测数据的管理，数值型检测数据主要为可以用具体数据进行表示的数据，以混凝土强度为例，其强度设计值、检测值即为具体数值，因此该项即为数值型检测项；非数值型检测项，主要是以文本描述的方式来记录检测项的结果。在工程质量检测数据管理界面录入某渠道的各项检测数据后，结合各检测项对应的计算规则，在运行安全预警分析界面可对相应的风险因素进行预警，查看建筑物的风险预警信息，并添加处置结果，如图5~图8所示。

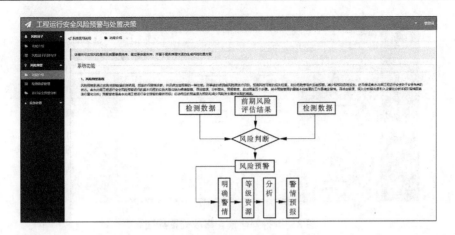

图5　风险预警功能界面

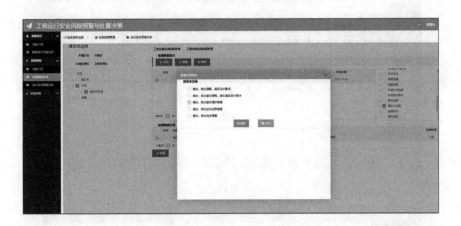

图6　数据录入、修改界面

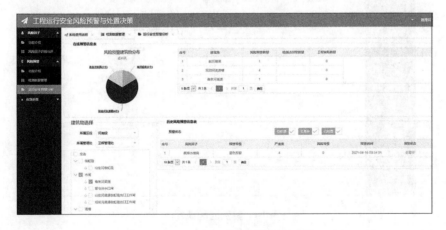

图7　运行安全预警分析初始界面

4.3　事故处置决策模块功能实现

处置决策的示范内容为风险处置辅助决策方法（案例检索和案例匹配）和系统处置决策过程。在案例库管理界面的查询框中，输入某渠道"排水沟阻塞"的查询条件，检索出相应的事故案例，其检索结果中的案例所包含的案例信息如图9所示。然后，进入案例匹配页面，在页面填写水情信息、环境信息、救援情况信息和事故信息等信息，信息填写完成后案例匹配结果如图10、图11所示，同时为了丰富案例库，随即将此案例录入系统，如图12所示。

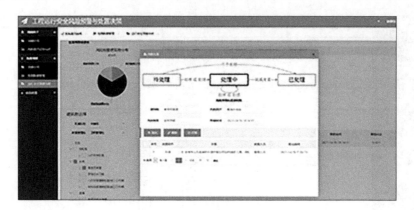

图 8　运行安全预警事故处置界面

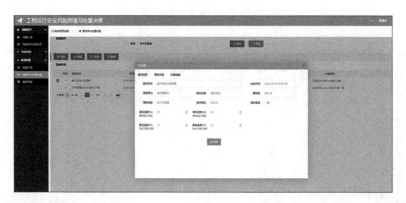

图 9　案例检索

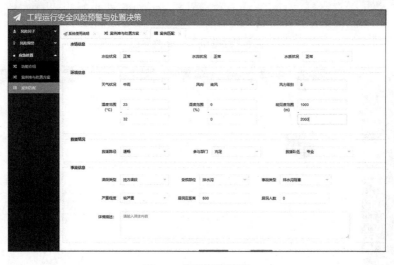

图 10　案例匹配填写

5　结语

（1）该系统从风险识别、风险评估、风险预警以及预警对策等流程开展了相关研究，通过预警系统的判断与识别，大幅提升了运行安全风险管理监测数据的专业化水平，提高了风险识别及预警的效率。

（2）该系统采用了基于大型引调水管理公司多层级安全管控需求的系统架构，在保证引调水工程运行安全风险信息流通畅的情况下，探索了运行安全新型风险管理模式，对未来工程运行安全领域的信息化系统建设具有一定的借鉴意义。

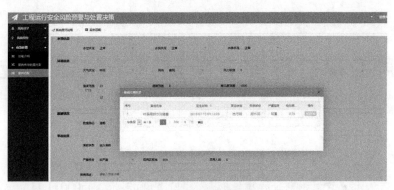

图11 案例匹配界面

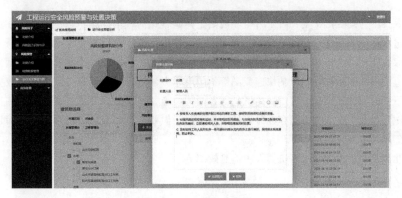

图12 案例录入

参考文献

［1］陈进，黄薇．跨流域长距离引调水工程系统的风险及对策［J］．水利水电技术，2004（5）：95-97．

［2］周小兵，张立德，达楞塔．长距离大型调水工程运行管理实践［M］．北京：中国水利水电出版社，2007．

［3］张阿晋，沈雯，朱建刚．深基坑施工安全监控及风险预警系统研究［J］．建筑施工，2021，43（4）：570-573．

［4］薛长龙，张代新．基于物联网技术的高速公路边坡监测预警系统研究［J］．公路交通科技（应用技术版），2019，15（11）：64-67．

［5］许建平，宋炜，刘烨，等．江苏省小型水库防汛通信预警系统的设计与应用［J］．人民长江，2017，48（S2）：291-294．

［6］米西峰，郭天一，靳继红．黄河流域生态环境监测系统的开发研究［J］．电子元器件与信息技术，2021，5（5）：21-23．

［7］Seo J W, Choi H H. Risk-Based Safety Impact Assessment Methodology for Underground Construction Projects in Korea［J］. Journal of Construction Engineering Management, 2008, 134（1）：72-81.

［8］Wu Z, Mei G. Study on Early-warning System and Method for Tailings Dam Failure［J］. Metal Mine, 2014.

［9］Guo Z L, Luo Y. Construction of Early Warning System for Integrated Engineering Risk Based on Life Cycle［C］∥ Proceedings of the First International Conference on Risk Analysis and Crisis Response, Atlantis Press, Scientific Publishing, 2013：864-868.

南水北调工程运行安全检测水下机器人应用示范

关　炜[1]　李楠楠[1]　孟路遥[2]

（1. 水利部南水北调规划设计管理局，北京　100038；
2. 黄河水电工程建设有限公司，河南郑州　450003）

摘　要：水下混凝土衬砌变形，是一般土石堤坝混凝土衬砌常见的缺陷问题，当变形发生在水位线附近时可通过水边线的变化进行人工观测，当变形发生在水下时，常规人力观测难以进行。针对水下衬砌变形观测，结合快速巡检的需求，本文建立了不同坡比的水下衬砌变形物理模型，同时研究利用垂直的声学测距和侧扫声呐快速成图等不同声学方法进行试验研究，结合试验数据分析了二者在水下变形的快速发现、变形量的识别等方面的特点。通过试验分析，本文认为侧扫声呐在微小变形识别以及工作效率方面存在显著的工作优势，但对于微小变形的识别精度方面目前声学检测手段仍然具有处理难度。

关键词：南水北调工程；检测；水下机器人；检测效率

1　引言

南水北调东、中线一期工程是我国最重要的跨流域水资源配置工程，可保障京、津及华北地区的供水安全。南水北调工程沿线地质地形条件复杂，渠道、渡槽、隧洞、管涵（PCCP）、倒虹吸等大型输水建筑物众多，工程通水运行以来，其运行安全一直是管理者和社会关注的重点，特别是中线一期工程未停水检修，水下构筑物运行安全状态及其隐患排查尤为重要。目前，国内在水下构筑物检测技术方面还存在较多的技术空白，尽管已开展了一些相关研究，但是在检测精度、效果等方面还存在诸多问题，因此水下构筑物检测技术及装备亟须突破。

2018 年，"十三五国家重点研发计划"中"南水北调工程安全检测技术与示范"项目在科技部立项，项目研究周期为 2018 年 7 月至 2021 年 6 月，项目研究目的是针对南水北调工程运行安全需求，研发相关检测装备和系统，突破工程运行安全检测技术难题，实现检测手段和缺陷诊断智能化，保证工程长期稳定运行。项目研究内容包括研制 4 台套大型建筑物运行安全检测装备和 3 台套线性工程智能化检测装备，并在南水北调工程进行示范。其中，水下构筑物综合检测装备为本项目重要研究内容及考核指标，该装备研发及示范由南水北调规划设计管理局牵头，联合中国水利水电科学研究院、长江勘测规划设计研究有限责任公司、河海大学、天津大学、南水北调中线干线工程建设管理局共同承担。

2　装备研发

2.1　装备研发任务及技术指标

2.1.1　研发任务

针对南水北调工程通水状态下可能出现的裂缝、渗漏等异常情况，研发一种长续航、大动力、智能化的水下构筑物检测专用水下机器人载体。对于水下构筑物长期运行条件下表面附着物堆积影响缺

基金项目：国家重点研发计划"南水北调运行安全检测技术研究与示范"（2018YFC0406900）。

作者简介：关炜（1980—），男，高级工程师，主要从事南水北调工程技术研究与应用工作。
通讯作者：李楠楠（1992—），女，工程师，主要从事南水北调工程技术研究与应用工作。

陷检测的问题，搭建水下构筑物表面清洗装置；研究水下建筑物表观缺陷的图像的自动获取技术和高效传输技术，研究水下钢结构锈蚀的智能识别技术，实现水下构筑物裂缝和钢结构锈蚀等异常情况的智能识别；研究超声阵列成像检测模块、水下渗漏检测模块。

2.1.2 技术性能指标

研发的水下机器人综合检测装置，包含水下构筑物除污、涵隧内部表观缺陷成像与识别模块、超声阵列成像检测模块、水下渗漏检测模块，检测装置主要技术指标内水压力 0~1 MPa，应用水速 0~2 m/s。

2.2 装备研发成果

2.2.1 装备研发成果

（1）水下机器人性能指标：尺寸不小于 100 cm×100 cm×50 cm；机身采用三层三仓结构，承受最大水压力为 1 MPa；机身前端设有 2 组水下光源、1 组电动滚刷以及双目立体相机视觉探测模组；采用螺旋桨+万向轮的组合运动方式，采用 12 个电机提供动力，应用水速范围为 0~2 m/s；供电采用备用电池组+系留电源组合供电形式，可实现不间断续航；线轮包括升压装置与三合一电缆，为了减少远距离传输的能量损耗，供电端电压由 220 V 升至 400 V，同时在机器人端添加降压模块将电压降至 24 V，电缆可同时发挥安全绳、信息传输与系留供电的作用，数据传输最大距离为 150 m。

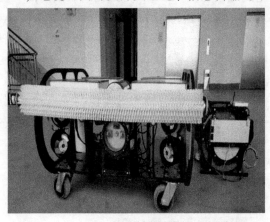 

(a)水下探测机器人　　　　　　　　　　　　　(b)地面工作站

图 1　水下机器人综合检测装备硬件组成

（2）水下构筑物表面附着物清洗技术指标：在水流流速≤2 m/s，内水压力≤1 MPa 的情况下，通过可编程控制器远程操控水下机器人调节姿态和位置，使水下构筑物清洗装置与被清洗面接触，有效去除水下构筑物表面的淤泥、青苔，且清洗过程中不破坏构筑物的表面结构。

（3）水下构筑物表观成像与缺陷检测技术指标：根据双目相机端获得的水下图像进行实时的图像清晰化处理，检测图像中可能存在的缺陷区域，实现缺陷目标的识别、分割和测量。

（4）水下超声检测技术指标：实现了任意波形任意频率的 24 W 平均功率、10 MHz 带宽的任意波形激励能力；研制了有效激励 500 kHz 的换能器，水密性在 1 MPa 水压下不渗漏。

（5）水下渗漏检测模块：研制了装载水听器（阵列）、水下声波传感器和高频水压计的水下无动力移动载具，通过自带电池和光缆传输信号实现长距离检测。其中水听器（阵列）、水下声波传感器和高频水压计的信号响应频率 1 000 Hz，可以在 1~2 m/s 水体中随水流悬浮前进，水密性 1 MPa 水压下不渗漏。

2.2.2 装备成果检验与试验

（1）水下机器人检测平台。

水下构筑物检测装备通过大量功能测试后，于 2020 年 10 月在南水北调中线一期工程焦作段李河倒虹吸水域进行了现场试验工作，开展现场试验主要为进一步了解工程应用需求，完善装备研发性能。

(a)试验水池功能测试　　　　　　　　　　　　　　　(b)李河倒虹吸

图 2　水下机器人综合检测装备现场试验

焦作段李河渠道倒虹吸作为黄沁平原区的二级节点，是南水北调中线一期工程总干渠穿越李河的建筑物，位于河南省焦作市山阳区苏蔺村西南，李河渠道倒虹吸全长 399 m，为四孔两联钢筋混凝土箱式涵洞，单孔尺寸 6.5 m×6.8 m，倒虹吸设计流量 265 m/s，加大流量 320 m³/s，设计水头 0.17 m。倒虹吸入口处水渠流速为 0.92 m/s，水流量为 194 m³/s，水深 6.28 m，根据倒虹吸内拍摄的现场双目图像，同时结合拍摄的气泡的成像结果和曝光时间间隔可以定量计算出试验时倒虹吸内水流速度约为 2 m/s。

试验结果：缺陷检测软件系统在现场的水下环境中能够实时运行，包括水下图像的采集和复原、图像中缺陷的识别、分割和测量等功能。现场试验结果达到了项目组预期，试验前后水下机器人状态正常。部分缺陷检测软件系统界面截图如图 3 所示。

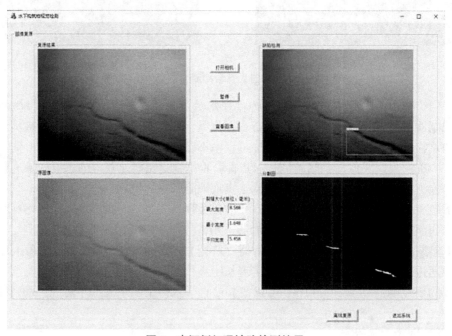

图 3　李河倒虹吸缺陷检测结果

（2）水下渗漏检测模块试验研究。

水下渗漏检测模块无动力载具包括浮筒和传感模块，拖曳在水下构筑物检测装备后面，试验在双洎河渡槽进行，采用水泵模拟泄漏源，将水泵竖直沉入东侧第1孔槽底模拟持续泄漏过程。试验中布置1台水泵泄漏源；经现场计测，水泵的抽水流量为2.0 L/s。传感模块及试验现场如图4所示。

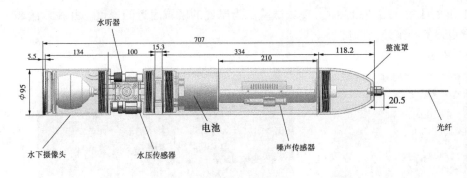
（a）水下渗漏检测模块

（b）渗漏检测现场试验

图4　水下渗漏检测模块现场试验

检测试验结果如图5所示，图中第一条曲线是水听器检测结果，第二条曲线是水下声波传感器检测结果，第三条曲线是高频水压计检测结果。其中80~180 s为水下检测结果，渗漏源位于150 s所对应的位置，可以看到，当无动力载具随水流经过渗漏点时，可以看到检测出的水下噪声的频率和强度都发生了明显变化。

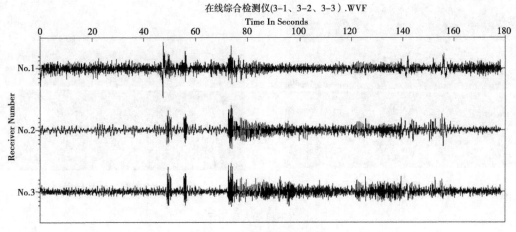

图5　水下渗漏检测结果

3　示范应用

3.1　示范地选择及基本情况

项目组选取南水北调中线峪河暗渠工程作为水下构筑物综合检测装备应用示范的地点。峪河暗渠自2014年投入通水运行，一直未停水检修，为保证工程运行安全，对峪河暗渠水下构筑物进行定期检测是必须的。峪河暗渠总长608 m，其中管身长450 m，管身为3孔箱形钢筋混凝土结构，过水断面高8.2 m、宽7 m，管顶埋深1.59 m；渠道设计流量为260 m³/s，加大流量为310 m³/s。

3.2　示范应用

2021年3月，项目组开展了在峪河暗渠工程开展水下构筑物综合检测装备示范应用，以验证该装备水下图像的采集系统、水下构筑物表面的清洗模块及运行缺陷检测软件系统的适用性。

3.2.1　示范应用调试

现场调试工作是保证示范试验顺利进行的关键，主要包括检查水下机器人、线轮、工控机和服务器是否正常供电；检查水下机器人的控制是否正常工作；检查工控机是否正常工作；检查服务器是否正常工作；检查水下机器人清洗前端是否正常工作；检查通信传输是否稳定等。

3.2.2 应用示范过程

试验开始时间为 2021 年 3 月 31 日下午 14 时，现场试验点为岸堤的区域附近的渠道，并在该区域进行输水涵隧水下综合检测装备的组装、调试。

水下机器人应用示范见图 6。

(a)辉县段峪河暗渠

(b)试验现场装备图

(c)水下机器人下水应用

(d)图像分析软件应用

图 6 水下机器人应用示范

3.2.3 示范成果

水下机器人在水下运行时长约为 2 h，机器人控制较为灵活，获取了近千张的水下图像，未出现舱内渗水、模块故障等异常情况。

（1）青苔和杂质附着在水下的渠道内壁，通过操作机器人前端的清洗装置对附着物进行清洗，每一处清洗区域清洗时长约为 5 s，清洗过程中水下机器人运行稳定，清洗装置状态正常，能有效地去除渠道和构筑物表面的青苔和附着物。

（2）图像智能识别及缺陷检测出的一处异常凸起缺陷，该缺陷的宽度约为 3.360 mm。具体检测图像见表 1。

（3）图像智能识别及缺陷检测该缺陷为一异常凹陷，软件系统检测该缺陷的宽度约为 3.174 mm，具体检测图像见表 2。

（4）钢结构锈蚀检测模块示范，图检测结果评定方法如图 7 所示。

表 1　图像智能识别及缺陷检测典型案例-1

水下双目图像	左目图像	右目图像
表观缺陷检测	复原图像	裂缝检测图像
基于双目缺陷测量	裂缝分割图像	裂缝匹配图像
测量结果	最大宽度	4.087 mm
	平均宽度	3.360 mm

3.3　示范效果评价

研发的水下机器人包含水下构筑物除污及涵隧内部表观缺陷成像功能，在南水北调中线辉县段峪河暗渠的现场示范结果表明该装置能在 0~1 MPa 水压，0~2 m/s 水速的实际动态水域环境下长时间稳定工作，其清洗装置能够去除构筑物表面的苔藓、淤泥等附着堆积物，且可在各种水域环境下获取清晰的水下图像，有效检测出水下构筑物的缺陷并准确测量，结果符合预期效果。

4　结论与建议

4.1　结论

项目组在南水北调中线峪河暗渠的开展水下构筑物综合检测装备现场示范结果达到了预期，试验前水下机器人状态正常，在开阔水域采集近千张水下图像，持续稳定运行时间 2 h，水下清洗功能、缺陷检测软件系统运行正常。结果表明研发的水下构筑物综合检测装备可以应用于南水北调中线的多种水下环境的混凝土构筑物清洗与智能检测任务，符合项目要求。

4.2　建议

建议结合水下构筑物综合检测装备现场示范情况，进一步完善研究成果，并在南水北调工程全面推广应用。

表 2 图像智能识别及缺陷检测典型案例-2

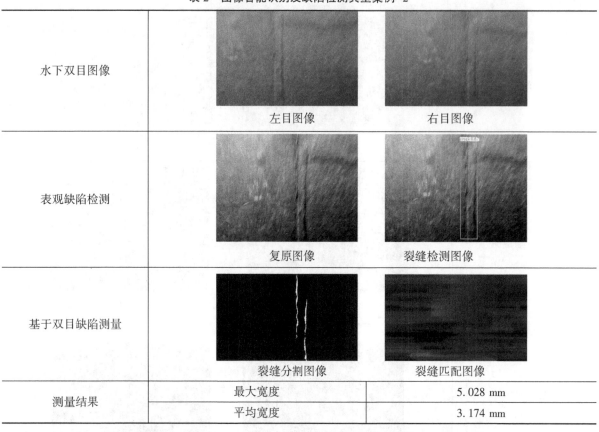

水下双目图像	左目图像	右目图像
表观缺陷检测	复原图像	裂缝检测图像
基于双目缺陷测量	裂缝分割图像	裂缝匹配图像
测量结果	最大宽度	5.028 mm
	平均宽度	3.174 mm

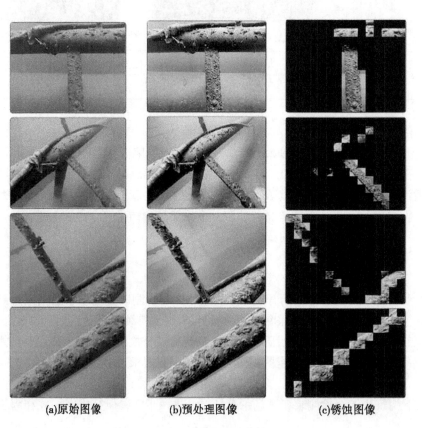

(a)原始图像   (b)预处理图像   (c)锈蚀图像

图 7 钢结构锈蚀检测典型案例

参考文献

[1] 于大程, 朱晨光, 张铭钧. 自主式水下机器人推进器弱故障辨识方法 [J]. 哈尔滨工程大学学报, 2020, 41 (8): 1223-1229.

[2] 陈云赛, 褚振忠, 刘坤, 等. 深海潜水器推进器故障诊断技术研究进展 [J]. 推进技术, 2020, 41 (11): 2465-2474.

[3] 李海龙. 用于水下钢结构腐蚀检测的蛇形机器人研究 [D]. 济南: 山东大学, 2020.

[4] 史志晨. 水下作业机器人声呐图像目标跟踪研究及水面监控系统设计 [D]. 镇江: 江苏科技大学, 2020.

[5] 褚洪贵. 水下探伤机器人水动力系数与运动控制研究 [D]. 镇江: 江苏科技大学, 2020.

[6] 刘静. 水下海管检测机器人组合导航定位技术研究 [D]. 哈尔滨: 哈尔滨工程大学, 2020.

[7] 陈勋. 水下结构表观缺陷检测技术及系统集成研究 [D]. 哈尔滨: 哈尔滨工业大学, 2010.

[8] 李雨时. 基于双目立体视觉的水下定位方法研究 [D]. 哈尔滨: 哈尔滨工程大学, 2018.

[9] 刘发根. 基于双目视觉的水下目标检测技术研究 [D]. 哈尔滨: 哈尔滨工程大学, 2017.

[10] 李晔. 微小型水下机器人运动控制技术研究 [D]. 哈尔滨: 哈尔滨工程大学, 2007.

[11] 刘和祥. 面向 AUV 回收控制的水下机器视觉研究 [D]. 哈尔滨: 哈尔滨工程大学, 2009.

[12] 乔金鹤. 基于双目立体视觉的水下三维重建技术研究 [D]. 哈尔滨: 哈尔滨工程大学, 2018.

[13] Ding L, Goshtasby A. On the Canny edge detector [J]. Pattern Recognition, 2001, 34 (3): 721-725.

[14] Lee M, Park J W, Park S H, et al. An underwater cleaning robot for industrial reservoirs [C] //2012 IEEE International Conference on Automation Science and Engineering (CASE). IEEE, 2012: 1168-1172.

[15] Nassiraei A A F, Sonoda T, Ishii K. Development of ship hull cleaning underwater robot [C] //2012 Fifth International Conference on Emerging Trends in Engineering and Technology. IEEE, 2012: 157-162.

[16] Palacin J, Salse J A, Valgañón I, et al. Building a mobile robot for a floor-cleaning operation in domestic environments [J]. IEEE Transactions on instrumentation and measurement, 2004, 53 (5): 1418-1424.

[17] Fan J, Yang C, Chen Y, et al. An underwater robot with self-adaption mechanism for cleaning steel pipes with variable diameters [J]. Industrial Robot: An International Journal, 2018, 45 (2): 193-205.

[18] Le K, To A, Leighton B, et al. The SPIR: An Autonomous Underwater Robot for Bridge Pile Cleaning and Condition Assessment [C] //2020 IEEE/RSJ International Conference on Intelligent Robots and Systems (IROS). IEEE, 2020: 1725-1731.

[19] Mahmud M S A, Abidin M S Z, Buyamin S, et al. Multi-objective Route Planning for Underwater Cleaning Robot in Water Reservoir Tank [J]. Journal of Intelligent & Robotic Systems, 2021, 101 (1): 1-16.

[20] 孙玲. 除锈爬壁机器人壁面行走控制技术研究 [D]. 大连: 大连海事大学, 2015.

[21] Bar-Cohen Y, Bao X, Dolgin B P, et al. Residue detection for real-time removal of paint from metallic surfaces [C] // Advanced Nondestructive Evaluation for Structural and Biological Health Monitoring. International Society for Optics and Photonics, 2001, 4335: 115-120.

[22] 衣正尧. 用于搭载船舶除锈清洗器的爬壁机器人研究 [D]. 大连: 大连海事大学, 2010.

[23] 董亚鹏. 水下清洗机器人推进器驱动及其健康状态监测研究 [D]. 镇江: 江苏科技大学, 2019.

[24] 汪兴潮. 船舶除锈爬壁机器人技术研究 [D]. 广州: 华南理工大学, 2016.

[25] 毛进宇. 履带式船舶除锈爬壁机器人设计及分析 [D]. 哈尔滨: 哈尔滨理工大学, 2017.

地下水

一种地下水水质多井自动监测装置的研发

董小涛[1]　任　亮[1]　来剑斌[2]

(1. 水利部综合事业局，北京　100053；
2. 中国科学院地理科学与资源研究所，北京　100101)

摘　要： 地下水是水资源的重要组成部分，地下水环境监测是客观反映地下水环境质量状况和变化趋势的重要依据。针对现有地下水水质监测技术在人工采样测定频次低、成本高的问题，本文提出了一种地下水水质自动控制监测装置，采用 PLC（Programmable Logic Controller）控制系统控制，通过吸水泵抽取地下水样至检测室，依次完成不同深度的多个地下水监测井中的水质测定，从而实现整个测定过程的长期连续自动在线监测，使其可广泛应用于自然资源、水文地质及水环境生态等部门的地下水资源等水质监测。该装置在黄河三角洲地下水典型监测区安装，并且运行良好，为黄河三角洲高质量发展和水资源保护利用提供了数据支撑。

关键词： 水质监测；地下水；自动装置；PLC

1　引言

地下水是水资源的重要组成部分，因其水量稳定、水质好，是农业灌溉、工矿和城市的重要水源之一。我国北方城市多为地表水、地下水混合供水，中国北方生活供水的一半来自地下水，供水人口比例相对较高，但由于地下水水质面临来自农业、工业和城市污染源的威胁，从不同途径对地下水环境造成污染，且污染越来越重；另外，长期无节制的超量开采地下水也使得地下水位持续下降、水质恶化、水危机加剧。

地下水环境监测是地下水污染防治的工作基础，是客观反映地下水环境质量状况和变化趋势的重要依据，也是做好地下水污染源头预防的重要支撑。但由于原先缺乏一张完善的监测网络，目前掌握的情况还不足以摸清污染的全部家底。2015—2017 年，我国国土资源部和水利部联合实施了国家地下水监测工程，建设地下水监测站点 2 万多个，初步形成了覆盖全国 31 个省（区、市），控制面积 350 万 km^2、密度为 0.59 个/km^2 的地下水监测网络。

由于我国地下水环境监测工作起步晚、底子薄，涉及整合的监测井数量大、类型多、管理分散，地下水监测在如下几方面有待提高和完善：传统的人工现场采样到实验室仪器分析的监测方法，采样频次低、误差大，数据分散，难以真实反映地下水污染的动态特征；尚未建立基于地下水分层监测的区域性地下水环境监测网络；缺乏拥有自主知识产权的地下水原位快速检测技术和便携设备。同时，地下水水质还有两个特点：异变指标和组分必须原位测定；污染物形态决定其迁移转化、潜在毒性和生物活性。

2　地下水水质多井自动监测装置研发

针对现有技术中地下水水质监测在静水中测定的代表性和准确性较差以及人工采样测定频次低、

作者简介： 董小涛（1978—），男，高级工程师，主要从事水文水资源研究工作。

成本高的问题，本文提出了一种自动监测装置，采用自吸式抽水泵从地下水监测井抽取定量水样至监测室中，然后通过安装在水质监测室内的在线水质传感器实时测定水样的水质指标（例如：水温、浊度、溶解氧等）变化情况，测定完毕后排水阀自动打开，废弃水样排出监测井外。这种测定方法定时定量抽取地下水，促使地下水监测井中水体不断更新，从而保证水质传感器读数时水样处于水流暂时稳定状态，测定完毕后水样自动更新和替换。实现地下水水质的高精度、高频次、高分辨率（分层、定深）监测与原位测定。

　　多井地下水水质自动监测装置包括采样系统、检测系统和控制系统三个主要部分（见图1），地下水监测井至少有一个，监测装置既可以使用市电也可以采用太阳能供电。采样系统包括一个自吸水泵、抽水管、电磁阀及分水接口等连接管线。自吸抽水泵通过抽水管与地下水监测井内水样连接，抽水泵出水端与检测室连接，用于将地下水监测井中的水样输送至检测室中。检测系统包括检测室和水质传感器，检测室上端呈开口状，用于盛放水样，检测室底部开设有排水口可以将已测水样经排水阀控制排出，水质传感器设置于检测室内，用于测定所抽取水样的水质情况；控制系统主要包括一个PLC可编程逻辑控制器和触摸显示屏及控制按钮等。控制系统分别通过数据线与抽水泵、水质传感器、电磁阀、排水阀连接并控制电磁阀依序启闭和抽水泵的启停等，并将水质传感器所测定水样的水质数据传输并存储于控制系统中。

图 1　多井地下水质自动监测装置安装运行实例（黄河三角洲监测点）

地下水水质自动控制监测装置运行过程如下：

（1）在 PLC 控制系统的控制下，电磁阀开启，然后抽水泵启动，将地下水监测井中的水样抽至监测室中待测，抽水泵停止抽水且电磁阀关闭。

（2）待水质传感器读数完毕后，PLC 控制系统控制排水阀打开，已测水样被排空，然后排水阀闭合，完成地下水监测井中水质的测定。

（3）重复步骤（1）、（2），依次完成不同深度的多个地下水监测井中水质的测定，实现多个地下水监测井中水质的长期、连续、自动、在线监测。

另外，检测室内壁设有水位限位开关，抽取水样达到设定水位后，触发限位开关，水泵停止抽水。检测室的大小是要根据实际应用中所要监测的水样的量来确定的；而水质传感器在对水样监测时，要浸入水样中，所测得的数据是在水流暂时稳定时得到的，同时水样测定完毕后，已测水样排出，促使地下水监测井中水体不断更新，从而保证地下水监测井中水样的代表性及测定的准确性。

3 地下水水质监测装置运行实例

黄河三角洲属于黄河下游，地处渤海湾，是我国典型的河、海、陆交汇区。该地区海陆变迁活跃，河、海、陆三相交互频繁，生态环境脆弱，地下淡水资源紧缺。另外，该地区还是亚洲最大的湿地保护区。在黄河流域高质量发展的国家战略和时代背景要求下，黄河三角洲的地下水水质监测非常重要，并且具有地域典型性。

本文研发的地下水水质自动控制监测装置在中国科学院地理科学与资源研究所黄河三角洲研究中心的地下水观测点实例安装。该监测点有地下水水质监测井 7 眼，监测井深度分别为 2 m、5 m、10 m、20 m、30 m、50 m 及 80 m。水质监测指标包括温度、电导率、pH、溶解氧、化学耗氧量、浊度及氨氮值等共 7 项。水质监测频率为 4 次/d，即间隔 6 h。该套地下水水质自动监测装置从 2020 年 10 月开始运行，至今已稳定运行近一年，运行状态良好。

该套水质自动监测系统通过物联网数据平台，可以及时掌握水质自动监测装置运行状态，并实现 7 个地下水监测井的每日水质监测数据远程实时查看和备份存储（见图 2）。该套装置运行近一年来，累计获取 7 个深度地下水水质文本数据数百兆，为黄河三角洲地区地下水保护、水资源的开发利用提供了数据支撑。

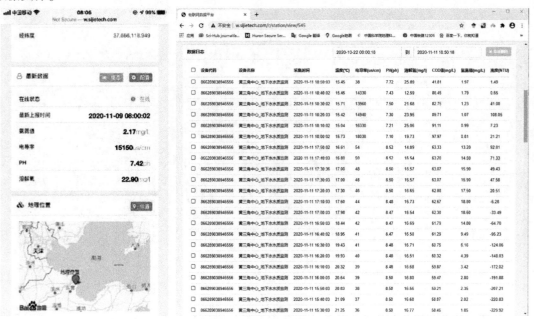

图 2 地下水水质自动监测装置运行数据记录示例

4 结语

本文提出的水质自动监测装置既可以用于多点位、多层次、多个地下水监测井的水质监测，也可用于单个地下水监测井的水质监测。由于水质在线监测传感器价格较高，该装置解决了多水井地下水水质的监测，大幅降低了设备投入等监测成本；另外，基于该自动监测装置在运行中频繁抽取一定量的地下水经测定后排出，因而可以促使地下水监测井中水体不断更新，从而保证水质传感器读数时水样处于水流暂时稳定状态，测定完毕后水样自动更新和替换。另外，整个装置采用 PLC 控制系统控制，可以往复循环，依次完成不同深度的多个地下水监测井中的水质测定，从而实现整个测定过程的长期连续自动在线监测，使其可广泛应用于自然资源、水文地质及水环境生态等部门的地下水资源等水质监测。

参考文献

［1］中国地质调查局．国家地下水监测工程建设成果显著［N］．中国自然资源报，2021-08-30（007）．

［2］五部门印发污染防治实施方案．看不见的地下水，看得见的保护网．中国政府网［引用日期 2019-05-08］．

［3］中华人民共和国水利部．2019 年中国水资源公报［R］．北京：中华人民共和国水利部，2020．

［4］来剑斌，欧阳竹，王兵．一种地下水水质自动监测装置．2021 年 7 月 30 日，国家专利号：ZL202022783639.5

［5］Aouiti Soumaya, et al. Groundwater quality assessment for different uses using various water quality indices in semi-arid region of central Tunisia［J］. Environmental Science and Pollution Research International，2021，28（34）：669-691.

超前管棚及全断面帷幕注浆超前预加固施工技术在湿陷性黄土水工隧洞涌突水灾害处治中的应用

刘振华　徐同良

（东平湖管理局梁山黄河河务局，山东济宁　272000）

摘　要：湿陷性黄土遇水饱和后易出现"泥化"现象，容易产生隧洞突涌水、坍塌、掌子面涌泥失稳、支护沉降变形大等风险，文中应用超前管棚及全断面帷幕注浆超前预加固施工技术进行湿陷性黄土水工隧洞涌突水灾害处治，效果较好，在同类施工中具有较好的应用推广前景。

关键词：湿陷性黄土；涌突水；超前管棚；全断面帷幕注浆；超前预加固

1　项目研究背景

湿陷性黄土遇水饱和后易失去结构胶结强度，出现"泥化"现象，土体结构强度及稳定性显著下降，隧道开挖后自稳能力极差，容易发生隧洞突涌水、坍塌、掌子面涌泥失稳、支护沉降变形大等风险，实践证明，超前管棚及全断面帷幕注浆适用于淤泥质、粉质黏性土、砂层、全风化、强风化、中风化、断层破碎带等地层富水和流动水条件下可能出现突水涌泥的地段。水工隧洞涌突水灾害场景见图1，查勘水工隧洞涌突水灾害场景见图2。

(a)　　　　　　　　　　　　　　　(b)

图1　水工隧洞涌突水灾害场景

洞内管棚搭接软硬地层使其形成整体，有效增加土体的刚性，提高抗剪能力，在穿越湿陷性黄土地层时能有效抑制沉降变形，通过管棚内压注水泥浆，增加钢管的刚性，并对管棚周围的围岩进行加固，使钢管与围岩一体化，由管棚和围岩构成的棚架支撑体系减小围岩下沉。

通过全断面帷幕注浆使得浆液对地层进行挤密、劈裂和填充，提高地层的承载和自稳能力，浆液在地层中劈裂填充形成较大的浆脉结石体，与地层中的砂土黏结为一体，形成承载和自稳能力较高的混合体，隧洞可以形成有相当厚度的和较长区段的筒状加固区，将水有效地封堵在开挖轮廓线以外较

作者简介：刘振华（1974—），高级工程师，主要从事水利工程建设工作。

（a） （b）

图 2 查勘水工隧洞涌突水灾害场景

远的位置，使得地层的涌水量减小。形成加固圈后一方面保证了正常施工，另一方面从长期运行的角度考虑，可实现地下水的限量排放。

2 主要技术原理

2.1 工艺原理

以开挖断面的 1/4~1/2 作为隧洞上半断面，上半断面喷混凝土临时支护及止浆墙施工后，进行钻孔、非对称式闭合周边注浆帷幕加固圈及顶拱管棚施工，小导管径向注浆补强。然后进行下台阶开挖、全断面初期支护、防水板及土工布铺设、二次混凝土衬砌施工，最后进行回填灌浆补强。

将隧洞的开挖断面分为上半断面和下半断面，分别进行开挖、支护以及止浆墙施作，然后在上半断面特定范围内布设注浆孔，根据设备选型、开挖位置、终孔位置、最大仰角、最大俯角及最大偏角确定上半断面的最小高度，通过上半断面注浆完成全断面帷幕注浆施工，形成全断面的截水帷幕，并加固周围岩体，注浆加固范围为隧洞开挖面及开挖轮廓线外一定范围和一定纵向长度，通过浆液固结岩体，封堵较大裂隙，达到利于开挖施工的目的。

水工隧洞全断面帷幕注浆是沿开挖轮廓线按轴向辐射状布孔，按一定的间距，钻一些直径 60~100 mm 的孔，孔深为 50 m，为了防止开挖面涌水，在开挖面中心也布孔，然后注入按一定比例配制而成的浆液，浆液渗透扩散到破碎带的孔隙中并快速凝固，与周围破碎岩块结成具有一定强度的结石体，在隧洞周边及开挖面形成一个止水帷幕，切断地下水流通路，并和周围岩体固结一体，从而达到固结围岩和止水、保持围岩稳定、增强施工安全的目的。

经过帷幕注浆加固，塌方段富水极松散围岩内地下水经过置换、挤密而被排除在注浆帷幕加固圈外，加固圈内围岩在浆液的胶结作用下强度及结构稳定性得到大大提高，具有良好的自稳能力和承载强度。上半断面完成全断面帷幕注浆纵断面图见图 3。

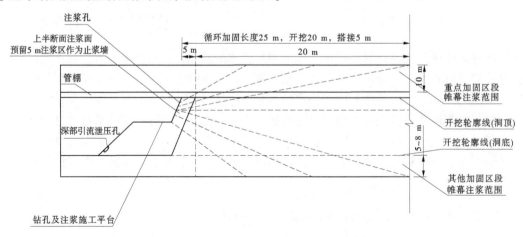

图 3 上半断面完成全断面帷幕注浆纵断面图

2.2 施工工艺流程及操作要点

2.2.1 工艺流程

超前管棚及全断面帷幕注浆超前预加固帷幕注浆施工工艺流程见图4。

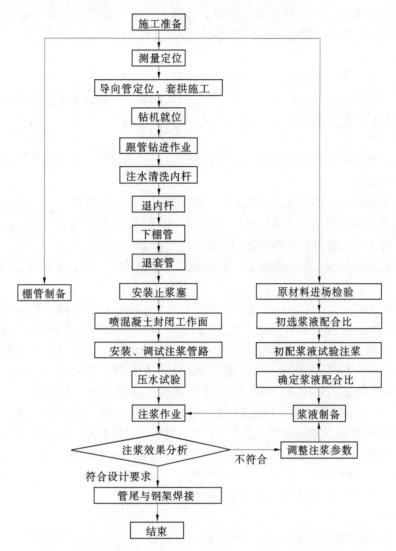

图4 超前管棚及全断面帷幕注浆超前预加固帷幕注浆施工工艺流程

2.2.2 施工操作要点

（1）超前地质预报。

钻探超前地质预报采用超前地质钻孔技术与超前管棚钻孔、超前帷幕注浆钻孔相结合的技术。综合分析隧洞勘察期及施工揭露的工程地质及水文地质资料，分析隧洞地质构造特征，地层岩性特征以及地形地貌条件，分析地表的汇水条件及区域内地下水补给、径流条件，综合研究隧洞塌方、突泥等致灾因素。同时，通过地质踏勘、地球物理探测和超前钻探技术查明湿陷性黄土地层地下水富水情况及水压状况。

（2）止浆墙施工和孔口管安装。

①止浆墙施工。在第一循环帷幕注浆前需设置一定厚度的止浆墙（喷混凝土）以固定孔口管，后续注浆循环可预留5 m的止浆岩盘作为止浆墙。每循环注浆长度25 m，开挖20 m，预留5 m作为下一循环的止浆岩盘。

②孔口管安装。标定孔位，钻孔前根据注浆孔起点、终点坐标计算出钻进竖直角和水平角，施工时根据计算结果和实际施工效果随时调整，采用ϕ101 mm钻头低速钻进至2.8 m，安设3 m的孔口管，外

漏 20~30 cm；孔口管采用 ϕ 89 mm、δ=4 mm 的无缝钢管加工，管长 3.0 m，孔口管外壁缠绕 50~80 cm 长的麻丝成纺锤形，采用钻机冲击到设计深度，并锚固，以保证孔口管安设牢固、不漏浆。

（3）钻孔。

①以开挖断面的 1/4~1/2 作为钻孔施工平台，隧洞上台阶为钻孔设备作业平台，进洞管棚钻孔采用履带式岩石钻机，进洞上半断面掌子面采用喷射混凝土作为止浆墙，采用煤矿用支架式岩石电钻和高压风钻相结合满足所有布孔的角度要求。

②钻孔步骤：沿隧洞掘进方向钻孔 3~4 圈，先钻外圈孔后钻内圈孔、同一圈孔先钻下部孔后钻上部孔，间隔交替钻孔施工，每钻进一段检查一段，及时纠偏，确保注浆施工能够形成良好的止水帷幕，后续孔检查前面孔注浆效果。

（4）注浆。

①为便于钻孔过程中突发涌水突泥时的紧急处理，孔口管锚固后进行钻孔前安设高压闸阀，通过高压闸阀进行钻孔注浆施工。

注浆钻孔过程中原则上每次钻深 5~10 m 后安设注浆堵头进行注浆施工，当该段注浆达到设计结束标准后，拆除注浆堵头在原孔深基础上再钻进 5~10 m，注浆到设计标准，再钻孔，如此循环直到钻注到设计深度，施工中可根据地质情况适当调整钻注分段长。

②采用钻孔、注浆交替作业的注浆方法，即在施工中，实施钻一段，注一段，再钻一段，再注一段的钻注交替方式进行钻孔注浆施工。

每个注浆段长度为 5 m，并采用孔口管法兰盘进行止浆，有效防止局部优势薄弱区扩散过远，利于浆液均匀扩散和均匀注浆帷幕圈的形成。前进式分段控制注浆工艺要点是先使用 ϕ 113 mm 无芯地质钻头在松散围岩体内施工长 3.5 m 的浅孔，下入 3 m 外径 108 mm 的孔口管并注浆封固，形成孔口管封固段，注浆终压为 5 MPa，利用 ϕ 75 mm 无芯地质钻头扫孔并钻进至第一注浆段深度，并进行注浆，注浆终压为 2~3 MPa，注浆后，扫孔并钻进至第二注浆段深度，再次注浆，注浆终压为 3~4 MPa，再进行第三注浆段进行注浆，依次前进注浆，注浆压力由外而内注浆提高，末段终压控制为 6 MPa，每个注浆段采用单液及双液交替注浆方式，可有效控制浆液扩散范围，获得较好的加固效果。

③注浆试验。注浆前在类似地质条件下的岩层进行注浆试验。其目的：检查管路是否连接正常，有无漏水现象，测定岩层吸水量，以确定浆液初始浓度、凝胶时间和预计注浆量，测定注浆压力损失情况，确定终压，将岩层裂隙内的充填物挤压至注浆范围以外。

④注浆参数设定。

a. 注浆范围及单循环加固长度。

注浆段长是指纵向注浆范围，根据大量的工程实践，注浆仍存在"楔形效应"，即越向前注浆效果越差，浆液难以扩散，综合考虑注浆进度和分段注浆效果，注浆段长一般宜选择 25~35 m。确定单循环注浆加固长度，前进式注浆施工还需要确定注浆分段长度。根据地层条件确定分段注浆长度，注浆区范围结合施工环境条件、力学计算及工程经验，确定水工隧洞注浆范围为周边上左右各 10 m，下边地质较好，注浆范围为 5~8 m，以确保施工安全，防止掌子面因涌水涌泥而失稳坍塌。注浆分段长度综合考虑工程地质水文地质情况、钻机设备、止浆墙厚度等因素，确定为每循环注浆长度 25 m，开挖 20 m，预留 5 m 作为下一循环的止浆岩盘。

b. 注浆材料及浆液配比。结合湿陷性黄土工程特点，按注浆材料具备快速堵水、稳定性好、配制方便、结石体强度高等原则，选用水泥-水玻璃双液浆作为注浆材料。采用 P·O 42.5 普通硅酸盐水泥，水泥浆水灰比 $W:C$ 为 0.8:1，水玻璃波美度为 30~40 Be，水玻璃模数为 2.4~3.4，水泥与水玻璃混合配比为 1:1，且在保证注浆加固结石体强度的情况下，尽重加大水玻璃所占的比例，以缩短浆液凝固时间，压缩帷幕注浆施工周期。

c. 注浆扩散半径。根据注浆试验段效果分析及工程类比法，浆液的扩散距离与注浆压力、黄土裂隙率、土层含水率、浆液黏度等因素相关，扩散半径一般可达到 1.2~1.5 m，满足设计要求。

d. 注浆终孔间距。按照注浆帷幕终孔断面不出现"注浆盲区"的要求，注浆孔间应搭接紧凑，注浆终孔间距应取1.5R（R为注浆扩散半径），计算得出注浆终孔间距约为1.8 m。

e. 注浆压力。

根据黄土中节理裂隙发育程度与连通程度的不同及土体渗透性的不同，分别选取不同压力的注浆方法。在贯通性裂隙发育且土体渗透性较高的条件下主要采用压密注浆法；在裂隙开度较小、连通性较差且土体渗透性较低的条件下主要采用劈裂注浆法。根据注浆试验段效果分析，注浆压力4~6 MPa较为合适。帷幕注浆开孔布置图见图5，终孔布置图见图6，注浆施工场景见图7。

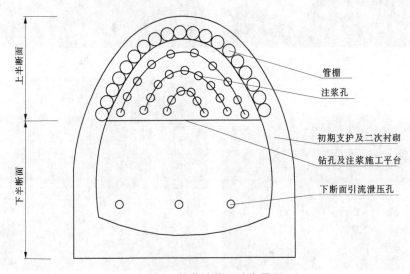

图5　帷幕注浆开孔布置图

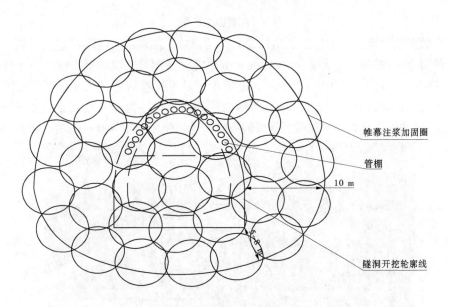

图6　终孔布置图

（5）管棚施工。

①在黄土内管棚钻孔施工不能采用给水钻孔工艺，否则易塌孔或黄土湿陷软化而导致管棚向下挠侵限，故采用"风动导向跟管钻进"一次成孔的施工方法进行管棚施工，即将ϕ159 mm钢管加工成每节6 m的钻杆，利用水平导向钻机将ϕ159 mm的钻杆分节钻入。钻孔时利用空气压缩机产生的高压空气将钻渣吹出孔外，利用有线导向仪器控制钢管的打设精度。

②管棚布设于边墙最大跨度处以上的拱部，采用多功能矿用钻机进行管棚孔钻设，外插角为1°~3°；

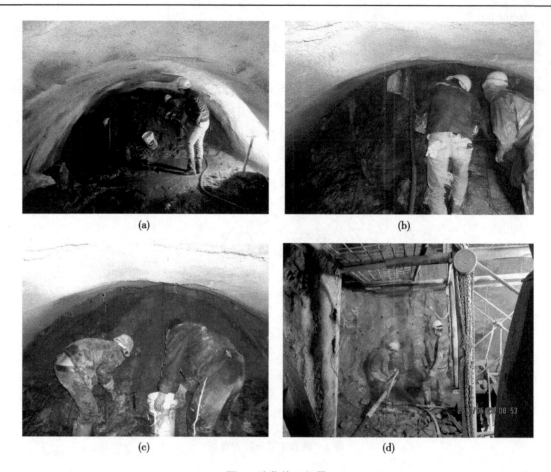

图7 注浆施工场景

以现场实际操作数据试验确定,用以抵消钻杆重力作用影响,削弱向下运动的趋势。长 38~60 m,管棚材料选用外径为 90~120 mm、壁厚为 5~15 mm 的热轧无缝钢管,前端呈尖锥状,尾部焊接加劲箍和法兰盘,管壁四周钻多排直径为 8~12 mm 的压浆孔,采用间隔钻进、间隔注浆的原则,管棚分节顶进,内丝扣连接,连接长度大于 150 mm,管棚内插入多根直径为 15~22 mm 的主筋钢筋笼作为补强,焊接法兰盘,灌注普通硅酸盐水泥浆,管棚的环向布置间距为 350~450 mm。管棚施工场景见图 8。

图8 管棚施工场景

3 工程应用

3.1 甘肃省引洮供水二期工程主体工程施工第48标工程应用

山东黄河东平湖工程局承建的甘肃省引洮供水二期工程主体工程施工第48标，5#~11#隧洞洞身围岩岩性：隧洞浅埋段、断层分布附近围岩类别为Ⅳ类不稳定围岩；根据场区地貌地层岩性、岩土体组合特征，在断层带附近存在洞室围岩稳定、隧洞突涌水问题；工程区分布第四系风积、冲洪积的黄土、黄土状土，岩性主要为低液限黏土（重、中粉质壤土），多具中高压缩性、自重强烈湿陷性。2016年9月20日至2018年10月30日，本工程采用了超前管棚及全断面帷幕注浆超前预加固施工技术，效果较好。

3.2 小浪底北岸（济源）灌区工程五标段

山东黄河东平湖工程局承建的小浪底北岸（济源）灌区工程五标段，隧洞洞身围岩岩性为新近系砂质泥岩围岩，类别为强风化极不稳定的Ⅴ类，砂质泥岩，泥质结构，干燥时呈块状，遇水易泥化，2011年11月21日至2014年3月31日，本工程采用了超前管棚及全断面帷幕注浆超前预加固施工技术，达到了预期效果。

4 结语

通过工程实践，超前管棚及全断面帷幕注浆超前预加固施工技术有效地解决了湿陷性黄土及不稳定围岩隧洞施工过程中遇到的突涌水技术难题，确保了施工安全和施工质量，保证了隧洞工程实体的使用寿命。

参考文献

［1］窦英杰．湿陷性黄土隧道施工技术研究［J］．交通世界，2020（8）：20-22.

［2］丁卫锋．引汉济渭二期工程沿线黄土湿陷性评价研究［J］．西安科技大学，2020（7）：26-27.

［3］敬浩．湿陷性黄土隧道施工技术探讨［J］．绿色环保建材，2019（11）：13-14.

长江流域天然河川基流量时空演变特征分析

贾建伟　刘　昕　王　栋

（长江水利委员会水文局，湖北武汉　430010）

摘　要：河川基流量作为地区水资源的重要组成部分，其时空分布特征的变化将对河川天然形态和流域生态系统产生巨大影响。本文依据长江流域主要控制水文站 1956—2016 年逐日流量数据，计算了全流域 12 个二级水资源分区逐年基流总量，并在此基础上，采用 Mann-Kendall 检测法、Pettitt 检测法和 Morlet 小波分析法对各分区逐年基流总量过程的趋势性、突变性和周期性进行了相应分析。其结果表明，长江上游各水资源分区逐年基流总量趋势性和突变性变化均较中下游段更为显著，各分区周期性检验结果存在明显空间异质性，下游段各分区对应第一主周期显著大于上中游段。

关键词：长江流域；河川基流量；Mann-Kendall 检验法；Pettitt 检验法；小波分析；时空分布特征

1　引言

河川基流是指地下水补给河川径流的水量，反映了地表水与地下水之间的交互过程，对于维持河川径流、保护河流生态及地表生态系统稳定起着重要作用[1]。近年来，随着人口快速增长和地表水污染问题的加剧，长江流域水资源供需矛盾愈发凸显，严重威胁地区经济与社会稳定发展。而河川基流量作为水资源系统的重要组成部分，准确辨识其时空演变特征对制定合理的流域水资源管理措施具有重要意义[2-4]。

目前，关于河川基流计算方法及其演变特性已有大量研究。如束龙仓等采用加里宁试算法计算了增江下游麒麟咀水文站 1958—2014 年基流量，并通过考虑主观因素影响提取了计算结果的保证率[5]；顾磊等采用数字滤波法计算了陕北地区秃尾河、孤山川及岔巴沟流域的河川基流量，且在其基础上比较分析了三者基流量的时空演变特征[6]；雷泳南等采用数字滤波法提取了窟野河流域 1959—2005 年河川基流量，并对不同时间尺度基流量演变特征及驱动因素展开了相应研究[7]；邱海军和曹明明采用直线拟合和线型倾向估计法计算了榆林市主要站点近 50 年河川基流量，并对其变化趋势进行了相应分析[8]；杨婧以综合退水曲线为依据，采用斜割法计算了汤旺河流域代表站点河川基流量，并论证了计算结果的合理性[9]。尽管上述研究已对河川基流的计算方法及时空演变特征进行了大量分析，但大都是针对某一地区或小流域，具有一定的局限性。

本文以长江流域为研究对象，依据流域内主要控制水文站 1956—2016 年逐日流量数据，采用直线斜割法推算了流域内 12 个二级水资源分区逐年基流总量。在其基础上，采用了 Mann-Kendall 检验法、Pettitt 检验法和 Morlet 小波分析法分别对各分区逐年基流序列进行了趋势性、突变性及周期性检验，并对检验结果进行了比较分析，其成果可为长江流域水资源管理提供一定的理论依据。长江流域水资源二级分区如图 1 所示。

2　资料与方法

2.1　河川基流量计算

本次采用直线斜割法来计算流域内水文站天然河川基流量，其具体做法是将水文站日流量过程绘

基金项目：第二次青藏高原综合科学考察研究（2019QZKK0203）。

作者简介：贾建伟（1982—），男，高级工程师，主要从事水文水资源研究工作。

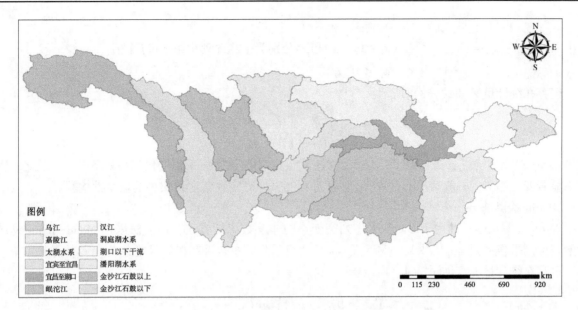

图1 长江流域水资源二级区分布示意图

制在表格中，综合流量过程几何特征及其他相关因素，确定场次洪水的起涨点与退水点，将两者相连接计算斜线以下部分作为场次基流量并统计全年径流过程，即为年基流总量，具体如图2所示。

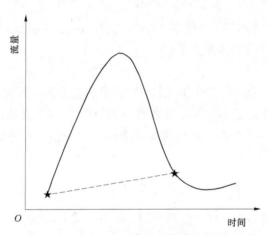

图2 直线斜割法示意图

为充分考虑下垫面条件对基流过程的影响，研究将长江流域划分为830个三级类型区，包括162个一般平原类型区、78个山间平原类型区、422个一般山丘类型区和168个岩溶山区。以三级类型区为基本计算单元，结合各水文站基流量计算成果，采用水文比拟法计算了各单元天然河川基流量，具体如式（1）所示。

$$R_{b, \text{计算单元}} = F_{\text{计算单元}} \cdot R_{b, \text{水文站}} / F_{\text{水文站}} \tag{1}$$

式中：$R_{b, \text{水文站}}$ 与 $R_{b, \text{计算单元}}$ 分别为水文站及计算单元对应的基流量；$F_{\text{水文站}}$ 与 $F_{\text{计算单元}}$ 分别为水文站及计算单元对应的集水面积。

2.2 Mann-Kendall 趋势检测法

Mann-Kendall 趋势检验法作为一种非参数统计方法，具有无须事先对检测数据的分布进行假定且结果定量化程度较高的特点，被广泛应用于水文及气象数据系列的趋势性诊断研究[10]，其具体原理可以表示如下：

假定存在一组平稳时间序列 $\{x_i\}$（$i = 1, 2, \cdots, n$），则可定义统计量 S，如式（2）所示：

$$S = \sum_{i=1}^{n-1} \sum_{j=i+1}^{n} \text{sgn}(x_j - x_i) \tag{2}$$

式中：$\mathrm{sgn}(x_j - x_i) = \begin{cases} 1 & x_j - x_i > 0 \\ 0 & x_j - x_i = 0 \\ -1 & x_j - x_i < 0 \end{cases}$ ；x_i 和 x_j 分别为平稳序列中第 i 和 j 个值。

记存在统计量 Z 如式（3）所示：

$$Z_{Mk} = \begin{cases} (S-1)/\sqrt{\mathrm{var}(S)} \\ (S+1)/\sqrt{\mathrm{var}(S)} \end{cases} \tag{3}$$

式中：$\mathrm{var}(S)$ 为 S 方差，若 $Z \in [-Z_{1-\alpha/2}, Z_{1-\alpha/2}]$，则表明该数据系列变化趋势并不显著，反之，则存在显著变化趋势。一般情况下，$Z_{1-\alpha/2}$ 取值为 1.96，即对应置信度为 95% 的显著性检验。

2.3 Pettitt 检测法

Pettitt 检测法是一种用于诊断数据序列突变点的非参数统计方法，该方法采用 Mann-Whitney 统计量来检测平稳系列 $\{x_i\}$ 内某一突变点 t 前后两组系列分布是否存在显著差异[11]，具体原理如下：

记存在统计量 $U_{t,n}$ 如式（4）所示：

$$U_{t,n} = U_{t-1,n} + \sum_{i=1}^{n} \mathrm{sgn}(x_t - x_i) \tag{4}$$

基于式（4）可计算

$$K_t = \max |U_t| \quad (1 < t \leqslant n) \tag{5}$$

$$P = 2\exp\{-6K_t^2/(n^3 + n^2)\} \tag{6}$$

式中：x_t 与 x_i 分别为第 t 样本个与第 i 个样本；sgn 函数与 Mann-Kendall 趋势检验法中一致，当 $P \leqslant 0.05$ 时，则 t 点为该数据系列内的显著突变点。

2.4 小波分析法

小波分析法是一种起源于 20 世纪 80 年代的时频联合分析方法，其克服了傅立叶变换分析法的不足，具有自适应时频窗口，常用于水文气象要素的周期分析[12]。该方法的关键在于选取合理的小波函数与时间尺度，通过对小波基函数 ψ 进行尺度伸缩和空间平移，可将数据序列转化为对应的小波变换形式，如公式（7）所示：

$$W_f(a, b) = |a|^{-1/2} \int f(t) \times \psi\left(\frac{t-b}{a}\right) \tag{7}$$

式中：$W_f(a, b)$ 为小波系数；$f(t)$ 为数据序列；ψ 为小波基函数；a 为尺度因子，反映小波的周期长度；b 为时间因子，反映序列的时间平移。

对小波系数的平方进行积分求和，可以获取对应的小波方差，如公式（8）所示。

$$\mathrm{var}(a) = \frac{1}{n} \sum_{b=1}^{n} |W_f(a, b)|^2 \tag{8}$$

式中：$\mathrm{var}(a)$ 为小波方差，其随尺度因子 a 的变化过程称为小波方差图，反映了波动能量随时间尺度的分布，其较大值对应的时间尺度即为序列的主要周期。

本次研究基于 Matlab 编程平台，编写了 Mann-Kendall 及 Pettitt 检测程序用于数据系列的趋势性及突变性检验。同时，结合 Matlab 软件自带小波分析工具箱，对数据系列的周期性进行了相应分析。

3 结果与分析

3.1 趋势性分析

本次将长江流域 830 个三级类型区作为基本计算单元，结合流域主要水文站点 1956—2016 年逐日流量数据，计算了各单元逐年河川基流总量，并在其基础上统计了流域内所有二级水资源分区（包括金沙江石鼓以上、金沙江石鼓以下、岷沱江、嘉陵江、乌江、宜宾至宜昌、洞庭湖水系、汉江、鄱阳湖水系、宜昌至湖口、湖口以下干流及太湖水系）逐年河川基流总量，其中嘉陵江和乌江流域的 1956—2016 年逐年河川基流总量过程如图 3 所示。

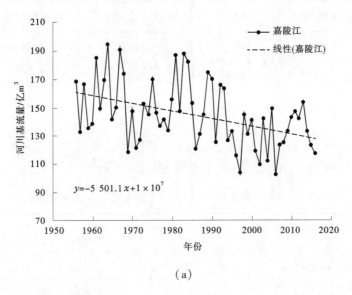

（a）

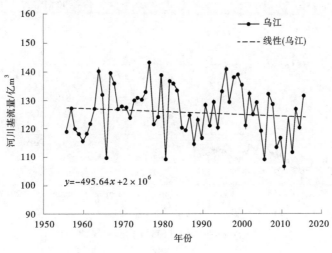

（b）

图 3　典型流域年基流总量变化趋势

由图 3 结果可知，嘉陵江 1956—2016 年逐年河川基流量大体处于 100 亿~200 亿 m³ 范围内，多年均值为 144.3 亿 m³，基流总量系列呈现较为显著的下降趋势，对应趋势线斜率为−5 501 万 m³/年；而乌江 1956—2016 年逐年基流量要低于前者，整体处于 100 亿~150 亿 m³，多年均值为 125.6 亿 m³，基流总量系列虽也呈现下降趋势，但下降速率要明显小于嘉陵江流域，对应趋势线斜率仅为−495.6 万 m³/年。

为准确定量诊断各二级水资源分区年基流总量逐年变化趋势，研究采用 Mann-Kendall 检验方法对各分区数据序列趋势显著性进行了相关分析，对应结果如表 1 所示，其中嘉陵江与乌江检测结果如图 4 所示。表 1 结果表明，长江上游二级区除金沙江石鼓以上外，金沙江石鼓以下、岷沱江、嘉陵江和乌江均呈现下降趋势，但乌江流域下降趋势并不显著；中游段宜宾至宜昌、汉江及宜昌至湖口呈现下降趋势，但变化均不显著，洞庭湖水系和鄱阳湖水系呈现上升趋势，但后者变化更为显著；下游段湖口以下干流和太湖水系则均呈现不显著上升趋势。

表 1　长江流域二级水资源分区 1956—2016 年趋势检验结果

水资源分区	M-K 统计量	显著性	水资源分区	M-K 统计量	显著性
金沙江石鼓以上	0.34	不显著	洞庭湖水系	1.90	不显著
金沙江石鼓以下	−1.97	显著	汉江	−1.11	不显著
岷沱江	−2.92	显著	鄱阳湖水系	2.5	显著
嘉陵江	−3.32	显著	宜昌至湖口	−0.16	不显著
乌江	−0.96	不显著	湖口以下干流	1.57	不显著
宜宾至宜昌	−0.65	不显著	太湖水系	0.54	不显著

注：本次置信度取 95%，对应统计量取值为 1.96。

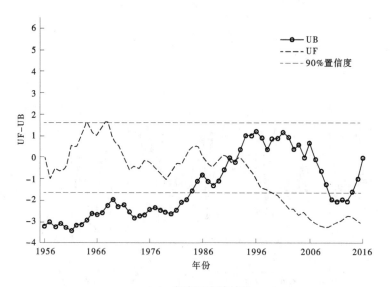

（a）嘉陵江流域结果

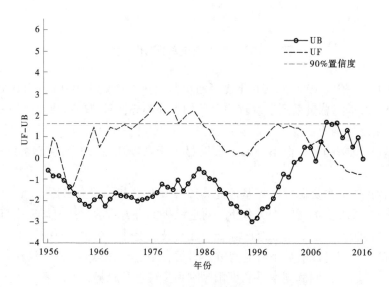

（b）乌江流域结果

图 4　典型流域年基流总量 Mann-Kendall 检验结果

3.2 突变性分析

研究采用 Pettitt 检测法对所有二级水资源区逐年基流总量的突变特性进行了相应分析，基于 95% 置信度对应检测变量，结合 Mann-Kendall 检验结果，最终确定了各分区逐年基流总量序列的突变点，具体如表 2 所示。由表 2 可知，整体上长江流域出现显著性突变的年份大都处于 1990—1993 年，其中上游段存在显著性突变点的分区较多，包括金沙江石鼓以下、岷沱江和嘉陵江，突变点分别为 2002 年、1992 年和 1993 年；中游段洞庭湖水系和鄱阳湖水系存在显著性突变点，均发生在 1991 年；下游段仅湖口以下干流存在显著性突变，对应突变点发生在 1968 年。

表 2　长江流域二级水资源分区 1956—2016 年突变性检验结果

水资源分区	突变点	统计量	显著性	水资源分区	突变点	统计量	显著性
金沙江石鼓以上	1997	180	不显著	洞庭湖水系	1991	344	显著
金沙江石鼓以下	2002	406	显著	汉江	1990	238	不显著
岷沱江	1992	454	显著	鄱阳湖水系	1991	344	显著
嘉陵江	1993	552	显著	宜昌至湖口	1999	192	不显著
乌江	2004	270	不显著	湖口以下干流	1968	362	显著
宜宾至宜昌	1986	226	不显著	太湖水系	2007	178	不显著

3.3 周期性分析

除趋势性与突变性外，本文还采用了 Morlet 小波分析方法对各分区逐年河川基流总量序列的周期性进行了分析，其结果如表 3 所示，其中嘉陵江与乌江小波分析结果如图 5 所示。表 3 结果表明：整体来看，下游段各分区对应第一主周期最大，上游段次之，中游段最小。具体来看，上游段金沙江石鼓以上第一、第二主周期分别为 9 年和 18 年，石鼓以下分别为 25 年和 7 年，岷沱江流域两者分别为 22 年和 8 年，嘉陵江流域分别为 8 年和 21 年，乌江流域仅存在第一主周期 20 年；中游段仅汉江流域同时存在第一、第二主周期，分别为 7 年和 18 年，其他流域如宜宾至宜昌第一主周期 14 年，洞庭湖水系第一主周期为 19 年，鄱阳湖水系第一主周期为 17 年，宜昌至湖口第一主周期为 5 年；下游段湖口以下干流第一、第二主周期分别为 32 年和 5 年，太湖水系两者则分别为 25 年和 7 年。

表 3　长江流域二级水资源分区 1956—2016 年周期性检验结果

水资源分区	第一主周期	第二主周期	水资源分区	第一主周期	第二主周期
金沙江石鼓以上	9	18	洞庭湖水系	19	—
金沙江石鼓以下	25	7	汉江	7	18
岷沱江	22	8	鄱阳湖水系	17	—
嘉陵江	8	21	宜昌至湖口	5	—
乌江	20	—	湖口以下干流	32	5
宜宾至宜昌	14	—	太湖水系	25	7

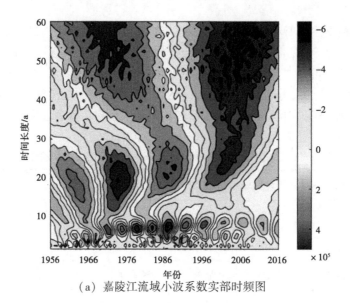

（a）嘉陵江流域小波系数实部时频图

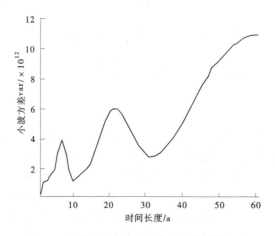

（b）嘉陵江流域小波方差曲线图

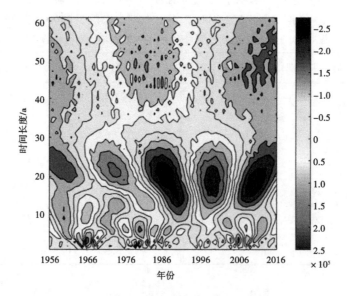

（c）乌江流域小波系数实部时频图

图 5　典型流域年基流总量小波分析检验结果

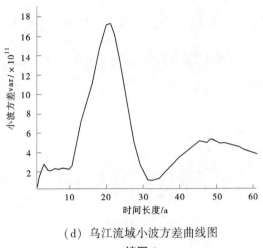

（d）乌江流域小波方差曲线图

续图5

4 结论

本文基于长江流域主要控制站1956—2016年逐日流量数据，计算了流域内12个二级水资源分区逐年基流总量。在其基础上，采用Mann-Kendall检测法、Pettitt检测法和小波分析方法对各分区逐年基流量变化的趋势性、突变性和周期性变化进行了相应分析，具体结果如下：

（1）长江上游段除乌江流域外其他二级分区河川基流总量下降趋势显著，中下游段不同分区逐年基流总量变化差异较大，三大湖区水系呈现不同程度的上升趋势，其他分区则呈现下降趋势，但仅鄱阳湖水系趋势显著。

（2）从突变性检验结果来看，流域内少数二级分区的逐年基流总量系列存在显著性突变点，且多数分布于长江上游段，中下游段仅洞庭湖水系、鄱阳湖水系和湖口以下干流存在显著性突变点。

（3）长江上、下游段各二级分区逐年基流总量序列均存在第一、第二主周期，而中游段多数二级分区仅存在第一主周期。不同分区对应主周期间空间异质性较大，其中下游段各分区第一主周期显著大于上中游段。

参考文献

[1] 董广博. 皖南郎川河流域基流分割[J]. 科学技术创新，2020（30）：141-142.

[2] 赵贵章，徐远志，王莉莉，等. 黄河上游青铜峡水利枢纽对河川基流的影响[J]. 河海大学学报（自然科学版），2020，48（3）：195-201.

[3] 潘扎荣. 淮河流域河川基流对河道生态需水的影响研究[D]. 南京：南京大学，2015.

[4] 钱云平，金双彦，蒋秀华，等. 黄河兰州以上河川基流量变化对黄河水资源的影响[J]. 水资源与水工程学报，2004（1）：19-23.

[5] 束龙仓，胡慧杰，苏桂林，等. 主观因素影响下河川基流量计算的不确定性分析——以增江中下游为例[J]. 南水北调与水利科技，2016，14（4）：8-13，28.

[6] 顾磊，张洪波，陈克宇，等. 陕北地区河川基流的时空演变规律[J]. 地球科学进展，2015，30（7）：802-811.

[7] 雷泳南，张晓萍，张建军，等. 窟野河流域河川基流量变化趋势及其驱动因素[J]. 生态学报，2013，33（5）：1559-1568.

[8] 邱海军，曹明明. 近50a来榆林市主要代表站河川基流量变化及趋势分析[J]. 干旱区资源与环境，2011，25（2）：98-101.

[9] 杨婧. 汤旺河流域河川基流量计算分析[J]. 黑龙江水利科技，2015，43（6）：21-23.

[10] 王栋，吴栋栋，解效白，等. 黄河源区水文气象要素时空变化特征分析[J]. 人民珠江，2020，41（3）：66-

72，84.

［11］张愿章，段永康，郭春梅，等．河南省 1951—2012 年降水量的 Morlet 小波分析［J］．人民黄河，2015，37
（10）：25-28.

［12］胡义明，梁忠民，赵卫民，等．基于跳跃性诊断的非一致性水文频率分析［J］．人民黄河，2014，36（6）：51-
53，57.

徐州市地下水封井压采治理分析及成效评估

曹久立[1]　司晓燊[2]

(1. 江苏省水文水资源勘测局徐州分局，江苏徐州　221000；
2. 徐州市水资源管理中心，江苏徐州　221000)

摘　要： 徐州市是全国严重缺水城市之一，在南水北调东线一期工程实施以前对地下水资源依赖程度较高，地下水开发利用强度大，历史上长期不合理的开采造成局部地下水超采，引发了诸如地面沉降、地面塌陷、地下水位下降等环境地质问题。通过"十三五"期间全市范围内大面积的地下水封井压采，全市地下水开采量持续减少，区域地下水位埋深显著回升，促进了城市供水一体化区域供水工程建设和非常规水源的利用。"十四五"全面实施地下水开采总量和地下水位双控，持续推进地下水封井压采，进一步巩固地下水的压采治理成果。

关键词： 地下水；封井压采；成效评估

1　区域地下水资源概况

徐州市地下水资源分布广泛，是地区的重要水源组成。地下水资源按含水介质划分，大致可分为松散岩类孔隙水、碳酸盐岩类裂隙岩溶水、碎屑岩类裂隙孔隙水、变质岩类及岩浆岩类裂隙水四大类；相应地可将全区各含水岩层划归为4个含水岩组，即孔隙含水岩组、裂隙岩溶含水岩组、裂隙孔隙含水岩组和裂隙含水岩组。

徐州市是全国严重缺水城市之一，在南水北调东线一期工程实施以前对地下水资源依赖程度较高，地下水开发利用强度大，历史上长期不合理的开采造成局部地下水超采，引发了诸如地面沉降、地面塌陷、地下水位下降等环境地质问题。2013年7月《江苏省地下水超采区划分方案》中划定徐州市有4处地下水超采区，分别为：徐州市区七里沟水源地大黄山—三堡一带中型隐伏型岩溶水超采区，面积262.0 km^2；丁楼水源地九里山—大彭一带中型隐伏型岩溶水超采区，面积148.0 km^2；丰县凤城镇及周边中型孔隙水超采区，面积420.1 km^2；沛县沛城镇小型孔隙水超采区，面积50.4 km^2。徐州市地下水超采区分布示意图（2013年）见图1。

2　地下水压采实施情况

针对历史上地下水过度开采造成的情况，在南水北调东线工程供水保证的情况下，徐州市自2014年以来实施了以地表水为替代水源的地下水压采工程。

2.1　地下水压采工作计划

2014年徐州市水利局组织编制了《徐州市地下水压采方案》，方案中明确了2014—2020年地下水压采目标，制订了地下水压采计划，确定了778眼地下水取水井的压采任务：永久填埋265眼、封存备用486眼、调整为监测井27眼，计划压采量1.61亿 m^3；其中超采区封井计划416眼、压采量0.85亿 m^3，非超采区封井计划362眼、压采量0.76 m^3，地下水的压采主要以超采区域为主。

2.2　地下水压采过程管理

严格执行封井压采相关技术规范，对水井的永久填埋和封存井口、填埋材料、井牌和后续管理等

作者简介： 曹久立（1984—），男，高级工程师，主要从事水文水资源监测，水资源管理等工作。

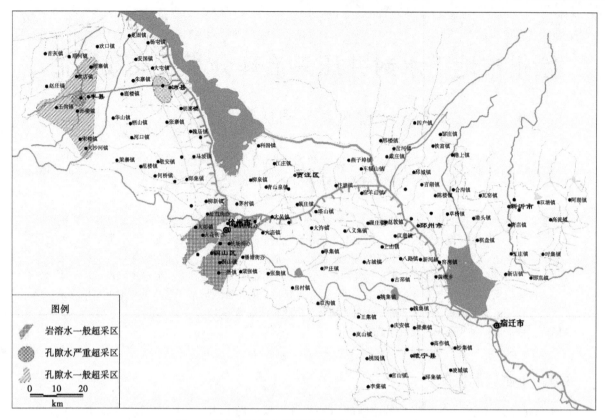

图 1　徐州市地下水超采区分布示意图（2013 年）

都进行明确的技术要求；建立了专门的封井管理信息系统，封井工作完成后需要将水井基本信息、取水许可信息、封井过程照片等上传数据库，做到一井一台账；在每年封井工作完成后，形成年度封井压采台账，按照市级初验、省级复核的两级验收程序，确保压采工作得到落实。

2.3　地下水压采完成情况

2014 年至 2020 年底，徐州市累计完成地下水压采封井 1 469 眼，压采地下水开采量 1.98 亿 m³，其中超采区压采取水井 632 眼、压采地下水开采量 0.903 0 亿 m³（见表 1）。

表 1　徐州市地下水超采区压采完成情况

序号	超采区名称	面积/km²	压采井数/个	压采量/（万 m³/a）
1	七里沟水源地大黄山—三堡一带中型隐伏型岩溶水超采区	262.0	201	2 670
2	丁楼水源地九里山—大彭一带中型隐伏型岩溶水超采区	148.0	107	2 400
3	丰县凤城镇及周边中型孔隙水超采区	420.1	286	3 670
4	沛县沛城镇小型孔隙水超采区	50.4	38	290
	合计	880.5	632	9 030

3　地下水压采治理成效

3.1　地下水开采量大幅减少

自 2014 年开始实施地下水封井压采以来，全市共计封井 1 469 眼，压采量约 1.98 亿 m³；全市地下水开采量大幅减少，年开采量由 2013 年的 6.75 亿 m³ 降至 2020 年的 2.65 亿 m³。

3.2　地下水水位普遍回升

通过近年来地下水的持续压采，全市地下水位普遍回升；4 个超采区地下水埋深均有不同程度的回升，其中市区 2 处岩溶地下水超采区地下水埋深已回升至正常水平，实现了采补基本平衡，已不属于超采状态；丰县、沛县孔隙地下水超采区地下水埋深全部回升至地下水禁采红线以内。地下水全面压采取得的成效十分显著。

3.2.1 全市地下水水位动态

自 2014 年实施地下水压采以来，全市平均地下水埋深上升了 3.27 m；特别是 2018 年底，随着丰县付庄生活地表水厂的投入运行，丰县地下水超采区全面实施压采，丰县地下水位快速回升，全市平均埋深回升加快。分析近 10 年全市深层地下水位变化可以看到，2014 年前实施地下水压采前全市地下水位逐年下降，2014 年达到了最低；压采后全市深层地下水平均埋深由 2014 年的最低 17.09 m 上升至 2020 年的 13.82 m，上升了 3.27 m，年均上升 0.55 m（见图 2）。

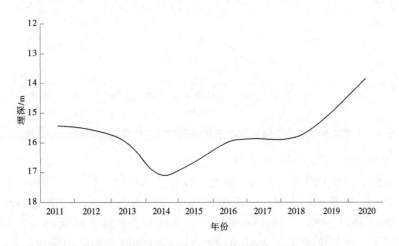

图 2　徐州市深层地下水埋深年际变化曲线（2011—2020 年）

3.2.2 超采区地下水动态

（1）七里沟水源地大黄山—三堡一带中型隐伏型岩溶水超采区。

七里沟超采区位于徐州市区原七里沟水源地大黄山—三堡一带，为岩溶水超采区。在 2014 年，该区域岩溶地下水开采强度不高，地下水埋深 19~20 m；2014 年受开采和降水偏少的双重影响，地下水埋深最低至 22.5 m 左右；2015—2017 年，地下水埋深回升显著，埋深回升至 17 m 左右；2018—2020 年，区域地下水埋深稳定在 17~18 m，采补基本平衡（见图 3），已不属于超采状态。

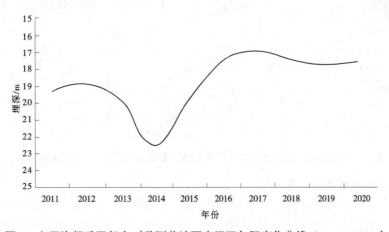

图 3　七里沟超采区郭庄 2# 监测井地下水埋深年际变化曲线（2011—2020 年）

（2）丁楼水源地九里山—大彭一带中型隐伏型岩溶水超采区。

丁楼超采区位于徐州市区原九里山—大彭一带，为岩溶水超采区。2014 年之前，该区域地下水超采严重，地下水埋深 40~45 m，2014 年地下水埋深一度达到接近 50 m。2015 年，原丁楼水源地转应急备用，主要保障市区西部补压供水，地下水埋深由 45 m 回升至 40 m 左右；2016 年以后，随着徐州市第二地表水厂的投入运行，丁楼超采区的开采强度由原来的 5 万~6 万 t/d 降低至 0.5 万 t/d，地下水埋深回升明显，由 2016 年 40 m 回升至 2020 年 15 m 左右（见图 4）。当前丁楼超采区地下水埋深稳定，采补基本平衡，已不属于超采状态。

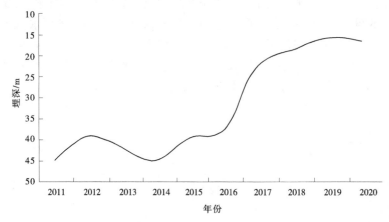

图 4　丁楼超采区小山子监测井地下水埋深年际变化曲线（2011—2020 年）

（3）丰县凤城镇及周边中型孔隙水超采区。

丰县超采区分布在丰县凤城及周围王沟、孙楼、宋楼、大沙河、常店、师寨等乡（镇），为孔隙水超采区。2018 年之前，丰县无地表水厂，区域居民生活、工农业生产主要依靠开采地下水保障，深层地下水埋深在 2011 年已达 58 m，2011—2018 年地下水埋深持续下降至 68 m，年均下降 1.25 m，地下水埋深超过了禁采红线（见图 5）。2018 年 10 月丰县付庄地表水厂的建成供水，丰县实施了地表水到达区域地下水封井压采，地下水埋深极速回升。根据图 6，2018 年 10 月至 2018 年 12 月二中监测井埋深由 68 m 上升至 53 m，回升了 15 m；2019 年底回升至 47 m，回升了 6 m；2020 年底回升至 43.5 m，回升了 3.5 m。

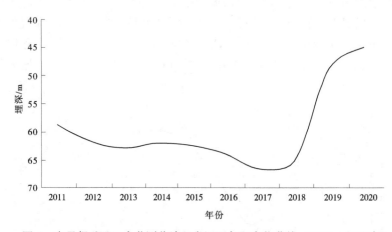

图 5　丰县超采区二中监测井地下水埋深年际变化曲线（2011—2020 年）

（4）沛县沛城镇小型孔隙水超采区。

沛县超采区分布在沛县县城一带，为孔隙水超采区。沛县地下水超采程度较丰县轻，超采面积小、地下水埋深浅。2014 年实施地下水压采前，地下水埋深逐年下降；2014 年压采后，地下水缓慢回升。2018 年后，地下水回升趋势减缓，呈波动状态，区域地下水采补基本平衡（见图 7）。

3.3　促进了城乡供水一体化工程

城乡供水一体化工程的实施为地下水压采提供替代水源，保障了地下水压采工作的顺利实施；通过实施全面的、严格的地下水封井压采工作，反过来也推动了以地表水为水源的城乡供水一体化工

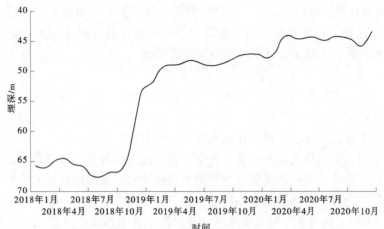

图6 丰县超采区二中监测井逐月埋深变化曲线（2018—2020年）

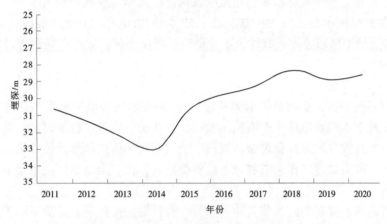

图7 沛县超采区炭化厂监测井地下水埋深年际变化曲线（2011—2020年）

程，实现"同水源、同管网、同水质、同服务"的城乡供水一体化格局，解决全市人民饮水安全问题。

3.4 提升了非常规水源利用水平

在地下水封井压采的工作中，积极推进了再生水、雨水等替代水源建设，加大城市污水处理回用力度，建立完善非常规水源利用激励政策，扩大非常规水源利用水平，积极推进城市污水处理厂再生水利用工程建设，配套相应的深度处理设施及管网，形成以"火电厂工业用水为主，沿线灌区农业灌溉与沿线景观、保洁用水为辅"的再生水利用格局。采取"以点带面"的思路，选择重点工业及高等院校，进行单位内部中水利用示范建设。按照就近配水、充分利用的原则，合理安排再生水利用方式，科学利用水资源。

4 结语及展望

4.1 地下水压采治理经验做法

4.1.1 方案可行

《徐州市地下水压采方案》细化了分县（区）的压采计划，明确了2014—2020年地下水压采目标，为徐州市的地下水压采工作确定了指导原则。《徐州市地下水压采方案》根据各地地下水开采的实际情况和区域供水工程进度，将封井计划细化到县（区）、年度，并形成了计划名录，有效地指导了徐州市的封井压采工作。

4.1.2　执行有力

《徐州市地下水压采方案》报政府批复，各级政府机构各司其职，明确分工，落实责任，加强领导；制定年度压采目标任务，落实责任，纳入考核，及时通报；积极对接压采井单位，了解相关情况，先落实替代水源再压采，为压采工作顺利推进奠定了基础。

4.1.3　替代水源

替代水源的建设是地下水压采的前提，徐州市主要通过三种方式解决替代水源问题。

南水北调工程：徐州市为南水北调东线工程受水区，南水北调工程的实施为地下水压采保障了替代水源，建设生活及工业地表水厂，鼓励工业企业使用地表水源。

城乡供水一体化：通过积极推进城乡供水一体化工程，推进水源地达标建设、原水输送管网、水厂、清水管网、农村饮水安全、两网搭接和水质监测工程；建立了良好的管理运营机制、监管监测机制和综合水价机制；完成全市 7 个地表水水源地达标建设，水源保证能力 305 万 t/d，全市基本实现"同水源、同管网、同水质、同服务"城乡供水一体化格局。地表水源供水范围的扩大，有效降低了地下水的开采量。

非常规水利用：建立完善非常规水源利用激励政策，扩大非常规水源利用水平。加大城市污水处理回用力度，以再生水利用示范工程为主体，创新中水回用形式，实现城市污水处理回用率达到30%的目标。积极推进海绵城市建设，鼓励企事业单位、居民小区、城市广场等建设雨水收集利用系统，提高雨水利用水平。

4.1.4　管理到位

在区域供水管网到底地区，要做到"水到井封"；严格控制新增地下水取水井的审批工作，一般情况下不予审批新增地下水取水申请；严格执法检查，对非法的取水工程及时进行处理。强化用水总量监管能力建设，取水井安装取水计量设施，规模以上的安装远传式计量设施并接入水资源管理信息系统。加强地下水位、水质监测工作，编制地下监测季报、年报，全面掌握全市地下水动态。

4.1.5　监督考核

监督考核是发现问题、修正方向、落实地下水管理责任的关键抓手，是地下水管理及压采目标实现的重要保障，将地下水管理纳入最严格水资源管理制度考核体系，以考核推动地下水封井压采工作。实行地下水开采总量控制，明确了全市及各县（区）每年的用水总量、地下水用水总量控制指标计划，不得突破总量控制红线。实行地下水埋深禁采红线、限采黄线控制，完善地下水埋深监控措施，确保地下水不出现大面积下降情况。

4.2　展望

徐州市地下水压采治理成果显著，地下水位回升明显。由于地表水供水能力有限，仍保留了一定的地下水开采规模，个别区域地下水埋深出现波动的现象。结合地下水利用与保护规划目标，未来十年继续推进地下水压采工作，进一步巩固城市区、超采区地下水的压采治理的成果；特别应持续关注地下水位变化情况，评估地下水压采治理的效果，指导未来科学的开发利用地下水。

4.2.1　严格地下水管理

在公共供水管网到达地区，原则上做到"水到井封"；严格控制新增地下水取水井的审批工作，一般情况下不予新增地下水取水；严格执法检查，对非法的取水工程及时进行处理。强化用水总量监管能力建设，完善地下水取水量计量管控。

4.2.2　开展地下水评价

开展新一轮的地下水资源与开发利用状况调查评价，预测和估计开发利用地下水后将会对此区域产生的影响并采取相应的防范措施，评价成果有效指导地下水的开发利用与保护。

4.2.3　合理地下水开采

根据区域地下水资源分布特点、开发利用状况，结合地下水监测、评价成果，制定地下水科学有序的开采规划，保持地下水的采补平衡，做到合理开采，维系良好的地下水动态。

4.2.4 加强地下水监测

加强地下水位、水质监测工作，加大地下水监测站网建设力度，完善监测网系统，全面掌握地下水动态信息，为地下水科学管理提供全面、准确的基础数据。

参考文献

[1] 杨得瑞，杜丙照，黄利群，等.加强地下水管理 促进高质量发展 [J].中国水利，2021，7：1-4.

[2] 尹宏伟，高媛媛，李佳.南水北调受水区地下水压采评估指标体系构建与应用实践 [J].中国水利，2021，7：13-16.

万安溪引水工程 TBM 段断层突泥涌水处理方案研究

徐宗超　潘炜元

（黄河勘测规划设计研究院有限公司，河南郑州　450003）

摘　要：本文结合龙岩市万安溪引水工程 TBM 段断层突泥涌水专项处理方案实例，重点阐述了突泥涌水情况下的地质条件概况，同时结合现场实际情况提出了突泥涌水不良地质段专项处理方案，即采用超前锚杆支护+化学注浆堵水+环氧预注浆固结+TBM（预）掘进+径向注浆固结+加强支护的综合方案。通过方案的过程实施及总结分析，证明了处治方案的可行性及合理性，可为类似工程施工提供借鉴。

关键词：TBM；断层；注浆；支护；方案

1　工程概况

龙岩市万安溪引水工程是为解决龙岩市主城区中、远期供水需求的引调水工程。工程从连城县大灌水电站发电尾水渠取水，通过输水隧洞及管道引水至新罗区西陂镇规划北翼水厂，平均引水流量为 2.34 m^3/s，设计引水流量 2.93 m^3/s，多年平均引水量 0.739 亿 m^3。本工程为Ⅲ等工程，主要建筑物包括大灌尾水取水建筑物、引水隧洞及管道等。主要建筑物为 3 级建筑物设计，次要建筑物为 4 级建筑物。

输水系统由大灌尾水取水建筑物、有压输水隧洞和供水管道组成，线路总长度约 34.47 km，起点为连城县大灌电站尾水渠，沿途经新罗区万安镇、江山乡、西陂镇，最终接入西陂镇规划北翼水厂，全程采用有压重力流输水。输水线路沿途跨越麻林溪、林邦溪 2 条河流，其中林邦溪以北采用有压隧洞形式输水，长约 27.96 km，林邦溪以南采用地埋管形式输水，长约 6.51 km。

2　突泥涌水情况

TBM 掘进至 D27+038.7 时遭遇原设计不存在的突泥涌水断层破碎带不良地质段：突然从护盾两侧及人孔涌出大量水、泥浆、泥砂和碎裂岩渣，泥渣填埋至主机段及 1# 滑车下部，初始水量较大（约 100 m^3/h）且浑浊（呈黄泥色），导致 1# 皮带机被卡，刀盘被糊，现场立即停止掘进开始清理泥浆、岩渣，同时协调物探人员及设备进场，进行超前地质预报工作，探明前方地质情况。12 h 后水量逐步减小并稳定至 40 m^3/h，水质逐渐变，本次涌出泥浆、岩渣碎屑等约 80 m^3。

3　突泥涌水地质分析

根据初设地质报告，D26+260~D27+341 段围岩为薄层泥质粉砂岩、砾岩、泥质粉砂岩，洞室上覆掩体厚度为 162~638 m，洞室岩体以完整性差为主，砂砾岩、砾岩洞室岩体以较完整为主，断层等构造不发育，高陡倾角节理较发育，围岩以Ⅲ~Ⅳ类为主（Ⅲ类围岩长度 648.6 m，Ⅳ类围岩长度为 432.4 m），局部泥质粉砂岩洞段埋深较深，软岩可能存在局部的塑性变形，该段两侧均为基岩接触带，岩体较破碎，为Ⅳ类围岩。

作者简介：徐宗超（1984—），男，工程师，主要从事水利工程建设管理工作。

根据最终开挖揭露的地质情况，隧洞桩号 D27+021～D27+041 段为断层破碎带及其影响带，断层近南北走向，与洞轴向夹角 0°～10°（产状 240°∠70°～80°），主断层宽度 1～2 m，断层组成物质有碎裂岩块、角砾岩、中粗砂、断层泥等，多处出现线状水流，单点最大可达 40 m³/h。本段掘进过程中在 TBM 刀盘的扰动下，掌子面及洞壁围岩出现坍塌，围岩极不稳定，造成 TBM 掘进受阻，综合判定本段为 V 类围岩。

4　处治方案

根据地质超前预报结果，经组织相关专家研究决定采用超前锚杆支护+化学注浆堵水+环氧预注浆固结+TBM（预）掘进+径向注浆固结+加强支护的综合方案。

4.1　工艺流程

主要施工工艺为人工手持式风钻打设超前中空锚杆，先打内层超前中空锚杆，注聚氨酯化学浆液堵水；再打外层超前中空锚杆，注环氧浆液固结泥砂、断层破碎带；然后 TBM 正常掘进，每循环进尺为 1 m；掘进循环后对护盾后面范围设径向系统中空锚杆并注水泥-水玻璃双液浆加固破碎围岩，同时采用钢拱架及挂网进行加强支护后方可进行下一循环。处理施工工艺流程见图 1。

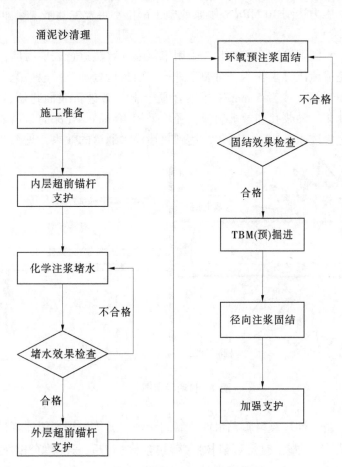

图 1　断层处理施工工艺流程

4.2　涌泥涌砂清理

处理施工前将涌出刀盘的泥砂分次清理，并做好观察，尽量等待涌水量减小并不再增加后方可实施处理措施，防止涌水突泥增大造成事故发生。

4.3　超前锚杆支护

（1）超前支护采用双层 φ32 自进式中空锚杆，长短杆结合，长杆 8 m、外插角 15°，短杆 6 m、外插角 10°～15°。首环打设位置在护盾后面，范围 135°～180°，环向间距 40 cm，纵向每 1 m 打设一环。

（2）单根锚杆结构：因本引水隧洞尺寸空间小，钻孔作业空间有限，将锚杆切割 1.0 m 长短杆，再通过连接套接长，单根锚杆由 φ38 钻头 1 个、杆体（1 m×8/6）、连接套（7/5 个）、止浆塞、注浆嘴组成。

4.4 化学注浆堵水

利用机械的高压动力（高压灌注机），将化学灌浆材料注入松散、破碎带及岩体裂隙中，当浆液遇到裂隙中的水分会迅速分散、乳化、膨胀、固结，形成胶凝体达到堵水的目的。

4.4.1 技术要求

（1）注浆压力。

注浆最高压力为 10 MPa。聚氨酯注浆技术与传统水泥注浆不同，聚氨酯注浆技术采用一定的注浆压力只是将双组分高聚物材料高压输送到注浆孔中，然后聚氨酯材料快速发生反应，体积膨胀固化，自行填充脱空和渗漏水病害区域，压实周围松散介质，达到治理脱空或渗漏水病害的目的；而传统注浆技术则是要注浆压力将浆液压入脱空中，然后等其固结硬化，时间较长[1-3]。

（2）注浆闭浆条件。

实施聚氨酯注浆时，压力达到 10 MPa 不吸浆或施工部位不再发生漏水现象即可结束。

4.4.2 特殊部位封堵方法

在掌子面遇到大涌水、裂隙发育、密集时，采用聚氨酯封堵法进行表层封堵，封堵前在裂隙发育部位设置泄压导水孔，完成泄压导水孔后，对裂隙进行表面封堵处理，一般情况下，处理采用钢筋格栅结合复合土工布对表面封堵，或者 5 mm 钢板结合复合土工布进行表面封堵，表面封堵处理完毕后，再进行该部位浅层灌浆。灌浆孔和导水引流孔径均采用 40 mm，孔深为 2~4 m。材料向渗水通道延伸，在裂隙内发生反应后体积迅速膨胀固化，达到封堵涌水通道的效果，见图 2。

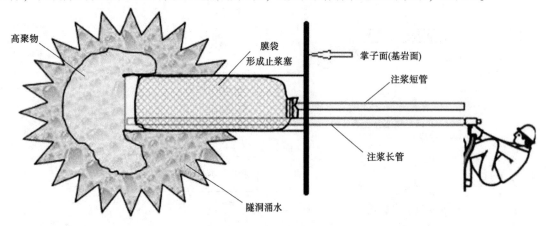

图 2　封堵示意图

4.5 环氧预注浆固结

采用水性环氧树脂，由水性环氧树脂和水性环氧固化剂组成，采用高压灌浆机，配套设备由搅拌机、胶管、注浆嘴等组成[4-6]。施工时将环氧树脂浆液搅拌均匀后，连接好注浆管路，开启注浆机，正常注浆，注浆压力 1~2 MPa，注浆量按杆体周边扩散半径 0.5 m 计算。注浆顺序每打 2 根进行一次，防止窜浆漏浆。

4.6 径向注浆固结

TBM（预）掘进完成后采用径向注浆固结。

4.6.1 系统锚杆

该断层破碎带系统锚杆采用 φ32 自进式中空锚杆，长度 3 m，环向间距 40 cm，纵向间距 50 cm，呈梅花形布置，注浆范围暂定 240°，根据现场揭露围岩情况进行调整。单根锚杆结构与超前支护相同。

4.6.2 系统锚杆钻进

系统锚杆施工由 TBM 机自带锚杆机钻进，分节进行，每节 1 m，共 3 节。先将长锚杆用砂轮机切割为 1 m/节，将钻头、首节杆体连接好，再用专用钎套将首节与钻机连接，将首节钻入岩体，再用套筒连接第二节后断续钻进，最后用套筒连接第三节后断续钻进，安装止浆塞，方可进行下一步注浆作业。

4.6.3 注浆

采用水泥-水玻璃双液浆，42.5R 早强水泥，水灰比 0.8∶1~1∶1；水玻璃模数 2.6~2.8，波美度 35 Be，掺配比 CS = 0.6~1.0（体积比），注浆压力 1~2 MPa。

4.7 加强支护

径向注浆完成后，停止 24 h，TBM 机试低速低压掘进，经观察确认无异常情况后，正常掘进施工，每循环掘进进尺为 1 m，然后进行加强支护，加强支护措施主要为加密钢拱架间距、扩大 φ16 钢筋排布置范围，局部坍塌部位采用浇筑 C30 混凝土临时支护，厚度 20 cm，撑靴位置浇筑 C30 钢筋混凝土。

4.7.1 钢拱架结构

钢拱架型号按原设计 HW125 工字钢，全断面布置。局部松散、破碎地段钢拱架间距由原设计 50 cm 加密为 30 cm。拱架由弯曲机制作，每榀分 4 个单元，洞内支护时用螺丝连接，拱架要与系统锚杆焊接在一起。

4.7.2 钢拱安装

拱架安装步骤：测量定位→拱架分单元加工成型→洞内拼装→定位钢筋固定→纵向钢筋排→打锁脚锚杆→锚固。拱架加工好并编号后，运至现场用螺栓连接成榀，根据分段安装固定，固定时打设定位钢筋，定位钢筋设在拱顶、拱腰和拱脚处，尽量与岩面之间应紧贴。

施工注意事项：

（1）在安装之前，应清理淤泥、松渣，定位测量。

（2）首先测定出线路中线，测定其横向位置，安设方向与线路中线垂直；每榀的位置定位准确，纵向间距偏差不超过±10 cm，上下高程偏差不超过±5 cm，斜度<2°。

（3）安装：由人工配合 TBM 机立拱器架立拱架，在安装过程中，当拱架与围岩之间有较大间隙时 C30 混凝土临时浇筑填充密实，不得用木枋架空。在洞内拼装时人工进行，从两侧向拱部拼装，栓接后不拧紧螺丝，先进行检查调整，根据测量的控制点位调整好弧度、倾斜度，检查合格后再拧紧螺丝。

4.7.3 钢筋网片

挂网钢筋采用 φ8 钢筋，网格间距为 15 cm×15 cm；钢筋网可预先加工成 1 m×2 m 网片，使用时利用锚杆绑扎固定，也可将加工好的钢筋材料运至现场后，由人工现场绑扎，利用锚杆头绑扎固定。

4.7.4 钢筋排

拱架外设置纵向钢筋排，为 φ16 钢筋，环向间距 10 cm，一般地质段布置范围为拱顶 180°，根据现场地质情况，松散、破碎范围均需布置。

4.7.5 C30 混凝土临时支护

局部松散、破碎及易坍塌部位采用人工浇筑 C30 混凝土，厚度 20 cm，防止局部坍塌扩大。

4.7.6 撑靴位置加固

在撑靴位置浇筑 C30 钢筋混凝土，混凝土内设 Φ25 双层钢筋网。

5 实施过程

5.1 超前地质预报

针对本次不良地质采用三维地震波 TE-TBM 法[7]、CFC（复频电导）法[8] 对断层破碎带宽度及富水情况进行综合预报[7-8]，结合现场实际地质情况和上述两种方法的预测结果，掌子面附近已揭露段至 D26+959.0，总体呈中等—强富水状态。D27+038.7～D27+030.0 段岩体较破碎，富水情况与掌子面附近基本一致，为当前掌子面断层破碎带范围；D27+013.0～D26+997.0 段岩体较破碎，含水量较少，多以滴水为主；D26+973.0～D26+959.0 段裂隙较发育，局部破碎，富水性较强，多以线状流水为主，局部由涌水可能。建议对断层破碎带做注浆处理。

5.2 清渣处理

主机段下方涌泥采用人工袋装，通过皮带传送的方式装进渣车运至翻渣池。由于掌子面前方涌出的大量泥渣填充于主机段底部，工程上常用的真空吸渣泵抽砂效果并不理想，只能采用人工清渣的方式，现场工人用小铲子将泥沙装入编织袋再通过皮带机转运出去。为了避免 TBM 主机被泥沙掩埋，需进行超前预注浆，由于 TBM 主机段空间狭小，钻孔深度和角度受限，导致大型钻孔设备不能使用，只能利用手风钻钻孔。

5.3 支护掘进

通过采用"超前化学灌浆加固、短循环、强支护"为主的断层处理措施，在经过 8 个循环处理后（平均每个循环平均掘进 1 m，共分 5 个时段，每次掘进 20～30 cm，每次掘进结束后及时观察围岩情况及注浆效果，掘进完成后布设钢筋排、钢筋网片、安装 HW125 全断面拱架，局部通过采用薄钢板立模并浇筑混凝土的方式对洞顶进行加固），断层突泥涌水破碎带处理至桩号 D27+030 处，突泥涌水情况得到初步控制。处理断层破碎带影响带至桩号 D27+022 处工程地质条件逐渐转好，围岩类别变为Ⅳ类及Ⅲ类，对 TBM 掘进影响较小，未进行注浆处理，采取一次支护拱架加固等措施即可满足要求，自此整个突泥涌水破碎带及其影响带处理完成。

6 结语

针对本次突泥涌水不良地质断层的处理实践证明，按照短处理、勤支护、短掘进的原则以及采用超前锚杆支护+化学注浆堵水+环氧预注浆固结+TBM（预）掘进+径向注浆固结+加强支护的综合方案可行，三维地震波 TE-TBM 法、CFC（复频电导）法进行的超前地质预报结果准确度较高，结合处理经验提出以下建议供类似工程借鉴：

（1）化学注浆方面。现场超前化灌注浆压力需及时根据现场围岩情况及时调整，避免过大压力造成孔底岩石劈裂。

（2）加强支护方面。考虑 TBM 设备在立钢拱架的位置通过比较困难，钢拱架临时安装采用拱拼方式进行临时支护；由于 TBM 设备"X"撑靴间距原因，无法按照 30 cm 间距布设钢拱架，两榀拱架直接采用拱架进行连接，每两榀之间设置 12 道，可提高拱架整体稳定性。

（3）淤渣清理方面。采用真空吸渣泵进行洞内淤渣处理，减少人工清渣工作量，提高施工效率；增加排水管路并控制围岩渗水，避免 TBM 后配套台车及洞内轨道淤积泥渣。

（4）堵排水方面。对于洞内渗水点，不宜采用大面积开挖铺设防水板（布）措施以免影响喷射混凝土与岩面的贴合效果，宜采用局部堵水，将分散出水点集中至一处，并用导管连接引至洞壁，形成有组织排水。

参考文献

[1] 丁剑锋，刘丰韬，陈国平，等.化学注浆技术在三山岛金矿的研究与应用 [J].黄金科学技术，2012，4：54-57.

[2] 马瑞杰，毕伟涛，李春轩，等.水性聚氨酯注浆堵水材料性能优化 [J].居舍，2018（31）：30-31.

[3] 郑先军，王新锋，段文峰，等.聚氨酯堵水材料的研制与应用 [J].新型建筑材料，2018，45（6）：127-129.

[4] 李士强，张亚峰，邝健政，等.阳离子型水性环氧树脂灌浆材料的研究 [J].中国建材科技，2009，18（3）：78-81.

[5] 郭辉.哈密八大石水库断层破碎带化学固结灌浆处理 [J].人民长江，2018，49（S1）：166-169.

［6］卿清，何明丹，郭长远．水性环氧树脂改性水泥基材料的研究进展［J］．精细石油化工进展，2019，20（4）：52-57.

［7］李玉波．三维地震波法超前地质预报在引汉济渭工程 TBM 施工中的应用［J］．水利水电技术，2017，48（8）：131-136.

［8］侯景方，姚琦发．CFC 复频电导超前探水技术在深埋隧道的应用［J］．工程地球物理学报，2019，16（2）：223-229.

浅谈一种大型穿河输水隧洞连通管搭桥技术

郑晓阳[1]　张建伟[2]　苏卫涛[3]　王志刚[1]

(1. 南水北调中线干线工程建设管理局河南分局，河南郑州　450018；
2. 南水北调中线干线工程建设管理局引江补汉办公室，河南郑州　450018；
3. 河南省水利勘测设计研究有限公司，河南郑州　450018)

摘　要：南水北调中线干线穿黄隧洞工程是南水北调中线关键建筑物之一，不锈钢波纹管材质连通管搭桥技术在大型输水隧洞中的应用在国内尚属首次，通过长时间应用各项指标均满足设计要求，疏排效果非常明显。本文主要从穿黄输水隧洞结构特点、连通管搭桥设置的必要性、连通管搭桥施工技术、不同材质连通管在本工程的应用分析等进行阐述，旨在通过本文的论述供类似输水工程借鉴、参考。

关键词：穿黄隧洞；连通管；弹性软垫层；搭桥

1　研究背景及连通管搭桥设置的必要性

南水北调中线穿黄工程是人类历史上最宏大的穿越大江大河的水利工程，是整个南水北调中线的标志性、控制性工程。穿黄河段是典型的游荡性河段，地层主要为粉质壤土和砂土，粉质壤土中夹有丰富的钙质结核，砂层中石英颗粒含量很高，地质条件极为复杂，高地下水，又是地震带。穿黄隧洞是国内穿越江河直径最大的输水隧洞，该工程应用双层衬砌的结构，开创了中国水利水电工程水底隧洞长距离软土施工新纪录。

穿黄隧洞为大型双线高压输水隧洞，全长4 250 m，隧洞为双层衬砌，两层衬砌中间防水弹性垫层为分隔形式，内、外衬分别单独承担内部和外部荷载。该隧洞具有受力明确、安全可靠的特点。隧洞弹性排水垫层共分三层，中间一层为弹性隔水层，两侧为弹性透水层，可分别为内衬和外衬渗漏水的排泄通道，由间隔4.8 m的排水花管将渗水引排到底板预埋的3根集中排水管道，并通过竖井抽排到出口建筑物。经多年运行，局部排水垫层存在堵塞问题，如按照原设计恢复，则需凿穿内衬预应力混凝土露出排水花管进行修复，不仅费时、费力，还会对内衬预应力混凝土及内部设施造成不可逆的破坏，影响工程结构安全。排水垫层的堵塞问题如不能妥善解决，可能造成穿黄隧洞在充水或退水期间双层管道内外水压力差过大，将导致工程破坏，影响工程运行安全，故需一种对混凝土结构相对无影响且施工便捷的处理措施。

2　连通管搭桥技术

2.1　连通管布置

在输水隧洞腰线以下边墙部位双层衬砌内、外衬之间的排水垫层向内衬方向设置排水孔，至中孔相关区域开槽，采用不锈钢软管（波纹管）作为连通管连接排水孔至中孔将排水垫层的承压水排至排水总管（中孔）并导走，最后采用环氧砂浆回填开槽部位，见图1。

连通管布置前应首先确定排查原排水垫层、排水管的连通性，可通过安全监测渗压计渗压值分析判定，结合本工程，如渗压计退水前后测值变化不明显，且渗压值在3 m以上的可初步判定原排水垫层、排水管连通性存在问题，需设置连通管。

作者简介：郑晓阳（1978—），男，高级工程师，主要从事南水北调工程运行管理工作。

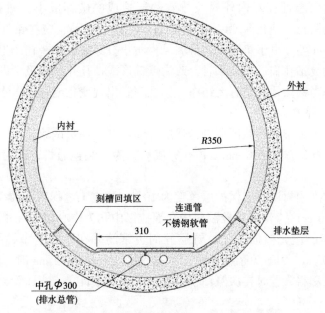

图1　排水垫层连通管结构图　（单位：cm）

2.2　验证孔施工

为进一步确定连通管的具体位置，需先在该洞段渗压计附近钻孔验证，验证孔布置时应以渗压计安装位置为准，沿环向向上100~200 cm（最高不得超过腰线高度），沿轴线方向距离结构缝90~140 cm，在渗压计上游侧初步确定打孔范围。在此范围内，采用Ps1000仪器扫描避开钢筋、波纹管，同时避开监测线缆，最终确定打孔位置，详见图2。对于钻孔后排水垫层水体直接由钻孔部位排出，说明该孔部位与排水垫层连通性良好，可将该验证孔扩孔为排水孔；对于钻孔后未见排水垫层水体排出，为进一步验证排水垫层的连通性可向排水垫层注水，注水压力控制在0.1~0.3 MPa，单孔注入量按1 m³或注水时间持续1 h控制，如在此期间渗压计测值有明显变化则说明该孔部位与垫层连通性良好，可将该验证孔扩孔为排水孔，如在此期间渗压值变化不明显则在相关区域继续验证直至满足要求。

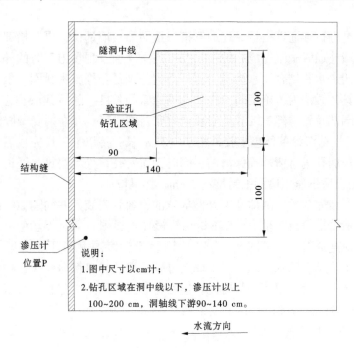

图2　验证孔钻孔布置图

孔位确定后，为确保验证孔对内外衬及排水垫层造成的破坏最小，钻孔设备可选用钻头直径 30 mm 的电锤垂直洞壁钻孔，钻孔深度以 45~50 cm 为宜。钻孔前，应在钻杆 44 cm 位置做标记，同时将深度尺设置在 45 cm 处。由于垫层非常薄弱，为防止打穿垫层及造孔产生的灰尘影响垫层的排水性能，要求钻孔作业人员钻孔临近 44 cm 时，改为点钻形式钻孔并利用吸尘设备孔口及周边吸尘，同时随时观察钻孔情况，当钻头顶部粘有无纺布，钻孔声音出现变化或孔内出水时，立即停止钻进。

2.3 连通管刻槽及中孔钻孔

钻孔完成后，为防止污染先对验证孔进行保护，随后开展注水试验，并对满足条件的验证孔进行扩孔，扩孔的孔径 63 mm、深度 250 mm，扩孔完成后，为安装连通管，需对连通管布置线路进行刻槽施工。

连通管刻槽：考虑到内衬混凝土保护层厚度为 10 cm 及施工过程对混凝土结构的影响最小侧墙、底板刻槽按照 10 cm×10 cm（宽×高）控制，中孔部位以中孔为中心刻 15 cm×20 cm×12 cm（宽×长×深）槽。中孔部位刻槽前应先扫描中孔位置避开周边钢筋并在钻杆上做钻孔深度标识，钻孔孔径 30 mm，钻孔孔深约 10 cm。为避免杂物掉落，中孔钻孔距孔底 1~2 cm 时，应停止钻孔，用吸尘器清孔，直至钻进至中孔塑料管壁时再次停钻，重复上一步直至贯穿。连通管刻槽形式见图 3。

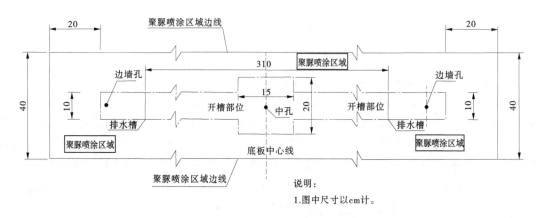

图 3 连通管刻槽及聚脲喷涂示意图

2.4 连通管搭桥

刻槽完成后，即可进行连通管搭桥。连通管搭桥按照先边墙部位，再开槽部位，最后中孔部位的次序施工。为防止边墙连通管施工完成后地下水与渠道水互通及现场施工时的外水影响作业面，边墙连通管施工时增加了四道永临结合闭水措施，自外而内分别是：橡胶密封圈、聚乙烯自粘海绵条、橡胶密封圈、堵漏王。具体做法为：施工前应先计算连通管的长度，随后截取相应长度的 DN25 不锈钢软管，分别在连通管端部及距端部 12 cm 处安装橡胶密封圈 1 套，并在两套橡胶密封圈之间的连通管上先用 3 mm 厚聚乙烯自粘海绵条外包生胶带粘 9~12 cm 长；待以上工作完成后再将该端连通管塞入边墙孔，塞入前先对边墙孔进行清理确保清洁，同时为避免孔口处堵塞排水通道，塞入时需与孔底预留 2 cm 间距；安装完成后迅速用堵漏王封堵约 5 cm，详见图 4。

连通管边墙部位安装完成后，随即开展开槽部位的连通管安装，并间隔 20 cm 进行固定直至中孔附近。中孔部位的连通管搭桥由 3 根 DN25 不锈钢软管（连通管）通过外丝型三通连接而成，分别为两侧连通管及下部汇流连通管，详见图 5。为防止连通管施工完成后地下水与渠道水互通，下部连通管施工时增加了三道永临结合闭水措施，自下而上分别是聚乙烯自粘海绵条、粘钢专用胶、橡胶密封圈。具体做法为：下部汇流管连通管安装时先在连通管与三通的接合部套橡胶密封圈 1 套，再在连通管端部用 3 mm 厚聚乙烯自粘海绵条外包生胶带粘 2~3 cm，随后将下部汇流管伸入中孔在橡胶密封圈临近孔口时向孔内注入粘钢专用胶再次封闭，注满后将该连通管继续伸入，直至密封圈封闭上孔口。

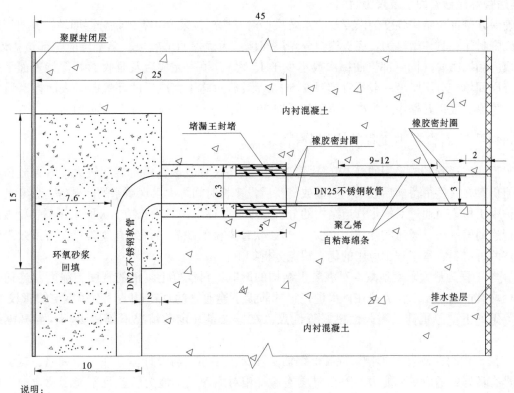

说明：

1.图中尺寸以cm计。

图4 边墙连通管细部图

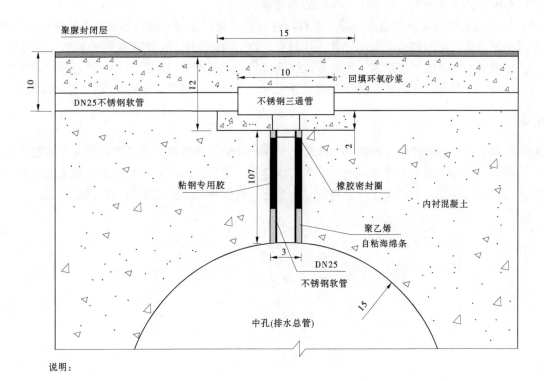

说明：

1.图中尺寸以cm计。

图5 连通管中孔部位细部图

2.5 连通管环氧砂浆回填及聚脲封闭

为确保开槽部位结构强度的恢复及防水效果，对开槽部位采取环氧砂浆分层回填，并对回填后部位采用聚脲封闭，具体做法为：底板槽内分 4 层回填，为确保回填效果，第 1 层应全部覆盖连通管，每层回填应插捣密实（同一部位插捣次数不少于 15 次），填塞完成后及时收面并保持表面平整。边拱槽内分层回填，分层厚度一般不宜超过 2.5 cm。最后对施工完成后的环氧砂浆表面打磨后采用聚脲封闭，喷涂宽度以开槽中线为准，两侧各延伸 20 cm，总宽 40 cm，两端延伸 20 cm，详见图 3。

3 不同材质连通管在本工程的应用分析

本工程原连通管搭桥采用的是 PVC 软管连接，搭桥过程复杂，搭桥难度较大，大部分搭桥效果较好，但仍存在一些搭桥前后效果不明显或搭桥后没多长时间再次出现堵塞的问题等，鉴于此，本次隧洞维护中工作人员通过对输水管道结构的分析并参考以往维护经验总结，大胆采用不锈钢波纹管新材料进行连通管搭桥，通过实际应用，以上 PVC 软管搭桥的缺陷均得到有效改善，搭桥效果明显提升。现就两种材料在本工程中应用的优、缺点分析如下：

（1）本工程为最大限度地减少对混凝土结构的影响，对混凝土刻槽的宽度、深度及连通管入内衬的孔径均有严格的要求，力争在排水量一定的前提下连通管的直径最小。不锈钢波纹管较 PVC 管具有同等条件下壁厚更薄、耐久性更好等优点，在排水量一定的情况下刻槽更小，混凝土结构更安全。

（2）隧洞内衬两侧有 V 形槽，混凝土钢筋实际保护层厚度与设计值存在一定偏差，这就要求连通管应具有良好的适应变形能力，PVC 材质连通管相对适应变形能力较差且不能随意弯曲，如在本工程中应用，可能存在需截断钢筋、增加刻槽断面等不利于工程结构安全的问题；不锈钢波纹管具有可任意弯曲、可根据下部钢筋走向进行布置等优点，不锈钢波纹管的选用便于布置，避免了因布置连通管需截断钢筋的不利影响，确保了工程的结构安全。

（3）PVC 连通管接头需热熔法连接，工具相对复杂，受作业面限制热熔法施工要求高、难度大、现场质量不易保证，同时热熔时可能导致热熔部位 PVC 管内径变小，使排水能力变差，可能存在二次堵塞，导致搭桥失效的严重后果；不锈钢波纹管接头采用三通机械连接方式，具有操作过程中使用的工具简单、便于操作、工效较高且接头质量易于保证等优点，解决了 PVC 连通管的相关缺点。

4 结语

由于穿黄大型双线高压输水隧洞的特殊性，该输水隧洞连通管搭桥技术的实施有效解决了排水垫层堵塞问题，使得排水垫层的水可以及时导入排水总管，避免了过水隧洞在充水或退水期间双层管道内外水压力差过大问题，确保了工程实体的结构稳定，有效保障了南水北调工程供水安全。

南水北调东线二期工程地下水生态环境与水质演变

刘利萍　高肖

（淮河水利委员会综合事业发展中心，安徽蚌埠　233000）

摘　要：随着我国经济社会的快速发展，东线工程供水区社会经济需水情况、工程条件、生态需求发生了较大变化。在"节水优先、空间均衡、系统治理、两手发力"的新时代治水思路指引下，为保障京津冀协同发展，实施东线二期工程建设。本文在系统分析了东线二期工程供调水量、地下水现状基础上，充分论证了东线二期工程调水对沿线地下水位、水质、水资源的影响，为受水区地下水生态环境与水质保护提供重要的参考依据。

关键词：东线二期工程；地下水；生态环境；水质；演变

1　概述

南水北调东线工程是构建我国"四横三纵、南北调配、东西互济"水资源配置总体格局的重大战略性工程之一，分一期、二期建设，一期工程于2013年建成通水。由于人类活动和气候变化影响，华北地区和山东半岛出现干旱缺水、河道断流、地下水位下降，影响着区域经济社会发展和生态安全，同时雄安新区建设和京津冀协同发展对区域水资源配置和供水保障提出更高要求，实施东线二期工程可以缓解华北地区和山东半岛水资源供需矛盾，保障北京、天津供水安全，改善生态环境。

东线二期工程新增供水范围为北京市、天津市、河北省、雄安新区以及安徽省、山东省部分地区，补充北京市、天津市、河北省、山东省及安徽省输水沿线城乡生活、工业、生态环境用水，安徽省高邮湖周边农业、萧县和砀山果木林灌溉用水，雄安新区白洋淀湿地生态供水，黄河以北地下水超采治理补源部分水量。输水干线线路总长1 957.3 km，利用一期工程或现有河道输水干线826.2 km、扩建一期工程或现有河道输水干线914.7 km，新挖输水渠道216.4 km。线路为长江至洪泽湖、洪泽湖至骆马湖、骆马湖至南四湖、南四湖至东平湖、穿黄、位山至临清、临清至南运河、吴桥以北。

2　供调水量及地下水现状

2.1　东线二期工程北调水量

采用1956—2010年水文系列进行水量调节计算，东线二期工程多年平均抽江水量163.97亿 m^3，调过黄河50.88亿 m^3，向山东半岛调水24.23亿 m^3，向北供水增加供水区可利用水资源，实现水资源供需平衡，工程规模及多年平均调水量见表1。

2.2　东线二期工程净增供水量及其分配

扣除各项损失后东线二期工程供水范围各省（市）干线口门多年平均净增供水量59.21亿 m^3，基本解决供水区生活、工业、环境、农业和生态缺水问题[1]。东线二期工程各省（市）口门多年平均净增供水量见表2。

2.3　地下水现状

通过对东线二期工程沿线地下水位监测，黄河以南地下水井成井历史在3~22年，地下水埋深

作者简介：刘利萍（1968—），女，高级工程师，主要从事项目管理、水利工程建设管理工作。

4.1~40 m；黄河以北地下水埋深 4~20 m。

表 1 东线二期工程规模及多年平均调水量

区段	工程规模/（m³/s）			调水量/亿 m³		
	一期	二期	增加规模	一期	二期	增加抽水量
抽江	500	870	370	87.66	163.97	76.31
入、出洪泽湖	450 350	810 690	360 340	69.86 63.87	141.45 135.06	71.59 71.19
入、出骆马湖	275 250	595 560	320 310	43.98 42.18	111.32 111.79	67.34 69.61
入、出南四湖	200 100	500 385	300 285	29.73 13.87	97.64 78.26	67.91 64.39
入东平湖	100	375	275	13.37	76.26	62.89
穿黄	100	300	200	4.42	50.88	46.46
山东半岛	50	125	75	8.83	24.23	15.40

表 2 东线二期工程各省（市）口门多年平均净增供水量   单位：亿 m³

省（市）	生活工业和环境	农业	生态		小计
			湿地补水	地下水超采治理补水	
安徽省	3.49	1.08			4.57
山东省	26.36				26.36
河北省（不含雄安新区）	8.75			5.07	13.82
雄安新区			1.03		1.03
天津	9.43				9.43
北京	4.00				4.00
总计	52.03	1.08	1.03	5.07	59.21

采用标准指数法对地下水水质现状进行监测评价，经监测，工程沿线地下水镉、六价铬、铅、汞、硒、氰化物、三氯甲烷、四氯化碳、色度、浑浊度、铝、铜、锌、挥发酚、阴离子表面活性剂、苯、硫化物、亚硝酸盐氮均满足Ⅲ类水标准。砷化物、溶解性总固体、总硬度、硝酸盐氮、硫酸盐、钠、氟化物等超标，达标率为：砷 98.5%，姚港河拓浚出现超标，超标 5.1 倍；氟化物 73.9%，超标 2.78 倍；硝酸盐氮 89.2%，超标 2.03 倍；铁 95.4%，姚港河拓浚出现超标，超标 21.87 倍；锰 63.1%，超标 17.3 倍；氯化物 83.1%，超标 8.46 倍；硫酸盐 73.9%，超标 12.59 倍；溶解性总固体 69.2%，超标 4.44 倍；总硬度 58.5%，超标 3.62 倍；高锰酸盐指数 96.9%，超标 2.02 倍；氨氮 93.9%，超标 8.82 倍；钠 90.8%，超标 1.26 倍；碘化物 52.3%，超标 4.09 倍；超标主要原因与区域地下水水质背景值本身浓度较高有关。总大肠菌群和细菌总数（菌落总数）超标，达标率为 41.55%、38.5%，主要原因与水井周边卫生状况有关。

3 调水对沿线地下水生态环境与水质影响分析

东线二期工程输水线路分三段：黄河以南段，利用和扩大现有河道，连接邵伯湖、高邮湖、洪泽湖、南四湖输水至东平湖；穿黄段及黄河以北段，利用管道、输水渠道、水库调蓄输水至北京。

河道沿线地下水类型主要为松散沉积层孔隙潜水，局部地段具微承压性。东平湖以南地下水埋深 1.0~5.0 m，山东境内因地下水超采，形成地下水位下降漏斗，如梁济运河东侧达 6.0~23.4 m。黄河以北地下水埋深 2.0~5.0 m，小运河段埋深由南向北逐渐加大，由于开采量过大，京广铁路附近及以西地带、衡水、德州、沧州、大城、天津等大面积范围内地下水位大幅下降，形成几近相连的大降落漏斗；地下水补给主要为大气降水，受地形地貌影响，径流缓慢，以垂直蒸发为主要排泄途径。山东半岛输水线路沿线地下水类型有第四系孔隙潜水和岩溶裂隙水，地下水埋深 2.5~7.0 m，主要为大气降水补给，临黄河段主要接受黄河水的侧渗补给，以地下径流及人工取水为主要排泄途径。

3.1 地下水水位的影响

3.1.1 受水区地下水位的影响

华北地区 2017 年地下水年超采量 56 亿 m^3，海河流域水资源开发利用程度已达 106%，地下水累计亏空 1 800 亿 m^3。由于长期超采地下水，形成了 3.3 万 km^2 浅层地下水和 4.8 万 km^2 深层地下水超采区，产生 7 大地下水漏斗[2]。

到 2022 年，通过强化节水及农业种植结构调整，压减地下水年开采量 25.7 亿 m^3，同时通过东线一期工程和中线工程外调水置换 14.3 亿 m^3，南水北调中线一期沿线退水闸相继实施河湖补水 10 亿~13 亿 m^3，引黄工程和引滦工程相继补水 4 亿~6 亿 m^3，东线二期工程补源深层地下水 3.4 亿 m^3。工程引调水使受水区加快南水北调水与当地地下水水源的置换，补水区域地下水位均不同程度上升，超采区地下水位得到一定恢复，地下水生态恶化状况得到有效缓解。

3.1.2 受水区地下水水源地水位的影响

东线二期工程受水区列入全国重要饮用水水源地名录的共 8 个，深层、浅层地下水水源地各 4 个，二期工程调水将有效压采深层地下水取水，减少浅层地下水资源的开采，实现地下水水源地水位回升。

3.2 地下水水质的影响

输水河道水位变化与地下水水质有密切关系，当水分通过土壤剖面在地下水与河道之间渗透补给时，夹带着溶质移动。河道水质的变化及地下水与河道补给关系的改变，影响输水河道沿岸地下水的水质变化[3]。

受水区范围内引起地下水污染的污染源主要为已污染的地表水体和沿线城镇生活污染源、工业污染源、农村面源等。东线二期工程运行过程中不产生污染源，引起地下水水质变化的主要原因是地表水体中水质的变化。

3.2.1 长江至洪泽湖段

输水线为入江水道向北送水，计算节点为里运河线南运西闸、淮安站、高良涧站和入江水道的高邮站、金湖站和三河闸。不同调水规模水质均达到Ⅲ类水标准，高锰酸盐指数和氨氮含量随输水量增大水质越好，不会对地下水水质产生影响。

3.2.2 洪泽湖至骆马湖段

输水线为中运河与徐洪河两路输水，中运河线路从洪泽湖东部取水，徐洪河线路从洪泽湖北部取水。计算节点为中运河淮阴二站、泗阳站、刘老涧站、皂河闸和徐洪河泗洪站、睢宁站、邳州站。依据洪泽湖背景水质和来水特点，中运河输水线取水水质由灌溉总渠入洪泽湖水质及洪泽湖背景水质确定，徐洪河输水线取水水质依淮干水质、入江水质、调水水质及洪泽湖北部污染源确定。除 25% 输水规模下徐洪河 TP 超标，其余情景指标均达到Ⅲ类水标准，输水量越大，高锰酸盐指数、氨氮和 TP 浓度越低，TN 则相反，其中中运河输水线较徐洪河输水线水质好。徐洪河输水线主要污染源为洪泽湖北部面源及老汴河、徐沙河、房亭河，中运河无重大污染源。徐洪河只在汛期水质呈轻度污染，TP 最大超标 55%，汛期对地下水水质有一定影响。应加强徐洪河沿线面源污染的治理，注重汛期调水水质，防止对地下水环境造成污染。

3.2.3 骆马湖至南四湖段

输水线为中运河—韩庄运河与不牢河两路输水，中运河—韩庄运河为主要输水线路。计算节点为韩庄运河台儿庄站、万年闸站、韩庄闸站和不牢河刘山闸、解台闸、蔺家坝站。以中运河与徐洪河汇合点为起始点，除25%输水规模下韩庄运河TP超标，其余情景指标均达到Ⅲ类水标准，高锰酸盐指数、氨氮和TP浓度随输水量增大而降低，TN则相反；从进入南四湖水质看，不牢河的高锰酸盐指数高于韩庄运河，其余指标略低于韩庄运河。中运河主要污染源是东邳苍分洪道，韩庄运河主要污染源为峄城大沙河及陶沟河、小季河，不牢河污染源主要是面源。中运河北段汛期水质呈轻度污染，TP最大超标25%，汛期对地下水水质有一定影响；不牢河汛期和非汛期水质均呈轻度污染，TP最大超标30%，COD最大超标14%，对地下水水质有一定影响。不牢河沿线面源污染是治污重点，注重东邳苍分洪道汛期水质，防止调水对地下水水质产生不利影响。

3.2.4 南四湖至东平湖段

输水线为梁济运河至柳长河，计算节点为梁济运河长沟站、邓楼站和柳长河八里沟站。除25%输水规模下TP超标，其余情景指标均达到Ⅲ类水标准，各水质指标浓度值随输水量增大而降低；梁济运河主要污染源为旁侧支流小汶河、郓城新河。梁济运河全年期水质呈轻度污染，COD最大超标7%，对地下水水质有一定影响。加强梁济运河支流沿线面源污染的治理，改善输水水质，防止破坏地下水水质。

3.2.5 黄河以北

以南运河为重点，不封堵入河排污口情景下达到Ⅲ类水标准限值的COD、氨氮、TP衰减距离分别为3.2 km、0 km和91.4 km；考虑卫运河汇入，达到Ⅲ类水标准限值的COD、氨氮、TP衰减距离最长为88.6 km。不封堵南运河污水排放口最长可在输水沿线形成91.4 km污染带，四女寺枢纽闸门管理不当，最长可形成88.6 km污染带，对地下水有一定影响。必须对四女寺枢纽加强闸门管理，确保卫运河污水不进入南运河，同时对南运河排污口进行整治。

3.3 地下水水资源的影响

华北地区东线工程受水区涉及北京、天津、河北省、山东省，特别是海河流域内京津冀和山东中东部平原区，是水资源开发利用强度较大、地下水超采严重的区域，2017年超采量达到56亿 m^3，东线供水范围黄河以北地下水超采量为19.95亿 m^3，浅层水和深层水超采量为2.00亿 m^3 和17.95亿 m^3。东线二期工程实施后（2035年），由于实施农业灌溉水源替代和补源措施，地下水压减量达19.56亿 m^3，地下水超采得到有效治理，改善了生态环境，提高了地下水资源储备能力，缓解地下水超采带来的生态与环境问题。华北地区东线工程受水区地下水压减效果见表3。

表3 华北地区东线工程受水区地下水压减效果

华北地区东线受水区	浅层	深层	小计
2017年地下水超采量/亿 m^3	2.00	17.95	19.95
2035年地下水压减量/亿 m^3	1.61	17.95	19.56
压减率/%	80.50	100.00	98.00

4 结论

东线二期工程向北供水大大改善了供水沿线特别是海河流域地下水生态环境，输水河道多年平均增加损失水量13.68亿 m^3（黄河以南3.58亿 m^3，黄河以北10.10亿 m^3），湖泊蒸发渗漏损失增加0.15亿 m^3，输水损失中的大部分水渗入地下补充当地地下水，使补水区域地下水位不同程度上升，超采区及受水区水源地地下水位得到一定恢复，保护地下水水量，尤其深层承压水。华北地区地下水超采区大部分为东线二期工程供水涵盖范围，在受水区开展强化节水及农业种植结构调整时，利用南水北调外调水替代受水区城市超采地下水，并在部分地下水严重超采区内结合河湖补水开展地下水回灌补源和农田灌溉水源替换，推进华北地区地下水超采治理，实现地下水采补平衡。同时，开展二期工程时实施水环境保护和治污工程，改善南水北调东线输水水质，减少了调水对地下水水质产生的不利影响。

参考文献

［1］刘强，梁丽乔．依赖地下水生态系统的生态水文研究评述［J］．北京师范大学学报：自然科学版，2020，56（5）：7．

［2］张长春，邵景力，李慈君，等．华北平原地下水生态环境水位研究［J］．吉林大学学报（地球科学版），2003，33（3）：323-326，330．

［3］苏莹莹，刘国强．论华北地区地下水生态环境恢复［J］．黑龙江水利科技，2009，37（3）：15-16．

基于 GEO-SLOPE 和 MIDIAS 数值技术的衡重式桩板挡墙的设计分析

韩　羽　宋才仁旦　陈思瑶

(中水珠江规划勘测设计有限公司，广东广州　510610)

摘　要： 衡重式装板挡墙为新型的轻型支挡结构，结构中的卸荷板对改善下部受力起到了良好作用，其结构受力特性较为复杂，计算多以地面以上为荷载段和地面以下嵌固端两部分简化模型计算。以工程边坡支护设计为案例分析对象，采用了 GEO-SLOPE 软件计算衡重式桩板挡墙结构的整体稳定性验算，首次采用 MIDAS 有限元结构分析软件对土压力分布、结构内力和弯矩进行分析计算。数值模拟结果表明：在衡重式桩板挡墙中，卸荷板下方土压力明显减小，卸荷板为桩体提供了一个反弯矩，明显减小了桩身弯矩，起到有效减小结构断面的作用。研究可为类似工程提供参考。

关键词： 衡重式桩板挡；边坡支挡结构；卸载板；挡土墙；有限元

1　研究背景

　　边坡安全广泛采用支挡结构防护，重力式挡墙是最为常见的支挡结构，但因其断面较大，对基础要求高，而挡墙高度一般较小，受客观条件影响较大。随着计算机和数值分析方法的发展[1-2]，基于有限元的分析方法使轻型支挡结构应用越来越广泛，其具有安全可靠、质量轻、适应性强、抗震性能好和造价低等特点，如悬臂式挡土墙、扶壁式挡墙、锚拉式桩板式挡土墙、框架式双排抗滑桩（h 型桩）和衡重式桩板挡墙等。杨泽君[3] 利用基于 OpenSees 建立锚拉式桩板挡墙的等效动力有限元模型，并对其静动力响应进行分析；陈伟志等[4] 利用 ABAQUS 数值模拟对横穿古滑坡体的框架式双排抗滑桩进行了计算分析；杨佳桦等[5] 利用 SAP2000 软件对桁架式抗滑桩进行了分析研究；付明[6] 利用 ANSYS 软件对 h 型桩结构分析进行了不同位置应力随荷载的变化情况。这些研究对新型轻型支挡结构的应用都起到积极的推动作用。

　　衡重式桩板挡墙是刘国楠[7] 提出的一种新型的边坡支挡结构，该结构是带有卸载板的桩板挡墙，由桩、扶壁、挡土板和衡重台（卸荷板）等构件组成。衡重式桩板挡墙结构受力特性和破坏机制复杂，基于其优越性，已推广应用时达多年，在结构受力计算方法和设计理论方面已有工程科技人员进行了大量研究。刘国楠等[8] 利用物理模型试验研究了衡重式桩板结构的受力特性；张明等[9] 利用 1∶50 的挡墙离心模型试验研究了挡墙的土压力分布模式、桩身受力特性等；胡荣华等[10] 基于简化 Bishop 法原理的数值积分法并利用 Matlab 软件对衡重式桩板挡墙进行了整体稳定性分析；胡云龙等对衡重式桩板挡墙内力及变形的计算方法进行了研究，并利用 SAP2000 软件进行了工程案例验证；刘永春等[11] 利用 SAP2000 软件进行了工程案例的分析研究。上述研究显示，其结构主要特点是利用卸载板的卸荷作用，将卸载板上部的土压力向下传递截断，使卸载板下部挡土结构的土压力减小，同时卸载板也为桩柱体提供了一个相对于土压力作用引起的反向弯矩，消减了桩板结构的弯矩，改善了整个结构的受力情况，同时起到挡土和抗滑作用，使整体结构的内力分布相对于其他桩板挡墙更为科

作者简介： 韩羽（1979—），男，高级工程师，主要从事水利水电工程勘察设计研究、项目管理工作。

学合理、工程造价更经济、施工更便捷。

本文以惠东县滨海双月湾一边坡支护设计为案例，采用了 G-SLOPE 软件计算衡重式桩板挡墙结构的整体稳定性验算，采用 MIDAS 有限元结构分析软件对土压力分布、结构内力和弯矩进行分析计算，可供类似工程参考。

2 衡重式桩板结构

2.1 基本结构

衡重式桩板挡墙由桩基础、肋板、上部挡墙、卸荷板、下部挡墙等结构组成，衡重式桩板结构形式如图 1 所示。

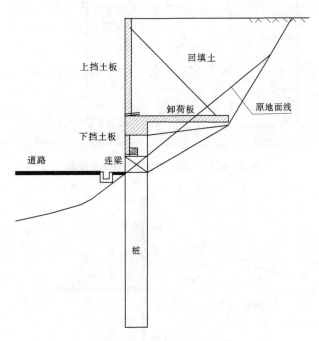

图 1　衡重式桩板结构形式

2.2 计算简化模型的基本假定

根据衡重式桩板挡墙受力的特点，进行简化模型分析，按纵向取单根桩间距相等的挡墙进行研究计算分析。为了能够较准确地反映结构的实际受力情况，根据结构的具体构造，在计算模型中做了如下假定：

（1）受力计算以空间梁单元来模拟挡土墙、桩基础及卸载板。

（2）以弹性连接来模拟桩基的横向弹性约束。

（3）衡重式桩板挡墙在计算中自重影响较小，模型不考虑自重。

2.3 荷载分布

衡重式桩板挡墙荷载土压力按朗肯土压力理论计算主动土压力，卸载板上部竖向土压由上部土体自重和路面均布荷载组成。卸载板下部至桩顶部分土压力因考虑到卸载板卸载作用，将上部土压力截断，土压力计算从零重新计算，扩散角经研究后采用 45°。荷载计算及荷载施加部位见图 2，结构理论弯矩示意图如图 3 所示。

$$K_a = \tan^2(45° - \varphi/2) \tag{1}$$

$$h_1' = B\tan\theta \tag{2}$$

$$W = q + \gamma h \tag{3}$$

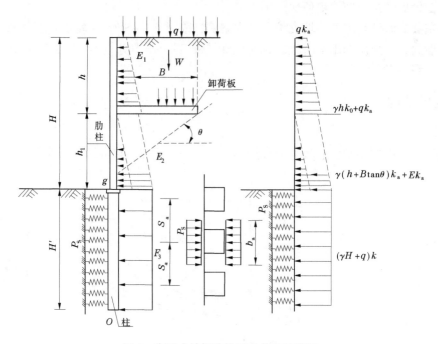

图 2　衡重式桩板结构受力分布示意图

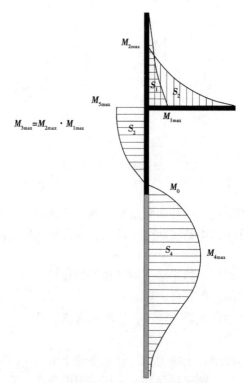

图 3　衡重式桩板结构弯矩示意图

$$E_1 = qK_a h + \frac{\gamma K_a h^2}{2} \tag{4}$$

$$E_2 = \frac{\gamma K_a h_1{}^2}{2} \tag{5}$$

$$E_3 = (q + \gamma h) K_a (h_1 - h_1') \tag{6}$$

式中：W 为卸载板上部竖向土体自重，$\mathrm{kN/m^2}$；q 为衡重台上部竖向均布荷载，$\mathrm{kN/m^2}$；E_1 为卸载板上部挡墙的水平土压力，kN/m；E_2 为卸载板下部挡墙的水平土压力，kN/m；E_3 为桩基础桩体的水平力，kN/m；h_1 为卸荷深度，m；θ 为卸载扩散角，取值 45°；γ 为土体容重，kN/m³；φ 为土体内摩擦角（°）；K_a 为主动土压力系数。

3 工程概况

3.1 工程基本概况

工程[13] 位于惠州市惠东县滨海双月湾，北侧为榜山，东侧为小山坡，西侧为原始森林，南侧为环岛路与沙滩。本项目规划用地面积 149 575.19 m²，建筑种类包括五星级低密散落式度假酒店、营销中心、商业、高层住宅、低多层住宅等。由于台商活动艺术展览中心、B-2# 及 3# 住宅、酒店区域电瓶车道的建设，将产生高度 3~20 m 的边坡，需要进行支护，图 4 为场地边坡支护布置。

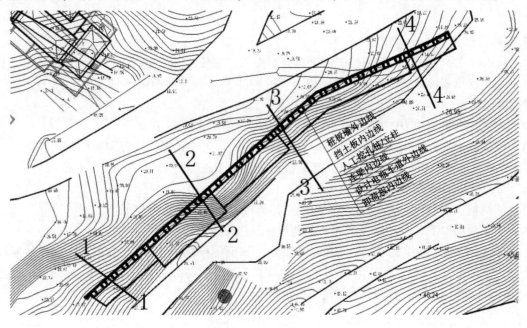

图 4 边坡支护布置平面图

建设场地位于惠州市惠东县平海镇 X237 乡道，原始地貌类型为剥蚀残丘，场地高差较大，北高南低。场地地层自上而下为人工填土和燕山期风化花岗岩两大类，可以具体划分如下：① 素填土：黄褐色、褐色，稍湿，松散，主要由黏性土及少量碎石、粗砂新近堆填而成，密实度差，均匀性差，层厚 0.40~6.60 m。②燕山期基岩（γ）。其中②1 强风化花岗岩：灰褐色，裂隙极发育，岩芯多呈土夹碎块状、块状，局部岩芯偏中风化，遇水易崩解。岩体完整程度为极破碎，层厚 0.40~30.10 m。②2 中风化花岗岩：灰褐间灰白、青灰间灰白色，中粗粒花岗结构，块状构造，裂隙较发育，岩芯多呈短-长柱状、块状；层厚或揭露厚度 0.40~12.00 m。

3.2 岩土计算参数

岩土参数根据土工试验成果结合经验参数选取，见表 1。根据《基坑工程手册》（第 2 版），基坑开挖面或地面以下，水平弹簧支座的弹簧压缩刚度 K_H 可按下式计算：

$$K_H = k_H b h \tag{6}$$

式中：K_H 为土弹簧压缩刚度，kN/m；k_H 为地基土水平向基床系数，kN/m³；b 为弹簧的水平向计算间距，m；h 为弹簧的垂直向计算间距，m。

表 1　岩土物理力学建议值

地层名称及编号	天然重度 γ/ (kN/m³)	黏聚力 C/ kPa	内摩擦角 φ/ (°)	地基土水平向基床系数/ (kN/m³)
人工填土	18.0	10	15	—
全风化花岗岩	19.0	25	13	80 000
强风化花岗岩	21.0	30	28	120 000
中风化花岗岩	22.5	200	33	200 000

4　计算分析

4.1　典型断面选定

本工程本次支护的展示区范围位于整个项目东南角，总长 97 m，选取断面 3—3 为分析对象。

（1）采用衡重式桩板挡墙支护，地面以上支护高度 3~6 m，地面以下桩深度 5~8 m，桩体采用人工挖孔桩灌注桩。

（2）人工挖孔桩使用 $D1\ 400$、$D1\ 200$ 两种桩型，桩间距均为 3.0 m。

（3）地面以上部分使用 0.9 m×1.4 m、0.75 m×1.2 m 立柱截面，结合卸荷板结构支护，立柱中心点间距 3.0 m，布置于人工挖孔桩上。卸荷板高 3.0~6.0m，板厚为 0.3 m、0.4 m。

（4）立柱之间设置 0.25 m 厚挡土板。

（5）卸荷板下方墙背回填 3%水泥石粉渣，卸荷板上使用加筋土分层回填。

（6）挡墙顶面以下 0.5 m 处，满铺一层两布一膜作为防水层。

结合现场实际情况和结构特点，本次计算选定了平面图中的断面 3—3 为典型断面，该断面抗滑桩桩径 D 为 1.4 m，上墙高度 h 为 4.00 m，下墙高度 h_1 为 6.00 m，桩长 9 m，卸荷板宽度 B 为 3.5 m，厚度 0.3 m 的断面进行分析计算，如图 5 所示。

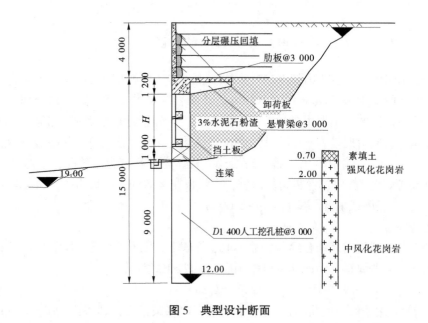

图 5　典型设计断面

4.2　内力模拟

本次计算分析采用 MIDAS 有限元软件进行分析计算，根据工程实际情况建立其几何模型，按照计算需求划分有限元单元，定义模型单元材料、施加荷载和约束。荷载组合工况为基本组合一：墙顶活载+恒载，该工程为4级建筑物，所在地区地震基本烈度为Ⅵ度，不进行抗震设计，本次计算不再进行抗震计算复核，荷载计算参数见表2。MIDAS有限元软件模拟内力分布图见图6，弯矩分布图见图7。

表2　荷载计算参数

参数	参数值	参数	参数值	参数	参数值
卸载板上部高 h/m	4	卸载板下部高 h_1/m	6	卸载板宽 B/m	3.5
填土内摩擦角 φ/（°）	15	顶载 P/（kN/m^2）	20	桩长/m	9.0
填土湿容重 γ/（kN/m^3）	18	卸载板扩散角/（°）	45	卸载深度 h'_1/m	3.5

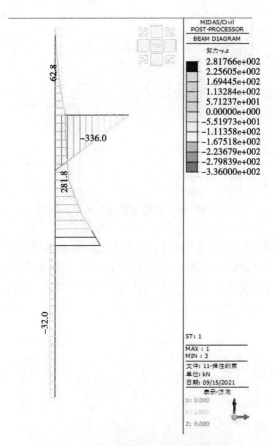

图6　支挡结构典型断面内力分布图

由于卸荷板的存在，使挡墙结构的受力分析较传统的桩板挡墙更为复杂。因此，把该挡墙模型分为上部受荷段和下部嵌固段两部分来简化受力分析。根据内力图分析可得，在上部填土作用下卸荷板下挡墙的土压力为零，减小挡土墙下土压力，表明卸荷板的卸荷作用明显，同时增加墙体抗倾覆稳定性。相对于悬臂桩板结构，衡重式桩板墙中的卸荷板可有效减小桩身的弯矩。此外，由于板上回填土致使挡土墙自重增加，稳定力矩也相应增加。衡重式桩板挡墙利用卸载板的卸荷作用，使挡墙下部结构的受力减小，与此同时为桩基础提供一个反向弯矩，相对于土压力作用引起的弯矩，使结构整体的内力分布更为合理，其遮帘作用也促使板下墙身所受的土压力减小，从而使其作用于挡墙的水平推力大幅削弱，倾覆力矩相应减小。根据对模型的合理假定及受力分析，结合工程实例计算与理论内力计算的结果对比，对模型理论分析与数值模拟所得结构受力、弯矩结果进行比较，数值模拟结果与模型理论受力分布结果接近，说明本文采用的数值模拟方法、土工模型及参数是合理可行的。

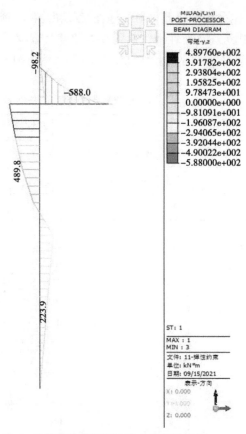

图 7　支挡结构典型断面内力弯矩分布图

4.3　抗滑稳定验算

现有的边坡稳定计算软件目前无法考虑卸载板的卸载作用下的稳定计算，本次稳定性计算采用了 GEO-SLOPE 软件计算衡重式桩板挡墙结构的整体稳定性，岩土体参数见表 1，经模型模拟得出整体稳定系数为 1.9，满足相关规范要求，详细结果见图 8。同时，整体滑动面在桩底下部，表明在桩基岩石力学参数较大的情况下，桩板挡墙整体稳定性较高。

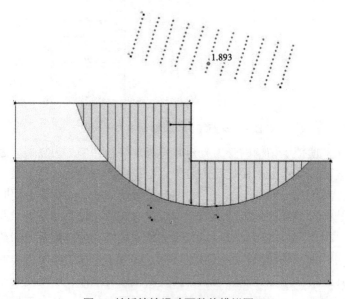

图 8　桩板挡墙滑动面数值模拟图

5 结论

（1）衡重式桩板挡墙结构巧妙地利用卸载板减小了土体对卸载板下部挡墙的土压力，同时增强了结构的整体稳定性。挡墙在起到挡土作用的同时，桩基础也发挥抗滑作用，将挡土作用和抗滑作用集于一身。

（2）该结构的桩身作用面积明显小于其他形式的挡土结构，有效减小了施工空间，提高了施工的便捷性。在城市使用空间愈发受限的情况下，此结构形式的优点更加突出，存有很大应用与发展空间。

（3）本次桩基础受力采用 MIDAS 有限元软件中的弹性连接约束模拟桩基础的弹性地基梁受力情况，软件自行对桩基础受力情况进行分析计算，计算过程高效，计算结果可靠，MIDAS 有限元软件对挡土结构在土体中的受力模拟具有可参考意义。通过衡重式桩板挡墙结构在本次工程中应用的实践总结，可为以后衡重式桩板挡墙类似结构形式的应用实践提供有意义的参考。

参考文献

[1] 李涛，霍九坤，贺鹏，等．支挡结构土压力计算研究综述［J］．桂林理工大学学报，2017, 37（1）：94-102.

[2] 闫冠臣．基坑的变形及稳定性与支挡结构土压力算法研究［D］．北京：清华大学，2017.

[3] 杨泽君．锚拉式桩板挡墙结构的地震易损性与安全风险研究［D］．重庆：重庆大学，2019.

[4] 陈伟志，李安洪，胡会星，等．横穿古滑坡框架式抗滑支挡结构工程技术研究［J］．岩石力学与工程学报，2021, 40（S1）：2861-2875.

[5] 杨佳桦，王凯，邓丽华，等．桁架式抗滑桩与两种抗滑桩结构内力分析对比［J］．地下空间与工程学报，2015, 11（S2）：607-610.

[6] 付明．路堤支挡设计中 h 型桩结构受力分析［J］．路基工程，2021（1）：139-144.

[7] 刘国楠．深圳插花地港鹏新村南侧边坡地质灾害治理工程设计［R］．深圳：中国铁道科学研究院深圳研究设计院，2005.

[8] 刘国楠，胡荣华，潘效鸿，等．衡重式桩板挡墙受力特性模型试验研究［J］．岩土工程学报，2013, 35（1）：103-110.

[9] 张明，胡荣华，刘国楠，等．基于离心试验的衡重式桩板挡墙受力特性研究［J］．水利水电技术，2019, 50（10）：145-152.

[10] 胡荣华，刘国楠，黄孝刚，等．衡重式桩板挡墙整体滑移稳定安全系数计算方法［J］．中国铁道科学，2013, 34（2）：52-57.

[11] 刘永春，王石磊．衡重式桩板挡墙的应用与研究［J］．铁道建筑，2010（10）：73-76.

[12] 王荣．广东台商活动中心展示边坡支护工程施工图设计［R］．深圳：深圳辰地岩土工程技术有限公司，2018.

基于改进 CSMR 法的岩质高边坡稳定性评价

陈 杰 王志强

（中水珠江规划勘测设计有限公司，广东广州 510610）

摘 要：为优化现有边坡岩体分级法对开挖方法系数的赋值，基于边坡岩体质量分级 CSMR 法，将岩体完整性指数引入评价模型修正开挖方法系数，结果表明，开挖方法对不同完整程度的岩体影响程度不同，岩体完整性指数和边坡开挖方法系数存在线性相关；通过对不同爆破开挖方法修正前后的 CSMR 值对比分析发现，改进的 CSMR 法对于岩质高边坡的分级评价与边坡实际爆破开挖情况最为接近，对于受开挖方法影响的边坡而言，改进的 CSMR 法是一种更切合实际的边坡岩体分级方法，对类似工程的边坡稳定性研究及评价具有一定的指导和借鉴意义。

关键词：改进 CSMR 法；岩质高边坡；完整性指数；开挖方法系数

自然边坡在漫长的地质历史中内外地质营力的作用下，现状稳定性一般较好，人类工程建设涉及大量的人工开挖边坡，由于工程边坡的开挖坡度往往陡于自然坡度，势必打破自然边坡原有的力学平衡，导致产生一系列边坡的稳定问题[1]。边坡岩体稳定性分类是从宏观上对边坡进行稳定性评价，为边坡开挖及设计提供一个理论依据，目前大多是在岩体基本质量（RMR）基础上考虑边坡工程特点经过修正后建立起来的，国外主要有 SMR，国内在 SMR 的基础上引入高度、结构面条件等修正得来，典型的如水利水电边坡岩体质量分级 CSMR（mend-chinese slope rock mass rating）法，广泛用于边坡岩体分级中，实践证明，对于大多数边坡而言，该方法切实可行，但该模型对于开挖方法系数的取值注重方法本身的差别，并未充分考虑开挖方法对完整程度不同岩体的影响权重，尤其是对于完整程度差别较大的岩质高边坡。

本文通过对广西某通航工程 8 座岩质高边坡的分析，结合对岩质高边坡开挖方法的研究发现，开挖方法对不同完整程度的岩体影响程度不同，首次将岩体完整性指数引入评价模型，基于合理的开挖方法修正模型，提出改进的岩体 CSMR 分级法进行岩质高边坡稳定性评价。

1 CSMR 评价体系

CSMR 法分类是岩质边坡的岩体质量稳定性分类，即根据边坡的岩体质量和影响边坡的各种因素进行综合测评，然后对其稳定性进行分类，半定量地进行稳定性评价。作为岩质边坡重要的分析法，有着比较直观和具体的评价体系[2]。

1.1 岩体基本质量（RMR）

CSMR 分类指标基本上分为两部分：一部分是岩体基本质量（RMR），由岩石强度、岩石质量指标（RQD）、结构面间距、结构面条件及地下水等因素综合确定；另一部分是各种边坡影响因素的修正，包括边坡高度系数（ξ）、结构面方位系数（F_1、F_2、F_3）、结构面条件系数（γ）及开挖系数（F_4）。采用积分评差模型，CSMR 表达式按式（1）定为

$$CSMR = \xi \cdot RMR - \gamma \cdot F_1 + F_2 + F_3 + F_4 \qquad (1)$$

式中：ξ 为坡高系数；RMR 为岩体基本质量，取值见表 1；F_1 为反映结构面倾向与边坡倾向间关系的

作者简介：陈杰（1980—），男，高级工程师，长期从事水利水电勘察工作。

系数；F_2 为与结构面的倾角相关的系数；F_3 为反映边坡倾角与结构面倾角关系的系数；F_4 为边坡开挖方法系数；γ 为结构面条件系数。

坡高系数 ξ 按式 (2) 计算：

$$\xi = 0.57 + \frac{34.4}{H} \tag{2}$$

式中：H 为边坡高度，m。

RMR 值是对岩体的 5 个因素，即岩石强度（单轴抗压强度或点荷载强度）、RQD 值、结构面间距、结构面特征、地下水状况按权重给以评分，再对各因素的评分求和，得到总评分，总评分最高为 100 分，最低为 0 分，RMR 分类参数及评分标准见表 1。

表 1　RMR 分类参数及评分标准

基本质量指标			评分标准				
1	岩石强度/MPa	点荷载强度	>10	4~10	2~4	1~2	<1，不宜采用
		单轴抗压强度	250~100	100~60	60~30	30~15	15~5
	评分		15~10	8	5	3	2~0
2	岩石质量指标 RQD/%		90~100	75~90	50~75	25~50	<25
	评分		20	17	13	8	3
3	结构面间距/cm		200~100	100~50	50~30	30~5	<5
	评分		20~15	13	10	8	5
4	结构面条件	粗糙度	很粗糙	粗糙	较粗糙	光滑	擦痕、镜面
		评分	6	4	2	1	0
		充填物/mm	无	<5（硬）	>5（硬）	<5（软）	>5（软）
		评分	6	4	2	2	0
		结构面长度/mm	<1	1~3	3~10	10~20	>20
		评分	6	4	2	1	0
		岩石风化程度	未风化	微风化	弱风化	强风化	全风化
		评分	6	5	3	1	0
5	地下水条件	状态	干燥	湿润	潮湿	滴水	流水
		透水率/Lu	<0.1	0.1~1	1~10	10~100	>100
		评分	15	10	7	4	0

可以看出，岩石强度（R_c）和岩石质量指标 RQD（%）是岩石基本质量（RMR）的两个重要定量指标，可以客观反映出岩石的基本质量。为了进一步提高岩芯采取率和岩石 RQD 指标的精准性，尤其是对于较破碎岩石，采用较先进的钻探取芯技术，大幅提高岩芯采取率和岩石质量指标 RQD 的准确性，并通过对现场岩芯的判别，结合钻孔内声波测试数据，对边坡岩体风化程度做出准确划分。

为了准确获取不同风化带的岩石强度，首先根据风化程度的差异对边坡进行风化分带，然后通过对现场边坡不同风化带的岩石进行了抗压试验，对于难以采取完整柱状岩样的强风化或中风化上带破碎岩石，以及局部的软岩夹层岩石，采用点荷载试验有效获取此类岩石的强度指标。

1.2 评价指标修正

边坡岩体分级指标修正是在 RMR 的前面加一个高度修正系数，在 F_1、F_2、F_3 前面添加一个结构面条件系数，条件系数实际上反映了结构面类型或规模对边坡岩体稳定性的影响，这项指标与结构面间距、产状等指标密切相关[3-5]，一般来说，结构面间距、产状相同时，结构面规模越大，对边坡稳定性的影响越大；地下水评分反映结构面受水影响的程度，同样的地下水发育情况将由于结构面规模的不同而对边坡稳定性有不同的影响；结构面条件包含的延伸性、张开度、充填物性质及厚度已从规模上反映了对边坡稳定性的影响，见表 1，因此结构面条件系数不需再考虑结构面规模的影响。

F_1、F_2、F_3 取值见表 2。结构面条件系数 γ 取值见表 3。边坡开挖方法系数 F_4 直接采用赋值法进行取值，见表 4。

表 2 结构面方向修正

破坏机制	情况	非常有利	有利	一般	不利	非常不利
P T	$\gamma_1 = \mid a_j - a_a \mid \gamma_1 - \mid a_j - a_a - 180° \mid$	>30°	30°～20°	20°～10°	10°～0°	<5°
P, T	F_1	0.15	0.40	0.70	0.85	1.00
P	$\gamma_2 - \mid \beta_j \mid$	<20°	20°～30°	30°～35°	35°～45°	>45°
P T	F_1 F_2	0.15 1	0.4 1	0.7 1	0.85 1	1.00 1
P	$\gamma_3 = \beta_j - \beta_a$	>10°	10°～0°	0°	0°～(−10°)	<−10°
T	$\gamma = \beta_j + \beta_a$	<110°	110°～120°	>120°	—	—
P, T	F_3	0	5	25	50	60

注：P 为滑动，T 为倾倒，α_a 为边坡倾角，α_j 为结构面倾向，β_a 为边坡倾角，β_j 为结构面倾角。

表 3 结构面条件系数

结构面条件	λ
断层 夹泥层	1.0
层面 贯穿裂隙	0.8～0.9
节理	0.7

表 4 边坡开挖方法系数

方法	自然边坡	预裂爆破	光面爆破	常规爆破	无控制爆破
F_4	+5	+10	+8	0	−8

2 边坡开挖方法系数修正

边坡稳定性评价修正指标中，一个重要的指标就是边坡施工开挖的影响，即不同的施工开挖方法对边坡的坡面及坡体的影响不同，尤其是在岩质边坡爆破过程中，需特别重视爆破开挖方法对边坡的影响，水利水电 CSMR 模型中提出开挖方法系数来修正评价模型，在实际应用中取得了良好的效果，但该模型并未充分考虑开挖方法对完整程度不同的岩体的影响权重。

工程实践表明，对于风化程度越深的岩体，风化裂隙发育，完整性越差，其实际设计开挖坡度一般较缓，爆破开挖对边坡稳定性影响较小；而对于风化程度越浅的岩体，风化裂隙不发育，完整性越好，其实际设计开挖坡度一般较陡，甚至近直立开挖，在重力作用下爆破震动易产生新的裂隙，造成岩体松动，易发生楔形体破坏或产生新的危岩体，爆破开挖对边坡稳定性影响也较大。因此，同一种爆破开挖方法对不同完整程度的岩体影响程度不同，完整性越差的岩体受爆破开挖方法影响越小，完整性越好的岩体受爆破开挖方法影响越大，岩体完整性指数和边坡开挖方法系数存在线性相关。

选取工区最高边坡 6# 边坡为例进行说明，坡高达到 140 m，对常规爆破法（$F_4 = 0$）得出的 CSMR 值与岩体完整性指数的关系进行分析，见图 1 和图 2。可以看出，在不考虑爆破开挖方法影响的情况下 CSMR 值与完整性指数 K_v 值的拟合程度均较好，二者可决系数 R^2 值非常接近，且均接近于 1，说明在不同风化带岩体中回归直线对观测值的拟合程度很好，说明二者在实际应用中也存在线性关系，因此本次研究采用完整性指数 K_v 值来修正开挖方法系数，修正后的开挖方法系数可按式（3）表达为

$$F_4' = K_v \cdot F_4 \tag{3}$$

式中：F_4' 为修正后的边坡开挖方法系数；K_v 为岩体完整性指数；F_4 为边坡开挖方法系数，取值见表 4。

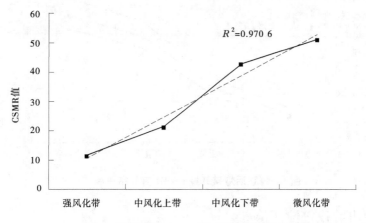

图 1　常规爆破（$F_4 = 0$）开挖边坡 CSMR 值

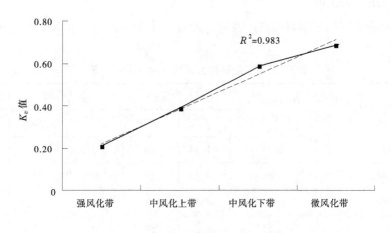

图 2　边坡岩体完整性指数 K_v 值

将 6# 高边坡采用典型的常规爆破、无控制爆破和预裂爆破三种开挖方法进行修正前后的对比分析，如图 3 和图 4 所示。通过对修正前后不同开挖方法对边坡的影响程度分析可知，修正前的 CSMR 法中开挖方法系数对岩体各风化带的影响程度是相同的，且影响幅度较大，与边坡实际爆破开挖情况不符；修正后的 CSMR 值不仅反映出爆破开挖方法对边坡岩体的影响程度，也反映了对不同完整程度

岩体影响的差异化程度。

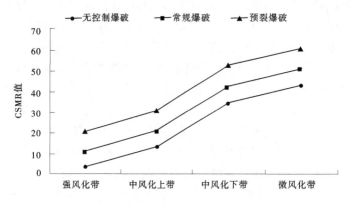

图 3　修正前爆破开挖 CSMR 值分布曲线

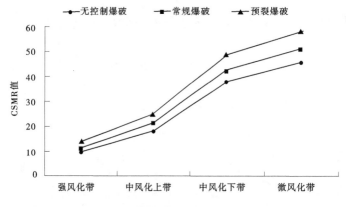

图 4　修正后爆破开挖 CSMR 值分布曲线

3　改进 CSMR 法的边坡稳定性评价

3.1　不同开挖方法的 CSMR 值

根据式（2）对研究区内 8 个岩质高边坡进行边坡岩体质量分类，求得改进后的开挖方法系数 F'_4 和 CSMR 总分，见表 5。

表 5　修正后的开挖方法系数 F'_4 和 CSMR 值

边坡编号	风化分带	边坡高度/m	岩体完整性指数 K_v	无控制爆破		常规爆破		预裂爆破	
				F'_4	CSMR	F'_4	CSMR	F'_4	CSMR
1#	强风化带	91	0.23	−1.84	10	0	12	2.30	15
	中风化上带		0.46	−3.68	21	0	25	4.60	29
	中风化下带		0.57	−4.56	33	0	38	5.70	44
	微风化带		0.57	−4.56	57	0	62	5.70	69
2#	强风化带	64	0.23	−1.84	15	0	17	2.30	19
	中风化上带		0.45	−3.60	23	0	27	4.50	31
	中风化下带		0.59	−4.72	38	0	42	5.90	48
	微风化带		0.60	−4.80	65	0	51	6.00	78

续表 5

边坡编号	风化分带	边坡高度/m	岩体完整性指数 K_v	无控制爆破		常规爆破		预裂爆破	
				F_4'	CSMR	F_4'	CSMR	F_4'	CSMR
3#	强风化带	121	0.20	−1.60	10	0	12	2.00	14
	中风化上带		0.38	−3.04	21	0	24	3.80	28
	中风化下带		0.56	−4.48	39	0	43	5.60	49
	微风化带		0.56	−4.48	50	0	56	5.60	63
4#	强风化带	88	0.28	−2.24	10	0	13	2.80	16
	中风化上带		0.49	−3.92	21	0	25	4.90	30
	中风化下带		0.63	−5.04	38	0	43	6.30	50
	微风化带		0.70	−5.60	55	0	61	7.00	68
5#	强风化带	62	0.28	−2.24	12	0	14	2.80	17
	中风化上带		0.43	−3.44	26	0	30	4.30	34
	中风化下带		0.65	−5.20	44	0	49	6.50	55
	微风化带		0.73	−5.84	63	0	69	7.30	76
6#	强风化带	140	0.21	−1.68	10	0	11	2.10	14
	中风化上带		0.39	−3.12	18	0	21	3.90	25
	中风化下带		0.59	−4.72	38	0	43	5.90	49
	微风化带		0.69	−5.52	46	0	51	6.90	58
7#	强风化带	53	0.22	−1.76	15	0	16	2.20	19
	中风化上带		0.39	−3.12	26	0	30	3.90	33
	中风化下带		0.63	−5.04	48	0	53	6.30	60
	微风化带		0.74	−5.92	69	0	75	7.40	83
8#	强风化带	103	0.29	−2.32	10	0	12	2.90	15
	中风化上带		0.45	−3.60	17	0	21	4.50	26
	中风化下带		0.62	−4.96	33	0	38	6.20	44
	微风化带		0.73	−5.84	52	0	58	7.30	65

鉴于常规爆破（$F_4 = 0$）等同于不考虑爆破影响的情况，将改进后的无控制爆破和预裂爆破 CSMR 值分带进行统计分析，如图 5 和图 6 所示。

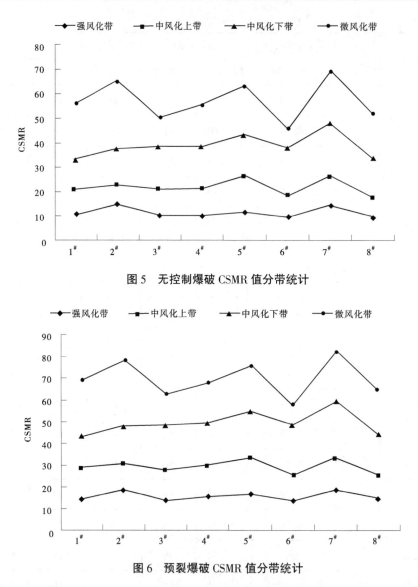

图 5　无控制爆破 CSMR 值分带统计

图 6　预裂爆破 CSMR 值分带统计

由图 5、图 6 可以看出，对于同样的爆破方法而言，强风化带至微风化带岩体的 CSMR 值分布曲线逐渐由平缓变为起伏，说明强风化带至微风化带岩体受爆破开挖系数的影响由小变大，这和岩体风化程度、岩体特性差异有关，与工程实际情况相对应，说明采用改进 CSMR 法对边坡岩体质量分级评价方法较为可行。

3.2　边坡岩体稳定性评价

为了细化对高边坡岩体质量的评价，稳定性评价可将岩体类别细分为 5 大类 9 个亚类，并将每个亚类分别对应 CSMR 值对边坡岩体进行细化评价，边坡稳定性评价见表 6。

表 6　改进 CSMR 法评价边坡稳定性

类别	I_a	I_b	II_a	II_b	III_a	III_b	IV_a	IV_b	V_a
CSMR 值	> 91	81～90	71～80	61～70	51～60	41～50	31～40	21～30	0～20
岩体描述	很好		好		中等		差		很差
稳定性状况	很稳定		稳定		基本稳定		不稳定		很不稳定
可能破坏方式	无破坏		局部楔形体		平面或许多楔形体		平面或大楔形体		大型平面

综上所述，边坡在不同爆破方法开挖情况下，强风化带岩体均为很不稳定状态，岩体质量很差，可能发生大型平面破坏；中风化上带岩体处于不稳定状态，岩体质量差，可能发生平面或大楔形体破坏；中风化下带岩体处于基本稳定状态，岩体质量中等，可能发生小规模平面或较多楔形体破坏；微风化带岩体处于基本稳定—稳定状态，岩体质量中等—好。结果表明，改进的 CSMR 法对于岩质高边坡的分级评价与基于边坡实际情况最为接近，因此对于受开挖方法影响的边坡而言，改进的 CSMR 法是一种更切合实际的岩质边坡分级方法。

4　结语

水利水电 CSMR 分级法中提出开挖方法系数来修正评价模型，在实际应用中取得了良好的效果，但该模型对于开挖方法系数的取值注重方法本身的差别，并未充分考虑开挖方法对不同完整程度岩体的影响权重，本文通过对广西某通航工程 8 个岩质高边坡的分析，结合对岩质高边坡开挖方法的研究分析，将岩体完整性指数引入评价模型，采用改进的 CSMR 法对岩质高边坡稳定性进行半定量分类评价，得到以下几点认识：

（1）水利水电 CSMR 模型中提出开挖方法系数来修正评价模型，在实际应用中取得了良好的效果，但该模型对于开挖方法系数的取值注重方法本身的差别，并未充分考虑开挖方法对不同完整程度岩体的差异化影响，尤其是对于完整程度差别较大的岩质高边坡。

（2）对于同样的爆破方法而言，对不同完整程度的岩体影响程度不同，完整性越差的岩体受爆破开挖方法影响越小，完整性越好的岩体受爆破开挖方法影响越大，岩体完整性指数和边坡开挖方法系数存在线性相关，二者在不同风化带岩体中回归直线的拟合程度很好，采用完整性指数来修正边坡开挖方法系数是较为合适的。

（3）改进的 CSMR 法使用完整性指数来修正开挖方法系数得分，综合考虑开挖方法对边坡岩体稳定性的影响；对于受开挖方法影响的边坡而言，与传统 CSMR 分级方法进行比较，改进的 CSMR 法对于岩质高边坡的分级评价与基于边坡实际情况最为接近，是一种更切合实际的岩质边坡分级方法，对类似工程的边坡稳定性研究及评价具有一定的指导和借鉴意义。

参考文献

［1］马荣和．HSSPC 方法及其在水工高陡岩质边坡稳定性评价中的应用研究［D］．昆明：昆明理工大学，2020.

［2］谷飞宏．基于岩体结构面特性的如美水电站右岸高边坡稳定性研究［D］．武汉：中国地质大学，2018.

［3］张克陶．边坡岩体力学参数的确定研究［D］．重庆：重庆交通大学，2017.

［4］张菊连，沈明荣．改进的水电边坡岩体稳定性分级法［J］．水文地质工程地质，2011，38（2）：1-6.

［5］田浩，王卫中．CSMR 分类法在松铜高速岩质边坡稳定性评价中应用［J］．中国水运，2015，15（5）：1-2.

［6］彭土标，袁建新，王惠明．水力发电工程地质手册［M］．北京：中国水利水电出版社，2011.

［7］中水珠江规划勘测设计有限公司．广西某水利枢纽通航设施工程岩土工程勘察报告［R］．2021.

三江平原地下水对不同水资源调配格局的响应

孙青言　严聆嘉　陆垂裕

（中国水利水电科学研究院流域水循环模拟与调控国家重点实验室，北京　100038）

摘　要：三江平原水稻种植规模扩张引发地下水超采，不利于湿地生态稳定和粮食生产安全，通过引调水工程建设提高过境水的调配能力将是有效的解决方案。本研究基于已构建的三江平原地表水地下水耦合模型，修改种植结构数据和供用水数据，建立了4种不同水稻种植面积和水资源调配方案的预测模型。通过对比各方案地下水的水量平衡和地下水位发现，覆盖平原区的完全引调水方案将大幅减少地下水开采，增加地下水补给，使地下水储量由亏转盈，每年增加8.53亿 m³，能在实现地下水采补平衡的同时逐渐弥补地下水超采的历史欠账，使大部分平原区地下水埋深恢复到5 m 以内。研究成果可为当地水资源调配工程的规划论证和实施效果评价提供科学支撑。

关键词：水资源调配；地下水响应；地表水地下水耦合模型；三江平原

1　介绍

三江平原是我国重要的粮食主产区之一，其中水稻种植面积占该区耕地面积的一半左右[1]。尽管有黑龙江、松花江和乌苏里江丰富的径流过境，但是滞后的地表水调配工程建设阻碍了过境水的充分利用，导致三江平原腹地水稻灌溉过度依赖地下水，形成大面积地下水降落漏斗[2]，降低了地下水对湿地的涵养作用，使湿地面积进一步萎缩。根据国家粮食安全和生态文明建设的需求，三江平原应在保证水稻稳产增收的同时，修复地下水超采问题，以遏制湿地生态系统的持续退化。为此，加强三江平原过境水调配工程建设，提高地表水利用率，置换地下水开采，是一项一举两得的重要举措。

水资源调配是解决供需水时空不匹配，实现水资源"空间均衡"的重要途径[3]。关于水资源调配的相关研究和应用极为丰富[4]，但是对水资源调配后的效果评价尚不多见。通过实施不同的水资源调配方案后，区域地下水超采的问题能否得到有效解决，河道断流的情况是否有所缓解，这往往难以利用一般手段实现定量评价，但是这些问题的解答对区域水资源调配措施实施的必要性和合理性极为重要。本研究将以地表水地下水耦合模型为工具，模拟不同水资源调配格局下三江平原地下水的补排通量和水位变化，分析各调配方案对地下水的修复效果，为当地水资源调配工程的规划论证和实施效果评价提供科学支撑。

2　研究区概况

三江平原位于黑龙江省东部黑龙江、松花江和乌苏里江交汇的区域，以三大江干流和分水岭为边界，面积约10.57万 km²。全区在气候、水文、地形地貌、地质条件、农业模式等方面具有相似性，相对其他区域又相对独立，因此一般作为整体开展水资源管理、水利工程建设和水循环研究（见图1）。

平原区是三江平原的主要社会经济活动区，也是对地下水扰动最严重的地区。早期平原区沼泽、

基金项目：黑龙江省应用技术研究与开发计划项目（GA19C005）。

作者简介：孙青言（1984—），男，高级工程师，主要从事水文模拟及地下水方面的研究工作。

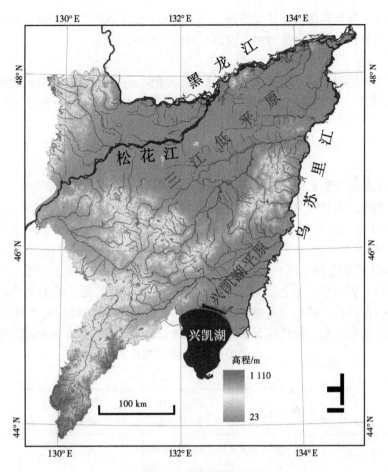

图1 三江平原概况

湿地广布，后经大规模垦荒，逐渐被农田取代。20世纪80年代开始实施以稻治涝，水稻种植兴起，成为三江平原的用水大户。随着水稻面积的增加，地表水引水工程、灌溉设施不足的问题凸显，地下水成为主要灌溉水源。2000年以来水稻种植加速增加，从1380万亩增加到2013年的3630万亩，导致地下水降落漏斗逐年扩大。尽管此后水稻面积趋于稳定，但是对地下水的影响仍在加剧[1]。

为修复地下水超采问题，遏制湿地萎缩的趋势，提高地表水利用率，同时改善水稻灌溉条件，保障粮食生产安全，三江平原开展了诸多水资源调配工程的规划、建设工作，其中有些工程已经取得了重要进展，但是各工程对三江平原地下水超采的修复效果尚难以定量评估，这将是本研究重点解决的问题。

3 方法与数据

3.1 研究方法

水资源开发利用与调配对区域水文循环的影响可利用水文模型进行评估，但是对地下水补给、排泄、储量、水位的影响，一般方法可能难以胜任。为此，本研究以耦合了地下水数值模型的分布式水文模型MODCYCLE为工具，建立了三江平原2000—2014年的地表水地下水耦合模型（耦合模型）。耦合模型经过校验和多次应用，已经实现了对三江平原历史水文循环各环节的充分表达[1,5-6]。功能上，MODCYCLE能够根据农田每天的蒸发、下渗、产流等水文循环变量模拟土壤墒情/积水深度，然后根据用户预设的土壤墒情阈值/积水深度阈值模拟农田的灌溉时机和灌溉量。尽管如此，模型输入的各种水源的供水量统计数据仍能为灌溉量模拟提供重要参考[7]。

在耦合模型的基础上，以2014年末地下水位为模型初始水位，修改种植结构数据和供用水数据，建立不同水稻种植面积和水资源调配方案的预测模型。模型仍采用2000—2014年的气象数据，以保证各预测模型与耦合模型具有相同的气候条件，排除气候对地下水演变的干扰。对比不同情景方案下模型模拟的地下水通量和状态量，分析水资源调配对地下水的影响。

3.2　主要数据

根据三江平原相关规划，预计到 2035 年水稻种植面积将在 2014 年的基础上增加 940 万亩，达到 4 506 万亩，对水资源的需求将进一步增加。如果没有相应的水资源调配工程解决供水问题，将会进一步加剧地下水超采的状况，可能导致生态环境加速恶化。为此，三江平原规划建设 2 大引调水工程，从三大江调水，分别为沿界河 14 个灌区和松花江两岸 29 个灌区供水，可覆盖三江低平原和兴凯湖平原的大部分耕地。

根据水稻发展前景和引调水工程规划实施进度，本研究拟订了 4 个情景方案（见表 1），并分别建立了预测模型。其中，现状方案模型输入 2014 年的土地利用数据（包含 3 566 万亩水稻面积），水资源调配格局为 2014 年的地表水、地下水供水规模。2035 年未调水方案模型中水稻面积在现状基础上按比例扩大到 4 506 万亩，但是 2 大引调水工程均未完成，仍按 2014 年的水资源调配格局供水。2035 年局部调水方案仅实现了向 14 个灌区供水的引调水工程。2035 年完全调水方案表示 2 大引调水工程均达到了设计供水能力并已为全部 43 个灌区供水。需要说明的是，表 1 中的各种水源供水量均为各方案下的规划供水目标，模型设定按照各水源的供水目标比例逐日取水。当外调水和本地地表水供水不足时，则从地下水取水。最终地下水取水量可能会大于地下水供水目标甚至可开采量。

表 1　水资源调配情景方案设置

方案简称	方案 A	方案 B	方案 C	方案 D
方案名称	现状方案	2035 年未调水方案	2035 年局部调水方案	2035 年完全调水方案
情景组合	现状水稻面积+现状水资源调配格局	2035 年水稻面积+现状水资源调配格局	2035 年水稻面积+14 个灌区供水	2035 年水稻面积+14 个灌区和 29 个灌区供水
水稻种植面积/万亩	3 566	4 506	4 506	4 506
引调水工程供水/（亿 m^3/a）	10	10	73	123
本地地表水供水/（亿 m^3/a）	34	34	24	24
地下水供水/（亿 m^3/a）	75	75	60	50
非农业用户需水/（亿 m^3/a）	11	32	32	32

4　结果分析

平原区地下水对三江平原水资源开发利用与调配的响应最为显著，山丘区和山间河谷平原区社会经济用水相对较少，地下水储量较为稳定。因此，本研究仅分析三江低平原和兴凯湖平原 2 大平原区的地下水变化。

4.1　主要通量响应

目前，平原区地下水是农业灌溉的主要水源，其中井灌水稻对地下水的影响最大。尽管 2014 年以来三江平原水稻种植面积趋于稳定，但是作为优质粳稻的主产区之一，未来仍有进一步扩大种植的可能性。为此，通过水资源调配提高过境水利用率是满足水稻灌溉需求，缓解地下水超采问题的重要途径之一。根据水稻发展和水资源调配工程建设规划，未来不同供需水方案对地下水的影响需要加以深入评估。

不同水稻种植面积和水资源调配格局对地下水的影响首先体现在地下水开采量的变化上［见

图 2(a)]。到 2035 年，平原区 43 个灌区水稻种植面积增加至 4 506 万亩，如果仍保持现状水资源调配格局，那么地下水开采量将大幅增加，年均开采量达到 144.62 亿 m³（见表2）。即使实现了局部调水，即完成了对 14 个灌区的水资源调配，地下水开采量也仅仅回到现状水平，无助于地下水超采的进一步修复。如果实现全部灌区的完全水资源调配（方案 D），那么地下水开采量将进一步减少，年均地下水开采量降至 82.05 亿 m³（见表2），比现状方案地下水开采量更少，这对三江平原地下水超采治理具有积极作用。

作为三江平原的用水大户，水稻面积扩张不但提高了水资源消耗，增加了地下水开采量，而且增强了地下水补给[见图2(b)]。现状方案（方案 A）下水稻面积 3 566 万亩，地下水年均补给量为 116.29 亿 m³。2035 年水稻面积达到 4 506 万亩，在各种水资源调配格局下都大幅提高了地下水补给量，且增幅大体相当（见表2），说明影响地下水补给的主要因素是水稻面积。在水稻种植面积一定的情况下，无论水资源调配格局如何变化，都需要保证水稻的灌溉需求，否则就会导致水稻减产，因此水稻灌溉渗漏补给地下水的水量基本保持一致。

基流排泄对水资源调配的响应最为敏感，与降水量的年际变化也存在很大关系。图 2（c）显示，方案 A 和方案 B 情况下，水稻种植面积存在 940 万亩的差异，对地下水的开采和补给均有很大影响，但是对地下水的基流排泄影响不大，两种方案下的年均基流量较为相近。局部调水和完全调水两种调配情景下基流量均大幅增加，且地表水调入量越多，基流排泄量越大。图 2（c）中还显示，各种方案下的基流排泄量都在随时间呈增加趋势，这应与模拟期的降水量呈增加趋势有关[6]。模型中，除气象数据逐年变化外，其他水文循环驱动数据都是固定的，不随时间变化。由此可见，区域内部的水文过程变化，如地下水开采灌溉、本地地表引水、农业种植结构调整等，对平原区基流量影响很小，区域从外部补充水量才会导致基流的较大变化，如降水、外调水、过境水引入等。

潜水蒸发是地下水排泄项中较小的通量，其变化也与不同的水资源调配方案有关，但是与水稻的种植面积也有一定相关性。从图 2（d）可以看出，潜水蒸发的年际变化，以及不同方案下的差异，都与基流排泄的变化趋势和差异较为相似，但是相较于后者，前者方案 A 和方案 B 存在更大差异，这说明区域内部的水资源开发利用活动对地下水的潜水蒸发存在较大影响，水资源调配将会进一步扩大这种影响。

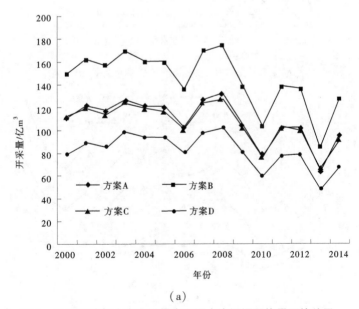

（a）

图 2　平原区地下水主要通量在不同水资源调配格局下的差异

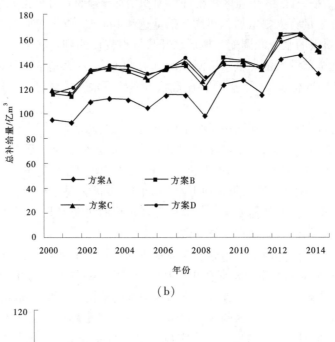

（b）

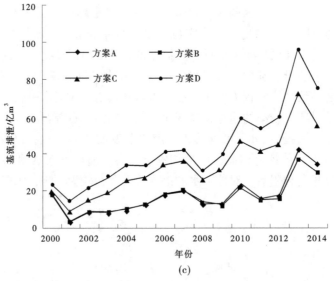

（c）

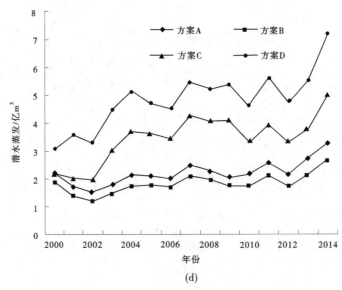

（d）

续图 2

4.2 水量平衡响应

从地下水平衡的角度分析，2000—2014 年期间地下水已经处于超采状态，地下水储量年均减少 3.13 亿 m^3（见表 2）。如果仍维持 2014 年的水稻种植面积和水资源调配格局（方案 A），那么地下水年均开采量会进一步增加，地下水储量也会随之减少，年均亏空达到 11.65 亿 m^3，远大于历史（2000—2014 年）平均水平，原因在于 2000—2014 年期间水稻面积呈逐年增加趋势[1]，年均水稻面积小于方案 A 中 2014 年的水稻面积，且前期对地下水的依赖相对较小，尽管后期地下水开采强度增大，但对地下水尚未构成特别严重的威胁。

到 2035 年，水稻种植面积增加，如果平原区 2 大引调水工程没有建成，水资源调配格局没有改善（方案 B），水稻灌溉仍以地下水为主，那么地下水储量年均减少规模将达到 25.38 亿 m^3，是现状方案的 2 倍以上，对地下水超采将达到前所未有的影响（见表 2）。此时，如果能够实现平原区部分调水方案，即目前正在实施的 14 个灌区引调水工程达到设计供水能力（方案 C），那么将在很大程度上缓解地下水超采在方案 B 中的严重程度，使地下水储量年均减少量降至 5.16 亿 m^3。若能实现平原区完全调水，2 大引调水工程全部建成并供水（方案 D），不但能够减少地下水开采，还能增加地下水补给，地下水储量将由亏转盈，每年增加 8.53 亿 m^3，不但能够扭转地下水持续超采的状况，而且还能填补引调水工程建成之前平原区累积形成的地下水亏空。

表 2 平原区地下水年均水量平衡在不同水资源调配格局下的对比　　　　　　单位：亿 m^3

调配方案	总补给量	总开采量	潜水蒸发	基流排泄	年均储量变化
历史（2000—2014 年）	63.55	54.37	2.57	9.74	−3.13
方案 A	116.29	108.52	2.23	17.19	−11.65
方案 B	137.51	144.62	1.83	16.44	−25.38
方案 C	138.55	106.59	3.48	33.64	−5.16
方案 D	138.72	82.05	4.85	43.29	8.53

从平原区地下水储量累积变化的角度分析，以模拟期开始时刻（2000 年初）的地下水储量为基准，模型在 4 种不同水稻种植规模和水资源调配格局的驱动下，地下水储量相对 2000 年初的储量出现了完全不同的变化趋势（见图 3）。现状方案（A）下地下水储量将在模拟期结束时减少 174.81 亿 m^3。如果到 2035 年仍没有改善现状供水格局，水稻的大面积扩张将导致地下水储量累积减少 380.63 亿 m^3，导致平原区产生严重的地下水超采（方案 B）。14 个灌区引调水工程达到设计供水能力将有效压减地下水超采，模拟期结束时地下水储量亏缺 77.35 亿 m^3，超采程度较现状方案有显著缓解，但总体上仍处于超采状态（方案 C）。43 个灌区均实现引调水工程供水，地下水储量基本上每年都在恢复，模拟期结束时储量将增加 128.01 亿 m^3，可有效弥补引调水工程建成前的地下水亏空，甚至在一定程度上填补地下水超采的历史欠账。

4.3 地下水位响应

地下水通量和水量平衡发生变化后，必然导致地下水位产生相应变化。各种水资源调配方案下模型模拟的平原区最终地下水埋深空间分布如图 4 所示。由于各方案模型均采用相同的地下水初始水位，因此最终的地下水埋深基本能够体现不同方案对地下水位的作用。

现状方案下地下水埋深大于 30 m 的区域主要分布在三江低平原东北部，该区域目前已经形成了大范围地下水降落漏斗，在现状水稻面积和水资源调配格局的作用下，地下水漏斗有所扩大。但是平原区其他区域，除了部分地势较高、有基岩出露的局部地下水埋深较大，其他大部分区域地下水埋深小于 5 m。方案 B 水稻面积进一步扩张，但是水资源调配工程建设滞后，地下水超采加剧，导致地下水漏斗范围扩大，埋深超过 30 m 的区域范围已经蔓延至三江低平原中南部；埋深低于 5 m 的范围大

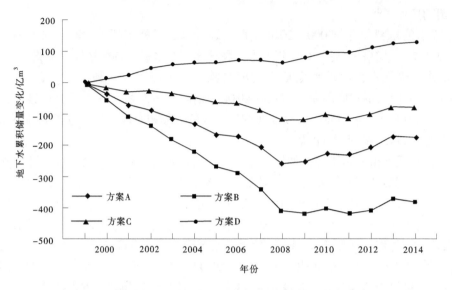

图 3　平原区地下水储量在不同水资源调配方案下的累积变化

幅缩小。实施 14 个灌区引调水工程后，三江低平原沿界河区域以及中东部地区地下水埋深均恢复到
了 5 m 以上，中南部地区仍然存在大面积漏斗区。实施完全调水方案后，除了部分地势较高、有基岩
出露的地区，大部分区域地下水埋深已经恢复到 5 m 以内，可见引调水工程对地下水超采治理的积极
作用。

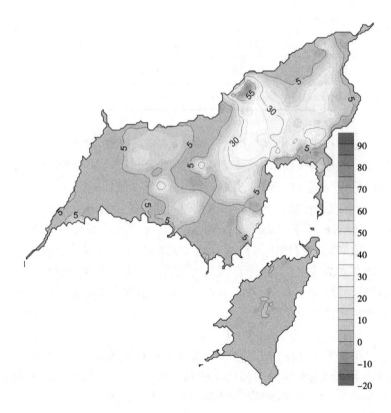

地下水埋深/m

方案 A

图 4　平原区地下水埋深在不同水资源调配方案下的空间分布

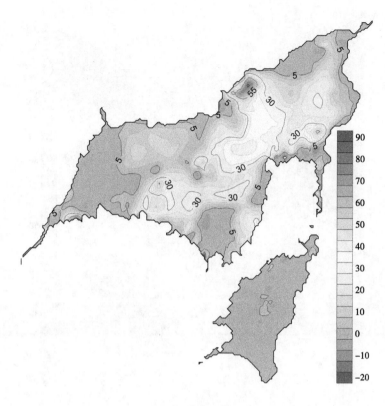

地下水埋深/m

方案 B

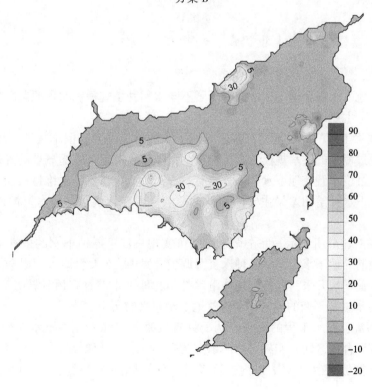

地下水埋深/m

方案 C

续图 4

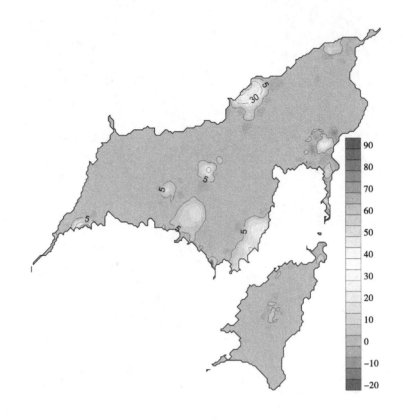

地下水埋深/m

方案 D

续图 4

5 结论

基于已建地表水地下水耦合模型,模拟分析了不同水稻种植规模和水资源调配格局下三江平原地下水的响应,得出以下主要结论:

(1) 平原区引调水工程的供水规模直接影响地下水的排泄通量,但不是地下水补给变化的主要影响因素。三江平原过境水的供水规模越大,供水范围越广,对地下水灌溉量的置换比例越高,地下水开采量越少。通过过境水置换地下水开采,可有效提高基流排泄量,对维持三江平原的湿地生态健康具有积极作用。地下水补给的差异主要由水稻种植规模的变化引起,与水资源调配格局的相关性不大。

(2) 地下水平衡对比分析显示,完全调水方案可实现三江平原地下水的采补平衡,甚至能有效弥补引调水工程建成前的地下水亏空。各种水资源调配方案中,2 大引调水工程全部达到设计供水能力后,不但能够减少地下水开采,还能增加地下水补给,地下水储量将由亏转盈,每年增加 8.53 亿 m³,能够在实现地下水采补平衡的同时逐渐弥补地下水超采的历史欠账。

(3) 基于过境河流引调水工程的水资源调配将有效改善三江平原地下水超采引起的降落漏斗,保证地下水水位恢复到合理区间。实施完全调水方案后,除了部分地势较高、有基岩出露的地区,大部分区域地下水埋深能够恢复到 5 m 以内,这将对三江平原湿地生态系统的稳定起到重要的涵养作用。

总之,三江平原过境水的引调水工程建设应是未来区域水资源调配的核心内容,对于解决当地地下水超采问题,修复萎缩的湿地生态,保证粮食生产安全,意义重大。

参考文献

［1］孙青言，陆垂裕，郭辉，等．三江平原土地利用变化对水量平衡的影响［J］．水科学进展，2021，32（5）：694-706.

［2］刘伟朋，崔虎群，刘伟坡，等．三江平原地下水流场演化趋势及影响因素［J］．水文地质工程地质，2021，48（1）：10-17.

［3］朱程清．以落实空间均衡为目标扎实推进科学调水［J］．中国水利，2021（11）：3.

［4］王浩，游进军．中国水资源配置30年［J］．水利学报，2016，47（3）：265-271，282.

［5］Sun Q Y, Lu C Y, Guo H, et al. Study on hydrologic effects of land use change using a distributed hydrologic model in the dynamic land use mode［J］. Water, 2021, 13（4）：447.

［6］孙青言，陆垂裕，郭辉，等．地表水地下水耦合模型在大型山丘平原交错区的研发与应用［J］．地理科学进展，2021，40（8）：1371-1385.

［7］陆垂裕，王浩，王建华，等．面向对象模块化的水文模拟模型：MODCYCLE设计与应用［M］．北京：科学出版社，2016.

风化深槽工程地质特性对某输水线路选线的影响研究

陈 杰 张浩然

（中水珠江规划勘测设计有限公司，广东广州 510610）

摘 要：环北部湾广东水资源配置工程在可研阶段勘察早期揭露到一深达百米的风化深槽，且岩溶发育，为特殊不良地质洞段。本文结合区域地质条件通过钻探、物探、室内试验及原位试验等多种勘察方法对风化深槽和下部岩溶的地质成因及演化过程进行了分析，在深入研究风化深槽区段岩土体的工程地质特性后认为输水线路采用有压隧洞下穿该段地质风险大，存在涌水突泥、围岩塌方、大变形等工程地质问题及环境地质问题，工程处理难度大。该成果为工程选线和穿越建筑物形式选择等提供了有力的地质依据。

关键词：风化深槽；岩溶；涌水突泥；输水线路；选线

环北部湾广东水资源配置工程最大设计引水流量 110 m³/s，工程规模为大（1）型，工程建成后可向粤西多年平均供水 21.68 亿 m³。工程由水源、一条输水干线、三条输水分干线组成，全长 494.7 km。输水干线包括西江取水口—高州水库段（长 127.3 km）、高州水库—鹤地水库段（长 74.0 km）。本工程总工期为 96 个月。目前已完成可行性研究报告并通过水利部水规总院审查。可研阶段高鹤干线南线方案从高州水库取水 70 m³/s 至鹤地水库，采用重力流有压隧洞，隧洞直径 6.8 m，埋深 30～170 m。前期勘察在线路首段一岭间平地钻孔孔深 75.5 m 仍未揭露到强风化基岩，部分岩芯具有膨胀性，结合周边地形地貌、地层岩性推测该区域可能存在深达百米的风化深槽。

线路工程尤其是大型隧道工程中，风化深槽的空间分布特征及工程地质特性对隧洞围岩类别、支护类型、线路穿越方式和施工工法具有重要影响，因此风化深槽的平面分布和发育深度成为影响该段工程线路布置的一个关键因素。国内对风化深槽尤其是花岗岩风化深槽如厦门多条海底隧道风化深槽[1-5] 和贵广铁路东科岭隧道全风化花岗岩蚀变带[6-8] 的透水涌水、围岩变形、结构支护形式和施工处理进行了较深入的研究，但对于以变粒岩、云母石英片岩为主的风化深槽分析研究较少，因此针对本工程变质岩风化深槽的工程地质特性研究对线路工程选线和设计、施工具有重要的理论和实践意义。

1 工程区基本地质条件

1.1 气象水文

工程区地处热带和亚热带的过渡带，属南亚热带季风气候，温和多雨，多年平均气温为 22.8 ℃；多年平均相对湿度在 81% 左右。多年均降雨量为 1 892.7 mm。降雨年际变化大。高州水库位于工程区北侧坝下曹江自东北向西南流经工程区西侧，工程区及周边地表径流均向曹江排泄。

1.2 地形地貌

输水线路工程区位于华南褶皱系粤西隆起区、云开大山隆起区，属丘陵区地貌，地形起伏不大，地表高程一般为 42～215 m。北东为高州水库石骨库区。曹江两岸发育一级阶地及山间平地，宽度一般为 50～300 m。地表植被较发育。

作者简介：陈杰（1980—），高级工程师，长期从事水利水电勘察工作。

1.3 地层岩性

据区域地质资料，输水线路首段出露的地层岩性主要有：

（1）中—新元古代云开岩群第三组（$Pt_{2-3}Y^3$）的变粒岩、石英云母片岩等，局部夹大理岩透镜体。

（2）白垩系三丫江组（$K_{1-2}sy$）的沉火山角砾岩、凝灰质角砾岩、英安质集块熔岩、沉凝灰岩、复成分砂砾岩、泥质粉砂岩等。

（3）第四系（Q）主要为残坡积层（Q^{edl}）和冲积层（Q^{al}）的黏性土、砂砾石土，厚度一般小于 10 m。

（4）侵入岩主要有：①青白口系的片麻状斑状黑云母二长花岗岩（$\eta\gamma Qb_1^e$），以岩株形式产出；②奥陶系的糜棱岩化或弱片麻状二长花岗岩（$\eta\gamma O_3^3$），主要以不规则岩株产出。条纹状–片麻状黑云母二长花岗岩（$\eta\gamma O_3^{2e}$），整体以岩基产出，部分为岩株形式，与志留系岩体呈侵入接触。③志留系的片麻状细粒含二云母二长花岗岩（$\eta\gamma S_1^{2e}$）、片麻状巨斑状黑云母二长花岗岩（花岗闪长岩）（$\eta\gamma S_1^{2a}$），呈岩基和岩株状侵入奥陶系岩体内。受构造及侵入接触带影响，构造带及接触带附近长石易产生绿帘石化、绿泥石化蚀变。④白垩系的斑状黑云母二长花岗岩、二长石英玢岩、石英闪长玢岩，整体以岩株、岩墙产出，属燕山期。侵入于元古代云开岩群变质地层及早期花岗岩中。⑤石英岩脉、花岗岩脉等。

1.4 地质构造

区内地表构造形迹不明显，仅在北侧高州水库库首见数条小规模近南北向的韧性剪切带和石骨—三甲峒断裂 F1，其中断裂 F1 总体走向约 20°，延长约 6 km。断裂宽 80 m 以上，延深 200 m，大致沿南北向呈"S"形弯曲，断层破碎带中构造角砾岩发育，沿破碎带有正长岩、二长岩、花岗斑岩、中粒花岗岩等脉岩侵入，并伴随有金属矿脉充填。石骨水电站南部曾开采铅锌矿。另外，在西北侧长坡镇推测有北东向遥感张性断裂——长坡断裂 F2，工程区地表已无迹象，外围的北段与石骨—三甲峒断裂相交。另外，在工程区及东部勘察发现一张性断裂 F3，整体呈 EW—NW 走向，沿断裂东段出露多期岩浆岩及大理岩俘虏体。工程区的其他构造活动表现为岩脉穿插，断裂张性活动使岩脉破碎呈角砾状，含矿热液沿裂隙交代蚀变围岩。

1.5 水文地质条件

按地下水赋存条件与水力性质，将区内地下水划分为松散岩类孔隙潜水、断层破碎带孔隙裂隙水、岩溶裂隙水和裂隙水四种类型。其中，岩溶裂隙水仅在工程区的大理岩揭露。地下水在平缓地带埋深 1.5~3.5 m，在丘陵坡地埋深 8~15 m。区域降水量较大，地表水系发育。

2 风化深槽的成因分析

广州抽水蓄能电站曾揭露到具有膨胀性的花岗岩蚀变岩，涂希贤[9]认为因花岗岩中断层是热液作用形成的；杨友刚[10]提出某变质岩区岩体风化深槽主要是岩性差异加上化学风化导致的；荆永军[11]、李光耀[12]分析了厦门翔安海底隧道服务洞 F1 风化槽，其主要受断层 F1 和二长岩岩脉多期侵入影响。不同地区不同地层岩性的风化深槽的成因不尽相同，但总体上离不开构造发育和岩性差异这两个主要因素。

2.1 区域地质构造

首先在加里东期，尤其是中志留世—顶志留世，工程区及北部的云开地块快速隆升至少在 5 km 以上，现在已被剥露去顶 4 km 以上[13]。在地壳隆升减薄的构造背景下，岩体及地层经历了透入性韧性流变剪切变形作用，形成透入性片麻状构造，片理、千枚理发育，岩体与地层的侵入界线多数已被构造改造，两者强迫一致。变质作用主要为动力变质和接触变质。

后来的燕山运动时期，工程区及区域上变质作用主要为接触变质，构造变形主要为脆性断裂。工程区见数条小规模近南北向的韧性剪切带和脆性断裂石骨断裂 F1、长坡断裂 F2，沿 F1 发育铅锌矿脉也验证了该区域张性断裂发育的时间可能较长、规模较大；另外，在钻孔中揭露多条破碎带，构造岩（碎裂岩、角砾岩）发育，且这些断裂均为陡倾角（60°~75°）、脆性张性断裂。这些张性断裂有利于火山岩浆或气水热液侵入或上升，风化深槽内 3 个钻孔揭露到多条 1.4~32.7 m 厚度不等的中细粒（二长）花岗岩脉或岩株，复杂的岩脉侵入穿插增加了围岩接触面积，破坏了岩体的完整性、均一性。而在风化深槽周边十余个钻孔均未揭露二长花岗岩脉及明显的脆性张性断裂。

2.2 火山热液影响

结合区域地质分析，高州水库库首库盆早期曾发育有火山口，火山岩浆及各种热液沿其周边断裂构造及张性裂隙侵入原有地层；另外，火山活动结束以后，区域地层有一次拉张过程，有中基性岩岩株侵位和规模不等的石英脉析出，因此工程区火成岩岩性成分差异较大，有基性岩、中性岩、酸性岩。这些岩浆或气水热液加剧区域岩石矿物发生中温、高温热液蚀变，进而导致该区域风化加深。该段线路临近长坡-茂名火山盆地，火山热液蚀变作用更强。

2.3 岩石矿物因素

2.3.1 原岩矿物成分分析

从工程区的磨片鉴定成果分析，该区域岩性复杂，主要有花岗质片麻岩、钾长石细晶岩、糜棱岩、长英质超糜棱岩、（绿帘石化）变粒岩、方解石大理岩、石英闪长玢岩、黑云母二长花岗岩、碎斑岩、云母石英片岩等。各岩块断面多见绿泥石化、绿帘石化、高岭石化现象。由于变质岩内部存在片理、板理、千枚理、皱纹等多种形式的微观构造，导致岩石内部矿物分布不均匀，加之变质岩中含大量的软弱易蚀变、风化的长石、云母、绿帘石、绿泥石、伊利石等矿物，导致岩石物理力学性质软弱，加快了岩体在自然环境下的风化速度[14]。

另外，风化深槽中部两个钻孔及本工程另一处风化深槽钻孔中揭露到多层金云母含量 5%~15% 的全风化云母石英片岩，而高州水库周边线路 106 个钻孔均未揭露到如此高含量的金云母。推测高州水库周边富金云母地段与风化深槽存在一定的关联性。

2.3.2 风化土的岩矿成分分析

风化深槽内风化土的 X 射线衍射物相分析（见表 1）显示，风化深槽北侧风化土矿物以高岭石为主，中部则以蒙脱石为主。高岭石在本区域为酸性岩浆岩、变质岩在温暖、潮湿的气候条件下风化而成的产物，富含碱性和碱土性等活动性元素的母岩更易通过化学风化作用形成高岭石[15]。火成岩热液蚀变作用中正长石和角闪石往往很稳定。富铁镁的矿物如辉石、黑云母易于发生绿泥石化作用，而岩心也揭露到片状、斑块状的绿泥石矿物。在碱性环境下斜长石尤其是中长石易于形成蒙脱石[16]。蒙脱石的形成很多时候需要富含 Mg 的地下热水作用[17]，其通常是在一定温度压力下由长石蚀变而成，蒙脱石含量取决于母岩如变粒岩、二长花岗岩中的长石含量[18-19]，而风化深槽中部富含金云母的变质岩和花岗岩的黑云母则为该区域地下水提供了 Mg。

表 1 风化土黏土矿物定量测试结果

样品号	石英	钾长石	云母	蒙脱石	高岭石	方解石	白云石
DGHZ003	15.8	1.0	22.8	7.4	53.1	0	0
DGHZ004	9.2	3.0	6.9	58.1	22.7	0	0

注：上述含量为结晶矿物重量百分比。

2.4 地下水的作用

张性断裂 F2 和丰富的降水为地下水的径流提供了充足的补给。白坟垌大量的民井也显示该岭间平地地下水较丰富。工程区的张性断裂、破碎带、蚀变带中的石英脉、围岩接触带均有利于降雨下渗，加上大理岩中的溶隙、溶洞等都成为地下水较好的渗流通道。长期的地下水渗流会使裂隙两侧岩石中的可溶性矿物成分流失，耐风化矿物留下来，对岩体进行长期的侵蚀、水化作用，使得岩体物质成分出现变化，从而造成岩石的风化、蚀变加剧。另外，由于变质岩微观构造和裂隙为水进出岩石内部提供了良好的通道,因此变质岩吸水较快,且吸水率和软化系数也较大,当水进入岩石内部后,容易造成岩石内部某些可溶矿物软化、溶解,最终从岩石内部流失;地下水最终通过润滑、软化、冲刷运移、崩解、泥化、结合水强化、离子交换、溶解和氧化还原等物理化学作用改变岩体的矿物成分和微细观结构,从而弱化岩体的宏观力学性能[14,20],加深了岩石的风化程度。

工程区地表水及地下水均为弱碱性,表明地质环境偏碱性;而碱性环境有利于岩石矿物中的长石风化为蒙脱石。

3 风化深槽工程地质特征

3.1 风化深槽的空间发育特征

结合不同比选线路工程区布置了两条大地电磁测深测线(EH4)、1 条高密度电法测线及 7 个勘探钻孔(见图 1)。高密度电法剖面成果反映出风化深槽内岩土体视电阻率显著较低,等视电阻率等值线明显下凹,部分钻孔较好地验证了高密度电法推测的风化深槽下限和外围基岩顶面(见图 2)。

根据多种勘探成果并结合工程区周边地质测绘成果,最终确定该风化深槽的分布范围(见图 1),其主要沿油水—白坟垌—长塘屋—旧城一带展布,整体呈东西向,东西长约 1 600 m,南北宽 400~650 m,面积约 65 万 m²。风化深槽在地形地貌上整体表现为宽浅的槽谷,发育深度一般超过 50 m,东部、中部的深度超过 100 m,北部、东部、南部发育边界较陡,西部与花岗岩接触部位则逐渐变缓变浅,推测北部 100 m 以下岩层逐渐以强风化为主,而中部深度 100 m 仍以全风化为主。

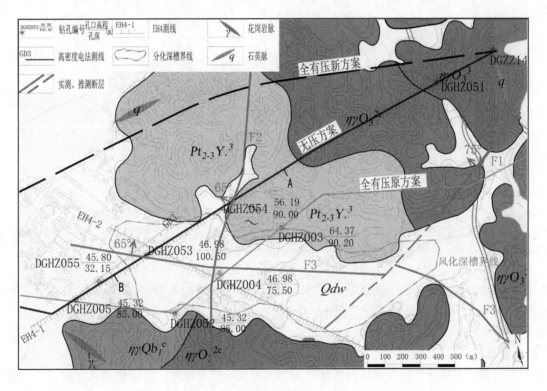

图 1　工程区工程地质平面图

3.2 风化土的物理力学性质指标分析

结合地形地貌及原岩岩性进行的室内土工试验、原位试验成果表明,北部区域残积土及风化土随孔深增加各项物理力学指标有变好趋势,整体上土体强度有逐渐增强趋势,其中上部土层黏性较大,压缩性较高,部分为高压缩性土;中部区域大理岩上部土层各项指标变化不大,多为低液限粉质黏土,属中—高等压缩性土,但部分层位蒙脱石含量高而具有中等—强膨胀潜势,强度低,工程地质特性较差,钻探过程中缩孔现象严重。

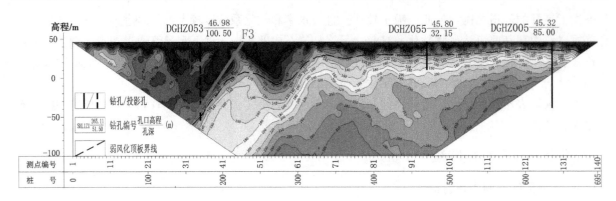

图 2　GD3 剖面高密度电法解译成果

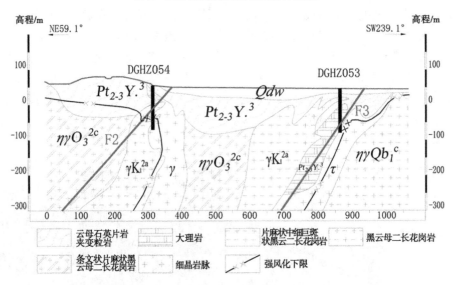

图 3　风化深槽地质剖面图（A—B 剖面）

3.3　渗透特性分析

大量的室内试验表明，风化深槽内的残积土和全风化土渗透系数为 $4.3×10^{-6} \sim 3.6×10^{-4}$ cm/s，基本属弱透水层，大值平均值为 $1.3×10^{-4}$ cm/s。另外，针对中部大理岩所夹溶洞进行了注水、压水试验，成果显示顶层溶洞渗透系数为 $8.3×10^{-3}$ cm/s，中下部溶洞透水率为 $11.7 \sim 40$ Lu，属中等透水层。根据古德曼经验公式（1）算得岩溶地段最大涌水量为 86.1 m³/（d·m）。

$$Q = L × (2\pi × K × H)/\ln(4H/d) \tag{1}$$

式中：Q 为隧洞通过含水体地段的最大涌水量，m³/d；K 为含水体渗透系数，m/d；H 为静止水位至洞身横断面等价圆中心的距离，m；d 为洞身横断面等价圆直径，m；L 为隧道通过含水体的长度，m。

3.4　岩溶发育特征分析

经调查分析，在风化深槽中部钻孔揭露的大理岩与长坡镇龙修村、古丁镇西坑存附近的大理岩透镜体类似，但本处大理岩更纯，方解石晶型更大，滴稀盐酸气泡剧烈；厚度 19.9 m 揭露到 14 层溶洞，洞高 0.2 ~ 2.3 m，多为全充填，个别为半充填，充填物为软塑状黏性土、砂砾石、夹石英脉、大理岩、花岗岩、花岗质片麻岩、绿泥斜长变粒岩碎石等，碎石块径 20 ~ 45 mm 为主。结合钻探的漏水情况，推测该区域下部可能存在地下水深循环，溶洞与周边断层或大的构造具有较好的连通性，且渗流通畅、通道管径较大，最终将上游层位的不同岩石、岩脉的岩块带入充填。

4　风化深槽对输水线路选线的影响

风化深槽作为不良地质体对输水线路选线的影响主要体现在线路遭遇时工程地质问题突出、环境地质问题风险大、施工处理困难且费用高等方面。

4.1 风化深槽段工程地质问题突出

前期设计采用有压隧洞方式穿越该段的隧洞长 680 m，埋深 65~80 m，围岩类别推测以Ⅲ类为主，部分为Ⅱ类、Ⅳ类。但后经多种勘察方法勘察验证后，该段围岩类别则全部定为Ⅴ类。由于风化深达百米，洞室埋深大导致围岩应力较大，且全风化软弱围岩的流变特性突出，洞室开挖施工后围岩应力重新分布将导致两侧边墙发生大的收敛变形，拱顶也会产生较大的下沉变形，围岩大变形问题突出。

从最大涌水量计算结果看，涌水量不大，但当风化深槽内的破碎带、导水构造（硅化带、岩脉接触带）富水后，隧洞开挖易发生涌水的险情，施工风险大。该段隧洞大理岩段洞室开挖很可能遇到多个洞径大于 1 m，充填软塑状黏性土、砂砾石的溶洞，在较高水头压力作用下突水突泥问题、围岩塌方问题突出。

4.2 环境地质问题风险大

风化深槽地段地表为良田、古城，民房、村落较多，若采用隧洞方案下穿，则施工期的岩溶突水突泥及工程处理可能会造成周边地下水下降、农作物减产枯萎、民井水位下降干涸甚至建筑物沉降破坏等次生环境地质问题和社会问题。

4.3 施工处理困难且费用高

风化深槽段围岩质量差、极易塌方，围岩大变形问题突出，这些都会对支护衬砌结构设计和施工产生较大的影响。下部溶洞发育易造成盾构机卡机、下沉等，工程处理费用大、时间长[21]。另外，若在地表对风化深槽发育段事先进行预处理加固则会增加较大的工程处理费用和临时占地费用。全有压方案其他段多为基岩隧洞，多采用敞开式 TBM 或单护盾式盾构机；而风化深槽段围岩质量差、部分为具有膨胀性的黏性土，则需采用双护盾式盾构施工方案，且需要特殊施工工艺处理；这样不利于施工机械和施工工艺选型。

因此，该段线路选线不建议采用有压隧洞方案下穿风化深槽，建议采用对地质条件要求较低、工程处理费用较低的地表埋设管涵方式。若采用有压隧洞方案则应尽量避开该风化深槽地段，在风化深槽外围西侧的丘陵地带下穿，且尽量与长坡断裂大角度相交，这样遭遇断裂不良地质洞段长度大大缩短，有利于降低地质风险和工程处理费用。

5 结语

（1）经钻探、物探及地质测绘成果综合分析，本工程揭露的风化深槽以云开岩群变质岩为主，主要是受张性断裂发育、多期岩脉侵入、火山热液蚀变、地下水长期侵蚀加之岩性复杂等综合因素风化形成。后期在本工程中线临近高州水库段一槽谷地带也揭露到强风化埋深超 150 m 的风化深槽，其形成亦受大型韧性剪切带、张性大断裂、复杂岩脉穿插及沟谷地下水侵蚀等因素导致。因此，该区域风化深槽成因较复杂，并非仅由断裂构造和侵入接触蚀变导致。

（2）本工程穿越的风化深槽下部岩溶发育；风化深槽内风化土整体均一性较差，且部分层位风化土具有中等—强膨胀潜势，工程地质条件差，构成特殊不良地质体。

（3）风化深槽段构成不良地质洞段，围岩塌方、大变形、突水突泥等工程地质问题突出，且环境地质问题风险较大，工程处理难度大、费用高，因此该段线路选线采用在其外围下穿的隧洞方案与采用浅埋方式穿越风化深槽的管涵方案进行比选，并最终采用隧洞方案。

参考文献

［1］陈卫忠，于洪丹，郭小红，等．厦门海底隧道海域风化槽段围岩稳定性研究［J］．岩石力学与工程学报，2008（5）：873-884.

[2] 郭小红，梁巍，于洪丹，等．跨海峡海底隧道风化槽围岩力学特性研究［J］．岩土力学，2010，31（12）：3778-3783.

[3] 丁洪玉．厦门海底隧道风化槽围岩渗流规律及涌水量预测［D］．成都：西南交通大学，2019.

[4] 李漱琳．厦门海底隧道风化槽段围岩稳定性评价［D］．成都：西南交通大学，2019.

[5] 董建松．厦门海沧海底隧道穿越风化槽施工技术［J/OL］．现代隧道技术：1-7［2021-10-29］．http：//kns. cnki. net/kcms/detail/51. 1600. U. 20210910. 1350. 002. html.

[6] 周运祥．富水隧道全风化花岗岩和蚀变大理岩段涌水涌砂加固治理技术［J］．铁道标准设计，2015，59（6）：96-102.

[7] 付开隆，刘蜀江，王勇．东科岭隧道穿越花岗岩蚀变带的病害特征及整治措施［J］．路基工程，2015（3）：232-237，242.

[8] 冯宝才．富水蚀变岩隧道施工稳定性分析［D］．石家庄：石家庄铁道大学，2014.

[9] 涂希贤．广州抽水蓄能电站蚀变花岗岩的基本特性［J］．水利水电，1990（2）：1-11.

[10] 杨友刚，邓争荣，吴树良，等．某变质岩区岩体风化深槽特征及其形成机理［J］．华北水利水电学院学报，2011，32（2）：115-118.

[11] 荆永军．厦门翔安海底隧道穿越服务洞 F1 风化深槽施工技术［J］．隧道建设，2009，29（S2）：157-162，183.

[12] 李光耀，夏支埃．厦门东通道海底隧道风化深槽的岩土工程特征研究［J］．资源环境与工程，2006（1）：23-28.

[13] 李小明，王岳军，谭凯旋，等．云开地块中新生代隆升剥露作用的裂变径迹研究［J］．科学通报，2005（6）：577-583.

[14] 李志刚．堵河流域变质岩工程特性与地质灾害成生关系研究［D］．北京：中国地质大学，2017.

[15] 金翠叶．蒙脱石黏土矿物形成和成岩演化的实例研究［D］．南京：南京大学，2011.36

[16] 曲永新．火成岩侵入体的蒙脱石化作用及其工程地质预报［A］．中国地质学会工程地质专业委员会．第四届全国工程地质大会论文选集（二）［C］．中国地质学会工程地质专业委员会：工程地质学报编辑部，1992：5.590-594

[17] 戈定夷，田慧新，曾若谷．矿物学简明教程［M］．北京：地质出版社，1989.

[18] 何亚茜．火山沉积型蒙脱石的提纯和钠化改型研究［D］．北京：北京化工大学，2018.

[19] 刁纯才，朱学忠．阜新于寺盆地膨润土矿特征及成因［J］．辽宁工程技术大学学报（自然科学版），2013，32（12）：1630-1634.

[20] 刘金洋，胡政．花岗岩风化-裂隙-地下水相互作用对隧道围岩稳定性的影响研究［J］．交通节能与环保，2020，16（5）：133-137.

[21] 宋岳，高玉生．水利水电工程深埋长隧洞工程地质研究［M］．北京：中国水利水电出版社，2014.

水环境质量监测现状及应对策略

王少伟　刘乔芳

（山东省烟台生态环境监测中心，山东烟台　264000）

摘　要：水资源是地球生物赖以生存的基本，对人类可持续发展的重要性不言而喻，然而随着工业化和城市化的发展，水环境的破坏日益严重，工业污水和生活废水的无序排放甚至已经影响到了被称为"最后一道防线"的自来水。围绕当前的水环境现状，本文详细介绍了水环境质量监测的意义和重要性，总结了常规监测方法和新技术在水环境监测中的应用，并具体阐述了提高水环境质量监测的应对策略。

关键词：水环境；水质监测；环境管理；监测方法；应对策略

1　水环境现状

水是生物体维系生命与健康的基本需求，虽然地球 70.8% 的面积被水覆盖，但 97.5% 的水资源是无法饮用的咸水，在余下的淡水资源中，有 87% 是人类难以利用的两极冰盖、高山冰川和永冻地带的冰雪，人类真正能够利用的淡水资源是江河湖泊和地下水中的一部分，仅占地球总水量的 0.26%。我国淡水资源总量名列世界第 6 位，但是由于人口众多，我国人均水资源量仅为世界平均水平的 1/4，是全球人均水资源最贫乏的国家之一[1]。

随着我国工业化和城市化发展的不断推进，城市建设、工业投入、文化教育、医疗卫生等诸多方面的发展在一定程度上造成了水资源的大量消耗。与此同时，由于一些城市基础建设中对水资源的保护力度和对生产、生活污水的控制手段未得到有效的提高，脆弱的水环境受到了严重破坏。随着工业废水排放越来越多，地表水中的有害物质含量过高，诸多化学成分处理越发困难，尤其是其中含有的微生物和激素类有机物无法有效根除，而生活用水总量直线上升，使部分以地表水做水源的自来水水质直接受到污染；虽然以地下水作为水源的水质相对较好，但近年化学肥料、农药的大量使用，导致该类污染物渗入地下，不同程度地污染了地下水，进而影响和降低了出厂水水质[2]。当前，水环境状况日趋恶化，水体使用功能不断下降，进一步加剧了我国水资源缺乏的现状，不但会影响经济发展，更对人们的日常生活用水产生不同程度的影响，水质问题引发的地方病时有报道，如南方都市报发表的《清远"短命村"肇因水污染 全国四分之一人口饮用不洁水》和新京报的《浙江水危机，催生"水难民"》等[3]。由此可见，当前形势严峻的水环境问题亟须解决。

2　水环境监测

2.1　水环境监测定义

科学工作者对水资源领域存在的问题深入分析后发现，需要通过水环境监测和科学管理实现水资源保护工作和污染水域治理工作，最终实现水资源经济效益、生态效益和社会效益的最优化和最大化配置[4]。其中，水质监测是水资源保护工作的重要基础和技术支撑，是水资源科学管理不可缺少的重要手段。水质监测主要是指通过一定的分析技术确定水生态系统中某些物质和组分（主要是污染

作者简介：王少伟（1988 —），男，工程师，主要从事水环境检测工作。

物）的含量水平以及变化情况，对水质情况进行评价，判断被检测物含量是否处于标准范围。一般来说，水质状况是以水中物质类别、危害性、含量等因子来进行表示，并根据水用途确定具体的分析项目。

当前，分析项目主要分为两大类：第一类项目用于对水资源的综合状况来进行评价，主要包括透明度、色度、温度、悬浮物、pH、溶解氧、电导率等；第二类项目用于对有害物质的综合状况进行评价，例如：汞、砷、镉、铅、氰化物和有机磷、有机氯农药等污染物。此外，还需要检测水流速和流量项目，全面保障水资源评价的准确性。现阶段的水质监测范围十分广阔，不仅包括遭受污染的工业用水和天然水，更包括还没有被污染的水环境，杜绝走先污染后治理的老路。

2.2 水环境监测目的

通过确定水质的监测分类、目的和范围，全面、及时、准确地反映水环境质量的状况及发展趋势，为环境管理决策的制定和实施、污染源排放控制、水环境规划等提供科学依据[5]，最终达到以下主要目的：①通过分析水体中污染物质的种类和浓度数据，掌握水质现状及其变化趋势，为研究水环境容量、预测水环境质量提供基础数据；②通过分析生产、生活活动和设施等排放源排放的污染物质对水质造成的影响，为污染管理和排放收费提供依据；③对水环境污染事故进行应急监测，为分析判断事故原因、危害及制定治理对策提供依据；④为政府部门制定政策、法规及标准和实施环境质量评价、水环境预测及环境科学研究等提供依据[6]。

3 水环境监测方法

3.1 常规水环境监测方法

目前，水质参数的获取主要是基于实验室内的各种高精度仪器和现代分析技术开展的常规水质监测，主要包括重量分析法、滴定分析法和仪器分析法。重量分析法主要是借助仪器和器具对样品中的待测组分进行分离，使用天平称量各分离组分，将重量作为指标直接或间接分析评价样品水质；滴定分析法主要是在待测水样中添加已知标准溶液，按照化学反应实施滴定操作，等到两个溶液化学反应完成之后，按照滴定标准溶液的浓度和消耗体积对水样中待测组分进行计算；仪器分析法精准性较高，最常应用的仪器分析法为离子色谱分析法，具有较高的灵敏度，能够准确监测无机阴阳离子、有机酸、有机碱等物质，已经成为水质测定方法的发展趋势。

虽然以上常规水质监测方法具有监测水质参数多、精度较高等优点，但费时费力，所测数据只能代表相应采样点位的水体环境状态，不能对整体水体环境进行评价。此外，常规水质监测具有时空局限性，不适用于长时间序列的水质变化和污染物迁移分析，很难开展大量水质监测。针对水质污染主要来源，虽然我国对排污企业已经建立了相关监控，在环境的污染治理上迈出了一大步，但是对水环境的监测还有一大部分的工作没有完成，如水环境监管需要一个完整的体系，并且需要大众关注以及国家相关部门的大力监控，才能有效地促进水环境有效监测和污染治理[7]。

3.2 基于无线传感器网络的水环境监测方法

针对现有水环境监测中存在的站点数量少、采样分析周期长、建站及维护成本昂贵等问题，时效性强、成本低廉、易于维护和管理的新监测方法成为未来发展方向。目前，一种基于无线传感器网络和 Android 手机平台的水环境监测系统发展起来，该水环境监测系统按照最优部署覆盖原则在监测区域的水面上部署单个水环境监测传感器节点，架构了一个用于监测河流、湖泊、水库和鱼塘等水域的无线传感器网络，达到了实时对水质参数（pH、温度值、水压值、水温值等）进行监测的目的。

基于无线传感器网络的水环境监测系统通过传感器节点对水环境中水质参数进行实时采集并通过无线方式进行传输，利用 PC 机和 Android 手机对于水环境中数据进行监测和管理，具有时效性强、操作方便、成本低廉等特点，特别对于水环境的预警监测方面能够快速、准确和实时地采集和处理水质参数数据并及时反馈给使用者[8-9]。

3.3 应用遥感技术的水环境监测方法

除基于无线传感器网络的水环境监测系统外，遥感技术也是实现对水环境的全面、高效监测的发展方向。遥感技术在水环境中的监测应用主要是指利用多种遥感技术形式，例如红外遥感技术、可见光遥感技术以及反射红外遥感技术等，对水体表面进行识别并对水质参数在空间和时间上的变化状况进行监测，发现一些常规方法难以揭示的污染源和污染物迁移特征，可实现全球范围内的水环境监测，监测速度快、信息量大，能更有效地监测水环境污染情况，增强生态环境监督的效力，得出更准确的评价。

自 20 世纪 70 年代以来，内陆水体遥感水质监测从简单定性分析发展到定量反演，从具有时空局限性的经验模型到广泛适用的生物光学模型不断拓宽了遥感水质监测的应用前景。此外，随着各种遥感数据源特别是高光谱遥感数据的涌现以及对各种水质参数光谱的了解不断深入，遥感水质监测的参数不断增加，反演的精度也不断提高。由此可见，在今后水环境监测工作中，遥感技术的应用重要性将会越发显著，有利于国家有关部门快速了解内陆水体环境状况，并制定相关政策和法规来管理和提高环境质量[10-11]。

4 水环境监测应对策略

4.1 完善管理体系

由于不同水域分别由各自的部门负责管辖，而不同管理部门采用了不同的管理方法，致使对水环境监测工作很难进行有效的衔接。为此，应该在不同部门、地域之间进行有效的交流学习，互相借鉴，为水环境监测管理体系的有效完善奠定良好的基础，完善监测管理制度，改善不合理的管理制度，制订合理化的监测方案，有效提高水环境监测质量。

4.2 完善监测设备

为了提高水环境监测精确性，需要采用先进设备和技术，比如：网络技术、自动监测技术、生物监测技术、遥感监测技术和三维荧光监测技术，及时发现水质问题和提高实验室分析水平，提高监测数据的准确性。同时，在对监测结果进行综合分析过程中，应当采用系统化的分析方法，例如：GIS技术[12]、天地网一体的水环境监测数据整合关键技术[13]，这对水环境监测质量的提高具有较大促进作用。

4.3 完善监测方案和监测指标

完善监测方案和监测指标是提高水环境监测质量的重要途径和根本保证。根据监测数据的目的性、实用性和适应性来制定和实施监测方案和监测指标，尤其是需要通过某些特定指标的连续监测数据，完成部分流域水环境的长期分析和研究，最终实现在未来一定时间内对水环境信息的准确预测。

4.4 加大监测人员培训力度

通过培养专业技术人才来提高监测队伍的综合素质是加强水环境监测能力建设的重要方面和根本性措施，因此要大力加强监测技术培训。通过建立国家、省、市三级技术培训模式，将培训工作常态化，针对技术相对落后地区开展适应当地经济发展水平的理论培训与实际操作培训，从而使整个监测队伍技术水平得到提高，完成日益复杂的监测任务。

4.5 立法保护水环境

面对我国水环境问题的发展，受到联合国环境与发展大会的启发，我国加强了水环境保护立法，从排放控制发展到生产控制，从单一性要求发展成综合性要求，将水环境保护法从利益抑制向利益平衡、整合与增进发展。严格依法统一管理，加大执法力度，坚持依法治水，坚决杜绝有法不依，执法不严的现象发生。同时，通过普法活动，形成水道德观念，加强水忧患意识教育，克服"水盲"，自觉树立节水意识，减少和杜绝人为的水污染。

5 结语

综上所述，当前我国水环境状况不容乐观，水体使用功能不断下降，加剧了水资源的紧张状况，这使得水质监测对于水环境的意义更为重大，可以为水环境污染治理工作提供有效的数据支持，并且从源头上对水质污染实施控制，从根本上确保我国人民生活质量，实现真正意义上的可持续发展。

参考文献

[1] 王一川．浅谈水资源污染治理的技术策略 [J]．科技展望，2017，27 (15)：107.

[2] 张国珩．自来水水质问题及对策探究 [J]．中国化工贸易，2017，9 (1)：246.

[3] 秦正艳．自来水水质安全问题及对策探析 [J]．商品与质量·学术观察，2013 (7)：265.

[4] 李良伟，张岩．水环境现状与水环境保护措施 [J]．城市建设，2011 (7)：297.

[5] 陈珏．我国水环境监测存在的问题及对策 [J]．环境与发展，2019，31 (4)：181，184.

[6] 梁红．环境监测 [M]．武汉：武汉理工大学出版社，2003.

[7] 黄兆林，马艳琼，徐岗．地表水水质自动监测系统应用中存在的问题及对策 [J]．云南化工，2019，46 (4)：71-72.

[8] 许龙飞，聂菊根，马向进，等．基于无线传感器网络的水环境监测系统设计与实现 [J]．数字技术与应用，2018，36 (9)：118-119.

[9] 李金胜，周圆，程杰．基于无线传感网络的远程水环境中参数实时监测 [J]．物联网技术，2014，4 (12)：11-13.

[10] 柴子为．应用遥感技术的水环境监测方法研究 [J]．科技资讯，2010 (26)：142-143.

[11] 孟庆庆．水环境监测中遥感技术的应用探讨 [J]．环境与发展，2020，32 (7)：79，81.

[12] 傅为华．基于 GIS 的环境监测数据管理评价系统的设计与实现 [J]．安徽农业科学，2016，44 (1)：328-331，325.

[13] 徐梦溪，施建强，王丹华．天地网一体的水环境监测数据整合关键技术 [J]．水利信息化，2021 (2)：29-33.

合江支洞 F1 断层带隧洞水文地质条件
分析及涌水量预测

陈 杰 赵 晖 詹坚鑫

（中水珠江规划勘测设计有限公司，广东广州 510610）

摘 要： 涌水问题是隧洞工程中常见的地质灾害之一，尤其是与断层相交的复杂地质条件洞段，更易产生严重的涌水问题。以环北部湾广东水资源配置工程合江支洞试验洞为例，通过分析隧洞 F1 断层破碎带的地形地貌形态、地层岩性、地质构造及其透水性、富水性，研究该段地下水补给、径流、排泄条件、隧洞围岩的充水条件和类型，划分水文地质单元，最后对 F1 断层带的最大涌水量和正常涌水量进行计算预测，为隧洞设计和施工组织提供依据。

关键词： 隧洞；断层破碎带；水文地质条件；涌水量预测

1 前言

随着社会的发展，一批国家重大基础建设项目陆续上马，山区的高速公路、高铁、大型引调水工程等涉及较多的深埋长隧洞工程，隧洞涌水问题是这些工程中常见的地质灾害之一[1-2]。尤其是断层、地表水丰富等复杂地质条件洞段，更易产生严重的涌水问题。因此，查明这些断层破碎带水文地质条件，合理预测涌水量，是设计的关键，为设计提供合理的地质参数，并指导施工过程。

预测涌水量的方法很多，铁路行业相关规范中[3] 提出有的涌水量预测方法有简易水均衡法（地下径流深度法、地下径流模数法、降雨入渗法）、地下水动力学法（古德曼经验式、佐藤邦明非稳定流式、佐藤邦明经验式、裘布依理论式）、水文地质比拟法以及同位素氚（T）法。许多专家学者及工程技术人员结合工程实际条件运用不同的计算方法预测涌水量[4]，取得较准确的结果。隧洞涌水量预测的前提是首先查明隧洞的水文地质条件，李廷春在福建漳州梁山隧道 L7 富水破碎带研究中[5]首先分析地质条件及围岩破坏机制，在此基础上进行涌水计算，职常应[6] 详细研究关角隧道二郎洞断层束破碎带的水文地质条件。综上所述，工作中要根据隧洞的具体水文地质条件，选择合适的方法分析计算，正确预测涌水量，进而为隧洞设计和施工提供合理的支撑。

2 工程概况

环北部湾广东水资源配置工程是系统解决粤西地区，特别是雷州半岛水资源短缺问题的重大水利工程。工程建设任务以城乡生活和工业供水为主，兼顾农业灌溉，并为改善水生态环境创造条件。工程最大设计引水流量 110 m^3/s，工程等别为 I 等，工程规模为大（1）型，工程建成后可向粤西多年平均供水 21.68 亿 m^3，其中城乡生活、工业供水 17.21 亿 m^3，农业灌溉供水 4.47 亿 m^3。

合江支洞作为环北部湾广东水资源配置工程试验段项目建设，位于高鹤输水干线广州市合江镇北侧 5 km 处。合江支洞主要作为主洞盾构设备步进、出渣及进料通道，兼顾处理主洞断层破碎带的备用通道。支洞进口高程 36.0 m，与支洞交汇处主洞底板高程为 -5.0 m，支洞斜长约 680 km，净断面

作者简介： 陈杰（1980—），男，高级工程师，长期从事水利水电勘察工作。

尺寸为 8.0 m×9.0 m（宽×高）。

3 地质条件分析

3.1 F1 工程地质条件

合江支洞沿线主要为低山丘陵，高程为 32~100 m，隧洞沿线分布有低山、冲沟、鱼塘等。工程区出露地层主要为泥盆系下统莲花山组（D_1l）变质碎屑岩及第四系覆盖层，其中泥盆系下统莲花山组（D_1l）分为三个岩组。F1 断层位于隧洞桩号 HZ0+306~HZ0+408 附近（见图 1），该洞段地表地势上、下游高，中间为沟谷，覆盖层薄，地表高程为 32.0~81.0 m。冲沟常年有水，洞线左侧紧邻鱼塘，东侧 410 m 为凌江，通过物探查明，洞线通过 F1 断层与鱼塘及凌江相连。断层区域的地层岩性主要为泥盆系下统莲花山组第一段（D_1l^1）：浅黄、灰色、深灰色，薄—中厚层状变质中细粒—石英砂岩、含砾不等粒石英杂砂岩，局部夹千枚岩，千枚岩主要呈紫红色。由于受到断层的影响，产状较乱，基本上在 340°/SW ∠82°~35°/NW ∠60°之间。

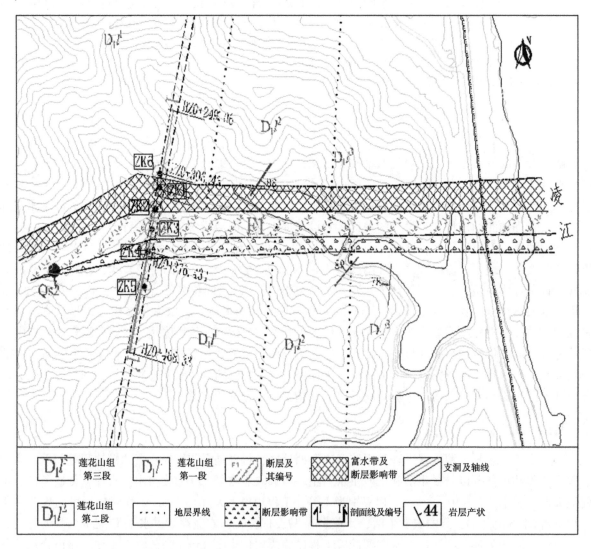

图 1 F1 断层破碎带平面分区图

本段岩性主要呈全—弱风化状，其中全风化厚 1.5~5 m。强风化分布范围广，钻孔均有揭露，尤其是桩号 HZ0+320~0+380 之间，岩体破碎，碎裂岩夹条带石英组成，整孔基本为强风化。

3.2 F1 断层水文地质条件

场地发育有两条冲沟，呈"人"字形分布，其中北侧冲沟较短，南侧支沟端处发育有泉水 Q2，流量未知，常年有水，集雨面积约 0.27 km²。洞线东侧分布有 2 个水塘，水深 1 m 以上，面积共 1 万 m²，泉水通过冲沟向水塘排泄，进一步向凌江排泄。根据收集的凌江水文资料分析，凌江洪水期一般为 4~9 月，百年一遇洪水高程 32.81 m，三百年一遇高程 33.37 m。根据勘察结果，钻孔地下水埋深为 5.1~28.0 m，相应高程为 32.7~34.7 m。根据压水试验结果（见表 1），压水试验揭露 F1 断层带透水率为 3.6~34.1 Lu，平均 9.3~24.1 Lu，岩体以中等透水为主。

表 1　钻孔压水统计

孔号	孔位	孔口高程/m	地下水位高程/m	试验成果/Lu		揭露地层及岩性
				透水率	平均值	
ZK1	桩号 HZ0+318	42.80	10.3/32.5	3.6~21.6	12.1	
ZK2	桩号 HZ0+338	37.80	5.1/32.7	11.3~34.1	24.1	
ZK3	桩号 HZ0+358	44.40	12.0/32.4	9.5~26.4	15.9	断层角砾岩
ZK4	桩号 HZ0+376	54.05	20.3/33.75	3.8~16.3	9.3	
ZK5	桩号 HZ0+408	62.70	28.0/34.7	2.8~4.5	15.4	
ZK6	桩号 HZ0+306	49.26	20.3/28.96	1.5~22.4	8.6	

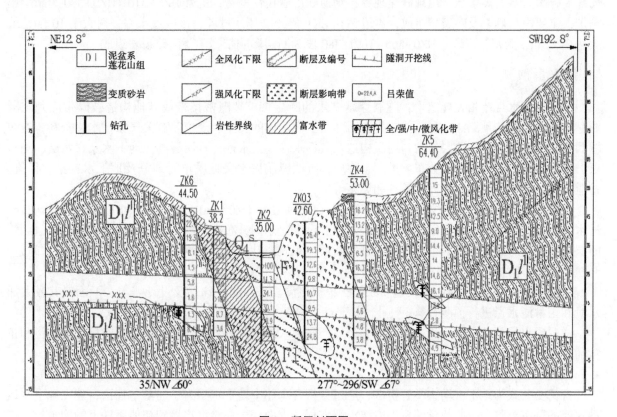

图 2　断层剖面图

3.3　断层上下盘岩体构造特征

断层下盘（见图 2，下同）钻孔 ZK6（桩号 HZ0+306.4）岩芯 0~27 m 呈强风化状，岩体破碎，27 m 以下岩体变好，呈弱风化状，点荷载试验确定的单轴抗压强度为 31.3 MPa，为中硬岩，这说明该孔位置已经处于断层以外。上盘钻孔 ZK5（桩号 HZ0+408.2）岩芯 0~46.3 m 为全—强—弱风化的分布，46.3~64.4 m 为强、弱风化交替出现，取弱风化带岩石做点荷载试验，结果为单轴抗压强度为 32.5 MPa，这说明该位置已经处于断层以外，但由于断层倾向 SW，钻孔越向下越靠近断层，受其影响，岩芯自弱风化逐渐变差，这验证了断层的倾向及发育范围。

3.4 断层带特征

根据钻探成果，钻孔 ZK1（桩号 HZ0+318.4）揭露在孔深 18.0~21.0m 段岩芯见轻微旋扭迹象，岩体风化程度较深，并在孔深 25.7~25.9 m 段出现掉钻、漏水情况，压水不起压，该段受构造影响的迹象明显，岩芯存在较多扭曲挤压现象及石英脉；钻孔 ZK2（桩号 HZ0+338.4）岩芯为强风化状，碎块—碎裂结构，夹杂较多石英条脉，局部可见扭曲及擦痕，说明受构造影响较大。

钻孔 ZK3（桩号 HZ0+356.4）上部岩芯为强风化状，碎块—碎裂结构，夹杂较多石英条脉，局部可见扭曲及擦痕，在深度 29~31 m 位置可见硅质岩体及石英脉，说明受构造影响大，综合分析，该孔处于主断裂之中。

钻孔 ZK4（桩号 HZ0+376.4）岩芯整体较差，呈碎块—碎裂结构，岩芯多处有受构造影响的碎裂岩或扭曲挤压现象，局部夹有较多构造石英脉及硅化现象，综合分析，该孔处于主断裂之中。本段岩芯普遍存在淋滤现象。

勘察成果显示，F1 断层的走向近 EW 向，断层继续向东延伸，与江相交。西侧则至冲沟底部，泉水 Q2 发育位置。

根据勘察成果，断层及其影响带范围为桩号 HZ0+310~0+380，产状为 277°~296/SW∠73°，主要由角砾岩、碎裂岩夹条带石英组成；其中主压带桩号为 HZ0+340~HZ0+365 段，主要角砾岩组成，局部夹碎裂岩基石英条脉，出现硅化现象，为逆断层压扭性构造；桩号 HZ0+310~HZ0+340 为断层影响带，主要由角砾岩及碎裂岩组成，本段钻孔 ZK1 及 ZK2 压水试验，该段透水率普遍大于 10 Lu，最大达 34.2 m，为富水区段；HZ0+365~HZ0+380 段为断层影响带，主要由碎裂岩组成。

4 涌水量预测

根据引调水规范相关规定[7]：隧洞穿越富水的断层带、裂隙密集带或其他构造破碎带应判定隧洞存在涌水可能并预测涌水量，并首先查明隧洞区表水体的类型、规模等有关气象、水文资料；查明隧洞区地形地貌形态、地层岩性和地质构造及其透水性、富水性；查明隧洞区地下水及含水层、隔水层、汇水构造、阻水构造的分布、类型、性质；查明隧洞区水文地质单元划分及地下水补给、径流、排泄条件；查明隧洞围岩的充水条件和类型等。

根据工程地质条件及水文地质条件，隧洞（HZ0+310~HZ0+380）穿越断层 F1，断层岩体破碎，透水性较强，局部压水不起压，断层地表发育有泉水，东侧分布有鱼塘，且 F1 断层推测与凌江相通，断层地表发育有泉水，地表分布鱼塘，且本断层与东侧凌江相通，故两段均可能存在隧洞涌水问题。开挖时需做好防护措施，及时抽排地下水。

通过分析 F1 断层的实际水文地质条件，根据该洞段条件的特殊性及设计需求，下面对其最大涌水量和正常涌水量进行预测计算。

隧洞涌水量预测分别采用古德曼经验公式、降雨入渗法两种方法分别预测隧洞的最大涌水量和正常涌水量。

4.1 最大涌水量预测

古德曼公式为地下水动力学解析法，通过分析含水体中地下水动力学的基本理论，建立地下水运动规律的基本方程，按照数学解析的方法求解方程，进而获得在给定边界和初值条件下的涌水量，本方法适用于潜水体含水体的最大涌水量预测。

本段 F1 断层由于透水性强，岩体较为破碎，含水量丰富，未发现承压水赋存条件，可近似看为潜水体，根据地下水动力学原理，采用古德曼经验式进行最大涌水量预测。

古德曼经验公式：

$$Q = \frac{L \times (2\pi \times K \times H)}{\ln\left(\frac{4H}{d}\right)}$$

式中：Q 为隧洞通过含水体地段的最大涌水量，m^3/d；K 为含水体渗透系数，m/d，当隧洞断面有不同含水体时取厚度的加权平均值；H 为静止水位至洞身横断面等价圆中心的距离，m；d 为洞身横断面等价圆直径，m；L 为隧道通过含水体的长度，m。

经计算（见表2），由于F1断层下穿凌江，可能发生与江水连通的涌水问题，穿断层隧洞段（HZ0+310～HZ0+340）为断层影响带富水段，最大涌水量约为 5 546.9 m^3/d，穿断层F1的部位（桩号 HZ0+340～HZ0+365）涌水量达 3 694.8 m^3/d，断层影响带 HZ0+365～HZ0+380 段最大涌水量为 2 564.7 m^3/d。

表2 隧洞最大涌水量计算

分段部位	$K/(m^3/d)$	H/m	d/m	L/m	$Q_0/(m^3/d)$
HZ0+310～HZ0+340（富水带及断层影响带）	30	35	10	2.22	5 546.9
HZ0+340～HZ0+365（F1 段）	25	50	10	1.41	3 694.8
HZ0+365～HZ0+380（断层影响带）	15	62	10	1.41	2 564.7

由于断层构成了通向地表水的涌水通道，隧洞在断层及其影响带范围内开挖时须做相应的涌水处理措施。

4.2 正常涌水量预测

降雨入渗法是水均衡方法的一种，通过对地下水动态规律的研究，查明隧洞施工期地下水的补径排关系，建立某一期间（均衡期）地下水补排的均衡变化关系，进而获得施工段隧洞可能的涌水量。

本洞段在三面环山，分水岭内降雨通过沟谷汇集到隧洞附近低洼的鱼塘，本次通过降雨入渗法预测其正常涌水量。

降雨入渗法公式如下：

$$Q_s = 2.72 \alpha W A$$

式中：Q_s 为隧洞通过含水体地段的正常涌水量，m^3/d；W 为多年平均降雨量，根据水文资料，本区多年平均降雨量为 1 758.6 mm；α 为降雨入渗系数，一般为 0.2～0.5，本段取不利情况 0.5；A 为隧洞通过含水体地段的集水面积，km^2，整条支洞通过的含水体集水面积约 0.27 km^2。

经计算，断层及其影响带含水体地段的正常涌水量 Q_s 为 641 m^3/d。

由于降雨入渗法未考虑集中涌水，本场地断层与江水相通且可能成为集中涌水通道，因此该方法预测的正常涌水量仅代表含水体在正常地下径流补给模式下的涌水量。

5 结论

（1）断层及其影响带产状为 277°～296/SW∠73°，其中主压带桩号为 HZ0+340～HZ0+365 段，主要由角砾岩组成，局部夹碎裂岩基石英条脉，存在硅化现象，为逆断层压扭性构造；桩号 HZ0+310～HZ0+340 为断层影响带，主要由角砾岩及碎裂岩组成，本段钻孔 ZK1 及 ZK2 压水试验，该段透水率普遍大于 10 Lu，最大达 34.2 m，为富水区段；HZ0+365～HZ0+380 段为断层影响带，主要由碎裂岩组成。

（2）断层岩体破碎，透水性中等—强。可能形成导水通道，出现涌水突泥及围岩失稳等问题。

（3）对同一隧洞段根据条件进行最大涌水量和正常涌水量计算，隧洞段 HZ0+310～HZ0+340 最大涌水量约为 5 546.9m^3/d，桩号 HZ0+340～HZ0+365 最大涌水量达 3 694.8 m^3/d，桩号 HZ0+365～HZ0+380（断层影响带）最大涌水量达 2 564.7 m^3/d。本段正常涌水量为 641 m^3/d。

（4）根据正常涌水量和最大涌水量，为设计和施工提供处理依据。

参考文献

［1］黄润秋，王贤能．深埋隧道工程主要灾害地质问题分析［J］．水文地质与工程地质，1998，25（4）：21-24.

［2］蒋建平，高广运，李晓昭，等．隧道工程突水机制及对策［J］．中国铁道科学，2006，27（5）：76-82.

［3］国家铁路局．铁路工程水文地质勘察规程：TB10049—2016［S］．北京：中国铁道出版社：2015.

［4］李鹏飞，张顶立，周烨．隧道涌水量的预测方法及影响因素研究［J］．北京交通大学学报，2010 年，34（4）：11-15.

［5］李廷春，吕连勋，段会玲，等．深埋隧道穿越富水破碎带围岩突水机理［J］．中南大学学报（自然科学版），2016，47（10）：3469-3476.

［6］职常应，李永生，罗占夫．关角隧道二郎洞断层束破碎带涌水分析［J］．路基工程，2010，5：59-61.

［7］中华人民共和国水利部．引调水线路工程地质勘察规范：SL629—2014［S］．北京：中国水利水电出版社：2014.

高卡水库设计流域地下分水岭的论证

陈启军 吴 飞

（中水珠江规划勘测设计有限公司，广东广州 510610）

摘 要：从高卡水库区内出露的地层岩性、地质构造以及岩溶水文地质条件等方面分析，结合水文地质调查、钻孔、物探、连通试验、岩溶区水均衡法计算等综合手段查明高卡水库地下分水岭分布，设计流域地下分水岭的确定为水文计算、水库规模和建筑的安全性评估提供依据。

关键词：地质构造；岩溶水文地质条件；连通试验；设计流域地下分水岭

1 引言

水文、地质是水库工程建设的基础专业，其中地质对水库的成库建坝条件起关键性的作用，而水文对工程的规模与建筑物的安全密不可分。水库设计流域集雨面积的大小又是水文最基础的工作。当水库工程建设在岩溶山区时，地表与地下集雨面积时水文计算显较为复杂。如高卡水库处于贵州省高原黔西南岩溶山区，区内岩溶强烈发育，若不考虑岩溶地区的特性，按照常规的水库设计流域地表分水岭和地下分水岭基本重合的思路推算集雨面积为 21.3 km²，坝址多年平均流量为 0.52 m³/s。若考虑区内岩溶强烈发育的特性，设计流域的地表分水岭和地下分水岭不一定重合，可能存在邻谷袭夺使地下分水岭部分以至完全消失。若不能查清设计流域的集雨面积，水库的来水量与建筑物的安全将得不到充分保障。因此，查明设计流域集雨面积及其地下水的补给、径流、排泄条件成为了项目成败的制约因素，本文根据高卡水库工程区出露的地层岩性、地质构造及岩溶水文地质条件进行详细的分析，并结合钻孔、物探、连通试验，最终准确地划定了高卡水库的集雨面积为 29.6 km²，其中地表集雨面积 21.3 km²，青龙潭暗河岩溶管道袭夺了田坝—大山脚岩溶槽谷一带枯季地下集雨面积 8.3 km²，坝址多年平均流量为 0.692 m³/s，坝址多年平均流量提高了 33.08%。为水文计算、水库规模和建筑的安全评估提供了翔实的依据。

2 水库设计流域地下分水岭的确定方法

碎屑岩地区水库设计流域地表分水岭与地下分水岭基本一致。在碳酸盐岩岩溶弱发育地区两者基本一致，但强岩溶地区两者往往不一致。

大量的工程实践表明，碳酸盐岩地区地下分水岭确定主要根据地表分水岭水文地质调查、钻孔地下水位、物探、地下水连通试验和岩溶水均衡法等手段进行综合分析确定。

水文地质调查初步查明工程区强可溶岩组、中等可溶岩组、弱可溶岩组分布及组合模型（初拟工程区地质结构模型），初步查明岩溶发育规律，从而确定工作的重点。

钻孔为验证和了解地下岩溶发育情况，揭露稳定的地下水位，确定分水岭位置提供依据。

物探（音频大地电磁法、瞬变电磁法、高密度电法）不仅可以解译更深、更广的地下岩溶发育情况，还可以提供连续的反演剖面供地质人员参考分析。

连通试验了解工程区地下水的流向、流速、地下岩溶与裂隙的发育情况、地表径流与地下水之间

作者简介：陈启军（1979—），男，高级工程师，主要从事水利水电工程地质勘察及岩土工程工作。

的水力联系等。

水均衡法根据水文地质调查资料及泉点测流资料，用枯季地下水径流模数对各泉域汇水面积进行复核，圈定各泉域汇水面积。

3 高卡水库工程地质概况

3.1 工程概况

高卡水库工程位于贵州省兴义市高卡村高卡河上，距离兴义市约 8 km。挡水建筑物由一座主坝和一座副坝组成，主坝混凝土重力坝，最大坝高 87.8 m，副坝位于主坝东侧约 700 m 的山间槽谷部位，亦为混凝土重力坝，最大坝高 35.8 m。主坝址多年平均流量 0.52 m³/s，坝址以上地表集水面积 21.3 km²，正常蓄水位为 1 302 m，库容为 1 055 万 m³。水库处于岩溶山区，枯水期地表河流转入地下河中，河流干涸悬托，足见区内岩溶强烈发育。

岩溶地区水库涉及集雨面积时水文计算复杂，而集雨面积与地下分水岭密切相关。因此，查明设计流域地下分水岭分布特征对水文计算、工程规模与建筑物的安全意义非常巨大。

3.2 地质概况

区内地貌形态基本上以岩溶槽谷和中山地貌景观为主。水库左岸与邻谷间分水岭高程在 1 700~2 000 m，山体浑厚；右岸与邻谷间分水岭高程在 1 400~1 450 m，山体单薄；库尾南缘大山脚北侧山脊一带为库尾分水岭。河谷形态呈狭窄的"V"形，总体流向从南到北。河床面宽为 10~60 m，上游较窄，下游渐宽，近坝段河床高程 1 227.5 m。

区内出露的地层岩性为三叠系（T）碎屑岩和碳酸盐岩，具体分为下统飞仙关组（T_{1f}）、下统永宁镇组（T_{1y}）和中统个旧组（T_{2g}）。

3.2.1 下统飞仙关组（T_{1f}）

下统飞仙关组（T_{1f}）为一套砂泥岩及灰岩，根据岩石性质和区域对比，分为上、下两段，自上而下描述于后。

（1）飞仙关组上段（T_{1f}^b）为紫红与紫色粉砂岩、泥质粉砂岩、泥岩和少量含长石细粒石英砂岩，常夹较多的灰岩。厚度 553 m。

（2）飞仙关组下段（T_{1f}^a）为灰绿、青灰色含长石细粒石英砂岩、粉砂质黏土岩、粉砂岩。厚度 73 m。与龙潭组呈假整合接触。

3.2.2 下统永宁镇组（T_{1y}）

下统永宁镇组（T_{1y}）由碳酸盐岩及砂岩、泥岩组成，依照岩性上具有的明显两分性，分为上、下两段，上段为砂、泥岩段；下段为灰岩段。

（1）永宁镇组上段（T_{1y}^b）上部为灰、灰黄色泥质灰岩、泥质条带灰岩夹蠕虫状及眼球状灰岩和灰质泥岩；下部蓝灰、灰绿色白云质泥岩夹生物碎屑灰岩及灰质粉砂岩。厚度约为 49.5 m。与上覆个旧组（T_{2g}）呈整合接触。

（2）永宁镇组下段（T_{1y}^a）为灰、蓝灰色泥质微粒灰岩夹蠕虫状灰岩。厚度约为 234.5 m。与下伏飞仙关组（T_{1f}）呈整合关系。

3.2.3 中统个旧组（T_{2g}）

中统个旧组（T_{2g}）为一套碳酸盐类岩层及少量碎屑岩，依据岩性组合特点可分为四段，上与法郎组，下与永宁镇组皆呈假整合接触。由老到新列述于下：

（1）个旧组第一段（T_{2g}^a）为浅灰、灰色中厚层及块状白云岩夹含泥质白云岩、灰质白云岩，仅底部有少量中至厚层灰岩，由北向南，自西向东逐渐增厚，厚度 441 m。

（2）个旧组第二段（T_{2g}^b）上部为灰色、深灰色薄中层灰岩夹多量的泥质条带状泥灰岩和泥质白云岩，下部黄绿、灰绿、紫红色灰质粉砂质泥岩，与白云岩、泥质白云岩呈不等厚互层。厚度

192 m。

（3）个旧组第三段（T_{2g}^c）为灰、浅灰色中—厚层灰岩与白云岩不等厚互层。上部夹含泥质灰岩、与条带状泥质灰岩，厚 324 m。

（4）个旧组第四段（T_{2g}^d）为一套厚度较大、岩性单一的灰、深灰色厚层块状白云岩夹角砾状白云岩及薄层状粉砂质泥质白云岩。厚度大于 755 m。

库区位于北西向的九头山向斜南西翼，岩层产状为 335°～340°/NE∠41°～49°，为单斜构造，河谷呈纵向谷，倾向河流右岸，马脖子大沟、花营沟横切岩层走向，属横向谷。裂隙发育，主要发育走向呈南北、北西、北东等裂隙。

3.3 岩溶水文地质条件

库区岩溶出露类型基本为裸露型，岩溶形态丰富，从规模宏大的岩溶槽谷到较为宽广的洼地、落水洞，冗长的溶洞、暗河（管道）和幽深的泉眼，再到细微的溶沟、溶槽、溶隙、溶孔等。宏大的岩溶槽谷为库尾外围田坝—大山脚槽谷、布雄槽谷，东侧十里坪槽谷，库下游分布高卡槽谷，库中发育副坝槽谷等。根据水文地质调查，工程区一般槽谷中或边缘伴随溶洞和落水洞发育，如 K13 倾斜溶洞、K23 水平溶洞、K28 落水洞分别发育于田坝—大山脚槽谷中及边缘；田坝—大山脚岩溶槽谷南侧 W8 洼地（当地称水淹凼）中发育 K26 落水洞；K21、K22 落水洞分布于布雄槽谷。坝址上游右岸发育 W1 洼地，洼地内套 K4、K5 落水洞和 K6 溶洞。青龙潭暗河（K9）是区内规模最大的地下暗河，暗河出口位于坝址下游右岸 500 m 处溶洞，枯水期暗河流量为 40.58 L/s，勘察期间偶测流量为 360 L/s，溶洞位于 T_{2g}^c 薄层—厚层灰岩、白云岩中，洞口高程 1 220 m。库区西侧地表分水岭附近大坪子东偏北 530 m 处和大凹子北东 1.37 km 处出露泉水（QS16、QS17），其流量约为 6 L/s。与设计流域相关的岩溶水系统为 K28-K9、K23、K26-S27，其中 K28-K9 为设计流域内岩溶水系统，K23、K26-S27 为设计流域外岩溶水系统。

根据水文地质调查，结合碳酸盐岩的岩性将区内可溶岩 T_{1y}^b、T_{2g}^c 划分为均匀状强可溶岩、T_{2g}^a、T_{2g}^d 均匀状弱可溶岩和 T_{1y}^b、T_{2g}^b 间互状可溶岩与非可溶岩，与之对应的岩溶含水层组类型为强岩溶含水层、弱岩溶含水层和多层次含水层且含水层的透水性具明显方向性的地质结构模型。

4 设计流域地下分水岭分析

4.1 设计流域地表分水岭

根据地形资料，高卡水库地表分水岭明显，据此可划出地表集水区。地表集水区由郑家沟、主沟花营沟（坝址处枯水季节地表河流转入地下河，地表河干涸悬托）及马脖子大沟（常年有水）构成。水库流域上游区域地表水主要由郑家沟汇集地表来水，经郑家沟水库往下，流经下寨河村、龙地湾，于布雄的雨古村附近落水洞伏流入地下，并经本流域岩溶管道系统流至青龙潭。经实地调查，没有与外流域交换水量的工程措施，对下游农田灌溉后回归水仍汇集本流域岩溶管道系统。水库流域下游区域地表水由主沟花营沟及支沟汇流至坝址。经推算地表分水岭集水面积 21.3 km²。

4.2 设计流域地下分水岭

综观整个设计流域地表分水岭内分布的地层岩性从老到新依次为 T_{1f}^b、T_{1y}^a、T_{1y}^b、T_{2g}^a、T_{2g}^{b1}、T_{2g}^{b2}、T_{2g}^c、T_{2g}^d，其中 T_{1f}^b、T_{2g}^{b1} 为碎屑岩，其余均为碳酸盐岩。因设计流域处于九头山向斜之中，T_{2g}^c、T_{2g}^d 等在设计流域内外重复出现。地表分水岭与地下分水岭是否重合可以从设计流域地表分水岭的西侧、东侧、南侧做以下细述。

首先，设计流域西侧地表分水岭，在 T_{1y}^a、T_{1y}^b、T_{2g}^a、T_{2g}^{b2}、T_{2g}^c 地层中地表分水岭附近呈带状分布，地形较陡，滞水困难（雨季时山洪一般都顺冲沟迅速排至河谷），入渗系数小，岩溶发育强度反而偏弱，可判断地表分水岭与地下分水岭基本重合，但在 T_{2g}^d 地层中地表分水岭附近（胡家湾—大凹子一带）岩溶洼地发育，且分别在大坪子东偏北 530 m 处和大凹子北东 1.37 km 处出露泉水（QS16、QS17），其流量约为 6 L/s，其中泉水 QS16 为花营沟的源头，泉水 QS17 为郑家沟的源头。该处实为另外一套岩溶水文地质单元，单元西侧以地表分水岭为界，补给区为分水岭附近的一系列洼地，径流区在洼地下方斜坡一带，排泄区为 QS16、QS17 泉水点。泉水点以上包括岩溶洼地在内的径流面积 F 为 1.76 km²。根据区域水文地质资料，该套地层径流模数 M = 0.74~12.27 L/（s·km²），M 典型值为 7.92 L/（s·km²），若以典型值计算，根据岩溶区水均衡分析法，该径流面积范围内的流量 Q = $F×M$ = 1.76×7.92 = 13.9（L/s），接近 QS16、QS17 排泄流量。西侧地表分水岭与地下分水岭在 T_{2g}^d 弱可溶岩地层中可认为基本重合。

其次，设计流域东侧地表分水岭，呈近南北向展布的条形山体，宽 220~450 m。分水岭高程为 1 403~1 419 m。地层岩性为 T_{2g}^d 白云岩，据水文地质调查副坝右岸山体地表分水岭附近岩溶发育相对较弱，且两侧岩溶发育程度无明显差异，山体地貌单元单一，岩溶形态基本不发育。地表分水岭附近 ZK30 钻孔稳定水位为 1 263.38 m，分水岭内侧 ZK13 钻孔最低地下水位为 1 265.46 m，根据山体岩溶发育较弱的特点，ZK30、ZK13 钻孔水位基本上能代表山体的地下水位基本情况。地表分水岭与地下分水岭基本重合，至于该山体地下水位较低是与条形山体集雨补给面积较小、蓄水条件差，垂直循环带内降水迅速排泄，或向深部运移有关。

最后，设计流域南侧地表分水岭，地表分水岭北侧区域为郑家沟水库集水区，而南侧区域主要为拱桥水库集水区。地表分水岭地层岩性由西到东地层岩性分别为 T_{2g}^d 白云岩、T_{1f}^b 石英砂岩和黏土岩、T_{1y}^a 泥质微粒灰岩夹蠕虫状灰岩、T_{1y}^b 泥质灰岩和白云质灰岩、T_{2g}^a 白云岩、T_{2g}^{b1} 泥岩与白云岩互层、T_{2g}^{b2} 灰岩夹泥灰岩、T_{2g}^c 灰岩及白云岩、T_{2g}^d 白云岩。T_{2g}^d、T_{1y}^a、T_{1y}^b、T_{2g}^{b2} 岩溶发育相对较弱，T_{2g}^c 灰岩地层岩溶发育强烈，地表分水岭南侧 T_{2g}^c 地层中岩溶形态表现为田坝—大山脚岩溶槽谷、K13 溶洞、K28 落水洞（地表分水岭南侧）等。田坝—大山脚岩溶槽谷内落水洞 K28 与库区下游青龙潭暗河 K9 连通试验，历时 91 h，两者相距 6 km 左右，地下水的水力坡降约 2.9%，管道内平均流速为 0.018 m/s，比流速为 9.15 m/（m·d），属管道流加岩溶暗潭的形式。K28-K9 地下岩溶管道水系统穿越枇杷树—上寨—大山脚一带的地表分水岭流向库区，即在枇杷树—上寨—大山脚一带地表分水岭与地下分水岭明显不重合，地下分水岭向田坝—大山脚槽谷方向偏移。槽谷内除发育 K13 溶洞、K28 落水洞外，其南部水淹函发育落水洞 K26 岩溶系统，东部发育飞龙洞 K23 岩溶系统，落水洞 K28—溶洞 K9 连通试验显示槽谷内部分地下水流向库区，溶洞 K13 连通试验显示地下水未流向 K23 溶洞出口，根据岩溶顺层发育特点很大可能流向库区。说明槽谷内东西向和南北向分布地下分水岭，东西向的分水岭北侧地下水流向库区，南侧地下水流向 K26 岩溶管道水系统；南北向地下分水岭东层流向库区，西侧地下水流向 K23 岩溶管道水系统。田坝—大山脚岩溶槽谷内钻孔 ZK51（地下水位为 1 351.32 m）、ZK52（地下水位为 1 354.56~1 329.15 m）、ZK53（地下水位为 1 347.06 m）均高于正常蓄水位。经过 ZK51 钻孔和 ZK53 钻孔的瞬变电磁法 EH3 剖面显示该带未明显的岩溶现象发育，仅在高程为 1 160~1 165 m 分布溶蚀破碎带；经过 ZK52 钻孔瞬变电磁法 EH4 剖面显示在高程为 1 320~1 345 m 发育溶蚀破碎带，其余地带未有岩溶发育。钻孔揭露地下水位来看，东西向地下分水岭高程为 1 329 m；溶洞 K13 洞底水面高程约为 1 286 m。推算南北向地下分水岭高程 1 286~1 321 m。落水洞 K28 上游为拱桥水库，拱桥水库地表集水区主要由王家沟和白古—田湾—洒报一带冲沟构成，据了解，白古—田湾—洒报冲沟地表水经落水洞流向拱桥水库。根据拱桥水库集水区及田坝—大山脚槽谷内推测地下分水岭划出设计流域的地下分水岭集雨面积约为 29.6 km²。即设计流域地下集雨面积较地表集水面积大 8.3 km²。高卡水库岩溶水文地质平面示意图见图 1。

5 结论

高卡水库设计流域地表分水岭集水面积 21.3 km²。通过水均衡计算确定库区西侧地表分水岭与地下分水岭基本重合；东侧分水岭岩溶发育较弱地表分水岭和地下分水岭基本重合；库尾南侧岩溶强烈发育，设计流域地表分水岭与地下分水岭不重合，地下分水岭进一步向南侧偏移。通过水文地质调查、钻孔、物探、连通试验确等综合手段查明地下分水岭在田坝—大山脚岩溶槽谷中的分布情况，经

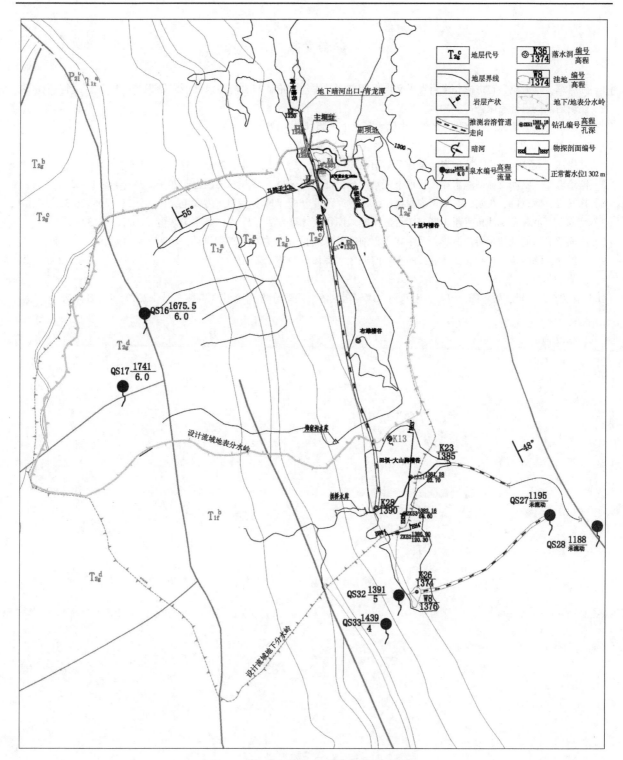

图 1　高卡水库岩溶水文地质平面示意图

计算地下集雨面积增加约 8.3 km²，即设计流域的地下分水岭集雨面积约为 29.6 km²，坝址多年平均流量为 0.692 m³/s。说明岩溶山区水库设计流域的控制集雨面积可以通过水文地调查、钻孔、物探、连通试验等综合手段确定，且准确性较高。

　　由于碳酸盐岩强岩溶化岩体形成的岩溶管道、岩溶暗河及大泉形式出露，其上部地形起伏大、补给区域广的情况下集雨面积的划定较为复杂，特别是存在多个岩溶洼地、天窗、落水洞、盲谷的情况下从地形图量测集雨面积是非常困难的，需要借助综合勘察手段综合确定。下一步可通过多年长期水文观测资料（降雨、流量）结合区域降雨、水文站流量资料进行反算复核设计流域地下分水岭集雨面积。

参考文献

[1] 陈启军，李振嵩，吉彬彬. 贵州省兴义市高卡水库成库地质论证与岩溶防渗处理专题报告 [R]. 广州：中水珠江规划勘测设计有限公司，2014.

[2] 欧阳孝忠. 岩溶地质 [M]. 北京：中国水利水电出版社，2013.

[3] 邹成杰. 水利水电岩溶工程地质 [M]. 北京：中国水利电力出版社，1994.

[4] 袁代江. 大沙河水库老龙洞岩溶泉地下集雨面积的论证 [J]. 地下水，2015，37（3）：7-8.

[5] 冉景忠. 三岔河支流旧院水库工程地下汇水面积论证研究 [J]. 贵州水力发电，2010，24（4）：18-22.

[6] 林发贵，谭奇峰，魏建国. 刘家沟水电站水库成库条件分析 [J]. 贵州水力发电，2009，23（3）：26-31.

[7] 龙章发，罗珊珊. 浅析贵州山区非闭合流流域入库径流计算方法 [J]. 广东水力水电，2021，2：37-42.

[8] 严福章. 河间地块岩溶渗漏类型及主要工程地质特征 [J]. 水力水电工程设计，1999，4：19-20.

[9] 王建强，陈汉宝，朱纳显. 连通试验在岩溶地区水库渗漏调查分析中的应用 [J]. 资源环境与工程，2007，21（1）：30-34.

[10] 罗宇凌，沙斌，姚翠霞，等. 云南双河水库岩溶区渗漏问题分析 J]. 中国高新科技，2019，14：14-17.

水库蓄水对邻近隧洞影响评价方法探讨

黄建龙　王　刚

（中水珠江规划勘测设计有限公司，广东广州　510610）

摘　要： 本文以西南某水库蓄水对毗邻高铁隧洞影响评价为例，采用地质调查、地质物探、钻孔验证以及原位试验等的手段，结合解析计算，综合分析了水库与隧洞之间地质体的基本工程地质条件以及施工前后的水文地质变化，评价二者由于隧洞涌水处理、水库蓄水后地下水位壅高、水库渗漏等建立彼此影响的可能性，探讨水库蓄水对高铁隧洞影响评价的分析过程及技术要点，总结得出二者关系本质上取决于地层岩性、地质结构以及空间关系等，而导水结构为重中之重，运营期应建立地下水长期观测网。

关键词： 水库；隧洞；水文地质条件；涌水；壅高；渗漏

1　引言

随着我国进入了"十四五"的开局之年，规划纲要中明确提出加快建设交通强国，在基本贯通"八纵八横"高速铁路网的基础上继续完善综合运输大通道，同时提升国家高速公路网络质量；而水利建设方面也立足于习主席十六字治水思路，重点加强行政区河流水系治理保护和骨干工程建设，提升水资源优化配置和水旱灾害防御能力。基于上述前提，我国交通及水利建设等基础建设依然保持着蓬勃发展的态势，重点交通枢纽干线、重点水源工程有增无减而受限于地理条件，越来越多的山区水库与铁路、公路隧洞形成交集，如大瑶山1号隧洞下穿福源电站水库[1]、小北山一号隧洞下穿谭峰山水库[2]、滇中引水工程[3]等。水库工程一般前期论证周期较长，存在比道路工程先行论证但又滞后上马建设的情况，建设单位往往不得不选择以减小规模（降低蓄水位）、调整坝址等的方式规避水库蓄水对邻近已建隧洞的影响，在涉及重大运输动脉建设的情况下甚至要搁置项目，在浪费大量时间、技术资源的同时限制了水资源的开发利用。因此，在水库成库论证过程中充分分析蓄水后对既有隧洞的影响至关重要。

本文以西南某毗邻沪昆高铁建设的水库为例，以实际工程总结和论述水库蓄水对高铁隧洞影响评价的分析过程及技术要点，以期为类似的工程项目建设提供参考。

2　工程地质概况

西南某水库与沪昆高铁一隧洞近平行展布（见图1），设计正常蓄水位为1 460 m，高铁隧洞位于水库右岸山体，与水库设计回水线距离250~550 m。根据高铁隧洞设计资料，隧洞进口位于水库坝址下游约1.5 km右岸大桥附近、轨面设计高程约1 407 m，出口位于水库坝址上游约3.8 km右岸山体附近、轨面设计高程约1 529 m；隧洞对应坝址轴线附近轨面设计高程约1 439 m，至轨面设计高程对应水库设计正常蓄水位1 460 m处涉及的隧洞长度约为1.1 km。尽管水库规划阶段已专门论证成库条件并得出水库蓄水不会对高铁隧洞造成影响的结论，但上述论证均基于天然状态下的水文地质条件，高铁隧洞在实际施工过程中曾发生多处涌水突泥事件，设计增加了两个泄水横洞排水，到隧洞完工时

作者简介：黄建龙（1988—），工程师，主要从事水利水电勘察工作。

附近山体的地下水环境已发生极大的变化。考虑高铁运输安全，作为靠后动工的水库需重新论证蓄水后可能对高铁隧洞造成的劣变影响。

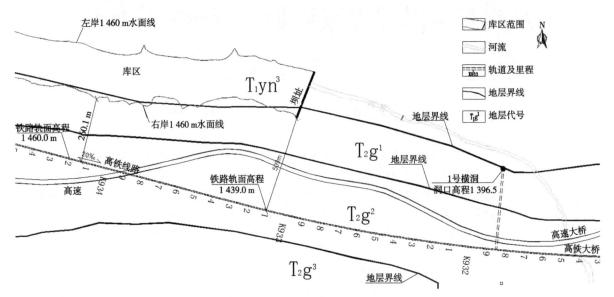

图 1　水库与高铁隧洞位置示意图

2.1　地层岩性

自水库右岸至高铁隧道之间依次分布地层：三叠系下统永宁镇组第三段（T_1yn^3）薄至中厚层状灰岩，中统关岭组第一段（T_2g^1）薄层泥质碎屑岩与泥灰岩、白云岩互层以及关岭组第二段（T_2g^2）薄至中厚层状灰岩、泥质灰岩。

高铁隧道沿线实际揭露：进口—K933+300 段为 $T_2^2g_2$ 地层，K933+300—出口段为 T_2^1g 地层。

2.2　地质构造

高铁隧洞位于水库右岸河间地块地带（见图 2），为一轴向东西向斜，核部地层为 T_2g^3 地层，两翼依次为 T_2g^2、T_2g^1、T_1yn^3 及 T_1yn^2 地层，北翼（水库一侧）岩层倾角 40°～60°，南翼（邻河一侧）倾角 35°～45°。高铁线路走向近似平行于向斜轴线。

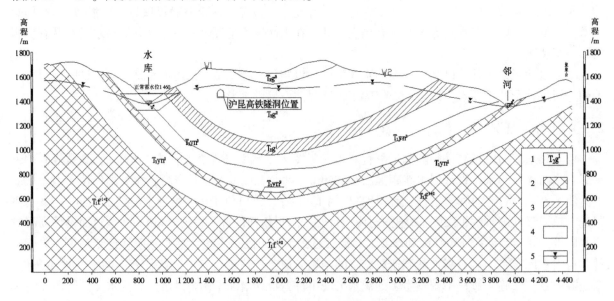

1—地层代号；2—隔水层；3—相对隔水层；4—含水层；5—推测地下水位

图 2　水库与沪昆高铁隧洞位置关系剖面示意图

调查期间，沿 T_2g^1 地层顶部、高铁隧洞顶部以及水库与隧洞之间垂线分别布置了高密度电法 EH4 测线，根据测试结果：T_2g^1 地层与下部 T_1yn^3 地层、上部 T_2g^2 地层整合接触，岩层完整，未见断层错动现象。

2.3 水文地质条件

本区地下水主要为岩溶水、裂隙水以及孔隙水，均接受大气降水补给，并向河流排泄。

地下水靠大气降雨的补给，强可溶岩往往通过落水洞等灌入方式补给，而弱可溶岩及碎屑岩则以分散补给为主。岩溶地下水是区内地下水的主要部分，水量丰富。降水主要以渗入地下为主，补给地下水，然后在河谷两岸斜坡带以岩溶泉出露的形式流出地表。河间地块两侧河谷斜坡带降水以地表排泄为主，少量沿裂隙渗入地下补给地下水，地下水渗流途径短，活动微弱。区内出露的泉水点主要集中出露在 T_1yn^1 的灰岩地层及的 T_2g^1 上部地层中，其他地层中零星有泉水出露，其中涉及隧洞段沿线 T_2g^1 上部泉水点出露高程一般在 1 468～1 498 m，流量 0.01～3 L/s，最大泉点为附近村民生活水源。

根据工程区含水层、相对隔水层和隔水层的分布及地下水的出露特征，以 T_2g^1、T_1yn^2 相对隔水层为界，将工程区划分为 3 个岩溶水文地质单元（见图 3），高铁隧洞主体位于 I 水文地质单元中。

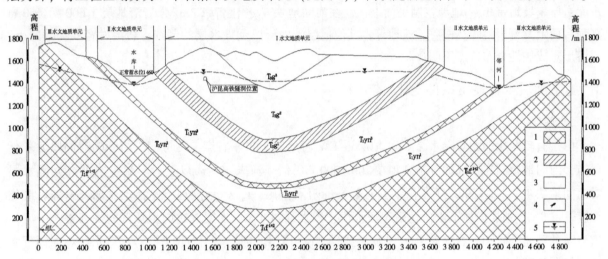

1—隔水层；2—相对隔水层；3—含水层；4—可疑渗漏带及渗漏方向；5—推测地下水位

图 3　工程区水文地质单元划分示意剖面略图

2.4 岩溶发育规律

按区内各岩组的可溶性程度细分为强岩溶层组、弱岩溶层组及非岩溶层组（见表 1），依其透水性相应地分为强透水层、中等透水层及隔水层（或相对隔水层）。

表 1　工程区基岩含水岩组类型划分

层组类型	地层	岩性	厚度/m	水文地质特征
强溶岩含水透水岩组	T_2g^3	微至细晶白云岩夹灰质白云岩	>220	为裂隙、溶蚀裂隙含水层，岩溶管道水丰富
	T_2g^2 上部	薄至中厚层状灰岩	>300	
	T_1yn^3	白云岩、盐溶角砾岩、薄至中厚层灰岩	336～413	
	T_1yn^1	中厚层状灰岩	201～218	

续表 1

层组类型	地层	岩性	厚度/m	水文地质特征
中等岩溶含水透水岩组	T_2g^2 下部	薄至中厚层状灰岩、泥质灰岩与蠕虫状灰岩互层	82~87	为溶裂隙、蚀裂隙含水层，局部有小型的岩溶管道水出露
弱岩溶含水透水岩组（相对隔水层）	T_2g^1	薄层泥岩、砂质泥岩、粉砂岩与黄色白云岩与泥灰岩互层	106~135	为裂隙性含水层，未见岩溶管道水出露
隔水层	T_1yn^2	砂岩、泥岩、粉砂岩	68~82	隔水性能良好
	T_1f	岩屑砂岩、粉砂岩夹泥岩	>258	

据上，研究区范围内主要分布 T_1yn^1、T_1yn^3、T_2g^2、T_2g^3 强岩溶地层以及 T_2g^1 弱可溶岩地层，受水库右岸斜坡地带 T_2g^1 地层控制平面上，仅在河间地块 T_2g^2 上部、T_2g^3 强岩溶地层 1 600~1 650 m 高程台面上发育岩溶峰丛槽谷、洼地等，其他地层受地形以及隔水层的制约，岩溶发育弱；垂向上，岩溶形态成层性分布特点不明显。

3 施工前后水文地质条件变化

3.1 水库区

由于有较厚层的相对隔水层 T_2g^1 地层近 EW 向分布于水库右岸，与可能受影响的隧洞段近平行展布，河间地块向斜核部的分布高程在 700~900 m，低于河床 400 m 以上，上部的 T_2g^1 相对隔水层对河间地块 T_1yn^3 地层的地下水活动具有较好的阻隔作用，T_1yn^3 地层地下水活动微弱、深部岩溶化程度低，T_1yn^3 地层内地下水位均高于河水位，库水通过 T_1yn^3 地层越过向斜核部向低邻谷及下游河道渗漏的可能性较小。右坝肩 T_1yn^3 地层上部、T_2g^1 地层下部岩溶相对发育，存在库水绕坝向河下游顺层渗漏的问题。

在施工期间，水库大坝右坝肩的绕坝渗漏问题已通过灌浆帷幕进行处理，防渗帷幕垂直方向至相对隔水顶板、水平方向则与地下水位 1 460 m 高程衔接。蓄水后库区形成高水头，按水库与铁路轨面的最高水头差（约 21 m）和最短渗径（约 250 m）计算两者间的水力梯度 $J=0.084$，对较厚层的 T_2g^1 相对隔水层基本不造成影响。另外，库周地下水位由于蓄水将会产生一定的壅高，采用《水利水电工程水文地质勘察规范》（SL 373—2007）附录 C 中公式计算：假设在有渗入时的河间地块，一河壅水一河水位不升高，陡直河岸条件下：

$$y = \sqrt{h^2 + (H_1^2 - h_1^2)\frac{L-x}{L}} \tag{1}$$

式中：y 为壅高后计算断面处的含水层厚度；h 为蓄水前计算断面处的含水层厚度；H_1 为隔水底板至水库正常蓄水位之差；h_1 为蓄水前河流水边线处的含水层厚度；x 为蓄水后水边线至计算断面处的距离；L 为平均渗径。

由于高铁隧洞采取了横洞排水的措施，实质上构成一个"低邻谷"的现象，因此在实际计算中，河间地块的距离采用的是水库库岸线与高铁隧洞之间的距离，计算结果大致见表2，结合已有水位观测孔数据，推测蓄水后地下水位线（见图5）。

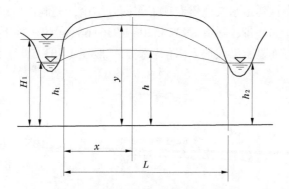

图 4 水库蓄水后地下水壅高示意图

表 2 蓄水后地下水位壅高估算

L/m	h/m	H_1/m	h_1/m	x/m	y/m	壅高值 $\Delta h/\text{m}$
480	82.0	126.5	72.6	5	131.70	49.70
480	82.5	126.5	72.6	10	131.58	49.08
480	83.5	126.5	72.6	20	131.36	47.86
480	85.5	126.5	72.6	30	131.80	46.30
480	88.5	126.5	72.6	50	132.08	43.58
480	93.5	126.5	72.6	80	132.99	39.49
480	101.5	126.5	72.6	100	137.11	35.61
480	111.5	126.5	72.6	120	143.11	31.61
480	123.5	126.5	72.6	150	150.43	26.93
480	138.5	126.5	72.6	180	160.90	22.40
480	156.5	126.5	72.6	200	175.36	18.86
480	176.5	126.5	72.6	250	190.51	14.01
480	201.5	126.5	72.6	275	212.57	11.07

注：仅计算 T_2g^1 地层。

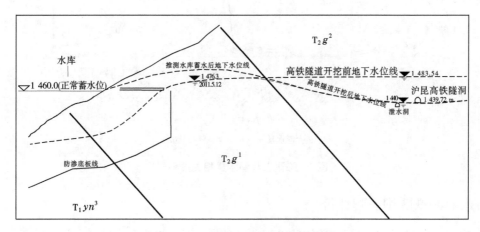

图 5 水库蓄水后地下水壅高示意图

3.2 高铁隧洞

高铁隧洞地下水以岩溶裂隙水为主，岩溶水在地下径流途径以裂隙-溶隙为主，浅部地下水在南侧向斜核部低洼地带及北侧山坡以泉点形式出露，深部地下水总体以隧道进口的河床为排泄基准面顺岩层自西向东径流。根据高铁隧道水文地质专项工作调查结论，隧洞进口段 K931+505～K932+520 段位于地下水垂直—水平交替循环带；隧道 K932+520～K936+688 段位于地下水水平循环带。另外，高铁隧洞前期的勘察钻孔数据亦显示沿线地下水位较高，一般在 1 483.58～1 527.08 m（见图 6）。

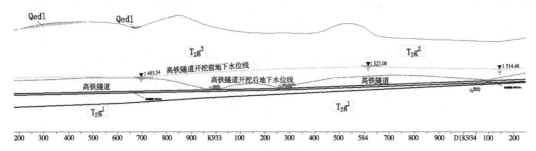

图 6　高铁隧洞开挖前后地下水位变化示意图

隧道施工开挖时，多段发育溶腔溶槽并出现涌水突泥，涌水量一般为 20～60 m³/h，其中绝大部分经初支处理后基本由股状涌水、线状涌水过渡为点状渗水，但仍有个别呈间歇性涌水，其涌水时间、水量以及降水量呈现一致性（见图 7），最大雨量 114 mm 时涌水量可达 6 137 m³/h。隧洞大规模降水形成了以横洞为主要中心的降水漏斗，附近泉水点流量大幅下降，大部分已基本呈断流状态，对附近居民生活造成巨大影响。

从上述情况可以看出，一方面，隧道涌水量与降雨量有直接关系，隧道涌水量随降雨量增大而增大，表明突水段岩溶通道与地表连通性较好；另一方面，也表明了隧洞的施工（尤其是大规模的排水、降水）已大幅改变了地下水环境，洞段地下水动力垂向分带由浅饱水带过渡至季节交替带[4-5]。

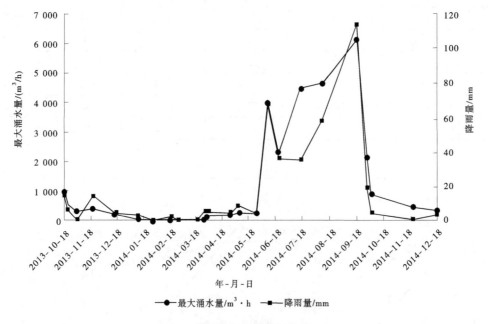

图 7　降雨量与涌水量相关关系

4　水库蓄水对高铁隧洞影响评价

通过分析库区与高铁隧洞之间地质体的工程地质条件，对比水库和高铁隧洞施工前后水文地质条件的实质变化，再基于上述条件评价水库蓄水后可能对高铁隧洞的安全运营造成的影响。

4.1　隧洞涌水量分析

隧道主要穿越两个水文地质单元，分别为水文地质单元（Ⅰ）：里程范围为 D1K932+520～D1K936+688；水文地质单元（Ⅱ）：D1K931+505～D1K932+520。因此，需根据工程地质条件的差异对涌水量分段估算，隧道各段涌水量采用大气降水入渗法和地下水径流模数法进行估算对比。

4.4.1 大气降水入渗法

根据隧址区水文地质条件、地层岩性及含水层特征对其进行分段计算，计算公式为

$$Q = 2.74\alpha WA \tag{2}$$

式中：Q 为隧道正常涌水量，m^3/d；A 为汇水面积，km^2，根据隧道地下水汇水范围，在 1：1 万地形地质图上量测；W 为年平均降雨量 1 433.8 mm；α 为入渗系数，根据区域数据采用经验值。

计算结果：$Q_{正常} = 11\ 612.9\ m^3/d$，$Q_{最大} = 29\ 020.7\ m^3/d$，见表 3。

表 3 大气降水入渗系数法计算参数及计算结果表

编号	1	2	3	4	5	合计
分段里程	K931+505~ K931+850，长 345 m	K931+850~ K932+520，长 670 m	K932+520~ K936+000，长 3 480 m	K936+000~ K936+740，长 740 m	K936+740~ K936+825，长 85 m	
A/km^2	0.20	1.00	7.20	0.75	0.04	
X/mm	1 433.8	1 433.8	1 433.8	1 433.8	1 433.8	
α	0.15	0.25	0.35	0.20	0.15	
$Q_{正常}/(m^3/d)$	117.8	982.2	9 900.1	589.3	23.6	11 612.9
$Q_{最大}/(m^3/d)$	294.6	2 455.4	24 750.3	1 473.2	47.1	29 020.7

4.4.2 地下水径流模数法

地下水径流模数法计算公式为

$$Q = 86.4MA \tag{3}$$

式中：M 为地下水径流模数，$L/(s \cdot km^2)$，按年平均径流模数计算；A 为隧道通过含水体的地下汇水面积，km^2。

计算结果：$Q_{正常} = 14\ 557.4\ m^3/d$，$Q_{最大} = 36\ 376\ m^3/d$，见表 4。

表 4 地下水径流模数法计算参数及计算结果

编号	1	2	3	4	5	合计
分段里程	K931+505~ K931+850，长 345 m	K931+850~ K932+520，长 670 m	K932+520~ K936+000，长 3 480 m	K936+000~ K936+740，长 740 m	K936+740~ K936+825，长 85 m	
A/km^2	0.20	1.00	7.20	0.75	0.70	
$M/[L/(s \cdot km^2)]$	18.37	18.37	18.37	18.37	10.06	
$Q_{正常}/(m^3/d)$	317.4	1 587.2	11 427.6	1 190.4	34.8	14 557.4
$Q_{最大}/(m^3/d)$	793.6	3 967.9	28 569.0	2 975.9	69.5	36 376

经综合比较，推荐隧道正常涌水量 $Q_{正常} = 14\ 500\ m^3/d$，雨洪期最大涌水量 $Q_{最大} = 36\ 300\ m^3/d$。施工过程中，实际观测涌水量较预测值大，尤其是雨洪期的最大涌水量，仅 K933+252~K933+262 溶腔发育段观测到的最大涌水量可达 14 万 m^3/d 之多，隧洞因而被迅速淹没，施工停滞。隧洞若与水库存在良好导水结构（如岩溶通道、构造破碎带等），库水将沿排水系统快速倒灌，对围岩稳定、隧洞衬砌安全形成巨大威胁。

4.2 隧洞涌水影响宽度分析

根据实际揭露情况，出水点头尾长度 1 135 m，远大于隧道宽度，采用地下洞室涌水量估算（大井法）井半径计算公式（窄长型）$r_0 = 0.25 L$ 计算隧道涌水影响宽度为 284 m。其中，水库蓄水可能受影响的隧道段与 T_2g^1 相对隔水层距离 150～320 m，根据《铁路工程水文地质勘察规程》（TB 10049—2014），当隔水体与隧道中心线的距离小于可能影响宽度时，该侧的影响宽度以隔水体为界。因此，在隔水体 T_2g^1 地层可靠的情况下，水库蓄水和隧洞排水处理并不能对彼此造成影响。

假设 T_2g^1 地层不可靠的情况下，隧洞排水将波及水库，一方面导致水库汇水条件发生变化（地下水分水岭变迁、汇水减少等），渗漏量随时间逐步加大，另一方面隧洞也置身于富水带中，围岩遭遇冲蚀、垮塌，涌水加剧，后果相当严重。

4.3 地下水壅高评价

T_2g^1 相对隔水层位于右岸岸坡中上部，高铁隧道施工前，其地下水主要接受 T_2g^2 含水层和大气降水补给；高塝隧道施工后，由于隧道涌水导致 T_2g^2 含水层地下水下降，形成降落漏斗，在 T_2g^1 相对隔水层形成地下分水岭，T_2g^1 相对隔水层地下水主要接受大气降水补给。水库蓄水后，T_2g^1 相对隔水层地下水将壅高，由于 T_2g^1 相对隔水层位于斜坡地带且渗透系数小，降水入渗系数小，因此 T_2g^1 相对隔水层地下水壅高值也可能较小。地下水壅高后增高了地下分水岭的高程，对阻止水库向高铁隧道渗漏有利。

4.4 水库渗漏分析

水库坝址至水库中段一带河床高程 1 375～1 405 m，与之对应的邻河河床高程 1 340～1 360 m，低于水库河床 30～45 m，水库蓄水至 1 460 m 高程后高差达 100～120 m，据地层结构存在库水通过河间地块的 T_2g^2、T_1yn^3 强岩溶地层产生集中渗漏的可能性。

相对隔水层 T_2g^1 以粉砂质泥岩为主，厚度 120 m 左右，未被断层切割破坏，地层连续分布，隔水性能比较可靠，库水与高铁隧洞之间水力坡降较小，库水击穿 T_2g^1 相对隔水层沿 T_2g^2 强岩溶地层向邻河左岸的溶洞以及下游河间地块的岩溶管道产生集中渗漏的可能性基本上不存在。因此，库水不具备向高铁隧洞渗漏条件，高铁隧洞涌水主要为季节性降水沿 T_2g^2 岩溶通道下渗形成。

5 总结

本文水库蓄水对邻近隧洞影响的评价主要基于"地质调查+精确物理勘探+验证性钻孔及原位试验"等的综合方法，融合分析了水库与高铁隧洞两者的基本工程地质条件以及施工前后的水文地质环境变化，逐步探讨二者之间地质体可能产生的联系，最后结论得到了业内专家的认可，水库也具备了蓄水的前提条件。总结本案例的经验和建议如下：

（1）水库、隧洞工程对附近地下水环境的改造大、周期长、不可逆，与之处于同一地质环境的工程项目均应慎重评估彼此可能造成的影响。

（2）评价过程中应充分收集、调查水库、隧洞双方的工程设计参数、工程地质资料以及观测数据，对各种工程地质问题——突涌水、衬砌形式、防渗处理等的处置措施均应考虑在内，两者间形成影响主要缘于库水的壅高、渗漏和隧洞排水措施之间建立了水力联系，本质上取决于地层岩性、地质结构以及空间关系等。

（3）本文例子中水库与高铁隧洞之间因存在较为可靠的隔水体而不存在彼此影响，但类似工程项目评价方法大同小异，在隔水体不可靠的情况下——高水头的长期作用下对高铁隧洞而言轻则是对隧洞岩土体产生软化、渗透潜蚀、水力冲刷、腐蚀效应[6]等作用，重则造成隧洞衬砌的变形破坏、渗漏水、基底软化甚至结构整体位移等的工程病害；大规模的降水措施对水库而言则主要是大量的库水渗漏、库岸失稳等。因此，对地质体中透水地层、软弱夹层、裂隙、断层、岩溶通道等导水结构面调查始终为重中之重，建立地下水长期观测网则是安全运营的关键。

参考文献

[1] 高抗, 彭文波. 大瑶山 1 号隧道下穿水库设计研究 [J]. 公路, 2016, 61 (4): 248-251.

[2] 张金龙, 徐恺奇. 公路隧道下穿水库段方案设计 [J]. 中国水运 (下半月), 2019, 19 (7): 216-217.

[3] 周冬林. 滇中引水工程昆明段隧洞开挖对邻近水库影响研究.

[4] 韩行瑞. 岩溶隧道涌水及其专家评判系统 [J]. 中国岩溶, 2004, 3: 213-218.

[5] 郑克勋, 裴熊伟, 朱代强, 等. 岩溶地区地下水水位变动带隧道涌水问题的思考 [J]. 中国岩溶, 2019, 38 (4): 473-479.

[6] 王士天, 王思敬. 大型水域水岩相互作用及其环境效应研究 [J]. 地质灾害与环境保护, 1997, 8 (1): 69-89.

烟台市地下水资源特性与超采整治措施探究

张晓毅 [1]　李雅琪 [2]

（1. 烟台市城市水源工程运行维护中心，山东烟台　264000；
2. 烟台市老岚水库移民安置中心，山东烟台　264000）

摘　要：水是生命之源、生产之要、生态之基，水资源是人类赖以生存、发展的基础。地下水具有水质较好、分布广泛、动态变化稳定以及便于开发利用等优点，是理想的供水水源。随着我国现代化发展进程的加快及人民生活水平的不断提高，水资源的需求量大幅增加，加之20世纪末期，对地下水保护意识不强、管理不力，导致了地下水资源的过度开采，引发海水入侵、水质恶化等生态问题。本文主要是通过地下水资源的特性分析，并结合烟台市地下水超采区综合治理情况，分析总结地下水超采整治对策，可供沿海地区地下水资源管理和合理开发利用参考。

关键词：地下水；超采整治；探究

1　山东省烟台市地下水资源现状

山东省烟台市水资源短缺，人均占有水资源量415 m^3，是全国人均水平的1/5，属资源型缺水城市。地下水一直以来是烟台市重要的供水水源，多年平均供水量曾一度超过总供水量的50%，对保障全市经济社会持续健康发展发挥了不可替代的作用。但由于烟台市地处黄渤海之滨，海岸线漫长，地下水补源条件差，加之局部区域曾过度开采利用，造成地下水位持续下降、含水层枯竭，导致海水入侵，地下水生态恶化。

1.1　地下水资源分布情况

受特殊的地形地貌及复杂多变的地质条件影响，烟台市地下水类型主要为平原区第四系松散孔隙潜水和山丘区风化裂隙潜水，地下水资源区域分布不均，各区域地下水资源量模数差异较大，一般来说，平原区大于山丘区，岩溶区大于基岩裂隙区。烟台市平原区地下水资源量模数21.3 万 m^3/km^2，岩溶山丘区地下水资源量模数9.1 万 m^3/km^2，多年平均浅层地下水资源可开采量7.4 亿 m^3。

1.2　地下水资源开采情况

烟台各区市地下水开采利用程度与当地经济社会发展水平、地表水开发利用程度及水文地质条件等密切相关，差异较大。一般在城市人口密集、工农业生产较发达的山前、河谷平原和岩溶地下水的排泄区，地下水实际开采模数较大，可达20 万~30 万 $m^3/$（$km^2 \cdot a$），开采资源为孔隙水和岩溶水，该区域主要分布在龙口市、福山区。其他地区开采模数一般在10 万~15 万 $m^3/$（$km^2 \cdot a$）。

烟台市共有2处浅层孔隙水超采区，总面积1 050.6 km^2，其中一般超采区603.6 km^2，严重超采区447 km^2。①莱州—龙口浅层地下水超采区：超采区面积833.6 km^2，其中严重超采区面积354 km^2。②福山—牟平浅层地下水超采区：超采区面积217 km^2，其中严重超采区面积93 km^2。烟台市浅层地下水超采区分布见图1，烟台市浅层地下水超采区基本情况见表1。

作者简介：张晓毅（1975—），男，高级工程师，主要从事防汛抗旱工作。

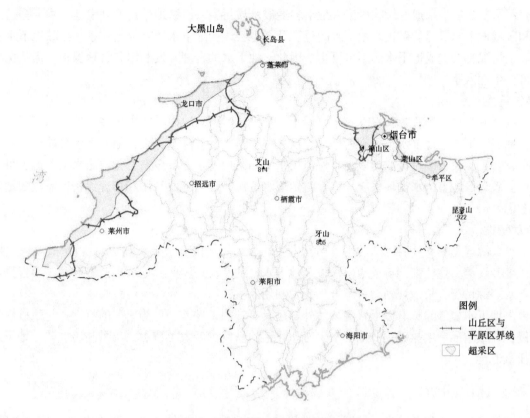

图1 烟台市浅层地下水超采区分布

表1 烟台市浅层地下水超采区基本情况

单位：km²

超采区名称	分布范围	超采区总面积	严重超采区面积	一般超采区面积	生态与环境地质问题
莱州—龙口孔隙浅层地下水超采区	莱州土山至龙口诸由观	833.6	354.0	479.6	海水入侵
福山—牟平孔隙浅层地下水超采区	福山区古现至牟平区大窑镇	217.0	93.0	124.0	海水入侵
合计		1 050.6	477.0	603.6	

2 地下水超采引发的问题及危害

地下水超采引发的问题及危害主要有：地面沉陷，局部地区水资源衰减、地下水污染、土壤盐碱化、海水入侵等。烟台市地下水超采显现出的问题主要有两方面：一是地下水位下降，含水层疏干，开采条件恶化，单井出水量大量减少或干涸。二是海水入侵。海水入侵是烟台市地下水过度开采造成的主要水环境问题。1977 年首次在莱州、龙口发现海水入侵现象。到 2002 年入侵面积达到最大值 745.8 km²。2002 年后，由于加大了地下水资源治理及保护力度，海水入侵面积呈下降趋势，海水入侵基本得到遏制，2017 年全市海水入侵面积减少到 560.9 km²，其中苦咸水 72.2 km²。

3 地下水资源特性

3.1 可再生与不可再生特性

地下水资源属于一种可再生性的自然资源，但是如果过度开发和利用地下水资源，导致岩溶塌陷，地表污水及劣质潜水通过塌陷段渗入地下，造成水质污染。沿海地区过度开发地下水，会造成海水入侵和区域地下水资源盐碱化。地下水的过度开采也会改变地下水原有补给体系，导致地下水补给不足。以上情况都会造成地下水的不可再生。因此，地下水的合理开发利用和管理保护，需从保持地下水的可再生性入手。

3.2 系统特性

地下水资源与地表水资源从根本上来看属于一个完整的系统。雨季降水增多，地表水资源变得更为丰富，地表水下渗，地下水量也有所增加。反之，干旱季节，降水变少，地表水资源缺乏，地下水得不到充分补充，且需通过汲取地下水来保障供水。如果地下水资源生态恶化，出水量不足，可利用率下降，会破坏区域整个水循环系统。因此，地下水资源的合理开发利用和管理保护，需地表地下统筹系统考虑。

3.3 变动特性

地下水资源容易受到外界因素的影响而发生变动，比如气候过于干旱、地面蓄水保水植被破坏、地下水过度开发等，这些都会造成地下水位及地下水量的变动。因此，地下水开发利用，要根据当时当地地下水资源情况，长远规划，科学合理开发利用。

烟台市地下水资源除具有以上普遍特性外，还具有补源条件差、形势单一的特性；超采极易造成海水入侵，导致水质产生盐碱化；地下水生态恶化整治恢复难度大等特点，超采整治、防治地下水生态恶化任重道远。

4 超采整治措施分析

烟台市结合地下水资源特性，按照"节水优先、空间均衡、系统治理、两手发力"的治水思路，以地下水资源与水环境承载能力为基础，以保障供水安全、粮食安全和生态安全为目标，实施"控采限量、节水压减、水源替换、修复补源"等综合整治措施，控制地下水超采，修复超采区地下水生态环境。

4.1 控采限量

4.1.1 严格实行区域地下水开发利用总量与水位双调控制度

不断健全完善用水总量控制指标体系，分年度逐级下达地下水开发利用总量控制指标，从严控制区域地下水开采量。建立地下水位预警管理机制，对重点地下水水源地分别划定地下水位黄、橙、红警戒线，实行预警管理。

烟台市地下水开发利用总量逐步减少，地下水开采量从 2001 年的 7.7 亿 m^3 下降到 2020 年 3.6 亿 m^3；地下水开采量占总供水量的比例从 2001 年的 67.5% 下降到 2020 年的 36.8%，有力地保证了地下水采补基本平衡，实现地下水资源可持续利用。2020 年以来，全市地下水位均比 2019 年大幅提升，2021 年第一季度，地下水位比上年回升 1.82 m。

4.1.2 严格水资源论证制度，规范完善取水许可审批管理

充分开展水资源论证，把水资源论证作为区域发展、产业布局、城乡建设、园区建设等相关规划、方案的审批及建设项目审批的重要条件。对取用地下水总量已达到或超过控制指标的地区，暂停审批其建设项目新增取用地下水。对于新建、扩建、改建的建设项目，从严控制地下水开发利用，实行地下水"三不批"，即地下水超采区、禁采区，城市规划区，地下水环境脆弱地区不予批准新增取水许可。在地下水超采区内，除居民生活用水与应急供水外，严禁新增地下水取水量。在超采区内确需取用地下水的，要在现有地下水开采总量控制指标内调剂解决，并逐步削减地下水开采量。

烟台市坚持"以水定城、以水定产"的理念，严格实施水资源论证制度，地下水取用建设项目水资源论证率达到 100%。近几年，烟台市各区市历年地下水开采总量均不超过年度控制指标，地下水超采区、禁采区，城市规划区，地下水环境脆弱地区无新增地下水取水许可。

4.1.3 依法限期封停超采区地下水取水工程

依据山东省政府批复公布的地下水限采区和禁采区范围，持续封闭地下水取水工程或逐步核减各取水单位的地下水开采量和年度用水计划。依法规范机井建设管理，未经批准的和公共供水管网覆盖范围内的自备水井，一律予以关闭。

近几年，烟台市实际封填自备水井 1 000 多眼，年度压减超采量 3 600 万 m³。

4.2 节水压减

4.2.1 大力实施农业节水，加快调整农业种植结构与布局

认真贯彻落实国家节水灌溉纲要，实施最严格水资源管理制度，积极推广以管道灌溉为主，以微灌、喷灌为辅，灌排并举的现代农业节水灌溉技术，提高农业灌溉效率。在地下水超采区，试行"退地减水"措施，适当减少用水量较大的农作物种植面积，改种耐旱作物和生态树种。

截至目前，烟台市累计发展节水灌溉面积 398 万亩，占全市农业灌溉总面积的 80% 以上，农田灌溉水利用系数提高到 0.677 8，处于全国较为先进水平。

4.2.2 加快工业节水改造步伐

开展节水诊断、用水效率评估，严格用水定额管理。鼓励企业进行节水技术改造，淘汰落后生产工艺技术。组织开展节水标杆企业和节水示范企业创建工作。

截至目前，烟台市万元 GDP 用水量下降到 12.55 m³/万元；万元工业增加值用水量下降到 4.95 m³/万元，处于全国较为先进水平。

4.2.3 大力推行城乡供水一体化

进一步推进城市供水管网向乡（镇）村庄延伸，实现同网、同源、同质，逐步替代农村分散无序取用地下水源状况。

自 2020 年，烟台市计划投资 50.7 亿元，利用两年时间，全面启动实施城乡供水一体化建设，到 2021 年底，项目实施后，烟台市农村规模化供水覆盖率将达到 80% 以上。

4.3 水源置换

4.3.1 增加地表水调蓄能力建设

加快实施水库除险加固、增容扩建以及河湖水系连通等雨洪资源利用工程建设，逐步实现库库、库河相联的水系网络，充分利用当地地表水资源。实施跨区域调水，构筑当地水、客水双水源保障体系，增加地表水供给。加强当地地表水、调引客水的统筹优化配置和科学调度，减小地下水开采。

截至 2020 年底，烟台市共建成大型水库 3 座、中型水库 26 座、小型水库 1 060 座，总库容 18.3 亿 m³。持续实施水库除险加固、增容及水系连通工程，2020 年开工建设老岚大型水库，不断增加地表水蓄水量，提高地表水利用率。烟台市南水北调配套工程已建成烟台市区、莱州、招远、龙口、蓬莱、栖霞 6 个供水单元工程。2015 年至今，已实施 7 次调水，累计调引长江水、黄河水 6.9 亿 m³，有力地保障了城乡供水安全，减少了地下水开采量。

4.3.2 积极推进非常规水利用

大力推进中水、海水及矿坑水等非常规水源利用。加快推进城乡污水处理及再生水回用工程设施建设，逐步提高污水集中处理率和再生水回用率。工业生产、城市绿化、生态景观等要优先使用再生水；积极推进矿井疏干排水的综合利用，矿区生产、矿井回灌、周边区域工农业生产和生态用水等优先使用矿坑水；加快海水淡化项目建设，将淡化水作为常规水源不足区域企业生产和城镇居民生活用水的补充水源。

目前，烟台市再生水利用工程设计供水能力达到 11.7 万 t/d，海水淡化产水规模达到 8.48 万 t/d，2020 年全年非常规水利用量达到 1 500 万 m³，比 2019 年增长 25%。同时，烟台市规划在"十四五"期间以海阳核电 30 万 t/d 海水淡化项目为核心，统筹推进龙口裕龙岛等 6 个海水淡化项目，为烟台乃至胶东地区水资源供应提供坚强保障。

4.4 修复补源

4.4.1 积极开展人工回灌补源

开展主要河流下游综合治理，在河道建设梯级拦河闸坝、生态护岸等，拦蓄、滞留河道径流，增加地下水补给。完善闸坝调度方案，保障河道生态基流。根据水文地质条件，在适宜地区修建地下水回灌补源工程，增加地下水补给。

烟台市大力开展河道梯级开发和拦蓄工程建设，已建成拦河闸坝 340 多座，建成大沽夹河下游回灌补源工程 1 处，进一步增加河道拦蓄能力，增加地下水补给水量。

4.4.2 加强湿地建设与保护

推进湿地建设和保护，划定湿地生态保护红线，禁止侵占自然湿地等地下水源涵养空间；强化水源涵养与保护，加大退耕还林、还草、还湿力度。

目前，烟台市共有湿地面积 17.875 万 hm^2，位列全省第三，占全省湿地总面积的 10.29%。建成 1 处国家级、3 处省级、2 处市级湿地自然保护区，面积达 3.63 万 hm^2；建成 1 处国家级、6 处省级湿地公园，面积达 0.94 万 hm^2。

4.4.3 防治海水入侵

在遭受海水入侵威胁的滨岸河口地带，修建拦河闸、防潮堤坝以及生态型海岸防护工程；在地质条件适当的地区建设径流调节型生态地下水库工程，提高淡水水位，遏制海水入侵。

目前，烟台市建成防潮堤及生态型海岸防护工程 310 km，建成永福园、黄水河、王河 3 座地下水库，调节库容 1.28 亿 m^3，为维持地下水采补平衡、防治海水入侵提供了可靠的工程措施。

5 结语

近年来，烟台市持续实行最严格水资源管理制度，大力开展地下水超采防范整治工作，特别是在烟台市遭受 2014—2020 年连续干旱的情况下，地下水基本实现采补平衡，地下水超采、污染等情况得到有效遏制，地下水生态持续向好。但部分区域地下水过度开发利用现象仍存在，部分区域地下水生态恢复仍需采取大量针对性的整治措施，我们应持续研究探索行之有效的地下水生态恢复方法、技术、措施等，助力地下水超采防治、水资源保护工作开展。

参考文献

[1] 张健．地下水资源的特性及合理开发利用探究 [J]．数字化用户, 2020, 24 (4)：217.

[2] 张明贵．地下水资源的特性及其合理开发利用探究 [J]．甘肃农业, 2020 (11)：2.